作者像

飞机发动机推力矢量喷管

王玉新　著

机 械 工 业 出 版 社

本书基于作者及其团队过去20余年对轴对称推力矢量喷管（AVEN）的研究成果撰写，包括第五代战斗机的介绍及定义要素，机械式推力矢量喷管及我国（AVEN）的研发历程，大推力三环驱动AVEN，AVEN运动分析、三维结构设计与仿真，AVEN运动反解与变形控制补偿，AVEN故障应急防护及中立复位，并联机构奇异构型分岔复杂性，AVEN中的奇异构型，以及提高AVEN奇异构型动态稳定性的方法等内容。

本书可以作为第五代战斗机推力矢量与飞机机翼一体化设计人员及控制编程人员了解AVEN运动与控制机理的参考书，也可以作为航空航天并联机构应用研究设计人员规避并联机构运动奇异性设计与控制的参考书。本书对于国防爱好者了解世界推力矢量技术的发展有帮助，值得收藏。

图书在版编目（CIP）数据

飞机发动机推力矢量喷管/王玉新著.—北京：机械工业出版社，2021.1
ISBN 978-7-111-67419-1

Ⅰ.①飞…　Ⅱ.①王…　Ⅲ.①航空发动机－推力矢量控制－喷管
Ⅳ.①V235

中国版本图书馆CIP数据核字（2021）第020579号

机械工业出版社（北京市百万庄大街22号　邮政编码100037）
策划编辑：罗晓琪
责任编辑：罗晓琪
责任校对：李　伟
北京宝昌彩色印刷有限公司印刷
2021年6月第1版第1次印刷
185mm×260mm·19.5印张·487千字
标准书号：ISBN 978-7-111-67419-1
定价：98.00元

电话服务　网络服务
客服电话：010-88361066　机　工　官　网：www.cmpbook.com
010-88379833　机　工　官　博：weibo.com/cmp1952
010-68326294　金　书　网：www.golden-book.com
封底无防伪标均为盗版　机工教育服务网：www.cmpedu.com

前　言

在 2018 年 11 月 6 日举办的中国国际航空航天博览会（珠海航展）上，加装轴对称推力矢量喷管（AVEN）的 J-10B 成功展示了其超机动能力。作为我国 AVEN 的主要关键研究人员，我所率领的团队创造性地解决了制约我国 AVEN 研制进程的一系列关键科学技术问题，为我国 AVEN 技术的立项、发展，提高安全性与运动控制可靠性等做出了重大贡献。出版本书是为了对过去 20 余年从事该项科研工作进行总结，同时向同仁、前辈汇报，感谢他们给予的鼎力支持与帮助。

AVEN 的矢量转向是由并联机构驱动的。因奇异运动是并联机构的固有特性，隐藏在轴对称推力矢量喷管内部的奇异失控运动，给含 AVEN 的先进战斗机的飞行带来安全隐患。AVEN 的奇异运动异常复杂，既有矢量转向驱动并联机构的运动奇异问题，又有空间闭环 RSRR 运动链的奇异问题，更有矢量喷口构型奇异分岔问题，规避奇异运动对 AVEN 运动可靠性的消极影响非常困难。课题组对 AVEN 进行了系统而全面的基础理论研究，但受能力与团队人力的限制，相对 AVEN 科学问题的复杂性与艰巨性而言，这些研究远没有达到完全保障其结构与运动可靠性的程度。

在 1998 年 12 月于北京饭店举行的霍英东教育基金会青年教师奖颁奖大会上，作为该届 10 位一等奖获得者的代表，我有幸与霍英东先生等人共餐。席间，有德高望重的专家对部分青年教师热衷于各种荣誉、奖项的评选持批评态度，令我感触很深，于是暗下决心，希望能够寻找一个有价值、能够长期研究，并对国家发展有重要价值的研究课题。1999 年，项目牵头单位的季鹤鸣研究员到国内多所著名院校，就开展 AVEN 预研的可行性进行调研。在天津大学调研时，我对课题表达了强烈的兴趣，并对学院领导提出独立率队进行研究的要求。在经费、信息资料非常有限的情况下，经过团队 7 个月的不懈努力，以咨询报告的形式，论证了 AVEN 的结构组成、运动机理、尺寸参数对其性能的影响等相关问题，首次给出了线架动态仿真结果。由此，作者所率领的团队从众多研究团队中脱颖而出，研究实力得到有关单位的高度赞赏与肯定。取得这一进展的关键在于超大规模复杂空间机构位置的求解方法，即便现在，其仍是非常复杂与困难的问题。

接下来，有关单位加强了与课题组的合作，提出采用三维仿真平台替代线架仿真的研究课题。由于扩张调节片在喷管矢量偏转过程中发生切向偏转，且相邻两扩张调节片的切向偏转角相差较大，导致难以建立基于约束装配的 AVEN 的三维仿真模型，必须采用其他方法。为此，课题组提出“后台预置”装配的学术思想，解决了 AVEN 的三维虚拟仿真问题。基于句柄捕捉技术与二次开发 API 工具，王金民将构成构件插入三维平台，喻宏波采用 C 语言在 MDT、NX 平台上利用获得的 AVEN 运动分析数据，实现了 AVEN 的三维虚拟仿真，使我国 AVEN 的关键技术指标达到国际先进水平。项目牵头单位独立申请的成果，获得原国防科学技术工业委员会科技进步一等奖。AVEN 的三维虚拟仿真是国际性难题，即便是含有碰撞接触等功能的先进仿真软件，依然不能解决 AVEN 的三维动态矢量偏转仿真问题。进一步，姜杉构建了 AVEN 尺寸优化、结构设计与三维动态仿真一体化、自动化平台，在 AVEN 减重设计与结构及性能优化方面，发挥了重要作用。

AVEN 的实时运动反解及其解析表达是推力矢量发动机与飞机机翼一体化电传控制系统设计的理论基础，是加装推力矢量发动机飞机上天试飞的关键技术问题。针对飞机机翼与推力矢量发动机一体化设计的需求，通过假设喷口面积的近似双半椭圆分布模型，王仪明等建立了喷口面积、几何矢量偏转角等运动反解参数与转向驱动环位姿参数之间的关系方程，得到 AVEN 运动反解的近似模型。通过补偿精确反解模型与近似模型的微分差，给出了 AVEN 实时反解控制模型，为推力矢量发动机与飞机机翼一体化电传控制系统的设计奠定了理论基础。

针对含推力矢量发动机的飞机因格斗或其他原因，可能出现 AVEN 断电、断油及主控系统失灵等故障，给含推力矢量发动机飞机的飞行安全带来隐患，段渝波发明了一种 A9 环作动筒应急复位液压系统，基于特殊设计的滑阀及其配套的液压辅助系统，在断电、断油或控制器失灵等状态下，该系统能够将 A9 环作动筒自动复位到设定的中立位置，从而确保故障状态下的战斗机安全返航。在此基础上，为 AVEN 增加了一种 A9/A8 面积比防护系统，实现了对发动机的保护，提高了含 AVEN 发动机的工作安全性与矢量喷管扩张段的可靠性。

隐藏在 AVEN 内部的运动奇异性给含推力矢量发动机的先进战斗机的飞行安全带来严重的隐患，为了提高含推力矢量发动机的先进战斗机的飞行安全性，课题组在解决制约 AVEN 预研关键技术难题后，对规避并联机构运动奇异性问题进行了系统化研究。在国家自然科学基金课题：并联机器人构型保持性与运动可控性研究（50375111）、动态规避并联机构运动奇异性扰动函数方法研究（50675158）、并联机构奇异点动态稳定性研究（51205409）、超机动载荷下 AVEN 机构静态奇异位置动力稳定性及其改善（51575530）等的资助下，课题组根据扰动能够使原点奇异系统转换为原点非奇异系统的原理，从非线性奇异性理论出发，采用分岔理论和普适开折方法，提出了并联机构以确定的构型通过奇异位置的扰动函数方法。在扰动函数的作用下，原来相互交叉导致并联机构出现运动奇异的构型曲线被有限分离，从而使并联机构能够以确定的构型通过奇异位置，解决了并联机构在整体工作空间的运动奇异性规避问题。在此基础上，研究了 AVEN 转向驱动 3-SPS/3-PRS 并联机构的奇异构型伴随输入参数的分布规律，李雨桐给出了规避 3-SPS/3-PRS 并联机构运动奇异的免奇异输入参数取值空间方法，能够在设计阶段与控制阶段消除运动奇异性对并联机构的消极影响，防止并联机构陷入奇异运动状态。进一步，根据动力学参数对并联机构静态奇异构型动态稳定性的影响，依据李雅普诺夫动力稳定性理论，基于盖尔定理和 Hurwitz 判据，分析了输入速度、加速度、外力等对奇异点动态稳定性的影响；基于中心流理论，研究了并联机构在奇异位置附近的流形分岔特性及其规范流形，给出了一种适用于航空领域的动态规避并联机构运动奇异性的动力学参数取值方法。

在国家自然科学基金的资助下，课题组对 AVEN 的深层基础科学问题有了清晰的认识，为后续提高、完善 AVEN 的性能，对其从验证装备走向实用列装装备，指明了研究方向与解决问题的关键思路。在此代表研究团队，向国家自然科学基金委员会表示感谢。

本书成稿于中华人民共和国成立70周年之际。作为曾获得国家发明奖四等奖的第一发明人，我荣获了“庆祝中华人民共和国成立70周年”纪念章，心情激动。我为能够为国家强国富民贡献自己的力量甚感欣慰。在过去的20余年里，作者针对轴对称推力矢量喷管需要解决的关键技术难题，立题研究，甘坐冷板凳，肯下苦功夫，潜心学问。加装AVEN的J-10B在珠海航展上的成功展示，使我多年的付出有了巨大回报，梦想变为现实。在此感谢项目牵头单位、中国航空工业集团有限公司、中国航空发动机集团有限公司、试飞大队等为我国AVEN技术验证试飞所做出的努力与贡献，感谢材料、控制、飞行动力学等领域专家学者的辛勤工作与卓越贡献。

本书共13章，第1章主要介绍第五代战斗机及其推力矢量技术。第2章对国内外机械式推力矢量喷管的发展给予综合分析说明，以使读者对推力矢量的关键问题有一定的了解。其他章节的内容全部来源于课题组的研究论文或报告。

作者所在团队中对项目进展做出贡献的人员还有崔玉红、穆希辉、段露茜、郃小梅等，作者在此表示感谢。

由于作者能力有限，撰写时间仓促，书中不妥与错误之处在所难免，恳请广大读者批评指正。

王玉新

2019年10月

目　　录

第1章

喷气发动机推力矢量控制技术

推力矢量控制（TVC）技术是针对提高战斗机的机动性和敏捷性而提出的，使第五代先进战斗机的隐身性、高机动性、敏捷性和短距离起落能力得到充分提升。推力矢量控制技术是第五代战斗机的必备装配。由于推力矢量控制技术在军事和商业方面有巨大效益，美国、俄罗斯、欧洲、日本等都在积极研究，力争早日列装，投入使用。美国 F-22、俄罗斯 Su-57 是装备推力矢量控制发动机服役战斗机的代表。我国 J-10B 在 2018 年第十二届中国国际航空航天博览会（珠海航展）上成功展出，成为本届航展中一颗璀璨的明星。

1.1 第五代战斗机的定义要素

第五代喷气式战斗机是世界各地使用的一种喷气式战斗机分类方式。截至 2019 年，第五代喷气式战斗机是最先进的作战飞机。第五代喷气式战斗机的具体特点与精确定义是有争议的和模糊的，洛克希德·马丁公司将它定义为：全武力装备状态下具有全方位隐身能力，拦截雷达的低探测性，高性能机身，先进的航空电子设备及功能，以及高度集成的计算机系统，能够与战场空间内的其他要素联网，以提高战局感知能力。

美国洛克希德·马丁公司的 F-22 于 2005 年进入美国空军服役，是仅有的装备推力矢量控制技术的第五代战斗机。洛克希德·马丁公司的 F-35 于 2015 年服役。据洛克希德·马丁公司 2004 年的说法，当时唯一投入使用的第五代喷气式战斗机是 F-22。洛克希德·马丁公司用“第五代战斗机”来描述 F-22 和 F-35 战斗机，定义包括“先进隐形”“极端性能”“信息融合”和“先进持续”。由于未知的原因，其定义包括超级巡航能力。

我国第五代战斗机项目始于 20 世纪 90 年代末。J-20 在 2011 年 1 月 11 日进行了第一次飞行，2017 年 9 月进入中国人民解放军空军服役。2018 年 2 月 J-20 列入战斗单元。

20 世纪 80 年代末，苏联勾勒出下一代战斗机的需求特征，以取代 MiG-29 和 Su-27 等喷气式战斗机。为了满足下一代飞机的特征要求，实施了具有前掠机翼的双发动机三角鸭翼 Su-47 验证项目和米格-1.44 验证项目。然而，由于后期资金缺乏，这两个项目都只是作为技术论证而存在。进入 21 世纪，苏霍伊提出了更重的双发动机 T-50（现在是 Su-57）的方案，而米高扬设计局基于已取消的 MiG-1.44 项目提出了强调轻型单发动机的米高扬 LMFS 方案。在 2002 年，苏霍伊的 T-50 被选中作为俄罗斯下一代战斗机。

印度正在独立开发一种双发动机第五代超机动多用途隐形战斗机，称为 HAL 先进中型战斗机（AMCA）。AMCA 的非官方设计工作始于 2008 年，官方设计工作始于 2011 年，于 2014 年完成。第一次飞行预定在 2023～2024 年进行。它是一种多用途战斗机，设计用于空中打击、地面攻击、轰炸、拦截、打击等多种类型的任务。它结合了超级巡航、隐身、先进的 AESA 雷达、超机动性和先进的航空电子设备，以克服和压制第四代战斗机以及许多地面和海上的防御系统。

印度的另一个项目是 Sukhoi/HAL 第五代战斗机（FGFA），这是印度和俄罗斯共同开发的第五代喷气式战斗机。它是苏霍伊 Su-57 的一个衍生项目，正在为俄罗斯空军开发。FGFA 是印度版本的早期名称，而联合项目现在被称为多角度多用途战斗机（PMF）。完成的 FGFA 将包括 Su-57 的 43 项改进，包括隐形、超级巡航、先进传感器、网络和战斗航空电子设备。然而，由于多重原因，这个项目已经被推迟了四年。2018 年初，印度退出了 FGFA 项目。到 2019 年，AMCA 处于详细设计阶段，预计第一个原型机将在 2025 年试飞。

除此之外，日本正在开发一种名为三菱 X-2（之前被称为 ATD-X）的隐形战斗机原型机。土耳其、巴基斯坦也开展了第五代战斗机的设计研究工作。

乔瓦尼·德·布里甘蒂给出了第五代战斗机的定义要素：隐形、高机动性——包括近场作战能力、先进的航空电子设备、来自传感器和航空电子设备的网络化数据融合、多用途功能。

对于洛克希德·马丁公司对第五代战斗机的定义，波音公司和欧洲战斗机公司持批评态度，认为依靠更高水平的隐身能力是作为第五代战斗机生存能力的关键因素。因此，第五代战斗机的关键在于隐形、融合和完全态势感知的协同作用。它可以在复杂综合防空（IADS）环境中执行任务。欧洲战斗机公司在第五代战斗机各项要素中增加了“网络支持的作战”作为一个值得注意的要素，不再强调全范围的低可探测性，而仅仅作为生存能力的一个因素。俄罗斯国防部将第五代战斗机定义为“隐形技术、超声速巡航速度、高度集成的航空电子设备、电子和火控系统”。

尽管各国对第五代战斗机的定义有一定差别，但大多数具有超机动性的第五代战斗机是通过推力矢量控制技术来实现的。

1.2 推力矢量控制技术（TVC）

1.2.1 推力矢量

推力矢量也称推力矢量控制，是通过改变来自发动机尾喷管排出气流或其他流体介质的速度方向来控制飞机、火箭或其他运载工具姿态或角速度的技术。在飞出大气层的火箭和弹道导弹中，气动控制面是无效的，因此推力矢量是姿态控制的主要手段。对于飞机，该方法最初设想是提供向上垂直推力，使飞机垂直（VTOL）或短距起飞与着陆能力得到提升。后来人们认识到，在战斗情况下，使用推力矢量，能够使飞机进行常规发动机飞机无法进行的各种超机动飞行。不使用推力矢量的常规飞机要实现转弯，必须依靠空气动力控制表面，如副翼或升降舵，但在过失速状态，这些空气动力控制表面不能有效发挥作用。使用推力矢量控制技术的飞机，虽仍需要使用气动控制表面，但程度较轻，且借助于喷管推力矢量控制，可以为飞机提供过失速情况下的机动操作力矩。目前，有两种推力矢量控制技术，一种是机械控制方式，另一种是射流控制方式。机械控制方式主要是通过改变发动机（尾）喷管方向来改变喷管推力方向。射流控制方式则通过在发动机主气流体的边缘注入或导出射流来改变主排气气流的喷射方向。

图 1-1 所示为机械式二维收-扩推力矢量喷管（2-D/C-D）。利用安装在发动机末端上下两个板形构件的上下偏转，改变排气气流方向，实现发动机推力的矢量控制。F-22 采用带二维收-扩推力矢量喷管的 P&W F119 发动机，为其飞行提供俯仰推力，不仅大大增强了飞机的超机动性能，还具备良好的隐身性能，同时由于后部外廓扁平，大大降低了后机身阻力，从而使 F-22 具有极好的过失速超机动性、超声速巡航能力、隐身能力和短距起降能力。

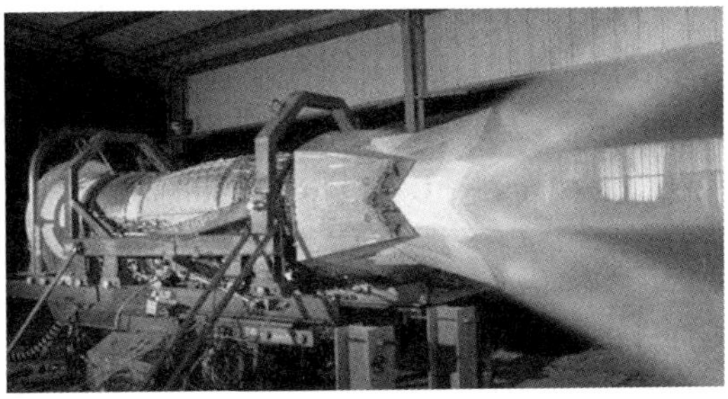

图 1-1　安装在 F-22 上的带推力矢量 P&W F119 发动机地面试车

由于机械式二维收-扩推力矢量喷管结构笨重，为了减轻推力矢量控制技术对发动机增重的消极影响，应用于火箭（导弹）位姿控制与机动变轨控制的射流推力矢量控制技术被用来解决飞机发动机尾喷管排气方向的偏转问题，如图 1-2 所示。射流推力矢量控制技术是利用二次气源（通常来源于发动机压缩机或风扇的排气）来控制喷气发动机的排气方向。研究表明，采用射流推力矢量控制技术，发动机喷气尾流偏转可以达到 15°～20°。

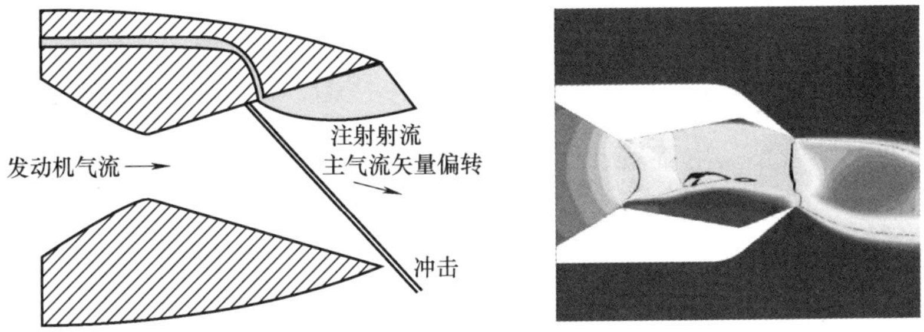

a）射流推力矢量控制技术原理　　b）主气流矢量偏转

图 1-2　基于喉道迁移方法的射流推力矢量控制技术

近年来，三种主要的射流推力矢量控制技术——冲击矢量控制、喉道迁移和逆流得到了广泛的研究。冲击矢量控制方法通过将射流注入喷管喉道下游的超声速流体中，当气流通过喷管内斜激波时强劲转向，产生可观的推力矢量效果。喉道迁移方法利用喷管喉道处的射流，将亚声速气流迁移到喷管喉道前方。由于亚声速转弯比超音速转弯动力损失小，喉道迁移方法通常比冲击矢量控制方法能获得更高的发动机推重比。虽然目前喉道迁移方法正在进行改进，但大多数研究表明，需要高达 6% 的发动机排气才能获得合理的推力矢量角。逆流法通过在喉道附近的二次管道中吸入流体，用较小的二次流可以提供主气流较大的推力矢量角变化。目前，该技术还处于研究阶段。

1.2.2　推力矢量的实施方法

推力矢量飞行控制（Thrust Vectoring flight control，TVFC）是通过飞机在部分或全部俯仰、偏航和滚转方向上的偏转来实现的。在极端情况下，飞机偏航、俯仰和滚转时的偏转会产生所需的力和力矩，使飞机能够在不执行常规气动飞行控制（CAFC）的情况下，实现对飞行路径的完全定向控制。TVFC 也可用于在主气动面失速的飞行包线区域内保持平稳飞行。TVFC 包括对短距起飞/垂直降（STOVL）飞机在悬停时的控制，以及在悬停和低于 50 节（1 节 = 1. 852km/h）飞行速度之间的过渡期的控制，而此时气动面是无效的。

当推力矢量控制使用单个喷气发动机时，产生滚动操纵力矩是比较困难的。当采用 TVFC 来补充 CAFC 时，飞机的灵活性和安全性得到了极大提高。另一方面，当由于战斗破坏而导致 CAFC 发生故障时，TVFC 可能会增加飞机的安全性。

为了实现 TVFC，可以使用多种 TVC 技术，包括机械的 TVC 喷管和射流 TVC 喷管。这些喷管可以是收敛-发散喷管（C-D 喷管），也可以是固定的或变几何的。在这些飞机喷管内，几何形状本身可能从二维（2-D）到轴对称或椭圆。

实施推力矢量期间，喷管的主要控制因素有：

（1）几何面积比　在实施推力矢量期间，保持从喉道到喷口的一个固定的几何面积比，限制随着矢量偏转角度增大有效喉道面积的变化。

（2）有效面积比　在实施推力矢量期间，保持从喉道到喷口的一个固定的有效面积比，随着矢量偏转角度的增加，几何喉道面积不做限制。

（3）微分面积比　通过预测最佳有效面积作为质量流量的函数来最大限度地提高喷管的膨胀效率。

喷管获得推力矢量的主要类型有：

（1）类型Ⅰ　喷管在几何喉道前机械地旋转。

（2）类型Ⅱ　喷管在几何喉道处机械地旋转。

（3）类型Ⅲ　喷管不发生旋转，而附加在尾喷管上的叶片或桨发生偏转，由此导引气流偏转。

（4）类型Ⅳ　通过逆流或共流（冲击矢量控制或喉道迁移控制）使发动机喷管主气流发生偏转。

（5）附加型　喷管上游排气管道由楔形段组成，这些楔形段围绕管道中心线相对旋转。

1.3　推力矢量控制技术的应用

1.3.1　应用推力矢量控制技术的飞机

推力矢量控制技术具备两个主要优势：短距起飞/垂直起降，以及更高的机动性。20 世纪 60 年代末，世界上掀起了一股垂直起降热，但是只有少数飞机成功了，其中英国的鹞式战斗机是“佼佼者”。其实鹞式战斗机的成功并不是因为垂直起降，而是良好的机动性。同样，美国 F-35B 战斗机也采用了这一附加型矢量喷管结构，如图 1-3 所示，其推力方向可从 0°转换到 95°。

从提升飞机垂直起降能力的角度来看，采用推力矢量控制技术的飞机有贝尔模型 65、贝尔 X-14、贝尔波音 V-22 鱼鹰、波音 X-32、多尼尔 Do. 31、EWR VJ 101、鹞式战斗机、霍克・西德雷・凯斯特里尔 P. 1127、洛克希德・马丁 F-35B 闪电Ⅱ、VFW VAK 191B、雅克夫列夫・雅克-38、雅克夫列夫・雅克-141 等。

从提升飞机超机动性能力的角度来看，采用推力矢量控制技术的飞机更广泛，可进一步划分为采用二维矢量喷管与三维矢量喷管。其中，采用二维矢量喷管的飞机有 F-15 短距/

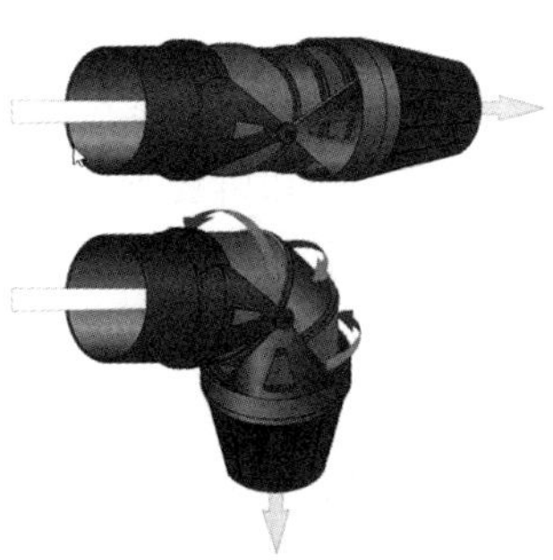

a) P&W公司F-135短距起飞/垂直起降发动机推力矢量喷管

b) F-35B闪电Ⅱ短距起飞/垂直起降发动机

图 1-3　附加型矢量喷管及其在 F-35B 上的应用

MTD（试验）、洛克希德·马丁 F-22 猛禽（俯仰和滚转）、J-20（俯仰和滚转）、苏霍伊 Su-30MKM（俯仰和滚转）、苏霍伊 Su-30MKA（俯仰和滚转）、苏霍伊 Su-30SM（俯仰和滚转）、麦克唐纳·道格拉斯 X-36（仅偏航）等。采用三维矢量喷管的飞机有苏霍伊 Su-35S、苏霍伊 Su-30MKI、苏霍伊 Su-37（试验）、苏霍伊 Su-57、苏霍伊/HAL FGFA、米高扬 MiG-35（MiG-29OVT）、麦克唐纳·道格拉斯 F-15 ACTIVE（试验）、通用动力 F-16 VISTA（试验）、罗克韦尔 MBB X-31（试验）、麦克唐纳·道格拉斯 F-18 HARV（试验）、三菱 X-2（试验）等。

1.3.2　典型的推力矢量喷管及飞机

1. 基于偏流板技术的 X-31 验证机

X-31 增强战斗机机动性（EFM）验证机如图 1-4 所示，在美国加利福尼亚州爱德华兹空军基地实施。X-31 验证机项目显示了使用推力矢量（导引发动机排气流）和先进的飞行控制系统，提高高迎角飞行控制的价值。在近距离作战情况下，这一结果比传统战斗机更具优势。“仰角”是一个工程术语，用来描述飞机机身和机翼相对于实际飞行路径的角度。在演习中，飞行员在极端的仰角下飞行，以方便快速转弯和指向对方。对于较早的飞机设计，进入这种飞行状态往往导致飞机、飞行员或两者都失去控制。

a) X-31验证机推力矢量降落状态

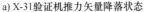

b) X-31验证机飞行状态

图 1-4　偏流板式推力矢量控制技术及其 X-31 验证机

X-31 验证机通过在通用电气 F404-GE-400 涡扇发动机尾喷口处安装可做正负 10°偏转的 3 片推力偏流板，实施推力矢量。这三片偏流板由石墨环氧树脂制成，能长时间承受最高

1500℃的高温。通过偏流板的摆动，改变发动机排气尾流的偏转方向，提供飞机俯仰（上下）和偏航（左右）控制，以提高飞机的机动性。此外，X-31 配置有可移动前鸭翼、机翼操纵面和固定后纵梁。鸭翼是位于鼻翼后部的小型翼状结构，位于鼻翼和机翼前缘之间与机翼平行的直线上。X-31 飞行验证项目的重点是失速状态下的敏捷飞行，让飞机设计人员更好地了解空气动力学、飞行控制和推力矢量的有效性，为大迎角下的飞机操纵性提供技术数据，为未来高性能飞机提供更好的可操作性和更安全的飞行设计方法。

在推力矢量计划测试中，推力矢量测试团队致力于利用 X-31 作为试验台，验证推力矢量控制技术实施短距离起飞与降落的可行性，探索飞机在起飞与着陆过程中推力矢量控制技术的应用情况。在飞行测试操作的初始阶段，两架飞机执行了 108 次测试任务，实现了飞行中的推力矢量控制，并将失速后包迹扩大到 40°迎角。1992 年 11 月 6 日，X-31 在德莱顿以 70°迎角实现了受控飞行。同一天，在 70°迎角下完成了对飞机速度矢量的控制滚转。1993 年 4 月 29 日，2 号 X-31 成功地执行了一个 180°最小半径快速转弯失速机动，飞行远远超过之前任何传统飞机的空气动力学极限。描述这种机动的专业术语为“J 型转弯”或“J 机动”。2003 年 4 月 22 日，最后一次飞行中，X-31 验证机以 24°仰角和 121 节的速度，在世界上第一个成功完成自动着陆。比飞机 175 节的正常着陆速度下降了 31%。在常规着陆后，X-31 通常需要 8000ft（1ft = 0.3048m）的距离才能停下来，但 X-31 验证机在完全自动化、推力矢量着陆后，只需 1700ft 的距离就能减速到足以在跑道中间掉头并滑行一圈。

鉴于推力矢量控制技术可能在许多关键领域具有潜在的重大优势，包括作战能力、性能、安全性、装备的复杂性、维护和拥有成本等领域，1987 年，NASA（美国国家航空航天局）启动了 F-18 HARV（大迎角研究机）研究项目，在 F-18 验证机两台发动机尾部各安装了一组 3 片推力矢量偏流板。在大迎角常规控制翼面失去作用时，推力矢量装置可以提供俯仰和偏航力矩。凭借矢量推力，F-18 HARV 达到 70°最大稳定飞行迎角（普通“大黄蜂”的最大迎角为 55°）。大迎角滚转最大迎角达到 65°（普通“大黄蜂”为 40°）。

2. 麦克唐纳 · 道格拉斯 F-15 STOL/MTD 短距起降/机动技术验证机

图 1-5 所示为 F-15 STOL/MTD，其作为一种二维推力矢量喷管验证机，用于研究推力矢量和增强机动性的效果。该架验证机后来在 1993～1999 年用于 F-15 集成飞行器先进控制技术项目，并于 1999～2008 年用于智能飞行控制系统项目。

图 1-5　1982 年改装的带二维推力矢量喷管的 F-15

1975 年，兰利研究中心开始赞助研究二维推力矢量喷管项目。20 世纪 70 年代初，来自政府与行业对非轴对称二维推力矢量喷管的研究发现，二维推力矢量喷管概念取得了显著成效。1977 年，兰利研究中心与麦克唐纳 · 道格拉斯公司开始进行在 F-15 上加装推力矢量、反推力与二维喷管的系统集成研究。1984 年，美国空军航空系统部飞行动力学实验室授予麦克唐纳 · 道格拉斯公司一份先进的研发 STOL/MTD 验证飞机的合同。

F-15 STOL/MTD 验证机综合采用了发动机反推力技术、可偏转 20°的二维矢量喷管和鸭式前翼，测试了从潮湿、炸弹损坏的跑道降落和起飞的方法。该验证机由一架 F-15B 改装而成。机体结构做了较大改动，在 F-15B 的两侧进气道上壁板处安装水平前翼，水平前翼由 F/A-18A 水平尾翼改进而成，上翻角 20°，可同向或差动偏转产生俯仰及滚转力矩。安装水平前翼是为了维持飞机的稳定性而非加强飞机操纵性。安装了水平前翼后的最大允许过载可从原来 7.33g 增至 9g 而无需任何结构加强。在 F-100 发动机后部安装碳纤维复合材料的矩形二维推力矢量喷管，替代 F-15B 的加力燃烧喷管。该推力矢量喷管可使发动机推力相对飞机纵轴上下偏转，最大偏转角可达 20°，提高了飞机起飞性能及机动飞行能力。喷管里的推力反向叶片可使推力反向，实现飞行中紧急减速及短距着陆滑跑。对起落架进行结构加强，使之可承受 3.66m/s^2 的冲击载荷。机翼采用铝锂合金蒙皮代替铝蒙皮，前者比后者强度提高 5%，质量减小 9%。为了提高飞机的各种性能，对电子设备也进行了较大改进。为了改进起降性能，F-15STOL/MTD 飞行控制系统做了很大的改进。采用一种全新的控制方法——数字电传操纵系统，实现了综合飞行/推进控制，使飞机在不改变原飞行轨迹的情况下改变推力。

在 1991 年 8 月 15 日之前，麦克唐纳・道格拉斯完成了预期的飞行目标，结束了试验验证计划，F-15 STOL/MTD 验证机取得了一些令人印象深刻的性能结果：验证了带旋转的推力矢量起飞，速度低至 42mile/h（1mile/h = 1.609km/h）；起飞侧倾减小了 25%；标准的 F-15 跑道上着陆距离为 7500ft，而验证机距离只有 1650ft；飞行仰角高达 85°。与标准的 F-15 相比，F-15 STOL/MTD 验证机的机动性能提高 6% ~7%。在增加 4536 kg 载荷的情况下，起飞滑跑距离可缩短 27%，巡航航程增加 13%，滚转速率增加 24%，俯仰速率增加 100%。

在 1990 年，该架验证机被进一步改装，保留鸭式前翼与喷管，用于 ACTIVE 研究计划。其发动机换装 Pratt & Whitney 新研制的 F100-PW-229，推力增加较大。推力矢量喷管采用俯仰/偏航平衡梁式三维推力矢量喷管（P/YBBN），如图 1-6 所示，其推力矢量可做到 360°范围内 20°的推力矢量偏转。同时期能做到的还有 GE 的 F110-GE-129。在 ACTIVE 计划中，对先进的控制逻辑编程、升力和喷管变化对尾部冲击的影响（LANCETS）等问题给予了关注与研究。LANCETS 的飞行测试在 2008 年 12 月结束。

图 1-6 俯仰/偏航平衡梁式三维推力矢量喷管与 ACTIVE 计划验证机 F-15

3. 通用动力公司（General Dynamics）**F-16 VISTA**

VISTA 是 Variable stability in-flight simulator test aircraft 的缩写，即可变稳定性飞行模拟测试飞机。F-16 多轴推力矢量计划最初是通用电气/通用动力两家公司为“F-16”推力矢量版本联合资助的一个私人项目。该项目现在被称为 F-16 多轴推力矢量计划。该计划的目标包括演示推力矢量在近距离空战中的战术效用，以及在飞行中推力矢量综合控制的使用。

F-16 VISTA 是 F-16 针对 MATV 计划的试验改进型，如图 1-7 所示。F-16 VISTA 是一种超机动性飞机，能够以一定的仰角飞行，这比传统控制舵面飞机的仰角要高。该机于 1993 年 7 月 2 日首次以改进型飞行，其推力矢量于 1993 年 7 月 30 日首次在飞行中使用。这架飞机的稳定仰角可达 86°，瞬时仰角可达 180°，即飞机可以向后飞行一定时间。推力矢量控制技术在使用攻击武器更快地应对威胁和避免在极端飞行中脱离受控飞行的风险方面具有重要优势。尽管 F-16 VISTA 已成功测试，但在服役的 F-16 上从未安装推力矢量喷管。F-16 VISTA 现由位于加利福尼亚州爱德华兹空军基地的美国空军试飞员学校操作和维护，它经常用于学生飞行和其他特殊学术项目。

VISTA 的核心是它配备的轴对称推力矢量喷管（Axisymmetric vectoring exhaust nozzle，AVEN），如图 1-8 所示，它安装到通用电气 F110-GE-100 发动机的排气喷管上。AVEN 在喷管的扩散段（超声速流动）实现了所需的推力矢量，抑制了压力波动被反馈回发动机的问题，在那里它们可能导致压缩机失速。分散的扩张调节片通过一个转向驱动环（A9 环）驱动，该环由三个间隔 120°的作动筒驱动，其运动由矢量电子控制系统（VEC）控制，这是 F110-GE-129 发动机使用的全授权数字发动机控制的改进版本。喷管扩张段可进行 17°任意方向偏转。

图 1-7　通用动力公司的 F-16 VISTA

图 1-8　VISTA 配备的 GE 轴对称矢量喷管

AVEN 的优势在于完全保留了轴对称收-扩式喷管的良好气动性能（包括内流和外流），只是连接上扩大了扩张段的功能，使之既产生超声速气流，又能按飞机需要偏转气流方向。该方案有两个突出优势：

1）飞机不需要做较大的改装即可实施推力矢量。因为整个 TVC 系统是发动机自带的，而且飞机和发动机之间界面清楚，所以相容性很好。

2）它可以被改装成任何由 F110 发动机提供动力的 F-16，这可最大限度地减小飞机的风险，很容易在现役飞机上做此项技术的试验验证。

由于气流偏转是在扩张段内实现的，相对而言它的气动负荷要小得多，100kN 推力级的发动机产生的附加气动力不到 2000kg。经实测，F110 发动机的附加气动力不到 3000kg。同时它是在喷口面积 A9 实现偏转的，相对飞机的安装质心最远，所以新增力矩也最大，作用效果最佳。这些特点使操纵作动系统可以做得比较轻巧，增重很小。由于是在扩张段内转动，所以喷管矢量状态所占空间及外廓尺寸较小。该方案的运动机构主要体现在转向驱动环（A9 环）和喷口面积 A9 的操纵上，它附带给发动机的好处是由于 A9 是单独控制的，容易得到最佳的超音部分的膨胀比，这可以充分发挥现代机械式收-扩式喷管的潜在能力。同时，该方案对于隐身和超声速巡航也有利。

4. Su-37

Su-37 是一架单座双发动机飞机（图 1-9），由苏霍伊设计局设计，用于推力矢量喷管等的技术验证。这架飞机于 1998 年 4 月进行了首次飞行。在整个飞行测试项目中，Su-37 在航空展上展示了它的超机动性，表演了诸如 360°空翻等动作。相对 Su-27 而言，Su-37 除了增加推力矢量喷管外，工程师们专注于飞机的航空电子设备。Su-37 采用数字（而不是模拟）电传飞行控制系统，直接连接到推力矢量控制系统。结合飞机整体高推重比、发动机全权电传数字控制，综合推进与飞行控制系统等技术优势，增加了 Su-37 在大仰角和低速下的机动性。

苏霍伊设计局早在 1983 年就开始了推力矢量研究，当时苏霍伊设计局单独开发 Su-27M（苏-27 的升级版）。在 Su-27 的总设计师米哈伊尔·西蒙诺夫的坚持下，苏霍伊设计局和西伯利亚航空研究所研究了轴对称矢量喷管。这与当时普遍关注的二维推力矢量喷管形成了鲜明对比。在开始于 1988 年的 Su-27MS 的测试飞行中，工程师们发现由于低速飞行控制面无效，飞行员无法在高仰角下保持对飞机的主动控制。为此，工程师们将带有圆柱段轴线偏转推力矢量喷管（图 1-10）的 AL-37FU 发动机安装到第 11 架 Su-27 上，进行推力矢量控制技术验证。

图 1-9　Su-37

图 1-10　圆柱段轴线偏转推力矢量喷管

圆柱段轴线偏转推力矢量喷管的主要特点是把喷管的圆柱段分为前后两截，在搭接处的左右两侧各设置了两个侧向轴。这样，排气管就可以做俯仰平面内的上下摆动，从而获得附加的飞机操纵力矩。该推力矢量喷管的优点是运动原理非常简单，轴对称收扩喷管可以不做任何改动，喉道面积 A8 和喷口面积 A9 也无需改变。其缺点是转动段长度达到 1.3 ~ 1.7m，而且转动部分靠前，外阻很大，结构上受到的附加载荷很大，达到几十吨。为了抵消这一附加载荷，必须设置笨重的承力结构，因此增重是该结构的主要缺点。据俄罗斯留里卡设计局介绍，单发增重达到 120kg。该喷管的主要技术参数为：在俯仰平面内的矢量角为 ±15°，可以上下摆动，其矢量状态下开加力（喷口末段二次燃烧）时间也受到严格限制。

圆柱段轴线偏转推力矢量喷管实质上是一种二维推力矢量喷管，其推力矢量喷管只能相对旋转轴向上或向下偏转 15°，但因双发动机尾喷管可以同时偏转或不同时偏转，故其能够提供俯仰、偏航及滚转的操纵力矩，如图 1-11 所示。俄罗斯 Su-35 飞机上的 AL-31F 改型发动机也采用了圆柱段轴线偏转推力矢量喷管。俄罗斯在出口印度的 Su-30MK 同样加装了该种推力矢量喷管。总的来看，这种方案因其原理简单、独具特色，不失为具有一定实用意义的推力矢量控制装置。它对于已定型的飞机/发动机，尤其是双发动机飞机，为了尽快实施矢量推进，不能不说是一种较好的方案。但喷管必须伸出机尾罩外较长一段距离，否则无法采用它。

在随后的飞行测试计划中，推力矢量控制使 Su-37 的超机动性展现出显著的优势。这样的优势将允许飞行员开发新的战斗演习与战术，大大提高其在空战中的效力与优势。在

图 1-11 采用圆柱段轴线偏转推力矢量喷管的 Su-37 和 Su-35（图中显示了尾喷管不同偏转状态）

1996 年 9 月的范堡罗航展上，由 Frolov 驾驶的 Su-37 成功表演了超眼镜蛇机动，这是一个普加乔夫眼镜蛇机动的变种。飞机倾斜 180°，并保持尾部第一位置片刻。这种超机动位置，理论上将允许飞机向战斗对手发射导弹，具备早期导弹锁定敌方的优势。超眼镜蛇演变成翻筋斗。其中 Su-37 执行了一个 360°的循环，其转弯半径与飞机的长度相当。据试飞员体验，推力矢量将使飞机在近距离空战中具有相当大的优势。

5. Su-57

Su-57 是单座、双发动机、隐形多用途第五代战斗机，如图 1-12 所示。苏霍伊公司内部名称是T-50。其首飞时间是 2010 年 1 月 29 日，第一架于 2019 年交付，第二架在 2020 年交付。Su-57 成为俄罗斯使用的第一架隐形战斗机。该战斗机被设计为具有超级巡航、超机动、隐身和先进的航空电子设备特征，以压制前一代战斗机以及来自地面与海军武力的防御。Su-57 旨在接替 MiG-29 和 Su-27 在俄罗斯空军服役。

图 1-12 Su-57

早在 1979 年，苏联概述了下一代飞机的需求，制定了多功能前线战斗机 MFI 计划，当时预计在 1990 年左右投入使用。项目要求战斗机具有充裕的地面攻击能力，最终将取代 MiG-29 和 Su-27 进入前线战术航空服务。根据 MFI 计划，米高扬选择开发 MiG-1. 44。苏霍伊虽然没有参加 MFI 计划，但在 1983 年开始了自己的项目，为下一代战斗机开发技术，生产了 Su-37，后来命名为 Su-47。由于后期缺乏资金，MiG-1. 44 计划一再推迟，直到 2000 年原型机才首次试飞，比原计划晚了 9 年。MiG-1. 44 随后被取消，取而代之的是新一代战斗机 PAK FA 项目。该项目要求充分反映西方战斗机的综合作战能力，如欧洲台风战斗机和

F-22战斗机。2002 年，苏霍伊战胜米高扬，成为 PAK FA 项目的获胜者，领导新战机的设计。而米高扬继续发展其轻型多功能前线战斗机项目。2007 年，PAK FA 计划的开发工作已经完成，第一架用于飞行测试的飞机开始建造，到 2009 年有三架第五代飞机准备就绪。在 2009 年，飞机的设计被正式批准。2018 年 8 月 22 日，在国际军事技术论坛期间，俄罗斯国防部和苏霍伊签署了第一份交付两架 Su-57 战斗机的合同。首批两架战斗机分别于 2019 年和 2020 年交付。

在 Su-57 的设计中，苏霍伊指出了它所认为的 F-22 的局限性。例如，因 F-22 采用二维推力矢量喷管，无法使用推力矢量来诱导滚转和产生偏航力矩，发动机之间武器舱空间较小，以及推力矢量失败时失速恢复的复杂性等问题。

T-50 与 Su-57 早期验证机使用的过渡发动机为土星产品 117 发动机或 AL-41F1 发动机。产品 117 发动机与 Su-35S 使用的土星 117S 发动机密切相关，是 AL-31 的一个高度改进和升级版。117 发动机的非加力推力为 93.1 kN，开加力燃烧时推力为 147.1 kN，推重比为 10.5。发动机采用全权数字发动机控制技术（FADEC），并集成到飞行控制系统中，以方便机动性和操纵。类似于 Su-35S 的喷管布局，Su-57 的两个发动机配备了三维推力矢量喷管，允许飞机在三个旋转轴——俯仰、偏航和滚转上产生推力矢量操纵力矩，如图 1-13 所示。矢量控制系统操纵发动机喷管来产生俯仰、偏航和滚转力矩。

原型机与最初生产批次的 Su-57 装备了高度升级的土星 AL-41F1 发动机，作为过渡动力装置。从 2020 年起生产的战斗机将配备一种清洁功率更强大的发动机——土星产品 30，如图 1-14 所示。相比 117 发动机，其减少了可移动部件，质量降低 30%，采用无烟清洁燃烧技术，提高了燃油效率，非加力推力为 107 kN，加力燃烧推力约为 176 kN。由此，提高了含推力矢量喷管发动机的可靠性，降低了维修成本，提高了飞机的性能与可靠性。该发动机首次测试于 2017 年第四季度完成。

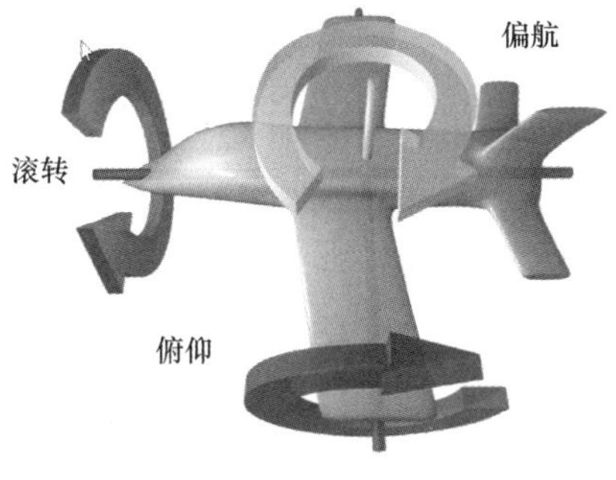

图 1-13　飞机的俯仰、偏航和滚转运动

图 1-14　俄罗斯公开的土星产品 30 轴对称推力矢量发动机

6. MiG-35

MiG-35 是一种四代半多用途战斗机，由米高扬设计，如图 1-15 所示。它是 MiG-29M/M2 和 MiG-29K/KUB 战斗机的进一步发展。第一个原型机是对以前作为 MiG-29M2 演示机的一个改进。在 2007 年印度航空展上，米高扬首次正式在国际上展示 MiG-35，单座版为 MiG-35S，双座版为 MiG-35UB。MiG-35 大幅改进了航空电子设备和武器系统，特别是新的精确制导瞄准能力和独特设计的光学定位系统，该系统使飞机不再依赖地面控制的拦截系统，能够独立执行多任务。MiG-35 是欧洲台风战斗机、波音 F/A -18E/F 超级大黄蜂、达索阵风、

萨博 JAS-39 鹰狮和通用动力 F-16 战斗猎鹰的有力竞争者。

图 1-15　MiG-35 多用途战斗机

MiG-35 安装了两台 RD-33MK 涡扇发动机。RD-33MK 涡扇发动机是 RD-33 涡扇发动机的高度改进型和最新版本，旨在为 MiG-29K 和 MiG-29K/KUB 提供动力。由于在冷却叶片中使用了现代材料，与基准模型相比，它的动力增加了 7%，推力高达 9000 kgf（1kgf = 9.8N）。新发动机采用无烟燃烧技术，红外和光学能见度显著降低；配备三维推力矢量喷管，使 MiG-35 的战斗效率可以提高 12% ~15%。

与苏霍伊 Su-30（Su-35、Su-37）和洛克希德·马丁 F-22 采用的二维矢量喷管只能实现单轴推力矢量不同，RD-33MK 发动机装备的推力矢量喷管可以在两轴上实施推力矢量，即 RD-33MK 发动机的排气喷管可以向任意方向偏转，是一种三维推力矢量喷管，如图 1-16 所示，其最大偏转角度可以达到 20°。采用三维推力矢量喷管，能够使战斗机具备良好的超机动性能。MiG-35 的早期型号 MiG-29OVT 装备了三维推力矢量喷管 RD-33OVT，使 MiG-29OVT 具有极高的机动性能。在第 7 届莫斯科国际航空航天展（MAKS-2005）上，试飞时曾一度将飞行速度降低到了零，并完成了在各个角度上的俯仰和转向。

图 1-16　RD-33OVT 发动机三维推力矢量喷管

2013 年 5 月，有报道称俄罗斯拟订购 37 架 MiG-35。由于 2014 ~2016 年俄罗斯削减国家军费开支，俄罗斯国防部称，MiG-35 的采购将推迟到 2016 年。2015 年 8 月，俄罗斯空军司令维克多·邦达列夫表示，MiG-35 的研制工作于 2017 年完成，印度在 2018 年投入使用。根据这一说法，俄罗斯航空航天部队计划用 MiG-35 取代其全部轻型战斗机，因此至少需要 170 架这样的飞机。2017 年 7 月，俄罗斯国防部同意购买 24 架 MiG-35 作为 2018 ~2027 年新的国家武器计划的一部分。2018 年 8 月 22 日，签署了 6 架 MiG-35 的第一份合同。随后，俄罗斯航空航天部队签署了第二份合同，在 2020 年交付 14 架 MiG-35。2019 年 6 月 17 日，俄罗斯航空航天部队接收了首批两架 MiG-35S 系列战斗机，标志着 MiG-35 正式进入服役。

1.4　TVC 对飞机超机动性能的改善

飞机依靠副翼、升降舵和方向舵等各种气动舵面在空中做六自由度运动。这种气动舵面在飞机低速时效率很低，在高速时，如超声速飞行时其气动阻力又很大。同时，飞机在气流中工作的迎角范围必须严格控制，否则极易失速，使飞机进入螺旋状态而失控。借助于推力矢量控制技术，通过改变喷气发动机气流方向，产生飞机俯仰、偏航和滚转操纵力矩，可以有效地避免上述问题。因此，采用推力矢量控制技术，大大提升了飞机的机动性能与过失速超机动能力。尤其是采用三维推力矢量喷管，可以使战斗机具备俯仰、偏航和滚转三自由度、独一无二的非常规机动能力。

1.4.1　推力矢量对飞机超机动的必要性

通常把以过失速机动为核心的机动称为超常规机动技术，其组成和用途如下所述。

1）过失速机动：迅速占位和摆脱对手。

2）敏捷性：使飞机航迹和姿态的变化响应更快。

3）航迹-姿态解耦：迎头不能用导弹攻击时扩大炮的攻击区域和提供规避机动。

4）高减速性：使超声速远距空战的飞机尽快减速进入近距空战取得占位优势。

5）负载荷机动：迎头攻击时提高生存率。

为了实现过失速机动，必须采用推力矢量控制技术。由于飞机采用推力矢量，除了实现过失速机动以外，还带来其他一些机动性能的实现与改善。上述机动动作中，核心是过失速机动和敏捷性。它们反映了转弯半径小、转弯快的要求。飞机从常规状态进入过失速状态的时间要短，相应要求飞机的姿态变化要快，即飞机绕三轴转动的角速度要快。推力矢量喷管无论是在常规范围还是在过失速大迎角状态，都将极大地改善战斗机的敏捷性。

“眼镜蛇”“Herbst”等一系列超机动动作，有利于获得近距空战优先攻击优势，提升战斗机的生存能力。而这些超机动动作，需要飞机具备大迎角过失速飞行能力。飞机在超过失速迎角以后，由于气流的分离，飞机开始失速，主要气动操纵舵面的操纵效能急剧下降，可控性变差。另一方面，飞机过失速机动转动产生的惯性耦合力矩，需要飞机具有充裕的操纵力矩来平衡、抑制。两者之间的矛盾是飞机过失速机动所需要解决的难题。推力矢量控制技术用以改善战斗机机动性和敏捷性，特别是为飞机提供大迎角下的过失速机动能力。从空气动力学非线性特性和飞行力学原理出发，洪剑锋研究了典型超机动状态下推力矢量控制技术的必要性，利用建立的非线性飞机模型和大迎角控制规律，对“眼镜蛇”及“Herbst”两种典型的过失速机动进行了仿真研究。研究表明，推力矢量控制对于飞机过失速机动是必要的，有利于提升飞机过失速机动的操控能力以及飞行的稳定性。

“眼镜蛇”机动是著名的过失速机动动作，是由 Su-27 战斗机首先试飞成功的。1989 年6 月在巴黎航展上，著名试飞员维克多尔·普加乔夫第一次表演了“眼镜蛇”机动，震惊全场，因此这一机动动作又称为“普加乔夫眼镜蛇”机动，如图 1-17 所示。机动过程中飞行员快速使机头上仰至 110°～120°之间，形成短暂的机尾在前，机头在后的平飞状态，然后再恢复到原来水平状态。机动时飞机进入的速度约为 425km/h，飞机以超过 148km/h 的速率减速，减速到 110km/h，这个动作仅使飞机承受 $3.5g \sim 4g$ 的过载，在整个机动过程中，飞机的飞行高度几乎没有什么变化。

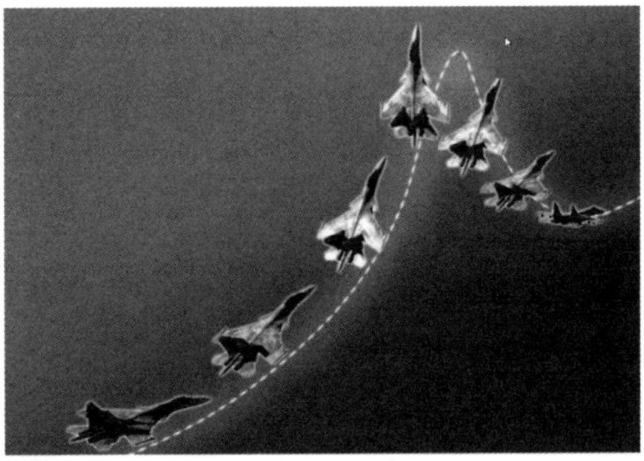

图 1-17　“眼镜蛇”机动

图 1-18 所示为“眼镜蛇”机动中俯仰力矩系数随时间的变化曲线。在 4～8s 之间，飞机处于大迎角区域，控制飞机所需的俯仰力矩系数很大。飞机在大迎角状态下，平尾的操纵效能几乎减小到零，完全不足以提供飞机完成“眼镜蛇”机动所需的俯仰操纵力矩。所以利用推力矢量控制提供附加的俯仰操纵力矩是非常必要的。另外，使用推力矢量控制，使飞机具有更为充裕的操纵力矩，可以大大缩短完成过失速机动所需的时间，提高过失速机动动作的完成质量。

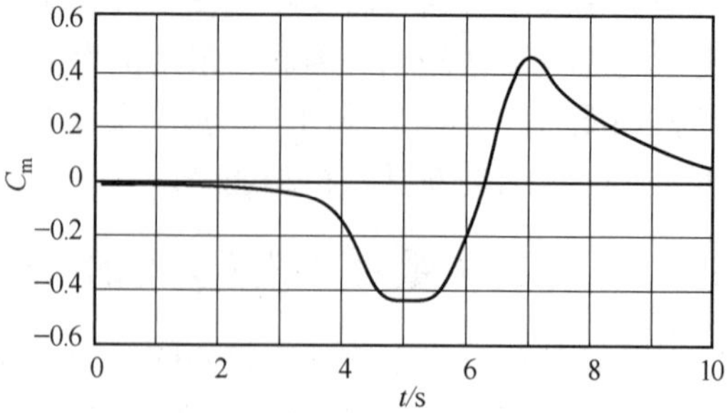

图 1-18 “眼镜蛇”机动中俯仰力矩系数 C_m 随时间 t 的变化曲线

“眼镜蛇”机动过程中另外一个需要解决的问题是克服飞机由于非对称力矩而产生横航向偏离。非对称力矩的产生是由大迎角下的流场特性决定的，几乎不可能消除。所以无推力矢量的飞机要完成“眼镜蛇”机动，必须要求飞机具有良好的大迎角下抗横航向偏离能力。图 1-19 所示为飞机横航向气动舵面的操纵力矩系数随迎角的变化曲线。可以看出，飞机横航向气动舵面的操纵力矩系数在迎角超过失速迎角之后迅速减小。其中，副翼的操纵效能在迎角超过 20°以后就开始明显减小，方向舵的操纵效能在迎角超过 30°之后也迅速减小，两者一般在 50°～60°的范围内降到最小值。也就是说，在飞机横航向非对称力矩作用最强烈的时候，飞机横航向气动舵的操纵效能最弱。这说明飞机的气动操纵力矩已经不足以克服飞机产生的非对称横航向力矩。当两者的偏离足够大时，就会使飞机失控，从而无法完成预定的机动。这进一步说明，为了顺利完成“眼镜蛇”机动，推力矢量控制是必不可少的。

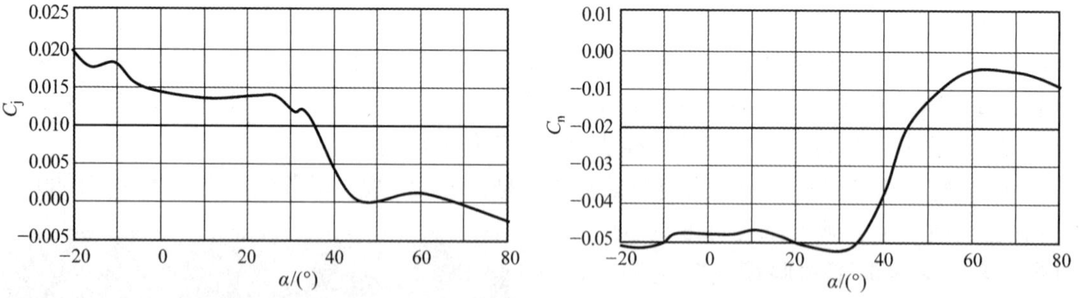

a) 方向舵最大操纵产生的最大滚转系数 C_l 随迎角 α 的变化曲线 b) 方向舵最大操纵产生的最大偏航系数 C_n 随迎角 α 的变化曲线

图 1-19 飞机横航向气动舵面的操纵力矩系数随迎角的变化曲线

未来的空战环境，特别是电子战软杀伤环境的变化，将会使得超视距空战的作用遭到抑制，被动雷达的出现，会使在“先敌发现、先敌发射”指导思想下发展起来的“大”雷达，更易在尚未发现敌人时就暴露自己，而电子战的强有力杀伤，又使“大”雷达被压制到一个非常小的发现距离上，进而使“超视距”失效。在中程武器出现之后，空战形式虽有不少变化，但近距空战仍不可避免。如果对抗双方均采用这样一种对抗策略和技术，将使空战最终还是以近距格斗解决问题。因此，未来空战仍将是远距空战与近距空战并存，对下一代战斗机来说，超视距空战能力和近距超机动能力同等重要。随着下一代战斗机近距空战可进入失速区进行机动，在战术应用上又出现了一些新的战术动作，“Herbst”机动是其中最有名的动作。图 1-20 所示为“Herbst”机动。

图 1-21 示出了在初始状态为高度 1000 m，速度 100 m/s，飞机发动机开加力状态下进行“Herbst”机动得到的仿真飞行结果，图中 C_m 为飞机平尾操纵力矩系数。整个机动过程为：飞机先以小杆力拉迎角，在飞机静不稳定的俯仰力矩作用下，飞机较容易进入过失速迎角区，在 8s 左右达到的迎角最大值为 75°左右。在拉迎角的同时，飞机在操纵力矩的作用下开始绕速度矢滚转，绕速度矢滚转角也大约在 8 s 左右达到其最大值 -120°。达到最大值以后，飞机迎角和绕速度矢滚转角都开始减小，而飞机的偏航角在大约 17s 时达到了 -180°，飞机完成了 180°机头转弯，此时飞机也已经回到了小迎角区，平飞加速恢复飞机机动动能，完成机动。整个机动过程大约持续了 17s。整个过程中，侧滑角始终被控制在一个很小的范围之内（1.5°以下），这说明飞机很好地保持了绕速度矢滚转的能力，几乎没有发生运动耦合。使用推力矢量控制，飞机顺利地完成了机动动作。仿真表明，对于完成整个机动过程来说，推力矢量是必不可少的。

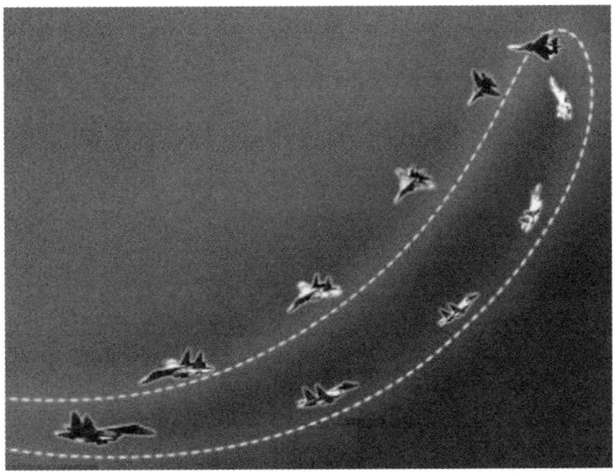

图 1-20　“Herbst”机动

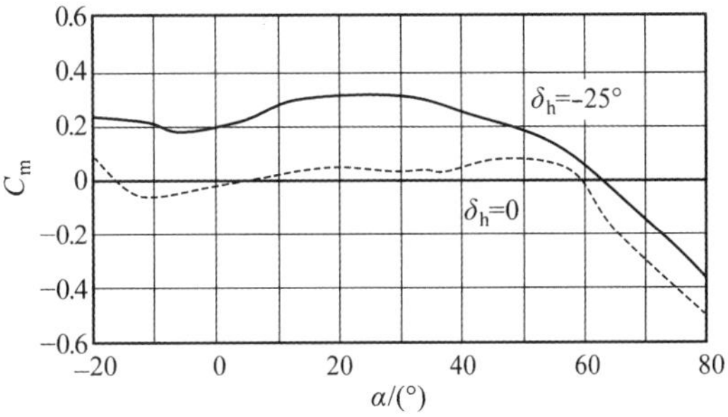

图 1-21　飞机平尾操纵力矩系数 C_m 随迎角 α 的变化曲线

从图 1-21 中可以看出，在小迎角区，飞机的平尾操纵效能较大，而且此时飞机速度也较大，所以飞机的平尾足以提供飞机机动所需的操纵力矩。而在过失速迎角区，飞机平尾的操纵效能已经很弱，加之此时飞机的速度非常低，气动舵面的操纵力矩非常有限。此时不使用推力矢量提供附加操纵力矩，则无法提供足够的俯仰操纵力矩。

1.4.2　推力矢量对飞机性能的改善

当发动机的推力矢量偏转某一角度 δ 时，便产生推力的法向和侧向分量，以及相对飞机重心的力矩。在适当的偏角范围内，推力矢量是高效的。一般最大使用偏角可以达到 ±20°，推力的偏转损失约为 2%。由于发动机尾喷口距飞机重心较远，飞机的推力比各种控制面所产生的气动力要大得多，所以推力矢量可以产生较大的操纵力矩。当飞机低速飞行时，利用推力矢量的力矩效果可以有效地弥补气动舵面操纵效率的不足。此外，在飞机的起飞、爬升和转弯机动中，均可以直接利用推力矢量产生操纵力矩，提高飞机的机动性。

根据某型飞机在采用和不采用推力矢量时起飞滑跑的仿真计算结果（表1-1），利用推力矢量可以显著降低飞机的离地速度，缩短起飞滑跑距离。此外，推力矢量为飞机提供的反向推力，也能显著降低飞机的着陆滑跑距离。

表1-1　某型飞机采用和不采用推力矢量控制技术时的起飞滑跑距离

推力矢量情况	抬前轮			起飞离地		
	速度/(m/s)	时间/s	距离/m	速度/(m/s)	时间/s	距离/m
不采用，无前翼	88.5	15.65	752	93.7	16.85	861
采用，无前翼	65.4	10.60	361	76.1	12.80	516
采用，有前翼	65.4	10.60	361	74.8	12.50	494

如果采用推力矢量与鸭式前翼配合产生直接力的方式，就可以提高飞机的机动性，特别是低速大迎角飞行时的机动性，从而扩展飞机的飞行包线。特别有意义的是，推力矢量可以使飞机的可靠飞行包线扩大到过失速区域，从而使飞机的机动性获得质的飞跃。此外，利用推力矢量代替传统的气动舵面，可以使飞机的气动布局发生重大的变化，如受益于推力矢量控制技术的无尾翼飞机目前已经成为许多国家关注的热点。

表1-2给出了根据爬升运动方程并结合示例飞机的几何参数和气动数据进行仿真计算的结果。它表明，采用推力矢量控制可提高飞机的过载及俯仰角速度。例如：在高度为5km，马赫数 $Ma=0.6$ 的情况下，法向过载和角速度分别提高24%和40%，从而使飞机的机动性大幅提高。

表1-2　推力矢量对飞机爬升性能的影响

状态	无推力矢量		有推力矢量	
	法向过载	角速度/[(°)/s]	法向过载	角速度/[(°)/s]
高度0，$Ma=0.3$	1.21	1.14	1.49	2.71
高度3 km，$Ma=0.4$	1.49	2.08	1.84	3.56
高度5 km，$Ma=0.6$	2.52	4.44	3.13	6.23

所谓敏捷性，是衡量战斗机从一种机动状态进入另一种机动状态快慢程度的一项指标。常用的一类是以时间为尺寸的功能敏捷性指标，如最小转弯时间和战斗周期时间等。推力矢量能起到缩短战斗机最小转弯时间和最小战斗周期时间的作用。前者是指飞机在满足起始条件和终止条件时，机头转过规定角度所需用的时间。根据某种飞机在不同初始速度下的最小转弯时间优化计算结果（表1-3），采用推力矢量控制的飞机比采用常规推力控制的飞机可以显著减小转弯时间。这一指标满足了率先攻击和连续攻击的要求，所以转弯半径的最小化对空战更有意义。根据在不同初始速度下，某型飞机最小战斗周期时间的优化计算结果（表1-4），具有推力矢量时，飞机的战斗周期时间可以大大缩短，而且飞机的战斗周期时间对飞机初始速度的依赖性明显降低。这主要是因为具有推力矢量之后，飞机的转弯速率不仅依赖于飞机的升力（受飞机的飞行速度影响）和发动机的推力，而且还依赖于推力矢量的偏转角。也就是说，具有推力矢量之后，飞机就可以摆脱以损失能量换取转弯速率的缺陷，从而获得更高的敏捷性。

表 1-3　最小转弯时间优化结果（初始高度为 4264m）

初始速度 / (m/s)	常规控制			推力矢量控制		
	时间/s	高度/m	速度/（m/s）	时间/s	高度/m	速度/（m/s）
128	9.0	4296	212	8.1	4316	193
189	9.1	4266	146	7.4	4208	207
276	12.6	4241	274	9.4	4227	238

表 1-4　最小战斗周期时间优化结果（初始高度为 4264m）

初始速度 / (m/s)	常规控制			推力矢量控制		
	时间/s	高度/m	速度/（m/s）	时间/s	高度/m	速度/（m/s）
128	12.9	4546	128	9.8	4220	128
189	14.9	4689	186	8.7	4515	188
276	15.7	4280	273	9.8	4455	275

1.5 小结

推力矢量喷管这一划时代的高新技术，为航空技术带来了又一次重大变革，使飞机的性能有了大幅度的提高。具体表现在，提高了飞机的机动性和敏捷性，甚至过失速状态的机动能力，提高了生存能力和战斗能力；减小了飞机的气动舵面，减小了尾翼，甚至成为无尾飞机，从而减小阻力，减轻质量，减少红外辐射，增加其隐身能力；增加了短距起降能力，从而使第五代战斗机可以满足海陆两栖作战要求。推力矢量控制技术是第五代先进战斗机的必备技术。

参考文献

[1] Wikipedia. Talk. Fifth-generation jet fighter [EB/OL]. [2019-05-06]. https://en.wikipedia.org/wiki/Fifth-generation_jet_fighter.

[2] Wikipedia. F-35 lightning Ⅱ [EB/OL]. [2019-09-18]. http://www.thefullwiki.org/F35_Lightning_Ⅱ.

[3] TAYLOR R, GARCIA J, TANG P S. Using optimization for structural analysis productivity improvement on the F-35 lightning Ⅱ [C] // Proceedings of 48th AIAA/ASME/ ASCE/AHS/ASC Structures, Structural Dynamics, and Materials Conference, Session: SDM-58: Advances in Structural Mechanics for Military Applications Ⅱ. Reston: AIAA, 2007: 2007-2312.

[4] Wikipedia. Military. Mikoyan and Gurevich (MiG) aircraft [EB/OL]. [2019-09-18]. https://military.wikia.org/wiki/Mikoyan.

[5] Military factory. HAL AMCA (Advanced Medium Combat Aircraft), 5th generation fighter concept [EB/OL]. [2019-09-18]. https://www.militaryfactory.com/aircraft/detail.asp? aircraft_id = 1083.

[6] YAGLE P J, MILLER D N, GINN K B, et al. Demonstration of fluidic throat skewing for thrust vectoring in structurally fixed nozzles [J]. Journal of Engineering for Gas Turbines and Power, 2001, 123 (3): 502-508.

[7] FLAMM J D, DEERE K A, MASON M L, et al. Experimental study of an axisymmetric dual throat fluidic thrust vectoring nozzle for supersonic aircraft application [C] // Proceedings of 43rd AIAA/ASME/SAE/AS-

EE Joint Propulsion Conference & Exhibit, Session: ABP-12: Nozzles. Reston: AIAA, 2007: 2007-5084.
[8] BEVILAQUA P M. Propulsion system for a vertical and short takeoff and landing aircraft: USA, 5, 209, 428 [P]. 1997-05-14.
[9] BARNES G R, CURRY S G, WOOD A C. Vectoring exhaust nozzle technology [C] // Proceedings of 20th AIAA/ASME/SAE/ASEE Joint Propulsion Conference. Reston: AIAA, 1984: 1175.
[10] 王玉新. 喷气发动机轴对称推力矢量喷管 [M]. 北京: 国防工业出版社, 2006.
[11] NOVICHKOV N. Pitch-yaw nozzles to be used on Su-30MKs for Indian air force [J]. Aviation Week & Space Technology, 1998, 148 (26): 72-74.
[12] HARTILL W R, CURRY S, JONES T J. Vectoring exhaust systems for STOL tactical aircraft [J]. Journal of Engineering for Power, 1983, 105 (3): 654-662.
[13] CHEATHAM P L, GRIDLEY M C, WALKER S H. Numerical evaluation of a two dimensional pitch and yaw vectoring nozzle using an in-viscid flow solver [C] // Proceedings of the GT2007 ASME Turbo Expo: Power for Land, Sea and Air. New York: ASME, 2007: 843-853.
[14] HREHA M A, GERARD S S, JOHN S O. An approach to aircraft performance optimization using thrust vectoring [C] // Proceedings of 30th AIAA/ASME/SAE/ASEE Joint Propulsion Conference and Exhibit. Reston: AIAA, 1994: 94-3361.
[15] ZWERNEMAN W, ELLER B. VISTA/F-16 multi-Axis thrust vectoring (MATV) control law design and evaluation [C] // Proceedings of 19th Atmospheric Flight Mechanics Conference. Reston: AIAA, 1994: 94-3513.
[16] GREGORY P W, JAMES W F, STEVEN P W. F-35B integrated flight propulsion control development [C] // Proceedings of 2013 International Powered Lift Conference, Session: Powered-lift Control Systems and Techniques II. Reston: AIAA, 2013: 2013-4243.
[17] WAITHE K, DEERE K. An experimental and computational investigation of multiple injection ports in a convergent-divergent nozzle for fluidic thrust vectoring [C] // Proceedings of 21st AIAA Applied Aerodynamics Conference. Reston: AIAA, 2003: 2003-3802.
[18] BENJAMIN G O. Future jet technologies [J]. International Journal of Turbo and Jet Engines, 2011, 28 (1): 1-20.
[19] SNOW B H. Thrust vectoring control concepts and issues [C] // Proceedings of Aerospace Technology Conference and Exposition. Warrendale: SAE International, 1990: 1.
[20] BARHAM R W. Thrust vector aided maneuvering of the YF-22 advanced tactical fighter prototype [C] // Proceedings of Biennial Flight Test Conference. Reston: AIAA, 1994: 94-2105.
[21] RUSBARSKY G J. F-15 STOL and maneuver technology demonstrator flight test progress report [C] // Proceedings of Orbital Debris Conference: Technical Issues and Future Directions. Reston: AIAA, 1990: 90-1269.
[22] 曹万里. 推力矢量飞机过失速动态边界和敏捷性研究 [D]. 南京: 南京航空航天大学, 2003.
[23] 张力, 王立新, 付泱. 战斗机过失速机动特征指标的量化评估 [J]. 北京航空航天大学学报, 2008, 34 (9): 1053-1057.
[24] 陈杰. 航空发动机轴对称矢量喷管控制技术研究 [D]. 南京: 南京航空航天大学, 2011.
[25] 贾东兵. 关于推力矢量控制技术的探讨 [J]. 航空动力, 2018 (8): 25-27.
[26] 季鹤鸣. 推力矢量技术及其基本方案述评 (下) [J]. 国际航空, 1997 (5): 52-53.
[27] 计秀敏. 苏-37 的推力矢量技术 [J]. 国际航空, 1997 (1): 21-22.
[28] 洪剑峰, 推力矢量飞机过失速机动仿真研究及大仰角非线性控制规律设计 [D]. 西安: 西北工业大学, 2003.

第 2 章

机械式推力矢量喷管

过失速大迎角机动能力对于现代战争环境下飞机的格斗生存能力具有重要作用。推力矢量控制技术能够有效地增强飞机在过失速情况下的操纵性与稳定性，使飞机具备大迎角过失速机动能力，提高了飞机的机动性与敏捷性，以及战斗生存能力。目前，实施飞机推力矢量控制的主要方式有两种：机械式与射流式。机械式推力矢量控制技术相对比较成熟，已经在现役飞机，如 F-22 的二维收-扩矢量喷管、Su-57 的三维轴对称矢量喷管等上采用。本章主要介绍机械式推力矢量喷管。

2.1 机械式推力矢量喷管的发展历程

2.1.1 推力矢量喷管的发展历程

早在 20 世纪 40 年代，推力矢量控制技术就被德国应用在 V-2 火箭上。在火箭喷口外安装可控偏流片，利用偏流片的偏转操纵火箭飞行轨迹。此后，英国成功地将推力矢量控制技术应用到鹞式战斗机上，使该机具备了垂直起降能力。

现代导弹空中格斗情景下，如果飞机能在过失速迎角状态下做机动飞行，使机头更快地指向目标，这对飞机空战生存具有很大的益处。通俗一点讲，就是在大迎角低速度情况下，飞机迅速改变自己的飞行方向，抢占有利位置，从而夺得优先开火时机。

第一代推力矢量喷管主要用于验证推力矢量控制技术的可行性，以及在大仰角过失速状态下飞机的可操纵性与稳定性。代表性的有 F-22/F119 二维收-扩推力矢量喷管（2-D/C-D）和俄罗斯圆柱段可偏转矢量喷管（AT）。这两种喷管只能实现俯仰推力矢量。

1. 第一代推力矢量喷管（Pitch）

为了验证推力矢量概念的可行性，美国和德国联合研制了采用推力矢量控制技术的 X-31验证机，并取得了很大成功。基于高阿尔法研究飞行器研究计划：利用多轴推力矢量控制技术提高战斗机的机动性和敏捷性，美国国家航空航天局于 1986 年底针对 F/A-18 开始多轴推力矢量控制技术的设计，1987 年 8 月完成了基于三片偏流板的推力矢量控制方案，如图 1-4 所示。验证机一共生产了 2 架，先后在 1990 年和 1991 年首飞。1993 年，验证机机上安装了头盔目视/音频显示器，使飞行员在大迎角作战时能够了解自己的位置。试验中，X-31可控飞行迎角达到 70°，并在该迎角下完成了一次绕速度矢的可控滚转。第二架飞机利用其失速机动能力完成了快速小半径 180°转弯。X-31 能以超过常规飞机的气动力极限正常飞行。它完成的“Herbst”机动将 X-31 拉至 74°迎角，绕速度矢滚转并反向下滑加速飞行的机动动作，如图 1-20 所示。该动作大大减小了战斗机转弯半径，可迅速使机头指向后方目标。

X-31完成180°转弯的半径约为149m，时间为12s。而常规机动X-31的转弯半径约为823m。

在美国空军短距起降与机动技术验证计划的支持下，1983年，麦克唐纳·道格拉斯公司在F-15飞机的双发P&W发动机上安装了二维收-扩推力矢量喷管（2-D/C-D），进行了台架试验（图1-1）和高空台台架试验，试验累积20h，矢量偏转角0°~20°，试验取得了成功。推力矢量控制是利用安装在发动机末端上下两个板型构件的上下偏转，改变喷管气流流动方向。1989年3月开始在F-15-S/MTD（短距起降/机动性技术验证机）上进行飞行试验。到1991年，2-D/C-D喷管在F-15-S/MTD飞机上的飞行时间累积达到90 h。试验表明，起飞距离缩短了40%，30°仰角下的俯仰速度增加了110%，起飞距离（800ft）减小了38%。目前应用2-D/C-D技术较为成功的飞机-发动机是F-22/F119。采用该项技术后，F-22不仅空中格斗能力大大增强，而且还大大提升了飞机的隐身性。同时，由于后部外廓扁平，降低了后机身的阻力，从而使F-22/F119具有很好的过失速超机动性、超声速巡航能力、隐身能力和短距起降能力，是目前唯一的一种实现超声速巡航的第五代战斗机。

同样地，苏联于20世纪80年代开始了推力矢量喷管技术的研究。在1985年，留里卡设计局以轴对称收-扩式喷管为基础（相当于美国平衡梁结构轴对称收-扩式喷管），设计了一个圆柱段可偏转俯仰式轴对称矢量喷管（AT），安装在AL-31F发动机上，如图1-10所示，命名为AL-31FU。喷管矢量偏转发生在喉道前，轴对称收-扩式喷管整体相对喷管与机匣连接处的销轴偏转，这样轴对称收-扩式喷管就可以相对转轴做俯仰平面内的上下摆动，从而获得附加的飞机操纵力矩。该装置的主要优点是结构非常简单，轴对称收-扩式喷管可以不做任何改动，气密性好，矢量控制简单、可靠。1989年3月，装有该矢量喷管的Su-27M进行了首飞，并进行了±5°偏转飞行试验，取得了成功。1995年7月，在Su-37上安装两台AL-31FU，两个喷管控制系统与Su-37自动驾驶系统一体化，这样两个喷管可以同时转动，也可以差动转动，满足飞机不同的机动力矩要求。尤其是圆柱段可偏转轴线一般与发动机机翼主轴线成一定夹角，两个喷管同时不同角度联合转动，可以为飞机提供俯仰、偏航乃至滚转的驱动力矩。在1996年范堡罗航展上，装有AL-31FU改型发动机的Su-37战斗机进行了大仰角、高速小半径转弯飞行，充分显示了其优越的机动性能。该推力矢量喷管现已应用于俄罗斯的Su-37、Su-30MKI等战斗机上。

无论是2-D/C-D喷管，还是圆柱段可偏转俯仰式轴对称矢量喷管结构都笨重，只能做俯仰偏转，是第一代矢量喷管的共同缺陷。第二代推力矢量喷管在考虑与飞机匹配的前提下，着重减小推力矢量喷管的质量，提高发动机推力效率，降低飞行阻力。代表性的推力矢量喷管有美国俯仰/偏航平衡梁喷管（P/Y BBN）和球面收敛调节片喷管（SCFN），这两种推力矢量喷管均可以提供俯仰与偏航机动力矩。与第一代推力矢量喷管相比，它们在减小质量和提高效率方面都有显著改进。

2. 第二代推力矢量喷管（Pitch/Yaw）

为了减小2-D/C-D喷管的质量，20世纪80年代中期，P&W公司设计了具有俯仰、偏航、反推力的第二代二维推力矢量喷管，即球面收敛调节片喷管（SCFN）。如图2-1所示。P&W于1986年开始方案论证，1990年进行了验证机详细设计。1993年，SCFN被正式列入由美国政府/工业界支持的IHPTET计划中，成为有多机构参与研制的推力矢量喷管。为了在真实环境下验证SCFN的气动性能、冷却性能、高温非金属材料、刷式密封以及全新结构的推力矢量方案，1994年，P&W公司在美国政府发动机和空间推进部的试验设备上，将

SCFN 装到联合技术验证发动机（XTE-65）上进行了 89h 的全尺寸验证试验。1995 年，又将 SCFN 装到了 XTE-65 的改进型 XTE-66 验证发动机上，进行了进一步的地面验证试验。试验表明，在俯仰/偏航矢量角达 ±20°，以及反推力工作时，发动机能稳定地工作；刷式密封效果良好；冷却系统使金属和复合材料的温度维持在安全的范围内；复合材料空气传输管、外蒙皮和热流路等构件在试验后未发现问题，达到了 IHPTET 计划 SCFN 第一阶段排气系统的研制目标。

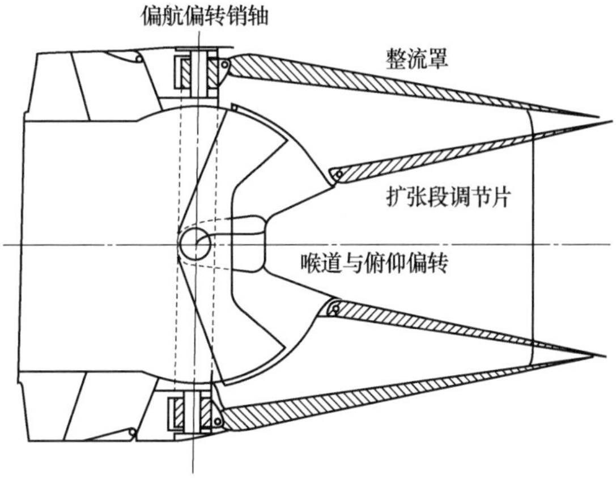

图 2-1　球面收敛调节片喷管（SCFN）

该方案的喉道面积 A8 和喷口面积 A9，既能各自独立工作，又能按特定的比例关系协调工作。喷管的俯仰矢量转角达 ±30°，偏航矢量转角达 ±20°，转向灵活。喷管出口为矩形截面，隐身性能好。收敛段与球壳间采用先进的刷式密封，侧壁采用蜂窝状密封，密封性能好。该方案的试验件比同样尺寸的 2-D/C-D 喷管的质量大约小 40%。P&W 公司希望用 SCFN 喷管取代二维收-扩矢量喷管和轴对称矢量喷管，因为其具有二者的特点，P&W 公司甚至称其为第四代 TVC 装置。

尽管取得了较大的成功，但 SCFN 喷管仍存在一些缺点和不足，主要包括：转动是在喉道 A8 截面以前的亚声速段内进行，因此气动负荷很大；因为要利用球面结构，推力矢量驱动控制装置不可能设计得很小，很容易增大调节机构的质量；由于 A8 设计成二维收扩，因此当 A8 及其下游的扩张段一起转动时，要占用较大的空间，其轴向转动长度为 1m 左右，以致轮廓尺寸较大，使外阻加大；鉴于收敛段要转动，喉道部分的宽高比只能做得比较小，约为 1.25，因此二维推力矢量喷管的优势不明显。

俯仰/偏航平衡梁式推力矢量喷管（P/Y BBN）源于平衡梁式轴对称收-扩式喷管（BBN），如图 2-2 所示。由于喷管矢量偏转段发生在扩张段，扩张调节片需要根据俯仰、偏航矢量偏转驱动环的驱动，在拉杆的作用下产生空间旋转、偏移。因此，其扩张调节片的运动与 AVEN 中扩张调节片的运动没有区别。俯仰/偏航平衡梁式推力矢量喷管可以视为轴对称收-扩式喷管的一种特例，即喷管只能做俯仰、偏航偏转的轴对称矢量喷管。制约 P/Y BBN 推力矢量喷管只能实现俯仰/偏航偏转的原因在于其矢量偏转驱动环的定

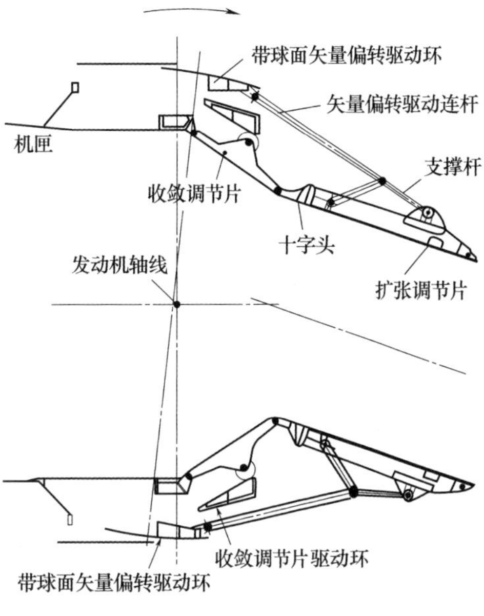

图 2-2　俯仰/偏航平衡梁式推力矢量喷管运动机理

心方式。

俯仰/偏航平衡梁式推力矢量喷管矢量偏转驱动环的定心装置由一个互成90°、十字交叉的四个移动副（P副）及带球面矢量偏转驱动环构成。如图2-3所示，机匣上带A、B作动筒轴向移动限位槽，限定A、B作动筒与带球面矢量偏转驱动环的连接点只能沿发动机轴线方向移动。矢量偏转驱动环为整体结构，在E、F处通过销轴与收敛调节片悬挂环构成转动副。收敛调节片悬挂环与机匣同轴，可以沿矢量偏转环偏航运动导槽方向滑动。当需要调整喷口面积时，四个驱动作动筒A、B、C、D同步发生等位移输出，此时，A、B作动筒的运动被限定在由机匣导槽确定的与发动机轴线平行的直线方向上，在矢量偏转驱动连杆的作用下，喷口扩大或缩小。当需要俯仰偏转时，A、B作动筒位移输出相等且相对固定，不发生长度变化，在俯仰驱动作动筒C、D的驱动下，矢量偏转驱动环能够做俯仰矢量偏转，从而驱动扩张调节片实现俯仰偏转。当需要偏航输出时，C、D作动筒位移输出相等且相对固定，不发生长度变化，此时，A、B作动筒反向给出等值位移输出，矢量偏转驱动环相对C、D作动筒与矢量偏转驱动环的球铰链点旋转，驱动扩张调节片发生偏航偏转运动。由于图2-3所示的矢量偏转驱动环定心机构仅允许矢量偏转驱动环沿两个相互垂直的方向分别发生偏转，所以，该推力矢量喷管仅能提供俯仰/偏航两个方向的推力矢量。从结构复杂性、气密性等方面来讲，该类推力矢量喷管相对轴对称矢量喷管而言，并没有技术优势。

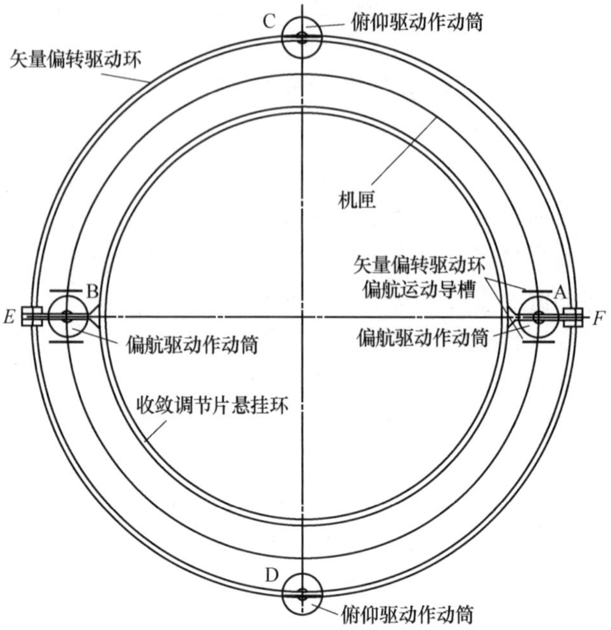

图2-3　俯仰/偏航平衡梁式推力矢量喷管矢量转向驱动机理

图2-4所示为P&W ACTIVE项目中F110-PW-229发动机俯仰/偏航平衡梁式推力矢量喷管。图2-3中A、B作动筒的机匣限位槽被直线运动副所代替，如图2-4中的直线运动副H。偏航运动采用两个与直线运动副连接的作动筒，而俯仰则采用四个对称布置的驱动作动筒，如图2-5所示。

图2-4　俯仰/偏航平衡梁式推力矢量喷管（P/Y BBN）

3. 第三代推力矢量喷管（Pitch/Yaw/Roll）

采用二维收-扩式推力矢量喷管（2-D/C-D），虽然发挥了具有综合多功能的优势，但为了满足开加力要求和符合强度规范，不得不具有笨重的结构。在研究二维推力矢量喷管的同时，美国GE公司早在20世纪80年代末就开始研究轴对称的可做360°转动的推力矢量喷

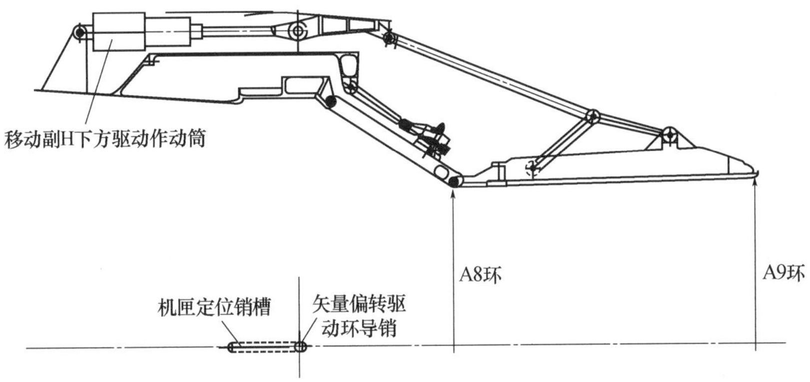

图 2-5　F110-PW-229 发动机俯仰/偏航平衡梁式推力矢量喷管的驱动作动筒

管——轴对称矢量喷管（AVEN），如图 2-6 所示。AVEN 是在轴对称收-扩式喷管的基础上，通过使喷管的扩张段万向偏转，实现喷管推力的万向矢量。它完全保留了轴对称收-扩式喷管的良好气动性能（包括内流和外流），只是连接上扩大了扩张段的功能，使之既产生超声速气流，又能按飞机需要偏转气流方向。该方案对飞机有两个突出优点：

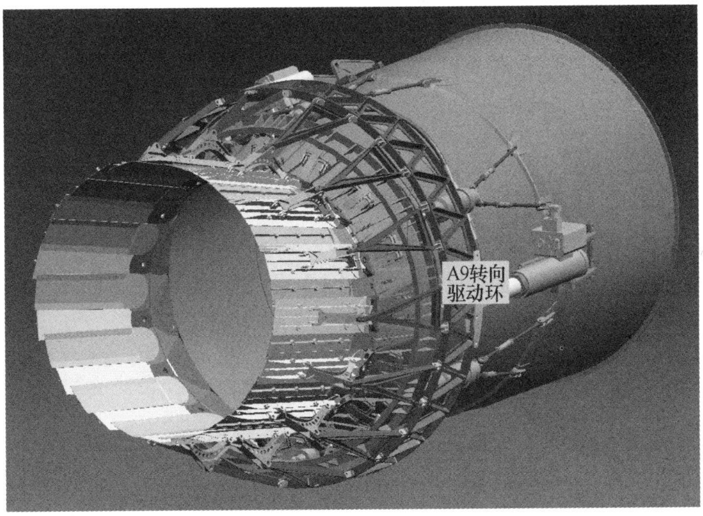

图 2-6　轴对称矢量喷管（AVEN）虚拟装配仿真

1）飞机不需要做较大的改装即可实施推力矢量。因为整个 TVC 系统是发动机自带的，而且飞机和发动机之间界面清楚，相容性很好。

2）新旧飞机都可安装，这可最大限度地降低研制风险，很容易在现役飞机上做此项技术的试验验证。

由于气流偏转是在扩张段内实现的，相比起来，它的气动负荷要小得多，100kN 推力级的发动机产生的附加气动力不到 20kN。同时，它是在喷口面积 A9 实现偏转的，相对飞机的安装质心最远，新增力矩最大，推力矢量操纵作用效果最佳。这些特点使操纵作动系统可以做得比较轻巧，增重很小。由于是在扩张段内转动，矢量工作状态所占空间及外廓较小。该方案的运动机构主要体现在转向驱动环（A9 环）的驱动控制上，它带给发动机的益处是由于 A9 是单独控制的，容易得到最佳的超声速部分的膨胀比，这可以充分发挥现代机械式收-扩式喷管的潜能。同时，该方案也有利于隐身和超声速巡航。

AVEN 方案得到了飞机和发动机公司的一致赞扬。1988 年初，GE 公司首次提出 AVEN 的方案，并开始风洞试验，1989 年着手台架试验件设计。1990 年初，GE 公司开始实施多轴推力矢量研究计划。同年 9 月该公司用改进性能的 F110-GE-129 发动机进行了多项试验，包括矢量角达 17°的全加力试车，先后试验了 73h。试验进行得很成功，获得了好评。据 GE 公司介绍，F110 改装 AVEN 质量仅增加 90kg。它是采用带调节环的圆弧凸轮机构来实施的，增加的零件很少，主要通过扩大构件的功能来达到目的，结构简单。GE 公司近几年主要在 F-16MATV（多轴推力矢量装置）上进行试验研究。一是研究新型的部分矢量推进飞机 F-16D，二是在批量生产型 F-16 上用 F110-GE-100 发动机加装 AVEN，并已完成试飞。据称发动机只做少量改装（加了一套作动系统）即可进行试飞。试飞中着重试验了中低速时有实战价值的大迎角条件下的机动性，包括“眼镜蛇”机动等，试飞显示出装有 AVEN 的 F-16 有良好的超机动性。

P&W 公司从 20 世纪 90 年代开始也在研究 AVEN，采用的是 F100-PW-229 发动机，1990—1992 年完成了地面台架的验证性试验，试验了 82h，其中加力状态试验 8.5h，推力矢量循环超过 1300 次。1992—1994 年完成了飞行合格试验，试验了 48h，其中加力状态试验了 12h，推力矢量循环 50250 次，矢量角 12°，矢量角速度为 45°/s。另外还先后进行了振动、闪电、低压、高压、极限载荷、防火和冲击等一系列环境试验。P&W 公司是用平衡梁喷管改成 AVEN 的，新增了异步转向环、3 个作动系统和固定机匣等零件，与 F110 相比、质量增加较多，据称达 110 kg。

除美国 GE 公司的 F110 和 P&W 公司的 F100、欧洲的 EJ200 以及俄罗斯的 RD33 发动机采用这种喷管进行工程验证外，法国的斯奈克玛公司和印度、日本、瑞典、西班牙以及以色列也在研究这项技术。采用 360°万向偏转的 AVEN 已是航空界的共识，它代表了发动机排气系统设计与研究的发展方向。

2.1.2 我国推力矢量喷管的发展历程

只结合机械结构部分阐述我国推力矢量喷管的发展历程。我国推力矢量喷管的发展经历了两个主要阶段：起步探索阶段与跨越发展阶段。20 世纪 90 年代初，我国航空领域的专家密切关注了国际航空发动机领域的发展动态。根据国际公开专利，相关单位开展了计算机模拟研究工作，利用 3D MAX，进行了动画演示，如图 2-7 所示，并着手制作简单的样机模型。样机模型参考美国早期专利，其转向驱动环（A9 环）的万向运动由沿发动机匣周向均布的平行于发动机轴线的三个移动副（C 副，非 P 副）定位，如图 2-8 所示。从理论上讲，如果三个 C 副间隙为零，则 A9 环只能产生与发动机轴线平行的平移运动，驱动喷管扩张段改变 A9 环面积，而不能使喷管扩张段发生矢量偏转。由于 C 副间隙较大，样机给出了象征性的小角度偏转。

鉴于 AVEN 的复杂性，有关部门邀请国内含航空院校在内的多家科研单位，开展 AVEN 方案可行性论证工作。我应季鹤鸣的邀请，参与课题论证。基于我（时任天津大学教授、博士生导师）和我的研究团队在机构学，尤其是空间机构学及创新设计领域的科研积累，在半年时间内，搞清了 AVEN 的结构组成原理、运动机理，以及结构参数与 A8、A9 及矢量偏转角度之间的关系，给出了线架仿真结果，首次清晰、正确地给出了 AVEN 矢量偏转的模拟结果。完成的咨询论证报告，得到了相关单位的积极评价。相关单位根据得到的设计数据，进行了二批机试验验证。

图 2-7　AVEN 机构 3D MAX 动画演示模型

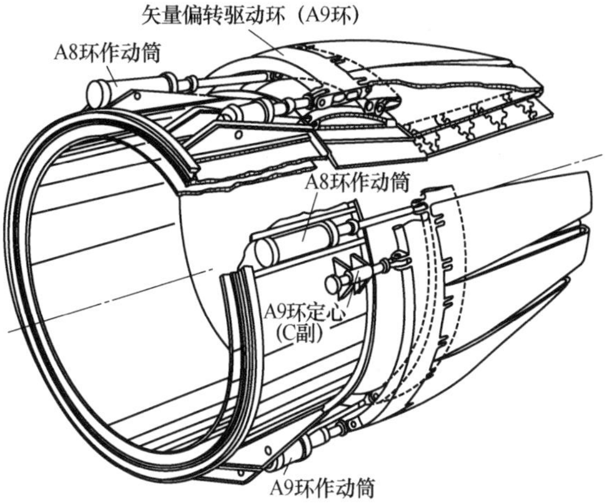

图 2-8　三个 C 副转向驱动环（A9 环）万向运动定心方式

为了提高 AVEN 的综合性能，减小其质量，作者与王金民教授联合攻关，攻克了 AVEN 三维虚拟仿真问题。尽管项目牵头单位具有先进的三维仿真软件，如含有碰撞接触装配功能模块的 ADAMS 软件等，由于 AVEN 存在大量欠约束空间冗余运动构件，以及喷管扩张段矢量偏转后，相邻两扩张调节片内表面空间交错，使扩张密封片不能有效接触密封等原因，导致基于约束装配的三维软件不能对偏转状态下的 AVEN 进行虚拟装配仿真。目前，三维软件平台仍然不能对矢量偏转状态下的 AVEN 进行装配仿真，仅能对非矢量状态喷管的收-扩进行仿真，或不含扩张密封片及其悬挂机构的非密封状态 AVEN 进行仿真。有学者利用 NX/Modelling 对 AVEN 的俯仰、偏航运动进行了虚拟仿真，从仿真采用 78 个铰链点数量来分析，显然仿真不含扩张密封及其悬挂机构，仅为扩张调节片的装配仿真。而 AVEN 虚拟仿真的关键在于扩张密封片对扩张调节片的密封问题。

针对 AVEN 装配虚拟仿真这一挑战性、世界性难题，王金民开拓性地提出基于“后台预置”装配方法，解决 AVEN 虚拟装配问题的学术思想，运用 AVEN 线架仿真获得的数据，通过三维零件句柄捕捉及坐标变换，将 AVEN 构成部件放置到恰当的空间位置，这些空间位置为这些构成部件真实的空间约束装配位置。利用 Inventor、NX 等软件平台提供的二次开发工具，喻宏波编程实现了具体仿真过程。基于 NX 平台的 AVEN 仿真结果如图 2-6 所示。通过该仿真图，可以清楚地观察各构件在矢量偏转状态的运动干涉情况、加力状态密封片搭接密封情况、小喷口各构件的运动干涉情况。基于该仿真平台，对 AVEN 进行了尺寸优化、结构调整等一系列结构优化创新工作。图 2-9 所示为基于该平台对密封片悬挂机构进行构型优化的一个过程。

根据虚拟装配仿真得到的结构参数数据制造的三批样机，达到同期国际先进水平。在项目牵头单位的组织下，经过材料、控制等相关科研单位的共同努力，四批机成功通过了热态矢量偏转试验考核。

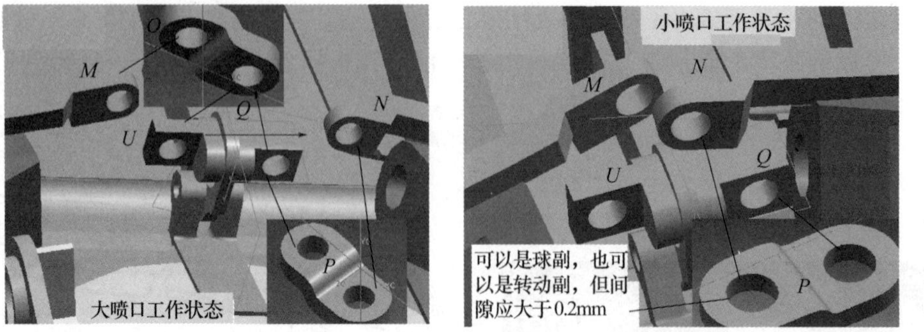

a) 大喷口装配　　b) 小喷口装配

图 2-9　喉道处扩张密封片悬挂机构选型优化过程

根据我国推力矢量喷管研制取得的重大进展与良好发展势态，有关方面决定采用跨越式发展策略，在大推力发动机上加装推力矢量喷管。在大推力发动机上加装推力矢量喷管需要解决两个关键技术问题：其一，大的收-扩比，喷管的喉道面积 A8 和喷口面积 A9 在加力和非加力状态下的尺寸变化范围较大，造成扩张调节片干涉，或密封片密封不良等问题，给密封片及其悬挂机构设计、选型带来巨大困难；其二，在非常有限的装机空间内，将 AVEN 布置在其中，使其实现给定的工作任务，给构件结构强度设计带来巨大困难。面对国家发展需求，课题组以当时被看好的 Eurofighter 三环驱动 AVEN 方案为蓝本，开展了在大推力发动机上加装推力矢量喷管的研究工作，攻克了相关技术难题。

AVEN 的实时运动反解及控制补偿是推力矢量发动机与飞机机翼一体化设计的关键技术问题，是加装推力矢量发动机飞机上天试飞的技术关键。针对飞机上天试飞急需，课题组提出了 AVEN 近似-修正运动反解模型，并对热变形进行了修正，使控制误差小于 5%，在给定喷口面积和几何矢量偏转角的情况下，能够实时地给出转向驱动环（A9 环）的驱动作动筒位移输出规律，满足了推力矢量与飞机机翼升力联合实时控制的需要。

在此基础上，针对含推力矢量发动机飞机因战斗或其他原因，有可能导致推力矢量装置出现断电、断油和控制器失灵等故障，造成重大飞行安全事故发生的问题，发明了一种故障应急防护机械系统，故障状态下的推力矢量喷管能够自动应急复位到中立位置，提高了含 AVEN 战斗机的飞行可靠性。实用验证了发明的应急复位防护系统的可靠性。

然后，在项目牵头单位积极组织协同下，有关单位组成的联合攻关团队通力合作、不懈努力，攻克了材料、控制、飞行动力学、试飞等一系列难题，使我国推力矢量控制技术取得了重大突破。在 2018 年珠海航展上，我国自主研制的 J-10B 推力矢量验证机，成功展示了“榔头”“大迎角 360°滚转”“落叶飘”“眼镜蛇”“Herbst”等典型过失速机动飞行动作，如图 2-10 所示，使我国成为少数几个掌握此项关键技术的国家之一。

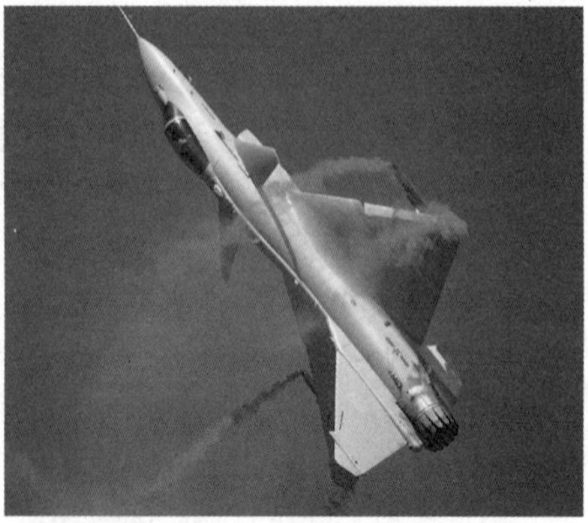

图 2-10　J-10B 推力矢量验证机在 2018 年珠海航展上展示过失速机动飞行能力

J-10B 推力矢量验证机在珠海航展的成功，表明我国基本掌握了推力矢量控制技术中的推力矢量喷管设计、控制、材料、飞机机翼与推力矢量一体化等关键技术，但喷管结构优选、性能完善、可靠性设计，使其成为列装服役的装备，仍有许多必要的基础研究工作要做。减小 AVEN 结构的复杂性，提高喷管矢量偏转段的密封性，降低矢量偏转对发动机有效推力降低的影响等，是后续研究应重点解决的研究课题。

2.2　机械式推力矢量喷管的性能

2.2.1　SCFN 推力矢量喷管

减小推力矢量喷管的质量，保持喷管的高巡航推力效率，提升喷管外流线与机身一体化的适应性，是评价推力矢量喷管性能的主要指标。采用非规则几何截面的推力矢量喷管，相对矩形截面而言，有利于降低推力矢量喷管的红外可探测性，同时改善喷管与飞机外部空气动力流线的混合效果。为此，美国国家航空航天局兰利研究中心研究了球形收敛调节片推力矢量喷管在矩形截面与非矩形截面时的推力效率。研究表明，在设定比压的条件下，无论是加力燃烧还是非加力燃烧，不同喉道截面形状，喷管的俯仰推力矢量角都超过了偏航推力矢量角，喷管最大有效俯仰推力矢量角大于 10°。

球形收敛调节片推力矢量喷管试验照片与尺寸参数如图 2-11 所示。图 2-11a 所示为喷管

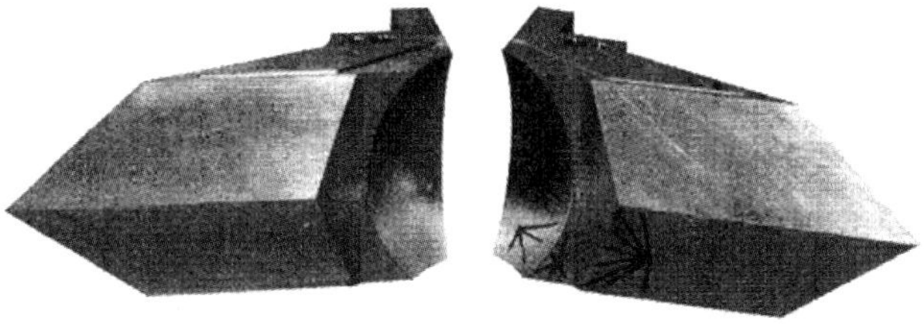

a) 具有特殊几何形体的喷管上下俯仰运动扩张片

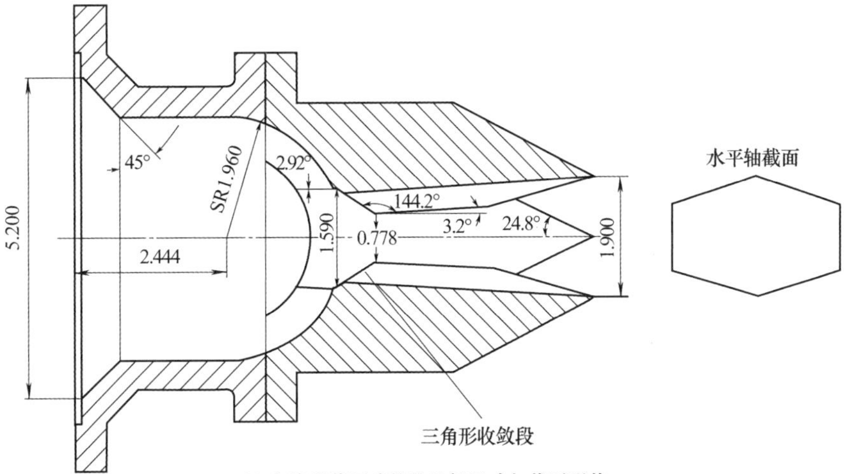

b) 六边形截面喷管的几何尺寸与截面形状

图 2-11　球形收敛调节片推力矢量喷管试验照片与尺寸参数

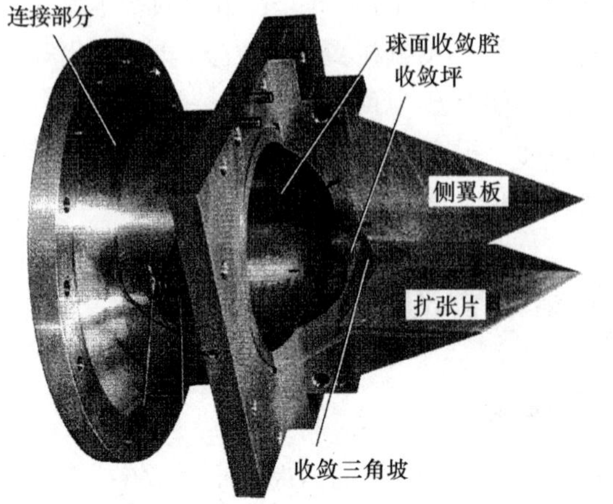

c)去掉前翼板的试验喷管

图 2-11 球形收敛调节片推力矢量喷管试验照片与尺寸参数（续）

上下俯仰运动扩张片。当试验喷管截面为六边形时，扩张片为中间内凹平面结构；当试验喷管截面为蝴蝶结形状时，扩张片为中间内凸平面结构。图 2-11b 所示为六边形截面喷管的几何尺寸与截面形状。图 2-11c 所示为去掉前翼板的试验喷管。试验结果如图 2-12、图 2-13 所示。

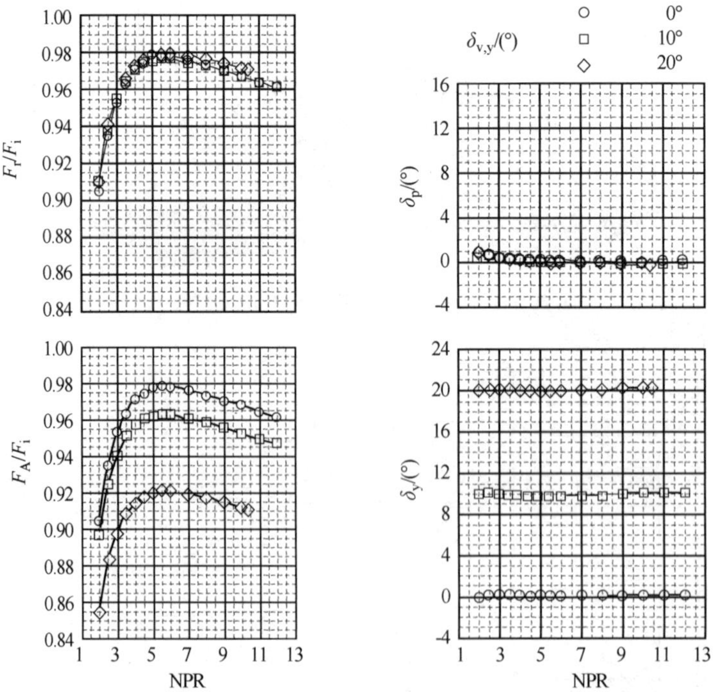

图 2-12 蝴蝶结截面 SCFN 喷管非加力状态内流静态性能（$\delta_{v,p}=0°$）

图 2-12、图 2-13 中，F_i 为理想的等熵推力，F_r 为合成总推力，F_A 为测量的水平分力，NPR 为喷管压力比，δ_p 为合成的俯仰推力矢量角，δ_y 为合成的偏航推力矢量角，$\delta_{v,p}$为扩张

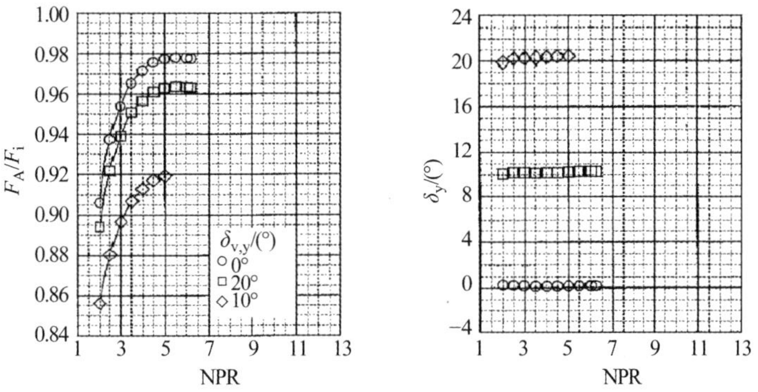

图 2-13　六边形截面 SCFN 喷管加力状态内流静态性能（$\delta_{v,p}=0°$）

片俯仰偏转角（向下偏转为正），$\delta_{v,y}$为扩张段偏航角（向左偏转为正）。

试验条件为：非矢量状态喷管平均几何膨胀比为 1.30，设计压力比为 4.64。

研究表明，尽管喷管截面几何形状不同，但作为 NPR 函数的合成推力性能曲线是典型的收敛-发散喷管性能曲线，与矩形截面的合成推力性能曲线相似，且喷管截面几何形状的变化对合成推力性能曲线的影响较小。这为采用低红外可探性喷管截面构建推力矢量喷管带来益处。进一步研究表明，气流过膨胀引起的损失在 NPR 值较低时较大，在 NPR 值较高时较小。在没有俯仰推力矢量的情况下，气流充分膨胀条件下的最大合成推力比为 5.5 ~ 6.0，而在 10°俯仰推力矢量状态下，峰值合成推力比为 3.5 ~ 4.0。实际测量的 NPR 推力比的峰值大于设计值，表明产生了更高的有效膨胀。造成这一现象的原因可能是过度流动分离造成的气动喉道面积减小，或喷口平面的通风角增加了有效喷口面积，以及可能的两者组合。

试验中，SCFN 喷管的最大静态推力效率接近 0.98，较 DAVID 试验中喷管产生的峰值推力高约 1%，而相对 Matesanz 试验中的喷管效率低约 1%。DAVID 试验中喷管性能较差可能是由球形和矩形管道连接的喉部的尖角造成的。Matesanz 试验中的喷管在这个位置有圆角，这可能有助于提升更有效的推力性能。试验的喷管在喉道处有相对尖锐的角，但从收敛腔到发散腔有一个较复杂的过渡，这一点对于进行 SCFN 喉道过渡段的设计具有积极的指导价值。

流场可视化研究表明，喷管几何形状对流场分布有较大的影响。

在推力矢量方面，由于球面万向关节的存在，在 NPR 区域范围内，偏航方向上合成推力矢量的偏转角与喷管偏航角基本相等，推力没有损失。这是一种典型的万向矢量喷管特征。其原因在于，球形收敛腔作为一个静压室，由于气流的马赫数低，气流可以有效地从这个静压室向任何方向流出。

在 $\delta_{v,p}=10°$时，六边形截面推力矢量喷管性能如图 2-14 所示。俯仰矢量偏转角一般等于或大于 $\delta_{v,p}$。伴随 NPR 在试验区间内增加，最低减小 3°。当 $\delta_{v,y}>0$ 时，偏航万向喷管的作用是增加 δ_p。但是，通过增加 $\delta_{v,y}$来增加 δ_p 并不一定意味着绝对俯仰推力矢量的增加，而可能是导致轴向力的减小。例如，让气流在俯仰方向上偏转 10°，在偏航方向偏转 20°，俯仰推力矢量角增大 0.6°。数据显示，δ_p 的增大比这种几何效应所带来的效果更大。这表明偏航推力矢量角对俯仰推力矢量角的影响较小。而俯仰推力矢量角对偏航推力矢量角基本上没有影响。

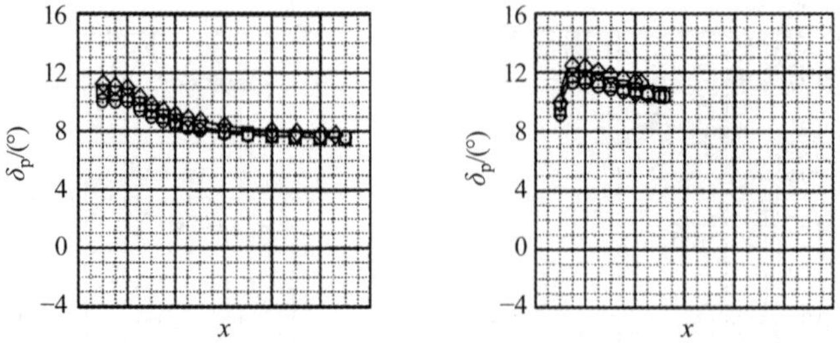

图 2-14　六边形截面推力矢量喷管性能

2.2.2　轴对称推力矢量喷管（AVEN）

1. AVEN 喷管内流特性

Matesanz 等采用流体数值分析计算方法，分析了轴对称矢量喷管气动特性，以及喷管矢量偏转对发动机匹配的影响。为简化分析，模型没有考虑喉道间隙，以及喷管扩张段的密封泄漏问题，并假设喷管入口段的截面流动是均匀的，比热比沿喷管轴线方向是恒定的，未考虑化学反应和燃烧现象的影响，将工作气体作为一种理想气体处理。数值分析了壁面压力分布，喷管偏转对质量流量的影响，以及对有效矢量偏转角的影响，并以流量系数、速度系数和有效推力偏转角作为评价喷管特性的性能参数，分析结果如图 2-15 ~ 图 2-19 所示。这些物理量为设计人员确定发动机控制规律和进行飞机-发动机一体化设计，提供了依据。

图 2-15 ~ 图 2-19 中，δ_{gef} 为几何矢量偏转角，δ_{eff} 为实际矢量偏转角，A_{8eff} 为实际 A8 环面积。图 2-15 所示为恒定 NPR 下物理喉道面积与矢量偏转角的关系。推力矢量角的引入会影响喷管流场的非对称性，速度系数 C_v（相同试验条件下实际推力与理想推力之间的比值）取决于轴对称喷管的几何形状、NPR 和比热比。显然，此时 C_v 与推力矢量喷管偏转角有关。令 C_{vx}，C_{vz} 分别表示速度系数 C_v 在 X 方向与 Z 方向上的值，图 2-16 所示为喷

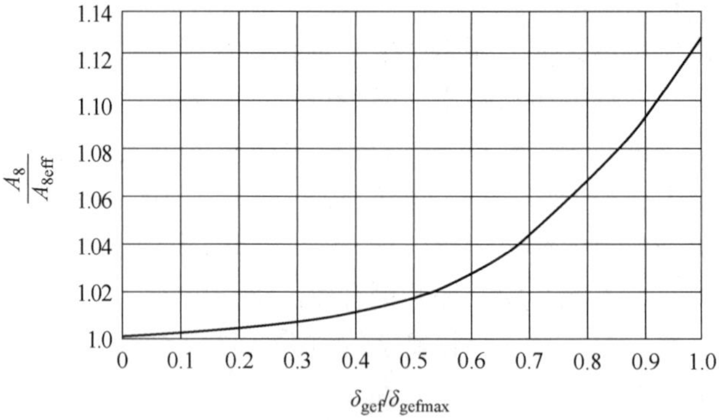

图 2-15　恒定流动参数（及 NPR）下喉道面积与几何矢量偏转角的关系

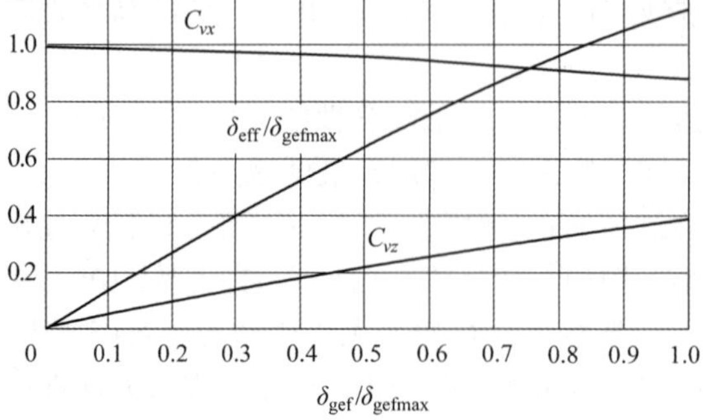

图 2-16　恒定流动参数（及 NPR）下喷管气动参数与几何矢量偏转角的关系

管气动参数与矢量偏转角的关系。图 2-17 ~ 图 2-19 所示为恒定喉道面积下速度系数与 NPR 及矢量偏转角的关系。从这些图中可以看出，对于给定的几何形状，实际矢量偏转角很大程度上取决于喷管压力比。如果 NPR 降低到一定值以下，由于喉道处的流动分离，喷管性能下降到不可接受的程度。在一定范围内，实际矢量偏转角大于几何矢量偏转角。

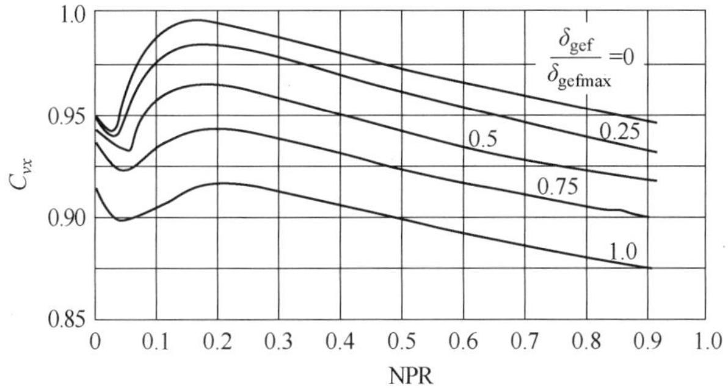

图 2-17　恒定喉道面积下 C_{vx} 与 NPR（象征值）及几何矢量偏转角的关系

如果保持喷管压力比不变，持续增加喷管几何矢量偏转角，因为有效喉道面积的减小，导致通过发动机的质量流量会变小。这一变化改变了压缩机出口段的工况，使其工作点从原来的工作点迁移到更接近喘振区的位置。发动机控制单元必须做必要的调整，以避免发动机进入这一不稳定区域而带来运行风险。

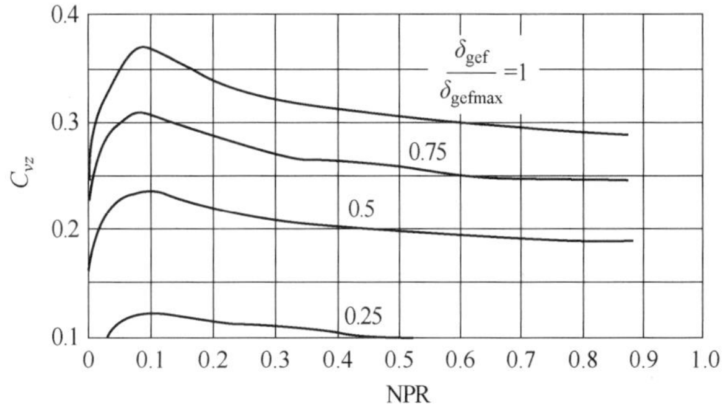

图 2-18　恒定喉道面积下 C_{vz} 与 NPR（象征值）及几何矢量偏转角的关系

2. AVEN 喷管外流特性

俯仰/偏航平衡梁式轴对称矢量喷管的俯仰和偏航运动与 AVEN 的运动形态完全一致，因此可以用其外流特性来描述 AVEN 的外流特性。Orme 等基于 P&W 公司 F-15 综合运载先进控制技术（ACTIVE）计划，对轴对称矢量喷管在飞机飞行高度为 30000ft，稳态俯仰矢量角为 20°，发动机从低功率到最大加力功率范围内的外流性能进行了测试研究。喷管性能数据包括推力矢量、整体喷管压力和温度。利用这些数据对风洞和计算流体动力分析得到的喷管性能数据进行了验证，发现功率设置对推力矢量

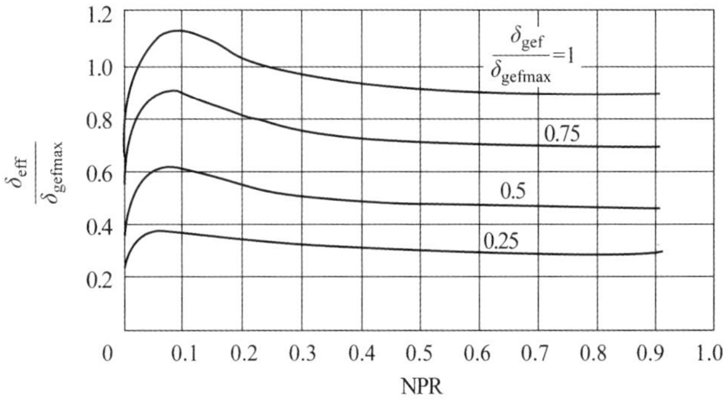

图 2-19　恒定喉道面积下实际矢量偏转角与 NPR（象征值）的关系

效率影响较大，喷管推力矢量偏转过程中，预测结果与实测结果差别较大。

具体的飞行试验研究目的如下：确定喷管基本性能，确定喷管面积比缩减情形下的喷管性能，评估和比较喷管俯仰偏转对偏航性能的影响，确定喷管在低功率设置下的性能。

图 2-20 ~ 图 2-22 所示为试验测试结果，图 2-23 所示为喷管性能测试数据采集区。其中，δ_{gef}为几何矢量偏转角，δ_{eff}为喷管排气流与发动机轴线的夹角，即实际矢量偏转角。喷管推力矢量效率用$\eta_v=\delta_{eff}/\delta_{gef}$来表示。

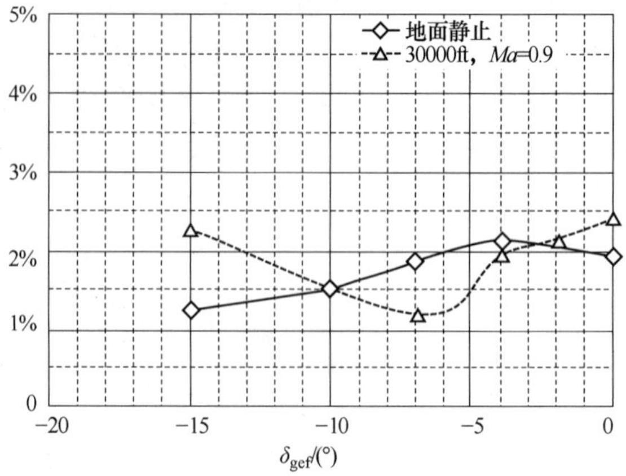

图 2-20　地面与高空状态下的矢量偏转角误差分析

图 2-22 所示为矢量喷管在 $Ma=0.9$ 时的俯仰偏转性能。可以看出，伴随喷管几何矢量偏转角δ_{gef}的增大，δ_{eff}增大，但其偏转程度总是小于喷管几何矢量偏转角。在发动机最大功率动力设置时，随着δ_{gef}的增大，δ_{eff}迅速减小，在δ_{gef}为 $-10°$ 时，δ_{eff}仅为 $-5°$。对于任意给定的δ_{gef}，当发动机功率设置降低时，δ_{eff}会与δ_{gef}接近。对于图 2-22 中四种发动机功率设置，喷管推力矢量偏转效率是相似的，即喷管推力矢量偏转效率在小的几何矢量偏转角下降低，而在大的几何矢量偏转角下增加，直到达到极限值。总的来说，飞行试

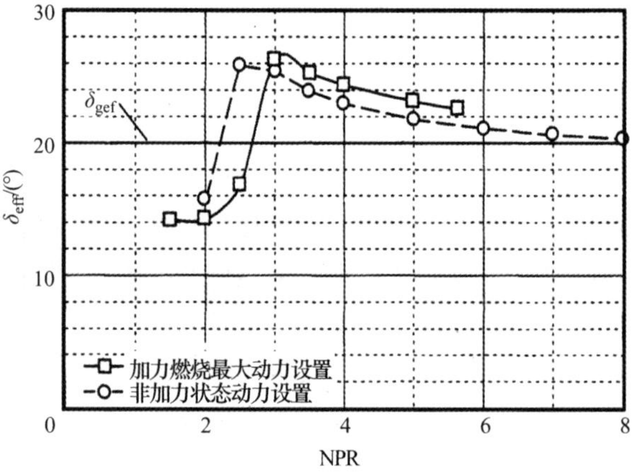

图 2-21　几何矢量偏转角为 20°时不同发动机工况下的实际矢量偏转角

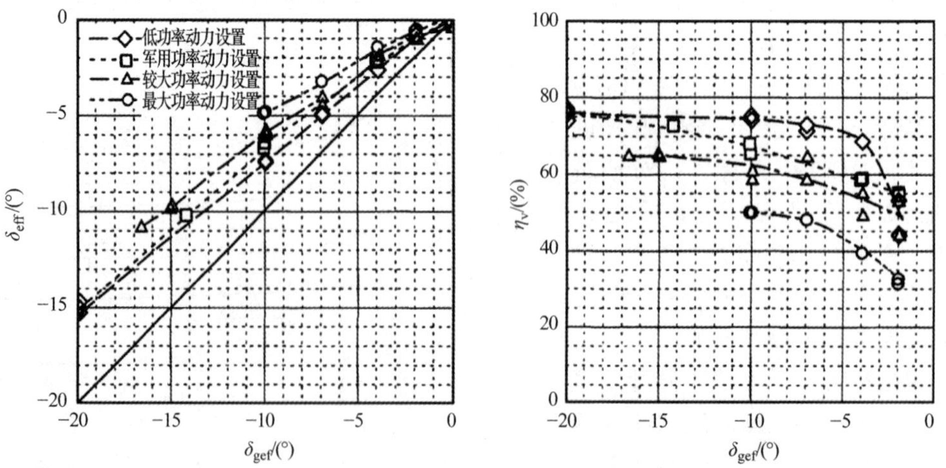

图 2-22　推力矢量偏转效率（$Ma=0.9$，飞行高度为 30000ft）

验结果表明，喷管的性能在很大程度上取决于发动机功率设置与喷管几何矢量偏转角 δ_{gef}。这一点对于推力矢量喷管与飞机发动机及机翼一体化控制，具有重要意义。

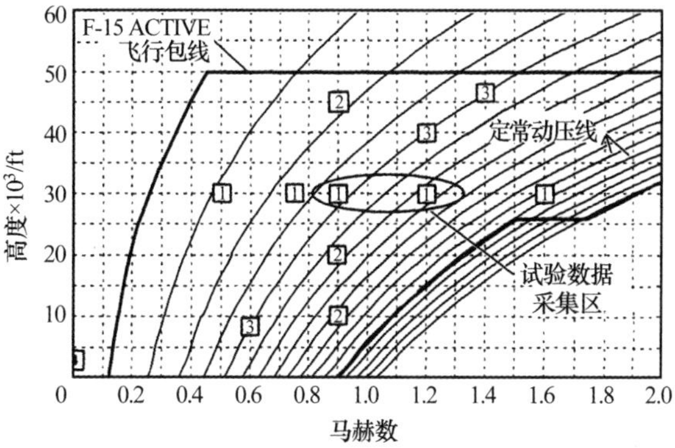

图 2-23　喷管性能测试数据采集区

2. 3　轴对称推力矢量喷管的结构设计

AVEN 是在轴对称收-扩式喷管的基础上，通过使喷管扩张段具备万向偏转功能而发展起来的，因此，其自然包括轴对称收-扩式喷管的机匣、收敛调节片、扩张调节片、收敛密封片、扩张密封片、喉道面积调节环（A8 调节环，简称 A8 环）及其驱动机构、喷口面积控制环（转向驱动环，简称 A9 环）及其驱动机构等这些基本构成单元或部件。为了使喷管扩张段具备万向偏转功能，AVEN 的转向驱动环需要具备万向运动功能，为此，需要对转向驱动环添加万向运动定心装置。扩张调节片的万向偏转，需要采用特殊的扩张密封片悬挂机构，以满足扩张调节片矢量偏转对密封的要求。因此，转向驱动环定心方式与扩张调节片悬挂密封方式是制约 AVEN 结构设计与选型的关键问题。不同的转向驱动环定心方式与扩张调节片悬挂密封方式，得到不同的 AVEN 设计方案。

2. 3. 1　转向驱动环定心机构

1. 3-PRS 空间并联机构

如图 2-24a 所示，转向驱动环的定心装置由连杆、滑块和与机匣固定的导轨组成。转向驱动环通过 S 副（球副）与连杆连接，连杆通过 R 副（转动副）与滑块连接，滑块与导轨通过 P 副（移动副）连接。用空间运动链表示，其定心装置为 PRS 空间二级组。转向驱动环的定心通过绕发动机机匣周向均布的三组 PRS 运动链确定。从机构学角度出发，转向驱动环相当于并联机构的动平台，转向驱动环定心机构为 3-PRS 空间并联机构。该机构动平台的自由度有三个：沿发动机轴线方向的移动和垂直于发动机轴线两个垂直轴的旋转。通过 3-PRS 空间并联机构定心，转向驱动环上三个与 PRS 运动链连接的 S 副被分别限制在互成 120°夹角的平面内，如图 2-24b 所示。严格地讲，该并联机构并不能使动平台转向驱动环的中心落在发动机轴线上，尤其是当该环有一定宽度时，做万向偏转的动平台中心位于发动机轴线附近，做三角形摆动运动。因此。该定心机构驱动的 AVEN 喷口矢量偏转角有误差。不同矢量偏转位置，矢量偏转角误差不等，这一点在推力矢量与飞机发动机、机翼一体化设计时应给予足够重视。

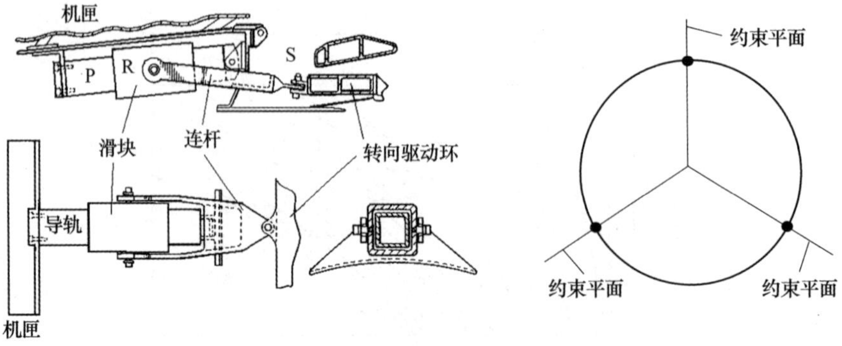

a) 转向驱动环的定心机构　　b) 转向驱动环的约束平面

图 2-24　转向驱动环 3-PRS 定心方式

转向驱动环由三个互成 120°、绕机匣周向均布的三个 A9 环作动筒驱动。A9 环作动筒的两端均为 S 副。这样，转向驱动环万向运动驱动机构为 3-SPS/3-PRS 并联机构。一般情形下，SPS 驱动支链与 PRS 定位支链成一定夹角。当 PRS 定位支链上的 S 副与 SPS 驱动支链上的 S 副位于图 2-24b 所示的同一约束面时，转向驱动环的位姿很容易求解和控制。同时，该定心结构有利于设计安装转向驱动环应急复位装置。通过在 PR 构件上安装位置检测装置与 A9 环作动筒失控复位装置，实施转向驱动环应急复位，防止重大飞行安全事故的发生。该结构的缺点是结构复杂，增重明显，只能实现近似定心。

2. 直线导槽

为了减轻转向驱动环万向定心机构的质量，采用直线导槽定心方式替代图 2-24 所示的 3-PRS 定心机构，如图 2-25 所示。在该装置中，转向驱动环的定心是通过与机匣固连的三个周向成 120°夹角均布的平行于发动机轴线方向的导槽，与转向驱动环中心对称面上分布的三个球面构成。该定心机构确定的转向驱动环运动特征与图 2-24 所示定心机构确定的运动特征完全相同，同样，万向偏转状态下的转向驱动环的中心只能近似在发动机主轴线附近运动。相对图 2-24 所示的定心机构，该装置具有结构简单、质量小的优势，但其缺点也非常突出，即在气动载荷作用下，转向驱动环的弹性变形不能被该定心机构传递到机匣上，导路

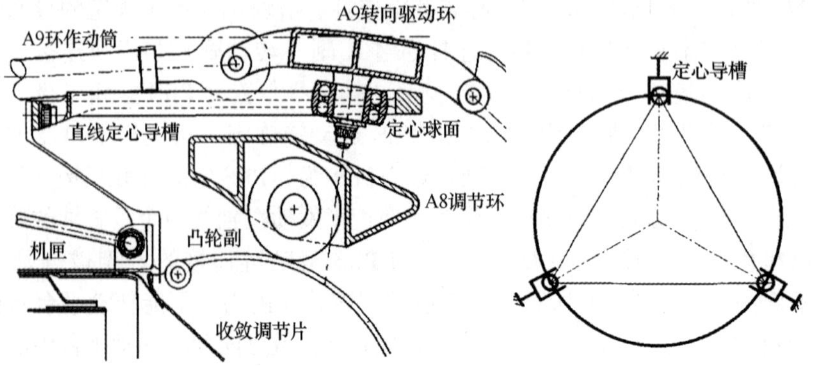

图 2-25　转向驱动环直线导槽定心方式

较长，因弹性变形造成球面与导槽配合间隙过大，甚至出现三个定位球面不能同时接触导槽面的情况，导致转向驱动环矢量偏转误差很大。

3. 球面定心

球面定心分为外球面定心与内球面定心两种情况，分别如图 2-26a、b 所示。为了克服因图 2-25 所示机匣直线导槽不能有效抑制转向驱动环弹性变形造成的定心误差较大的缺陷，采用了图 2-26a 所示的外球面定心导槽结构，构成转向驱动环外球面定心方式，在该定心装置中，A9 转向驱动环的定心导槽在球面上，能够确保定心后的转向驱动环中心在发动机轴线上。需要指出的是，球面导槽上的导路只能起球面约束作用，此时可以保证转向驱动环的精确定位。如果球面导路也为如图 2-25 所示的直线，则该导槽的定心效果与图 2-25 所示定心方式相同，只能实现转向驱动环的近似定心。如果要实现精确的球面定心，球面导槽必须有足够的宽度，以便球面导槽滑块有足够的周向运动位移。这就给球面导槽滑块的结构设计带来许多问题：既要保证球面定心，又要保证有足够的刚度。相对于内球面定心而言，外球面定心方式定心装置的定心较准确，结构简单，质量小，转向驱动环弹性变形能够被球面导槽所抑制，矢量喷管的偏转误差较小。但是，由于很难兼顾球面定心的精确性与球面导路滑块结构设计的合理性，该结构一般适用于小推力发动机的设计。

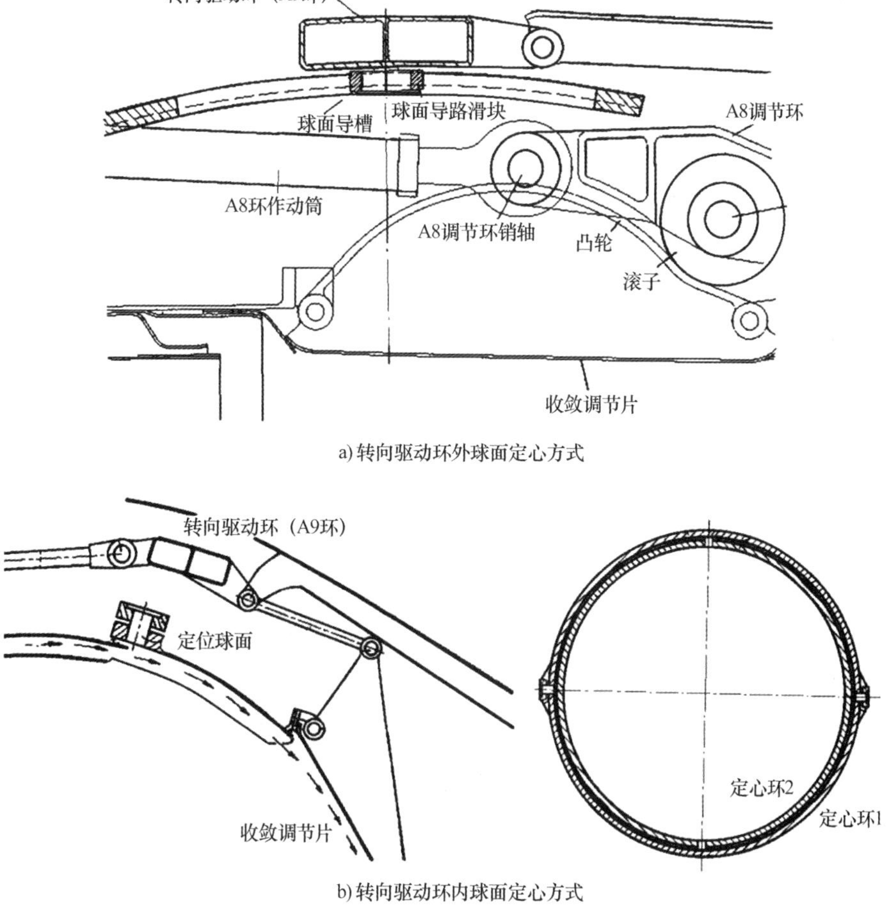

a) 转向驱动环外球面定心方式

b) 转向驱动环内球面定心方式

图 2-26 转向驱动环球面定心方式

图 2-26b 所示为内球面定心方式，在该装置中，机匣在喉道段为球面体，两个成万向连接的球面中的定心环 2 通过两个对称销轴与机匣连接，而定心环 1 则通过两个对称销轴与转向驱动环连接。该定心装置定心准确，可以确保转向驱动环中心在发动机轴线上。其缺点是结构笨重，对密封结构的设计要求比较严格，这一点与 SCFN 喷管相同，其喷管矢量偏转的气动性能、喷管的优缺点与 SCFN 也相同，但结构尺寸相对 SCFN 喷管显著减小。当转向驱动环的负载较大时，定心环的变形会很大，将影响转向驱动环的定心准确性。

除了上述两种转向驱动环定心方式外，还有多种其他的定心方式。典型的有三环定心方式，转向驱动环直接参与定心，如欧洲 EJ200 发动机的定心方式。关于三环定心装置的矢量喷管，将在第 3 章详细介绍。

2.3.2 扩张段密封悬挂机构

AVEN 的扩张段矢量喷管是由一系列空间机构导引的、具有特定内曲面的扩张调节片与扩张密封片搭接而构成的。连接在相邻两个扩张调节片上的悬挂机构，将扩张密封片置于相邻两扩张调节片内曲面的中间位置，伴随矢量喷管的收扩与偏转，对相邻两扩张调节片密封，构成一个完整的喷管。扩张调节片的密封是轴对称矢量喷管设计的一个非常重要的问题，喷管扩张段密封的性能，直接影响矢量偏转状态时发动机推力的下降程度。

AVEN 的密封主要包括收敛调节片的密封与扩张调节片的密封。收敛调节片的密封可以直接采用现有收-扩式轴对称喷管的结构。扩张段的密封设计则包括两部分：悬挂机构设计和密封片结构设计。

1. 悬挂机构设计

AVEN 扩张段密封片悬挂机构选型设计是非常困难的。由于喷管 A8/A9 既要实现收扩运动，又要实现 A8/A9 扩张段的矢量偏转运动，因矢量偏转状态的两相邻扩张调节片的切向偏转角度不同，导致相邻两扩张调节片内平面空间相互交错，如图 2-30 所示，不存在一个同时与两个交错平面密切的平面，实施对扩张调节片的完全接触密封。因此，使密封片悬挂机构导引密封片既能实施非矢量偏转状态扩张密封片的密封，又能实施矢量偏转状态扩张调节片的密封，是非常困难的。尤其困难的是，当 A8/A9 处于非加力小喷口状态（图 2-27a）时，喷管扩张段矢量偏转，导致相邻两扩张调节片相互干涉，无密封片悬挂机构布置空间，使喷管矢量偏转角度大幅下降。而对于大推力发动机，由于加力状态喷口面积 A9 很大，矢量偏转后相邻两扩张调节片喷口处的距离很大（图 2-27b），导致扩张密封片不

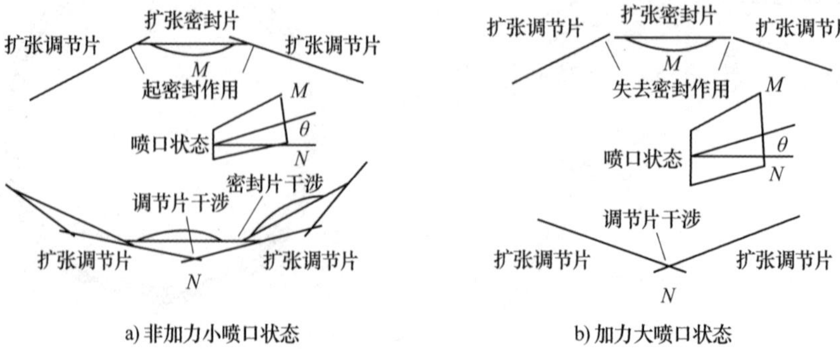

图 2-27　扩张密封片的密封有效性

能有效实施密封。

悬挂机构选型设计的主要要求为：当扩张调节片发生切向旋转时，使扩张密封片基本处于两个相邻扩张调节片的对称中心位置，以较小宽度的密封片对相邻两扩张调节片进行密封；另一方面，应具有一定的压紧力，使密封片与调节片之间有良好的密封性能。由于当 A8/A9 扩张段发生矢量偏转时，相邻两个扩张调节片的切向转角不同，需要悬挂系统具有一定的沿发动机径向方向的长度余度，以适应扩张调节片的切向旋转和收扩运动。从机构学角度来看，扩张密封片悬挂机构为欠约束、冗余自由度运动构件，使悬挂机构完全满足扩张密封片的密封功能要求是比较困难的。

图 2-28 所示为一个能够基本满足对扩张调节片密封要求的悬挂机构。其工作原理为：扩张调节片在其宽度方向上带有两个对称的曲柄滑块机构。相邻两个扩张调节片上的连杆延伸点对称并以球副连接，其径向连接轴用于悬挂密封片。可以发现，当扩张调节片发生切向运动时，由于相邻扩张调节片的切向运动转角不同，导致相邻两曲柄滑块连杆上的延长连接点并不在两扩张调节片的中点上。为了克服这一缺陷，密封片要适当增宽。

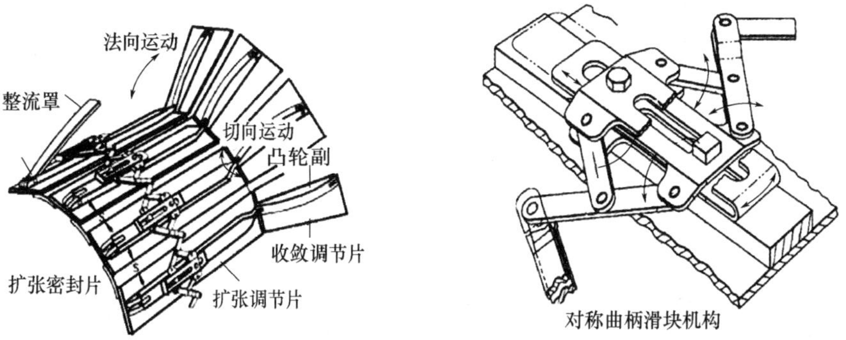

图 2-28　对称曲柄滑块机构作为悬挂机构

为了解决扩张调节片切向运动导致密封片不对中的问题，采用图 2-29 所示的空间 RS′S′R 运动链作为密封片悬挂机构。合理设计连杆的尺寸，可以使非矢量状态下的密封片与扩张调节片保持较好的接触。当处于矢量状态时，空间 RS′S′R 运动链的中点受相邻两扩张调节片切向旋转角度不相等的影响较小，对中性能较好。因 A9 面积大于 A8 面积，在矢量偏转状态，其相邻两扩张调节片在靠近喷口 A9 处之间的距离最大，从对中性角度考虑，悬挂系

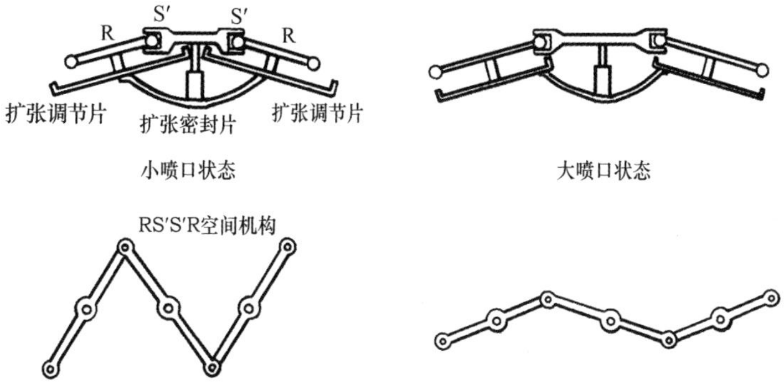

图 2-29　空间 RS′S′R 运动链作为悬挂机构

统的安装位置一般应在调节片上较靠近喷口 A9 的位置。

由于扩张密封片浮动于两个扩张调节片之间，图 2-28、图 2-29 所示的机构只解决了密封片的对中问题，而没有解决压紧问题。从矢量喷管的刚度和密封性的角度考虑，需要安装压紧装置，以便将密封片强制压紧在扩张调节片上。压紧装置一般为弹性构件，或者刚性构件加弹簧。压紧装置的作用有两个：

（1）压紧　非矢量状态时，通过弹性件使密封片与扩张片压紧密封；矢量状态时，由于相邻扩张调节片切向旋转角度不相等，密封片不可能同时与两个扩张调节片同时密切，实施密封，只能根据最小能量原理，与两个扩张调节片最大限度地密封，并且在高温气动载荷的作用下，通过弹性变形，实现密封片与扩张调节片的完全密封。

（2）限位　在矢量或非矢量状态下，当喷口面积 A9 增大到一定值，使密封片不能实现密封时，通过压紧装置上的限位挡块，限制扩张调节片之间的距离进一步增大，对 A9 起到保护作用。

图 2-30 所示为同时考虑压紧和悬挂两种功能要求的一种组合式悬挂机构。该机构的悬挂构件为具有内凸轮廓线的摆杆，与扩张调节片上的限位销轴构成高副。沿销轴轴向方向的限位构件可以起到对密封片的压紧作用；封闭的内凸轮廓线则起到对密封片的对中作用。该结构的优点是可以同时满足悬挂和压紧两种功能要求。因凸轮副处缺少封闭接触措施，尽管该悬挂机构不能保证密封片一定在扩张调节片的中心对称位置上，但能够保证密封片与扩张调节片之间有一定的密封搭接量。同时，对于喷口面积 A9 也有限制作用。该结构的缺点是不能同时保证加力和非加力两种状态下密封片同时与扩张调节片密封。

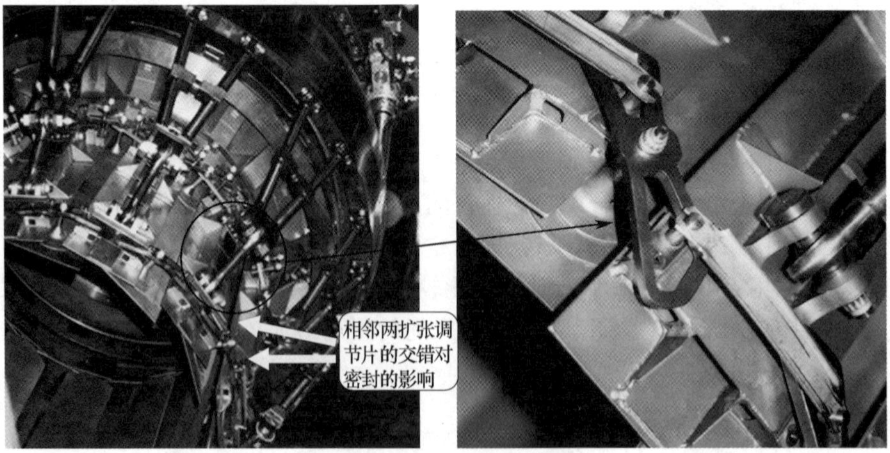

图 2-30　组合悬挂机构

2. 密封片底面结构

喷管矢量偏转时，两相邻扩张调节片切向旋转角度不同，导致相邻两扩张调节片内平面空间相互交错，为提高此状态的密封性，需要密封片具有较大的弹性，在气动载荷作用下，发生弹性扭曲变形，以适应相邻两个空间交错面的密封要求。

密封片的刚度和弹性是设计密封片所要考虑的两个重要因素。密封片的刚度是指密封片承担气动载荷的能力，密封片的弹性是指沿长度方向上的弹性扭曲能力。图 2-31a 所示为两种不同的密封片底面结构形式。平板底面结构的密封片，结构简单，但弹性小、轴向扭曲刚度大，与扩张调节片的接触为线接触，密封性能差。相对而言，凸底面结构密封片的弹性较好，在气动载荷作用下，底面产生较大的弹性扭曲变形，可以实现与扩张调节片的局部面接触，密封性能较好。特别是采用图 2-31b 所示的结构时，其具有较强的刚度和较大的扭曲弹性，密封性能比较理想。

为了进一步提高密封片与扩张调节片的密封性能，在密封片与扩张调节片搭接处可以采用反折边结构，如图 2-31c 所示。反折边部分具有一定的弹性，用于补偿因喷口面积 A9 变化导致的悬挂机构压紧力不足的问题。

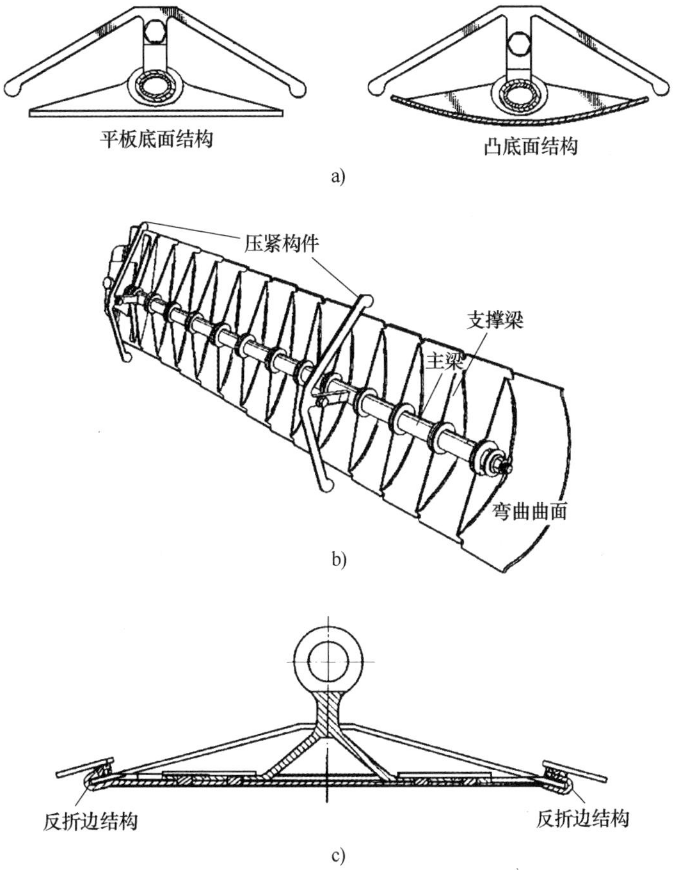

图 2-31　密封片结构设计

2.4　小结

AVEN 是在轴对称收-扩式喷管的基础上，通过使喷管扩张段具备万向偏转功能而发展起来的。因其能够实现万向推力矢量，轴对称矢量喷管是被国际航空界普遍看好的第三代推力矢量喷管。转向驱动环的定心方式、扩张段密封片悬挂机构的选型，对 AVEN 性能有直接影响。AVEN 的结构复杂性、运动可靠性、喷管矢量偏转段的气密性仍是制约其列装服役的关键因素。

参考文献

[1] FAZALB K. An overview of gas turbine propulsion technology [C] // Proceedings of 30th AlAA/SAE/ASME/ASEE Joint Propulsion Conference and Exhibit. Reston：AIAA，1994：94-2828.

[2] CAPONE F，SMERECZNIAK P，SPETNAGEL D，et al. Comparative investigation of multi-plane thrust vectoring nozzles [C] // Proceedings of 28th AlAA/SAE/ASME/ASEE Joint Propulsion Conference and Exhibit. Reston：AIAA，1992：92-3263.

[3] HERRICK P W. Yaw and pitch convergent-divergent thrust vectoring nozzle：USA，4，836，451 [P]. 1987-9-10.

[4] AWKEST M. IHPTET exhaust nozzle technology demonstrator [C] // Proceedings of 29th AlAA/SAE/ASME/ASEE Joint Propulsion Conference and Exhibit. Reston：AIAA，1993：93-2569.

[5] DANIELLC M. Experimental investigation of spherical convergent flap thrust vectoring two dimensional plug nozzles [C] // Proceedings of 29th AlAA/SAE/ASME/ASEE Joint Propulsion Conference and Exhibit. Reston：AIAA，1993：93-2431.

[6] URRUELA J R，ALDECOA-OTALORA K M. Variable geometry axisymmetric nozzle with 2-d thrust vectoring intended for a gas turbine engine：USA，6，067，793 [P]. 1997-12-05.

[7] 王书贤．几何可调喷管的结构特点及发展 [J]. 兵器装备工程学报，2018，39（1）：6-13.

[8] 龚正真．航空发动机推力矢量喷管研究 [C] // 中国航空学会21世纪航空动力发展研讨会论文集．北京：中国航空学会，2000：251-257.

[9] 季鹤鸣．推力矢量技术及其基本方案评述（上）[J]. 国际航空，1997（4）：55-56.

[10] 季鹤鸣．涡扇加力和多功能推力矢量装置 [J]. 燃气涡轮试验与研究，2001，13（1）：4-9.

[11] 赵景芸，金捷．推力矢量技术的研究与发展 [J]. 燃气涡轮试验与研究，1999，12（1）：51-54.

[12] HAUER T A. Axisymmetric vectoring exhaust nozzle：USA，4994660 A [P]. 1989-03-11.

[13] 王鹤，崔峰．我国航空发动机虚拟装配技术现状 [J]. 工程技术科技创新，2017，14（1）：101.

[14] 高卓．中国矢量喷管悄然现身 [J]. 航空知识，2018，565（5）：526-527.

[15] 王玉新．复杂机械系统快速创新设计 [M]. 北京：科学出版社，2006.

[16] DAVID J W. Static thrust and vectoring performance of a spherical convergent flap nozzle with a nonrectangular divergent duct [R]. NASA，1998.

[17] DAVID J W，CAPONE J F. Performance characteristics of two multiaxis thrust-vectoring nozzles at mach numbers up to 1.28 [R]. NASA，1993.

[18] MATESANZ A，VELAZQUEZ A，RODRIQUEZ M. Performance analysis of an axisymmetric thrust-vectoring nozzle by using the FUNSIF3D code [C] // Proceedings of 31st AlAA/SAE/ASME/ASEE Joint Propulsion Conference and Exhibit. Reston：AIAA，1995：1995-2743.

[19] JOHN S O，MICHAEL D F. Initial flight test evolution of the F-15 ACTIVE axisymmetric vectoring nozzle performance [C] // Proceedings of 31st AlAA/SAE/ASME/ ASEE Joint Propulsion Conference and Exhibit. Reston：AIAA，1998：1998-3871.

[20] ZWERNEMAN W D，ELLER B G. Vista/f-16 multi-axis thrust vectoring (Matv) control law design and evaluation [C] // Proceedings of 19th Atmospheric Flight Mechanics Conference. Reston：AIAA，1994：1994-3513.

[21] ERICH A W，DAN A，PINHAS B Y. Thrust vectoring nozzle performance modeling [J]. Journal of Propulsion and Power，2003，19（1）：39-47.

[22] BERNARD J R. Vectoring exhaust nozzle flap and seal positioning apparatus：USA，5437411 A [P]. 1992-12-14.

第 3 章

大推力三环驱动 AVEN 的结构创新

三环驱动 AVEN 是西班牙 ITP 公司提出的一种轴对称推力矢量喷管。相对于整体转向驱动环驱动的 AVEN 而言，其具有结构简单、质量小、运动可靠、气动密封性好、控制解耦、轮廓尺寸小、转向驱动环万向运动灵活、定心准确等显著技术优势。其缺点是中环承力较大，较适于中小推力矢量喷管。本章重点介绍适合于大推力发动机的三环驱动 AVEN 结构创新。

3.1　三环驱动 AVEN 方案

直接利用已有轴对称收-扩式喷管进行推力矢量控制技术的改进，面临的主要问题是：结构复杂，扩张密封片悬挂机构等大量欠约束冗余运动机构，导致喷管偏转段运动可靠性较差；矢量偏转过程中，相邻两扩张调节片内平面相互交错，中间密封片难以对其进行有效密封，导致喷管矢量偏转段气密性下降，发动机有效推力损失较大；转向驱动环的万向定心装置对发动机增重影响较大，且定心不准确，导致几何矢量偏转角误差较大。

为了实现转向驱动环的精确定心，针对为 EJ200 发动机实施一项推力矢量喷管技术计划，提出了一种基于三环定心方案的轴对称矢量喷管，如图 3-1 所示。该喷管由三个同心环和四个标准的 EJ200 喷管作动筒控制，可控制喉道面积 A8、喷口面积 A9、俯仰和偏航。这种喷管可安装在现有的 EF2000 上，喷管调节既能实现径向方向的收缩与扩张，又能绕发动机轴线做各方向的转动（转角≤20°）。该方案的主要优点为喉道面积 A8 和喷口面积 A9 既能各自独立工作，又能按特定比例关系协调工作，喷管几何矢量偏转角在地面和空中都能达到 ±20°要求。转向驱动环定心准确、转向灵活、矢量喷口近似圆形，质量小、密封性能优良，装机空间小，是一种具有良好应用前景和具备实用装机特征的 AVEN 方案。

3.1.1　三环驱动方案的结构组成

图 3-1 所示为欧洲战斗机公司在 2013 年法国巴黎国际航天航空展上展示的 EJ200 三环驱动轴对称矢量喷管。转向驱动环（A9 环）由上下两半环构成，通过与发动机轴线垂直的水平销轴连接，上下两半环可以绕水平销轴旋转，通过固定拉杆拖动扩张调节片偏转，实现喷口面积 A9 的变化与俯仰矢量偏转。水平销轴的一端通过球副 S 与水平面作动筒铰接，另一端与中环以转动副连接。中环上与水平销轴连接处带有球面导轨，如图 3-2 所示，能够使水平销轴连接处在发动机机匣上水平方向的导槽内滑动（图 3-3c），导引上下两半环的连接销轴始终在过发动机轴线的水平面内运动。在过发动机轴线的垂直平面内布置两个作动筒，一个作动筒的一端与机匣以球副 S 连接，另一端以球副 S 与上半环的中点连接，另一个作动

筒的一端与机匣以球副 S 连接，另一端以球副 S 与下半环的中点连接。

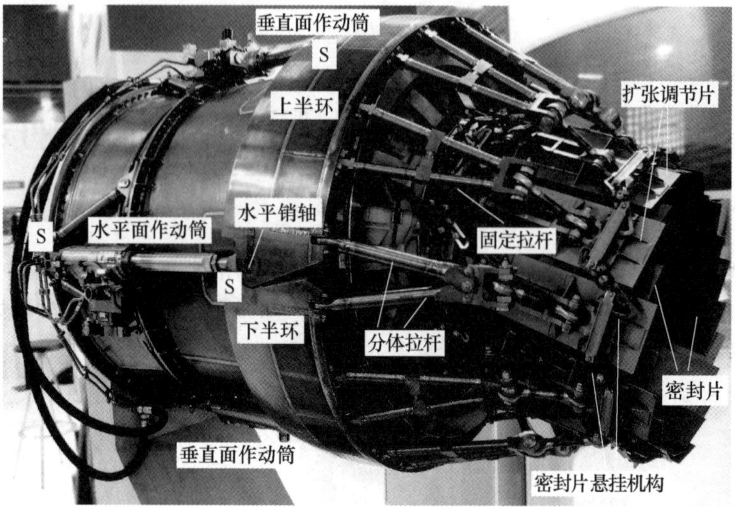

图 3-1　EJ200 三环驱动轴对称矢量喷管

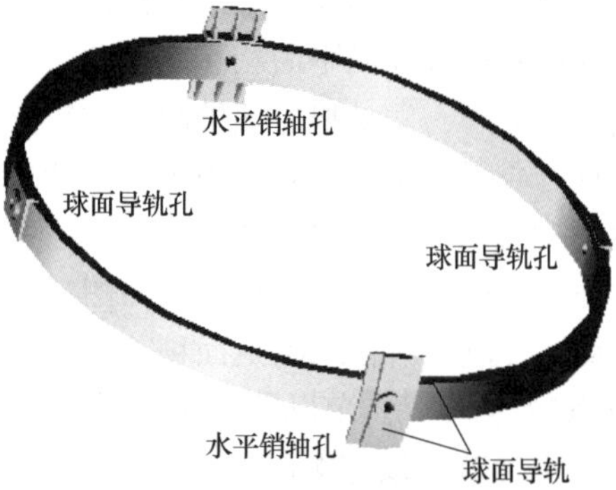

图 3-2　带球面导轨的中环

中环上的水平销轴孔与上下半环连接销轴的一端构成转动副 R，水平销轴孔附近的球面导轨置于机匣上以发动机轴线水平面为对称面的导槽内，导引上下半环连接销轴一端在过发动机轴线的水平面内运动。与水平销轴孔垂直方向设置有共线的两个垂直销轴孔，通过该销轴孔与内环上的两个垂直销轴孔连接，如图 3-3 所示。内环上的垂直销轴孔附近带有圆柱面，该圆柱面在机匣垂直方向上的导槽内沿发动机轴线方向移动（图 3-3c）。内环上带有收敛调节片凸轮，在内环作动筒的驱动下，通过凸轮机构，驱动收敛调节片收扩，改变吼道面积 A8。这样，内环可以沿发动机轴线方向移动，不发生绕发动机轴线的旋转，调整喉道面积 A8；中环相对内环绕垂直平面销轴旋转，允许外环产生一个绕垂直轴的旋转；上下半环通过水平销轴与中环连接，使上下半环增加一个绕水平轴的旋转。这种三环连接方式与三轴陀螺仪上的三环铰接方式相同，因此，上下半环可以实现水平轴与垂直轴两个轴线方向上的万向偏转。

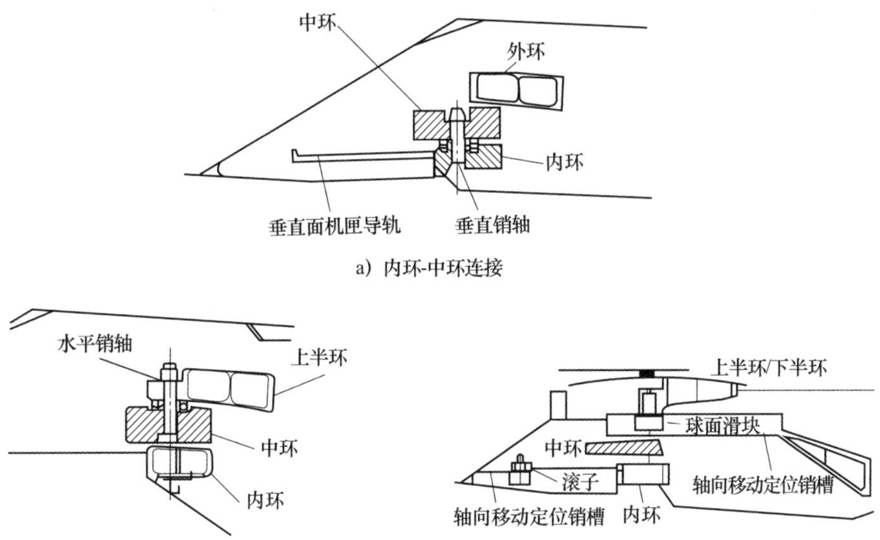

a) 内环-中环连接

b) 上下半环-中环连接　　　c) 内环、上下半环轴向移动定位

图 3-3　三环连接方式

3.1.2　三环驱动方案的运动机理

1. 非矢量状态（$k=A_9/A_8=1.03\sim1.05$）

对于图 3-1 所示的 EJ200 三环驱动方案，当与转向驱动环连接的四个互成 90°的驱动作动筒（图 3-4）以相同位移同步输出时，转向驱动环上半环与下半环同步沿发动机轴线方向移动。安装在两个半环上的水平销轴带动中环同步沿发动机轴线方向移动，同时，安装在中环上的两个垂直销轴带动内环沿发动机轴线方向移动。由于收敛调节片与内环连接，当内环沿发动机轴线移动时，内环带动收敛调节片悬挂点沿发动机轴线移动，安装在机匣上的凸轮，或其他驱动机构，推动收敛调节片收敛或扩张。与此同时，安装在转向驱动环上半环与下半环的拉杆导引扩张调节片与收敛调节片协同运动。合理设计机构的尺寸，可以保证当转向环沿发动机轴线运动时，A9 面积和 A8 面积的比 $k=A_9/A_8$ 在最佳膨胀比值 1.03 ~ 1.05 的范围内。

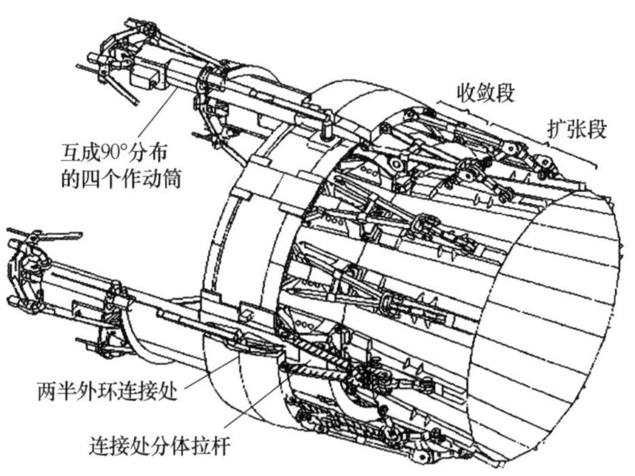

图 3-4　三环驱动方案 AVEN 的作动筒分布

2. 独立控制 A9

当两个水平面作动筒以相同的位移输出，保持同步运动，两个垂直面作动筒以同步但不等于水平面作动筒位移输出时，转向驱动环上半环与下半环相对其铰接轴线发生对称偏转，在固定拉杆的带动下，扩张调节片扩张或收缩，实现对喷口面积 A9 的单独控制操作，如图 3-5 所示。

单独控制喷口面积 A9 时，转向驱动环上半环与下半环之间的对称偏转，导致水平销轴附近两相邻扩张调节片扩张或收缩的距离较大，采用固定（三角）拉杆不能满足要求，需要采用图 3-6 所示的分体拉杆，以适应此状态转向驱动环上半环与下半环之间的对称偏转。

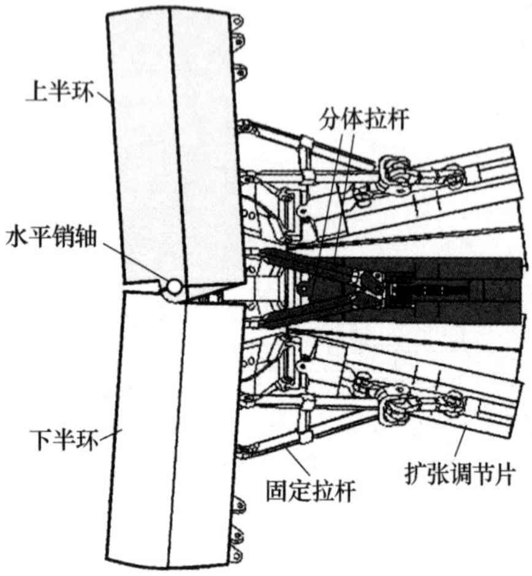

图 3-5　三环驱动方案 AVEN 喷口面积 A9 的独立控制

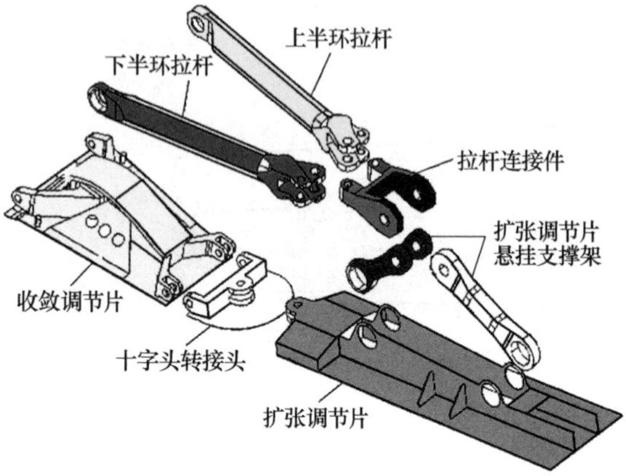

图 3-6　水平销轴处的分体拉杆及扩张调节片悬挂结构

受上下半环连接处扩张调节片宽度和相邻密封片宽度的限制，喷口面积 A9 单独调整的范围不会很大，但对小推力发动机而言，一般不是很困难。但对加力/非加力 A8/A9 面积变化较大的大推力发动机，受扩张调节片和密封片宽度的制约，很难实现喷口面积 A9 的单独控制。取而代之的是，或者在较小的面积变化范围内单独控制喷口面积 A9，或者在加力状态下，不单独控制喷口面积 A9 的变化，而只在非加力状态下单独控制喷口面积 A9 的变化。

3. 俯仰/偏航矢量偏转

俯仰推力矢量：两个水平面作动筒与两个垂直面作动筒保持同位移输出值，使 A8/A9 达到预期面积比。固定两个水平面作动筒的位移输出值，使两个垂直面作动筒同位移量反向给出输出，即一个为正位移，一个为负位移，且两者输出位移的绝对值相等，转向驱动环上半环与下半环在同一个旋转平面内相对于水平销轴旋转，实现喷口面积 A9 的俯仰矢量偏转，如图 3-7 所示。

偏航推力矢量：同样，转向驱动环四个驱动作动筒保持同位移输出值，使 A8/A9 达到预期面积比。固定两个垂直面作动筒位移输出值，使两个水平面作动筒同位移量反向给出输出，转向驱动环上半环与下半环保持在同一旋转平面内，相对于中环垂直销轴旋转，实现喷管 A9 的偏航矢量偏转。

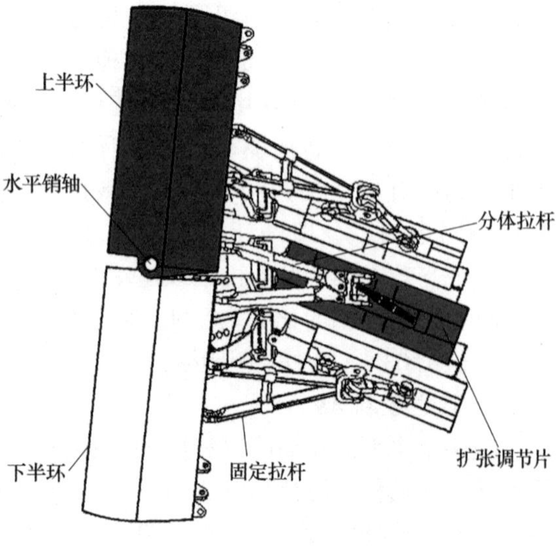

图 3-7　三环驱动方案 AVEN 的俯仰偏转

万向推力矢量：转向驱动环四个驱动作动筒保持同位移输出值，使 A8/A9 达到预期面积比，同时使两个水平面作动筒保持反向位移输出，两个垂直面作动筒保持反向位移输出，喷口即实现万向偏转。水平面作动筒反向位移与垂直面作动筒反向位移的合成，构成空间任意角二维万向矢量偏转。

万向推力矢量与喷口面积调整：在万向推力矢量状态，通过使垂直面两驱动作动筒增大或减小同位移输出，可以调整喷口面积 A9。

3.1.3　三环驱动方案的特点

三环驱动方案具有如下特点：

1）由四个均布的作动筒驱动转向驱动环的上下两半环，实现 A8/A9 的联合控制。合理设计机构尺寸，可以使 A9/A8 面积比保持最佳的膨胀比。

2）只有一套作动筒，可以同时控制 A8/A9 的收扩和矢量偏转，以及喷口面积 A9 的单独控制。与其他 AVEN 需要两套控制装置分别控制 A8 和 A9 相比，结构简单，并且没有控制耦合问题。

3）没有定心装置，结构简单。由于采用三环万向定心方式，转向驱动环定心精确，转向灵活。

4）该机构减少了一套 A8 环控制驱动系统，减少了定心装置，质量小，但增加了一个承力中环。

5）受密封片宽度限制，该结构的喷口面积 A9 独立收扩的范围有限。该结构比较适合 A9/A8 面积变化比较小的中小推力发动机。对于大推力发动机，由于 A9/A8 面积变化较大，密封片没有足够的宽度满足喷口面积 A9 的单独收扩需求。如果在大喷口状态下不需单独控制喷口面积 A9 的收扩，只在小喷口状态单独控制喷口面积 A9，该方案是能够满足要求的。

6）矢量喷管与一般轴对称收-扩式喷管的区别不大，只是转向驱动环分成上下两半环，通过固定拉杆与半环连接的扩张调节片的运动与轴对称收-扩式喷管中扩张调节片的运动形式完全相同，唯一的区别在于水平轴附近，由分体拉杆连接的扩张调节片，其运动相对较复杂，但不存在切向偏转，其内表面与相邻两扩张调节片内表面的包容性较好，很容易进行密封，因此，三环驱动 AVEN 具有结构简单、运动可靠的特点，喷管矢量偏转段气密性显著优于其他类型的 AVEN，是非常优秀的一种 AVEN 方案。其缺点是，作用在收敛调节片和扩张调节片上的气动力全部由外环通过销轴传递给中环和内环，中环和内环的变形会较大，可以作为中小推力发动机改装 AVEN 的首选方案。

3.2　三环驱动 AVEN 构件的变形分析

3.2.1　AVEN 受力分析

AVEN 受力分析是转向驱动环、拉杆、收敛调节片、扩张调节片等 AVEN 关键构成构件设计的基础。现以图 3-8 所示的一般化 AVEN 结构为例，进行受力分析，三环驱动 AVEN 的受力分析类似。

收敛调节片沿 ED 曲面上作用有气动载荷，其合力为 $\boldsymbol{P}_{ei}$。在扩张调节片内表面上有分布的气动载荷，其合力为$\boldsymbol{P}_{ci}$。扩张调节片上的气动载荷作用力，一端通过拉杆A_iB_i传递到转向驱动环上，其力为$\boldsymbol{F}_i$；另一端通过十字转接头传递到收敛调节片上，其力为$\boldsymbol{T}_i$。机匣对收敛调节片的作用力为$\boldsymbol{R}_{ei}$，A8 调节环滚子对收敛调节片的作用力为$\boldsymbol{N}_{ei}$。

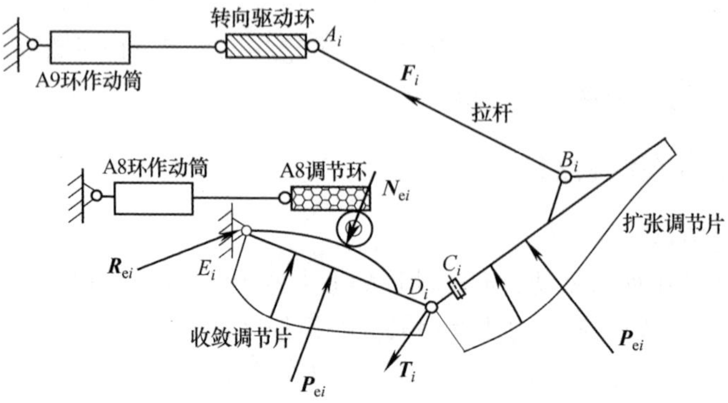

图 3-8　AVEN 受力分析示意图

1. 扩张调节片受力分析

作用在扩张密封片上的气动载荷，通过扩张密封片与扩张调节片的搭接处，传递到扩张调节片上。分析扩张调节片上的气动载荷，应将作用在扩张密封片上的载荷考虑进来。考虑的方法是增大扩张调节片的面积。

扩张调节片内表面上作用有图 3-9 所示的分布气动载荷。阴影部分上的作用力为

$$\Delta F_{1i} = \frac{p_{ci} + p_{ci+1}}{2} \times \frac{S_{1i} + S_{1i+1}}{2} \times (x_{1i+1} - x_{1i})$$

对ΔF_{1i}沿x_1方向积分，得到扩张调节片上作用的气动载荷为

$$F_{1i} = \sum_{i=1}^{N} \Delta F_{1i} = \frac{1}{4}\sum_{i=1}^{N} (p_{ci} + p_{ci+1})(S_{1i} + S_{1i+1})(x_{1i+1} - x_{1i})$$

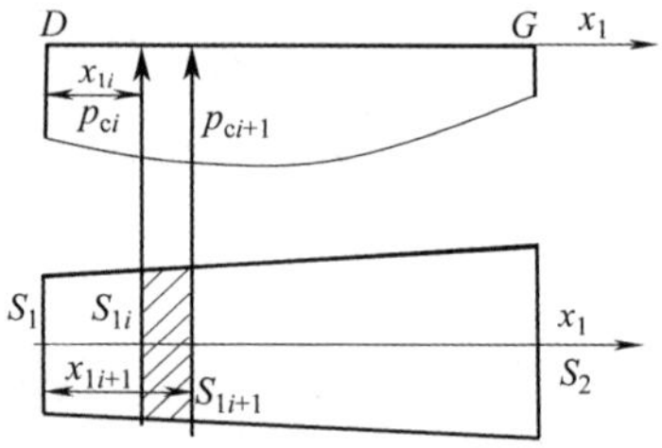

图 3-9　扩张调节片上的气动载荷

同理，可得到收敛调节片上的气动载荷为

$$F_{2i} = \sum_{i=1}^{N} \Delta F_{2i} = \frac{1}{4}\sum_{i=1}^{N} (p_{ei} + p_{ei+1})(S_{2i} + S_{2i+1})(x_{2i+1} - x_{2i})$$

由

$$F_{1i}x_c = \sum_{i=1}^{N} \Delta F_{1i} \frac{x_{1i} + x_{1i+1}}{2}$$

确定扩张调节片上气动载荷合力的作用点为

$$x_c = \frac{1}{F_{1i}}\sum_{i=1}^{N} \Delta F_{1i} \frac{x_{1i} + x_{1i+1}}{2}$$

同理，得收敛调节片上气动载荷合力的作用点为

$$x_e = \frac{1}{F_{2i}}\sum_{i=1}^{N} \Delta F_{2i} \frac{x_{2i} + x_{2i+1}}{2}$$

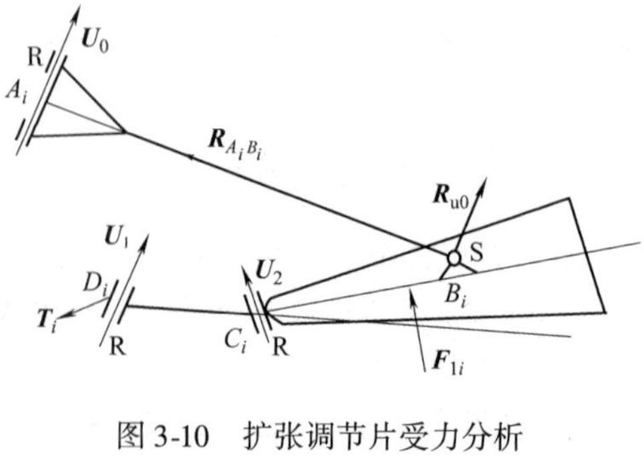

图 3-10　扩张调节片受力分析

如图 3-10 所示，作用在扩张调节片上的气动载荷合力$\boldsymbol{F}_{1i}$，需要用三角拉杆A_iB_i来平衡。由于三角拉杆与转向驱动环是以 R 副构成连接的，三

角拉杆承受的力应有两个方向，一个是与过 A_i 点 $\boldsymbol{U}_0$ 轴平行的作用力$\boldsymbol{R}_{u0}$，另一个是与 A_iB_i 共线的力$\boldsymbol{R}_{A_iB_i}$。$\boldsymbol{R}_{u0}$用于平衡$\boldsymbol{R}_{A_iB_i}$对（过 C_i 点）$\boldsymbol{U}_2$ 轴产生的力矩，而$\boldsymbol{R}_{A_iB_i}$用于平衡气动载荷 $\boldsymbol{F}_{1i}$对$\boldsymbol{U}_1$ 轴产生的力矩，对过 D_i 点$\boldsymbol{U}_1$ 轴的力矩为

$$-M_{1i}=\boldsymbol{R}_{A_iB_i}\times(\boldsymbol{A}_i-\boldsymbol{D}_i)\cdot\boldsymbol{U}_1$$

该力矩应平衡扩张调节片的气动载荷对过 D_i 点$\boldsymbol{U}_1$ 轴的力矩

$$-M_{2i}=\boldsymbol{F}_{1i}\times\boldsymbol{x}_c\cdot\boldsymbol{U}_1$$

即：$M_{1i}=M_{2i}$，由此可求出$\boldsymbol{R}_{A_iB_i}$。

同理，$\boldsymbol{R}_{u0}$对过 C_i 点$\boldsymbol{U}_2$ 轴的力矩，应与$\boldsymbol{R}_{A_iB_i}$对过 C_i 点$\boldsymbol{U}_2$ 轴的力矩平衡，即

$$\boldsymbol{R}_{u0}\times(\boldsymbol{B}_i-\boldsymbol{C}_i)\cdot\boldsymbol{U}_2=\boldsymbol{R}_{A_iB_i}\times(\boldsymbol{B}_i-\boldsymbol{C}_i)\cdot\boldsymbol{U}_2 \tag{3-1}$$

由式（3-1）可以求出$\boldsymbol{R}_{u0}$。

由

$$\boldsymbol{T}_i+\boldsymbol{F}_{1i}+\boldsymbol{R}_{A_iB_i}=0$$

求出收敛调节片对扩张调节片的作用力 $\boldsymbol{T}_i$

$$\boldsymbol{T}_i=-(\boldsymbol{F}_{1i}+\boldsymbol{R}_{A_iB_i})$$

2. 收敛调节片受力分析

如图 3-8 所示，作用在收敛调节片的力系为平面力系。其上的作用力分别为气动载荷 $\boldsymbol{P}_{ei}$、扩张调节片对收敛调节片的作用力$\boldsymbol{T}_i$、A8 调节环对收敛调节片的作用力$\boldsymbol{N}_{ei}$及机匣对收敛调节片的作用力 $\boldsymbol{R}_{ei}$。这些力应满足

$$\begin{cases}\boldsymbol{N}_{ei}\times(\boldsymbol{F}_i-\boldsymbol{E}_i)=\boldsymbol{P}_{ei}\times\boldsymbol{x}_e+\boldsymbol{T}_i\times(\boldsymbol{D}_i-\boldsymbol{E}_i)\\ \boldsymbol{N}_{ei}+\boldsymbol{P}_{ei}+\boldsymbol{T}_i+\boldsymbol{R}_{ei}=0\end{cases} \tag{3-2}$$

由式（3-2）可求得$\boldsymbol{N}_{ei}$和 $\boldsymbol{R}_{ei}$。

3. 转向驱动环受力分析

对于图 3-11 所示的转向驱动环，当不考虑转向驱动环定心装置中 P 副导向柱与导向套之间的滑动摩擦时，定心装置不承担轴向载荷。此时，转向驱动环上的不平衡轴向力全部由三个作动筒来承担。固定拉杆作用在转向驱动环上的力的合力为

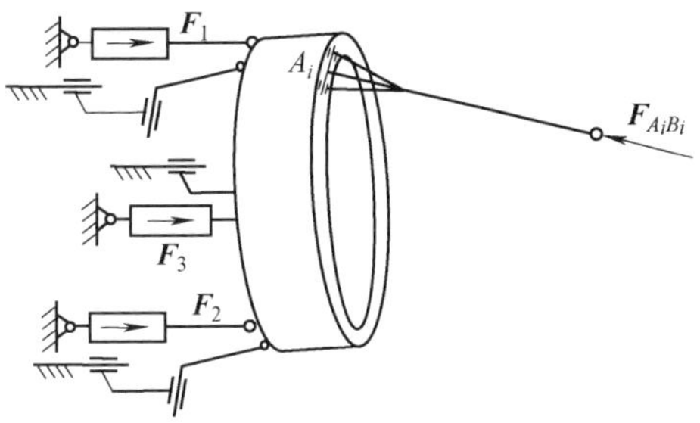

图 3-11　转向驱动环受力分析

$$\boldsymbol{R}=\sum_{i=1}^{N'}\boldsymbol{F}_{A_iB_i}$$

将三个作动筒所受的力$\boldsymbol{F}_1$、$\boldsymbol{F}_2$、$\boldsymbol{F}_3$和$\boldsymbol{F}_{A_iB_i}$（$i=1,\cdots,N$）向转向驱动环的两个轴线 y_1，z_1 取矩 M_{y_1}、M_{z_1}。并考虑$\boldsymbol{F}_1+\boldsymbol{F}_2+\boldsymbol{F}_3+\boldsymbol{R}=0$，求出作动筒受力 $\boldsymbol{F}_1$、$\boldsymbol{F}_2$、$\boldsymbol{F}_3$。

分析表明，如果作动筒处于发动机矢量喷管轴线与发动机主轴线所在的平面，则作动筒的驱动力为最大或最小，如图 3-12 所示。三环驱动 AVEN 转向驱动环的受力分析与图 3-11 所示的类似，只不过需要按半环分析。

4. 中环等承力构件受力分析

根据风洞试验数据，计算三环驱动 AVEN 主要构成构件的受力情况，其结果如下：

（1）加力状态　几何矢量偏转角 $\alpha=20°$时，各主要构件上的载荷为：

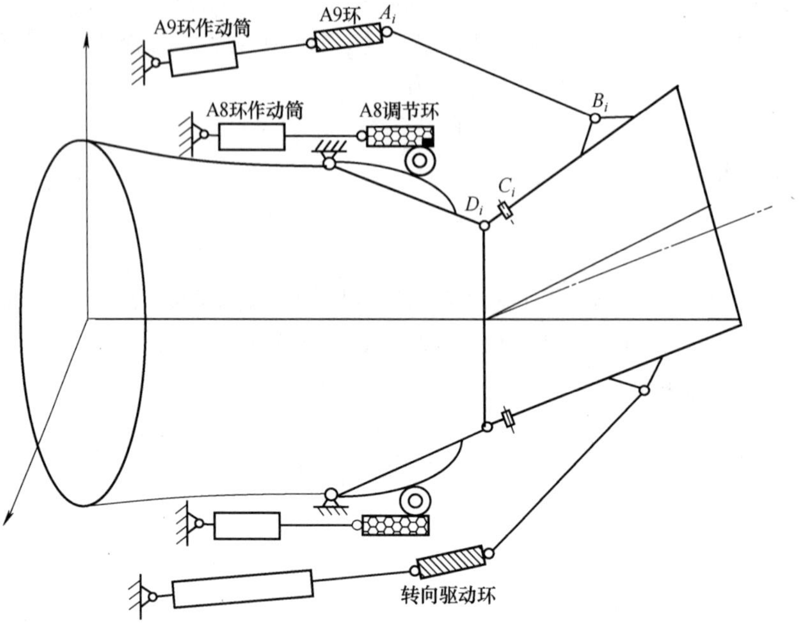

图 3-12　转向驱动环作动筒极值拖动力位置

1）内环：内环垂直平面内的两个销轴受 11t 的载荷，内环上与内环拉杆连接的运动副受最大 2.4t 的载荷，与水平轴夹角为20°。

2）中环：水平与垂直两个平面内销轴各受 11t 的载荷。

3）转向驱动环：与拉杆连接的运动副受 0.32t 的最大载荷，水平方向最大载荷为 0.20t；两半环连接处的销轴载荷为 0.9t，转向驱动环上下半环中间与作动筒连接销轴的载荷为 1.6t。

4）拉杆：最大载荷为 0.32t。

（2）非加力状态　几何矢量偏转角 $\alpha=15°$时，各主要构件上的载荷为：

1）内环：内环垂直平面内的两个销轴受 10t 的载荷，内环上与内环拉杆连接的运动副受最大 1.5t 的载荷，与水平轴夹角为30°。

2）中环：水平与垂直两个平面内销轴各受 10t 的载荷。

3）转向驱动环：与拉杆连接的运动副受 0.9t 的最大载荷，水平方向最大载荷为 0.89t；两半环连接处的销轴载荷为 2.1t，转向驱动环上下半环中间与作动筒连接销轴的载荷为 4.2t。

4）拉杆：最大载荷为 0.9t。

3.2.2　AVEN 变形分析

由于三环 AVEN 各种环形件多为空腔结构，在分析环形件变形时，可以将空腔结构截面折算成实心矩形截面，然后按实心截面进行计算；也可以保持空腔结构截面不变，计算在不同载荷情况下的折算截面性质，然后对空腔薄壳进行计算；还可以直接利用夹层圆柱壳的非线性理论，根据各相异性截面，分别计算。由于第三种方法需要大型计算机的支持来解四阶非线性微分方程组，过于复杂，为此，本节采用第一种方法计算，第二种方法校核的分析方法，分析 AVEN 各种环形件的变形等特性。分析时考虑塑性变形，但不考虑大变形，均以弹性小挠度理论计算。

1. 截面性质计算

如图 3-13 所示，截面惯性矩的计算式为

$$I_x = \int_{\text{面积}S} y^2 \mathrm{d}S = 4\int_{x_1}^{x_2}\int_{y_1}^{y_2} y^2 \mathrm{d}x\mathrm{d}y$$

$$I_y = \int_{\text{面积}S} x^2 \mathrm{d}S = 4\int_{x_1}^{x_2}\int_{y_1}^{y_2} x^2 \mathrm{d}x\mathrm{d}y$$

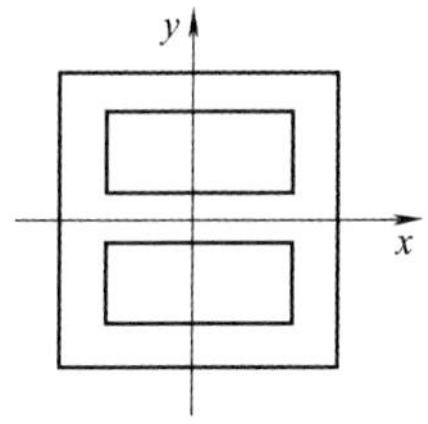

图 3-13　截面示意图

如图 3-14 所示，折算弹性模量，在外力 P_{z1} 和 P_{z1} 的作用下取单元，总应变能为（$\delta_1=\delta$）

$$W = \int_u \left(\frac{P_{z1}^2}{Er} + \frac{P_{z2}^2}{2E\delta_2}\right)\mathrm{d}r\mathrm{d}z$$

式中，E 为弹性模量；其他变量符号如图 3-14 所示。

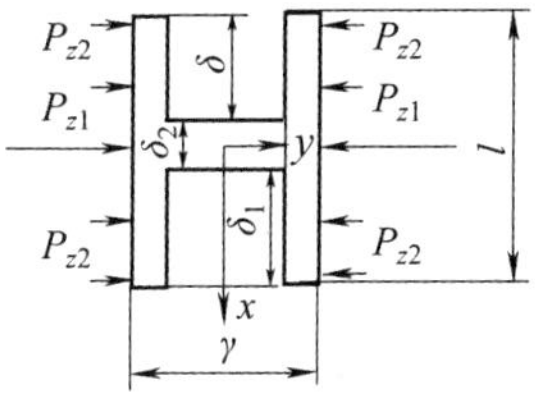

图 3-14　环单元体

由 z 向应变协调条件可得

$$\frac{P_{z1}}{E\delta_1} = \frac{P_{z2}}{2E\delta_2} \Rightarrow P_{z2}\frac{2\delta P_{z2}}{\gamma}$$

由内外力平衡

$$P_{z1}\delta_1 + 2P_{z2}\delta_2 = \sigma_z l\gamma$$

得

$$W = \frac{l^2\gamma^2}{\left(\delta + \dfrac{4\delta\delta_2}{\gamma}\right)^2} \cdot \frac{1}{Er}\left(1 + \frac{2\delta}{\gamma^2}\right)\mathrm{d}z$$

折合为连续弹性体的应变能

$$\widetilde{W} = \frac{\sigma_z^2}{2E'}\mathrm{d}v = \frac{\sigma_z}{2E'}\gamma l\mathrm{d}z$$

式中，E' 为折合连续弹性体的弹性模量；σ_z 为沿 z 轴应力。

由 $\widetilde{W} = W$，得

$$E' = \frac{(\gamma + 4\delta_2)E}{2l^2\gamma\left(\dfrac{1}{\gamma} + \dfrac{2\delta_2}{\delta}\right)}$$

折算剪切模量，在单元体内剪切应变能为

$$W = \int_u \frac{T^2}{2G\delta}\mathrm{d}z = \frac{T^2 l}{2G\delta}\mathrm{d}z$$

或

$$W = \int_u \left(\frac{T_1^2}{G\delta_1} + \frac{T_2^2}{G\delta_2}\right)\mathrm{d}r\mathrm{d}z$$

式中，G 为切变模量。

连续弹性体上的剪切应力为

$$\tau = \frac{2T_1}{2\delta_2 + \delta}$$

相应的应变能为

$$\tilde{W} = \int_u \frac{\tau^2}{2G'} \mathrm{d}v = \int_u \frac{\tau^2}{2G'} l\gamma \mathrm{d}z$$

式中，G'为折合连续弹性体的切变模量。

由 $\tilde{W} = W$，得

$$G' = \frac{\delta G}{\left(\frac{1}{4\delta_2} + \frac{1}{2\delta}\right)^2 \gamma}$$

折算厚度计算式为

$$\bar{h} = \sqrt{12I}/\lambda$$

式中，$\bar{h}$为折算厚度；I 为惯性矩；λ 为筋间距。

三种典型单元的折算厚度见表 3-1。

表 3-1　截面折算厚度　　（单位：mm）

折算厚度	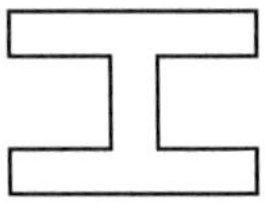	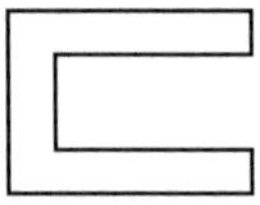	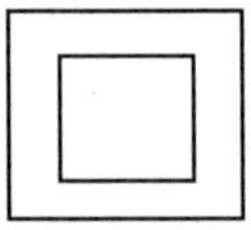
外环/mm	11. 15 ~ 11. 3	11. 15 ~ 11. 3	11. 7
中环/mm	14. 1 ~ 14. 2	14. 1 ~ 14. 2	14. 4
内环/mm	18. 9 ~ 18. 7	18. 9 ~ 18. 7	20. 1
平均值	内环 14. 2mm，取用 13 ~ 15mm；中环 19. 06mm，取用 18 ~ 20mm；外环 11. 3mm，取用 10 ~ 12mm		

2. 变形计算

（1）内环　加力矢量状态，边界条件如图 3-15 所示。在 $x = 0$ 处简支，即 $U_{x=0} = W_{x=0} = 0$；在 $x = \frac{l}{2}$处自由，即

$$M_{x=\frac{l}{2}} = 0 \quad W_{x=\frac{l}{2}} = W_{\max}$$

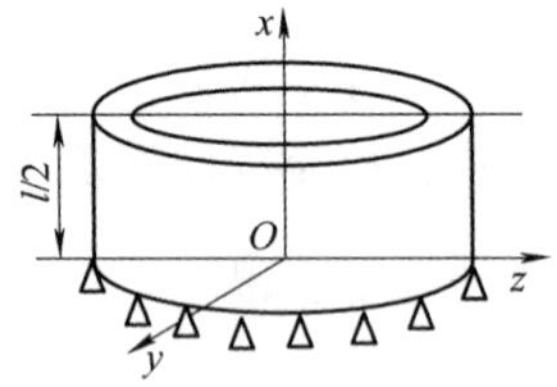

图 3-15　内环边界条件

载荷（Pa）：

$$q_1 = 4.02 \times 10^6$$

$$q_2 = 5.81 \times 10^6 \sin\frac{\pi x}{l}$$

$$q_3 = 2.55 \times 10^6 \sin\frac{\pi x}{l}$$

设位移函数为

$$\begin{cases} U = U_0 \cos\frac{\pi x}{l} \\ V = V_0 \sin\frac{\pi x}{l} \\ W = W_0 \sin\frac{\pi x}{l} \end{cases}$$

代入满足上述边界条件和载荷条件的圆薄壳相应公式得相应位移（mm）为

$$U=0.35+0.11\cos\frac{\pi x}{l}$$

$$V=1.46\sin\frac{\pi x}{l}$$

$$W=0.11+0.28\sin\frac{\pi x}{l}$$

考虑应力集中的影响，相应最大变形值为

$$U_{\max}=U_{Z=0}=0.9\text{mm}$$
$$V_{\max}=V_{x=\frac{l}{2}}=2.92\text{mm}$$
$$W_{\max}=W_{x=\frac{l}{2}}=0.78\text{mm}$$

其变形结果如图 3-16 所示。

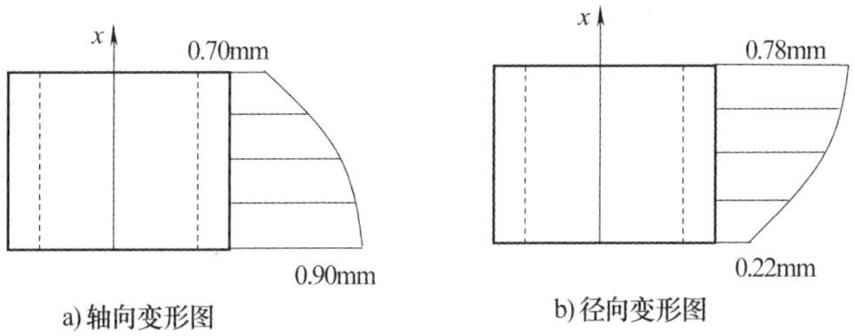

图 3-16　内环变形图

按对称计算得

$$W_{\max}=W_{x=\frac{l}{2}}=\frac{2Q_{内}\beta R^2}{Et^2}=2.66\text{mm}$$

（2）外环　加力矢量状态，边界条件为：在 $x=0$ 处简支，即 $U_{x=0}=W_{x=0}=0$；在 $x=\frac{l}{2}$ 处自由，即 $M_{x=\frac{l}{2}}=0$，$W_{x=\frac{l}{2}}=W_{\max}$。

载荷（Pa）：

$$q_1=8.79\times10^5$$
$$q_2=0$$
$$q_3=1.91\times10^5\sin\frac{\pi x}{l}$$

设位移函数为

$$\begin{cases}U=U_0\cos\dfrac{\pi x}{l}\\ V=V_0\sin\dfrac{\pi x}{l}\\ W=W_0\sin\dfrac{\pi x}{l}\end{cases}$$

代入满足上述边界条件和载荷条件的圆薄壳相应公式，得相应位移（mm）为

$$U=0.14+0.06\cos\frac{\pi x}{l}$$

$$V=0$$

$$W=0.05+0.11\sin\frac{\pi x}{l}$$

考虑应力集中的影响，相应最大变形值为

$$U_{\max}=U_{Z=0}=0.4\text{mm}$$

$$W_{\max}=W_{x=\frac{l}{2}}=0.44\text{mm}$$

其变形结果如图 3-17 所示。

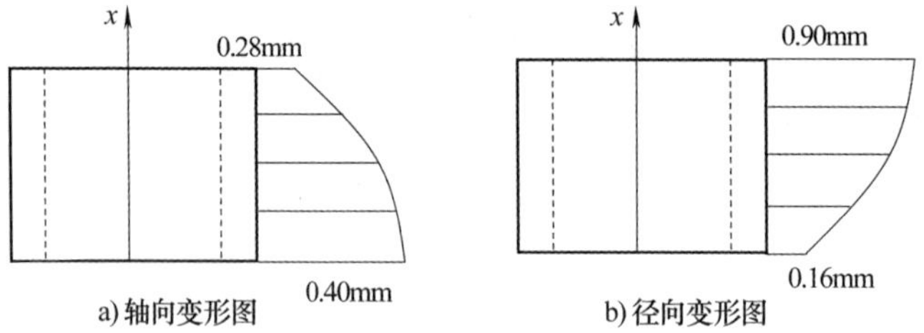

图 3-17　外环变形图

按对称计算得

$$W_{\max}=W_{x=\frac{l}{2}}=\frac{2Q_{外}\beta R^2}{Et^2}=1.07\text{mm}$$

（3）中环　计算中环变形时，需要将中环简化为两端悬臂曲梁。

固支时

$$\Delta x=\int_0^l\frac{\overline{m}m_p}{EI}\mathrm{d}x=\int_0^l\frac{1.87\cos\varphi\cdot 0.49\cos\varphi}{EI}\mathrm{d}x=4.3\text{mm}$$

当外力 P 变为承受全部内环载荷时，变形增至 6.3mm。若将其简化为对称情况（分别相对 x 轴、y 轴对称），则

$$W=\frac{P\rho^3}{EI}\left(\frac{\alpha}{2}-\frac{\sin z\alpha}{4}\right)=4.3\text{mm}$$

当外力 P 变为承受全部内环载荷时，变形增至 6.2mm。

3.3　大推力发动机三环驱动 AVEN 方案创新

AVEN 的创新设计主要围绕在：作用在收敛调节片和扩张调节片上的气动载荷在其导引机构上具有较小作用反力的结构创新设计；做两自由度旋转运动的喉道处密封结构的创新设计；收敛密封片和扩张密封片悬挂机构的创新设计；收敛调节片驱动机构；扩张调节片驱动机构；转向驱动环的自由度约束机构；适合大推力发动机 AVEN 整体结构创新等方面。

AVEN 的结构创新是非常困难的，原因如下：

1）AVEN 的构成构件全部为做空间复杂运动的构件，各构件之间的相对运动比较复杂，且存在大量冗余运动构件，结构创新需要统筹考虑。

2）AVEN 的性能是由收敛调节片、收敛密封片、扩张调节片、扩张密封片包络形成的变几何体来确定的，由于结构和运动都比较复杂，很难得到直接改善其性能的创新结构。

3）由于布局空间非常有限，需要考虑创新结构的工作空间及强度与刚度要求。受布局空间的限制，一些常规可以采用的创新结构在 AVEN 上则不能采用。

4）增重的限制，减重设计是 AVEN 创新设计中必须严格考虑的一个关键技术指标。在结构创新时既要考虑创新结构中各构件的载荷特性，又要考虑力传递的路径长短，以便得到增重较小的创新结构。

5）结构尽可能简单，以提高整体系统的运动可靠性。

6）要满足现有飞机发动机的控制要求。由于 AVEN 预研的目标之一是直接将其加装在现有（或正在研制的）发动机上，因此，AVEN 的结构创新必须能够与已有飞机发动机的接口尺寸、控制模式、输出参数、工作范围等良好匹配。

对于扩张调节片悬挂机构而言，其应该满足的设计功能为：使扩张密封片与空间相互交错的两相邻扩张调节片进行等宽度密封；扩张密封片与扩张调节片之间的密封间隙在喉道面积和喷口面积发生变化时，密封间隙不发生变化；在喷管发生矢量偏转时，密封片应该能够适应两相邻扩张调节片的空间交错状态，并以最小间隙分布对两扩张调节片进行密封。除此之外，悬挂机构还应该满足布局空间要求，在小喷口状态，不与其他构件发生运动干涉。在空间布局上，扩张调节片悬挂机构必须安装在 A8/A9 变化限定的狭小空间内。因此，其方案创新与结构设计非常困难。

适合大推力发动机 AVEN 创新设计的困难，主要是由相对较小的布局空间和相对较大的 A8/A9 变化范围造成的。特别是布局空间，在直径方向上压缩 5mm 也是非常困难的。在结构创新时，既要考虑各运动构件的布局空间，又要考虑各运动构件的刚度和运动可靠性，同时还要考虑力作用构件所传递的载荷，以及力专递的长度，以便得到增重较小的创新设计方案。除此之外，尺寸设计也是一个非常突出的问题。其尺寸设计要解决的关键问题在于：在 A9 环作动筒有限的工作行程之内，合理确定各运动与力传递构件的长度，使扩张密封片在小喷口、大矢量偏转角度时形成的最小间隙大于一定的值，以便安装密封片悬挂机构；在大喷口、大矢量偏转角度时形成的最大间隙应小于密封片的宽度，以便密封片对该间隙进行密封。这些相互矛盾的问题，只有通过自动化支撑平台，经过反复试凑才能解决。

3.3.1　三环驱动 AVEN 收敛段驱动方式

1. 大推力发动机加装三环驱动 AVEN 的难点

三环驱动 AVEN 方案适用于小推力、A8/A9 面积变化比较小的情况。一个原因是图 3-18 所示的中环上作用载荷较大；另一个原因是，当 A8/A9 面积变化比较大时，在发动机特定装机空间（最大半径）限定下，加力大喷口状态下的收敛调节片驱动机构的布局非常有限，导致很难设计符合强度要求的收敛调节片驱动机构，如图 3-18 所示内环、内环拉杆与收敛调节片支架构成的收敛调节片驱动机构，实施 A8/A9 大面积比收扩变化。

另外一个重要的原因是扩张密封片及其悬挂机构的设计。为了保证大喷口矢量偏转状态喷管的气密性，扩张调节片与扩张密封片在大喷口矢量偏转状态下必须有足够的气密搭接量，如图 3-19 所示。然而，当喷管处于小喷口最大矢量角状态（图 3-20）时，扩张调节片收缩，造成此状态相邻两扩张调节片之间的距离极度减小，很难设计符合强度要求的密封片

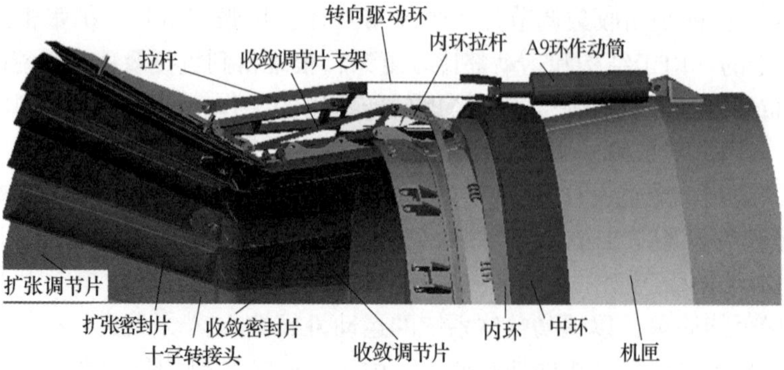

图 3-18　三环驱动 AVEN 运动、力传递原理

悬挂机构。如果扩张调节片与扩张密封片宽度设计得不合理，在小喷口矢量偏转状态下，扩张调节片会发生相互挤压、干涉，严重影响此状态下几何矢量偏转角的增大。大喷口矢量状态尽量采用宽度较大的扩张调节片与密封片，以保证大喷口矢量偏转状态喷管的密封性，这与小喷口矢量状态尽量减小扩张调节片的宽度，以防止扩张调节片相互干涉，进而减小几何矢量偏转角的矛盾是不可调和的，只有通过优化结构参数的方法来解决，难度巨大。

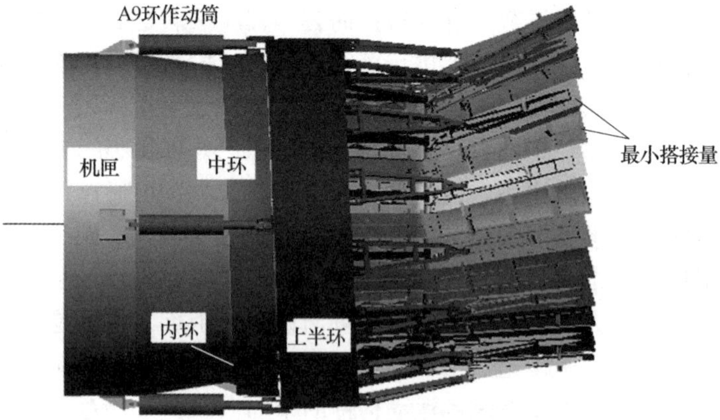

图 3-19　AVEN 大喷口、最大矢量偏转状态下扩张密封片与扩张调节片的最小搭接量

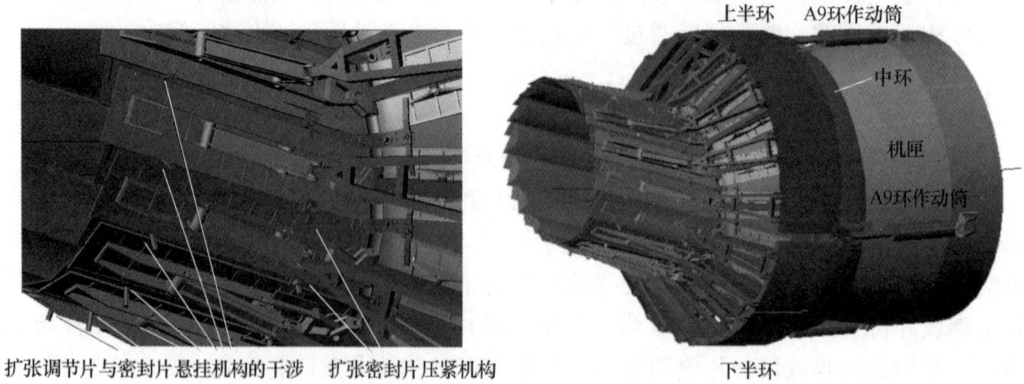

图 3-20　AVEN 小喷口、最大矢量偏转状态下扩张密封片与扩张调节片的干涉与最小间隔距离

作者团队建立的面向对象 AVEN 的设计平台，实现了 AVEN 结构设计、参数优化，乃至关键构件有限元分析的一体化与自动化。基于该平台得到的大推力三环驱动 AVEN 创新设

计方案，能够满足给定的设计要求，其主要技术指标，如喷管的几何矢量偏转角等，达到了国际先进水平，显著地改善了 AVEN 的气密性。

2. AVEN 收敛调节片驱动方式

图 3-21 所示为一种连杆式收敛调节片驱动方式。当需要调整喉道面积 A8 时，内环驱动作动筒驱动内环沿发动机轴线方向移动。内环沿发动机轴线方向的移动是通过内环上带有圆柱面的滚子在机匣导槽内移动，以及使内环驱动作动筒同步输出来实施的。内环沿发动机轴线方向的移动，带动内环上收敛调节片悬挂点 *E* 产生水平移动。与收敛调节片 *F* 点、机匣上 *G* 点连接的连杆，推动收敛调节片相对 *E* 点旋转，从而改变喉道面积 A8。该方案结构简单，A8/A9 面积比在喉道面积 A8 变化的过程中基本保持不变。其缺点是，连杆的作用力很大，与 *G* 点连接的机匣部分需要设计笨重的承力分散结构。

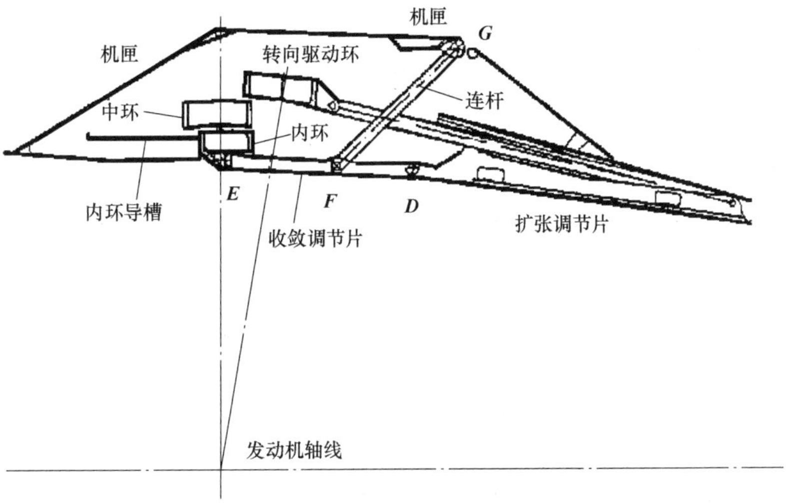

图 3-21　连杆式 AVEN 收敛调节片驱动方式

图 3-22 所示为一种凸轮式收敛调节片驱动方式，与现有轴对称收-扩式喷管的喉道面积 A8 的控制方式基本相同。区别是其采用的是内环轴向移动，而不是凸轮环（A8 调节环）轴向移动。

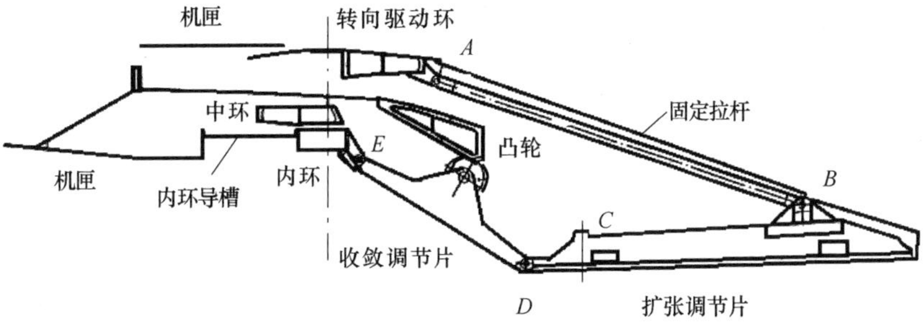

图 3-22　凸轮式 AVEN 收敛调节片驱动方式

3.3.2　大推力发动机三环驱动 AVEN 方案创新

对于加力和非加力状态 A8/A9 面积变化比较大的大推力发动机，受装机空间限制，在大的面积变换范围内，将 AVEN 矢量转向驱动机构全部布置在有限的布局空间内（图 3-23），并使 AVEN 满足质量小、转向灵活等气动性能要求，是非常困难的。内环作为三环驱动 AVEN 方案中的收敛调节片悬挂拖动环，作用在喷管上的气动载荷大部分需要由内环来承担，而这些力又通过内环传递给中环，最后传递给转向驱动环的上下环，并由驱动作动筒平衡。为减小内环、中环上的载荷，所设计的气动力传递方案必须使作用在内环上的载荷最小，同时，结构上必须满足装机空间和 A8/A9 面积变化需求。显然，减小收敛调节片作用在内环上的作用力，是降低内环载荷最有效的方法。为降低收敛调节片作用在内环上的载荷，可行的设计方案有以下四种。

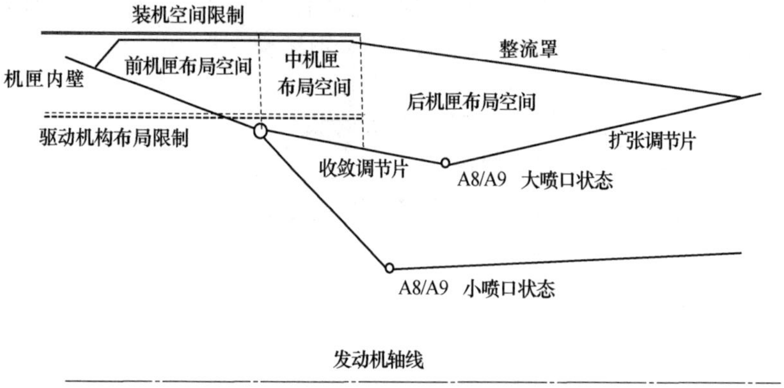

图 3-23 AVEN 矢量转向驱动机构布局空间

（1）方案一 图 3-24 所示为一种采用前机匣布局的收敛调节片力传递设计方案。收敛调节片上的载荷通过一个三副杆传递到内环拉杆上，由内环拉杆传递到内环上。在收敛调节片面积变化的范围内，内环拉杆的传递力如图 3-25 所示，图中，黑色方形标记线为内环拉杆传递力的轴向分力。可以发现，在该方案中，单一一组收扩调节片作用在内环上的水平载荷超过 40000N，较大。对于采用 18 组收扩调节片的 AVEN 装置，内环上的受力超过 60000N，载荷巨大。

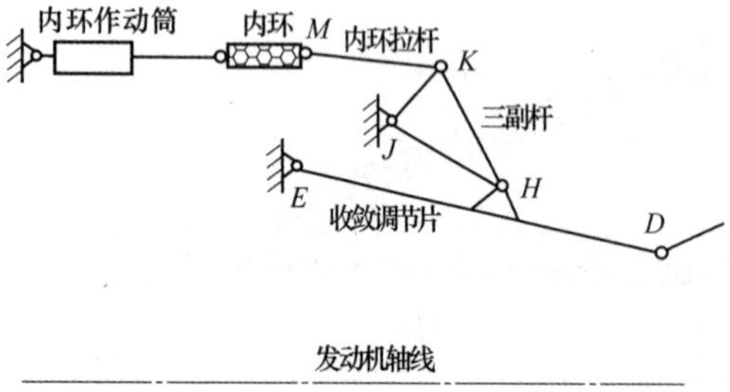

图 3-24 收敛调节片力传递（方案一）

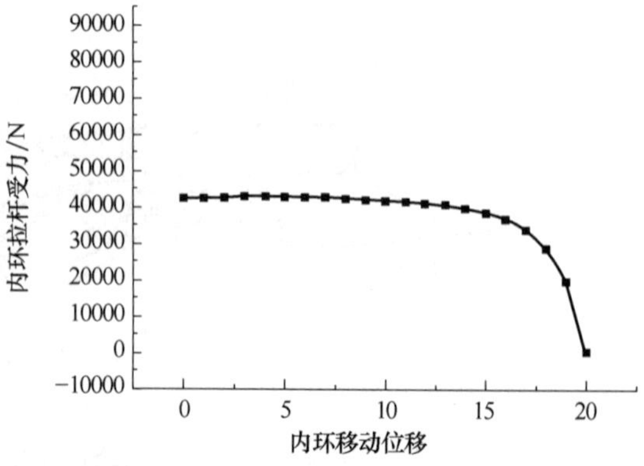

图 3-25 内环拉杆力传递（方案一）

（2）方案二 调整方案一中的内环位置，使其到喉道面积 A8 附近，在中机匣布局空间布置三环，在后机匣布局空间布置力传递连杆，如图 3-26 所示。该方案的受力分析结果如

图 3-27 所示，图中离散曲线为内环拉杆的水平力传递载荷。相对方案一，水平拉杆上的载荷有了极大的降低，达到 9000N 左右。但是该方案有一个最大的问题，三副杆与机匣连接点比较靠后，给机匣设计带来许多困难，包括增重、AVEN 装配困难等。

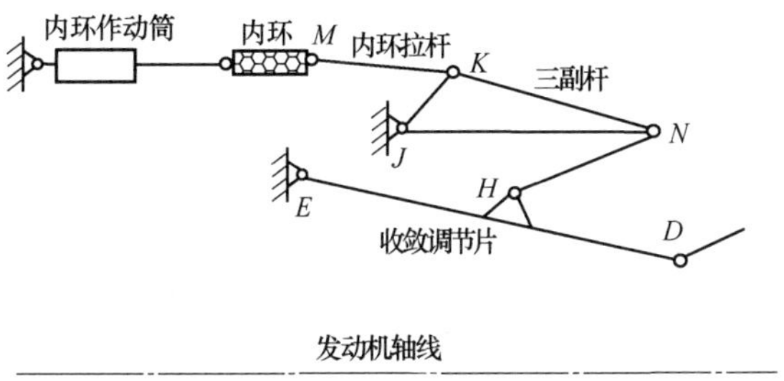

图 3-26 收敛调节片力传递（方案二）

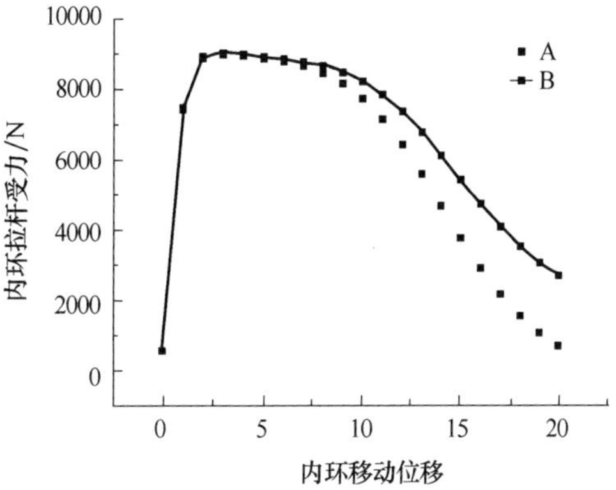

图 3-27 内环拉杆力传递（方案二）

（3）方案三 采用后机匣布局空间，布置收敛调节片驱动机构。调整方案二中的三副杆与机匣的连接位置，使其径向半径增大，转向环驱动和中环、内环的布局空间与方案二相同，如图 3-28 所示。该方案的受力分析结果如图 3-29 所示，图中离散曲线为内环拉杆的水平力传递载荷。相对方案二，水平拉杆上的载荷基本相同（连续曲线为拉杆水平载荷），为 13000N。与方案二相比，虽然三副杆与机匣连接点有一定的提高，但是由于三副杆与机匣连接点比较靠后，给机匣设计带来的增重问题仍然没有解决，同时 AVEN 中的内环、中环的装配仍比较困难。

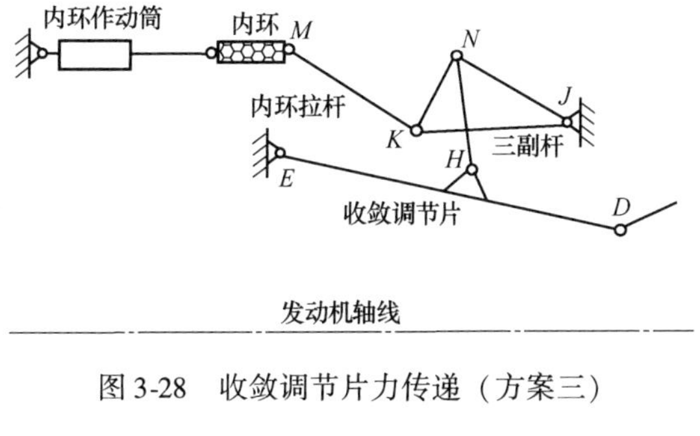

图 3-28 收敛调节片力传递（方案三）

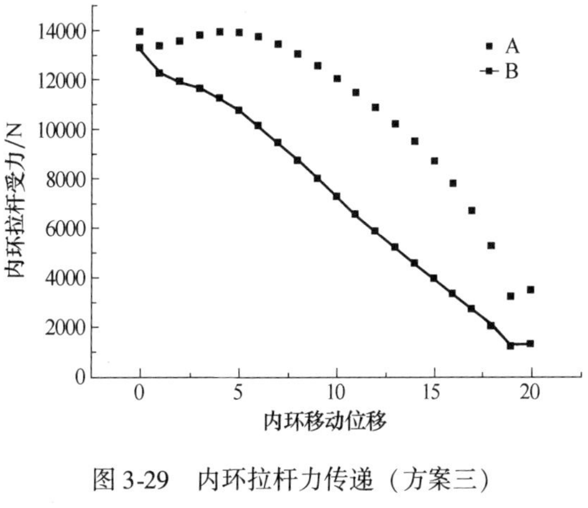

图 3-29 内环拉杆力传递（方案三）

（4）方案四 鉴于中、后机匣布局空间存在三副杆与机匣连接点 J，影响 AVEN 机匣设计和构件装配的问题，本方案采用前机匣布局空间设计 AVEN 转向控制装置，如图 3-30 所示。该方案利用前机匣作为内环、中环和外环（转向驱动环）的布局空间，通过内环拉杆直接将收敛调节片上的载荷传递到内环上。由于内环拉杆到收敛调节片相对机匣回转副之间的距离较小，内环拉杆的作用力较大。特别是在小喷口状态，内环拉杆的作用力会更大。合理设计机构尺寸可以使内环拉杆上的载荷在 AVEN 处于不同工作状态下基本相同。在大喷口状态，A8/A9 面积很大，与转向驱动环和扩张调节片连接的固定拉杆与扩张调节片之间的夹角非常小，造成固定拉杆的载荷很大，导致转向驱动环载荷显著增加。

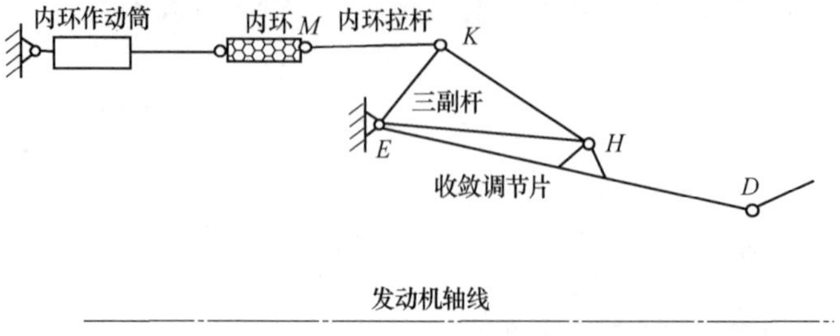

图 3-30　收敛调节片力传递（方案四）

该方案的内环拉杆力传递如图 3-31 所示，固定拉杆力传递如图 3-32 所示。在这两个图形中，B 线代表拉杆作用力，A 线代表作用的力水平分力。水平轴的内环位置为将喉道面积 A8 变化划分为 8 个步长范围中对应内环的每一个位置序号，其他图类似。可以发现，该方案的内环拉杆作用在内环上的水平分力不是很大，是比较理想的。同时，由于采用前机匣布局方案，矢量状态时各构件不会发生运动干涉，各运动构件有足够的运动布局空间。相对其他方案而言，不存在机匣增重问题，并且对其他 AVEN 构件的安装没有妨碍。因此，该方案是适合作为 A8/A9 面积变化比较大的三环驱动 AVEN 的比较理想的方案。图 3-18 所示为该结构方案的三维虚拟仿真图。

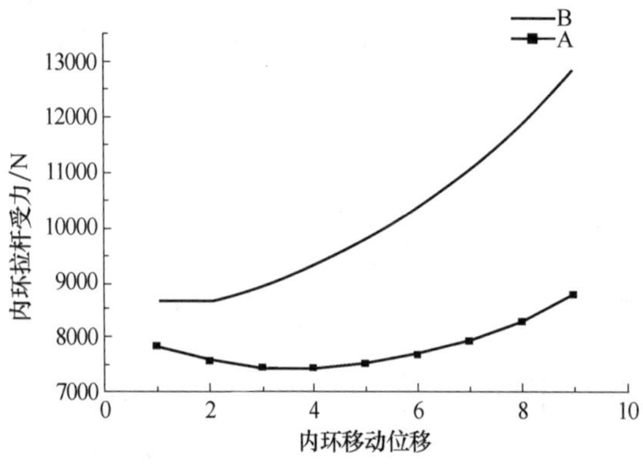

图 3-31　内环拉杆力传递（方案四）

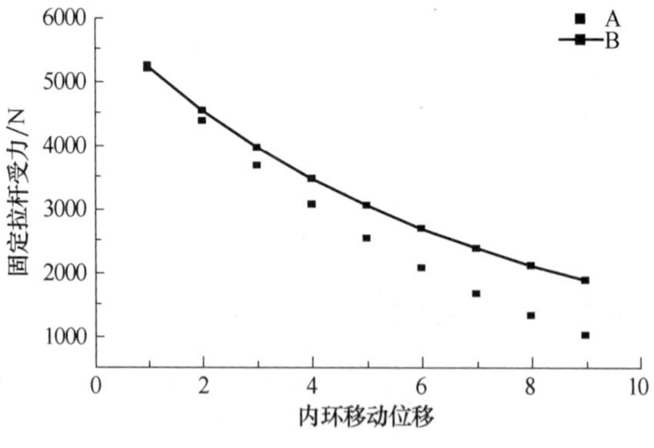

图 3-32　固定拉杆力传递

3.3.3　三环多作动筒驱动方案

上述方案四提出的三环驱动 AVEN，是适用于 A8/A9 大范围变化的一种新型三环驱动 AVEN 结构方案，具有定心准确、转向灵活、矢量转角大、A8/A9 控制成比例等特点。由于受装机空间和 A8/A9 的大变化范围的限制，该方案的中环和转向驱动环的作动筒受力仍较大，造成中环受力较大，结构较笨重，使三环驱动 AVEN 方案的优点不能发挥。如果改进方案四三环驱动 AVEN 各环上的作动筒布局，用作动筒直接驱动内环，则可以极大地降低中环和内环的作用载荷。如内环布置三个作动筒，外环布置四个作动筒，则内环和外环上作动筒的最大拖动力为 5t，中环受力仅为 7t，因此，采用该种作动筒布局后，内环可减重 1/4，中环可减重 1/2，此方案即为七作动筒布局方案，如图 3-33 所示。

如果采用八作动筒布局方案（图 3-34），即内环布置四个作动筒，外环布置四个作动筒，此时内环和外环上作动筒的最大拖动力为 4t，中环受力仅为 6t。特别是，如果适当增加内环作动筒的缸径，可以使中环的受力接近为零，因此，可极大地降低中环的质量。采用该种作动筒布局后，内环可减重 1/3，中环可减重 2/3 左右。从减重的角度来看，改进的 JXXX 三环驱动 AVEN 方案具有明显的综合性能优势，并特别突出了三环驱动 AVEN 方案质量小的优势。

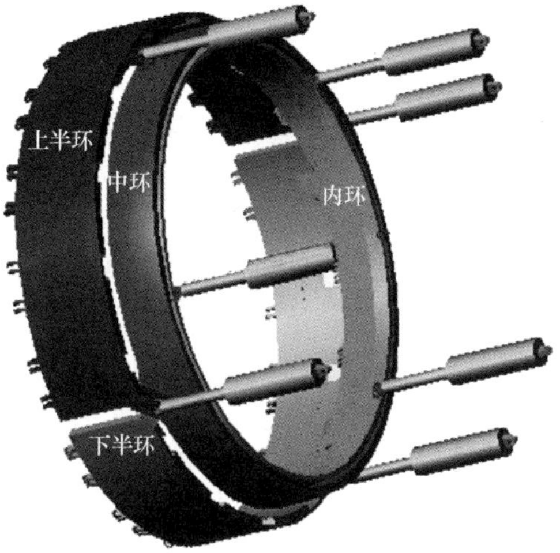

图 3-33　七作动筒布局方案

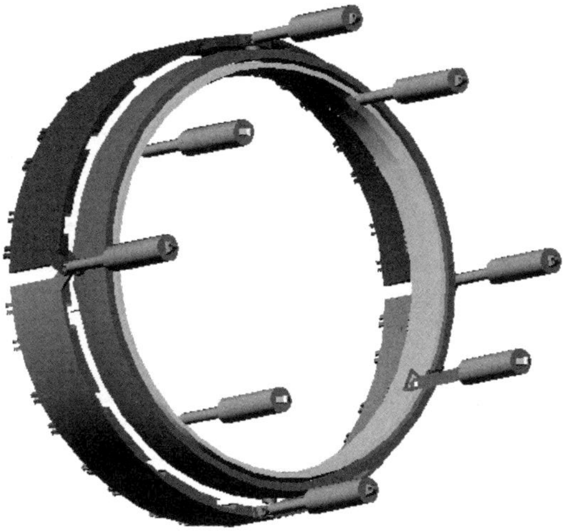

图 3-34　八作动筒布局方案

3.4　小结

三环驱动 AVEN 方案，除具有结构简单、运动可靠、定心准确、转向灵活、A8/A9 控制成比例等特点之外，矢量偏转状态气密性优良是其优于其他 AVEN 方案的显著优势。因此，该方案是一种很好的 AVEN 方案。

针对发展大推力发动机三环驱动 AVEN 方案的需求，创新提出了四种方案，其中方案四解决了在大推力发动机上加装 AVEN 的关键技术问题，其主要技术指标与性能达到国际同期先进水平。调整作动筒布局，进一步改善三环驱动 AVEN 方案的受力情况，有效地降低了实施方案构件的质量。

第 4 章

AVEN 运动分析与尺寸优化

AVEN 是一个含冗余运动构件的复杂空间机构，运动构件的空间运动规律非常复杂，一些高端专业仿真软件不能对其建模仿真，因此很难了解 AVEN 的运动特性，掌握设计参数对其性能的影响。本章从空间机构运动学理论入手，建立 AVEN 运动分析数学模型，针对核心关键问题——强非线性约束方程的求解，构建了具有鲁棒性的强非线性方程求解系数同伦方法，给出了 AVEN 优化模型及其线架仿真结果。AVEN 线架仿真的成功，在我国 AVEN 研发过程中，具有里程碑意义。

4.1 AVEN 运动分析

4.1.1 AVEN 运动机理

典型的 AVEN 方案应包括机匣、转向驱动环（A9 环）、收敛调节片、扩张调节片、十字转接头、收敛密封片、扩张密封片、（固定）连杆、A8 调节环（A8 环）、A9 环作动筒、外整流罩等组成构件。图 4-1 所示为典型 AVEN 机构简图。从机构学的角度讲，AVEN 为双 Stewart 平台驱动的含有大量冗余运动构件的复杂空间机构。并联于双 Stewart 平台之间的十几组 RSRR-RRR（凸轮副高副低代）空间机构，导引具有特殊内曲面的收敛调节片和扩张

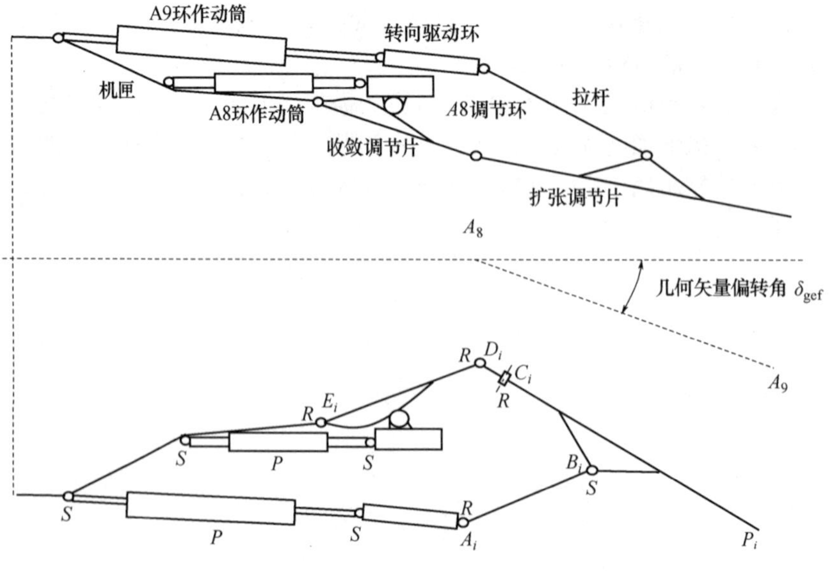

图 4-1　AVEN 机构简图

调节片围成空间时变矢量转向收-扩喷管。收敛调节片的偏转由A8调节环确定，扩张调节片的位姿由转向驱动环（六自由度Stewart平台）和A8调节环联合控制。

根据机构组成和连接关系，可以把AVEN分解成前部、中部和后部三个组成部分。前部为收敛调节片驱动单元，中部为扩张调节片驱动单元、后部为喷管扩张段部分。

前部与发动机加力燃烧室相连，用于控制喉道面积A8。驱动机构为Stewart并联机构，机匣相当于基础平台，A8调节环相当于动平台，基础平台与动平台由六个可伸缩的A8环作动筒连接。

中部为转向驱动环与机匣构成的扩张调节片驱动机构，也是Stewart并联机构。机匣相当于基础平台，转向驱动环相当于动平台，基础平台与动平台之间由六个可伸缩的A9环作动筒连接，实现转向驱动环的六自由度驱动。

后部是指由并联于A8/A9环与机匣之间的若干空间RSRR-RRR运动链组成的时变几何体部分。这里RRR运动链为收敛调节片与机匣悬挂铰链R副和A8调节环上滚子与收敛调节片凸轮构成的凸轮副的R-R高副低代形成的运动链。时变几何体的空间形状将随A8/A9控制环的位姿变化而变化。

喉道面积A8的调整。在AVEN中，A8调节环仅用来改变喉道面积A8。当A8环作动筒同步输出位移时，A8调节环沿发动机轴向运动，其上的滚子与收敛调节片上的凸轮构成凸轮副，驱动收敛调节片绕其与机匣铰接的轴线转动，实现喉道面积A8的收扩。由于收敛段气道不能发生偏转，因此，要求A8调节环只做轴向运动。收敛段的气动压力比较大，在气动载荷的作用下，A8调节环的中心能够自动平衡在发动机轴线上。

喷口面积A9的调整包括两个方面：喷口面积A9大小的变化和喷口A9的矢量偏转。当A9环作动筒同步给出位移输出时，转向驱动环沿发动机轴线运动，并联于A9环、A8环和机匣之间的RSRR-RRR空间运动链导引扩张调节片实现收-扩运动，从而调整喷口面积A9；当A9环作动筒以不同步形式给出输出时，转向驱动环的法线相对发动机轴线产生偏转。与转向驱动环通过R副连接的拉杆，相对发动机轴线产生切向偏转，带动扩张调节片切向偏转，从而使喷口A9发生矢量偏转。

转向驱动环自由度。从理论上来讲，转向驱动环的自由度应该为6，即可以用6自由度的Stewart并联机构作为AVEN喷口面积A9变化的驱动机构。由于AVEN喷管矢量偏转段是由一系列收敛调节片和扩张调节片包络而成的，从结构对称性和密封性来考虑，要求转向驱动环的位姿变化不要过大，其中心最好在发动机轴线上，以减小转向驱动环偏转角对喷口几何矢量偏转角误差的影响。为防止转向驱动环绕其轴线旋转导致的扩张调节片相互干涉的情况，应严格限制转向驱动环绕发动机轴线的旋转自由度。此时，转向驱动环的自由度降低，沿发动机轴线的移动与2个与发动机轴向垂直方向的旋转，即转向驱动环的自由度为3。

实现三自由度的并联机构有很多，如三角平台式6-SPS并联机构，3-RPS并联机构，3-S′PS′并联机构等。作为航空装备，质量是考虑结构选型的重要因素。三角平台式6-SPS并联机构除增重比较大之外，还有一个缺点是一旦液压系统出现故障，动平台的位姿将失去控制。3-S′PS′并联机构也有类似的失控可能。相对而言，3-RPS并联机构是转向驱动环的最佳驱动机构。但是，由于AVEN载荷非常大，且航空液压系统中的液压油黏度较低，当受到R副的弯矩作用时，A9环作动筒极易产生泄漏，使液压系统发生故障。因此，在AVEN方案中，很少见到有6个作动筒驱动的真正意义上的Stewart并联机构，或其他少自由度并联机构。除布局空间、位姿限制、质量、载荷对称性等因素之外，另一个重要因素是，一旦 A9 环作动筒出现控制故障，处于推力矢量状态的飞机快速应急恢复到中立非矢量状态，对于飞机安全是至关重要的。因此，需要采用约束机构，即转向驱动环定心装置，限制转向驱动环的冗余位姿运动。

4.1.2 转向驱动环运动分析

1. 3-PRS 动平台位姿方程

现以图 2-24a 所示的转向驱动环定心机构为例，分析其运动特性。其等效的 3-PRS 约束并联机构如图 4-2 所示。设固定平台（机匣）上 A_1、A_2、A_3点的绝对坐标分别为

$$A_1=(0,R_0,0)^{\mathrm{T}}$$

$$A_2=(0,-R_0/2,\sqrt{3}R_0/2)^{\mathrm{T}}$$

$$A_3=(0,-R_0/2,-\sqrt{3}R_0/2)^{\mathrm{T}}$$

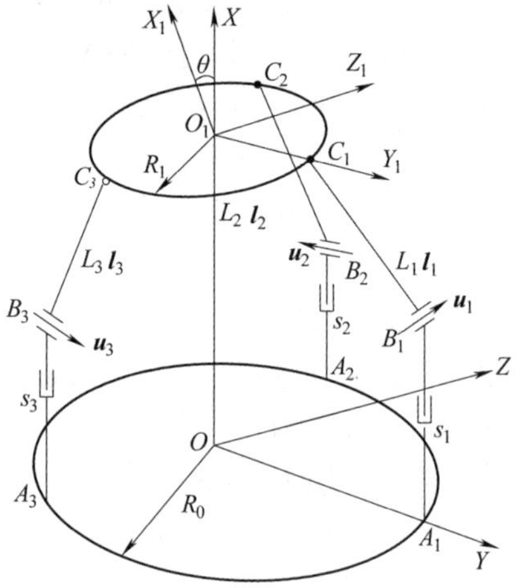

图 4-2 3-PRS 并联机构

B_1、B_2、B_3点的绝对坐标为

$$B_1=(z_1,R_1,0,)^{\mathrm{T}}$$

$$B_2=(z_2,-R_1/2,\sqrt{3}R_1/2)^{\mathrm{T}}$$

$$B_3=(z_3,-R_1/2,-\sqrt{3}R_1/2)^{\mathrm{T}}$$

三个转动副的转动轴线 $\boldsymbol{u}_1$、$\boldsymbol{u}_2$、$\boldsymbol{u}_3$ 的单位方向矢量分别为

$$\boldsymbol{u}_1=(0,0,1)^{\mathrm{T}}$$

$$\boldsymbol{u}_2=(0,-\sqrt{3}/2,-1/2)^{\mathrm{T}}$$

$$\boldsymbol{u}_3=(0,\sqrt{3}/2,-1/2)^{\mathrm{T}}$$

C_1、C_2、C_3在动坐标系 $O_1X_1Y_1Z_1$的坐标为

$$C_1^{\mathrm{e}}=(0,R_1,0)^{\mathrm{T}}$$

$$C_2^{\mathrm{e}}=(0,-R_1/2,\sqrt{3}R_1/2)^{\mathrm{T}}$$

$$C_3^{\mathrm{e}}=(0,-R_1/2,-\sqrt{3}R_1/2)^{\mathrm{T}}$$

动坐标系 $O_1X_1Y_1Z_1$对于固定坐标系 $OXYZ$ 的齐次变换矩阵为

$$T=\begin{pmatrix} l_x & m_x & n_x & x_c \\ l_y & m_y & n_y & y_c \\ l_z & m_z & n_z & z_c \\ 0 & 0 & 0 & 1 \end{pmatrix}$$

3-PRS 并联机构的约束方程如下。

（1）定长约束方程 3-PRS 并联机构的 3 个连杆 B_1C_1、B_2C_2、B_3C_3的长度分别为定值 L_1、L_2、L_3，即$|B_iC_i|=L_i(i=1,2,3)$，展开可得如下三个方程

$$H_1^2=(\rho l_z+Y_c-1)^2+(\rho l_y+X_c-S_1)^2+(\rho l_x+X_c)^2 \tag{4-1}$$

$$H_2^2 = \frac{1}{4}[(-\rho l_z + \sqrt{3}\rho m_x + 2Y_c + 1)^2 + (-\rho l_x + \sqrt{3}\rho m_x + 2Z_c - \sqrt{3})] + \frac{1}{4}(-\rho l_y + \sqrt{3}\rho m_y + 2X_c - 2S_2)^2 \tag{4-2}$$

$$H_3^2 = \frac{1}{4}[(-\rho l_z - \sqrt{3}\rho m_z + 2Y_c + 1)^2 + (-\rho l_x - \sqrt{3}\rho m_x + 2Z_c + \sqrt{3})^2] + \frac{1}{4}(-\rho l_y - \sqrt{3}\rho m_y + 2X_c - 2S_3)^2 \tag{4-3}$$

式中，$\rho = R_2/R_1$；$X_c = x_c/R_1$；$Y_c = y_c/R_1$；$Z_c = z_c/R_1$；$H_i = L_i/R_1(i=1,2,3)$；$S_i = s_i/R_i(i=1,2,3)$。

（2）平面约束方程　连杆 B_1C_1、B_2C_2、B_3C_3的运动被分别限制在过 B_1、B_2、B_3点，且垂直于 $\boldsymbol{u}_1$、$\boldsymbol{u}_2$、$\boldsymbol{u}_3$的平面内，即 $\boldsymbol{u}_i \cdot \boldsymbol{B}_i\boldsymbol{C}_i = 0$（$i=1,2,3$），展开可得如下方程

$$\rho l_y + Y_c = 0 \tag{4-4}$$

$$\sqrt{3}\rho l_z - 3\rho m_z - 2\sqrt{3}Z_c + \rho l_x - \sqrt{3}\rho m_x - 2X_c + \sqrt{3} = 0 \tag{4-5}$$

$$-\sqrt{3}\rho l_z - 3\rho m_z + 2\sqrt{3}Z_c + \rho l_x + \sqrt{3}\rho m_x - 2X_c + \sqrt{3} = 0 \tag{4-6}$$

由式（4-4）~式（4-6）得

$$l_x = m_z \tag{4-7}$$

$$Z_c = \frac{1}{2}\rho(l_z - m_y) \tag{4-8}$$

当给定动平台的三个位姿参数，如 n_z（或 n_x）、n_y和 X_c 时，利用式（4-1）~式（4-3）可以求出滑块的位移 s_1、s_2、s_3。

由式（4-4）、式（4-8）可知，在决定动平台位姿的 3 个参数中，Y_c和 Z_c是受约束限制的，而 X_c（l_0）不受约束，是独立的。由以上两点可知，3-PRS 空间机构存在着一个沿 Z 方向的移动自由度和两个独立的与发动机轴线垂直的转动自由度。

由式（4-4）、式（4-8）可得

$$Z_c^2 + Y_c^2 = \frac{1}{4}\rho^2(n_x - 1)^2 \tag{4-9}$$

若 n_x 为定值，式（4-9）为一个圆方程。由此可知，当动平台法线矢量与发动机轴线的夹角保持不变时（n_x 不变），动平台的中心 O_1在 OYZ 平面上的投影为一个圆。给定动平台结构参数，该圆周的半径将由 O_1Z_1轴对 OZ 轴的夹角唯一确定。

2. 3-PRS 并联机构动平台运动特性

图 4-3 所示为给定参数下动平台法线与固定平台法线夹角 θ 为不同值时动平台的中心轨迹，图中由下至上分别为 $\theta = 5°$、$10°$、$15°$、$20°$、$25°$ 和 $30°$ 时，动平台中心运动轨迹在水平面的投影曲线。该投影曲线为圆，其周期是 180°。即动平台法线绕固定平台法线旋转 360°时，动平台中心沿相应圆周运动两周。

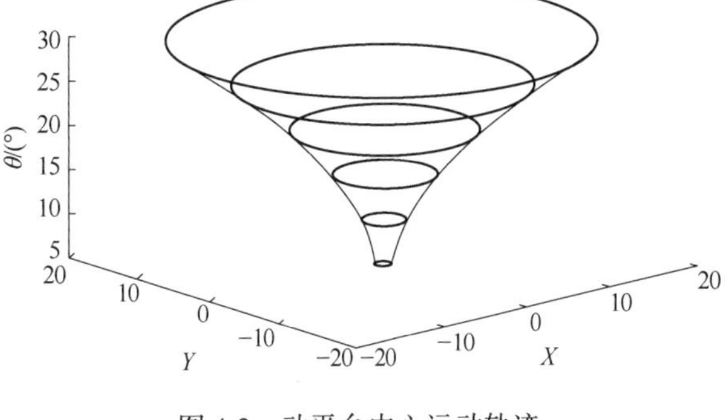

图 4-3　动平台中心运动轨迹

作为转向驱动环，动平台必须有一

定的宽度。转向驱动环上与拉杆铰接的悬挂点 A_i 所在平面的几何中心 P 点的运动轨迹更为复杂，如图 4-4a 所示。P 点的轨迹直接影响喷管扩张段几何矢量偏转角的精度。图 4-4b 所示为动平台法线与固定平台法线的夹角 θ 分别为 5°、10°、15°、20°、25°、30°和 35°时的 P 点运动轨迹在固定平台的投影，由图可知，随着夹角 θ 的增大，P 点运动轨迹的投影曲线由钝化的三角形逐渐锐化、内凹而变为三叶形。

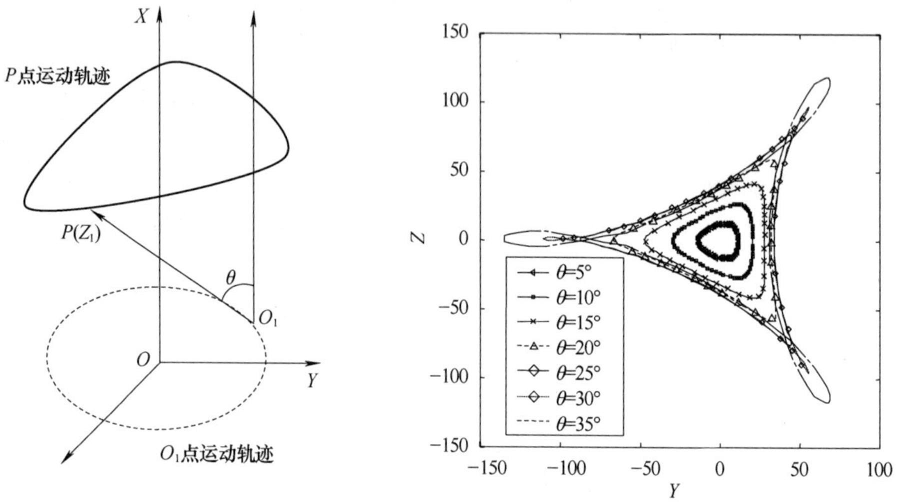

a) 3-PRS并联机构动平台中心轨迹与P点轨迹　　b) 动平台矢量偏转角度θ与P点轨迹

图 4-4　3-PRS 并联机构 P 点运动轨迹

给定动平台法线与固定平台法线夹角 θ，以及转向驱动环沿发动机轴线方向的位移 l_0，动平台的中心，以及三角拉杆铰接点平面中心 P 点不在发动机轴线上，发生偏离，因而 3-PRS 并联机构不能满足 AVEN 对定心机构的要求，即 3PRS 并联机构只能实现近似定心，而不能精确定心。但是，当动平台偏转角度 θ 小于 10°时（对应 AVEN 矢量转角 20° ~ 30°），动平台中心相对固定平台法线的偏差小于 5mm。从推力矢量喷管的角度考虑，这种误差是可以接受的。

3. 转向驱动环（A9 环）**位姿**

如图 4-5 所示，设转向驱动环位姿参数为 (x,y,z,θ,ξ)。其中 x、y、z 为转向驱动环中心 O_1 的坐标，θ 为转向驱动环法向矢量与飞机机匣主轴线 X 的夹角——矢量角，ξ 为转向驱动环法线在 YOZ 平面的投影与固定坐标系 Y 轴的夹角 - 矢量方位角。转向驱动环的位姿也可以用其法线相对 Y 轴的转角 μ 和相对 Z 轴的转角 η 来表示，两者的关系为

$$\begin{cases}\tan\eta = \tan\theta\cos\xi \\ \sin\mu = \sin\theta\sin\xi\end{cases}$$

此时，动平台上各点的坐标可以表示为

$$\boldsymbol{Q}_i = \boldsymbol{O}_1 + R_1\boldsymbol{t}_{0i} \tag{4-10}$$

式中，$i=1$，2，3。

$$\boldsymbol{O}_1 = (x,y,z)$$

$$\boldsymbol{t}_{0i} = \begin{pmatrix} -\sin\eta\cos[2(i-1)\pi/3] - \cos\eta\sin\mu\sin[2(i-1)\pi/3] \\ \cos\eta\cos[2(i-1)\pi/3] - \sin\eta\sin\mu\sin[2(i-1)\pi/3] \\ \cos\mu\cos[2(i-1)\pi/3] \end{pmatrix}$$

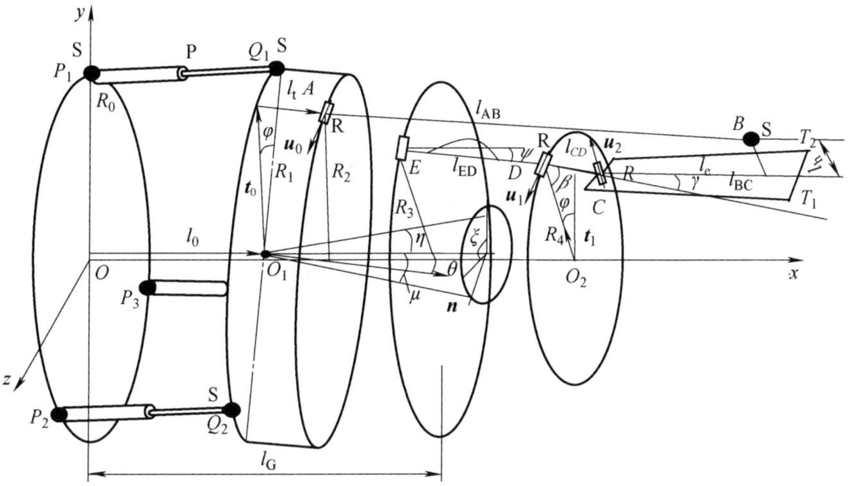

图 4-5 AVEN 运动分析模型

式中，$i=1, 2, 3$。

当转向驱动环在 X 向方向的位置为确定值 l_0 时，此时，$\boldsymbol{O}_1=(l_0,y,z)$。转向驱动环上与导路构成定心机构的球中心一定满足导路提供的约束要求，即转向驱动环上的定心球一定在导引平面内，数学表达式为

$$Q_{iz}=\tan(2\pi i/3)Q_{iy} \tag{4-11}$$

式中，$i=1, 2, 3$。

由式（4-9）可知，转向驱动环的中心轨迹在 yOz 平面的投影应该在一个圆上，即转向驱动环中心满足约束方程

$$y^2+z^2=\frac{1}{4}\rho^2(n_x-1)^2 \tag{4-12}$$

将式（4-12）代入式（4-11），并考虑 $i=1$ 的情况，得

$$\begin{cases} z=-\cos\mu R_1 \\ y=\pm\sqrt{\frac{1}{4}\rho^2(n_x-1)^2-\cos^2\mu R_1^2} \end{cases} \tag{4-13}$$

式（4-13）为给定转向驱动环矢量偏转角 θ、方位角 ξ 和沿发动机轴线位移 l_0 时转向驱动环其他位姿分量 z、y 的表达式。此时，转向驱动环中心坐标为 $\boldsymbol{O}=(l_0,y,z)$。

4. 作动筒的输出位移函数

当转向驱动环中心坐标 $\boldsymbol{O}=(l_0,y,z)$ 和位姿角（矢量偏转角 θ 和方位角 ξ）确定后，很容易得到 A9 环驱动作动筒的位移输出量

$$|P_1Q_1|=\sqrt{\rho-2l_0R_1\sin\eta-2R_1R_0\cos\eta}$$

$$|P_2Q_2|=\sqrt{\rho+2l_0R_1(\sin\eta-\sqrt{3}\cos\eta\sin\mu)-\frac{1}{2}R_1R_0(\cos\eta+\sqrt{3}\sin\eta\sin\mu+3\cos\mu)}$$

$$|P_3Q_3|=\sqrt{\rho+2l_0R_1(\sin\eta+\sqrt{3}\cos\eta\sin\mu)-\frac{1}{2}R_1R_0(\cos\eta-\sqrt{3}\sin\eta\sin\mu+3\cos\mu)}$$

$$\rho=\sqrt{l_0^2+R_1^2+R_0^2}$$

4.1.3 扩张调节片运动分析

如图4-5所示，在转向驱动环沿法线方向距离 l_t 处的平面内，均匀分布着R运动副，其分布角 $\varphi_i = 2i\pi/n$，此时，转向驱动环右侧与连杆 AB 铰接的R副 A_i（A_i 为 A 对应的一般位置，后面提到的相关量也有类似的表示方法）的坐标为

$$\boldsymbol{A}_i = R_2\boldsymbol{t}_{0i} + l_t\boldsymbol{n} + l_0\boldsymbol{x}$$

式中，$i = 1, 2, \cdots, n$。

$$\boldsymbol{t}_{0i} = \begin{pmatrix} -\sin\eta\cos 2i\pi/n - \cos\eta\sin\mu\sin 2i\pi/n \\ \cos\eta\cos 2i\pi/n - \sin\eta\sin\mu\sin 2i\pi/n \\ \cos\mu\sin 2i\pi/n \end{pmatrix}$$

式中，$i = 1, 2, 3, \cdots, n$。

$$\boldsymbol{n} = \begin{pmatrix} \cos\mu\cos\eta \\ \sin\eta\cos\mu \\ \sin\mu \end{pmatrix}$$

扩张调节片与收敛调节片十字转接头R副铰接点 D_i 的坐标为

$$\boldsymbol{D}_i = l_G\boldsymbol{x} + l_{ED}\Re_{u_1,\psi}\boldsymbol{x} + R_4\boldsymbol{t}_1 = \begin{pmatrix} l_G + l_{ED}\cos\psi \\ R_4\cos 2\pi i/n \\ R_4\sin 2\pi i/n \end{pmatrix}$$

式中，$i = 1, 2, \cdots, n$。

十字转接头与扩张调节片主体的R副 C_i 的坐标为

$$\boldsymbol{C}_i = \boldsymbol{D}_i - l_{CD}\Re_{u_1,\beta}\Re_{x,\varphi}\boldsymbol{y} = \begin{pmatrix} l_G + l_{ED}\cos\psi + l_{CD}\sin\beta \\ (R_4 - l_{CD}\cos\beta)\cos 2\pi i/n \\ (R_4 - l_{CD}\cos\beta)\sin 2\pi i/n \end{pmatrix}$$

式中，$i = 1, 2, \cdots, n$。

扩张调节片与连杆 AB 的连接运动副S的坐标 B_i 为

$$\begin{aligned} \boldsymbol{B}_i &= \boldsymbol{C}_i - l_{BC}\Re_{u_2,\gamma}\Re_{u_1,\beta}\Re_{x,\varphi}\boldsymbol{y} + l_h\Re_{u_1,\beta}\boldsymbol{x} \\ &= \begin{pmatrix} l_G + l_{ED}\cos\psi + (l_{CD} + l_{BC}\cos\gamma)\sin\beta + l_h\cos\beta \\ [R_4 - (l_{CD} + l_{BC}\cos\gamma)]\cos\beta\cos 2\pi i/n + l_{BC}\sin\gamma\sin 2\pi i/n + l_h\cos(2\pi i/n)\sin\beta \\ [R_4 - (l_{CD} + l_{BC}\cos\gamma)]\cos\beta\sin 2\pi i/n - l_{BC}\sin\gamma\cos 2\pi i/n + l_h\sin(2\pi i/n)\sin\beta \end{pmatrix} \end{aligned}$$

式中，$i = 1, 2, \cdots, n$。

扩张调节片末端（喷口面积A9处）的坐标 T_k（$k = 1, 2$）为

$$\begin{aligned} \boldsymbol{T}_{1,2} &= \boldsymbol{C}_i - l_e\Re_{u_2,(\gamma\pm\delta)}\Re_{u_1,\beta}\Re_{x,\varphi}\boldsymbol{y} - l_{th}\Re_{u_1,\beta}\boldsymbol{x} \\ &= \begin{pmatrix} l_G + l_{ED}\cos\psi + [l_{CD} + l_e\cos(\gamma\pm\delta)]\sin\beta - l_{th}\cos\beta \\ \{R_4 - [l_{CD} + l_e\cos(\gamma\pm\delta)]\}\cos\beta\cos 2\pi i/n + l_e\sin(\gamma\pm\delta)\sin 2\pi i/n - \\ l_{th}\cos(2\pi i/n)\sin\beta \\ \{R_4 - [l_{CD} + l_e\cos(\gamma\pm\delta)]\}\cos\beta\sin 2\pi i/n - l_e\sin(\gamma\pm\delta)\cos 2\pi i/n - \\ l_{th}\sin(2\pi i/n)\sin\beta \end{pmatrix} \end{aligned}$$

式中，$i = 1, 2, \cdots, n$；$\delta = \arctan\{w/[2(l_e - l_{CD})]\}$；$l_e$ 为扩张调节片的总长度；w 为扩张

调节片末端的宽度。

由运动约束条件，B_i 点必须在垂直于 $\boldsymbol{u}_0$ 轴的平面内，得到约束方程为

$$(\boldsymbol{B}_i - \boldsymbol{A}_i)^{\mathrm{T}}\boldsymbol{u}_0 = 0 \tag{4-14}$$

由连杆 AB 定长得到

$$(\boldsymbol{B} - \boldsymbol{A})^{\mathrm{T}}(\boldsymbol{B} - \boldsymbol{A}) = l_{AB}^2 \tag{4-15}$$

设 β、γ 为待求变量，用数值方法可以从方程（4-14）和式（4-15）中求出其解。由此得到空间运动链各运动副的坐标点，以及扩张调节片上各点的坐标。

4.1.4　扩张密封片

由于矢量状态相邻两扩张调节片的切向偏转角度不同，扩张密封片处于浮动状态，如何解决扩张密封片的仿真问题，是 AVEN 运动分析中的一个难题。这里采用图 2-29 所示的空间 RS′S′R 运动链作为密封片悬挂机构，其运动分析的数学模型如下。

图 4-6 所示为扩张密封片的运动分析简图。当扩张调节片在空间的位置确定后，容易确定扩张密封片上挂点 F_i 的坐标、空间 RS′S′R 运动链在两个相邻扩张调节片上的挂点 V_i、V_{i+1} 的坐标，以及该运动链与扩张调节片铰接 R 副的轴线 $\boldsymbol{u}_{Vi}$、$\boldsymbol{u}_{Vi+1}$。

设 RS′构件 V_iL_i 相对 $\boldsymbol{u}_{Vi}$ 的转角为 σ_i，RS′构件 $V_{i+1}L_{i+1}$ 相对 $\boldsymbol{u}_{Vi+1}$ 的转角为 σ_{i+1}，则

$$\boldsymbol{L}_i = \boldsymbol{V}_i + \frac{l_{\mathrm{L}}}{2}\Re_{\boldsymbol{u}_{Vi},\sigma_i}\Re_{\boldsymbol{u}_{2i},\gamma_i}\Re_{\boldsymbol{u}_{1i},\beta_i}\Re_{x,\beta_i}\boldsymbol{z}$$

$$\boldsymbol{L}_{i+1} = \boldsymbol{V}_{i+1} + \frac{l_{\mathrm{L}}}{2}\Re_{\boldsymbol{u}_{Vi+1},\sigma_{i+1}}\Re_{\boldsymbol{u}_{2i+1},\gamma_{i+1}}\Re_{\boldsymbol{u}_{1i+1},\beta_{i+1}}\Re_{x,\beta_{i+1}}\boldsymbol{z}$$

此时，扩张密封片挂点的坐标为 $\boldsymbol{K}_i = (\boldsymbol{L}_i + \boldsymbol{L}_{i+1})$。

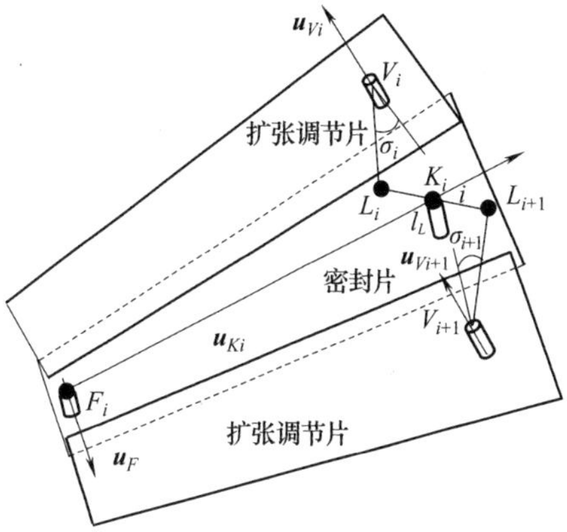

图 4-6　扩张密封片的运动分析简图

根据密封片悬挂点 K_i 到 F_i 点的距离定长，以及 $\boldsymbol{L}_i$、$\boldsymbol{L}_{i+1}$ 两点距离定长，得约束方程为

$$\begin{cases}(\boldsymbol{F}_i - \boldsymbol{V}_i)^{\mathrm{T}}(\boldsymbol{F}_i - \boldsymbol{V}_i) = l_{\mathrm{KF}}^2 \\ (\boldsymbol{L}_i - \boldsymbol{L}_{i+1})^{\mathrm{T}}(\boldsymbol{L}_i - \boldsymbol{L}_{i+1}) = l_{\mathrm{L}}^2\end{cases} \tag{4-16}$$

由式（4-16）可以解出 RS′S′R 运动链的两个转角 σ_i 和 σ_{i+1}，进而求出扩张密封片挂点坐标 $\boldsymbol{K}_i = (\boldsymbol{L}_i + \boldsymbol{L}_{i+1})$，以及由 F_i 到 K_i 的矢量轴 $\boldsymbol{u}_{Ki}$。有了这些数据，就可以对 AVEN 扩张密封片进行运动仿真。

由式（4-16）解出的 σ_i 和 σ_{i+1} 是不同的。如果完全采用图 2-29 所示的 RS′S′R 运动链，即相邻的两个 RS′S′R 运动链共用一个构件，由于相邻两个运动链的转角 σ_i 和 σ_{i+1} 的不同，将导致密封片上悬挂点 F_i 处产生长度干涉，甚至导致密封片的变形。为解决该问题，需要将上挂点运动副做成 U 型结构，以吸收因 σ_i 和 σ_{i+1} 的不同产生的密封片长度干涉。

4.2　AVEN 线架仿真

4.2.1　非线性方程求解初值问题

AVEN 运动分析的数学模型是通过非线性方程组来表达的。这些非线性方程组是强非线

性的、多解的，高度依赖于初始点的选取。虽然有多种非线性方程组求解算法，如 Newton 法、割线法等。但这些算法都属于局部收敛算法，对初值比较敏感。初始点选取不当，将获得其他构型解（同一种尺寸参数，有若干装配构型与之匹配），使运动不具有连续性。更一般性的是非线性方程在初值附近强烈发散，造成方程无解。因此，AVEN 运动分析的关键在于求解一组强非线性几何约束方程。而其中的重点在于一种具有全域鲁棒收敛的非线性方程组初值确定方法。通用数学工具，在求解这些复杂的强非线性几何约束方程时，有一定的局限性。这也许是 20 余年前由国内多家高校参与 AVEN 可行性论证咨询时，仅作者当时所在单位（天津大学）提出一份完成可行性论证报告的原因，可见 AVEN 强非线性几何约束方程求解的困难。

为解决 AVEN 运动分析强非线性几何约束方程的求解问题，作者在长期研究机构创新设计自动化平台过程中，尤其是运动分析自动化过程中，建立的适用于强非线性几何约束方程求解的鲁棒性自动化方法的基础上，基于系数同伦方法，重点解决空间机构强非线性几何约束方程求解的初值构造问题。

1. 系数同伦法

Newton 法是求解非线性方程组的常用方法，其迭代格式如下

$$\begin{cases}\boldsymbol{x}^{j+1}=\boldsymbol{x}^{j}+\Delta\boldsymbol{x}^{j}\\ \boldsymbol{F}_{x}(\boldsymbol{x}^{j},\mu_{i})\Delta\boldsymbol{x}^{j}+\boldsymbol{F}(\boldsymbol{x},\mu_{i})=0\end{cases}$$

式中，j 为迭代记数变量，根据方程组的特点，规定一个迭代极限值。通过迭代算法，以 μ_{i-1} 处的解点为初值，计算 μ_i 处机构的构型。

一般 Newton 法只适用于给定适当初值的非线性方程组的局部收敛问题，若初值选取不当，可造成迭代过程发散。另外 Newton 法难以得到方程的全部解，难以完成工作空间内大范围的机构运动分析任务，特别是在研究多种构型之间的关系时更是如此，经常发生解曲线虚假交叉等问题，无法处理多装配构型的连续初值求解问题。为此，本节构造了一种获得机构装配构型初值的算法——系数同伦法，这种算法由同伦法、Newton 法等方法综合而成，主要由两部分构成：①利用基本同伦法，得到机构一般位置的全部装配构型对应的初值点；②利用系数同伦法求解非奇异位置解曲线，跟踪初值点的变化。

（1）利用基本同伦法得到机构全部构型初值　基本同伦法的学术思想为：设有方程组 A 和 B，若方程组 A 的解已知，使 A 的参数发生微小变化，则 A 的解也发生微小变化。跟踪 A 的解，当方程组 A 的参数变化到与方程组 B 的参数相同时，便可跟踪得到方程组 B 的解。这一基本学术思想包括如下要点：

1）初始方程组 A 的解已知。

2）使初始方程组 A 的参数发生微小变化，则参数改变后方程组的解与参与改变前方程组的解相比，也发生微小变化。因此，由参数改变前的方程组的解为初始值易得到参数微小改变后方程组的解。

3）初始方程组 A 的参数不断发生微小改变，易得到每次微小改变后方程组的解，直到初始方程组 A 的参数最终变化到待解方程组 B 的参数，即可跟踪得到方程组 B 的解。按此方法，由方程组 A 的一个解得到方程组 B 的解的过程，称为一条路径。

4）为得到待解方程组 B 的全部解，初始方程组 A 的解的数目不应小于方程组 B 的解的数目。

使用同伦法解强非线性几何方程组的主要步骤如下：

1）建立初始方程组

$$\boldsymbol{G}(\boldsymbol{x})=0$$

$$\boldsymbol{G}(\boldsymbol{x})=(G_1(x),G_2(x),G_3(x),\cdots,G_n(x))^{\mathrm{T}}$$

其建立的原则是 $\boldsymbol{G}(\boldsymbol{x})=0$ 的所有解已知，并且为非奇异解。通常 $\boldsymbol{G}(\boldsymbol{x})=x_i^n-1(i=1,2,\cdots,n)$，其全部解已知。

2）为非线性方程 $\boldsymbol{F}(\boldsymbol{x},\boldsymbol{\mu})=0$ 构造一个含参数 t 的同伦函数 $\boldsymbol{H}(\boldsymbol{x},\boldsymbol{\mu},t)$，由此得到同伦方程组

$$\boldsymbol{H}(\boldsymbol{x},\boldsymbol{\mu},t)=t\boldsymbol{F}(\boldsymbol{x},\boldsymbol{\mu})+(1-t)\gamma\boldsymbol{G}(\boldsymbol{x})=0$$

式中，同伦参数 $t\in[0,1]$；初始方程组 $\boldsymbol{G}(\boldsymbol{x})$的全部解已知；$\gamma$ 为适当的非零复常数（虚部不为零），它保证了同伦路径上的每一点均为同伦方程组的正则点。

从 $\boldsymbol{G}(\boldsymbol{x})=0$ 的已知解出发，从 $t=0$ 开始逐步增加同伦参数 t 的取值，跟踪同伦方程组的解曲线，直到 $t=1$ 时，同伦方程组 $\boldsymbol{H}(\boldsymbol{x},\boldsymbol{\mu},t)=0$ 的解即为待解的方程组 $\boldsymbol{F}(\boldsymbol{x},\boldsymbol{\mu})=0$ 的解。这样，可以得到一般位置 $\mu=\mu_0$ 处，方程组的解集$\boldsymbol{x}_0^*$，即为机构的全部构型初值。这些初值全部满足非线性几何约束方程，并且在对应的初值点，Newton 法具有稳健收敛特征。

（2）利用系数同伦法得到机构其他构型　改变驱动作动筒的位移输出，上述获得的装配构型初值就会相应地发生变化。用$\boldsymbol{\mu}$ 描述作动筒输入位移控制参数，为了分析初值 $\boldsymbol{x}$ 随控制参数$\boldsymbol{\mu}$ 的变化情况，必须计算当控制参数由$\boldsymbol{\mu}_0$ 变化至$\boldsymbol{\mu}$ 时机构新的装配构型，即非线性方程初值。为此，选用系数同伦法，把一般位置（$\boldsymbol{\mu}_0$ 处）的非线性几何方程 $\boldsymbol{F}(\boldsymbol{x},\boldsymbol{\mu}_0)=0$ 作为初始方程组（其解集$\boldsymbol{x}_0^*$ 已求出），构造如下系数同伦方程组

$$\boldsymbol{H}(\boldsymbol{x},\boldsymbol{\mu},t)=t\boldsymbol{F}(\boldsymbol{x},\boldsymbol{\mu})+(1-t)\gamma\boldsymbol{F}(\boldsymbol{x},\boldsymbol{\mu}_0)=0$$

式中，各量的意义与基本同伦方程组中的相同。

以初始方程组的所有解$\boldsymbol{x}_0^*$ 为起点，跟踪全部同伦路径，可以得到 $\boldsymbol{F}(\boldsymbol{x},\boldsymbol{\mu})=0$ 的全部解$\boldsymbol{x}^*$，即在作动筒位移变化范围内的伴随特定作动筒输出值对应的 AVEN 全部装配构型对应的初值。由此，解决了求解非线性几何约束方程稳定收敛初值的确定问题。

2. 非线性初值问题算例

并联机构构型初值问题是并联机构分析与设计的基础，有两种基本方法：解析法和数值法。梁崇高采用代数消元法求出了一般 6-6 型并联机器人的 40 组解，刘安心采用同伦法给出了一般并联机器人的 40 组解。作为非线性初值问题算例，这里以对称结构的 Stewart 平台并联机构（图 4-7）为例，给出非线性几何方程（构型）初值问题的求解，以及机构全部装配构型初值解。

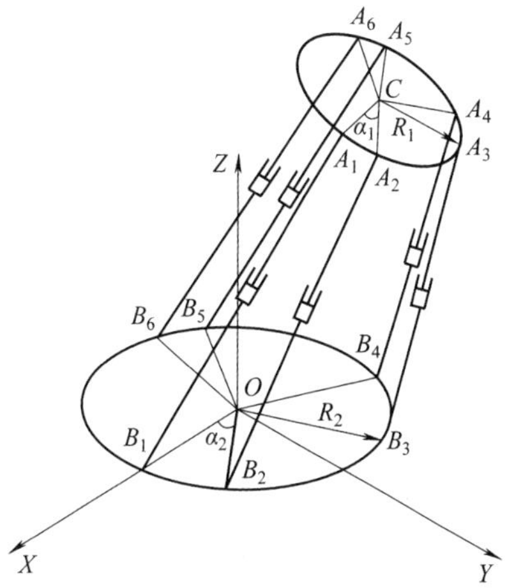

图 4-7　对称结构的 Stewart 平台并联机构

（1）几何约束方程　由 A_iB_i 构件的定长约束条件得

$$(\boldsymbol{A}_i-\boldsymbol{B}_i)^{\mathrm{T}}(\boldsymbol{A}_i-\boldsymbol{B}_i)=l_i^2 \tag{4-17}$$

式中，$i=1$，2，…，6。

其坐标点对应的约束方程为

$$(x_i-x_{i0})^2+(y_i-y_{i0})^2+z_i^2-l_i^2=0 \tag{4-18}$$

式中，$i=1$，2，…，6。

三角形 CA_1A_2 的约束方程为

$$(x_2-x_1)^2+(y_2-y_1)^2+(z_2-z_1)^2-2R_1^2(1-\cos\alpha_1)=0 \tag{4-19}$$

$$(x_i-x_c)^2+(y_i-y_c)^2+(z_i-z_c)^2-R_1^2=0 \tag{4-20}$$

式中，$i=1$，2。

由式（4-18）~式（4-20）的9个方程构成非线性方程组

$$F(\boldsymbol{x})=0 \tag{4-21}$$

式中，$F(\boldsymbol{x})=(f_1(\boldsymbol{x}),f_2(\boldsymbol{x}),\cdots,f_9(\boldsymbol{x}))^{\mathrm{T}}$；$\boldsymbol{x}=(x_1,y_1,z_1,x_2,y_2,z_2,x_c,y_c,z_c)^{\mathrm{T}}$。

求解式（4-21）可以得到 C、A_1、A_2 点的坐标。由 C、A_1、A_2 三点坐标，可以很方便地确定对称 Stewart 并联机构上平台在空间的位姿。

（2）同伦函数的构造　对于建立的对称 Stewart 并联机构位置分析非线性方程组，构造同伦函数

$$H(\boldsymbol{x},t)=tF(\boldsymbol{x})+(1-t)\gamma G(\boldsymbol{x}) \tag{4-22}$$

式中，$G(\boldsymbol{x})=(G_1(\boldsymbol{x}),G_2(\boldsymbol{x}),\cdots,G_n(\boldsymbol{x}))^{\mathrm{T}}$，一般取 $G_i(\boldsymbol{x})=x_i^{di}-1$，其中 di 为式（4-21）中函数 $F_i(\boldsymbol{x})$ 的次数，$G(\boldsymbol{x})=0$ 称为初始方程组，算子 G 的零点记为 $x^0\in C_{\mathrm{om}}$（C_{om}表示复数域）；算子 F 的零点记为 $x^*\in C_{\mathrm{om}}$；$\gamma=a+bi$ 为 $b\neq0$ 的适当复数；$t\in[0,1]$。

将区间［0,1］进行 n 等分

$$0=t_0<t_1<t_2<\cdots<t_{n-1}<t_n=1$$

以初始方程组 $G(\boldsymbol{x})=0$ 的零点作为节点 t_0 方程 $H(\boldsymbol{x},t_0)=0$ 的迭代初值。以节点 t_{i-1}处方程的解作为节点 t_i 处方程的迭代初值。求解 $n+1$ 个方程的整个过程就是同伦方程解的延拓过程，即由算子 G 的零点 x^0 出发，沿着同伦路径［即解曲线 $x=x(t)$］向算子 F 的零点 x^*的跟踪过程。

式（4-22）的总次数为 $2^9=512$。按刘安心等研究中的基本同伦法构造同伦方程，采用数值延拓法求解同伦方程，仅需要跟踪 512 条路径，便可得到全部 28 组解。对一般并联机构，建立更一般形式的方程必须跟踪更多的同伦路径。

（3）复常数对路径跟踪的影响　在同伦方程的构造过程中，引入复常数 γ 的目的是避免跟踪过程中出现同伦方程的雅可比矩阵降秩的情况。一般来讲，可以任选虚部不为零的复常数。但在对同伦路径跟踪的过程中，如果 γ 选取不当，会影响同伦路径的跟踪，出现路径交叉现象，从而可能无法得到机构的全部构型初值解。

在路径的跟踪过程中，如果 γ 选取合理，根据机构运动的连续性，不会出现实解变虚解，或虚解变实解的情况，即出现机构构型的突然变化。但由于并联机构的复杂性，若机构处于奇异位置，机构的运动方程将出现分叉点，此时尽管总的解数不变，但实解的个数将发生变化。对于对称 Stewart 并联机构，表 4-1 给出了 z 为正值的 14 组解，步长为 0.01，复常数的 $a=1$，$b=0.0001\sim1$。

表 4-1 方程组的解与复常数的关系

b	解编号													
	1	2	3	4	5	6	7	8	9	10	11	12	13	14
1	11	5	2	9	73	74	62	36	7	43	80	24	32	7
0.1	3	14	15	23	11	102	19	2	7	50	46	9	10	85
0.01	21	14	17	16	114	83	4	48	15	42	7	2	0	9
0.001	21	16	17	18	114	3	77	5	60	162	19	2	0	9
0.0001	21	16	17	16	114	3	181	48	60	42	5	2	0	9
0.00001	21	16	17	18	114	3	68	48	60	42	5	2	0	9

由表 4-1 可知，当 $b=0.001\sim1$ 时，从不同路径可以得到同一组解，即发生了路径交叉，会出现跟踪过程不稳定；当 $b=0.00001\sim0.0001$ 时，得到各组解的路径唯一，不会发生路径交叉。此时，跟踪过程稳定，复常数的选择是合理的。因此，为保证同伦算法可靠，必须合理选择同伦方程的复常数。

同伦方程复常数的选取原则：①保证路径跟踪过程的连续性，尽管多项式方程组不会出现路径交叉的情况，但由于对同伦方程的离散化，仍可能造成跟踪过程中由一条路径变换到另一条路径；②为保证得到全部解，采用基本同伦法，应多次、较大范围选取复常数 γ，以便最后确定能得到全部解的适当复常数。

(4) 系数同伦法求解 为了克服基本同伦法不能排除发散路径，计算效率不高的缺陷，采用可排除全部发散路径的系数同伦法。不失一般性，初次求解方程时，平台机构应处于一般位置。此时，将基本同伦法初次求解方程时的机构结构参数记为 $S_0=(R_{10},r_{20},\alpha_{10},\alpha_{20})$，杆长变量记为 $L_0=(l_{10},l_{20},\cdots,l_{60})=l_{i0}(i=1,2,\cdots,6)$，此时，$F(X)$ 记为 $F_1(x,S_0,L_0)$。当机构结构参数或杆长变量发生变化时，机构结构参数记为 $S=(R_1,r_2,\alpha_1,\alpha_2)$，杆长变量记为 $L=(l_1,l_2,\cdots,l_6)=l_i(i=1,2,\cdots,6)$，此时，$F(X)$ 记为 $F_1(x,S,L)$。因为具有相同结构的方程组解的数目相等，以 $F_1(x,S_0,L_0)=0$ 作为同伦法的初始方程组，构造如下系数同伦方程

$$H(x,t)=tF_1(x,S,L)+(1-t)\gamma F_1(x,S_0,L_0) \tag{4-23}$$

式中，$\gamma=a+bi$ 为 $b\neq0$ 的适当复数；$t\in[0,1]$。

在对结构参数为 S_0、杆长变量为 L_0 的机构构型初值进行分析后，以 $F_1(x,S_0,L_0)$ 的全部解 x_0 为路径起点，跟踪各路径，可以得到不同结构参数，或不同杆长变量时机构的全部 28 组构型初值解。

对表 4-2 给定的机构结构参数，当杆长变量 $l_i(i=1,2,\cdots,6)$ 在区间 $l_1\in[2.3,2.8]$ 内变化时，运用本节提出的方法，经过迭代，可以得到不同杆长变量情况下的 28 组构型初值解，其中有 8 组实数解，即实际存在 8 种装配构型。由于机构对称，故基础平台上下各有对称的 4 种构型，表 4-3 列出了由给定初始参数得到的活动平台的四种构型，装配构型及随尺度变化情况如图 4-8 所示。

表 4-2 对称 Stewart 并联机构尺寸参数

参数	R_{10}	r_{20}	α_{10}	α_{20}	l_{10}	l_{20}	l_{30}	l_{40}	l_{50}	l_{60}
数值	1.0	2.0	50	20	2.30	2.60	2.35	2.40	2.45	2.50

表 4-3 对称 Stewart 平台机构装配构型（构型初值解）

序　号	活动平台中心坐标			活动平台姿态		
	x_c	y_c	z_c	α	β	γ
1	-0.3091	1.0678	1.6049	45.7136	111.1230	51.7905
2	0.9705	-0.3899	1.3244	129.087	139.127	79.9116
3	-0.1455	0.4944	2.0682	79.8119	98.5209	13.3407
4	-0.9224	-0.5708	1.3305	94.4448	13.4150	77.3687

对于图 4-8 所示的四种装配构型，在尺寸变化范围内，如 $l_1 \in [2.3, 2.8]$，机构构型初值只能在某一构型上变化，如构型Ⅱ，从一种状态到另一种状态，而不能从一个构型Ⅰ的状态跳跃到另一个构型的对应构型上，如构型Ⅱ，这是复杂空间机构装配构型与初值之间的复杂关系，也是空间复杂机构位置解强非线性方程的难点。尽管本节给出了空间复杂机构位置求解的系数同伦法，但真正编程实现，使程序的收敛具有鲁棒性，还是有很多困难需要克服的。尤其是本章建立的 AVEN 运动分析强非线性几何约束方程更为复杂，变量众多，几何约束方程相互制约，其求解就尤为困难。

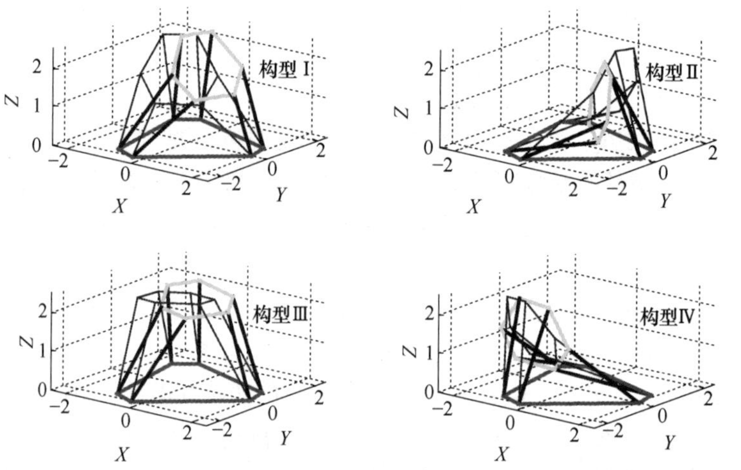

图 4-8 对称 Stewart 并联机构装配构型及随尺寸变化情况

4.2.2 AVEN 线架仿真

1. 喷管矢量参数的计算

喷管扩张段喷口面积 A9 的计算是通过计算矢量偏转状态扩张调节片末端中点围成的空间多边形的面积近似确定的，如图 4-9 所示。喷口面积 A9 的中心由所有扩张调节片末端坐标的矢量和确定，即

$$G = \sum (T_{i1} + T_{i2})/(2n)$$

近似认为由扩张调节片末端中点围成的空间多边形由一系列三角形组成，而三角形的面积为

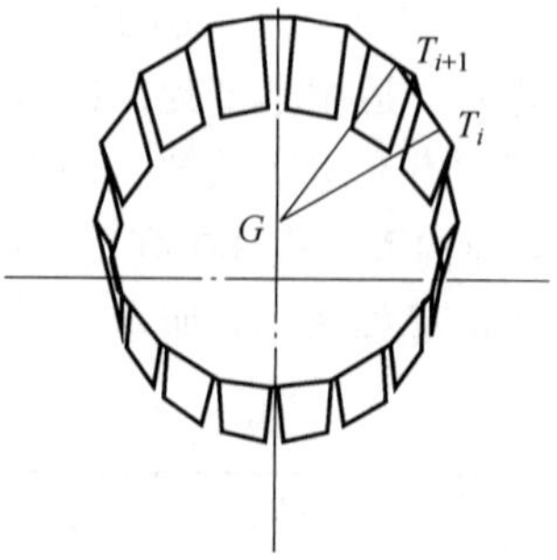

图 4-9 喷口面积 A9 的计算

$$\Delta S_i = S_{T_iGT_{i+1}}$$
$$T_i = (T_{i1} + T_{i2})/2$$

则喷口面积 A9 可以表示为

$$S = \sum_{i=1}^{n} \Delta S_i \tag{4-24}$$

由于扩张调节片十字转接头的长度相对扩张调节片的主长度是一个小量，并且气流在喉道处处于转向状态，因此十字头对气流偏转的影响很小，可以认为气流偏转主要由扩张调节片偏转决定。基于以上考虑，喷管几何矢量偏转角 δ_{gef} 的计算方法为

$$\delta_{gef} = \arccos\left(\frac{\boldsymbol{O_2G} \cdot \boldsymbol{x}}{|O_2G|}\right) \tag{4-25}$$

2. 线架仿真

如图 4-5 所示，AVEN 的主要设计参数如下。

（1）机匣长度　A9 环作动筒与机匣铰接处到收敛调节片与机匣铰接处的轴向距离，用 l_G 表示。

（2）机匣半径　A9 环作动筒与机匣铰接处 S 副沿机匣周向分布的圆周半径，用 R_0 表示。

（3）转向驱动环半径　A9 环作动筒与转向驱动环铰接处 S 副沿转向驱动环周向分布的圆周半径，用 R_1 表示。

（4）连杆悬挂半径　转向驱动环上悬挂连杆的 R 副沿转向驱动环周向分布的圆周半径，用 R_2 表示。

（5）收敛调节片分布半径　收敛调节片与机匣连接运动副 E 点的分布半径，用 R_3 表示。

（6）喉道处运动副分布半径　收敛调节片与扩张调节片十字转接头连接运动副 R 的分布半径，用 R_4 表示。

（7）转向驱动环宽度　转向驱动环左右两侧运动副所在平面之间的距离，用 l_t 表示。

（8）扩张调节片长度　扩张调节片与收敛调节片之间的连接运动副 C 点到扩张调节片末端 T_1 与 T_2 中点的长度，用 l_e 表示。

（9）十字转接头长度　十字转接头上两个转动副公垂线的长度，用 l_{CD} 表示，从气动和密封性能的角度考虑，一般取 25mm。

（10）扩张调节片挂点长度　扩张调节片上 S 运动副与 R 运动副之间的垂直距离，用 l_{BC} 表示。

（11）扩张调节片挂点高度　扩张调节片上 S 运动副到其主底面的距离，用 l_h 表示。

在这些参数里，前 6 个参数为与 AVEN 结构有关的参数，为特定值；而后面的 5 个参数需要在尺寸设计时确定。

在进行 AVEN 线架仿真时，首先要根据给定的几何矢量偏转角和 A8/A9 面积，近似确定转向驱动环的中心在发动机主轴线方向上的位置 l_0，其计算式为

$$l_0 = l_G + l_{ED}\cos\psi + l_{BC}\cos\vartheta - l_t - l_{AB}\cos\zeta \tag{4-26}$$

其中，
$$\begin{cases} \vartheta_0 = \arcsin\left(\dfrac{R_9 - R_8}{l_e}\right) \\ \zeta = \arcsin\left[\dfrac{R_2 - (R_4 + l_{th}) - l_{BC}\sin\vartheta - l_h\cos\vartheta}{l_{AB}}\right] \end{cases}$$

当 AVEN 发生偏转时，如果计算的喷口面积 A9 大于或小于给定的喷口面积 A9，可以通过调整 l_0 的尺寸来调整，使计算的喷口面积 A9 与给定的喷口面积 A9 基本相等。而对于喷管几何矢量偏转角 δ_{gef}，则需要不断调整转向驱动环的矢量偏转角 θ，来达到与给定的喷管几何矢量偏转角 δ_{gef}的基本相同。

AVEN 有两种工作状态，大喷口状态与小喷口状态。两种工作状态下的 AVEN 气动参数（A8/A9 面积、几何矢量偏转角）是不同的。根据图 4-10 所示的 AVEN 运动分析流程，基于提出的强非线性几何约束方程求解的系数同伦法，可以分别求出这两种不同工作状态的 AVEN 构型数据。根据这些数据，构造 AutoCAD 绘图批处理 Autolisp 命令，得到 AutoCAD 环境下线架仿真输出图形，如图 4-11 所示。基于 AutoCAD 的输出图形，便于分析、测量，评价设计参数对 AVEN 性能的影响。

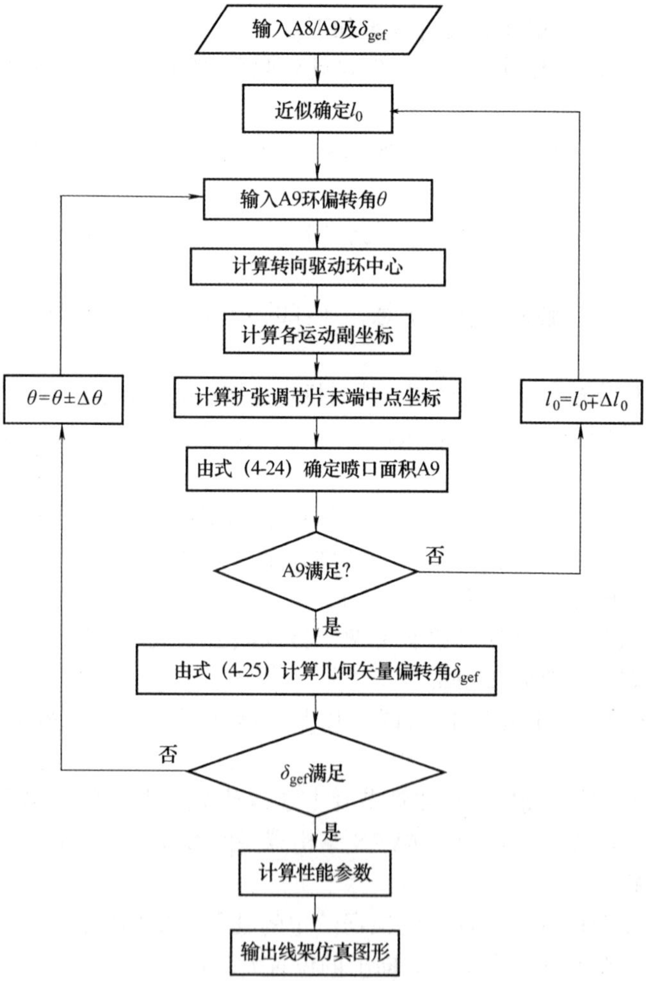

图 4-10　AVEN 运动分析流程

AVEN 线架仿真的成功，在我国 AVEN 预研过程中，具有里程碑意义。它首次清晰地刻画了 AVEN 的运动机理、尺寸参数与 AVEN 性能参数，如喷管几何矢量偏转角、喷口面积等之间的关系，以及收敛调节片切向偏转情况、扩张密封片密封情况、几何矢量偏转角与转

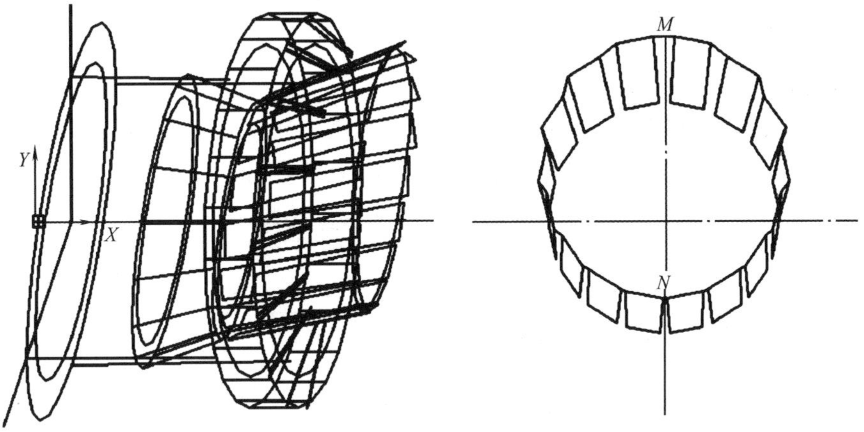

a)轴向图　　b)法向图

图 4-11　AVEN 线架仿真输出

向驱动环宽度等之间的关系，使设计人员首次对 AVEN 有了一个总体的印象，为我国 AVEN 工程设计、结构优化、与飞机接口匹配等一系列关键设计过程的展开，奠定了基础，推动进一步开展 AVEN 研发的后续研究工作。

AVEN 线架仿真的成功，确立了我国开展 AVEN 研究的可行性，解决了 AVEN 结构设计和尺寸设计的一系列关键技术问题，特别是 AVEN 线架仿真软件的开发，为 AVEN 尺寸设计与优化提供了一个强有力的支撑平台。基于该平台，通过优化设计，使我国 AVEN 的总体技术指标达到国际先进水平。

对于确定的 AVEN 结构参数，线架仿真平台给出了 AVEN 性能参数。

4.3　AVEN 性能评价

由于 AVEN 是由复杂的空间机构组成的，含有大量冗余自由度空间运动构件，构成构件在空间的运动规律非常复杂，一些高端的专业仿真软件，如 UG 等，不能对其建模仿真。又因为 AVEN 是由一系列空间构件包络而成的，在平面设计中，设计人员很难全面考虑扩张调节片在空间的分布规律及由其组成的空间包络曲面形状，而只能考虑特殊投影面，如偏转平面的扩张调节片偏转状态，并基于此设计 AVEN 的其他尺寸。设计人员缺少关于 AVEN 尺寸与性能之间的定性关系的基本知识，难以确定所设计的 AVEN 能否达到设计要求。一般 AVEN 的试验件投资较高，试制风险较大。同时，一旦试验件达不到设计要求，将会减缓 AVEN 的研发速度。因此，了解和掌握 AVEN 的气动性能与设计参数之间的定性关系，评价 AVEN 设计方案的性能，已成为制约 AVEN 研发的关键技术瓶颈。

AVEN 性能评价面临三个技术问题：分析 AVEN 气动性能与结构尺寸之间的关系，给出定性的关系；评价已有 AVEN 设计方案的可行性；给出优化的设计方案。

4.3.1　制约 AVEN 性能的因素

AVEN 方案的评价涉及两个技术指标：喷口面积 A9 和几何矢量偏转角 δ_{gef}。这两个技术指标是 A9 环作动筒工作行程、扩张调节片宽度和扩张密封片及机构运动尺寸的综合作用结果。

1. A9 环作动筒工作行程

A9 环作动筒的工作行程由三部分组成，如图 4-12 所示。在这三部分中，调整 A9 面积的位移输出只占很小的部分，而绝大部分用于驱动转向驱动环产生偏转。

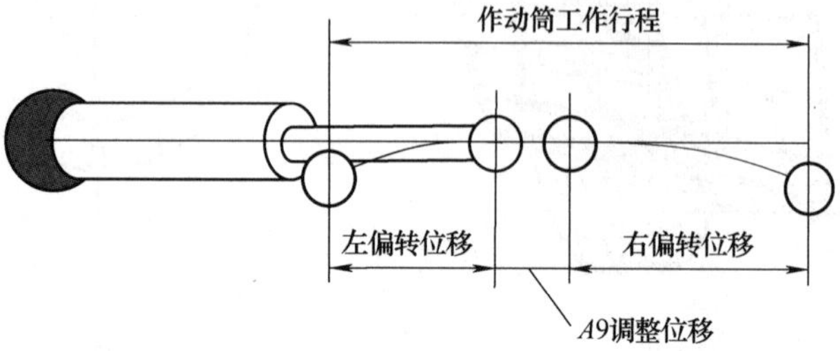

图 4-12　A9 环作动筒位移输出构成

在设计 AVEN A9 环作动筒时，一般首先确定工作行程。受发动机结构和装机空间的限制，A9 环作动筒的工作行程基本为一个定值。如果设计的 AVEN 在 A9 环作动筒工作行程内，不能使转向驱动环达到几何矢量偏转角 δ_{gef} 的设计要求，则 AVEN 的设计是失败的。因此，A9 环作动筒的工作行程受 AVEN 运动尺寸制约。

2. 扩张调节片和扩张密封片宽度

扩张调节片和扩张密封片宽度的影响可以通过图 4-11b 来分析。在偏转平面内，有两个特殊的位置 *M* 点和 *N* 点。在 *M* 点，扩张调节片末端的距离最大，当该距离大于扩张密封片的宽度时（一般应小于扩张密封片宽度与有效最低密封搭接宽度的差），扩张密封片失去对喷管偏转段的密封作用。因此，喷管几何矢量偏转角的最大值，应该使 *M* 点处的扩张调节片末端的最大距离小于扩张密封片宽度与有效最低密封搭接宽度的差。

另一方面，在 *N* 点，扩张调节片末端的距离最小，当该距离小于零时，扩张调节片的运动将产生干涉。喷管几何矢量偏转角的最大值，应该使 *N* 点处的扩张调节片末端不产生运动干涉。同时还应该看到，喷口面积 A9 除了有上述偏转之外，还有面积的变化。扩张调节片与密封片的宽度不能随意取值，既要保证喷管几何矢量偏转角达到设计要求，又要保证在最小喷口面积 A9 时（矢量状态），密封片末端不能产生干涉。

如图 2-27 所示，当扩张调节片过宽时，可以保证大喷口状态下的 *M* 点处的密封，但有可能导致 *N* 点处扩张调节片发生干涉，在小喷口时干涉将更为严重；若扩张调节片过窄，则可能导致大喷口状态下的 *M* 点处不能有效密封。对于密封片而言，如果密封片过窄，可能导致大喷口状态下 *M* 点处不能有效密封；反之，则可能导致密封片在小喷口状态时发生干涉。矢量状态下 *M* 点和 *N* 点的距离是 AVEN 运动尺寸的综合反映，需要从系统的角度考虑，并且要借助于数值分析和运动仿真来确定。由此也可以看出，AVEN 线架仿真平台，成为 AVEN 尺寸设计与优化不可或缺的支撑平台。

4.3.2　AVEN 尺寸与性能的关系

AVEN 的尺寸优化解决 AVEN 设计的两个关键技术问题：AVEN 主要尺寸与 AVEN 关键

气动参数之间的定性关系；建立 AVEN 的优化数学模型，得到具有最佳气动性能的 AVEN 设计参数。

分析 AVEN 设计参数与气动性能关系时，以 15° 几何矢量角为基准矢量状态，利用图 4-10 建立的 AVEN 运动分析流程，改变 AVEN 的设计参数，得到 AVEN 的气动性能与设计参数之间的量化关系。这些主要设计参数为：转向驱动环的宽度 l_t，扩张调节片挂点长度 l_{BC} 和扩张调节片挂点高度 l_h。

图 4-13 所示为转向驱动环宽度 l_t 与转向驱动环偏转角 θ 之间的关系，由图可知，增大转向驱动环的宽度可以有效地减小转向驱动环的偏转角，即有效地减小了 A9 环作动筒的工作行程。但是，增加转向驱动环的宽度将增大 AVEN 的装机空间。受装机空间等布局要求，转向驱动环的宽度不能超过装机空间等的要求。

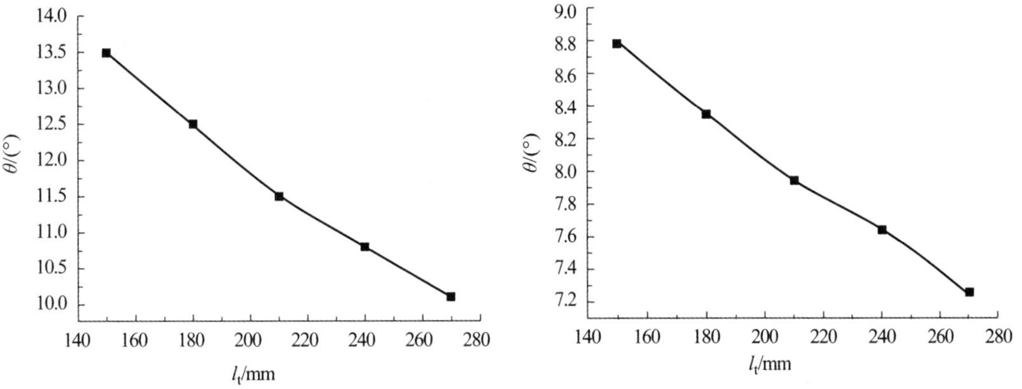

a) 小喷口状态　　b) 大喷口状态

图 4-13　转向驱动环宽度 l_t 与转向驱动环偏转角 θ 之间的关系

图 4-14 所示为转向驱动环偏转角 θ 与喷管几何矢量偏转角 δ_{gef} 之间的关系，由图可知，小喷口状态下转向驱动环需要有更大的偏转角度才能达到与大喷口状态具有相同的几何矢量偏转角。

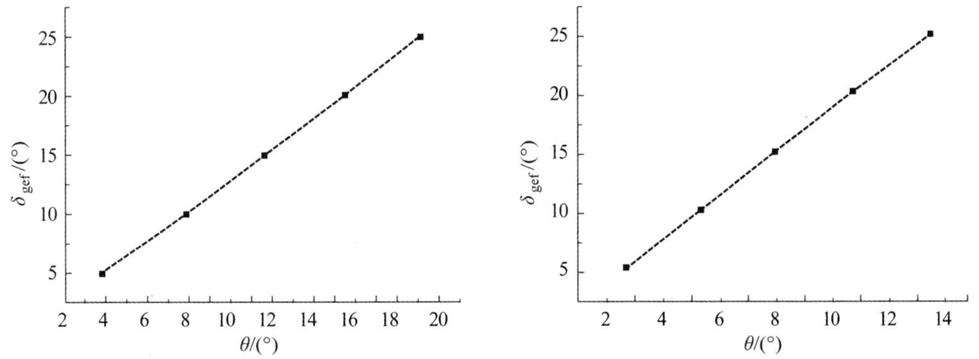

a) 小喷口状态　　b) 大喷口状态

图 4-14　转向驱动环偏转角 θ 与喷管几何矢量偏转角 δ_{gef} 之间的关系

图 4-15 所示为扩张调节片末端最小距离（小喷口状态）和扩张调节片末端最大距离（大喷口状态）与转向驱动环偏转角 θ 之间的关系，可以发现收敛调节片宽度对 AVEN 几何矢量偏转角的制约作用。图 4-16 所示为不同偏转角 θ，喷口面积 A9 偏转在发动机轴线垂直截面上的投影，由图可知喷口面积 A9 矢量偏转角与调节片末端最大宽度、最小宽度之间的变化关系。还可以发现，在喷口面积 A9 偏转过程中，与偏转平面（发动机主轴线与转向驱动环法矢量组成的平面）垂直的方向上有些扩张调节片因切向旋转角差别较大，使收敛调节片围成的空间多面体出现相互交错的不规则现象，不容易实现密封。为方便起见，称此种现象为切向偏转的不平顺性。

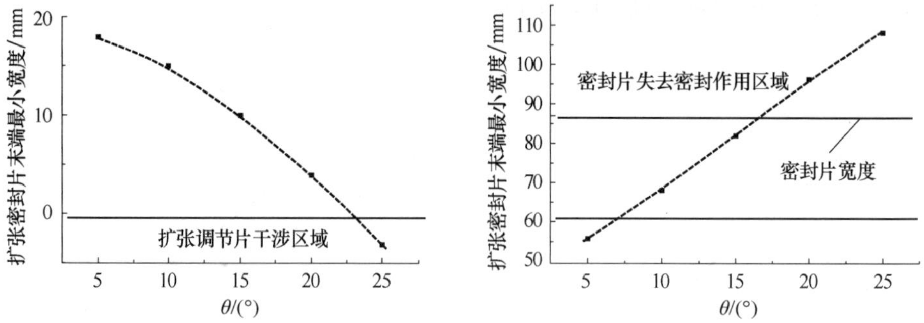

a) 小喷口状态　　　b) 大喷口状态

图 4-15　扩张调节片宽度对转向驱动环偏转角 θ 的制约作用

图 4-17 所示为 AVEN 不同工作状态下，当几何矢量偏转角标定在 15°时，转向驱动环偏转角 θ 与扩张调节片挂点长度之间的关系。减小扩张调节片挂点的长度可以有效地减小转向驱动环偏转角 θ。

原始设计方案之所以不能实现大的偏转角度，很重要的一个原因是扩张调节片挂点长度过大，需要转向驱动环具有较大的偏转输出，从而导致在 A9 环作动筒工作行程内不能推动转向驱动环偏转到适当的角度。同时，正是由于转向驱动环矢量偏转角过大，导致了扩张调节片切向偏转角的差别比较大，使扩张调节片组成的 AVEN 时变几何体不光顺，即切向偏转不光顺现象的发生。图 4-18 所示为切向偏转不光顺与扩张调节片挂点长度之间的比较，可以看出，减小扩张调节片挂点长度，可以有效地改善扩张调节片的切向偏转光顺性。

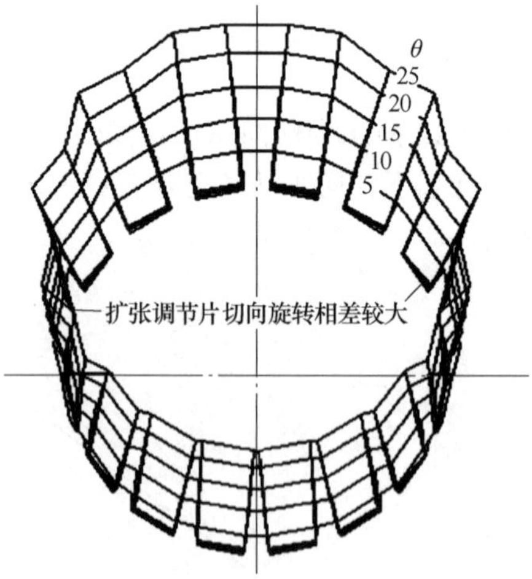

图 4-16　A9 偏转角度与扩张调节片宽度

图 4-19 所示为当改变扩张调节片挂点高度 l_h 时 A9 转向环的偏转角度情况，其中几何矢量角标定在 15°。增加高度值可以在一定程度上减小 A9 环的偏转角度，作动筒工作行程下降，同时切向偏转光顺性也有一定改善。

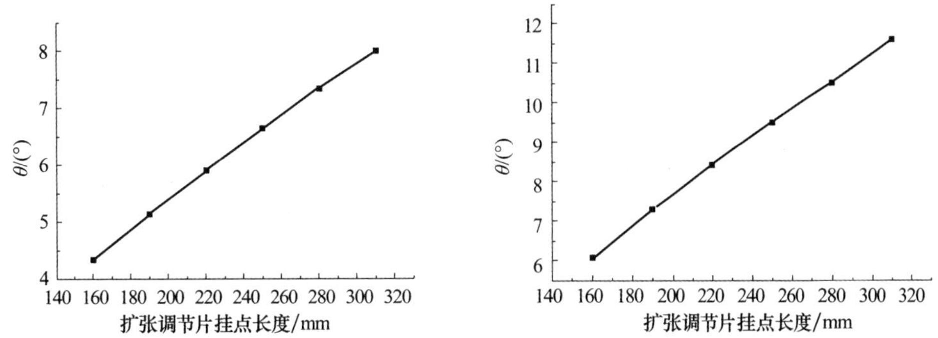

a) 小喷口状态　　b) 大喷口状态

图 4-17　扩张调节片挂点长度与转向驱动环偏转角 θ 之间联系

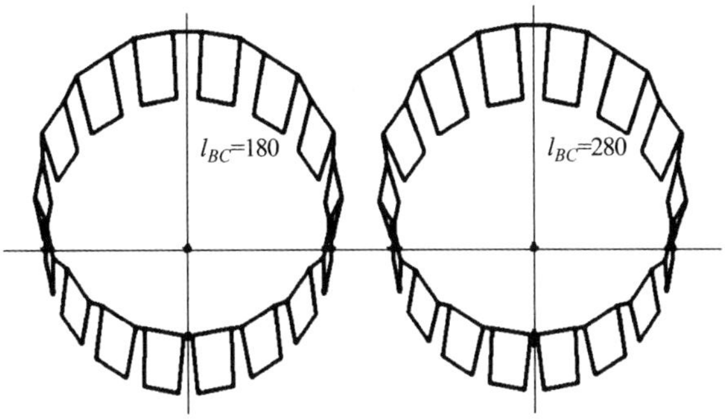

图 4-18　切向偏转的光顺性与扩张调节片挂点长度

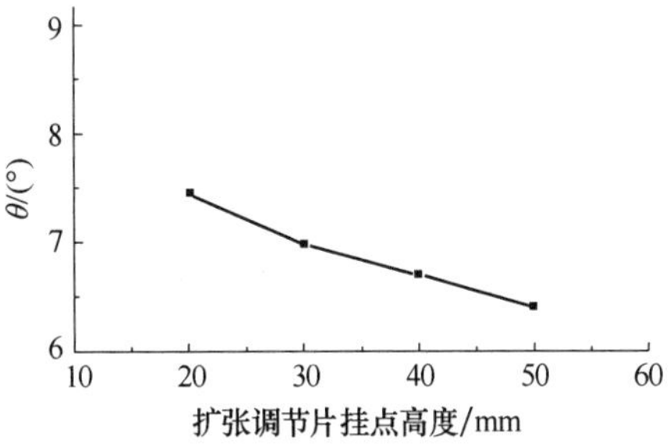

图 4-19　扩张调节片挂点高度 l_h 与转向驱动环偏转角 θ

4.4　AVEN 性能优化

4.4.1　数学模型

1. 目标函数

采用多目标函数优化设计方法进行 AVEN 的性能优化。优化的基础假定为几何矢量偏转角 δ_{gef}和喷口面积 A9 必须达到设计要求，即 $\delta_{gef}=20°$时，喷口面积达到设计要求。此时，优化的主要目标是使转向驱动环矢量偏转角 θ 尽可能小，以满足 A9 环作动筒工作行程的要求，

为此确定主要的优化目标函数为

$$f_{\text{main}}=\theta_{\text{加力}}+\theta_{\text{非加力}} \tag{4-27}$$

扩张调节片末端最大宽度 M_{Dw} 和最小宽度 N_{Dw} 作为第一次要优化的目标函数，其数学表达式为

$$f_{\text{sub1}}=p_1[(\lambda_1-N_{\text{Dw}})+(M_{\text{Dw}}-S_{\text{w}}+\lambda_2)] \tag{4-28}$$

式中，p_1 为平衡加权函数，用于平衡扩张调节片末端最大宽度与最小宽度在总体优化中所占的比例，这里取为10；λ_1 为扩张调节片末端所允许的最小不干涉余量，一般取为3～5mm；λ_2 为扩张调节片与密封片之间的最小搭接余量，一般取为3～5mm；S_{w} 为密封片末端宽度。

另一个次要优化目标函数为相邻扩张调节片的切向偏转的一致性，用数学表达式表示为

$$f_{\text{sub2}}=p_2\max|\gamma_i-\gamma_{i-1}| \tag{4-29}$$

式中，p_2 为加权函数，取值为 $180/\pi$。

基于以上考虑，AVEN 优化设计的目标函数为

$$F=\min(w_1f_{\text{main}}+w_2f_{\text{sub1}}+w_3f_{\text{sub2}}) \tag{4-30}$$

式中，w_1、w_2、w_3 为加权函数，分别取值为 $180/\pi$、1、1。

2. 约束方程

考虑的约束方程主要有以下几种。

（1）转向驱动环矢量偏转角 θ　在大喷口与小喷口状态下，喷管几何矢量偏转角 δ_{gef} 应满足给定的设计要求，这里 ε 为许用误差小量

$$\begin{cases}G_1(X)=(\delta_{\text{gef大}}-\delta_{\text{gef0}})-\varepsilon>0\\ G_2(X)=(\delta_{\text{gef小}}-\delta_{\text{gef0}})-\varepsilon>0\end{cases} \tag{4-31}$$

（2）装机空间　A 点运动副到发动机轴线距离的最大值，应小于给定的装机空间尺寸，即

$$G_3(X)=(R_{\text{装机空间}}-R_A)>0 \tag{4-32}$$

（3）A9 环作动筒工作行程　A9 环作动筒工作行程应该在给定的行程范围 Δl_0 内，即

$$G_4(X)=\Delta l_0-(l_{\max}-l_{\min})\geqslant 0 \tag{4-33}$$

（4）A9/A8 膨胀比系数　在非矢量状态下，A9/A8 的面积变化应该满足膨胀比系数的要求，即

$$G_5(X)=\phi_9/\phi_8-(1.03\sim1.05)=0 \tag{4-34}$$

（5）各变量的取值空间　令 X_{up} 表示变量的上边界，X_{lp} 表示变量的下边界，则变量的取值范围约束方程为

$$G_6\ (X)_{X\in[X_{\text{up}}-X_{\text{lp}}]}=0 \tag{4-35}$$

3. 设计变量

在 AVEN 的主要设计参数中，选择 R_1、R_2、l_{t}、l_{AB}、l_{ED}、l_{e}、l_{BC}、l_{h}，以及扩张调节片末端宽度 E_{w} 和扩张密封片末端宽度 S_{w} 作为优化设计变量 X

$$X=(R_1,R_2,l_{\text{t}},l_{AB},l_{ED},l_{\text{e}},l_{BC},l_{\text{h}},E_{\text{w}},S_{\text{w}})^{\text{T}}$$

优化数学模型

$$\begin{cases}F=\min(w_1f_{\text{main}}+w_2f_{\text{sub1}}+w_3f_{\text{sub2}})\\ \text{约束 } G_i(X)\geqslant 0\\ X=(R_1,R_2,l_{\text{t}},l_{AB},l_{ED},l_{\text{e}},l_{BC},l_{\text{h}},E_{\text{w}},S_{\text{w}})^{\text{T}}\end{cases} \tag{4-36}$$

式中，$i=1$，2，…，6。

4.4.2 优化结果

1. 优化过程

AVEN的主要尺寸设计参数有23个。这23个设计参数与AVEN的喷管几何矢量偏转角、喷口面积、作动筒行程、密封片的密封性能、各构件的受力等AVEN的性能参数密切相关。受发动机气动性能参数和已有发动机布局空间及A9环作动筒行程的限制，在满足发动机气动性能参数要求的前提下，所选择的设计参数必须能够保证：A9环作动筒行程小于给定的长度；在最大几何矢量偏转角状态下，扩张密封片与扩张调节片的最小搭接量应大于3mm，且扩张调节片之间、密封片之间不得发生实体干涉；满足布局空间要求；力的传递路径最短；作用在力传递构件上的载荷最小。

上述要求是相互矛盾、相互制约的，设计人员很难针对设计过程中出现的问题进行参数修正及再设计。一个重要的原因在于设计人员不清楚各设计参数之间的相互作用机理，及其对整体性能的影响。例如，增加转向驱动环的宽度，将减小A9环作动筒的长度等。但转向驱动环宽度的增加，将导致AVEN的明显增重，如图2-4所示的俯仰/偏航平衡梁式推力矢量喷管。又如，减小扩张调节片挂点长度（SR构件的长度），将改善相邻两扩张调节片的光顺性，有利于扩张密封片的密封等。再如，增大扩张调节片的宽度，可能导致小喷口状态N处扩张调节片和密封片产生严重干涉；减小扩张调节片或密封片的宽度，可能导致大喷口状态M处产生密封不良的现象。总之，AVEN设计参数的相互矛盾和制约是普遍存在的，并且关系非常复杂。

鉴于AVEN设计的复杂性，以及设计参数对AVEN性能影响的综合性与相互制约性，首先，用23个尺寸设计参数描述做空间运动各运动构件的位姿，基于Shu矩阵方法，建立AVEN的运动分析约束方程。运用连续同伦法+系数同伦法，求解这些非线性几何约束方程，得到给定喷口面积和几何矢量偏转角对应的A9环作动筒的行程、密封片干涉与搭接量、承力构件上的作用力等AVEN性能参数。基于Autolisp语言，给出了AVEN矢量偏转状态下的线架仿真图形。在此基础上，采用多目标函数优化方法，建立了AVEN优化模型，使我国AVEN的几何矢量偏转角达到国际先进水平。

利用建立的AVEN运动分析模型和线架仿真结果，研究了尺寸参数对AVEN装置性能的影响及作用机制，给出了AVEN尺寸参数设计准则：

1）增加转向驱动环的宽度，将导致转向驱动环偏转角度的减小，从而有利于缩短A9环作动筒的工作行程。

2）减小扩张调节片挂点长度，可以有效地减小转向驱动环偏转角度。

3）减小扩张调节片挂点长度，可以有效地改善扩张调节片切向偏转的光顺性。

4）增加扩张调节片挂点高度，在一定程度上可以减小转向驱动环偏转角度，从而有利于缩短A9环作动筒的工作行程，同时切向偏转光顺性也有一定程度的改善。

5）收敛调节片的宽度对AVEN的几何矢量偏转角有重要的影响。

上述这些准则，对于指导设计人员进行AVEN工程设计是非常有价值的。特别是，当设计人员不清楚某设计参数对AVEN性能参数影响的机理时，可以利用AVEN运动分析与线架仿真平台进行分析研究，获得较理想的优化参数取值。

2. 优化结果

利用式（4-36）给出的AVEN优化模型，得到AVEN的一组优化设计结果。其主要性能参数见表4-4，从表中数据可以看出，优化设计的AVEN，其几何矢量偏转角δ_{gef}、密封片的密封性能、A9环作动筒的工作行程、偏转机构的布局空间等，得到了显著改善，能够满足设计要求。

表4-4 AVEN的优化结果

性能指标	工作状态	
	大 喷 口	小 喷 口
几何矢量偏转角/（°）	19.8	20.4
A9环作动筒工作行程/mm	107.4	
密封片最小干涉量（搭接量）/mm	-2.4（干涉）	3.2（搭接）
扩张调节片最大干涉量/mm	-2.7	—
切向偏转的不均匀性/（°）	3.3	4.9
扩张密封片悬挂空间尺寸/mm	10.2	—

4.5 小结

本章建立了AVEN运动分析数学模型及AVEN线架仿真平台。AVEN线架仿真平台的核心问题是强非线性几何约束方程的求解，本章采用基本同伦法+系数同伦法组合的方法，成功地解决了多参数构造的AVEN复杂几何约束方程的构型初值求解问题。AVEN线架仿真平台的成功开发，从技术层面论证了我国开展AVEN研究的可行性，解决了AVEN结构设计和尺寸设计的一系列关键技术问题，为AVEN尺寸设计与优化提供了一个强有力的支撑平台。基于该平台，分析了AVEN尺寸参数对AVEN性能的影响，评价了AVEN设计方案的性能，并通过优化方法，使我国AVEN的几何矢量偏转角达到国际先进水平。

参考文献

[1] 王玉新，王仪明，柳杨，等．基于同伦法的对称并联机器人机构位置分析［J］．天津大学学报，2001，34（4）：439-442.

[2] WAMPLER C W，MORGAN A P，SOMMESE A J. Numerical continuation methods for solving polynomial system arising in kinematics［J］．Journal of Mechanical Design ASME，1990，112（59）：59-68.

[3] 文福安，梁崇高，廖启征．并联机器人机构位置正解［J］．中国机械工程，1999，10（9）：1011-1013.

[4] 刘安心，杨廷力．求一般6-SPS并联机器人机构的全部位置正解［J］．机械科学与技术，1996，15（4）：543-546.

[5] 王玉新，王仪明，柳杨，等．对称结构Stewart并联机器人的位置正解及构型分析［J］．中国机械工程，2002，13（9）：734-737.

[6] 王玉新．喷气发动机轴对称推力矢量喷管［M］．北京：国防工业出版社，2006.

第 5 章

AVEN 三维仿真与结构优化集成平台

由于密封片悬挂机构为欠约束空间冗余运动机构，以及矢量偏转状态相邻两扩张调节片内表面相互交错等原因，现有三维软件不能处理由 300 多个空间运动构件构成的 AVEN 虚拟装配与仿真问题。而 AVEN 虚拟装配与仿真是 AVEN 尺寸优化、结构优化、减重设计等的关键手段。针对这一技术关键，基于运动分析数据，采用“后台预置”装配方法，将所有 AVEN 构成构件放置到约束装配位置，实现了 AVEN 全部构成构件的整体仿真。在此基础上，采用面向对象技术，将 AVEN 尺寸优化设计、结构设计和三维虚拟仿真集成，为 AVEN 性能优化和减重设计提供一个自动化支撑平台，提高了 AVEN 设计品质与仿真效率，降低了样机试制风险。

5.1 “后台预置”装配方法

5.1.1 约束装配存在的问题和“后台预置”装配方法的提出

1. 约束装配存在的问题

约束装配模式有两种：自顶向下的装配模式 Top-down，自底向上的装配模式 Bottom-up。

（1）Top-down 模式　Top-down 的装配模式要求设计从产品功能建模开始，根据产品的功能要求和设计约束，在确定产品的初步组成和形状的基础上，确定各组成零部件之间的装配关系和相互约束关系，完成装配概念模型的建模和装配草图的绘制，并根据装配关系把产品分解成若干零部件，在总体装配关系的约束下，进行零部件的概念设计和详细设计。在产品设计过程中，上一层装配体中确定的装配约束都将成为下一层装配体的设计约束，这种约束关系应能与最终模型共同记录下来，以保证在后续的设计过程和再设计过程中系统能自动维护这种约束关系，从而保持产品模型的一致性。

对于外形由复杂自由曲面构造的产品，或装配零部件的外形尺寸暂时无法确定的产品，其各装配零件的外形、尺寸在很大程度上依赖其外观轮廓，这种类型产品的装配可采用 Top-down 即自顶向下的装配设计方法。具体的设计过程为：首先确定装配结构树；在产品总装图中进行整机外形设计；确定外形后，输出与各个零部件相关的设计要求，输出时，采用同一工作坐标系；根据这些要求，完成各零部件的详细设计。

（2）Bottom-up 模式　当每个零件都有细化的结构时，应采用 Bottom-up 装配模式。在进行零部件装配时，可采用贴合、对齐、定向等方式约束相互配合的零件特征，并且始终保持这种约束关系。即当某个零件修改后，这种约束关系依然存在。

Bottom-up 模式首先进行每个零部件的详细设计，然后利用约束条件将要配合的零件进行装配，因此在装配模型中可进行零件之间的干涉检查，并可及时消除最初设计中的许多安装不匹配的问题。

对于复杂机械系统，目前采用最多的装配模式是 Bottom-up 模式，即首先建立产品的构件模型，根据构件之间的连接关系，确定构件之间的约束关系，进行约束装配。

现有三维平台基于约束的装配技术在处理复杂机械系统的装配，特别是含空间机构的装配过程中，往往出现装配失败的问题。出现这一问题的关键在于基于约束的非线性方程求解器的稳定性。受非线性方程求解复杂性的限制，设计出对所有问题都适应的求解器是非常困难和不现实的。不仅如此，基于约束的装配技术还存在着下列不足：

1）基于约束的装配技术在处理复杂装配系统，特别是含有空间运动副的空间运动系统的装配问题时，容易出现装配不稳定的现象。

2）对于复杂装配系统，特别是含有空间运动副的空间运动系统，修改局部的装配构件的尺寸，可能导致系统产生矛盾约束，从而导致装配系统的瓦解，使基于对部件的修改来完善设计方案的设计不能实施。

3）受方程求解器的制约，基于约束的装配只能得到满足装配约束附近的装配构型，而不能得到其他的构型。对于复杂运动机械，其装配构型具有多样性，不同的装配构型将得到不同运动特性。因此，基于约束的装配系统在解决装配构型的多解性上存在缺陷。

4）基于约束的装配不支持面向对象的产品开发模式。由于用函数调用的方法解决不同零件的装配，需要捕捉零件的特征面、配合面、约束位置等具体特征属性，其操作非常困难，不容易在面向产品对象的开发系统中采用。

5）由于 AVEN 是由多达 300 余个空间运动构件组成的，其结构非常复杂，即使采取调用 API（应用程序接口）函数的方法可以捕捉不同零件的装配特征面、配合面、约束位置等具体特征属性，但由于其结构复杂，UG 的求解器很难建立它们之间的约束方程，并且求得各空间装配构件的装配位置。特别是，一旦装配系统中存在奇异装配位置，或存在矛盾约束，系统出现装配死机。

6）AVEN 中的收敛密封片和扩张密封片，特别是扩张密封片是冗余运动构件，存在不确定运动，当 AVEN 产生矢量转角时，密封片处于随动状态，没有可供选用的约束，必须通过进行复杂的随动趋势分析才能确定其具体位置。

7）约束装配是基于对配合元素体进行配合装配实现的。一旦在结构设计中将配合的元素破坏，原有的约束装配将不复存在，需要重新建立装配。对于 AVEN 而言，重新装配的工作量巨大。因此，约束装配不适于 AVEN 的虚拟装配与仿真。

2. “后台预置”装配方法的提出

在解决 AVEN 线架仿真问题以后，虽然借助于该平台能够分析尺寸参数对 AVEN 性能的影响，但在构件结构设计上，尤其是在分析矢量偏转状态扩张密封片的密封情况、大喷口状态各运动构件的空间布局及相互干涉情况等方面，非常需要有基于三维平台的装配与仿真模型的支持。由于 AVEN 存在大量欠约束空间冗余运动构件，如扩张密封片悬挂机构，以及喷管扩张段矢量偏转后，因相邻两扩张调节片切向偏转角度不同，造成两内表面空间交错，使扩张密封片不能有效接触密封等原因，导致基于约束装配的三维软件不能对偏转状态下的 AVEN 进行虚拟装配与仿真。尽管具有先进的三维仿真软件，如含有碰撞接触装配功能模块的 ADAMS，仍然不能解决含全部构成构件的 AVEN 整体仿真问题。目前，三维软件平台仍然不能对矢量偏转状态下的 AVEN 进行整体装配仿真，仅能对非矢量状态喷管的收-扩进行仿真，或不含扩张密封片及其悬挂机构的非密封状态 AVEN 进行仿真。而 AVEN 虚拟仿真的关键在于扩张密封片对扩张调节片的密封。

为了进行 AVEN 结构优化设计，减小其质量，提高喷管的气密性，作者与时任天津大学王金民教授及其研究生喻宏波联合攻关，解决了 AVEN 三维虚拟仿真问题。针对 AVEN 装配虚拟仿真这一挑战性、世界性难题，王金民教授开拓性地提出了基于“后台预置”装配方法，解决 AVEN 虚拟装配仿真问题的学术思想。运用 AVEN 线架仿真获得的运动分析数据，通过三维零件句柄捕捉及坐标变换，将 AVEN 构成部件放置到恰当的空间位置，即构成构件真实的约束装配位置。利用 Inventor、UGs 等软件平台提供的二次开发工具，喻宏波编程实现了具体仿真过程。通过 AVEN 三维虚拟仿真平台，可以清楚地观察各构件在矢量偏转状态的运动干涉情况、大喷口状态密封片搭接密封情况、小喷口各构件的运动干涉情况等，为 AVEN 结构优化、减重设计、性能改善提供了一个自动化的支撑平台，加速了我国 AVEN 的研究进程，降低了研发成本与验证风险。

5.1.2　“后台预置”装配方法

1. “后台预置”装配方法技术原理

“后台预置”装配方法就是预先确定构件在空间的位置，然后借助于三维平台提供的函数 API 接口，利用 VC ++ 语言编程，使编程函数成为三维平台的新指令，利用该指令将构件放置到确定的空间位置。实施“后台预置”预置装配方法需要三个条件：构件在空间的位置分析数据；三维平台的 API 接口与操作函数；VC ++ 编程形成的指令函数。

对于存在约束的三维零件组，可以根据它们内部之间存在的约束建立约束方程，用同伦法求解约束方程，跟踪全部解路径得到机构全部装配构型对应的构件在空间的位置。根据这些三维零件组在空间的位置，将它们放置到给定的空间位置，即约束方程确定的空间位置，则这些三维零件组之间必然保持相应的约束关系。这就是“后台预置”装配技术的核心。三维零件组在空间的位置可以通过专门建立的数学模型求得。图 5-1 所示为“后台预置”装配技术实施的路线。“后台预置”装配技术克服了现有基于约束装配技术存在的不足，特别适用于复杂机械系统的装配、仿真，能够有效地提高方案修改与完善的效率。实施 AVEN“后台预置”装配技术的关键在于第 4 章讨论的非线性约束方程求解的基本同伦 + 系数同伦组合方法及其运动分析平台。

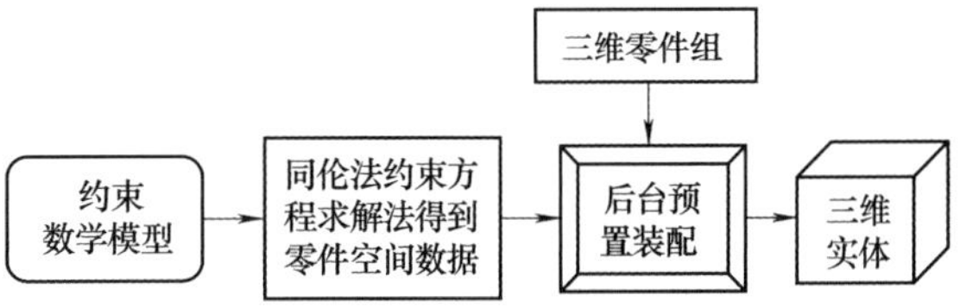

图 5-1　“后台预置”装配技术实施的路线

在“后台预置”装配技术中，一个关键问题是如何将组成复杂机械系统的各个构件放置到空间特定的位置。当构件的空间位置确定后，一般可以采取两种方法将构件放置到特定的空间位置，分别为空间刚体运动方法和构件坐标系方向余弦方法。

2. 基于 MDT 平台的“后台预置”装配

MDT 是 AutoDesk 公司开发的具有混合建模技术的实体参数化造型系统。在 MDT 中可以生成参数化三维实体模型，显示模型的三维渲染图，实时地旋转和平移，因此观察非常方便。ObjectARX 是 MDT 下的一种面向对象 C ++ 应用编程接口，它可以在 VC ++ 开发环境下进行程序设计，编译生成以 . arx 为后缀的程序，其中可包含一个或多个在 MDT 下能够直接执行的命令。ObjectARX 类库包含 MDT 图形数据库中的所有对象，它提供多种方法访问 MDT 图形数据库并且能够对数据库中的实体进行各种操作，如平移、旋转、复制等。

零件随参考点从 p_1 点平移到 p_2 点的指令为

ads_command (RTSTR," MOVE", RTENAME, ent1, RTSTR, "", RT3DPOINT, p1, RT3DPOINT, p2, 0)。

零件绕 MDT 通用坐标系 y 轴的转动相应的角度 angz 的指令为

ads_command (RTSTR, " rotate", RTENAME, ent1, RTSTR, "", RTSTR, " 0, 0", RTREAL, angz, 0)。

利用 . arx 程序实现 AVEN 装配仿真时，通过外部运动分析软件，预先将组成 AVEN 的每个构件在空间所处的位置数据分析出来，并以数据文件的形式存储。. arx 程序负责将这些数据读入，并对各个构件进行相应的位姿变换操作，将组成 AVEN 的每一构成构件依次放置到相应的空间位置上，实现 AVEN 的“装配过程”。. arx 程序依次读入不同时刻的数据，进行相同的操作，则完成 AVEN 的动态虚拟装配仿真。

利用 ObjectARX 开发的动态装配仿真程序包含两个模块，分别对应于两个 . arx 命令，第一个模块的作用是将所有构件插入同一图形文件中，并取得每一构件的标识，以便为下一步的实体操作提供依据。第二个模块，对所有构件依次进行操作，实现构件的三维“预置装配”。

插入构件形成句柄是第一个模块的主要功能。通过此模块将各构件的三维实体图形插入同一个图形文件中，这里引用的构件都是预先在 MDT 中构建好的。每一构件在图形数据库中相当于一个块，它可作为一个单独的实体对待。因此，对于块的各个操作就是对相应的构件进行操作。当构件插入装配图后，每一构件的块都有相应的标识。标识包括两种，一种是实体名，另一种是句柄。由于实体名在图文件的不同对话期中会发生变化，而句柄则保持不变，因此需要采用句柄捕捉构件的方式。

利用外部引用将构件插入装配图中，优点是可以减小装配图所占磁盘空间的大小，提高程序的执行速度。另外，由于装配图与零件图是相关联的，因此在零件图中对于构件结构所做的修改，装配图可以很方便地自动反映出来。装配前应对构件的原始定位参数做出详细标定，如图 5-2 所示。

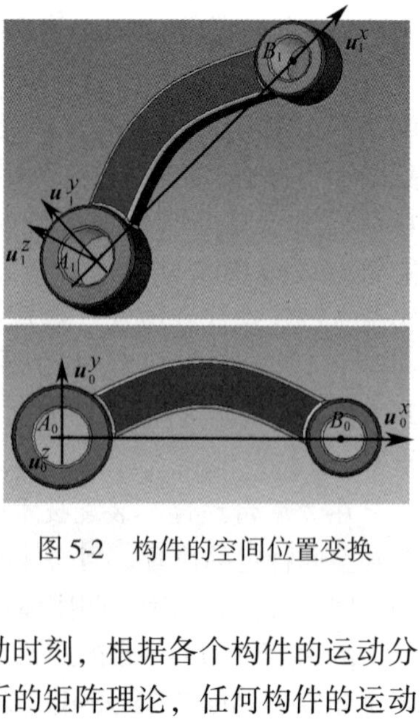

图 5-2　构件的空间位置变换

构件原始参数包括一个参考点 A_0，旋转轴线 $\boldsymbol{u}_0^z$ 及另一个参考点 B_0，并且以 A_0B_0 的连线作为构件绕 $\boldsymbol{u}_0^z$ 轴旋转的起始位置，一般插入点为 A_0，并且 A_0 点起始坐标为 (0, 0, 0)。装配时对构件的操作如下：首先按照一定次序，将构件插入装配图中并捕获它们的实体名，进而捕获相关的句柄，然后，将句柄存入一个数据文件中，为后续的装配仿真模块提供标识。

第二个模块实现构件的装配及运动仿真，即在不同的运动时刻，根据各个构件的运动分析数据，将其依次摆放到空间指定位置上。根据机构运动分析的矩阵理论，任何构件的运动都可以视为构件相对空间任意轴线的转动与一个相对参考点平移的矢量和。因此，要确定构件在空间的位置，首先要确定构件参考点在空间所处的位置、构件上过参考点的轴线 $\boldsymbol{u}_0$ 在空间的位置，以及构件相对 $\boldsymbol{u}_0$ 轴的转角。这些初始数据需要由外部机构运动分析程序提供。由此可见，这种三维仿真方法不受机构的复杂性与自由度限制。

利用构件上一个参考点 A_0、旋转轴线 $\boldsymbol{u}_0^z$ 及另一个参考点 B_0 来确定构件的空间位置。在“后台预置”装配时，首先将构件平移到 A_0 当前的位置，然后绕当前的旋转轴 $\boldsymbol{u}_0^x$ 与构件插入位置的旋转轴线 $\boldsymbol{u}_0^z$ 的叉积 $\boldsymbol{u}_0^x \times \boldsymbol{u}_0^z$ 方向旋转，使构件插入位置的旋转轴从前一方向 $\boldsymbol{u}_0^z$ 旋转到当前方向 $\boldsymbol{u}_1^z$，最后，构件绕当前 $\boldsymbol{u}_1^z$ 轴旋转一个角度，使 B_0 点运动到当前位置。至此，构件就从前一位置运动到当前位置。

3. 基于 UG 平台上的“后台预置”装配

UG 平台提供了直接利用十六维空间变换矩阵将构件“放置”到给定空间位置的指令。其方法是给定参考点当前位置，以及与构件联结的构件坐标系三个坐标轴的方向余弦，其十六维变换矩阵为

$$\begin{pmatrix} u_{xx} & u_{xy} & u_{xz} & x \\ u_{yx} & u_{yy} & u_{yz} & y \\ u_{zx} & u_{zy} & u_{zz} & z \\ 0 & 0 & 0 & \text{比例} \end{pmatrix}$$

各参数的物理意义如下：u_{xx}、u_{xy}、u_{xz}为 x 轴方向余弦；u_{yx}、u_{yy}、u_{yz}为 y 轴方向余弦；u_{zx}、u_{zy}、u_{zz}为 z 轴方向余弦。

利用三维零件空间转动与平动转移指令，很容易将其预置在指定的空间位置上。例如，在 UG 平台，可以通过下列指令来实现这一操作：

```
UF_ASSEM_ask_inst_of_part_occ (child_part_occs [inx]);
        //获得文件
UF_ASSEM_reposition_instance (instance_tag [i] [j],
            instance_origin, instance_matrix);
        // 空间转动与平动转移指令
UF_ASSEM_ask_component_data ( instance_tag [i] [j],
            part_name, refset_name, instance_name, instance_origin, instance_matrix, instance_
            transform);
        // 实现构件坐标系和原点的坐标变换
```

“后台预置”装配技术的实现需要预先计算出 AVEN 各运动构件在空间的位置，将相关数据存入数据库。通过将相关构件的运动位置数据赋给坐标变换矩阵 instance_matrix，以及坐标平移矩阵 instance_transform，UG 平台即可将三维构件放到特定的装配空间，实现 AVEN 总体装配。可以看出，利用“后台预置”装配技术进行 AVEN 总体装配，不受模型装配规模的限制，只要预先将构成构件的空间运动位置计算出来，就可以进行大规模的所有构成构件的整体仿真。因此，本章的“后台预置”装配技术和第 4 章的非线性几何约束方程求解的同伦法，使大规模空间运动构件构成的 AVEN 三维虚拟仿真成为可能。

5.1.3　基于 UG 平台的 AVEN 虚拟装配

1. 装配数据的获得

每一运动构件的“后台预置”装配数据都有特定的规定，具体如下：

A8 调节环

```
ugx[0] =1.0;        ugy[0] =0.0;        ugz[0] =0.0;
ugx[1] =0.0;        ugy[1] =1.0;        ugz[1] =0.0;
ugx[2] =0.0;        ugy[2] =0.0;        ugz[2] =1.0;
/*写数据  llin, 0.0, 0.0; ugx[], ugy[], ugz[]   */
fpug<<llin<<"    "<<0.0<<"    "<<0.0<<endl;
fpug<<ugx[0]<<"    "<<ugx[1]<<"    "<<ugx[2]<<endl;
fpug<<ugy[0]<<"    "<<ugy[1]<<"    "<<ugy[2]<<endl;
fpug<<ugz[0]<<"    "<<ugz[1]<<"    "<<ugz[2]<<endl;
fpug<<endl;
```

转向驱动环

```
/*得到x轴方向余弦*/
ugx0[0] =1.0;
ugx0[1] =0;
ugx0[2] =0;
ugx[0] =cos(et)*cos(mu)*ugx0[0]-sin(et)*cos(mu)*ugx0[1]-sin(mu)*ugx0[2];
ugx[1] =sin(et)*ugx0[0]+cos(et)*ugx0[1];
ugx[2] =cos(et)*sin(mu)*ugx0[0]-sin(et)*sin(mu)*ugx0[1]+cos(mu)*ugx0[2];
/*得到y轴方向余弦*/
ugy0[0] =0;
ugy0[1] =1.0;
ugy0[2] =0;
ugy[0] =cos(et)*cos(mu)*ugy0[0]-sin(et)*cos(mu)*ugy0[1]-sin(mu)*ugy0[2];
ugy[1] =sin(et)*ugy0[0]+cos(et)*ugy0[1];
ugy[2] =cos(et)*sin(mu)*ugy0[0]-sin(et)*sin(mu)*ugy0[1]+cos(mu)*ugy0[2];
/*得到z轴方向余弦*/
ugz0[0] =0;
ugz0[1] =0;
ugz0[2] =1.0;
ugz[0] =cos(et)*cos(mu)*ugz0[0]-sin(et)*cos(mu)*ugz0[1]-sin(mu)*ugz0[2];
ugz[1] =sin(et)*ugz0[0]+cos(et)*ugz0[1];
ugz[2] =cos(et)*sin(mu)*ugz0[0]-sin(et)*sin(mu)*ugz0[1]+cos(mu)*ugz0[2];
/*写数据  ll0, 0.0, 0.0; ugx[], ugy[], ugz[]   */
fpug<<ll0<<"    "<<0.0<<"    "<<0.0<<endl;
fpug<<ugx[0]<<"    "<<ugx[1]<<"    "<<ugx[2]<<endl;
fpug<<ugy[0]<<"    "<<ugy[1]<<"    "<<ugy[2]<<endl;
fpug<<ugz[0]<<"    "<<ugz[1]<<"    "<<ugz[2]<<endl;
fpug<<endl;
```

收敛调节片

```
/*得到x轴方向余弦*/
ugu[0] =0.0;
ugu[1] =float(-sin(fai));
ugu[2] =float(cos(fai));
```

```
ugfai = float( -pusai) ;
ugx0[0] =1.0;
ugx0[1] =0;
ugx0[2] =0;
rotate_u( ugx,ugu,ugfai,ugx0) ;
/*得到 y 轴方向余弦*/
ugy0[0] =0;
ugy0[1] = float( cos( fai) ) ;
ugy0[2] = float( sin( fai) ) ;
rotate_u( ugy,ugu,ugfai,ugy0) ;
/*得到 z 轴方向余弦*/
ugz0[0] =0;
ugz0[1] = float( -sin( fai) ) ;
ugz0[2] = float( cos( fai) ) ;
rotate_u( ugz,ugu,ugfai,ugz0) ;
/*写数据  e[i][1], e[i][2], e[i][3]; ugx[], ugy[], ugz[]  */
fpug<<e[i][1]<<"    "<<e[i][2]<<"    "<<e[i][3]<<endl;
fpug<<ugx[0]<<"    "<<ugx[1]<<"    "<<ugx[2]<<endl;
fpug<<ugy[0]<<"    "<<ugy[1]<<"    "<<ugy[2]<<endl;
fpug<<ugz[0]<<"    "<<ugz[1]<<"    "<<ugz[2]<<endl;
fpug<<endl;
```

十字转接头

```
/*得到 x 轴方向余弦*/
ugu[0] =0.0;
ugu[1] = float( -sin( fai) ) ;
ugu[2] = float( cos( fai) ) ;
ugfai = float( -( pi/2-bt[i]) ) ;
ugx0[0] =1.0;
ugx0[1] =0;
ugx0[2] =0;
rotate_u( ugx,ugu,ugfai,ugx0) ;
/*得到 y 轴方向余弦*/
ugy0[0] =0;
ugy0[1] = float( cos( fai) ) ;
ugy0[2] = float( sin( fai) ) ;
rotate_u( ugy,ugu,ugfai,ugy0) ;
/*得到 z 轴方向余弦*/
ugz0[0] =0;
ugz0[1] = float( -sin( fai) ) ;
ugz0[2] = float( cos( fai) ) ;
rotate_u( ugz,ugu,ugfai,ugz0) ;
/*写数据  d[i][1], d[i][2], d[i][3]; ugx[], ugy[], ugz[]  */
fpug<<d[i][1]<<"    "<<d[i][2]<<"    "<<d[i][3]<<endl;
```

```
    fpug< <ugx[0]< <"    " < <ugx[1]< <"    " < <ugx[2]< <endl;
    fpug< <ugy[0]< <"    " < <ugy[1]< <"    " < <ugy[2]< <endl;
    fpug< <ugz[0]< <"    " < <ugz[1]< <"    " < <ugz[2]< <endl;
    fpug< <endl;
扩张调节片
    /*得到y轴方向余弦*/
    ugu[0] =ugy[0];
    ugu[1] =ugy[1];
    ugu[2] =ugy[2];
    ugfai =float(gm[i]);
    ugx0[0] =ugx[0];
    ugx0[1] =ugx[1];
    ugx0[2] =ugx[2];
    rotate_u(ugx,ugu,ugfai,ugx0);
    ugy0[0] =ugy[0];
    ugy0[1] =ugy[1];
    ugy0[2] =ugy[2];
    rotate_u(ugy,ugu,ugfai,ugy0);
    /*得到z轴方向余弦*/
    ugz0[0] =ugz[0];
    ugz0[1] =ugz[1];
    ugz0[2] =ugz[2];
    rotate_u(ugz,ugu,ugfai,ugz0);
    data1< <"i =" < <i< <endl;
    /*写数据  f1[i][1], f1[i][2], f1[i][3]; ugx[], ugy[], ugz[]   */
    data1< <"张调节片:ugx0 =" < <ugx0[0]< <"    " < <ugx0[1]< <"    " < <ugx0[2]< <endl;
    data1< <"张调节片:ugy0 =" < <ugy0[0]< <"    " < <ugy0[1]< <"    " < <ugy0[2]< <endl;
    data1< <"张调节片:ugz0 =" < <ugz0[0]< <"    " < <ugz0[1]< <"    " < <ugz0[2]< <endl;
    fpug< <c[i][1]< <"    " < <c[i][2]< <"    " < <c[i][3]< <endl;
    fpug< <ugx[0]< <"    " < <ugx[1]< <"    " < <ugx[2]< <endl;
    fpug< <ugy[0]< <"    " < <ugy[1]< <"    " < <ugy[2]< <endl;
    fpug< <ugz[0]< <"    " < <ugz[1]< <"    " < <ugz[2]< <endl;
    fpug< <endl;
拉杆
    fpz1< <a[i][1]< <" " < <a[i][2]< <" " < <a[i][3]< <endl;//la gan
    fpz1< <u0[i][1]< <" " < <u0[i][2]< <" " < <u0[i][3]< <endl;
    fpz1< <b[i][1]< <" " < <b[i][2]< <" " < <b[i][3]< <endl;   */
    ux = (b[i][1]-a[i][1]);
    uy = (b[i][2]-a[i][2]);
    uz = (b[i][3]-a[i][3]);
    float umx1 =float(sqrt(ux*ux+uy*uy+uz*uz));
    ugx[0] =ux/umx1;
    ugx[1] =uy/umx1;
```

```
    ugx[2] = uz/umx1;
    ugz[0] = float(cos(mu) * sin(et) * sin(fai) + cos(fai) * sin(mu));
    ugz[1] = float(-cos(et) * sin(fai));
    ugz[2] = float(cos(fai) * cos(mu)-sin(fai) * sin(mu) * cos(et));
    ugy[0] = ugz[1] * ugx[2]-ugx[1] * ugz[2];
    ugy[1] = ugx[0] * ugz[2]-ugx[2] * ugz[0];
    ugy[2] = ugz[0] * ugx[1]-ugx[0] * ugz[1];
    /* 写数据  a[i][1],a[i][2],a[i][3]; ugx[], ugy[], ugz[]  */
    fpug<<a[i][1]<<"    "<<a[i][2]<<"    "<<a[i][3]<<endl;
    fpug<<ugx[0]<<"    "<<ugx[1]<<"    "<<ugx[2]<<endl;
    fpug<<ugy[0]<<"    "<<ugy[1]<<"    "<<ugy[2]<<endl;
    fpug<<ugz[0]<<"    "<<ugz[1]<<"    "<<ugz[2]<<endl;
    fpug<<endl;
收敛密封片
    /* 得到 x 轴方向余弦 */
    ugu[0] = 0.0;
    ugu[1] = float(-sin(fai0));
    ugu[2] = float(cos(fai0));
    ugfai = -float(asin((re1-rd1)/a1));
    ugx0[0] = 1.0;
    ugx0[1] = 0;
    ugx0[2] = 0;
    rotate_u( ugx, ugu, ugfai, ugx0);
    /* 得到 y 轴方向余弦 */
    ugy0[0] = 0;
    ugy0[1] = float(cos(fai0));
    ugy0[2] = float(sin(fai0));
    rotate_u(ugy, ugu, ugfai, ugy0);
    /* 得到 z 轴方向余弦 */
    ugz0[0] = 0;
    ugz0[1] = float(-sin(fai0));
    ugz0[2] = float(cos(fai0));
    rotate_u( ugz, ugu, ugfai, ugz0);
    /* 写数据  e1[i][1], e1[i][2], e1[i][3]; ugx[], ugy[], ugz[]  */
    fpug<<d11[i][1]<<"    "<<d11[i][2]<<"    "<<d11[i][3]<<endl;
    fpug<<ugx[0]<<"    "<<ugx[1]<<"    "<<ugx[2]<<endl;
    fpug<<ugy[0]<<"    "<<ugy[1]<<"    "<<ugy[2]<<endl;
    fpug<<ugz[0]<<"    "<<ugz[1]<<"    "<<ugz[2]<<endl;
    fpug<<endl;
扩张密封片过渡段
    /* 得到 x 轴方向余弦 */
    ugx0[0] = 1.0;
    ugx0[1] = 0;
```

```
ugx0[2] =0;
rotate_u( ugx, ugu, ugfai, ugx0);
/*得到y轴方向余弦*/
ugy0[0] =0;
ugy0[1] = float(cos(fai0));
ugy0[2] = float(sin(fai0));
rotate_u(ugy, ugu, ugfai, ugy0);
/*得到z轴方向余弦*/
ugz0[0] =0;
ugz0[1] = float(-sin(fai0));
ugz0[2] = float(cos(fai0));
rotate_u( ugz, ugu, ugfai, ugz0);
/*写数据  d11[i][1], d11[i][2], d11[i][3]; ugx[], ugy[], ugz[]   */
fpug<<d11[i][1]<<"       "<<d11[i][2]<<"       "<<d11[i][3]<<endl;
fpug<<ugx[0]<<"       "<<ugx[1]<<"       "<<ugx[2]<<endl;
fpug<<ugy[0]<<"       "<<ugy[1]<<"       "<<ugy[2]<<endl;
fpug<<ugz[0]<<"       "<<ugz[1]<<"       "<<ugz[2]<<endl;
fpug<<endl;
```

扩张密封片:

```
/*得到x轴方向余弦*/
ugx0[0] = ugx[0];
ugx0[1] = ugx[1];
ugx0[2] = ugx[2];
rotate_u( ugx, ugu, ugfai, ugx0);
/*得到y轴方向余弦*/
ugy0[0] = ugy[0];
ugy0[1] = ugy[1];
ugy0[2] = ugy[2];
rotate_u(ugy, ugu, ugfai, ugy0);
/*写数据  d1[i][1], d1[i][2], d1[i][3]; ugx[], ugy[], ugz[]   */
fpug<<d1[i][1]<<"       "<<d1[i][2]<<"       "<<d1[i][3]<<endl;
fpug<<ugx[0]<<"       "<<ugx[1]<<"       "<<ugx[2]<<endl;
fpug<<ugy[0]<<"       "<<ugy[1]<<"       "<<ugy[2]<<endl;
fpug<<ugz[0]<<"       "<<ugz[1]<<"       "<<ugz[2]<<endl;
fpug<<endl;
```

以上为 AVEN 主要承力构件的虚拟装配数据格式。当需要分析收敛调节片悬挂机构及其悬挂密封片的密封性能时，可以添加密封片悬挂机构的装配数据。如果需要分析喷管整流罩在矢量偏转过程中的气动特征，同样可以将其装配数据添加到程序中。

2. 虚拟零件在空间的定位

由于三维零件在造型过程中需要不断变换工作面，造型完成后的构件坐标系可能不是装配所需的构件坐标系状态。需在造型完成后对零件进行三维空间位置变换，以满足装配关系要求。主要方法为：通过将零件平移和旋转实现零件所在的构件坐标系与装配关系一致。一般的原则是将过构件几何对称中心线与旋转轴线交点的坐标轴作为图 5-2 所示的 $\boldsymbol{u}_0^z$ 轴，沿构件主长度方向的坐标轴为 $\boldsymbol{u}_0^x$ 轴。

AVEN 虚拟运动仿真程序对各运动构件按一定顺序执行空间位姿变换，实现机构的虚拟动态仿真过程。为保证各构件虚拟运动仿真的正确执行，必须预先通过手工调节方法，确定各运动构件在其对应的子装配文件中的位置，这一位置将是构件的子装配在总装配文件中的初始位置，只要各个构件在其对应的子装配文件中的初始定位满足要求，则它们被装入总装配文件中就能够按照给定的位姿数据达到预定的装配位置，各运动构件的定位方式如下（注意：子装配文件中必须以绝对坐标系为工作坐标系，即构件的定位过程是针对绝对坐标系进行的）。

（1）A8 调节环　A8 调节环的初始位置应按照图 5-3 所示的方法进行定位。A8 调节环的轴线与 x 轴方向重合，右端面与 yz 坐标面平行，两个面之间的距离为 47mm，其余如图 5-3 所示。

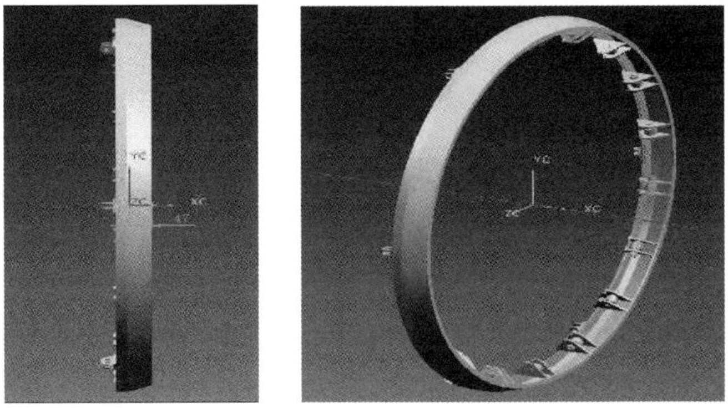

图 5-3　A8 调节环初始位置定位

（2）转向驱动环　转向驱动环的初始位置应按照图 5-4 所示的方法进行定位：转向驱动环的轴线与 x 轴方向重合，左端面上有三个均布的凸耳，它们的孔中心所在的平面应正好位于 yz 坐标面内，其余如图 5-4 所示。

图 5-4　转向驱动环初始位置定位

（3）收敛调节片　收敛调节片的初始位置应按照图 5-5 所示的方法进行定位：收敛调节片左端孔的轴线与 z 轴重合，左端孔轴线的中点与绝对坐标系的原点重合，收敛调节片的骨架和底板间的两条装配轴线构成的平面为水平面，即平行于 zx 坐标面。

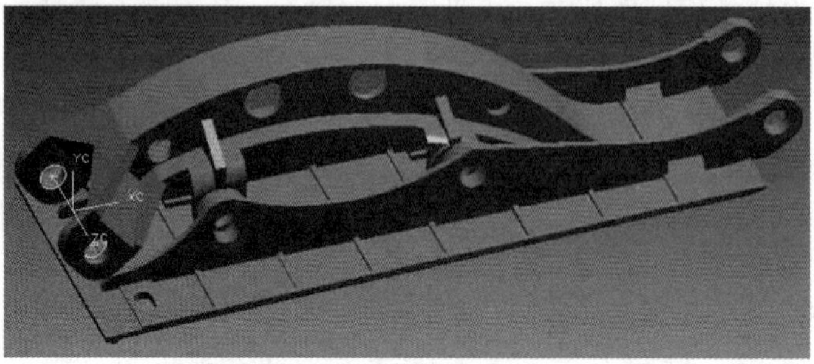

图 5-5　收敛调节片初始位置定位

（4）扩张调节片　扩张调节片的初始位置应按照图 5-6 所示的方法进行定位：扩张调节片左端孔的轴线与 y 轴重合，左端孔轴线的中点与绝对坐标系的原点重合，扩张调节片的前后对称中心面与 xy 平面重合。

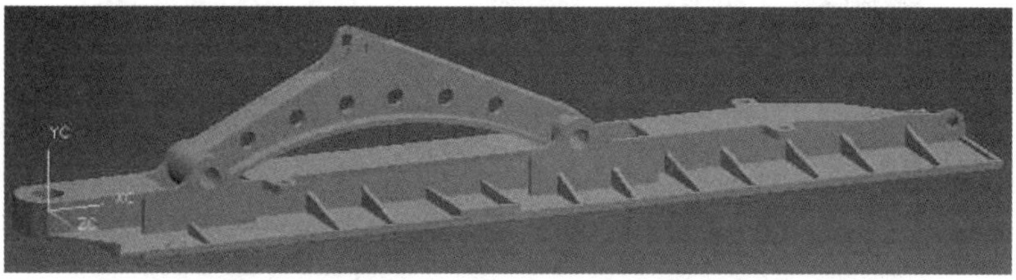

图 5-6　扩张调节片初始位置定位

（5）拉杆　拉杆的初始位置应按照图 5-7 所示的方法进行定位：拉杆左端孔的轴线与 z 轴重合，左端孔轴线的中点与绝对坐标系的原点重合，x 轴平行于拉杆的水平轴。

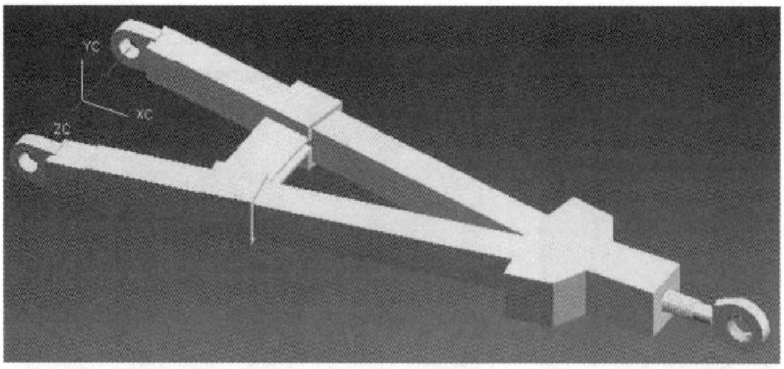

图 5-7　拉杆初始位置定位

（6）扩张密封片　扩张密封片的初始位置应按照图 5-8 所示的方法进行定位：底板放成水平（与 xz 坐标面平行），左端的下底面与 xz 坐标面重合，前后对称平面与 xy 坐标面重合。由于扩张密封片为欠约束构件，不能精确确定其在 x 轴的位置。扩张调节片在 x 轴上的具体位置可根据图 5-8 所示的位置近似确定，并在具体情况下进行微整。

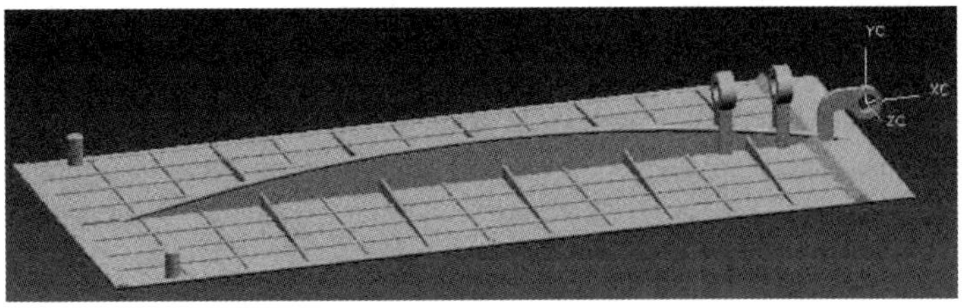

图 5-8　扩张密封片初始位置定位

其他 AVEN 构成构件的初始位置定位方式类似，这里不一一赘述。需要强调的是，构成部件的初始位置定位，必须与 AVEN 运动分析数据流的格式一致，必须与调用该零件的句柄捕捉指令相一致。

3. AVEN 虚拟装配实施

虚拟零件自动装配应具备的条件如下。

1）待装配零件的造型和定位已在参数化造型模块中完成，并按照要求，存成相应的图形文件。

2）在虚拟样机的仿真过程中，一些构成零件相对整体构件是不动的。因此，在进行 AVEN 整机装配之前，需将这些构成零件预先装配，形成构件单元。在后续 AVEN 整机装配仿真过程中，这些零件作为一个整体构件单元进行动态仿真。

3）虚拟样机装配时，需将待装配的由多个零件组成的构件利用外部引用的方式插入同一图形文件中，装配程序对每个构件作为一个块进行操作。

依据以上条件，利用不同构件之间的结构数据共享，在 UG 或 MDT 平台上，通过 VC ++ 开发实现了构件的自动装配。

AVEN 的主要构成构件有机匣、A8 调节环、转向驱动环、收敛调节片、扩张调节片、十字转接头、拉杆、收敛密封片、扩张密封片、小整流罩、大整流罩、扩张密封片悬挂机构等。

基础件的插入由 SUB5 程序完成。该模块的功能为确定 AVEN 所有零部件的插入顺序、构件中心点，并生成句柄文件。sub5. cpp 完成 AVEN 虚拟仿真第一模块的工作，它将所有构件插入同一个图形文件中，插入的顺序预先确定，依次为机匣、A8 调节环、转向驱动环，收敛调节片、十字转接头、扩张调节片、拉杆、收敛密封片、扩张密封片、小整流罩、大整流罩、扩张密封片悬挂机构等。每插入一个构件，它的句柄在图形数据库被取出，并按相同的顺序存入数据文件 handle. dat 中。

零件的插入方法主要有以下两种：

当零件第一次插入时，将零件图连接到当前图形数据库中，如以下程序所示，其中 strname1 [i] 为零件图所在的目录及文件名字符串。

```
argList = ads_buildlist (RTSTR," amcatalog", RTSTR,"",
                 RTSTR, strname1 [i], RT3DPOINT, p1, RTSTR,"", 0);
status = ads_invoke (argList, &rslt);
if (argList! =NULL) ads_relrb (argList);
if (rslt! =NULL) ads_relrb (rslt)。
```

对于内环连杆等零件，在插入第二件时，由于在第一次插入后，图形数据库已经包含其

定义，只需要执行实例化操作，在程序中，字符串 filename [i] 仅包含零件图的名称，其程序操作为

```
argList = ads_buildlist (RTSTR, " amnew", RTSTR,"",
    RTSTR, filename [i],
        RT3DPOINT, p1, RTSTR,"", 0);
status = ads_invoke (argList, &rslt);
if (argList! = NULL) ads_relrb (argList);
if (rslt! = NULL)    ads_relrb (rslt);
```

零件插入后，随即应取出它在图形数据库中的句柄，存入字符串 strname [i-4 + j * 9] 中，程序操作为

```
ads_entlast (ent0);
strcpy (strname [i-4 + j * 9],"");
    entdata = ads_entget (ent0);
for (ent = entdata; ent! = NULL; ent = ent- > rbnext)
if (ent- > restype = = 5)
strcpy (strname [i-4 + j * 9], ent- > resval. rstring);
```

将句柄写入数据文件的顺序应该预先确定，以便于下一模块按正确的顺序读入句柄，对零件进行操作。图 5-9 所示为 UG 平台上执行 SUB5 程序后的运行结果。

图 5-9　AVEN 构成部件的初始插入

实际上，动态虚拟仿真第二模块是依次完成 AVEN 在不同时刻的虚拟装配的。某一时刻的虚拟装配过程是通过平移或旋转操作，将构件放置到相应的空间位置上。每一构件的空间位置数据由外部计算程序提供。机匣在插入后保持静止不动，虚拟装配不需对其进行操作。

（1）构件在空间位置的数据格式　A8 调节环、转向驱动环在空间位置的确定过程较为简单，包括参考点沿 x 轴方向的平移，零件绕 x 轴、y 轴、z 轴的转动。因此虚拟装配时，它们的位姿数据有六个：391.9905、0、0、0、-2.141802×10^{-2}、2.553168×10^{-2}，依次为参考点从初始位置沿 x 轴、y 轴、z 轴的平移量和零件从初始位置绕 x 轴、y 轴、z 轴的转角。

确定收敛调节片、十字转接头、收敛密封片三种零件在空间位置的数据有七个：570、443.4621、-183.6882、0、0.3826839、0.9238794、1.193418×10^{-2}。依次为第一个参考点在 x 轴、y 轴、z 轴的坐标值、参考轴单位矢量在 x 轴、y 轴、z 轴方向的分量和零件绕参考轴的转角。

确定扩张调节片、三角连杆、小整流罩、大整流罩、扩散密封片、扩张密封片悬挂机构等构件在空间位置的数据有九个：814.6696、536.2659、-348.7127、0.9833033、0.1809435、-1.933954×10^{-2}、798.5154、618.1683、-403.7674。依次为第一个参考点在 x 轴、y 轴、z 轴的坐标值、参考轴单位矢量在 x 轴、y 轴、z 轴方向的分量和第二个参考点

在 x 轴、y 轴、z 轴的坐标值。

（2）构件操作的指令　根据从数据文件中读入的数据，虚拟装配程序对每一个零件进行相应的操作，将其放置到由运动分析数据确定的空间位置上，图 5-10 所示为 AVEN 构成部件的虚拟装配。由于在 UG、MDT 中旋转操作只能绕当前坐标系的 z 轴进行平面旋转，因此每次旋转操作前，必须将零件旋转的轴线设置为当前坐标系的 z 轴。语句中 ent1 为零件的实体名。

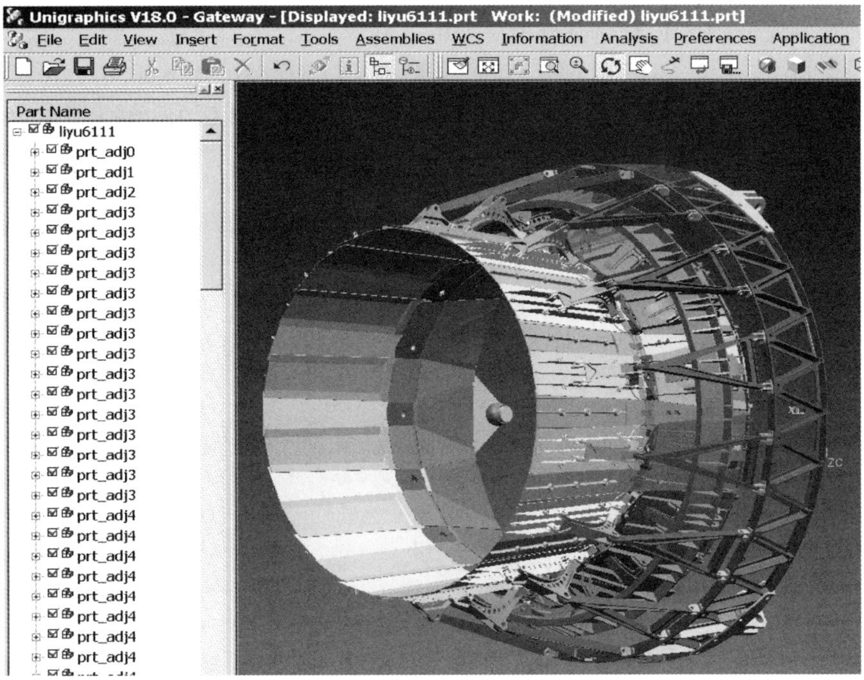

图 5-10　AVEN 构成部件的虚拟装配

A8 调节环、转向驱动环的操作较为简单：

```
ads_command (RTSTR, " MOVE", RTENAME, ent1, RTSTR,
"", RT3DPOINT, p1, RT3DPOINT, p2, 0);
            //零件随参考点从 p1 点平移到 p2 点
ads_command (RTSTR, " UCS", RTSTR, " O", RT3DPOINT, p2, 0);
ads_command (RTSTR, " rotate", RTENAME, ent1, RTSTR, "",
    RTSTR, " 0, 0", RTREAL, angz, 0);
            //零件绕 MDT 通用坐标系的 y 轴的转动相应的角度 angz
ads_command (RTSTR, " UCS", RTSTR, " z", RTREAL, temp, 0);
ads_command (RTSTR," UCS", RTSTR," X", RTREAL, -90.0, 0);
  ads_command (RTSTR, " rotate", RTENAME, ent1, RTSTR, "",
    RTSTR, " 0, 0", RTREAL, angy, 0);
            //零件绕 MDT 通用坐标系的 z 轴的转动相应的角度 angy
ads_command (RTSTR, " UCS", RTSTR, "", 0);
```

除 A8 调节环、转向驱动环、A9 环作动筒、A8 环作动筒、三角拉杆以外的其他零件，首先计算零件绕前一参考轴和当前参考轴的叉积方向的旋转角度 angnorm 及绕当前参考轴的叉积方向的旋转角度 angaxil，然后按以下方式操作：

```
ads_command (RTSTR, " MOVE", RTENAME, ent1,
             RTSTR, "", RT3DPOINT, p1, RT3DPOINT, p2, 0);
                  //零件随参考点从 p1 点平移到 p2 点
ads_command (RTSTR, " UCS", RTSTR, " ZA", RT3DPOINT,
             p2, RT3DPOINT, normal, 0);
ads_command (RTSTR," rotate", RTENAME, ent1,
             RTSTR, "", RTSTR, " 0, 0, 0", RTREAL, angnorm, 0);
                  //零件绕前一参考轴和当前参考轴的叉积方向的旋转角度 angnorm
ads_command (RTSTR, " UCS", RTSTR, "", 0);
ads_command (RTSTR, " UCS", RTSTR, " ZA",
             RT3DPOINT, p2, RT3DPOINT, cur_axil_point, 0);
ads_command (RTSTR, " rotate", RTENAME, ent1,
             RTSTR, "", RTSTR," 0, 0, 0", RTREAL, angaxil, 0);
                  //零件绕当前参考轴的方向旋转 angaxil 角度
ads_command (RTSTR," UCS", RTSTR,"", 0);
```

由于三维平台具有自由放大、旋转等特性，基于三维平台的 AVEN 虚拟装配，为 AVEN 结构设计、性能优化、减重设计提供了强有力的支持。

5.2 面向对象 AVEN 三维实体造型

5.2.1 面向对象产品开发系统的组成

对于航空构件，减重设计是非常重要的设计环节。因此，航空科学一方面强调研制强度高、密度小的材料；另一方面强调结构设计，通过合理的结构设计，减小构件的质量。特别是 AVEN，由于其安装在飞机尾部，为实现正常工作状态下的平衡，在飞机前端就要增加与 AVEN 增重具有相同力矩的配重。AVEN 的增重与飞机的配重的和，导致飞机的耗油量增加，作战半径减小。对俄罗斯航空发动机扩张调节片的分析表明，其某些局部尺寸已达到 0.7mm，由此可见 AVEN 装置减重设计的重要性。

由于 AVEN 中的构件多为空间运动构件，受 AVEN 布局空间、A8/A9 面积，以及几何矢量偏转角等多方面限制，AVEN 结构设计与其尺寸设计相互制约、密切相关。如扩张密封片上的筋板结构就与扩张调节片和拉杆之间的运动副位置有关，而该点又直接影响扩张调节片之间矢量状态的干涉与密封情况。像这样结构与尺寸关联的参数很多，特别是在布局空间比较小、A8/A9 变化比较大的大推力发动机的 AVEN 上。往往考虑了结构和强度的要求后，设计的结构在运动过程中又产生了严重的干涉。这需要将 AVEN 结构设计与其整体方案（尺寸）设计一体化考虑，以综合考量结构设计带来的运动干涉情况、密封片搭接情况、装机空间等一系列具体问题。

在产品的开发周期中，大部分的设计属于类似设计，因而使得参数化设计技术成为 CAD 设计的重要发展方向。基于参数的设计能显著提高设计的效率和质量，缩短产品的开发周期，实现 CAD 自动化。参数化造型是由编程者预先设置一些几何图形约束，然后供设计者在造型时使用。其主要特点有：基于特征、全尺寸约束、尺寸驱动设计修改、全数据相关。

（1）基于特征　将某些具有代表性的平面几何形状定义为特征，并将其所有尺寸存为可调参数，进而形成实体，以此为基础来进行更为复杂的几何形体构造。

（2）全尺寸约束　将形状和尺寸联合起来考虑，通过尺寸约束来实现对几何形状的控制。

（3）尺寸驱动设计修改　通过编辑尺寸数值来驱动几何形状的改变。

（4）全数据相关　尺寸参数的修改导致其他相关模块中的相关尺寸得以全面更新。

由于 AVEN 是一个由复杂多并联机构组成的集群空间机构，结构非常复杂，其设计参数、性能参数较多，用人工方法，通过平面设计获得各方面性能都比较理想的 AVEN 设计方案是非常困难的，也是不现实的。遵循传统的 AVEN 设计方法，即给出总体方案、设计具体零件、制造零件、装配、试车受设计人员空间想象力的制约，往往很难得到较为理想的设计方案，工程验证的成本非常高，研发周期长。由于设计是在平面空间里进行的，设计人员对其设计结果在实际三维工作空间中表现缺少概念。传统的 AVEN 设计方法存在的主要问题有：设计工作量大、周期长；平面设计不直观；方案评估困难；变动设计参数困难。

为了解决这些问题，依托现有 MDT 平台的强大功能，利用 VC ++ 开发面向对象 AVEN 关键零部件参数化造型模块，以实现 AVEN 关键零部件的高效、自动参数化造型过程。

图 5-11 所示为面向对象产品开发系统的组成。在该系统中，面向对象的语言环境和三维平台的二次开发环境的协调是实现面向对象产品开发的技术关键。一般来讲，商业三维设计平台都提供了基于 VC ++ 、VB 等面向对象语言的二次开发环境。设计人员在面向对象语言环境下，通过调用三维平台提供的二次开发函数，实现对三维平台相应函数指令的操作。除了提供基于 VC ++ 和 VB 语言的开发环境之外，一些商业三维设计平台还提供了支持其他语言的开发环境，如 Autodesk 公司的 Mechanical Desktop 软件提供了诸如 Autolisp、Virtual Lisp 等开发环境，NX 提供了 Fortran 等开发环境。因为 VC ++ 语言环境特别适用于大系统的集成，因此，本章采用 VC ++ 语言构造面向对象的 AVEN 三维实体造型系统。

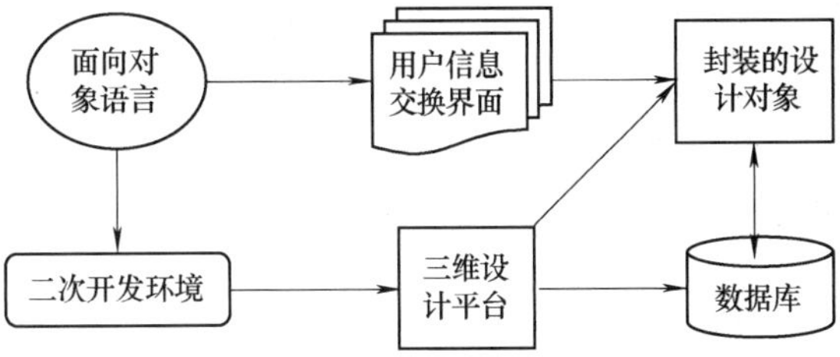

图 5-11　面向对象产品开发系统的组成

用户界面和对象的封装由面向对象的语言来实现。其中，在封装的设计对象中，面向对象的语言不仅要解决设计过程的计算问题，还要解决设计过程的推理问题，以及调用三维平台二次开发函数进行三维造型、装配、仿真等问题。

数据库是实现面向对象语言环境下产品设计数据共享与交换的基础。数据交换与共享包括两方面的含义：①面向对象语言环境内部的数据交换，主要实现设计过程的分析与推理决策；②面向对象语言环境与三维平台二次开发环境的数据交换，主要解决三维图形的调用、生成、装配、仿真等过程。对于后一种情况，不同的平台对数据格式的要求有比较大的区别，需要设计人员注意。

采用面向对象产品开发技术的优越性如下：

1）以产品作为设计对象，在封装的模型中包括了产品设计的各个环节，并且实现了产品设计过程的智能推理与决策、参数化设计、虚拟装配与仿真、干涉检验等过程，极大地提高了产品开发的效率。

2）面向产品开发过程，实现了产品对象的封装。对设计过程中容易出现设计缺陷的环节进行了验证与修补，保证了设计结果的合理性与正确性。同时，由于是基于一个封装的设计对象，其设计过程的数据在系统内部传递，不会出现因数据交换产生的设计错误，故可以保证设计数据的可靠性。

5.2.2 构件的参数模型与数据驱动

为了实现面向对象的虚拟设计，需要建立基于特征的参数化三维虚拟构件模型，同时，这些特征尺寸能够被数据库驱动，进行修改。基于特征建立起来的构件三维虚拟实体模型中的特征参数非常多，在面向对象的类封装中，对如此多的特征参数进行数据驱动是不现实的。对于机械类构件，构件的特征参数之间存在特定的约束关系，如齿轮的分度圆参数与齿轮模数、齿数之间的关系等。如果充分利用这些约束关系，通过建立约束方程的形式，使用少部分的特征参数来控制构件其他的特征参数，这显然可以减少界面上参数的输入数量，达到用少量特征控制参数实现构件虚拟建模的目的。

为此，三维平台上构件参数化驱动应该解决三个问题：基于参数化的特征造型、特征参数约束方程的建立、特征参数的读取与修改。第一个问题在三维平台使用手册中有详细介绍，这里不再赘述。

1. 构件特征参数的读取与修改

这里以 SolidWorks 三维平台为例进行说明。当一个构件按基于特征的参数化建模完成后，利用 SolidWorks 提供的系列零件列表功能，可以直接得到该零件的全部特征及其值。图 5-12 所示为某零件的特征参数列表，该零件列表为 Excel 格式，可以被 Excel 读写和修改。更改图 5-12b 所示 Excel 表中的数据，图 5-12a 所示的零件列表中的特征参数的数据随之改动，重新建模（注：图中由平台自动标注的特征参数值尚未被新的数据驱动，也即尚

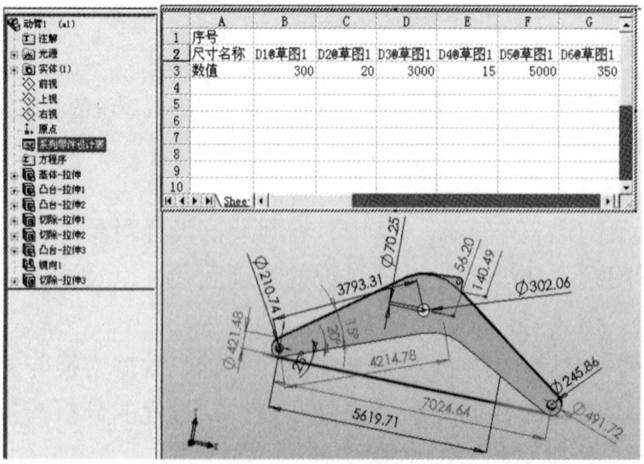

a) SolidWorks 中的系列零件列表

ID	尺寸名	数值
1	D1@草图1	300
2	D2@草图1	20
3	D3@草图1	3000
4	D4@草图1	15
5	D5@草图1	5000
6	D6@草图1	350
7	D7@草图1	150
8	D8@草图1	175
9	D1@基体-拉伸	250
10	D2@基体-拉伸	250
11	D1@草图2	25
12	D2@草图2	2700
13	D3@草图2	215
14	D1@凸台-拉伸1	40
15	D1@草图3	150
16	D2@草图3	100
17	D1@凸台-拉伸2	100
18	D2@凸台-拉伸2	100
19	D1@切除-拉伸1	50

b) Excel 表

图 5-12　某零件的特征参数列表

没有重新建模)，零件的特征尺寸就会相应地发生变化。

为了实现面向对象的构件特征参数的修改，需要解决面向对象语言 VB 对 Excel 表的驱动问题。实际编程中发现，用 VB 语言编程来控制 Excel 比较困难，需要采用 Access 作为中介。在数据传递过程中，VB 先将数据传给 Access，然后再由 Access 传给 Excel。Excel 中的数据通过系列零件表，驱动零件模型中相应的特征参数。通过该方式，建立 Access 与系列零件设计表之间的关系。

基于以上考虑，构件特征参数的修改和读取分别由两个函数实现：LoadData. exe 函数和 ChangData. exe 函数。LoadData. exe 函数用于读取 SolidWorks 中系列零件列表 Excel 中的所有特征尺寸，并将 Excel 中的数据传给 Access。ChangData. exe 函数用于接收面向对象的输入数据，形成 Access 数据列表，并传给 Excel，然后再由 Excel 传给系列零件列表，最后作用于零件模型上，实现零件特征参数的修改。下面以 ChangData. exe 函数的主体为例进行简单说明，程序流程如图 5-13 所示。

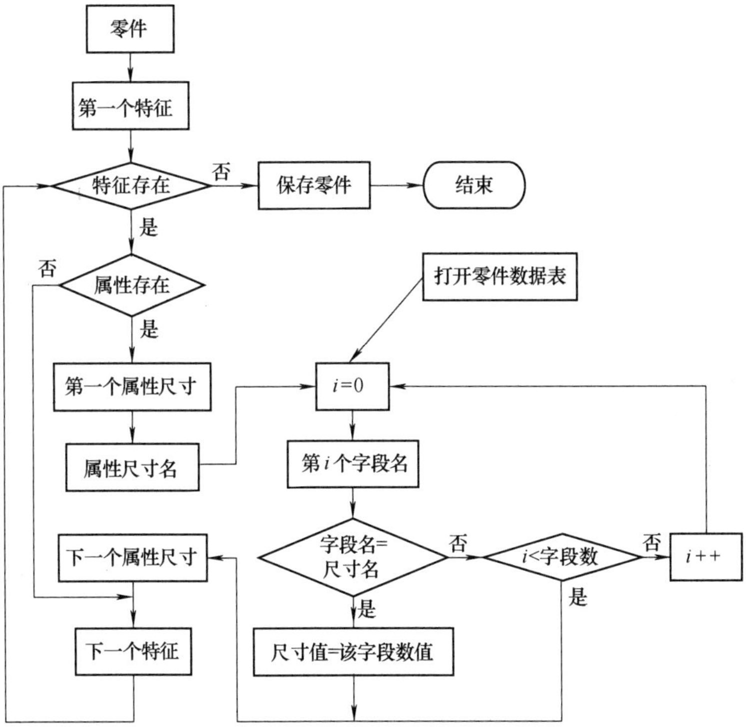

图 5-13　零件特征参数的修改流程

```
ChangData
Sub Main( )
    //对 SolidWorks 中各对象进行定义
            Dim FeatData As Object;
            Dim theDispDimen As Object;
            Dim isGood As Boolean;
        //定义数据库对象
            Dim Db As Database;
```

```
            Dim Rs As Recordset;
    Sub Main( )
        //指定所要更改的对象
            PName = "DE";
        //创建一个 SolidWorks 窗口
            Set swApp = CreateObject("SldWorks. Application");
        //打开所指定对象所对应的零件文件,前面部分为详细的原始零件所在路径
            Set Part = swApp. OpenDoc4("D:\drawing\" + PName + ". SLDPRT",
                    1, 0, "", longstatus);
        //选定该文件窗口
            Set Part = swApp. ActivateDoc(PName);
        //设定零件所对应的 Access 表格名
            FName = "Table_" + Pname;
        //根据此零件表中的数值对零件进行尺寸修改
            Change
        //将修改后的结果另存为一个零件文件, 备用
            Part. SaveAs2 " D: \ drawing \ " +PName + " . SLDPRT", 0, False, False;
            End Sub;
    Private Sub Change ( )
        //定义数据库指针
            Dim Db As Database;
            Dim Rs As Recordset;
            Dim i As Integer;
        //选定当前文件
            Set Model = swApp. ActiveDoc;
        //打开数据表
            Set Db = OpenDatabase ("" D: \ drawing \ Readdata. mdb");
            Set Rs = Db. OpenRecordset (FName);
            Rs. MoveFirst;
        //选取当前零件的第一个特征
            Set CurFeature = Model. FirstFeature;
        //当特征存在时, 进行循环
          Do While Not CurFeature Is Nothing;
        //选取该特征中的第一个特征尺寸
            Set theDispDimen = CurFeature. GetFirstDisplayDimension;
        //当特征尺寸存在时, 进行循环
            While (Not theDispDimen Is Nothing);
        //读出尺寸
            Set theDimen = theDispDimen. GetDimension;
        //使 theName 表示尺寸名
            theName = theDimen. Name;
        //使字符串 thefullname 为尺寸全名, 即为尺寸名@特征名@零件名的形式
            thefullname = theDimen. FullName;
```

以上面取出的尺寸名在零件数据库中进行查找，若尺寸名与某一字段名相符，则使变量 MyName 表示为尺寸名@特征名的形式。

```
For i = 1 To Rs. Fields. Count-1;
    If theName = Rs. Fields(i). Name Then;
    MyName = Left(theFullName, Len(theFullName)-Len(PName)-6);
    Model. Parameter(MyName). SystemValue = Rs. Fields(i). Value;
    Exit For;
    End If;
Next;
//下一个特征
Set CurFeature = CurFeature. GetNextFeature;
Loop
//关闭数据库
Rs. Close;
Db. Close;
//模型重建
Model. EditRebuild;
End Sub;
```

用面向对象 VC ++ 语言解决构件特征参数的更改，只需要在程序中加入以下两句即可：

```
WinExec("C:\\路径名\\LoadData. exe",SW_SHOW);
WinExec ( "C: \ \ 路径名\ \ ChangData. exe", SW_SHOW);
```

这样便完成了 API 驱动零件的 Access 数据库的操作，实现特征参数的修改。

2. 基于约束方程的构件特征参数的修改

用少量设计参数来控制构件的整体结构，对于提高构件建模的自动化水平是非常重要的。基于 Excel 表的构件特征参数的修改方法，因构件的全部特征参数参与驱动，实际操作并不方便。为了提高平台的自动化水平，减少驱动特征参数的数目，需要借助三维平台（如 SolidWorks 等）提供的特征参数约束方程，建立特征参数与少量的特征控制参数之间的约束关系。在 SolidWorks 中，定义方程式的格式为“尺寸名 = 表达式”。

图 5-14 所示为基于 SolidWorks 平台提供的约束方程模板，建立的齿轮构件特征参数的约束方程。约束方程分为两部分：输入特征控制参数方程和从属特征参数约束方程。输入特征控制参数方程为特征控制参数的读取、修改行。特征驱动时，通过读取这些方程等号右侧

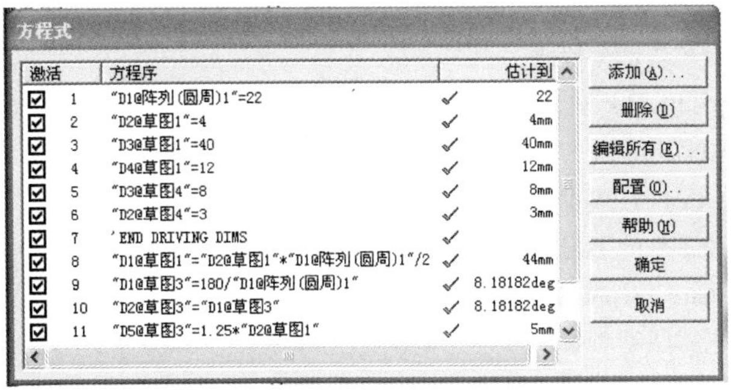

图 5-14　三维模型的约束方程模板

的数据，实施对整体零件的特征驱动建模。如图 5-14 中，第一个特征参数为齿轮的齿数，第二个特征参数为齿轮模数，第三个特征参数为齿宽，第四个特征参数为中心孔半径，第五个特征参数为键宽，第六个特征参数为键槽深。方程式的第七行为输入特征控制参数方程与从属特征参数约束方程的分界标志，标志行为“END DRIVING DIMS”。当程序见到该行后，自动结束对约束方程的读取。该行后的其他约束方程为从属特征参数约束方程，其特征参数主要通过与特征控制参数建立约束关系得到其值。这样，通过主要的几个控制特征参数，就可以建立齿轮构件的三维虚拟模型。显然，该方法较基于系列零件列表的 Excel 数据驱动方便很多，可以大幅度降低面向对象界面信息的输入量，提高了结构设计的效率。

对约束方程列表数据的驱动是通过类函数 CDrivingEquations 来实现的，如图 5-15 所示。在 CDrivingEquations 类中包含下列公开成员函数：AcquireEquations（从零件中把指定的方程式读入内存）、WritebackEquations（将修改完毕的方程式写入零件）、GetNameList（获得方程式的尺寸名列表）、GetValueList（获得方程式的数值列表）、GetCount（返回方程式的数量）。

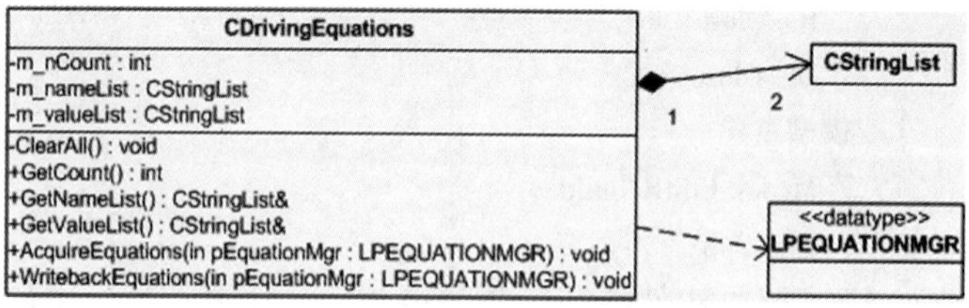

图 5-15　方程式驱动类

当通过调用 AcquireEquations 获得了零件的方程式后，零件方程式表中的方程式将被保存到 CDrivingEquations 类的对象实例中，尺寸名保存在 m_nameList 中，数值保存在 m_valueList 中。尺寸名和数值分别在两个列表中，但他们的索引值是相同的，即原来等号两边的部分被存入两个列表中时是一一对应的。用户可以使用 GetNameList 和 GetValueList 两个函数分别得到这两个列表，对其进行相应的改动（如改变特定位置的方程式的尺寸）。最后使用 WritebackEquations 将所做的修改写入零件，重建模型。

在通过 AcquireEquations 读取零件的约束方程中，当遇到方程式表中的内容为“END DRIVING DIMS”注释行时，程序将不再读入后续的方程式。当零件模型重建时，三维平台将根据从属特征参数约束方程，自动计算其他特征参数的值，并将这些值用于模型重建。

图 5-16 所示为利用 CDrivingEquations 函数修改零件尺寸的整个执行过程。下面用一段范例代码做简要说明：

```
//……此处略去部分代码
        pSldWorks = UserApp- > getSWApp( );
//获得当前打开零件的指针
        status = pSldWorks- > get_IActiveDoc2 (&pModelDoc);
//获得修改零件的方程式管理器指针
        status = pModelDoc- > GetEquationMgr (&pEquationMgr);
//构造方程式驱动对象
        CDrivingEquations DE;
//从零件读出方程式
```

```
        DE. AcquireEquations (pEquationMgr);
//获得方程式尺寸值列表
        CStringList pValueList = DE. GetValueList ( )
//例如，得到第 5 个方程的序号，应为序号从 0 开始，所以此处是 4。
        POSITION pos = pValueList- > FindIndex (4);
//给方程赋值 55.60
        pValueList- > SetAt (pos, _T ( "55.60"));
//把改动写回零件
        DE. WritebackEquations (pEquationMgr);
//重建模型，完成整个过程
        status = pModelDoc- > EditRebuild3 (&retval);
```

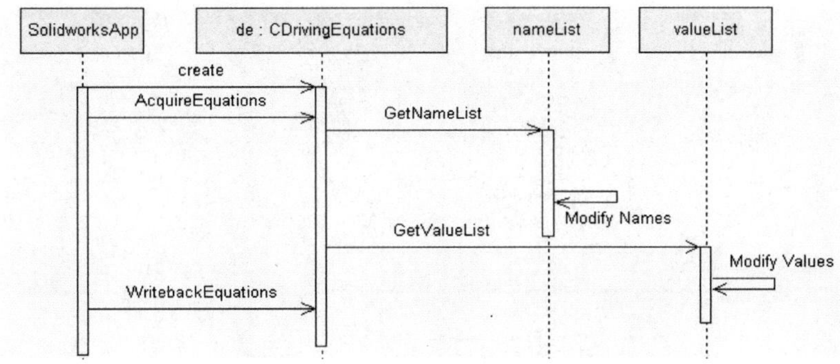

图 5-16　方程式驱动执行顺序

5.2.3　AVEN 三维零件数据库

采用面向对象技术，对 AVEN 构成构件的三维造型进行了封装，其界面如图 5-17 所示。零件库中所存储的并不是带有尺寸的几何实体，而是由尺寸驱动的参数化造型程序。AVEN 零件库结构如图 5-18 所示。

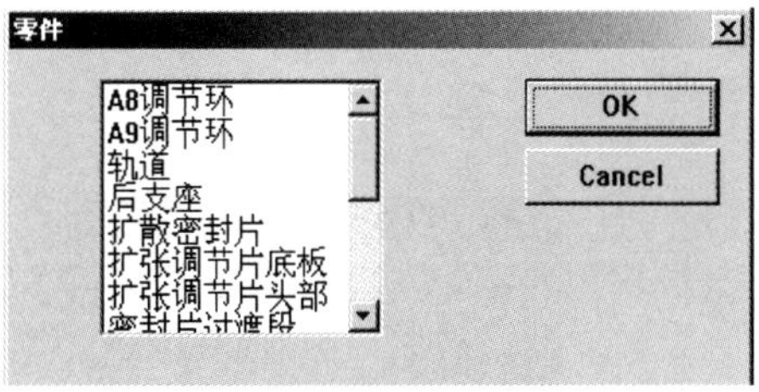

图 5-17　AVEN 零件数据库主界面

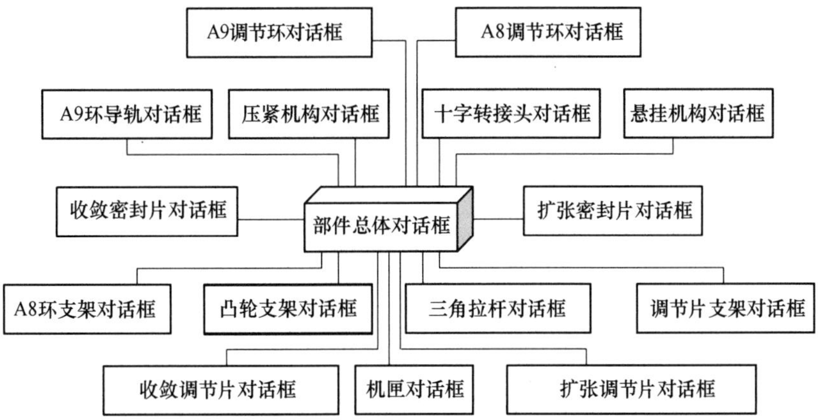

图 5-18　AVEN 零件数据库结构

图 5-19 所示为面向对象的扩张调节片参数化设计输入界面。由于减重的需要，扩张调节片底板结构比较复杂，尺寸较多，因此这里将参数分别在两个对话框中输入。由于采用了面向对象的封装技术，尤其是基于约束方程的数据驱动技术，在界面上输入关键参数后，借助于三维平台的 API 指令函数，系统自动将输入数据转换到零件的 Excel 列表，进行模型重建。这样的三维零件建模方法，极大地提高了 AVEN 构成构件的建模效率，为分析结构参数对构件应力等的影响，提高减重设计效率带来了便利。

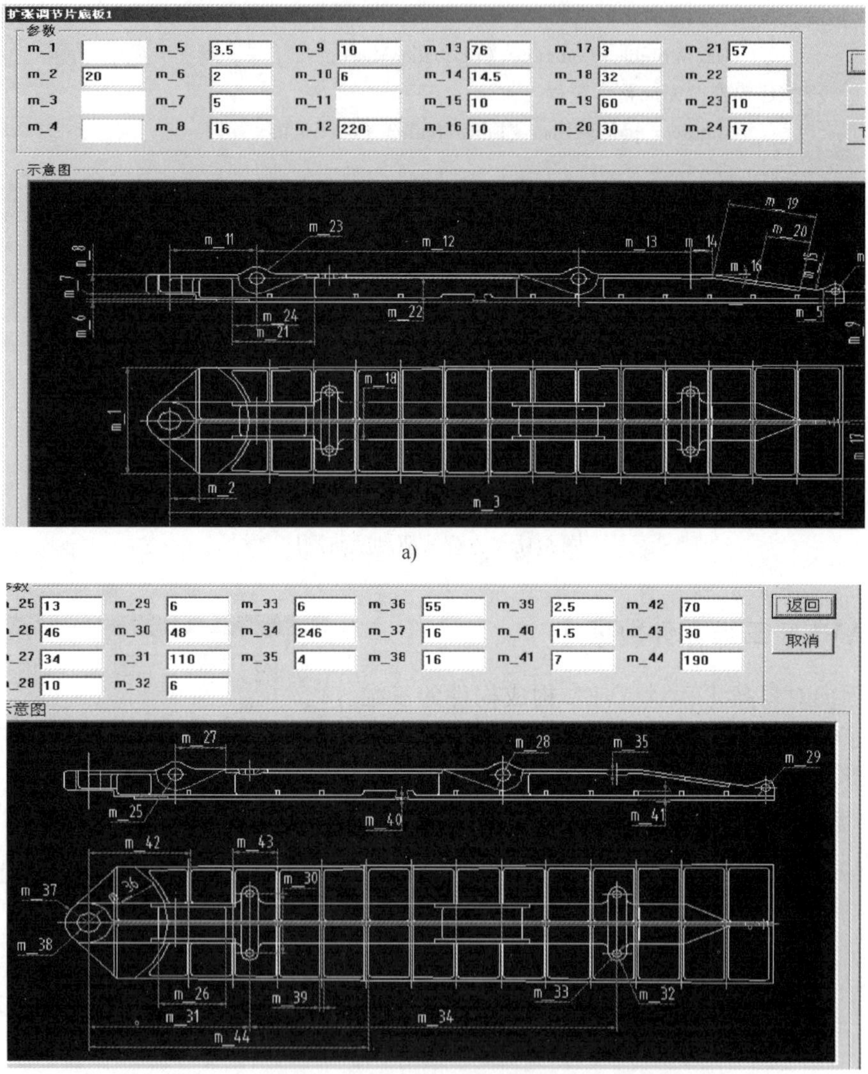

a)

b)

图 5-19 面向对象的扩张调节片参数化设计输入界面

在图 5-19 所示的界面上输入相应的参数，确定后，系统自动生成图 5-6 所示的扩张调节片三维实体。需要指出的是，对于图中输入数据，系统可以自动记录其上次修改的数据。因此，在结构设计时，设计人员只需要输入需要修改参数的数值，而不需要输入其他非修改参数的数值，系统可以自动调用上次修改的设计数据，提高了零件三维造型的设计效率。

另一方面，当面向对象构件三维参数化造型设计平台与面向对象 AVEN 尺寸优化设计平台集成时，图 5-19 所示界面中与尺寸有关的参数直接被数据库赋值，不再需要另外输入，提高了构件参数化造型的效率。

5.3　面向对象 AVEN 结构优化集成平台

AVEN 性能优化与减重设计是 AVEN 设计的两个重要环节。AVEN 性能参数与构件尺寸参数密切相关，而 AVEN 的减重设计除与构件尺寸参数密切相关之外，还与 AVEN 各承力构件的载荷、结构尺寸参数等密切相关。设计过程中经常出现性能参数与结构尺寸参数相互制约、相互矛盾的情况，设计变量多，问题十分复杂。同时，由于 AVEN 是由 300 多个做空间复杂运动构件组成的欠约束复杂系统，结构复杂，其减重结果和尺寸优化结果必须通过三维虚拟仿真模型进行检验，以便调整设计参数，改善应力分布。因此，AVEN 减重设计与性能优化，必须采用尺寸、结构一体化设计的方法。

为此，采用面向对象技术，将“面向对象 AVEN 尺寸优化设计”与“面向对象 AVEN 三维实体构件造型”“面向对象 AVEN 虚拟样机装配与仿真”进行系统集成，通过数据关联和数据共享等措施，实现了自 AVEN 尺寸设计到结构设计，以及虚拟仿真的集成化、自动化，为 AVEN 尺寸优化、结构优化和减重设计提供一个自动化的支撑平台。该平台的研制成功，极大地提高了 AVEN 尺寸优化、结构优化和减重设计的效率，为我国 AVEN 综合性能的提高，降低样机试验成本、加速 AVEN 研发进程发挥了重要的作用。

5.3.1　面向对象 AVEN 尺寸优化设计

AVEN 是一个由复杂多并联机构组成的复杂空间机构，其设计参数（如 A8 调节环及转向驱动环半径、几何矢量偏转角、A8/A9 面积、A9 环作动筒工作行程、转向环宽度、收敛/扩张密封片宽度/长度等）与性能参数（如调节片密封性能、实际喷口面积 A9 矢量偏转角、实际 A8/A9 面积、气动力、布局空间）等比较多，且这些参数之间往往相互制约，相互矛盾，设计异常困难。

由于尺寸设计涉及 AVEN 各方面的性能参数，需要设计人员综合各方面的因素，评价 AVEN 尺寸参数的优劣。根据 AVEN 尺寸参数快速地得到 AVEN 各方面的综合性能，以便设计人员根据气动性能、受力情况、运动干涉、空间布局、结构设计等实时调整设计方案，这对于 AVEN 方案优化非常重要。为此，本节采用面向对象技术，建立面向对象 AVEN 尺寸优化设计平台。

1. 软件流程与结构

图 5-20 所示为 AVEN 方案设计与运动仿真软件的流程，该流程是基于第 4 章讨论的 AVEN 运动分析模型，在面向对象平台上构筑。图 5-21 所示为 AVEN 方案设计与运动仿真软件的结构组成，共分为四个主要模块：计算与仿真模块、仿真模块、分步仿真模块、方案结果分析模块。在计算与仿真模块中含有主要的设计、计算功能，其下设两个参数输入对话框，用于输入主要的设计参数。在每个参数输入对话框中均有参数输入的帮助功能，点击“帮助”按钮可以获得相关参数的帮助内容，了解每个参数的工程意义。在第二个参数输入对话框的下一级含有两个气动力参数输入的话框，用于气动参数的输入。

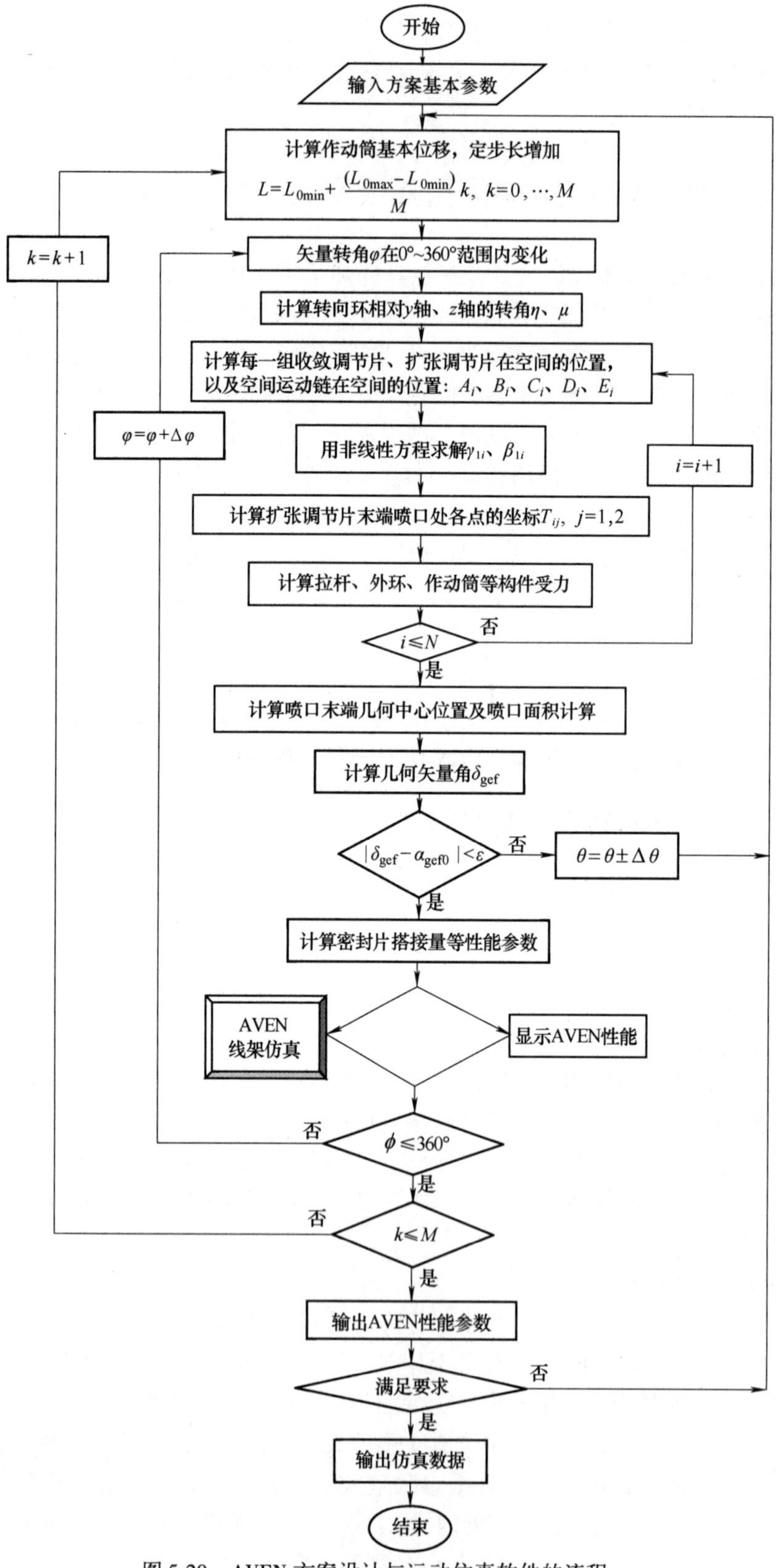

图 5-20　AVEN 方案设计与运动仿真软件的流程

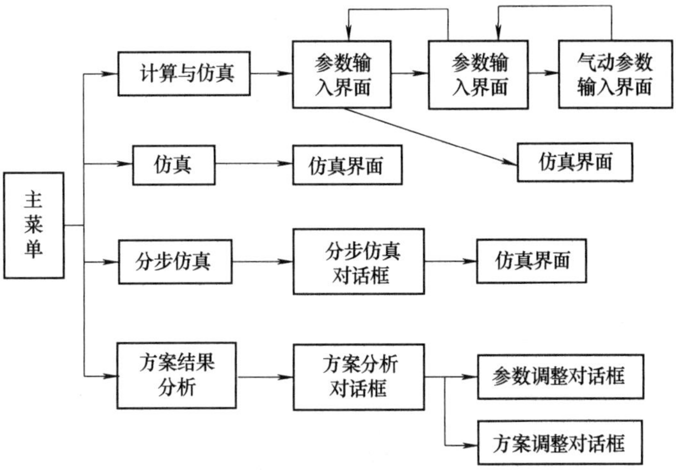

图 5-21　程序结构

在仿真模块中，设计人员可以直接利用上一次的计算结果进行仿真，便于设计人员多次分析观察计算结果。在分步仿真模块中，主要设计了仿真中断功能，设计人员可以方便地对特定喷口状态的 AVEN 进行运动干涉分析。

在设计方案结果分析模块中，软件提供了评价方案优劣的主要技术参数输出结果，通过方案结果分析，设计人员可以直观地了解本次计算结果是否满足设计要求。如果不满足设计要求，设计人员可以通过查看帮助内容，了解造成不合理结果的原因，从而通过改进某些技术参数，得到满意的设计结果。

基于图 5-20、图 5-21 所示的软件结构和流程，采用面向对象编程方法，利用 Visual C ++6.0开发了“面向对象 AVEN 方案设计与运动仿真软件” AVEN MD&KS R1.0，利用可视界面，参照机构示意图，输入几个设计参数，点击相关按钮，不久就可以得到一组与输入参数相对应的 AVEN 性能参数与仿真结果。这为设计人员从事 AVEN 设计与参数优化，提供了一个辅助平台。

2. 软件输入、输出界面

程序主体部分包括 AVEN 装置的运动分析、力分析、非线性方程求解、动态仿真等内容。为了便于设计人员对设计方案进行设计、分析、评价，程序提供了输入、输出界面。

进入 AVEN MD&KS R1.0 的主界面（图 5-22），点击主界面中的“仿真”菜单，弹出下拉菜单，下拉菜单中共有三项：计算与仿真、仿真、分步仿真。

点击主界面“仿真→计算与仿真”，弹出图 5-22 所示的参数对话框，在对话框中列出设计 AVEN 常用的一部分参数。在输入界面中，有 AVEN 结构简图，以及各部分结构的尺寸。对照结构简图，设计人员在相应的输入界面中输入所需的设计参数，系统可以自动完成

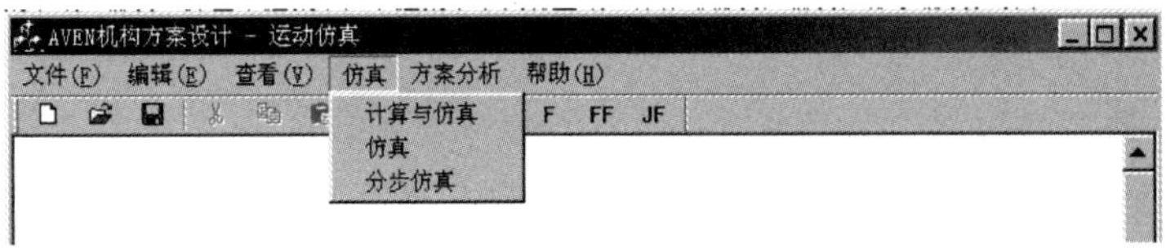

图 5-22　程序主界面

AVEN 的运动分析及性能参数的分析计算。

如果设计参数输入有误，操作人员可以检查，重新输入正确的参数。一旦确认，系统全自动地进行 AVEN 的方案设计与线架运动仿真。为了便于操作人员对方案进行调整，软件在输入界面上提供了丰富的参数调整帮助。根据设计结果和所需要调整的参数，设计人员可以很容易地获得希望得到的设计方案。

图 5-23 所示为软件的参数输入界面，主要设计参数有 23 个。其中图 5-23a 所示的 16 个参数为与方案设计要求相关的设计参数，每个参数的物理意义在帮助文件中都有详细的介绍。图 5-23b 所示的 7 个参数为性能参数，这些参数与 AVEN 的性能关系密切，调整每一个参数，对方案的几何矢量偏转角、喷口面积、密封性能等均有较明显的影响。

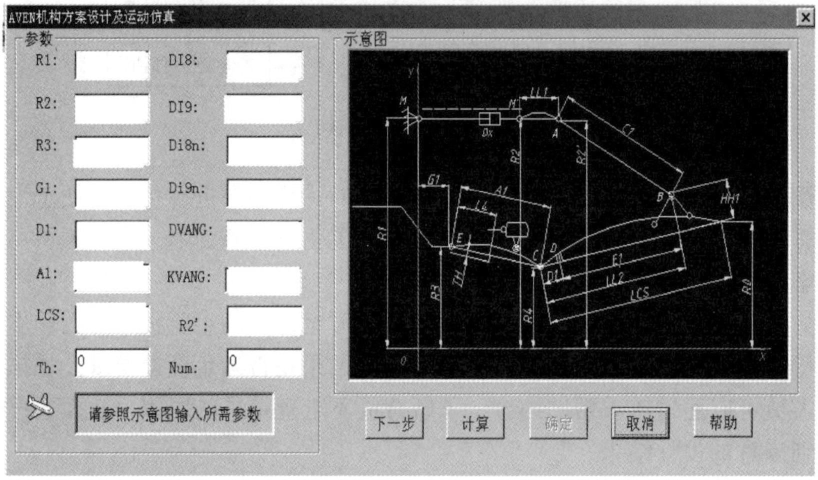

a)

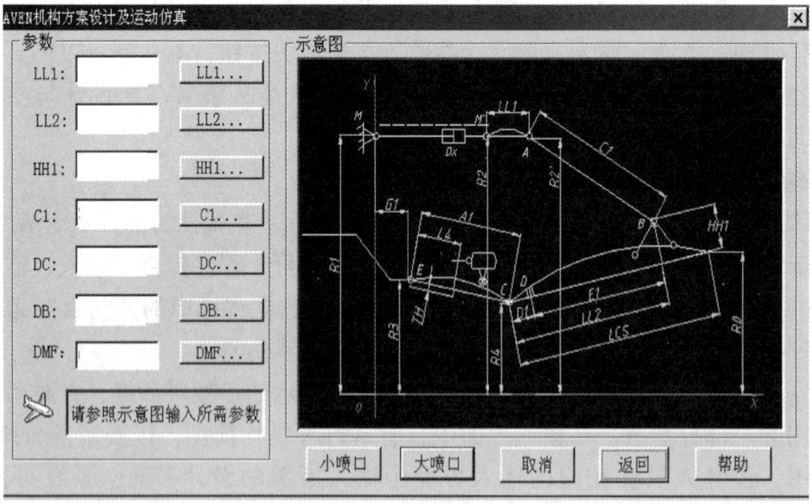

b)

图 5-23　AVEN 方案设计输入界面

对于每一个输入参数，程序界面上都提供了参数帮助窗口，点击输入窗口相应的变量名，就可以在解释框中看到关于参数输入的帮助。

当设计人员确定所有的参数符合设计要求时，点击“计算”按钮，激活后台计算程序，进行计算。在进行计算之前和计算的过程中，“确定”按钮始终为非激活的状态，只有当计算完毕，“确定”按钮才变为激活状态，这时，表明计算已经完毕，所需的数据结果均已写入相应的数据文件。

经过前面的计算，就可以利用计算后的数据进行 AVEN 线架仿真了。在计算完成后点击“确定”按钮，参数对话框随即消失，并在主界面的绘图区（图 5-24）内显示线架仿真效果。仿真时，在绘图区的上方，提供了 AVEN 的一些重要参数，供设计人员参考。

由于 AVEN 的设计参数和性能参数很多，其中很多参数无法通过仿真看到，从而无法知道这些参数是否满足设计员的设计初衷。因此，在主界面里有一项“方案分析”（图 5-22），点击该项，弹出方案分析的对话框（图 5-25）。在这个对话框中列出设计方案中的一些主要设计参数和计算结果。在基本设计参数一栏中，A8、几何矢量偏转角为初始输入的基本设计参数。在其下方为小喷口与大喷口状态的主要设计参数，以及 A9 环作动筒的基本位移、行程范围等参数。设计人员可以对这些数据进行分析，确定是否合理，是否满足设计要求。如果所列数据和仿真结果均满足设计要求，点击“确定”按钮，对话框随即消失。设计人员可以通过“写字板”等应用软件打开名为“jieguo. dat”的数据文件，看到与方案分析对话框中相同的数据。

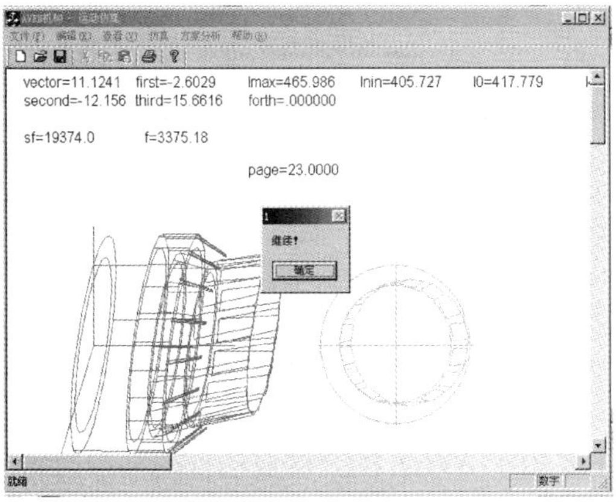

图 5-24　面向对象 AVEN 尺寸优化设计

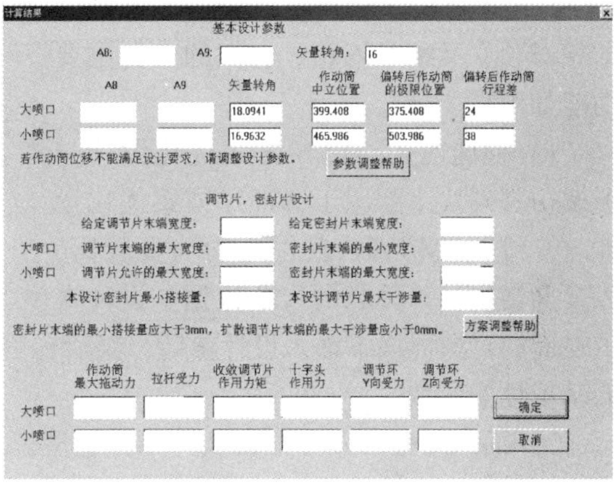

图 5-25　设计方案的输出界面

另外，在对话框中还分别给出了在大喷口和小喷口状态时 A9 环作动筒受力、拉杆受力、收敛调节片受力、十字头受力，调节环受力等参数。这些参数是进行 AVEN 强度设计的基本数据。

如果部分性能参数不能满足设计人员的要求，通过点击“参数调整帮助”按钮，弹出参数调整对话框。在该对话框中提供了一些重要参数的取值范围、调整方法以及调整这些参数所带来的影响。可按相关提示调整 AVEN 的设计参数。

5.3.2　面向对象 AVEN 性能优化集成平台

“面向对象 AVEN 尺寸优化设计平台”能够在短时间内完成 AVEN 的方案设计、尺寸优化，并对设计方案进行二维线架仿真。通过仿真结果和数据结果对该方案进行总体评价。解决了面向对象环境下，AVEN 方案的自动化设计问题，为设计人员提供了一个开放的辅助设计平台。该软件的缺点是，用平面线架模型进行 AVEN 的运动仿真，具有直观性差，不能完全反映 AVEN 在空间的真实运动情况，不能对 AVEN 的装机空间、密封性能、密封片和调节片之间的实体干涉和 A8 调节环与机匣之间的相对位置等关键技术问题进行分析。

“面向对象 AVEN 三维实体构件造型平台”实现了面向对象 AVEN 关键构件的三维实体造型自动化。“面向对象 AVEN 虚拟样机装配与仿真平台”解决 AVEN 虚拟装配与仿真问题，克服了现有 CAD 软件在装配大型复杂空间机构时出现的装配无解或装配死机等问题。鉴于 AVEN 设计的复杂性和减重设计中结构设计与尺寸设计的关联与耦合性，将“面向对象 AVEN 尺寸优化设计平台”“面向对象 AVEN 三维实体构件造型平台”与“面向对象 AVEN 虚拟样机装配与仿真平台”，集成为一个综合性的 AVEN 设计软件，实现 AVEN 方案优化设计、减重结构设计、虚拟样机装配与仿真的自动化、一体化，从而解决减重设计中的结构设计与尺寸设计的耦合与关联问题，为减重设计提供一个快速辅助平台。

图 5-26 所示为 MDT 三维设计环境下的面向对象 AVEN 性能优化集成平台。AVEN 设计模块共分为三个部分：面向对象 AVEN 方案优化设计与线架仿真、面向对象 AVEN 三维实体构件造型和面向对象 AVEN 虚拟样机装配与仿真。这三个部分即相对独立又相互依赖。它们的各自主要功能如下：

图 5-26　面向对象 AVEN 性能优化集成平台

1）面向对象 AVEN 方案优化设计与线架仿真模块主要用于 AVEN 方案优化设计与二维线架仿真，获得运动仿真数据，以及与结构设计关联的尺寸数据。设计人员在面向对象界面下输入设计参数，经后台程序进行运算，给出仿真数据和 AVEN 方案评价的基本性能参数。

2）面向对象 AVEN 三维实体构件造型模块主要用于 AVEN 主要构成构件的面向对象三维虚拟结构的设计与改进。当结构设计结束后，以特定的文件保存零件，为 AVEN 虚拟仿真和有限元强度分析提供实体图形。

3）面向对象 AVEN 虚拟样机装配与仿真模块主要用于 AVEN 的虚拟样机装配与仿真自动化。通过虚拟仿真结果，评价结构设计的合理性及其综合效果。

上述三部分集成后，不但各自具有独立的功能，而且在数据共享、关联、设计自动化等方面还具有特别的优势，主要表现在：①三部分均是在 MDT 环境下开发的，因此三部分共享 MDT 的所有功能；②方案设计为三维造型模块提供关键的结构尺寸，通过建立方案优化设计与造型模块之间的关联关系，实现方案设计与造型模块的设计信息共享；③三维造型模块，从方案设计模块获取构件的关键尺寸，并为虚拟样机的装配与仿真做好构件上的准备；④虚拟样机装配与仿真模块，通过从方案设计模块获取方案设计结果，以三维造型模块生成的三维实体构件为基础，实现 AVEN“后台预置”装配，从而以三维虚拟实体样机的形式体现不同设计方案的优点和缺点，设计人员可以及时修改方案，获取优化的设计参数。

在 MDT 平台，输入“emulate1”命令，MDT 会将所有 AVEN 构成零件插入当前白板中，如图 5-27 所示。输入“emulate2”命令，MDT 根据 AVEN 运动分析数据，对所有构件进行平移、旋转操作，将构件放置在特定的空间位置上，完成 AVEN 的虚拟装配，如图 5-28 所示。在 MDT 平台的 Command 对话框中显示是否进行下一位置状态仿真的询问。如果对当前的工作状态感兴趣或有质疑，可以通过中断的方式，进行细致的分析与观察；如果需要连续仿真，只要输入“Y”，系统就会连续运行，从而实现 AVEN 的虚拟样机运动仿真。

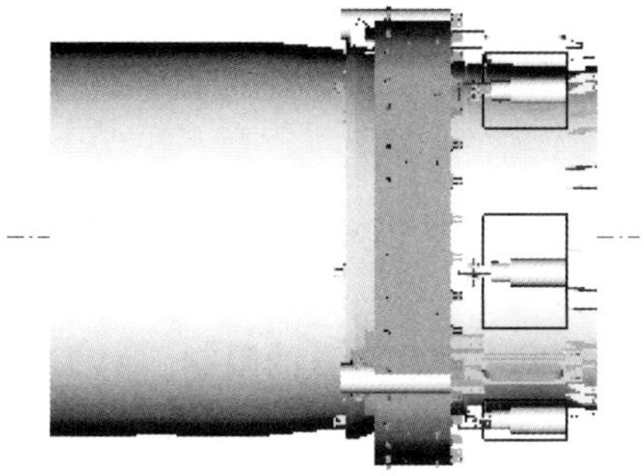

图 5-27　构件的插入

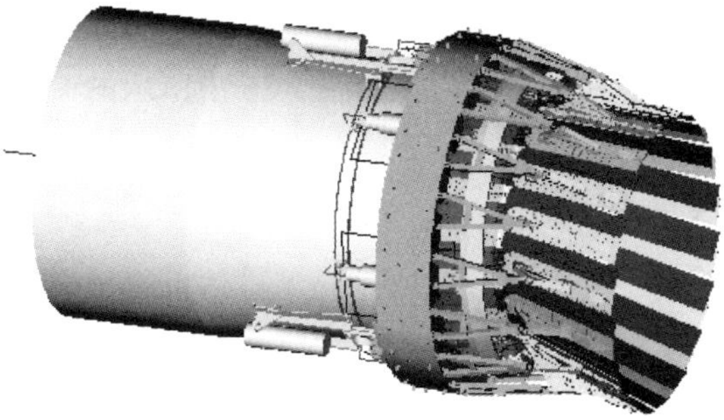

图 5-28　AVEN 的虚拟仿真

当 AVEN 结构构成发生变化时，只需要调整 SUB5、SUB6 程序中的少数几句命令，如三环驱动方案中的内环、中环、上半环、下半环等构件指令，系统就可以对三环驱动 AVEN 方案进行三维虚拟仿真。当然，必须重新建立运动分析约束方程，然后做适当替代，系统就可以成为三环驱动 AVEN 尺寸优化设计、结构减重优化设计、三维虚拟仿真的自动化平台。为了说明平台处理 AVEN 虚拟装配仿真的规模能力，给出了包含二级整流罩在内的三环驱动 AVEN 三维仿真结果，如图 5-29a 所示。为了进一步分析整流罩及收敛调节片与扩张调节片在喷管矢量偏转状态的运动干涉情况，更是给出了隐去某些整流罩构件后的三维虚拟仿真图，如图 5-29b 所示，可以动态地了解各构件的运动干涉情况。

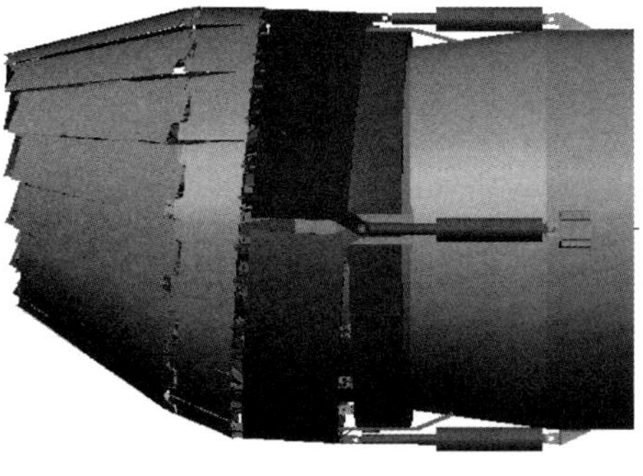

a)

b)

图 5-29　带整流罩的三环驱动 AVEN 仿真

为了增加结构设计的灵活性，方便设计人员根据应力分析结果，及时地调整构件的结构（甚至超出图 5-19 所示的面向对象的结构特征），构建了支持自定义构件的自动化虚拟装配仿真平台。设计人员只要将组成 AVEN 的三维零件按规定的方式定义装配坐标系原点位置及构件坐标系，系统便可以自动化地完成 AVEN 的虚拟装配、仿真。基于该平台，设计人员可以根据自己的设计思想，自由地进行结构创新（图2-6）。基于自定义平台，甚至可以研究密封片悬挂机构对扩张密封片的导引情况，以及扩张密封片对扩张调节片的密封情况（图2-9）。

针对减重设计对强度分析的要求，基于NASTRAN/PATRAN有限元分析平台，借助于专用的数据转换接口，将建立的三维结构模型转换为PATRAN模型。然后，采用PCL二次开发语言，建立组成AVEN各构件的有限元分析模型（包括网格划分、材料、特性、边界条件、载荷、分析）及后处理模型，通过与尺寸设计和结构设计数据的共享，实现构件有限元分析建模的自动化，如图5-26中所示的CAE设计窗口。

5.4 小结

减重设计是AVEN结构设计中的重要环节。受布局空间及性能参数的限制，AVEN构件结构设计参数与尺寸设计参数发生关联与耦合，使AVEN结构设计变得非常复杂。本章将AVEN尺寸优化设计与结构设计和虚拟仿真集成，在面向对象的环境下，通过设计数据的共享和关联，实现了方案优化设计与结构设计，以及方案评价的一体化、自动化和三维虚拟化，为AVEN减重设计和方案优化提供了一个高效的辅助设计平台。

该平台的研制成功，提高了AVEN尺寸优化、结构优化和减重设计的效率，为提高我国AVEN的综合性能，降低样机试验成本，加速AVEN研发进程，发挥了重要作用。

第 6 章

AVEN 实时运动反解及其解析式

实现飞机机翼与推力矢量发动机的一体化设计，必须能够实时地确定给定喷口面积与几何矢量偏转角对应的转向驱动环的精确位姿参数，即 AVEN 实时运动反解。因此，AVEN 实时运动反解及其解析表达是推力矢量发动机与飞机机翼一体化电传控制系统设计的理论基础，是加装推力矢量发动机飞机上天试飞的关键技术问题。通过假设喷口面积的近似双半椭圆分布模型，建立喷口面积、几何矢量偏转角等运动反解参数与转向驱动环位姿参数之间的关系方程，得到 AVEN 运动反解的近似模型。采用消元法，将近似模型的 9 维方程组缩减为可以实时求解的 3 维方程组。通过补偿精确反解模型与近似模型的微分差，得到 AVEN 实时反解控制方程。

6.1 AVEN 运动反解近似模型

6.1.1 AVEN 运动反解参数

1. AVEN 运动反解的定义

采用推力矢量控制技术，使飞机的机身、机翼、操纵面和进气道附近的流场发生变化，造成气动力的改变。矢量气流对飞机流场的干扰效应与过去传统尾喷流所产生的干扰效应存在本质不同。后者的干扰作用是弱扰动，干扰量小；而矢量喷气流和飞机扰流之间形成强干扰，其干扰范围不局限于尾部，可以扩展到机翼翼面。试验和计算结果表明，推力矢量喷气流引起的干扰量值近似和推力转向引起的直接力量值具有相同的量级。由于这种干扰的强弱与飞机的整体布局形式具有极强的关系，所以在飞机的气动布局设计中必须采用机体/推进系统的一体化设计。

要实现飞机机体与矢量推进系统的一体化设计，必须能够精确地确定推力矢量发动机的几何矢量偏转角、气动面积和气流速度。对于发动机而言，气动面积和气流速度能够通过发动机的动力特性来确定。因此，实现飞机机体与推力矢量控制系统一体化设计的关键在于实现 AVEN 的运动反解控制——控制 Stewart 动平台精确实现喷口面积 A9 的矢量偏转，即对于给定的喷口面积 A9 与几何矢量偏转角，得到 Stewart 动平台的精确控制参数。AVEN 的控制方式主要有两种：

（1）正解控制　控制转向驱动环和 A9 环作动筒的位移输出，确定喉道面积 A8、喷口面积 A9 和几何矢量偏转角的控制过程，称为 AVEN 正解控制，简单地讲即控制 A9 环作动筒的输出，确定喷管的截面尺寸和几何矢量偏转角。AVEN 控制正解已经在第 4 章给出了详细的控制模型。

（2）反解控制　对于欲确定的矢量喷管的截面尺寸，如喉道面积 A8、喷口面积 A9 和几何矢量偏转角等参数，确定转向驱动环位姿与 A9 环作动筒位移输入参数的过程，称为 AVEN 反解控制。简单地讲即根据给定喷管的截面尺寸和几何矢量偏转角，确定 A9 环作动筒的输入值。相对 AVEN 控制正解而言，AVEN 反解要困难得多。与单开链机器人和并联机器人的运动反解不同，AVEN 运动反解具有特殊性。它不是通过给定某一执行构件在空间的位姿来确定输入参数，而是给定由一系列构件组成的时变几何体在空间的包络几何体来确定驱动机构的输入参数。鉴于 AVEN 运动反解的特殊性，本章将该类并联机构的运动反解定义为时变几何体的运动反解问题。

AVEN 运动反解的困难主要表现为：

1）AVEN 反解控制的对象为基于双并联 Stewart 平台上的十几组 $RSRRC_mR$（或高副低代为 RSRR-RRR）并联空间机构，结构非常复杂，运动分析非常困难。

2）AVEN 反解控制的数学模型复杂，涉及的参数众多。

3）AVEN 反解控制的性质为大规模空间时变几何体的协同控制问题，如此之大规模的空间多并联（机器人）机构的协同控制问题目前并不常见。

4）AVEN 反解控制模型求解的实时性是 AVEN 控制反解所需解决的关键核心问题。而解决这一问题的关键在于反解控制模型的简化与解析化。对于这样一个复杂多并联机构的控制而言，寻求其解析控制方程，其难度是非常巨大的。

5）AVEN 反解存在多解性。对于同一组截面尺寸和几何矢量偏转角运动反解参数，A9 环作动筒的输入值有多组解与之对应，反解过程中求解的输入参数极易出现分岔，造成输入运动规律控制的不连续，使反解过程更为复杂、困难。

AVEN 反解控制规律及其解析表达，对于 AVEN 与飞机电传控制一体化，使 AVEN 由运动模拟仿真阶段走向发动机/飞机一体化的实用设计阶段，具有重要的科学价值和理论意义，是含矢量发动机电传控制系统设计的理论基础，也是含矢量发动机飞机机动性控制设计的理论基础。

2. AVEN 运动反解参数

由于 AVEN 矢量偏转段是由一系列扩张调节片及其密封片包络而成的，如图 6-1 所示，因此 AVEN 运动反解的关键在于确定给定 AVEN 几何矢量偏转角和喷口面积 A9 时的扩张调节片空间分布规律，并进而求得转向驱动环（动平台）相应的位姿，最后求得 A9 环驱动作动筒的位移输出函数。

采用图 4-1 和图 4-5 所示的 AVEN，其结构特点为：转向驱动环为 3-PRS 定心机构定心的三自由度平台，A8 调节环为自平衡的单自由度 Stewart 平台，并联于双 Stewart 动平台、固定平台之间的十几组 RSRR-RRR 空间机构，导引具有特定内曲面的收敛调节片和扩张调节片围成空间时变矢量转向喷管。收敛调节片的位姿由 A8 调节环控制，扩张调节片的位姿由转向驱动环（六自由度 Stewart 平台）和 A8 调节环联合控制。

确定时变几何体在空间的分布有 3 个重要指标：时变几何体的喷口面积、几何矢量偏转角 δ_{gef} 和方位角 ζ。喷口面积是由 RRSR 运动链导引的 π_i 平面的末端中点 P_i（简称连杆末端点）构成的几何图形，如图 6-1 所示。由于机构对称，该几何图形近似为平面多边形，其面积称为喷口面积。几何矢量偏转角 δ_{gef} 是指时变几何体喷口截面中心 G 与喉道中心 O_8 的连线与发动机轴线 x 的夹角，它表示了时变几何体偏离发动机轴线的程度。方位角为时变几何体

喷口截面中心 G 与喉道中心 O_8 点的连线在固定坐标系 yOz 平面的投影相对 y 轴的夹角。

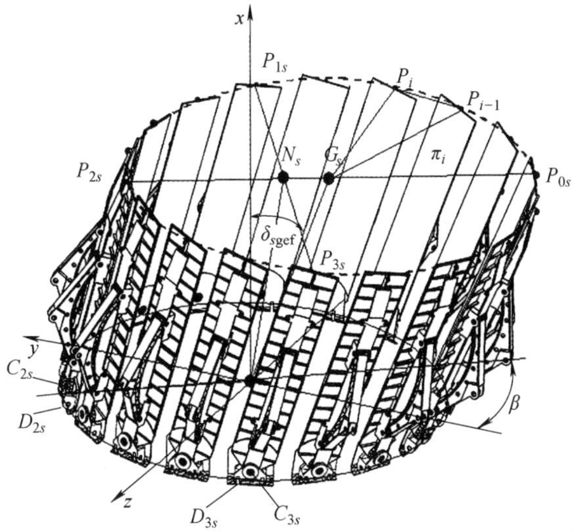

图 6-1 AVEN 矢量偏转段及扩张调节片分布

6.1.2 构件位姿描述

1. 动平台位姿

从 AVEN 密封性、结构对称性等角度考虑，转向驱动环需要加装定心装置。由第 4 章 AVEN 运动分析与尺寸优化可知，加装 3-PRS 定心装置后，其转向驱动环中心坐标在与发动机轴线垂直平面的投影为一个圆（图 4-3）。当转向驱动环的几何矢量偏转角小于 10°时，其圆半径小于 5mm。转向驱动环中心相对发动机轴线这样一个小的偏移，相对喷管尺寸来讲，是一个非常小的量。因此认为转向驱动环的中心近似在发动机的轴线上。基于此，得到描述 Stewart 动平台位姿的三个参数：转向驱动环上与 A9 环作动筒铰接的 S 副所在平面中心到机匣与 A9 环作动筒铰接的 S 副所在平面沿发动机轴线的距离 l_0，动平台法向矢量 $\boldsymbol{n}$ 与 x 轴的夹角（称为动平台偏转角）θ，以及该法向矢量在 yoz 平面上的投影与 y 轴的夹角 ξ（称为动平台的偏转方位角），用来表示转向驱动环（Stewart 动平台）的位姿。由于整个机构具有轴对称性，动平台的偏转方位角与时变几何体的偏转方位角相等。

同时，转向驱动环的位姿也可以用转向驱动环平面的法向矢量 $\boldsymbol{n}$ 相对 y 轴的转角 μ 及相对 z 轴的转角 η 表示。这两种表示的变换关系为

$$\begin{cases}\sin\mu = \sin\theta\sin\xi \\ \tan\eta = \tan\theta\cos\xi\end{cases} \tag{6-1}$$

记 $S\theta = \sin\theta$、$C\theta = \cos\theta$、$S\mu = \sin\mu$、$C\mu = \cos\mu$，其余以此类推，式（6-1）变为

$$\begin{cases}S\mu = S\theta S\xi \\ \tan\eta = \tan\theta C\xi\end{cases}$$

2. 扩张调节片位姿

当转向驱动环的位姿用与 A9 环作动筒铰接的 S 副所在平面的法向矢量 $\boldsymbol{n}$ 相对 y 轴的转角 μ 及相对 z 轴的转角 η 表示时，转向驱动环的法向矢量为 $\boldsymbol{n} = (R_{\eta,z})(R_{-\mu,y_1})\boldsymbol{X}$，展开得

$$\boldsymbol{n}=(R_{\eta,z})(R_{-\mu,y})\boldsymbol{X}==\begin{pmatrix}C\mu C\eta & -S\eta & -S\mu C\eta\\ C\mu S\eta & C\eta & -S\mu S\eta\\ S\mu & 0 & C\mu\end{pmatrix}\boldsymbol{X}=\begin{pmatrix}C\mu C\eta\\ C\mu S\eta\\ S\mu\end{pmatrix}$$

与转向驱动环和拉杆铰接的 R 副所在平面固连的坐标系 $O_3x_{\mathrm{III}}y_{\mathrm{III}}z_{\mathrm{III}}$ 相对固定坐标系 $Oxyz$ 的 D-H 矩阵为

$$(T_{\mathrm{III}})=\begin{pmatrix}C\mu C\eta & -S\eta & -S\mu C\eta & l_0+l_t C\mu C\eta\\ C\mu S\eta & C\eta & -S\mu S\eta & l_t C\mu S\eta\\ S\mu & 0 & C\mu & l_t S\mu\\ 0 & 0 & 0 & 1\end{pmatrix}$$

式中，l_0、$\boldsymbol{\mu}$、$\boldsymbol{\eta}$ 为未知参量。

$$\boldsymbol{t}_{oi}=(R_{\eta,z})(R_{-\mu,y_1})\boldsymbol{t}_{oi0}=\begin{pmatrix}C\mu C\eta & -S\eta & -S\mu C\eta\\ C\mu S\eta & C\eta & -S\mu S\eta\\ S\mu & 0 & C\mu\end{pmatrix}\begin{pmatrix}0\\ C\varphi_i\\ S\varphi_i\end{pmatrix}=\begin{pmatrix}-C\varphi_i S\eta-S\varphi_i S\mu C\eta\\ C\varphi_i C\eta-S\varphi_i S\mu S\eta\\ S\varphi_i C\mu\end{pmatrix}$$

$$\boldsymbol{u}_{oi}=(R_{\eta,z})(R_{-\mu,y_1})\boldsymbol{u}_{oi0}=\begin{pmatrix}C\mu C\eta & -S\eta & -S\mu C\eta\\ C\mu S\eta & C\eta & -S\mu S\eta\\ S\mu & 0 & C\mu\end{pmatrix}\begin{pmatrix}0\\ -S\varphi_i\\ C\varphi_i\end{pmatrix}=\begin{pmatrix}S\varphi_i S\eta-C\varphi_i S\mu C\eta\\ -S\varphi_i C\eta-C\varphi_i S\mu S\eta\\ C\varphi_i C\mu\end{pmatrix}$$

由此得拉杆与转向驱动环铰链点 A_i 的坐标

$$\boldsymbol{A}_i=R_2'\boldsymbol{t}_{oi}+l_t\boldsymbol{n}+l_0\boldsymbol{x}=R_2'\begin{pmatrix}-C\varphi_i S\eta-S\varphi_i S\mu C\eta\\ C\varphi_i C\eta-S\varphi_i S\mu S\eta\\ S\varphi_i C\mu\end{pmatrix}+l_t\begin{pmatrix}C\mu C\eta\\ C\mu S\eta\\ S\mu\end{pmatrix}+l_0\begin{pmatrix}1\\ 0\\ 0\end{pmatrix}$$

合并为

$$\boldsymbol{A}_i=\begin{pmatrix}R_2'(-C\varphi_i S\eta-S\varphi_i S\mu C\eta)+l_t C\mu C\eta+l_0\\ R_2'(C\varphi_i C\eta-S\varphi_i S\mu S\eta)+l_t C\mu S\eta\\ R_2' S\varphi_i C\mu+l_t S\mu\end{pmatrix}\tag{6-2}$$

在转向驱动环上建立以 A_i 点为坐标原点，x_i、y_i、z_i 轴分别与 x_{III}、y_{III}、z_{III} 轴平行的坐标系，该坐标系的 D-H 矩阵为

$$(T_{\mathrm{IIIi}})=\begin{pmatrix}C\mu C\eta & S\eta & S\mu C\eta & R_2'(-C\varphi_i S\eta-S\varphi_i S\mu C\eta)+l_t C\mu C\eta+l_0\\ C\mu S\eta & C\eta & S\mu S\eta & R_2'(C\varphi_i C\eta-S\varphi_i S\mu S\eta)+l_t C\mu S\eta\\ S\mu & 0 & C\mu & R_2' S\varphi_i C\mu+l_t S\mu\\ 0 & 0 & 0 & 1\end{pmatrix}\tag{6-3}$$

A_iB_i 构件上的构件坐标系 $(Oxyz)_{\mathrm{IV}i}$ 的 D-H 矩阵为

$$(T_{\mathrm{IV}i})=\begin{pmatrix}(R_{\eta,z})(R_{-\mu,y_1})(R_{\varphi_i,x})(R_{\delta_i,z}) & \boldsymbol{A}_i\\ 0 & 1\end{pmatrix}=$$

$$\left(\begin{array}{c|c}C\mu C\eta C\delta_i-(C\varphi_i S\eta+S\varphi_i S\mu C\eta)S\delta_i & -C\mu C\eta S\delta_i-(C\varphi_i S\eta+S\varphi_i S\mu C\eta)C\delta_i\\ C\mu S\eta C\delta_i+(C\varphi_i C\eta-S\varphi_i S\mu S\eta)S\delta_i & -C\mu S\eta S\delta_i+(C\varphi_i C\eta-S\varphi_i S\mu S\eta)C\delta_i\\ S\mu C\delta_i+S\varphi_i C\mu S\delta_i & S\mu S\delta_i+S\varphi_i C\mu C\delta_i\\ 0 & 0\end{array}\right|$$

$$\begin{array}{c|c} S\varphi_i S\eta - C\varphi_i S\mu C\eta & R'(-C\varphi_i S\eta - S\varphi_i S\mu C\eta) + l_t C\mu C\eta + l_0 \\ -S\varphi_i C\eta - C\varphi_i S\mu S\eta & R'(C\varphi_i C\eta - S\varphi_i S\mu S\eta) + l_t C\mu S\eta \\ C\varphi_i C\mu & R_2' S\varphi_i C\mu + l_t S\mu \\ 0 & 1 \end{array}\Bigg) \quad (6\text{-}4)$$

6.1.3　特殊位置扩张调节片位姿

1. 特殊位置

在矢量偏转状态，扩张调节片在喷管扩张段的分布规律是未知的，很难确定 AVEN 运动反解参数（几何矢量偏转角、偏转方位角和喷口面积 A9）与转向驱动环位姿的关系。为了描述由扩张调节片内表面组成的时变几何体中扩张调节片的分布规律，需要借助一些特殊位置的扩张调节片。

在 yOz 平面中，与 y 轴夹角为 φ_i（$\varphi_i = 2\pi i/n$，n 为扩张调节片数量，如图 6-1 所示）处安装有扩张调节片，记为第 i 组扩张调节片，相应的 RSRR 运动链各运动副及扩张调节片末端中点分别记为 A_i、B_i、C_i、D_i、E_i、P_i。

当 $\varphi_i = \zeta$、$\zeta + \pi$ 时，RSRR 空间运动链处于特殊位置，即扩张调节片与十字转接头之间的切向转角为零，铰接点 A_i、B_i、C_i、D_i在同一个平面内。在 $\varphi_i = \zeta$ 处，扩张调节片末端偏离中心轴线 x 位置最远，称为最远位置（简记为 0s 位置）。在 $\varphi_i = \zeta + \pi$ 处，扩张调节片末端离中心轴线 x 位置最近，称为最近位置（简记为 2s 位置）。最远与最近位置通称为非对称位置，并称过发动轴线与 y 轴夹角为 $\varphi_i = \zeta$、$\zeta + \pi$ 的平面为偏转平面。由于结构的对称性，AVEN 各运动参数关于偏转平面对称。

在 $\varphi_i = \zeta + \pi/2$ 和 $\varphi_i = \zeta + 3\pi/2$ 处，即与偏转平面夹角为 90°和 270°的位置，两个 RSRR 运动链关于偏转平面对称，称为对称位置（简记为 1s 和 3s 位置）。

通过以上分析可知，在所有扩张调节片中，有 4 个扩张调节片处于特殊位置。因 AVEN 的结构对称性，偏转后的喷口面积 A9 中心 G 一定位于最远与最近扩张调节片末端中心 P_{1S}和 P_{3S}的连线上。

由于 ζ 连续变化，不一定在偏转平面内恰好实际存在扩张调节片，若 ζ 位于两个扩张调节片之间，用假想的 4 个扩张调节片 0、1、2、3 替代。在求解转向驱动环近似位姿时，无论 ζ 处是否真正存在扩张调节片，都不影响最后的计算结果。

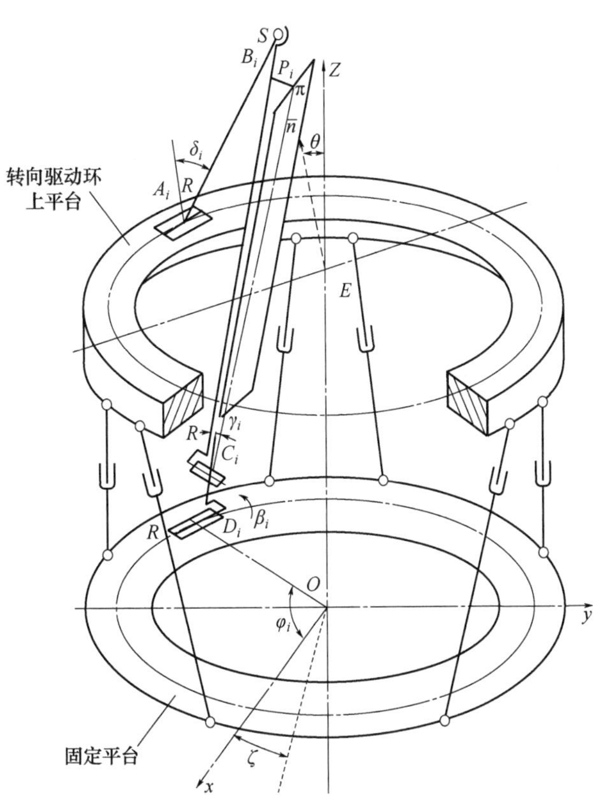

图 6-2　AVEN 构件位姿描述参数

如图 6-2 所示，在确定各 RSRR 运动链的位姿时，以 δ_i 表示拉杆 A_iB_i 构件绕拉杆与转向驱动环铰接转动副轴线的转角，以 γ_i 表示扩张调节片 B_iC_i 构件绕转动副（扩张调节片与十字转接头的转动副）轴线的转角，以 β_i 表示十字转接头 C_iD_i 构件绕机匣转动副轴线的转角。

2. 非对称位置扩张调节片位姿

（1）C_iD_i 构件坐标变换矩阵　在偏转平面内，B_i、C_i 及 D_i 共面，D_i 在固定坐标系中的坐标为

$$\boldsymbol{D}_i(X_8, R_{8j}\mathrm{C}\varphi_{is}, R_{8j}S\varphi_{is})$$

式中，$R_{8j}=R_4=R_8+R_j$；R_8 为喉道半径；R_j 为收敛调节片喉道处的曲率半径。

根据结构对称性，此时，$\varphi_{is}=\zeta$、$\gamma_i=\gamma_{is}=0$。C_iD_i 构件所在的构件坐标系经过绕 $z_{\mathrm{I}is}$ 轴转 β_{is} 角的坐标旋转，和绕 x 轴转 φ_{is} 角的坐标变换，与固定坐标重合。

$$(R_{\varphi_{is},x})(R_{\beta_{is},z_{\mathrm{I}is}})=\begin{pmatrix}1 & 0 & 0\\ 0 & C\varphi_{is} & -S\varphi_{is}\\ 0 & S\varphi_{is} & C\varphi_{is}\end{pmatrix}\begin{pmatrix}C\beta_{is} & -S\beta_{is} & 0\\ S\beta_{is} & C\beta_{is} & 0\\ 0 & 0 & 1\end{pmatrix}$$

$$=\begin{pmatrix}C\beta_{is} & -S\beta_{is} & 0\\ C\varphi_{is}S\beta_{is} & C\varphi_{is}C\beta_{is} & -S\varphi_{is}\\ S\varphi_{is}S\beta_{is} & S\varphi_{is}C\beta_{is} & C\varphi_{is}\end{pmatrix}$$

由此得到 C_iD_i 构件坐标系与固定坐标系的变换矩阵为

$$(T_{\mathrm{I}is})=\begin{pmatrix}C\beta_{is} & -S\beta_{is} & 0 & X_8\\ C\varphi_{is}S\beta_{is} & C\varphi_{is}C\beta_{is} & -S\varphi_{is} & R_{8j}C\varphi_{is}\\ S\varphi_{is}S\beta_{is} & S\varphi_{is}C\beta_{is} & C\varphi_{is} & R_{8j}S\varphi_{is}\\ 0 & 0 & 0 & 1\end{pmatrix}\tag{6-5}$$

（2）扩张调节片 C_iB_i 构件坐标变换矩阵　C_iB_i 上的构件坐标系经过绕 x 轴转动 $\pi/2$，便可以与 C_iD_i 构件坐标系重合。由 C_iB_i 构件坐标系到 C_iD_i 构件坐标系的变换矩阵为

$$(T_{\mathrm{II}is})=\begin{pmatrix}1 & 0 & 0 & l_{CD}\\ 0 & 0 & -1 & 0\\ 0 & 1 & 0 & 0\\ 0 & 0 & 0 & 1\end{pmatrix}\tag{6-6}$$

（3）拉杆 A_iB_i 构件坐标变换矩阵　将 $\mu=0$，$\eta=\theta_s$ 代入构件 A_iB_i 的 D-H 矩阵式（6-4）中，得特殊位置的构件 A_iB_i 的 D-H 变换矩阵

$$(T_{\mathrm{IV}is})=\left(\begin{array}{c|c|c|c}C\theta_sC\delta_{is}-C\varphi_{is}S\theta_sS\delta_{is} & -C\theta_sS\delta_{is}-C\varphi_{is}S\theta_sC\delta_{is} & S\varphi_{is}S\theta_s & -R_2'C\varphi_{is}S\theta_s+l_tC\theta_s+l_{0s}\\ S\theta_sC\delta_{is}+C\varphi_{is}C\theta_sS\delta_{is} & -S\theta_sS\delta_{is}+C\varphi_{is}C\theta_sC\delta_{is} & -S\varphi_{is}C\theta_s & R_2'C\varphi_{is}C\theta_s+l_tS\theta_s\\ S\varphi_{is}S\delta_{is} & S\varphi_{is}C\delta_{is} & C\varphi_{is} & R_2'S\varphi_{is}\\ 0 & 0 & 0 & 1\end{array}\right)\tag{6-7}$$

（4）扩张调节片位姿　将 B_i 点在 $(Oxyz)_{\mathrm{II}i}$ 中的坐标 $\boldsymbol{B}_{\mathrm{II}i}=(l_{BC},l_{\mathrm{h}},0)^{\mathrm{T}}$ 进行坐标变换，得到 B_i 点在固定坐标系中的坐标

$$\boldsymbol{B}_i=(T_{\mathrm{I}i})(T_{\mathrm{II}i})\boldsymbol{B}_{\mathrm{II}s}$$

同时也可以用 B_i 点在（$Oxyz$）$_{\mathrm{IV}i}$ 中的坐标 $\boldsymbol{B}_{\mathrm{IV}i}=(l_{AB},0,0)^{\mathrm{T}}$，通过坐标变换，得到 B_i 点在固定坐标系中的坐标

$$\boldsymbol{B}_i=(T_{\mathrm{IV}i})\boldsymbol{B}_{\mathrm{IV}i}$$

由此得到

$$(T_{\mathrm{I}i})(T_{\mathrm{II}i})\boldsymbol{B}_{\mathrm{II}i}=(T_{\mathrm{IV}i})\boldsymbol{B}_{\mathrm{IV}i} \tag{6-8}$$

展开式（6-8）得到

$$\begin{pmatrix} l_{BC}C\beta_{is}-l_{\mathrm{h}}S\beta_{is}+l_{CD}C\beta_{is}+X_8 \\ l_{BC}C\varphi_{is}S\beta_{is}+l_{\mathrm{h}}C\varphi_{is}C\beta_{is}+l_{CD}C\varphi_{is}S\beta_{is}+R_{8j}C\varphi_{is} \\ l_{BC}S\varphi_{is}S\beta_{is}+l_{\mathrm{h}}S\varphi_{is}C\beta_{is}+l_{CD}S\varphi_{is}S\beta_{is}+R_{8j}S\varphi_{is} \\ 1 \end{pmatrix}=$$

$$\begin{pmatrix} l_{AB}(C\theta_sC\delta_{is}-C\varphi_{is}S\theta_sS\delta_{is})-R_2'C\varphi_{is}S\theta_s+l_{\mathrm{t}}C\theta_s+l_{0s} \\ l_{AB}(S\theta_sC\delta_{is}+C\varphi_{is}C\theta_sS\delta_{is})+R_2'C\varphi_{is}C\theta_s+l_{\mathrm{t}}S\theta_s \\ l_{AB}S\varphi_{is}S\delta_{is}+R_2'S\varphi_{is} \\ 1 \end{pmatrix}$$

整理得到非对称位置的扩张调节片位姿的描述方程

$$\begin{aligned} l_{BC}C\beta_{is}-l_{\mathrm{h}}S\beta_{is}+l_{CD}C\beta_{is}+X_8=l_{AB}(C\theta_sC\delta_{is}-C\varphi_{is}S\theta_sS\delta_{is})- \\ R_2'C\varphi_{is}S\theta_s+l_{\mathrm{t}}C\theta_s+l_{0s} \end{aligned} \tag{6-9}$$

$$\begin{aligned} l_{BC}C\varphi_{is}S\beta_{is}+l_{\mathrm{h}}C\varphi_{is}C\beta_{is}+l_{CD}C\varphi_{is}S\beta_{is}+R_{8j}C\varphi_{is}= \\ l_{AB}(S\theta_sC\delta_{is}+C\varphi_{is}C\theta_sS\delta_{is})+R_2'C\varphi_{is}C\theta_s+l_{\mathrm{t}}S\theta_s \end{aligned} \tag{6-10}$$

$$\begin{aligned} l_{BC}S\varphi_{is}S\beta_{is}+l_{\mathrm{h}}S\varphi_{is}C\beta_{is}+l_{CD}S\varphi_{is}S\beta_{is}+R_{8j}S\varphi_{is}= \\ L_{AB}S\varphi_{is}S\delta_{is}+R_2'S\varphi_{is} \end{aligned} \tag{6-11}$$

式中，β_{is}、δ_{is}、θ_s、l_{0s}为未知量。

将最远位置和最近位置的参数代入式（6-9）~式（6-11），最远位置（$0s$）的扩张调节片的描述方程如下。由 $\varphi_i=\zeta=0$、$\gamma_i=\gamma_{0s}=0$，得到

$$\begin{aligned} l_{BC}C\beta_{0s}-l_{\mathrm{h}}S\beta_{0s}+l_{CD}C\beta_{0s}+X_8= \\ l_{AB}(C\theta_sC\delta_{0s}-S\theta_sS\delta_{0s})-R_2'S\theta_s+l_{\mathrm{t}}C\theta_s+l_{0s} \end{aligned} \tag{6-12}$$

$$\begin{aligned} l_{BC}S\beta_{0s}+l_{\mathrm{h}}C\beta_{0s}+l_{CD}S\beta_{0s}+R_{8j}= \\ l_{AB}(S\theta_sC\delta_{0s}+C\theta_sS\delta_{0s})+R_2'C\theta_s+l_{\mathrm{t}}S\theta_s \end{aligned} \tag{6-13}$$

最近位置（$2s$）的扩张调节片的描述方程如下。由 $\varphi_{2s}=\pi$、$\gamma_{is}=\gamma_{2s}=0$，得到

$$\begin{aligned} l_{BC}C\beta_{2s}-l_{\mathrm{h}}S\beta_{2s}+l_{CD}C\beta_{2s}+X_8=l_{AB}(C\theta_sC\delta_{2s}+S\theta_sS\delta_{2s}) \\ +R_2'S\theta_s+l_{\mathrm{t}}C\theta_s+l_{0s} \end{aligned} \tag{6-14}$$

$$\begin{aligned} -l_{BC}S\beta_{2s}-l_{\mathrm{h}}C\beta_{2s}-l_{CD}S\beta_{2s}-R_{8j}= \\ l_{AB}(S\theta_sC\delta_{2s}-C\theta_sS\delta_{2s})-R_2'C\theta_s+l_{\mathrm{t}}S\theta_s \end{aligned} \tag{6-15}$$

3. 对称位置扩张调节片位姿

在对称位置，相应参数为 $\mu=0$、$\eta=\theta_s$、$\beta_{1s}=\beta_{3s}$、$\delta_{1s}=\delta_{3s}$、$\gamma_{1s}=-\gamma_{3s}$。此时 $\varphi_{1s}=\zeta+\pi/2$、$\gamma_i=\gamma_{1s}$。

（1）C_iD_i构件的坐标变换矩阵　构件坐标系（$Oxyz$）$_{\mathrm{II}s}$先绕 $Z_{\mathrm{II}s}$轴旋转 β_{1s}，再绕 x 轴转

φ_{1s}，便可以与固定坐标系重合，由此得到构件 D-H 矩阵为

$$(T_{\mathrm{II}s})=\begin{pmatrix} C\beta_{1s} & -S\beta_{1s} & 0 & X_8 \\ C\varphi_{1s}S\beta_{1s} & C\varphi_{1s}C\beta_{1s} & -S\varphi_{1s} & R_{8j}C\varphi_{1s} \\ S\varphi_{1s}S\beta_{1s} & S\varphi_{1s}C\beta_{1s} & C\varphi_{1s} & R_{8j}S\varphi_{1s} \\ 0 & 0 & 0 & 1 \end{pmatrix} \tag{6-16}$$

（2）扩张调节片 C_iB_i构件坐标变换矩阵　扩张调节片构件坐标系绕转动副轴线 $\boldsymbol{u}_{D1s}$ 旋转 γ_{1s}，再绕 x_{II} 轴旋转 π/2，便可以与固定坐标系重合，由此得扩张调节片的 D-H 矩阵为

$$(T_{\mathrm{II}1s})=\begin{pmatrix} C\gamma_{1s} & -S\gamma_{1s} & 0 & l_{CD} \\ 0 & 0 & -1 & 0 \\ S\gamma_{1s} & C\gamma_{1s} & 0 & 0 \\ 0 & 0 & 0 & 1 \end{pmatrix} \tag{6-17}$$

（3）拉杆 A_iB_i构件坐标变换矩阵　A_{i1s}在 $Oxyz$ 坐标系中的坐标为

$$\boldsymbol{A}_i=\begin{pmatrix} R_2'(-C\varphi_{1s}S\eta-S\varphi_{1s}S\mu C\eta)+l_{\mathrm{t}}C\mu C\eta+l_{0s} \\ R_2'(C\varphi_{1s}C\eta-S\varphi_{1s}S\mu S\eta)+l_{\mathrm{t}}C\mu S\eta \\ R_2'S\varphi_{1s}C\mu+l_{\mathrm{t}}S\mu \end{pmatrix}=\begin{pmatrix} l_{\mathrm{t}}C\theta_s+l_{0s} \\ l_{\mathrm{t}}S\theta_s \\ R_2' \end{pmatrix}$$

可以导出拉杆的 D-H 表达矩阵为

$$(T_{\mathrm{IV}1s})=\left(\begin{array}{c|c|c|c} C\theta_sC\delta_{1s} & -C\theta_sS\delta_{1s} & S\theta_s & l_{\mathrm{t}}C\theta_s+l_{0s} \\ S\theta_sC\delta_{1s} & -S\theta_sS\delta_{1s} & -C\theta_s & l_{\mathrm{t}}S\theta_s \\ S\delta_{1s} & C\delta_{1s} & 0 & R_2' \\ 0 & 0 & 0 & 1 \end{array}\right) \tag{6-18}$$

（4）扩张调节片的位姿描述方程　B_i点在（$Oxyz$）$_{\mathrm{III}s}$中的坐标为 $\boldsymbol{B}_{\mathrm{III}s}=(E_1,0,-l_{\mathrm{h}})^{\mathrm{T}}$，有

$$\boldsymbol{B}_{1s}=(T_{\mathrm{I}1s})(T_{\mathrm{II}1s})\boldsymbol{B}_{\mathrm{II}1s}$$

B_i点在（$Oxyz$）$_{\mathrm{IV}1s}$中的坐标为 $\boldsymbol{B}_{\mathrm{IV}1s}=(C_1,0,0)^{\mathrm{T}}$，此时

$$\boldsymbol{B}_i=(T_{\mathrm{IV}1s})\boldsymbol{B}_{\mathrm{IV}1s}$$

得到

$$(T_{\mathrm{I}1s})(T_{\mathrm{II}1s})\boldsymbol{B}_{\mathrm{II}1s}=(T_{\mathrm{IV}1s})\boldsymbol{B}_{\mathrm{IV}1s}$$

展开整理得扩张调节片位姿的描述方程

$$\begin{pmatrix} l_{BC}C\beta_{1s}C\gamma_{1s}-l_{\mathrm{h}}S\beta_{1s}+l_{CD}C\beta_{1s}+X_8 \\ -l_{BC}S\omega_{1s} \\ l_{BC}S\beta_{1s}C\gamma_{1s}+l_{\mathrm{h}}C\beta_{1s}+l_{CD}S\beta_{1s}+R_{8j} \\ 1 \end{pmatrix}=\begin{pmatrix} C_1C\theta_sC\delta_{1s}+l_{\mathrm{t}}C\theta_s+l_{0s} \\ C_1S\theta_sC\delta_{1s}+vS\theta_s \\ C_1S\delta_{1s}+R_2' \\ 1 \end{pmatrix}$$

整理得到扩张调节片 1s 对称位置的描述方程

$$l_{BC}C\beta_{1s}C\gamma_{1s}-l_{\mathrm{h}}S\beta_{1s}+l_{CD}C\beta_{1s}+X_8=l_{AB}C\theta_sC\delta_{1s}+l_{\mathrm{t}}C\theta_s+l_{0s}- \tag{6-19}$$

$$l_{BC}S\gamma_{1s}=l_{CD}S\theta_sC\delta_{1s}+l_{\mathrm{t}}S\theta_s \tag{6-20}$$

$$l_{BC}S\beta_{1s}C\gamma_{1s}+l_{\mathrm{h}}C\beta_{1s}+l_{CD}S\beta_{1s}+R_{8j}=l_{AB}S\delta_{1s}+R_2' \tag{6-21}$$

式中，β_{1s}、γ_{1s}、δ_{1s}、θ_s 和 l_{0s}为未知量。

6.1.4　时变几何体描述

1. 双半椭圆模型假设

利用第 5 章建立的面向对象 AVEN 三维虚拟仿真平台，通过大量的分析计算表明，在喷管扩张段发生偏转后，其喷口面积 A9 外形近似为椭圆形。为此，采用两个半椭圆近似代替喷口的几何形状，如图 6-3 所示。

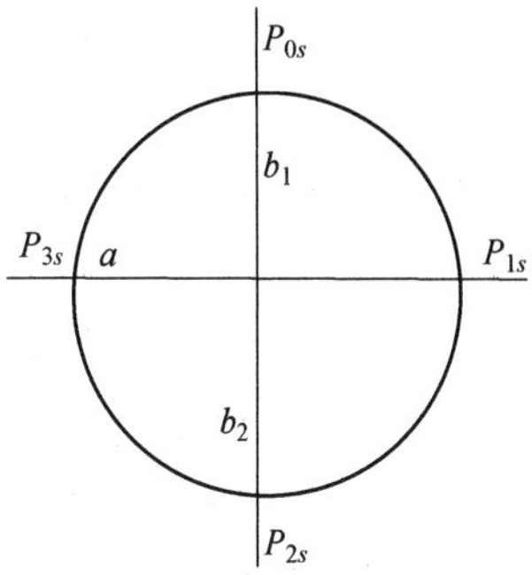

图 6-3　A9 喷口面积的双半椭圆模型

双半椭圆模型被特殊位置扩张调节片末端中心的坐标所确定，它们的坐标分别为

$$\boldsymbol{P}_{0s}=\begin{pmatrix}P_{x0s}\\P_{y0s}\\P_{z0s}\end{pmatrix}=\begin{pmatrix}l_{CS}C\beta_{0s}+X_8+l_{\mathrm{h}}S\beta_{0s}\\l_{CS}S\beta_{0s}+R_{8j}-l_{\mathrm{h}}C\beta_{0s}\\0\end{pmatrix}\tag{6-22}$$

式中，$l_{CS}=l_{CD}+l_{DP}$。

$$\boldsymbol{P}_{2s}=\begin{pmatrix}P_{x2s}\\P_{y2s}\\P_{z2s}\end{pmatrix}=\begin{pmatrix}l_{CS}C\beta_{2s}+X_8+l_{\mathrm{h}}S\beta_{2s}\\-l_{CS}S\beta_{2s}-R_{8j}-l_{\mathrm{h}}C\beta_{2s}\\0\end{pmatrix}\tag{6-23}$$

$$\boldsymbol{P}_{1s}=\begin{pmatrix}P_{x1s}\\P_{y1s}\\P_{z1s}\end{pmatrix}=\begin{pmatrix}(l_{CS}-l_{CD})C\beta_{1s}C\gamma_{1s}+l_{CD}C\beta_{1s}+X_8+l_{\mathrm{h}}S\beta_{1s}\\-(l_{CS}-l_{CD})S\omega_{1s}\\(l_{CS}-l_{CD})S\beta_{1s}C\gamma_{1s}+l_{CD}S\beta_{1s}+R_{8j}-l_{\mathrm{h}}C\beta_{1s}\end{pmatrix}\tag{6-24}$$

$$\boldsymbol{P}_{3s}=\begin{pmatrix}P_{x3s}\\P_{y3s}\\P_{z3s}\end{pmatrix}=\begin{pmatrix}(l_{CS}-l_{CD})C\beta_{1s}C\gamma_{1s}+l_{CD}C\beta_{1s}+X_8+l_{\mathrm{h}}S\beta_{1s}\\-(l_{CS}-l_{CD})S\omega_{1s}\\-(l_{CS}-l_{CD})S\beta_{1s}C\gamma_{1s}-l_{CD}S\beta_{1s}-R_{8j}+l_{\mathrm{h}}C\beta_{1s}\end{pmatrix}\tag{6-25}$$

2. 双半椭圆模型 A9 特征参数

（1）近似几何中心 G_S　如图 6-1 所示，喷口近似几何中心 G_s 的坐标为

$$\boldsymbol{G}_s=\frac{\boldsymbol{P}_{1s}+\boldsymbol{P}_{3s}}{2}\tag{6-26}$$

$$G_{sx}=\frac{P_{x1s}+P_{x2s}}{2}\quad G_{sy}=\frac{P_{y1s}+P_{y2s}}{2}\quad G_{sz}=\frac{P_{z1s}+P_{z2s}}{2}$$

当 $\beta\neq0$ 时，喷口近似几何中心 $\boldsymbol{G}_r$，其在固定坐标系中的坐标为

$$\boldsymbol{G}_r=\frac{\boldsymbol{P}_{1r}+\boldsymbol{P}_{3r}}{2}\tag{6-27}$$

$$G_{rx}=\frac{P_{x1r}+P_{x2r}}{2}\quad G_{ry}=\frac{P_{y1r}+P_{y2r}}{2}\quad G_{rz}=\frac{P_{z1r}+P_{z2r}}{2}$$

式中，$\boldsymbol{G}_s$ 和 $\boldsymbol{G}_r$ 存在变换关系：

$$\boldsymbol{G}_s=(R_{\beta,x})\boldsymbol{G}_r$$

（2）喷口面积　对于双半椭圆分布的喷口面积 A_{s9}，其面积为

$$A_{s9}=\pi a(b_1+b_2)/2$$

$$a=0.5\sqrt{(\boldsymbol{P}_{1s}-\boldsymbol{P}_{3s})^{\mathrm{T}}(\boldsymbol{P}_{1s}-\boldsymbol{P}_{3s})}$$

$$b_1=\sqrt{(\boldsymbol{P}_{0s}-\boldsymbol{G}_s)^{\mathrm{T}}(\boldsymbol{P}_{0s}-\boldsymbol{G}_s)}$$

$$b_2=\sqrt{(\boldsymbol{P}_{2s}-\boldsymbol{G}_s)^{\mathrm{T}}(\boldsymbol{P}_{2s}-\boldsymbol{G}_s)}$$

根据运动反解要求，喷口面积 A_{s9} 应该等于给定的面积值 A_{90}，由此得到

$$A_{s9}=\pi a(b_1+b_2)/2=A_{90} \tag{6-28}$$

将扩张调节片末端坐标代入式（6-28），得

$$a=0.5[(P_{x1s}-P_{x3s})^2+(P_{y1s}-P_{y3s})^2+(P_{z1s}-P_{z3s})^2]^{1/2}$$

$$b_1=[(P_{x0s}-G_{sx})^2+(P_{y0s}-G_{sy})^2+(P_{z0s}-G_{sz})^2]^{1/2}$$

$$b_2=[(P_{x2s}-G_{sx})^2+(P_{y2s}-G_{sy})^2+(P_{z2s}-G_{sz})^2]^{1/2}$$

（3）近似几何矢量偏转角　偏转矢量指喉道中心 O_4 指向喷口实际中心 G_s 的矢量 $\boldsymbol{O}_4\boldsymbol{G}_s$，$\boldsymbol{O}_4\boldsymbol{G}_s$ 与 x 轴的夹角即为近似几何矢量偏转角 δ_{sgef}。

$$\delta_{\mathrm{sgef}}=\arccos\frac{G_{sx}-X_4}{\sqrt{(G_{sx}-X_4)^2+G_{sy}^2+G_{sz}^2}} \tag{6-29}$$

根据运动反解要求，$\delta_{\mathrm{sgef}}=\delta_{\mathrm{gef}}$，故得到转向驱动环近似位姿求解的几何矢量偏转角方程

$$\sin^2\delta_{\mathrm{gef}}(G_{sx}-X_4)^2-\cos^2\delta_{\mathrm{gef}}G_{sy}^2-\cos^2\delta_{\mathrm{gef}}G_{sz}^2=0 \tag{6-30}$$

6.1.5　AVEN 运动反解近似模型

利用特殊位置（含假想位置）扩张调节片位姿的描述式（6-12）~式（6-15）、式（6-19）~式（6-21）和喷口面积约束方程式（6-28）、几何矢量偏转角约束方程式（6-30）可以确定 AVEN 转向驱动环的近似位姿。转向驱动环的位姿约束方程为

$$f_1=l_{BC}C\beta_{0s}-l_{\mathrm{h}}S\beta_{0s}+X_8-l_{AB}(C\theta_sC\delta_{0s}-S\theta_sS\delta_{0s})+R_2'S\theta_s-l_{\mathrm{t}}C\theta_s-l_{0s}=0 \tag{6-31}$$

$$f_2=l_{BC}S\beta_{0s}+l_{\mathrm{h}}C\beta_{0s}-l_{AB}(S\theta_sC\delta_{0s}+C\theta_sS\delta_{0s})-R_2'C\theta_s-l_{\mathrm{t}}S\theta_s+R_{8j}=0 \tag{6-32}$$

$$f_3=l_{BC}C\beta_{2s}-l_{\mathrm{h}}S\beta_{2s}+X_8-l_{AB}(C\theta_sC\delta_{2s}+S\theta_sS\delta_{2s})-R_2'S\theta_s-l_{\mathrm{t}}C\theta_s-L_{0s}=0 \tag{6-33}$$

$$f_4=-l_{BC}S\beta_{2s}-l_{\mathrm{h}}C\beta_{2s}-l_{AB}(S\theta_sC\delta_{2s}-C\theta_sS\delta_{2s})+R_2'C\theta_s-l_{\mathrm{t}}S\theta_s-R_{8j}=0 \tag{6-34}$$

$$f_5=l_{BC}C\beta_{1s}C\gamma_{1s}+l_{CD}C\beta_{1s}-l_{\mathrm{h}}S\beta_{1s}+X_8-l_{AB}C\theta_sC\delta_{1s}-l_{\mathrm{t}}C\theta_s-l_{0s}=0 \tag{6-35}$$

$$f_6=-l_{BC}S\gamma_{1s}-l_{AB}S\theta_sC\delta_{1s}-l_{\mathrm{t}}S\theta_s=0 \tag{6-36}$$

$$f_7=l_{BC}S\beta_{1s}C\gamma_{1s}+l_{CD}S\beta_{1s}+l_{\mathrm{h}}C\beta_{1s}-l_{AB}S\delta_{1s}-R_2'+R_{8j}=0 \tag{6-37}$$

$$f_8=A_{90}-\frac{\pi a(b_1+b_2)}{2}=0 \tag{6-38}$$

$$f_9=S^2\delta_{\mathrm{gef}}(G_{sx}-X_4)^2-C^2\delta_{\mathrm{gef}}G_{sy}^2-C^2\delta_{\mathrm{gef}}G_{sz}^2=0 \tag{6-39}$$

式（6-31）~式（6-39）为 AVEN 运动反解近似模型，可以表示为

$$\boldsymbol{F}(x)=(f_1,f_2,\cdots,f_9)^{\mathrm{T}}$$

$$\boldsymbol{x}=(\beta_{0s},\delta_{0s},\beta_{2s},\delta_{2s},\beta_{1s},\gamma_{1s},\delta_{1s},\theta_s,l_{0s})^{\mathrm{T}}$$

$$\boldsymbol{y}=(\delta_{\mathrm{gef}},\zeta,A_{90})^{\mathrm{T}}$$

式中，$\boldsymbol{y}$ 为确定时变几何体在空间分布的状态参数，即 AVEN 运动反解给定的参数。其中 δ_{gef} 为时变几何体偏转角；ζ 为其方位角；A_{90} 为喷口面积。在矢量 $\boldsymbol{x}$ 中，β_{0s}、β_{2s}、β_{1s} 表示 CD 构件在特殊位置相对于 Stewart 固定平台上 R 副的转角；δ_{0s}、δ_{2s}、δ_{1s} 表示与动平台连接的 AB 构件在特殊位置相对于动平台上 R 副的转角；γ_{1s} 为对称位置扩张调节片相对 R 副的切向转角；θ_s、l_{0s} 为采用近似模型时 Stewart 动平台的偏转角和沿发动机轴线方向的位移。此时，

Stewart 动平台的位姿矢量为$(l_{0s},0,0,0,\theta_s,\zeta)^{\mathrm{T}}$。

利用 Newton-Raphson 法或同伦法，求解式（6-31）~式（6-39），可以得到特殊位置 RSRR 运动链位姿和动平台位姿近似解。为达到实时求解的目的，需要对反解方程组进行进一步降维处理。

6.2 近似模型降维

为了获得可以用于实时控制的 AVEN 运动反解数学模型，需要将近似模型中的 9 维约束方程降维。这里采用削元法进行降维。

将式（6-31）、式（6-32）中的β_{0s}、δ_{0s}用θ_s、l_{0s}表示，为此，将式（6-31）变为

$$(l_{BC}-l_{CD})C\beta_{0s}-l_{\mathrm{h}}S\beta_{0s}+X_8+R_2'S\theta_s-l_{\mathrm{t}}C\theta_s-l_{0s}=l_{AB}C(\theta_s+\delta_{0s}) \tag{6-40}$$

式（6-32）变为

$$(l_{BC}-l_{CD})S\beta_{0s}+l_{\mathrm{h}}C\beta_{0s}-R_2'C\theta_s-l_{\mathrm{t}}S\theta_s+R_{8j}=l_{AB}S(\theta_s+\delta_{0s}) \tag{6-41}$$

令

$$\begin{aligned}
ac_{01}&=X_8+R_2'S\theta_s-l_{\mathrm{t}}C\theta_s-l_{0s}\\
ac_{02}&=-R_2'C\theta_s-l_{\mathrm{t}}S\theta_s+R_{8j}\\
ac_{03}&=(l_{BC}-l_{CD})C\beta_{0s}-l_{\mathrm{h}}S\beta_{0s}+ac_{01}\\
ac_{04}&=(l_{BC}-l_{CD})S\beta_{0s}+l_{\mathrm{h}}C\beta_{0s}+ac_{02}
\end{aligned}$$

式（6-40）、式（6-41）变为

$$(l_{BC}-l_{CD})C\beta_{0s}-l_{\mathrm{h}}S\beta_{0s}+ac_{01}=l_{AB}C(\theta_s+\delta_{0s}) \tag{6-42}$$

$$(l_{BC}-l_{CD})S\beta_{0s}+l_{\mathrm{h}}C\beta_{0s}+ac_{02}=l_{AB}S(\theta_s+\delta_{0s}) \tag{6-43}$$

将式（6-42）、式（6-43）两边平方求和得

$$\begin{aligned}
&[2(l_{BC}-l_{CD})ac_{02}-2l_{\mathrm{h}}ac_{01}]S\beta_{0s}+[2(l_{BC}-l_{CD})ac_{01}+2l_{\mathrm{h}}ac_{02}]C\beta_{0s}+\\
&[(l_{BC}-l_{CD})^2+l_{\mathrm{h}}^2+ac_{01}^2+ac_{02}^2-l_{AB}^2]=0
\end{aligned} \tag{6-44}$$

令

$$\begin{aligned}
ac_{05}&=2(l_{BC}-l_{CD})ac_{02}-2l_{\mathrm{h}}ac_{01}\\
ac_{06}&=2(l_{BC}-l_{CD})ac_{01}+2l_{\mathrm{h}}ac_{02}\\
ac_{07}&=(l_{BC}-l_{CD})^2+l_{\mathrm{h}}^2+ac_{01}^2+ac_{02}^2-l_{AB}^2
\end{aligned}$$

式（6-44）简记为

$$ac_{05}S\beta_{0s}+ac_{06}C\beta_{0s}+ac_{07}=0 \tag{6-45}$$

得到

$$\beta_{0s}=\arccos\frac{-ac_{06}ac_{07}+MD_{0s}ac_{05}\sqrt{ac_{05}^2+ac_{06}^2-ac_{07}^2}}{ac_{05}^2+ac_{06}^2} \tag{6-46}$$

$$\delta_{0s}=\arctan\frac{ac_{04}}{ac_{03}}-\theta_s \tag{6-47}$$

式（6-46）中，$MD_{0s}=\pm1$，其值的选取取决于装配模式，应根据机构连续性确定。将式（6-33）、式（6-34）中的β_{2s}、δ_{2s}用θ_s、l_{0s}表示。为此，将式（6-33）变为

$$(l_{BC}-l_{CD})C\beta_{2s}-l_{\mathrm{h}}S\beta_{2s}+X_8-R_2'S\theta_s-l_{\mathrm{t}}C\theta_s-l_{0s}=l_{AB}C(\theta_s-\delta_{2s}) \tag{6-48}$$

式（6-34）变为

$$-(l_{BC}-l_{CD})S\beta_{2s}-l_{\mathrm{h}}C\beta_{2s}+R_2'C\theta_s-l_{\mathrm{t}}S\theta_s-R_{8j}=l_{AB}S(\theta_s-\delta_{2s}) \tag{6-49}$$

令

$$ac_{21}=X_8-R_2'S\theta_s-l_{\mathrm{t}}C\theta_s-l_{0s}$$
$$ac_{22}=R_2'C\theta_s-l_{\mathrm{t}}S\theta_s-R_{8j}$$
$$ac_{23}=(l_{BC}-l_{CD})C\beta_{2s}-l_{\mathrm{h}}S\beta_{2s}+ac_{21}$$
$$ac_{24}=-(l_{BC}-l_{CD})S\beta_{2s}-l_{\mathrm{h}}C\beta_{2s}+ac_{22}$$

则式（6-48）、式（6-49）变为

$$(l_{BC}-l_{CD})C\beta_{2s}-l_{\mathrm{h}}S\beta_{2s}+ac_{21}=l_{AB}C(\theta_s-\delta_{2s}) \tag{6-50}$$

$$-(l_{BC}-l_{CD})S\beta_{2s}-l_{\mathrm{h}}C\beta_{2s}+ac_{22}=l_{AB}S(\theta_s-\delta_{2s}) \tag{6-51}$$

将式（6-50）、式（6-51）两边平方求和得

$$\begin{aligned}&[-2(l_{BC}-l_{CD})ac_{22}-2l_{\mathrm{h}}ac_{21}]S\beta_{2s}+[2(l_{BC}-l_{CD})ac_{21}-2l_{\mathrm{h}}ac_{22}]C\beta_{2s}+\\&[(l_{BC}-l_{CD})^2+l_{\mathrm{h}}^2+ac_{21}^2+ac_{22}^2-l_{AB}^2]=0\end{aligned} \tag{6-52}$$

令

$$ac_{25}=-2(l_{BC}-l_{CD})ac_{22}-2l_{\mathrm{h}}ac_{21}$$
$$ac_{26}=2(l_{BC}-l_{CD})ac_{21}-2l_{\mathrm{h}}ac_{22}$$
$$ac_{27}=(l_{BC}-l_{CD})^2+l_{\mathrm{h}}^2+ac_{21}^2+ac_{22}^2-l_{AB}^2$$

式（6-52）简记为

$$ac_{25}S\beta_{2s}+ac_{26}C\beta_{2s}+ac_{27}=0 \tag{6-53}$$

得到

$$\beta_{2s}=\arccos\frac{-ac_{26}ac_{27}+MD_{2s}ac_{25}\sqrt{ac_{25}^2+ac_{26}^2-ac_{27}^2}}{ac_{25}^2+ac_{26}^2} \tag{6-54}$$

$$\delta_{2s}=\theta_s-\arctan\frac{ac_{24}}{ac_{23}} \tag{6-55}$$

式（6-54）中，$MD_{2s}=\pm1$，其值根据机构装配模式确定。

将式（6-35）~式（6-37）中的β_{1s}、γ_{1s}用θ_s、l_{0s}表示。由式（6-36）得

$$S\gamma_{1s}=\frac{-(l_{AB}C\delta_{1s}+l_{\mathrm{t}})S\theta_s}{l_{BC}} \tag{6-56}$$

$$\gamma_{1s}=\arcsin\frac{-(l_{AB}C\delta_{1s}+l_{\mathrm{t}})S\theta_s}{l_{BC}} \tag{6-57}$$

$$C\gamma_{1s}=\sqrt{1-S^2\gamma_{1s}}=\frac{\sqrt{l_{AB}^2-S^2\theta_s(l_{AB}C\delta_{1s}+l_{\mathrm{t}})^2}}{l_{BC}} \tag{6-58}$$

将$C\gamma_{1s}$代入式（6-35），得

$$\begin{aligned}&l_{BC}C\beta_{1s}\frac{\sqrt{l_{AB}^2-S^2\theta_s(l_{AB}C\delta_{1s}+l_{\mathrm{t}})^2}}{l_{BC}}+l_{CD}C\beta_{1s}-l_{\mathrm{h}}S\beta_{1s}+\\&X_8-l_{AB}C\theta_sC\delta_{1s}-l_{\mathrm{t}}C\theta_s-l_{0s}=0\end{aligned} \tag{6-59}$$

则式（6-35）变为

$$ac_{15}S\beta_{1s}+ac_{16}C\beta_{1s}+ac_{17}=0 \tag{6-60}$$

$$ac_{15} = -l_{\mathrm{h}}$$

$$ac_{16} = l_{AB}C\gamma_{1s} + l_{CD}$$

$$ac_{17} = X_8 - l_{AB}C\theta_s C\delta_{1s} - l_{\mathrm{t}}C\theta_s - l_{0s}$$

根据前述方法，得到

$$\beta_{1s} = \arccos\frac{-ac_{16}ac_{17} + MD_{1s}ac_{15}\sqrt{ac_{15}^2 + ac_{16}^2 - ac_{17}^2}}{ac_{15}^2 + ac_{16}^2} \tag{6-61}$$

或

$$\beta_{1s} = \arctan\frac{-ac_{15}ac_{16} + MD_{1s}ac_{17}\sqrt{ac_{15}^2 + ac_{16}^2 - ac_{17}^2}}{ac_{15}^2 - ac_{17}^2}$$

式中，$MD_{1s} = \pm 1$，其值根据机构装配模式确定。

由此，将式（6-31）~式（6-39）共 9 个方程简化为 3 个方程

$$f_1 = l_{BC}S\beta_{1s}C\gamma_{1s} + l_{CD}S\beta_{1s} + l_{\mathrm{h}}C\beta_{1s} - l_{AB}S\delta_{1s} - R_2' + R_{8j} = 0 \tag{6-62}$$

$$f_2 = A_{90} - A_{s9} = 0 \tag{6-63}$$

$$f_3 = S^2\delta_{\mathrm{gef}}(G_{sx} - X_8)^2 - C^2\delta_{\mathrm{gef}}\alpha G_{sy}^2 - C^2\delta_{\mathrm{gef}}G_{sz}^2 = 0 \tag{6-64}$$

式（6-62）~式（6-64）仅含有 3 个未知量：δ_{1s}、θ_s、l_{0s}。用数值方法解式（6-62）~式（6-64），能够满足 45°/s 的方位偏转角速度要求。

6.3 AVEN 运动反解精确模型

6.3.1 一般位置扩张调节片的位姿描述方程

1. 构件坐标系的 D-H 矩阵

对于一般位置的扩张调节片，其在转向驱动环周向的方位角为 φ_i，此时各构件的变换矩阵如下：

（1）扩张调节片转接头 D_iC_i 构件的变换矩阵　D_i 在坐标系 $Oxyz$ 中的坐标为

$$\boldsymbol{D}_i = (X_8,\ R_{8j}C\varphi_i,\ R_{8j}S\varphi_i)^{\mathrm{T}}$$

D_iC_i 构件所在的构件坐标系（$Oxyz$）$_{\mathrm{II}}$ 经过绕 $z_{\mathrm{I}i}$ 轴转 β_i 角的坐标旋转和绕 x 轴转 φ_i 角的坐标变换，达到与固定坐标系 $Oxyz$ 的重合，由此得到 D_iC_i 构件坐标系与固定坐标系的变换矩阵为

$$(T_{\mathrm{I}i}) = \begin{pmatrix} C\beta_i & -S\beta_i & 0 & X_8 \\ C\varphi_i S\beta_i & C\varphi_i C\beta_i & -S\varphi_i & R_{8j}C\varphi_i \\ S\varphi_i S\beta_i & S\varphi_i C\beta_i & C\varphi_i & R_{8j}S\varphi_i \\ 0 & 0 & 0 & 1 \end{pmatrix} \tag{6-65}$$

（2）扩张调节片 C_iB_i 构件坐标变换矩阵　C_iB_i 构件坐标系，经过绕 z_{II} 旋转 γ_i 角，再绕 x_{I} 轴旋转 π/2，便可以与 C_iD_i 构件坐标系重合，得到由 C_iB_i 构件坐标系到 C_iD_i 构件坐标系的变换矩阵为

$$(T_{\mathrm{II}i})=\begin{pmatrix} C\gamma_i & -S\varphi_i & 0 & l_{CD} \\ 0 & 0 & -1 & 0 \\ S\gamma_i & C\gamma_i & 0 & 0 \\ 0 & 0 & 0 & 1 \end{pmatrix} \tag{6-66}$$

（3）拉杆 A_iB_i 构件坐标变换矩阵　A_i 在 $Oxyz$ 坐标系中的坐标为

$$\boldsymbol{A}_i=\begin{pmatrix} R_2'(-C\varphi_iS\eta-S\varphi_iS\mu C\eta)+l_tC\mu C\eta+l_0 \\ R_2'(C\varphi_iC\eta-S\varphi_iS\mu S\eta)+l_tC\mu S\eta \\ R_2'S\varphi_iC\mu+l_tS\mu \end{pmatrix}$$

拉杆 A_iB_i 构件坐标系经过绕 z 轴旋转 δ_i 角，绕 x 轴旋转 φ_i 角变换到转向驱动环坐标系，再经过绕 y 轴旋转 μ_i 角、绕 z 轴旋转 η_i 角的变换，与固定坐标系重合。由此得到拉杆 A_iB_i 构件坐标系与固定坐标系的变换矩阵为

$$(T_{\mathrm{IV}i})=\left(\begin{array}{c|c|c|c} C\mu C\eta C\delta_i-(C\varphi_iS\eta+S\varphi_iS\mu C\eta)S\delta_i & -C\mu C\eta S\delta_i-(C\varphi_iS\eta+S\varphi_iS\mu C\eta)C\delta_i & S\varphi_iS\eta-C\varphi_iS\mu C\eta & R_2'(-C\varphi_iS\eta-S\varphi_iS\mu C\eta)+l_tC\mu C\eta+l_0 \\ C\mu S\eta C\delta_i+(C\varphi_iC\eta-S\varphi_iS\mu S\eta)S\delta_i & -C\mu S\eta S\delta_i+(C\varphi_iC\eta-S\varphi_iS\mu S\eta)C\delta_i & -S\varphi_iC\eta-C\varphi_iS\mu S\eta & R_2'(C\varphi_iC\eta-S\varphi_iS\mu S\eta)+l_tC\mu S\eta \\ S\mu C\delta_i+S\varphi_iC\mu S\delta_i & -S\mu S\delta_i+S\varphi_iC\mu C\delta_i & C\varphi_iC\mu & R_2'S\varphi_iC\mu+l_tS\mu \\ 0 & 0 & 0 & 1 \end{array}\right) \tag{6-67}$$

2. 一般位置扩张调节片位姿描述方程

B_i 点在（$Oxyz$）$_{\mathrm{II}i}$ 中的坐标为 $\boldsymbol{B}_{\mathrm{II}i}=(l_{BC},0,-l_{\mathrm{h}})^{\mathrm{T}}$，经过由 C_iB_i 构件坐标系到 C_iD_i 构件坐标系的 D-H 变换，B_i 可以表示为

$$\boldsymbol{B}_i=(T_{\mathrm{I}i})(T_{\mathrm{II}i})\boldsymbol{B}_{\mathrm{II}i}$$

B_i 点在（$Oxyz$）$_{\mathrm{IV}i}$ 中的坐标为 $\boldsymbol{B}_{\mathrm{IV}i}=(C_1,0,0)^{\mathrm{T}}$，经过由 A_iB_i 构件坐标系到固定坐标系的 D-H 变换，B_i 可以表示为

$$\boldsymbol{B}_i=(T_{\mathrm{IV}i})\boldsymbol{B}_{\mathrm{IV}i}$$

由上述两种途径得到的 B_i 应该相等，即

$$(T_{\mathrm{I}i})(T_{\mathrm{II}i})\boldsymbol{B}_{\mathrm{II}i}=(T_{\mathrm{IV}i})\boldsymbol{B}_{\mathrm{IV}i}$$

展开整理得

$$\begin{aligned} l_{BD}C\beta_iC\gamma_i-l_{\mathrm{h}}S\beta_i+l_{CD}C\beta_i+X_8=l_{AB}[C\mu C\eta C\delta_i-(C\varphi_iS\eta+S\varphi_iS\mu C\eta)S\delta_i]+ \\ R_2'(-C\varphi_iS\eta-S\varphi_iS\mu C\eta)+l_tC\mu C\eta+l_0 \end{aligned} \tag{6-68}$$

$$\begin{aligned} l_{BD}(C\varphi_iS\beta_iC\gamma_i-S\varphi_iS\gamma_i)+l_{\mathrm{h}}C\varphi_iC\beta_i+l_{CD}C\varphi_iS\beta_i+R_{8j}C\varphi_i= \\ l_{AB}[C\mu S\eta C\delta_i+(C\varphi_iC\eta-S\varphi_iS\mu S\eta)S\delta_i]+ \\ R_2'(C\varphi_iC\eta-S\varphi_iS\mu S\eta)+l_tC\mu S\eta \end{aligned} \tag{6-69}$$

$$\begin{aligned} l_{BD}(S\varphi_iS\beta_iC\gamma_i+C\varphi_iS\gamma_i)+l_{\mathrm{h}}S\varphi_iC\beta_i+l_{CD}S\varphi_iS\beta_i+R_{8j}S\varphi_i= \\ l_{AB}(S\mu C\delta_i+S\varphi_iC\mu S\delta_i)+R_2'S\varphi_iC\mu+l_tS\mu \end{aligned} \tag{6-70}$$

式（6-68）~式（6-70）中，θ 和 l_0 在转向驱动环近似位姿描述式（6-62）~式（6-64）中能够求解。因此，仅有 3 个未知量，分别为 β_i、γ_i、δ_i，此 3 个变量确定扩张调节片在空间位置相对运动副的转角。

将式（6-68）~式（6-70）写成一般形式，并用 θ 和 ξ 表示转向驱动环的位姿，得到

$$\begin{aligned} f_{1i} = [\, & l_{BD}C\beta_iC\gamma_i - l_{\mathrm{h}}S\beta_i + l_{CD}C\beta_i + X_8 - l_{AB}C\delta_iC\theta - l_{\mathrm{t}}C\theta - \\ & l_0]\sqrt{1 - S^2\xi S^2\theta} + (l_{AB}S\delta_i + R_2)(C\varphi_iC\xi + S\varphi_iS\xi C\theta)S\theta = 0 \end{aligned} \tag{6-71}$$

$$\begin{aligned} f_{2i} = [\, & l_{BD}(C\varphi_iS\beta_iC\gamma_i - S\varphi_iS\gamma_i) + l_{\mathrm{h}}C\varphi_iC\beta_i + l_{CD}C\varphi_iS\beta_i + R_{8j}C\varphi_i - \\ & l_{AB}C\xi C\delta_iS\theta - l_{\mathrm{t}}C\xi S\theta]\sqrt{1 - S^2\xi S^2\theta} - \\ & (l_{AB}S\delta_i + R_2')[C\varphi_iC\theta - S\varphi_iS\xi C\xi S^2\theta) = 0 \end{aligned} \tag{6-72}$$

$$\begin{aligned} f_{3i} = \, & l_{BD}(S\varphi_iS\beta_iC\gamma_i + C\varphi_iS\gamma_i) + l_{\mathrm{h}}S\varphi_iC\beta_i + l_{CD}S\varphi_iS\beta_i + R_{8j}S\varphi_i - \\ & l_{AB}(S\xi C\delta_iS\theta + S\varphi_iS\delta_i\sqrt{1 - S^2\xi S^2\theta}) - \\ & R_2'S\varphi_i\sqrt{1 - S^2\xi S^2\theta} - l_{\mathrm{t}}S\xi S\theta = 0 \end{aligned} \tag{6-73}$$

3. 扩张调节片末端中点空间位姿的描述

一般位置扩张调节片末端 P 点在其自身的构件坐标系中的坐标矢量为

$$\boldsymbol{P}_{\mathrm{II}\,i} = (l_{CS} - l_{CD}, 0, l_{\mathrm{h}})^{\mathrm{T}}$$

式中，l_{CS}为扩张调节片的整体长度；l_{CD}为扩张调节片转接头运动副之间公垂线长度。

将 P 点的构件坐标转变为固定坐标系下的坐标，并令 $l_D = l_{CS} - l_{CD}$，得到

$$\begin{pmatrix} \boldsymbol{P}_i \\ 1 \end{pmatrix} = (T_i)\begin{pmatrix} \boldsymbol{P}_{\mathrm{II}\,i} \\ 1 \end{pmatrix}$$

$$= \begin{pmatrix} C\beta_iC\gamma_i & -C\beta_iS\gamma_i & S\beta_i & l_{CD}C\beta_i + X_8 \\ C\varphi_iS\beta_iC\gamma_i - S\varphi_iS\gamma_i & -C\varphi_iS\beta_iS\gamma_i - S\varphi_iC\gamma_i & -C\varphi_iC\beta_i & D_1C\varphi_iS\beta_i + R_{8j}C\varphi_i \\ S\varphi_iS\beta_iC\gamma_i + C\varphi_iS\gamma_i & -S\varphi_iS\beta_iS\gamma_i + C\varphi_iC\gamma_i & -S\varphi_iC\beta_i & D_1S\varphi_iS\beta_i + R_{8j}S\varphi_i \\ 0 & 0 & 0 & 1 \end{pmatrix}\begin{pmatrix} l_D \\ 0 \\ l_{\mathrm{h}} \\ 1 \end{pmatrix}$$

$$= \begin{pmatrix} l_DC\beta_iC\gamma_i + l_{CD}C\beta_i + X_8 + l_{\mathrm{h}}S\beta_i \\ l_D(C\varphi_iS\beta_iC\gamma_i - S\varphi_iS\gamma_i) + l_{CD}C\varphi_iS\beta_i + R_{8j}C\varphi_i - l_{\mathrm{h}}C\varphi_iC\beta_i \\ l_D(S\varphi_iS\beta_iC\gamma_i + C\varphi_iS\gamma_i) + l_{CD}S\varphi_iS\beta_i + R_{8j}S\varphi - l_{\mathrm{h}}S\varphi_iC\beta_i \\ 1 \end{pmatrix}$$

即

$$\boldsymbol{P}_i = \begin{pmatrix} P_{xi} \\ P_{yi} \\ P_{zi} \end{pmatrix} = \begin{pmatrix} l_DC\beta_iC\gamma_i + l_{CD}C\beta_i + X_8 + l_{\mathrm{h}}S\beta_i \\ l_D(C\varphi_iS\beta_iC\gamma_i - S\varphi_iS\gamma_i) + l_{CD}C\varphi_iS\gamma_i + R_{8j}C\varphi_i - l_{\mathrm{h}}C\varphi_iC\gamma_i \\ l_D(S\varphi_iS\beta_iC\gamma_i + C\varphi_iS\gamma_i) + l_{CD}S\varphi_iS\beta_i + R_{8j}S\varphi - l_{\mathrm{h}}S\varphi_iC\beta_i \end{pmatrix} \tag{6-74}$$

当从一般位置扩张调节片描述方程中得到 RRSR 运动链各运动副角位移 β_i、γ_i、δ_i 后，通过式（6-74）可以得到扩张调节片末端的位置坐标。

6.3.2　喷口面积 A9 的误差补偿

如图 6-1 所示，AVEN 喷口的精确面积 A_{a9} 等于一系列小三角形$\triangle G_sP_iP_{i-1}$面积的和：

$$A_{a9} = \sum_{i=1}^{n} A_i = \sum_{i=1}^{n} \sqrt{A_{1i}^2 + A_{2i}^2 + A_{3i}^2} \tag{6-75}$$

$$A_{1i} = (G_{sy}P_{zi} + P_{yi}P_{zi_1} + G_{sz}P_{yi_1} - G_{sy}P_{zi_1} - G_{sz}P_{yi} - P_{zi}P_{yi_1})/2 \tag{6-76}$$

$$A_{2i} = (G_{sz}P_{xi} + G_{zi}P_{xi_1} + G_{sx}P_{zi_1} - G_{sz}P_{xi_1} - G_{sx}P_{zi} - P_{xi}P_{zi_1})/2 \tag{6-77}$$

$$A_{3i} = (G_{sx}P_{yi} + P_{xi}P_{yi_1} + G_{sy}P_{xi_1} - G_{sx}P_{yi_1} - G_{sy}P_{xi} - P_{yi}P_{xi_1})/2 \tag{6-78}$$

式中，$i_1 = i - 1$。

在求转向驱动环位姿时，由于采用了特殊位置扩张调节片的双椭圆分布模型，使得 A_{s9} 与精确喷口面积 A_{9a} 有一定偏差，偏差值用 ΔA_s 表示

$$\Delta A_s = A_{9a} - A_{s9} \tag{6-79}$$

将 ΔA_s 分解到每个微三角形 A_i，并求 ΔA_s 关于 A_i 的偏微分，得到

$$\frac{\partial A_i}{\partial A_{1i}} = \frac{A_{1i}}{A_i} \quad \frac{\partial A_i}{\partial A_{2i}} = \frac{A_{2i}}{A_i} \quad \frac{\partial A_i}{\partial A_{3i}} = \frac{A_{3i}}{A_i}$$

$$\Delta A_s = \sum_{i=1}^{n} \mathrm{d}A_i = \sum_{i=1}^{n} \left(\frac{\partial A_i}{\partial A_{1i}} \mathrm{d}A_{1i} + \frac{\partial A_i}{\partial A_{2i}} \mathrm{d}A_{2i} + \frac{\partial A_i}{\partial A_{3i}} \mathrm{d}A_{3i} \right) \tag{6-80}$$

令

$$A_{123} = \sum_{i=1}^{n} \left(\left| \frac{\partial A_i}{\partial A_{1i}} \right|^2 + \left| \frac{\partial A_i}{\partial A_{2i}} \right|^2 + \left| \frac{\partial A_i}{\partial A_{3i}} \right|^2 \right) \tag{6-81}$$

得到以 A_{1i}、A_{2i}、A_{3i}表示的误差

$$\begin{cases} \mathrm{d}A_{1i} = \dfrac{\partial A_i / \partial A_{1i}}{A_{123}} \Delta A_s \\ \mathrm{d}A_{2i} = \dfrac{\partial A_i / \partial A_{2i}}{A_{123}} \Delta A_s \\ \mathrm{d}A_{3i} = \dfrac{\partial A_i / \partial A_{3i}}{A_{123}} \Delta A_s \end{cases} \tag{6-82}$$

求一般位置扩张调节片末端坐标 $P_i(P_{xi}, P_{yi}, P_{zi})$ 对各微三角形面积分量 A_{1i}、A_{2i}、A_{3i}的偏导数，得到

$$\begin{cases} \dfrac{\partial A_{1i}}{\partial P_{xi}} = 0 \\ \dfrac{\partial A_{1i}}{\partial P_{yi}} = (P_{zi_1} - G_{sz})/2 \\ \dfrac{\partial A_{1i}}{\partial P_{zi}} = (G_{sy} - P_{yi_1})/2 \end{cases} \quad \begin{cases} \dfrac{\partial A_{1i}}{\partial P_{xi_1}} = 0 \\ \dfrac{\partial A_{1i}}{\partial P_{yi_1}} = (G_{sz} - P_{zi})/2 \\ \dfrac{\partial A_{1i}}{\partial P_{zi_1}} = (P_{yi} - G_{sy})/2 \end{cases} \quad \begin{cases} \dfrac{\partial A_{2i}}{\partial P_{xi}} = (G_{sz} - P_{zi_1})/2 \\ \dfrac{\partial A_{2i}}{\partial P_{yi}} = 0 \\ \dfrac{\partial A_{2i}}{\partial P_{zi}} = (P_{xi_1} - G_{sx})/2 \end{cases}$$

$$\begin{cases} \dfrac{\partial A_{2i}}{\partial P_{xi_1}} = (G_{sz} - P_{zi_1})/2 \\ \dfrac{\partial A_{2i}}{\partial P_{yi_1}} = 0 \\ \dfrac{\partial A_{2i}}{\partial P_{zi_1}} = (P_{xi_1} - G_{sx})/2 \end{cases} \quad \begin{cases} \dfrac{\partial A_{3i}}{\partial P_{xi}} = (P_{yi_1} - G_{sy})/2 \\ \dfrac{\partial A_{3i}}{\partial P_{yi}} = (G_{sx} - P_{xi_1})/2 \\ \dfrac{\partial A_{3i}}{\partial P_{zi}} = 0 \end{cases} \quad \begin{cases} \dfrac{\partial A_{3i}}{\partial P_{xi_1}} = (G_{sy} - P_{yi})/2 \\ \dfrac{\partial A_{3i}}{\partial P_{yi_1}} = (P_{xi} - G_{sx})/2 \\ \dfrac{\partial A_{3i}}{\partial P_{zi_1}} = 0 \end{cases} \tag{6-83}$$

求一般位置扩张调节片末端中点坐标关于 RSRR 运动链各运动副角位移 β_i、γ_i、δ_i 的偏导数

$$\begin{cases}\dfrac{\partial P_{xi}}{\partial \beta_i}=-l_D S\beta_i C\gamma_i-l_{CD}S\beta_i+l_{\mathrm{h}}C\beta_i\\ \dfrac{\partial P_{xi}}{\partial \gamma_i}=-l_D C\beta_i S\gamma_i\\ \dfrac{\partial P_{yi}}{\partial \beta_i}=l_D C\varphi_i C\beta_i C\gamma_i+l_{CD}C\varphi_i C\beta_i+l_{\mathrm{h}}C\varphi_i S\beta_i\\ \dfrac{\partial P_{yi}}{\partial \gamma_i}=-l_D(C\varphi_i S\beta_i S\gamma_i+S\varphi_i C\gamma_i)\\ \dfrac{\partial P_{zi}}{\partial \gamma_i}=l_D(-S\varphi_i S\beta_i S\gamma_i+C\varphi_i C\gamma_i)\\ \dfrac{\partial P_{zi}}{\partial \beta_i}=l_D S\varphi_i C\beta_i C\gamma_i+l_{CD}S\varphi_i C\beta_i+l_{\mathrm{h}}S\varphi_i S\beta_i\end{cases}\tag{6-84}$$

经过数值分析表明，转向驱动环的轴向误差 Δl_0 对喷口面积 A9 的影响要远远大于转向驱动环的偏转角误差 $\Delta\theta$ 对喷口面积 A9 的影响。为了得到时变几何体 AVEN 的运动反解，当进行面积补偿时，忽略 $\Delta\theta$ 对喷口面积 A9 的影响。基于此，将一般位置扩张调节片求解式（6-71）~式（6-73）中的 f_{1i}、f_{2i}、f_{3i} 分别对 RRSR 运动链的运动副角位移 β_i、γ_i、δ_i 和转向驱动环中心坐标 l_0 求偏导数

$$\begin{cases}\dfrac{\partial f_{1i}}{\partial \beta_i}=(-l_{BC}S\beta_i C\gamma_i-l_{\mathrm{h}}C\beta_i-l_{AB}S\beta_i)\sqrt{1-S^2\xi S^2\theta}\\ \dfrac{\partial f_{1i}}{\partial l_0}=-\sqrt{1-S^2\xi S^2\theta}\\ \dfrac{\partial f_{1i}}{\partial \gamma_i}=-l_{BC}C\beta_i S\gamma_i\sqrt{1-S^2\xi S^2\theta}\\ \dfrac{\partial f_{1i}}{\partial \delta_i}=l_{AB}C\theta S\delta_i\sqrt{1-S^2\xi S^2\theta}+l_{AB}C\delta_i(C\varphi_i C\xi+S\varphi_i S\xi C\theta)S\theta\end{cases}\tag{6-85}$$

$$\begin{cases}\dfrac{\partial f_{2i}}{\partial \beta_i}=(l_{BC}C\varphi_i C\beta_i C\gamma_i-l_{\mathrm{h}}C\varphi_i S\beta_i+l_{CD}C\varphi_i C\beta_i)\sqrt{1-S^2\xi S^2\theta}\\ \dfrac{\partial f_{2i}}{\partial \gamma_i}=l_{BC}(-C\varphi_i S\beta_i S\gamma_i-S\varphi_i C\gamma_i)\sqrt{1-S^2\xi S^2\theta}\\ \dfrac{\partial f_{2i}}{\partial \delta_i}=l_{AB}C\xi S\theta S\delta_i\sqrt{1-S^2\xi S^2\theta}-l_{AB}C\delta_i(C\varphi_i C\theta-S\varphi_i S\xi C\xi S^2\theta)\end{cases}\tag{6-86}$$

$$\begin{cases}\dfrac{\partial f_{3i}}{\partial \beta_i}=l_{BC}S\varphi_i C\beta_i C\gamma_i-l_{\mathrm{h}}S\varphi_i S\beta_i+l_{CD}S\varphi_i C\beta_i\\ \dfrac{\partial f_{3i}}{\partial \gamma_i}=l_{BC}(-S\varphi_i S\beta_i S\gamma_i+C\varphi_i C\gamma_i)\\ \dfrac{\partial f_{3i}}{\partial \delta_i}=-l_{AB}(S\xi S\theta+S\varphi_i\sqrt{1-S^2\xi S^2\theta})\end{cases}\tag{6-87}$$

令 $\mathrm{d}f_{1i}=0$、$\mathrm{d}f_{2i}=0$、$\mathrm{d}f_{3i}=0$，用 $\mathrm{d}l_0$ 表示 RRSR 运动链运动副角位移增量 $\mathrm{d}\beta_i$、$\mathrm{d}\gamma_i$、$\mathrm{d}\delta_i$，并令

$$bb=\begin{vmatrix}\dfrac{\partial f_{1i}}{\partial\beta_i} & \dfrac{\partial f_{1i}}{\partial\gamma_i} & \dfrac{\partial f_{1i}}{\partial\delta_i}\\ \dfrac{\partial f_{2i}}{\partial\beta_i} & \dfrac{\partial f_{2i}}{\partial\gamma_i} & \dfrac{\partial f_{2i}}{\partial\delta_i}\\ \dfrac{\partial f_{3i}}{\partial\beta_i} & \dfrac{\partial f_{3i}}{\partial\gamma_i} & \dfrac{\partial f_{3i}}{\partial\delta_i}\end{vmatrix}=\frac{\partial f_{1i}}{\partial\beta_i}\frac{\partial f_{2i}}{\partial\gamma_i}\frac{\partial f_{3i}}{\partial\delta_i}+\frac{\partial f_{1i}}{\partial\delta_i}\frac{\partial f_{2i}}{\partial\beta_i}\frac{\partial f_{3i}}{\partial\gamma_i}+\frac{\partial f_{1i}}{\partial\gamma_i}\frac{\partial f_{2i}}{\partial\delta_i}\frac{\partial f_{3i}}{\partial\beta_i}-$$

$$\frac{\partial f_{1i}}{\partial\delta_i}\frac{\partial f_{2i}}{\partial\gamma_i}\frac{\partial f_{3i}}{\partial\beta_i}-\frac{\partial f_{1i}}{\partial\beta_i}\frac{\partial f_{2i}}{\partial\delta_i}\frac{\partial f_{3i}}{\partial\gamma_i}-\frac{\partial f_{1i}}{\partial\gamma_i}\frac{\partial f_{2i}}{\partial\beta_i}\frac{\partial f_{3i}}{\partial\delta_i}$$

得到

$$\mathrm{d}\beta_i=\frac{-\dfrac{\partial f_{1i}}{\partial l_0}\left(\dfrac{\partial f_{2i}}{\partial\gamma_i}\dfrac{\partial f_{3i}}{\partial\delta_i}-\dfrac{\partial f_{2i}}{\partial\delta_i}\dfrac{\partial f_{3i}}{\partial\gamma_i}\right)}{bb}\mathrm{d}l_0 \tag{6-88}$$

$$\mathrm{d}\gamma_i=\frac{\dfrac{\partial f_{1i}}{\partial l_0}\left(\dfrac{\partial f_{2i}}{\partial\beta_i}\dfrac{\partial f_{3i}}{\partial\delta_i}-\dfrac{\partial f_{2i}}{\partial\delta_i}\dfrac{\partial f_{3i}}{\partial\beta_i}\right)}{bb}\mathrm{d}l_0 \tag{6-89}$$

$$\mathrm{d}\delta_i=\frac{-\dfrac{\partial f_{2i}}{\partial\beta_i}\mathrm{d}\beta_i-\dfrac{\partial f_{2i}}{\partial\gamma_i}\mathrm{d}\gamma_i}{\dfrac{\partial f_{2i}}{\partial\delta_i}} \tag{6-90}$$

将式（6-82）~式（6-84）代入式（6-81），得到喷口面积误差 ΔA_s 对应的转向驱动环中心沿 x 轴线的误差补偿量 $\mathrm{d}l_0$

$$\mathrm{d}l_0=\frac{\Delta A_s}{ad} \tag{6-91}$$

其中

$$ad=\sum_{i=1}^{n}|d_i|$$

$$d_i=c_{1i}+c_{2i}$$

$$c_{1i}=b_{1i}a_{11i}+b_{2i}a_{21i}+b_{3i}a_{31i}$$

$$c_{2i}=b_{1i}a_{12i}+b_{2i}a_{22i}+b_{3i}a_{32i}$$

$$b_{1i}=\frac{\partial A_i}{\partial A_{1i}}\quad b_{2i}=\frac{\partial A_i}{\partial A_{2i}}\quad b_{3i}=\frac{\partial A_i}{\partial A_{3i}}$$

$$a_{11i}=\frac{\partial A_{1i}}{\partial P_{yi}}\left(\frac{\partial P_{yi}}{\partial\beta_i}\mathrm{d}\beta_i+\frac{\partial P_{yi}}{\partial\gamma_i}\mathrm{d}\gamma_i\right)+\frac{\partial A_{1i}}{\partial P_{zi}}\left(\frac{\partial P_{zi}}{\partial\beta_i}\mathrm{d}\beta_i+\frac{\partial P_{zi}}{\partial\gamma_i}\mathrm{d}\gamma_i\right)$$

$$a_{12i}=\frac{\partial A_{1i}}{\partial P_{yi1}}\left(\frac{\partial P_{yi_1}}{\partial\beta_{i_1}}\mathrm{d}\beta_{i_1}+\frac{\partial P_{yi_1}}{\partial\gamma_{i_1}}\mathrm{d}\gamma_{i_1}\right)+\frac{\partial A_{1i}}{\partial P_{zi_1}}\left(\frac{\partial P_{zi_1}}{\partial\beta_{i_1}}\mathrm{d}\beta_{i_1}+\frac{\partial P_{zi_1}}{\partial\gamma_{i_1}}\mathrm{d}\gamma_{i_1}\right)$$

$$a_{21i}=\frac{\partial A_{2i}}{\partial P_{xi}}\left(\frac{\partial P_{xi}}{\partial\beta_i}\mathrm{d}\beta_i+\frac{\partial P_{xi}}{\partial\gamma_i}\mathrm{d}\gamma_i\right)+\frac{\partial A_{2i}}{\partial P_{zi}}\left(\frac{\partial P_{zi}}{\partial\beta_i}\mathrm{d}\beta_i+\frac{\partial P_{zi}}{\partial\gamma_i}\mathrm{d}\gamma_i\right)$$

$$a_{22i}=\frac{\partial A_{2i}}{\partial P_{xi1}}\left(\frac{\partial P_{xi_1}}{\partial\beta_{i_1}}\mathrm{d}\beta_{i_1}+\frac{\partial P_{xi_1}}{\partial\gamma_{i_1}}\mathrm{d}\gamma_{i_1}\right)+\frac{\partial A_{2i}}{\partial P_{zi_1}}\left(\frac{\partial P_{zi_1}}{\partial\beta_{i_1}}\mathrm{d}\beta_{i_1}+\frac{\partial P_{zi_1}}{\partial\gamma_{i_1}}\mathrm{d}\gamma_{i_1}\right)$$

$$a_{31i}=\frac{\partial A_{3i}}{\partial P_{xi}}\left(\frac{\partial P_{xi}}{\partial \beta_i}\mathrm{d}\beta_i+\frac{\partial P_{xi}}{\partial \gamma_i}\mathrm{d}\gamma_i\right)+\frac{\partial A_{3i}}{\partial P_{yi}}\left(\frac{\partial P_{yi}}{\partial \beta_i}\mathrm{d}\beta_i+\frac{\partial P_{yi}}{\partial \gamma_i}\mathrm{d}\gamma_i\right)$$

$$a_{32i}=\frac{\partial A_{3i}}{\partial P_{xi1}}\left(\frac{\partial P_{xi_1}}{\partial \beta_{i_1}}\mathrm{d}\beta_{i_1}+\frac{\partial P_{xi_1}}{\partial \gamma_{i_1}}\mathrm{d}\gamma_{i_1}\right)+\frac{\partial A_{3i}}{\partial P_{yi_1}}\left(\frac{\partial P_{yi_1}}{\partial \beta_{i_1}}\mathrm{d}\beta_{i_1}+\frac{\partial P_{yi_1}}{\partial \gamma_{i_1}}\mathrm{d}\gamma_{i_1}\right)$$

6.3.3　几何矢量偏转角 δ_{gef} 的误差补偿

利用面向对象 AVEN 三维虚拟设计平台进行的大量分析表明，AVEN 喷口面积主要与转向驱动环轴向位置 l_0 有关，喷管几何矢量偏转角 δ_{gef} 主要与转向驱动环偏转角度 θ 有关。

将 θ、l_0 代入扩张调节片一般位置位姿描述方程，并将固定坐标系由 O 平移到 O_4，此时，式（6-71）~式（6-73）改写为

$$\begin{aligned}g_{1i}=&[l_{BC}C\beta_iC\gamma_i+l_{CD}C\beta_i-l_{AB}C\delta_iC\theta-l_tC\theta-l_0]\sqrt{1-S^2\beta S^2\theta}+\\&(l_{AB}S\delta_i+R_2)(C\varphi_iC\beta+S\varphi_iS\beta C\theta)S\theta=0\end{aligned}\tag{6-92}$$

$$\begin{aligned}g_{2i}=&[l_{BC}(C\varphi_iS\beta_iC\gamma_i-S\varphi_iS\gamma_i)+l_{CD}C\varphi_iS\beta_i+R_3C\varphi_i-\\&l_{AB}C\beta C\delta_iS\theta-l_tC\beta S\theta]\sqrt{1-S^2\beta S^2\theta}-\\&(l_{AB}S\delta_i+R_2)[C\varphi_iC\theta-S\varphi_iS\beta C\beta S^2\theta)=0\end{aligned}\tag{6-93}$$

$$\begin{aligned}g_{3i}=&l_{BC}(S\varphi_iS\beta_iC\gamma_i+C\varphi_iS\gamma_i)+l_{CD}S\varphi_iS\beta_i+R_3S\varphi_i-\\&l_{AB}(S\beta C\delta_iS\theta+S\varphi_iS\delta_i\sqrt{1-S^2\beta S^2\theta})-\\&R_2S\varphi_i\sqrt{1-S^2\beta S^2\theta}-l_tS\beta S\theta=0\end{aligned}\tag{6-94}$$

式（6-92）~式（6-94）中，$i=1, 2, \cdots, n$。

喷口面积 A9 的精确中心 G 的坐标为

$$G_x=\frac{\sum_{i=1}^{n}A_iG_{xi}}{A_{n_2}}\quad G_y=\frac{\sum_{i=1}^{n}A_iG_{yi}}{A_{n_2}}\quad G_z=\frac{\sum_{i=1}^{n}A_iG_{zi}}{A_{n_2}}\tag{6-95}$$

$$G_{xi}=\frac{1}{3}(P_{xi}+P_{xi_1}+G_{sx})\quad G_{yi}=\frac{1}{3}(P_{yi}+P_{yi_1}+G_{sy})\quad G_{zi}=\frac{1}{3}(P_{zi}+P_{zi_1}+G_{sz})$$

喷口面积 A9 的几何矢量偏转角的精确值为

$$\delta_{\text{gef}}=\arccos\frac{G_x}{\sqrt{G_x^2+G_y^2+G_z^2}}\tag{6-96}$$

喷管几何矢量偏转角误差为

$$\Delta\delta=\delta_{\text{gef}}-\delta_{\text{sgef}}\tag{6-97}$$

将 RRSR 运动链运动副角位移 β_i、γ_i、δ_i，动平台偏转角 θ 和中心坐标 l_0 作为自变量，分别对 g_{1i}、g_{2i}、g_{3i} 求偏导数，得到 $\frac{\partial g_{ji}}{\partial \beta_i}$、$\frac{\partial g_{ji}}{\partial \gamma_i}$、$\frac{\partial g_{ji}}{\partial \delta_i}$、$\frac{\partial g_{1i}}{\partial l_0}$（$i=1, 2, \cdots, n$；$j=1, 2, 3$）。令全微分 $dg_{1i}=0$、$dg_{2i}=0$、$dg_{3i}=0$，求出以 $\mathrm{d}\theta$ 表示的各运动副角位移增量 $\mathrm{d}\beta_i$、$\mathrm{d}\gamma_i$、$\mathrm{d}\delta_i$ 的微分形式

$$\begin{cases}\mathrm{d}\beta_i=m_{11i}\mathrm{d}\theta\\\mathrm{d}\gamma_i=m_{21i}\mathrm{d}\theta\\\mathrm{d}\delta_i=m_{31i}\mathrm{d}\theta\end{cases}\tag{6-98}$$

式中，m_{11i}、m_{21i}、m_{31i}为中间变量。

将 G_x、G_y、G_z 代入式（6-75），并求全微分

$$\mathrm{d}G_x = \frac{\sum_{i=1}^{n}(G_{xi}A_{a9}\mathrm{d}A_i + A_iA_{a9}\mathrm{d}G_{xi} - A_iG_{xi}\Delta A_s)}{A_{a9}^2}$$

$$\mathrm{d}G_y = \frac{\sum_{i=1}^{n}(G_{yi}A_{a9}\mathrm{d}A_i + A_iA_{a9}\mathrm{d}G_{yi} - A_iG_{yi}\Delta A_s)}{A_{a9}^2}$$

$$\mathrm{d}G_z = \frac{\sum_{i=1}^{n}(G_{zi}A_{a9}\mathrm{d}A_i + A_iA_{a9}\mathrm{d}G_{zi} - A_iG_{zi}\Delta A_s)}{A_{a9}^2}$$

式中，$\mathrm{d}G_{xi}=s_{11i}\mathrm{d}\theta$、$\mathrm{d}G_{yi}=s_{21i}\mathrm{d}\theta$、$\mathrm{d}G_{zi}=s_{31i}\mathrm{d}\theta$、$s_{11i}$、$s_{21i}$、$s_{31i}$为中间变量。

由此得到转向驱动环偏转角度的修正量

$$\mathrm{d}\theta = \frac{d_{22}\Delta A_s - d_{12}d_{23}}{d_{11}d_{12} - d_{12}d_{21}} \tag{6-99}$$

$$d_{11} = \sum_{i=1}^{n} a_{1i}$$

$$d_{12} = \sum_{i=1}^{n} a_{2i}$$

$$d_{21} = \sum_{i=1}^{n}[(a_0G_{xi} + G_{rx}G_{ry}G_{yi} + G_{rx}G_{rz}G_{zi})a_{1i} + (a_0s_{11i} + G_{rx}G_{ry}s_{21i} + G_{rx}G_{rz}s_{31i})A_iA_{a9}]$$

$$d_{22} = \sum_{i=1}^{n}[(a_0G_{xi} + G_{rx}G_{ry}G_{yi} + G_{rx}G_{rz}G_{zi})a_{2i} + (a_0s_{12i} + G_{rx}G_{ry}s_{22i} + G_{rx}G_{rz}s_{32i})A_iA_{a9}]$$

$$d_{23} = \sin\alpha(G_{rx}^2 + G_{ry}^2 + G_{rz}^2)^{3/2}\Delta\alpha + \sum_{i=1}^{n}[(-(G_{ry}^2 + G_{rz}^2)G_{xi} + G_{rx}G_{ry}G_{yi} + G_{rx}G_{rz}G_{zi})A_i]\Delta A_s$$

式中，下标 r 表示假想特殊位置的参数，其他参数为

$$a_0 = -(G_{ry}^2 + G_{rz}^2)$$

$$a_{1i} = c_{1i}m_{11i} + c_{2i}m_{21i} + c_{3i}m_{11i_1} + c_{4i}m_{21i_1}$$

$$a_{2i} = c_{1i}m_{12i} + c_{2i}m_{22i} + c_{3i}m_{12i_1} + c_{4i}m_{22i_1}$$

$$c_{1i} = \left(b_{11i}\frac{\partial P_{xi}}{\partial \beta_i} + b_{12i}\frac{\partial P_{yi}}{\partial \beta_i} + b_{13i}\frac{\partial P_{zi}}{\partial \beta_i}\right)$$

$$c_{2i} = \left(b_{11i}\frac{\partial P_{xi}}{\partial \gamma_i} + b_{12i}\frac{\partial P_{yi}}{\partial \gamma_i} + b_{13i}\frac{\partial P_{zi}}{\partial \gamma_i}\right)$$

$$c_{3i} = \left(b_{11i}\frac{\partial P_{xi_1}}{\partial \beta_{i_1}} + b_{12i}\frac{\partial P_{yi1}}{\partial \beta_{i_1}} + b_{13i}\frac{\partial P_{zi_1}}{\partial \beta_{i_1}}\right)$$

$$c_{4i} = \left(b_{11i}\frac{\partial P_{xi_1}}{\partial \gamma_{i_i}} + b_{12i}\frac{\partial P_{yi_1}}{\partial \gamma_{i_1}} + b_{13i}\frac{\partial P_{zi_1}}{\partial \gamma_{i_1}}\right)$$

$$b_{11i}=\frac{1}{2}\left[\frac{\partial A_i}{\partial A_{2i}}(G_{sz}-P_{zi_1})+\frac{\partial A_i}{\partial A_{3i}}(P_{yi_1}-G_{sy})\right]$$

$$b_{12i}=\frac{1}{2}\left[\frac{\partial A_i}{\partial A_{1i}}(P_{zi_1}-G_{sz})+\frac{\partial A_i}{\partial A_{3i}}(G_{sx}-P_{xi_1})\right]$$

$$b_{13i}=\frac{1}{2}\left[\frac{\partial A_i}{\partial A_{1i}}(G_{sy}-P_{yi_1})+\frac{\partial A_i}{\partial A_{2i}}(P_{xi_1}-G_{sx})\right]$$

$$b_{21i}=\frac{1}{2}\left[\frac{\partial A_i}{\partial A_{2i}}(P_{zi}-G_{sz})+\frac{\partial A_i}{\partial A_{3i}}(G_{sy}-P_{yi})\right]$$

$$b_{22i}=\frac{1}{2}\left[\frac{\partial A_i}{\partial A_{1i}}(G_{sz}-P_{zi})+\frac{\partial A_i}{\partial A_{3i}}(P_{xi}-G_{sx})\right]$$

$$b_{23i}=\frac{1}{2}\left[\frac{\partial A_i}{\partial A_{1i}}(P_{yi}-G_{sy})+\frac{\partial A_i}{\partial A_{2i}}(G_{sx}-P_{xi})\right]$$

由此得到 Stewart 动平台的精确位姿为$(l_{0s}+\mathrm{d}l_0,0,0,0,\theta_s+\mathrm{d}\theta,\zeta)^{\mathrm{T}}$。

由 Stewart 动平台的精确位姿，可以容易地得到 A9 环作动筒的位移输出参数

$$l_{wi}^2=\left(R_2\frac{C\beta S\theta C\lambda_i-S\beta S\theta C\theta S\lambda_i}{\sqrt{1-S^2\beta S^2\theta}}+l_0\right)^2+\left(R_2\frac{C\theta C\lambda_i-S\beta C\beta S^2\theta S\lambda_i}{\sqrt{1-S^2\beta S^2\theta}}-R_1C\lambda_i\right)^2+\left(R_2\sqrt{1-S^2\beta S^2\theta}S\lambda_i-R_1S\lambda_i\right)^2 \tag{6-100}$$

简记为

$$l_{wi}=\sqrt{l_{ix}^2+l_{iy}^2+l_{iz}^2} \tag{6-101}$$

$$l_{ix}=R_2\frac{C\beta S\theta C\lambda_i-S\beta S\theta C\theta S\lambda_i}{\sqrt{1-S^2\beta S^2\theta}}+l_0$$

$$l_{iy}=R_2\frac{C\theta C\lambda_i-S\beta C\beta S^2\theta S\lambda_i}{\sqrt{1-S^2\beta S^2\theta}}-R_1C\lambda_i$$

$$l_{iz}=R_2\sqrt{1-S^2\beta S^2\theta}S\lambda_i-R_1S\lambda_i$$

$$\lambda_i=\lambda+(i-1)\frac{2}{3}\pi$$

式中，λ 为 A9 环作动筒沿机匣周向分布相对 y 轴的夹角。

6.3.4 AVEN 运动反解流程

图 6-4 所示为 AVEN 运动反解的流程，其基本思想为：首先采用双半椭圆分布模型确定特定位置扩张调节片的近似分布规律，利用特殊位置 RRSR 运动链的特性，建立时变几何体近似分布规律与转向驱动环位姿约束方程，得到转向驱动环近似位姿。分析近似模型的喷口面积 A9 误差和几何矢量偏转角误差，得到精确模型与近似模型之间的误差方程，进而对时变几何体运动反解近似模型进行修正，得到 AVEN 运动反解精确模型。

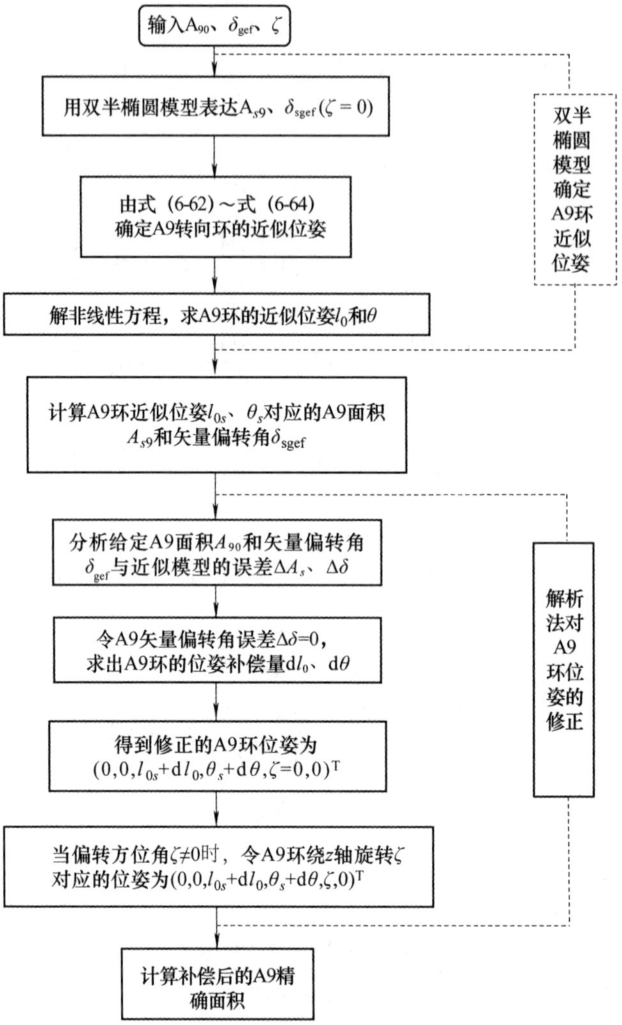

图 6-4　AVEN 运动反解流程

6.4　实例计算

为了验证运动反解模型的正确性，以某两种型号数据为例进行了计算验证，用 Matlab 软件调用计算数据进行绘图。

经验证，利用运动反解精确模型得到的喷口面积与给定值的相对误差为 0.01%。转向驱动环偏转角 θ 的相对误差为 1% 左右。模型修正对喷口面积及几何矢量偏转角误差的影响如图 6-5、图 6-6 所示。这表明，本章提出的 AVEN 运动反解的技术路线是合适的和正确的，并且其运动反解能够应用实时控制。该项研究解决了给定 AVEN 矢量喷管的面积和几何矢量偏转角，实时确定各作动筒位移输出量的关键技术问题，为推力矢量发动机与飞机电传一体化的设计奠定了理论基础。

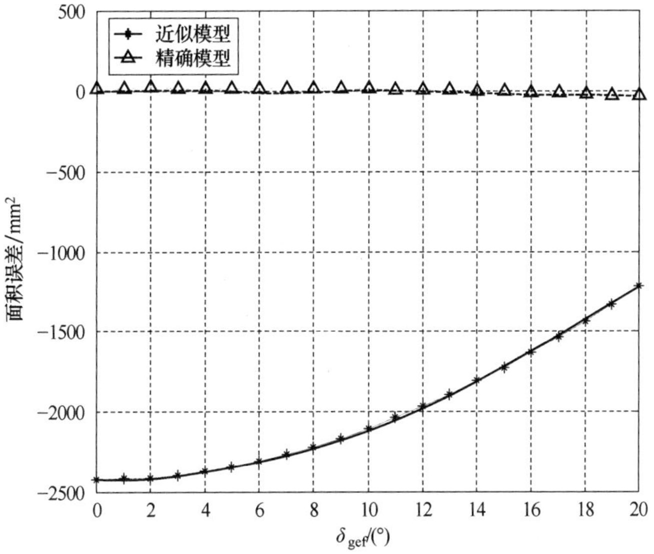

图 6-5 模型修正对喷管面积误差的影响

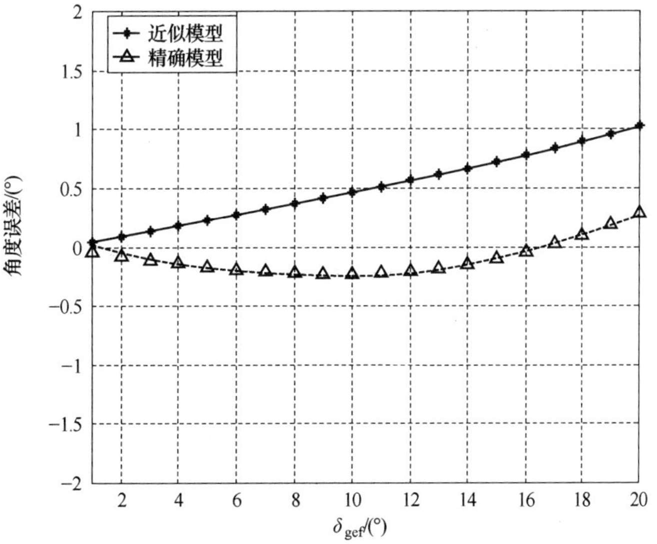

图 6-6 模型修正对几何矢量偏转角误差的影响

6.5 AVEN 运动反解虚拟验证

由于 AVEN 结构庞大，需要专门的试验台架进行冷态和热态加力试验，受目前试验设备的限制，尚不能对运动反解的精度进行试验测试。为此，采用虚拟仿真与试验测试相结合的方法，通过三维虚拟仿真，对本章提出的 AVEN 运动反解的精度与可靠性进行分析。

6.5.1 AVEN 装置输出性能参数测量的困难性

1. 冷态虚拟测量

冷态虚拟测量是基于第 5 章提出的 AVEN 虚拟装配平台，将 AVEN 虚拟装配后，实际利用图 6-7 所示的虚拟样机进行测量。通过测量喷口上下俯仰偏转 0°、±5°、±10°、±15°、±20°、…时，上下扩张调节片末端中点的距离，得到了相关的虚拟测量数据。将这些结果与 AVEN 运动反解精确模型的数据进行比较，得到 AVEN 运动反解精确模型的误差。

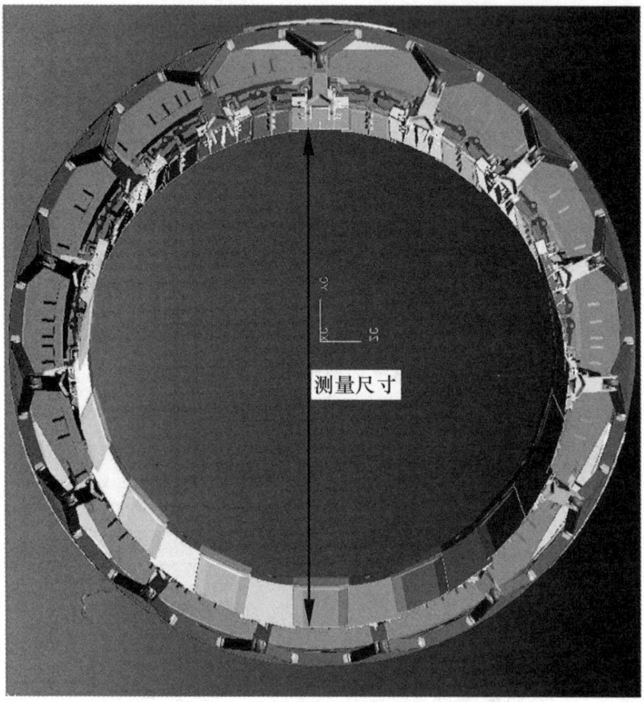

图 6-7　AVEN 冷态测量参数与方法（模拟）

2. 试验数据测量的复杂性

一方面，AVEN 的喷口面积、几何矢量偏转角、偏转方位角的测量是非常困难的。当 AVEN 几何矢量偏转角不等于零时，各扩张调节片的切向转角不相等，由扩张调节片末端直线组成的喷口是一个非共面的多边形，如图 6-8 所示。单纯测量这些空间多边形围成的面积是非常困难的，因此，只能采用近似的方法，测量喷口处扩张调节片底平面的中点 P_i 的坐标，来近似确定喷口的面积和矢量偏转角。

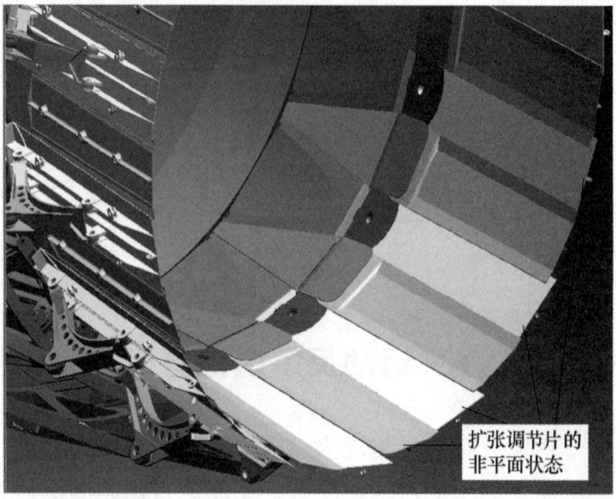

图 6-8　扩张调节片喷口处的非平面状态

另一方面，在热态的情况下，AVEN

组成的矢量喷管中心流场的温度高于 1300℃，喷口边缘处的温度也要达到 800℃以上。目前还没有方法能够精确地测量出热态状态下，扩张调节片底平面的中点 P_i 的坐标，喷口的面积和矢量偏转角的测量就更加困难。

鉴于 AVEN 测量的复杂性和测量条件的限制，本章提出了一种基于三维平台的 AVEN 运动反解精确模型的虚拟试验方法。

3. AVEN 运动反解虚拟试验原理

AVEN 运动反解的虚拟试验是基于三维平台（UG/MDT）进行的。利用 UG/MDT 平台的三维造型功能和虚拟装配功能，建立 AVEN 的虚拟装配样机。运用 AVEN 运动反解精确模型的数据（含构件变形控制补偿），以及组成 AVEN 各构件在空间的位置，利用"后台预置"装配方法形成 AVEN 虚拟样机。通过测量虚拟样机的相关尺寸，得到 AVEN 实际（虚拟）的喷口面积和几何矢量偏转角等技术和性能参数。具体技术路线如图 6-9 所示。

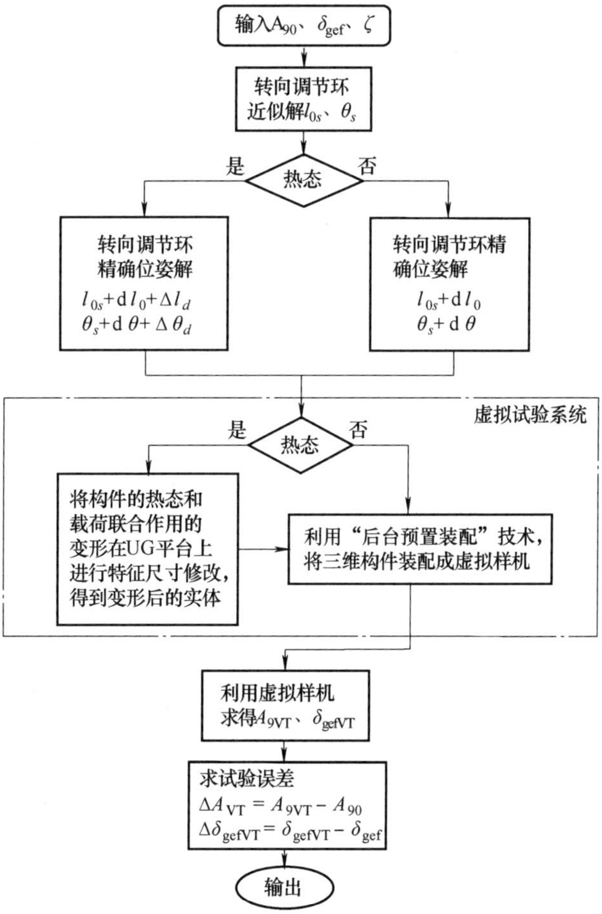

图 6-9　AVEN 运动反解虚拟试验原理

6.5.2　AVEN 运动反解的虚拟测量

1. 测量数据与分析参数

基于 AVEN 的对称性，不失一般性，在测量时，令 $\beta=0$。此时 AVEN 的偏转平面处于垂直平面内，最远位置与最近位置的扩张调节片末端中点位于垂直平面内。首先测量垂直平面内的 P_{0s}、P_{1s}，然后测量对称位置的 P_{1s}、P_{3s}，如图 6-10 所示。由 P_{1s}、P_{3s} 确定 G_s

$$\boldsymbol{G}_s = (\boldsymbol{P}_{1s} + \boldsymbol{P}_{3s})/2 \tag{6-102}$$

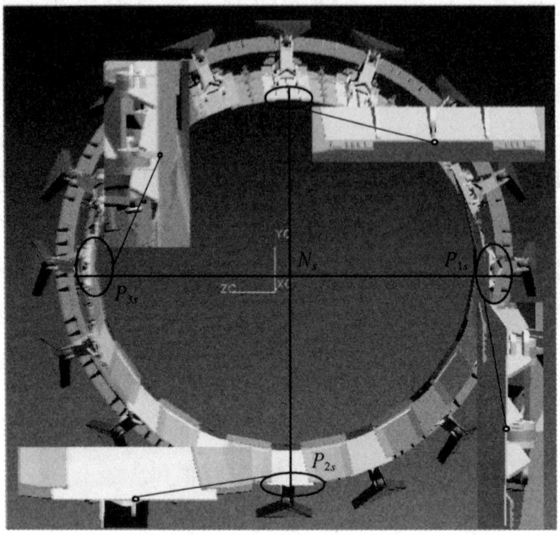

图 6-10　特殊位置的测量

以 P_{0s} 作为起始位置，顺次测量其他调节片末端中点的坐标 P_i。

（1）喷口面积 $A_{9\mathrm{VT}}$　测量的 AVEN 喷口面积 $A_{9\mathrm{VT}}$ 等于一系列小三角形 $\triangle N_sP_iP_{i-1}$ 的面积和，即

$$A_{9\mathrm{VT}} = \sum_{i=1}^{n} A_i = \sum_{i=1}^{n} \sqrt{A_{1i}^2 + A_{2i}^2 + A_{3i}^2} \tag{6-103}$$

$$A_{1i} = (G_{sy}P_{zi} + P_{yi}P_{zi_1} + G_{sz}P_{yi_1} - G_{sy}P_{zi_1} - G_{sz}P_{yi} - P_{zi}P_{yi_1})/2$$
$$A_{2i} = (G_{sz}P_{xi} + P_{zi}P_{xi_1} + G_{sx}P_{zi_1} - G_{sz}P_{xi_1} - G_{sx}P_{zi} - P_{xi}P_{zi_1})/2$$
$$A_{3i} = (G_{sx}P_{yi} + P_{xi}P_{yi_1} + G_{sy}P_{xi_1} - G_{sx}P_{yi_1} - G_{sy}P_{xi} - P_{yi}P_{xi_1})/2$$

将式（6-101）中的 G_s 和测量的 P_i 代入式（6-102），得到测量的 $A_{9\mathrm{VT}}$。

（2）矢量转角 δ_{gefVT}　将式（6-101）中的 G_s 和测量的 P_i 代入式（6-95），得到测量的喷口面积的形心 G，从而得到 AVEN 的几何矢量偏转角

$$\delta_{\mathrm{gefVT}} = \arccos\frac{G_{sx}}{\sqrt{G_{sx}^2 + G_{sy}^2 + G_{sz}^2}} \tag{6-104}$$

（3）误差计算　喷口面积的相对误差为

$$\varepsilon_{\mathrm{AVT}} = \frac{A_{90} - A_{9\mathrm{VT}}}{A_{90}}100\% \tag{6-105}$$

喷口几何矢量偏转角的相对误差为

$$\varepsilon_{\delta\mathrm{VT}} = \frac{\delta_{\mathrm{gef}} - \delta_{\mathrm{gefVT}}}{\delta_{\mathrm{gef}}}100\% \tag{6-106}$$

2. 冷态测量

分别测量三种状态：地面状态、空中状态、巡航状态时，矢量偏转角分别等于 0、5°、

10°、15°、20°的喷口面积，计算出相应的喷口面积误差 ε_{AVT} 如图 6-11 所示，几何矢量偏转角误差 $\varepsilon_{\delta VT}$ 如图 6-12 所示。

如图 6-11、图 6-12 所示，AVEN 运动反解精确模型的误差随喷口面积的增大而增大，随喷口几何矢量偏转角的增大而增大。其原因在于，随喷口面积的增大，空间 RSRR 运动链使得扩张调节片的切向转角增大，近似模型的双椭圆分布模型与实际扩张调节片的分布产生较大的误差，导致误差增大。随几何矢量偏转角的增大而增大也是由扩张调节片切向转角的增大造成的。

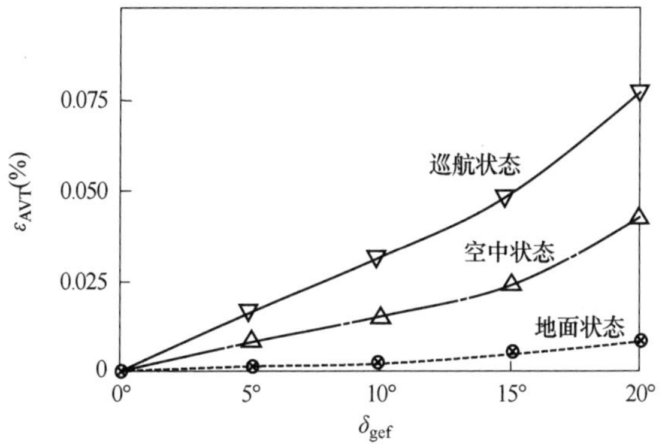

图 6-11　冷态下 AVEN 运动反解喷口面积虚拟误差 ε_{AVT}

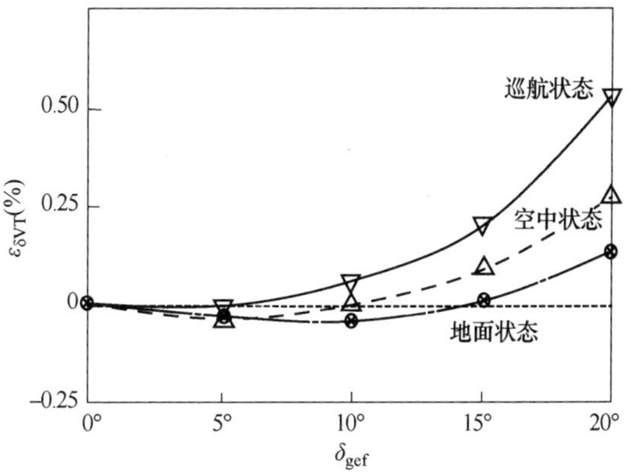

图 6-12　冷态下 AVEN 运动反解喷口矢量偏转角虚拟误差 $\varepsilon_{\delta VT}$

3. 热态测量（温度与气动载荷联合作用）

由于 UG 平台是参数化造型，利用有限元分析结果，调整 AVEN 相关零件的三维特征尺寸，得到热态条件下的构件变形。然后重新装配，便得到热态工作条件下的 AVEN 虚拟样机。对该虚拟样机进行与冷态测量相同的虚拟试验，得到热态工作条件下 AVEN 运动反解的相对误差，如图 6-13、图 6-14 所示。

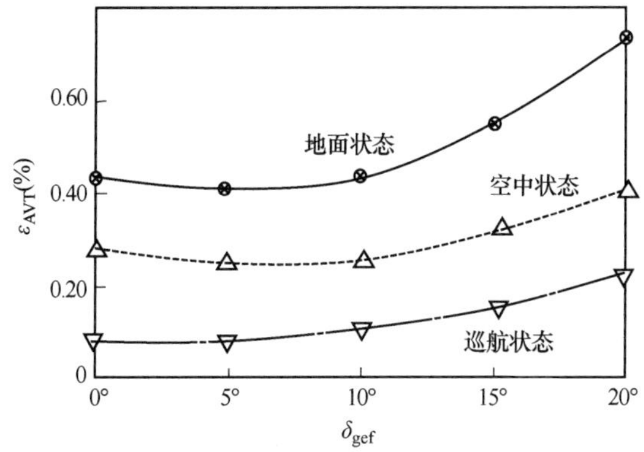

图 6-13　热态下 AVEN 运动反解喷口面积虚拟误差 ε_{AVT}

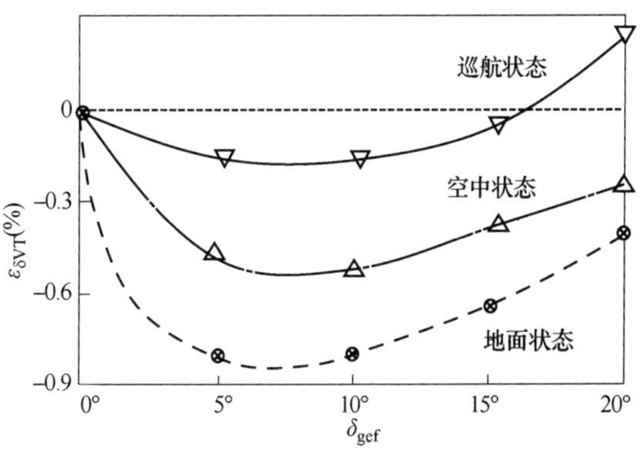

图 6-14　热态下 AVEN 运动反解几何矢量偏转角虚拟误差 $\varepsilon_{\delta VT}$

与冷态情况不同，在热态、小喷口面积状态，收敛调节片和扩张调节片上的气动载荷较大，构件变形相对较大，运动反解精确模型对于构件大变形的误差补偿反映不灵敏，造成运动反解精确模型出现较大的误差，这可能是由运动反解精确模型中采用的误差补偿是近似模型修正与变形修正的线性叠加造成的。

从图 6-13、图 6-14 可以看出，热态工作情况下，AVEN 运动反解精确模型的误差要大于冷态的工作情况，但面积误差的最大值不大于 0.8%，几何矢量偏转角误差不大于 1%，能够满足设计要求。

在图 6-14 中，地面状态下的几何矢量偏转角误差比较大，这与气动载荷周向分布的不均匀性有关。与此同时，几何矢量偏转角的不同，其气动载荷和气动载荷的分布也不同。图 6-15 所示为典型的气动载荷沿周向的分布图。几何矢量偏转角发生变化，其气动参数，如压力，也发生变化。

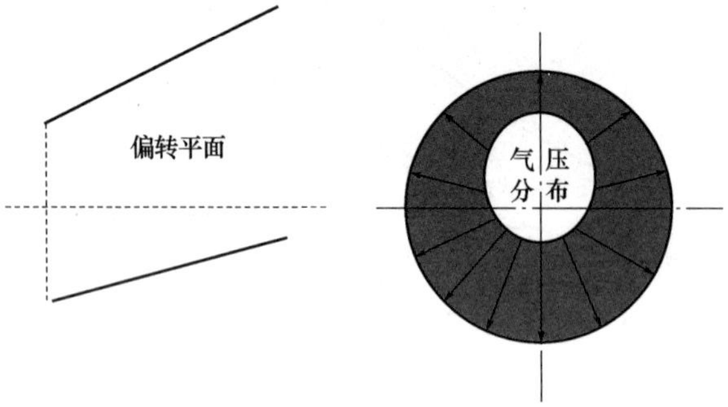

图 6-15　偏转时 AVEN 气动载荷的分布

采用虚拟测量方法，对 AVEN 运动反解精确模型的求解误差进行分析表明，本章建立的 AVEN 运动反解的精确模型在热态工作载荷下，其面积最大相对误差不大于 0.8%，几何矢量偏转角最大相对误差不大于 1%，能够满足给定的设计要求。

6.6　小结

AVEN 实时运动反解及控制补偿是推力矢量发动机与飞机机翼一体化设计的关键技术问题，是加装推力矢量发动机飞机上天试飞的关键环节。本章采用双半椭圆分布模型，确定特定扩张调节片在空间的近似分布规律。利用 H-D 矩阵描述空间各构件的位姿，根据特殊位置 RRSR 运动链的特性，建立了时变几何体近似分布规律与转向驱动环位姿关系方程。采用消元法对运动反解近似模型进行降维，得到了可以用于实时控制的 AVEN 运动反解近似模型。

在此基础上，采用解析方法，分析了近似模型引起的时变几何体面积误差与几何矢量偏转角误差，建立了精确模型与近似模型之间的误差修正方程。通过对近似模型的修正，得到 AVEN 实时运动反解精确模型。虚拟装配验证表明，提出的 AVEN 运动反解与控制补偿模型，在热态工作载荷下，其面积最大相对误差不大于 0.8%，几何矢量偏转角最大相对误差不大于 1%，能够满足实时控制及精度要求。

第 7 章

AVEN 载荷变形与误差控制补偿

减重设计是 AVEN 设计的一个重要环节。减重设计与构件的结构、材料及所受的载荷有关。本章主要介绍 AVEN 关键承力构件的有限元分析，以及应力变形等对 AVEN 性能的影响，给出应力变形、热载荷变形等误差的补偿方程。

7.1 关键承力件变形分析

7.1.1 实体模型

考虑机构运动状态和受力情况，将骨架和收敛调节片底板看成整体、将扩张调节片转接头、三角支架和扩张调节片底板看成整体进行分析。

由于收敛调节片构件是对称结构，所以取其一半作为研究对象，建立实体模型，如图 7-1 所示。同理，以扩张调节片构件的一半建立实体模型，如图 7-2 所示。类似地，以拉杆的一半建立实体模型，如图 7-3 所示。

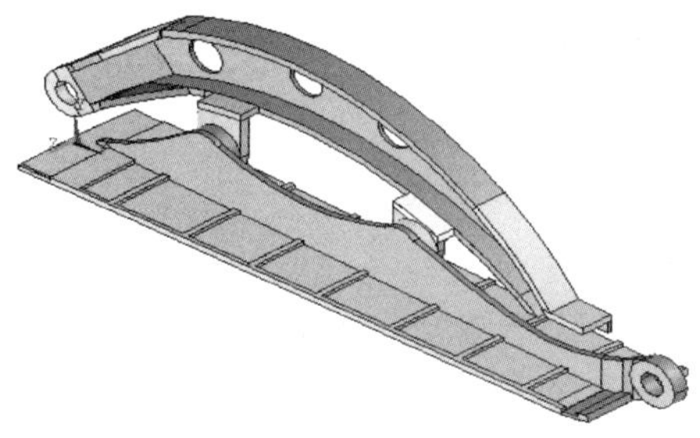

图 7-1 收敛调节片构件实体模型

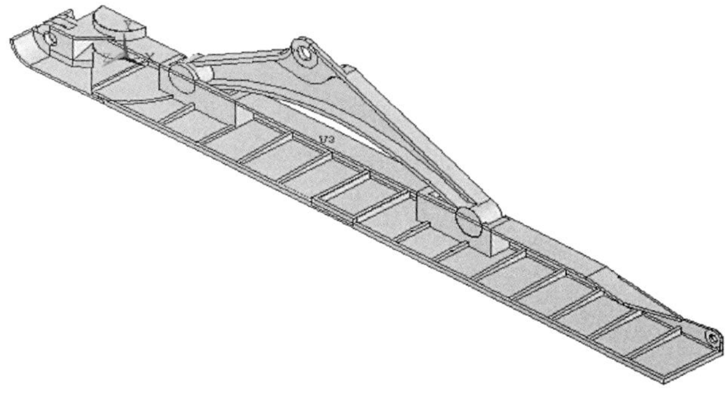

图 7-2 扩张调节片构件实体模型

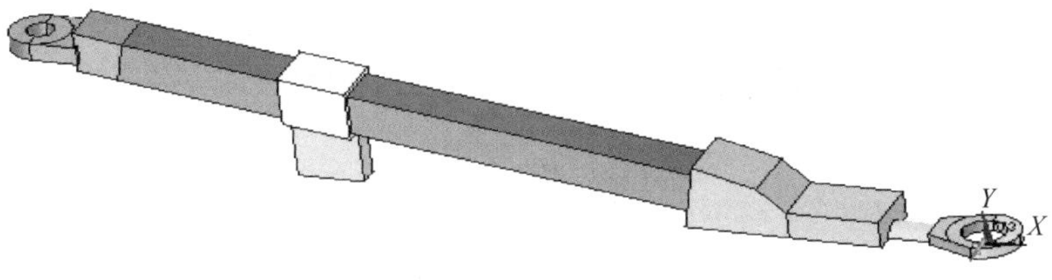

图 7-3 拉杆实体模型

收敛调节片、扩张调节片和拉杆的应力变形，对 AVEN 几何矢量偏转角的影响相对其他构件应力变形的影响要大。这里主要关注收敛调节片底板、扩张调节片底板和拉杆的应力变形。其有限元分析边界条件为：将收敛调节片与机匣悬挂点 E、扩张调节片与收敛调节片铰接点 D、拉杆与转向驱动环铰接点 A 约束。收敛调节片上的骨架以凸轮副与 A8 调节环上的滚子接触，允许骨架沿凸轮切线方向自由运动。

7.1.2 收敛调节片

1. 有限元模型

（1）单元类型　选用4节点四面体实体单元对实体模型进行网格划分。根据结构形状及受力状态，对所关注区域的单元适当细化，进行线性应力分析。

（2）材料参数　弹性模量 $E=2\times10^5$ MPa（20℃），$E=1.435\times10^5$ MPa（适当温度），泊松比 $\nu=0.305$，线胀系数 $\alpha=1.578\times10^{-5}/℃$。

（3）载荷　由力平衡条件，该构件还受到气动载荷与一个斜向下的拉力（3369.7N），加载时将其分解为垂直于板面与平行于板面两个方向的分力，分别施加。

（4）载荷温度　适当温度。

（5）边界条件　在圆弧凸轮骨架与机匣铰接处施加固定约束，圆弧凸轮骨架与 A8 调节环形成高副部分施加允许沿高副切线方向上的运动约束。

按上述要求，建立收敛调节片的有限元应力分析模型，单元划分数为11690，节点数为3911，如图7-4所示。对收敛调节片进行三种工况（气动载荷、高温、气动载荷加高温）下的分析。

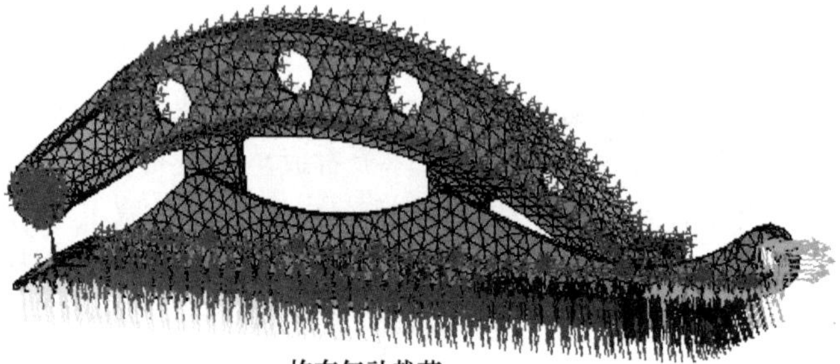

均布气动载荷

图7-4　收敛调节片的有限元加载模型

2. 有限元分析

收敛调节片等效应力云图如图7-5所示，沿收敛调节片底板长度方向的变形云图如图7-6所示，沿垂直底板方向的变形云图如图7-7所示，收敛调节片加载前后变形如图7-8所示。图7-6～图7-8所示的是载荷与高温联合作用下的构件应力与变形情况。

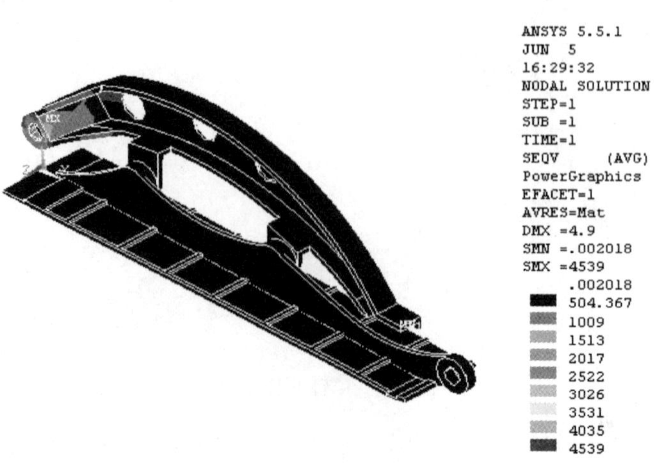

图7-5　收敛调节片等效应力云图

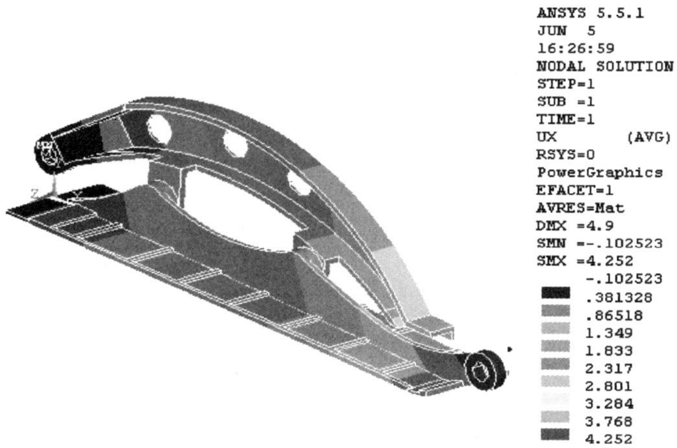

图 7-6 沿收敛调节片底板长度方向的变形云图

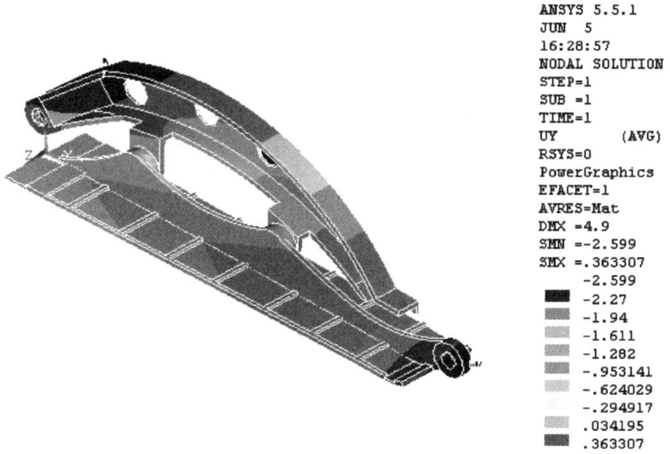

图 7-7 沿垂直收敛调节片底板方向的变形云图

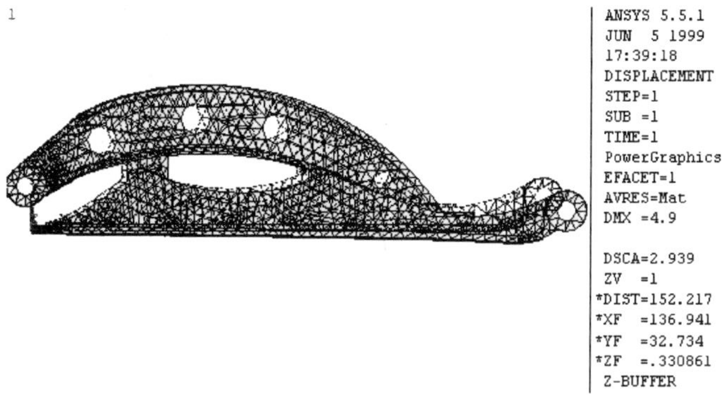

图 7-8 收敛调节片加载前后变形图

3. 计算结果

收敛调节片在三种工况下的最大变形及应力情况见表 7-1。

表 7-1　收敛调节片在三种工况下的最大变形及应力情况

分析数据	工况		
	气动载荷	高温（适当温度）	气动载荷+高温
沿底板长度方向变形 D_x/mm	0.2249	3.774	3.635
沿垂直底板方向变形 D_y/mm	0.6067	-2.814	-2.30
整体应力/MPa	380	501	504

7.1.3　扩张调节片

1. 有限元模型

（1）单元类型　选用4节点四面体实体单元，对实体模型进行网格划分。根据结构形状及受力状态，对所关注区域的单元适当细化，进行线性应力分析。

（2）材料参数　$E=2\times10^5$ MPa（20℃），$E=1.435\times10^5$ MPa（适当温度），泊松比$\nu=0.305$，线胀系数$\alpha=1.578\times10^{-5}$/℃。

（3）载荷　构件除受到垂直底板向上的气动载荷之外，还受到一个斜向下的压力（3002N），加载时将其分解为垂直于底面与平行于底面两个方向的分力，分别施加。

（4）载荷温度　适当温度。

（5）边界条件　将扩张调节片与收敛调节片的铰接处固定。

按上述边界条件建立有限元模型，划分单元数为17420，节点数为5683，如图7-9所示，对扩张调节片进行三种工况（气动载荷、高温、气动载荷加高温）下的静力分析。

图 7-9　扩张调节片的有限元加载模型

2. 有限元分析

扩张调节片等效应力云图如图7-10所示，沿扩张调节片底板长度方向的变形云图如图7-11所示，沿垂直底板方向的变形云图如图7-12所示，扩张调节片加载前后变形如图7-12所示。图7-11～图7-13所示的是载荷和高温联合作用的情况。

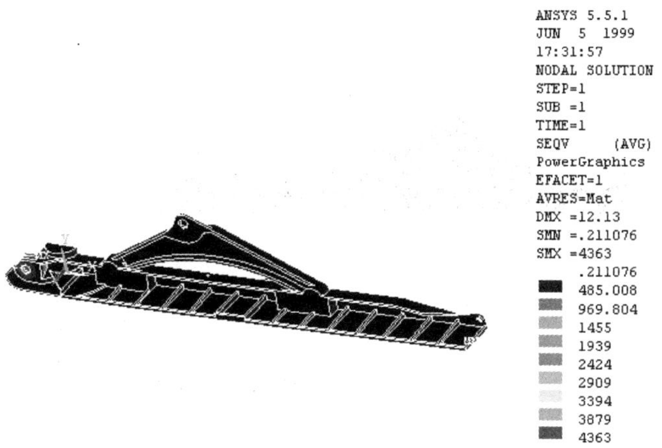

图 7-10　扩张调节片等效应力云图

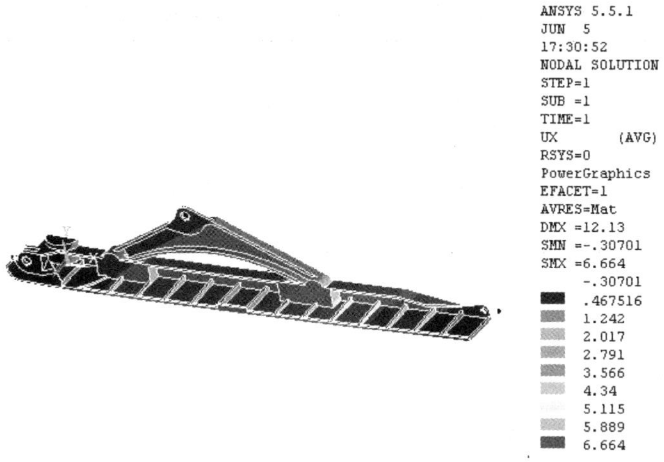

图 7-11　沿扩张调节片底板长度方向的变形云图

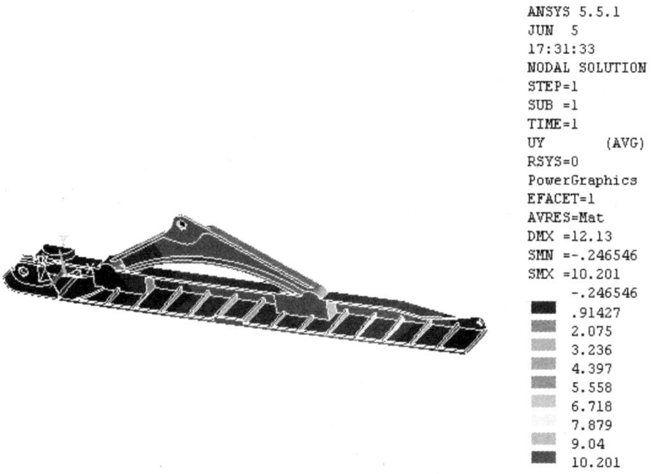

图 7-12　沿垂直扩张调节片底板方向的变形云图

图 7-13　扩张调节片加载前后变形图

3. 计算结果

扩张调节片在三种工况下的最大变形及应力情况见表 7-2。

表 7-2　扩张调节片在三种工况下的最大变形及应力情况

分析数据	工况		
	气动载荷	高温（适当温度）	气动载荷＋高温
沿底板长度方向变形 D_x/mm	-1.39	6.384	6.664
沿垂直底板方向变形 D_y/mm	8.458	-1.709	10.201
整体应力/MPa	158	492	485

7.1.4　拉杆

1. 有限元模型

（1）单元类型　选用 4 节点四面体实体单元划分网格，进行线性应力分析。

（2）材料参数　$E=2\times10^5$ MPa（20℃），$E=1.90\times10^5$ MPa（适当温度）；泊松比 $\nu=0.305$，线胀系数 $\alpha=1.308\times10^{-5}$/℃。

（3）载荷　该结构受到一个沿杆长方向的压力（3002N）。

（4）载荷温度　适当温度。

（5）边界条件　将拉杆与转向驱动环铰接处固定。

按上述条件建立有限元模型，单元划分数为 7063，节点数为 2190，如图 7-14 所示。对结构进行三种工况（气动载荷、高温、气动载荷加高温）下的静力分析。

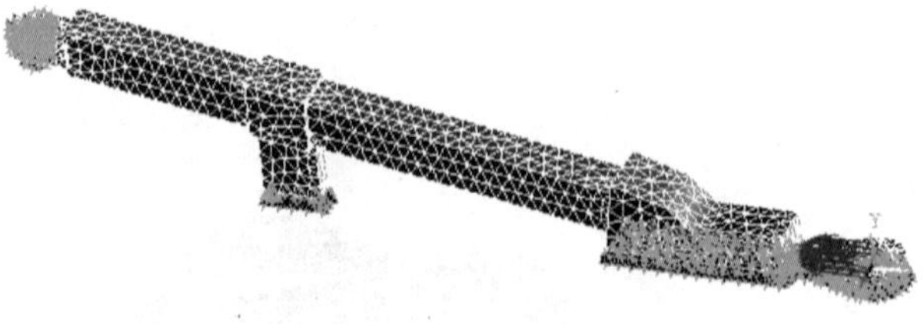

图 7-14　拉杆有限元模型

2. 有限元分析

拉杆等效应力云图如图 7-15 所示，拉杆水平方向的变形云图如图 7-16 所示，拉杆垂直方向的变形云图如图 7-17 所示，拉杆加载前后变形如图 7-18 所示。图 7-16～图 7-18 所示的是载荷与高温联合作用的情况。

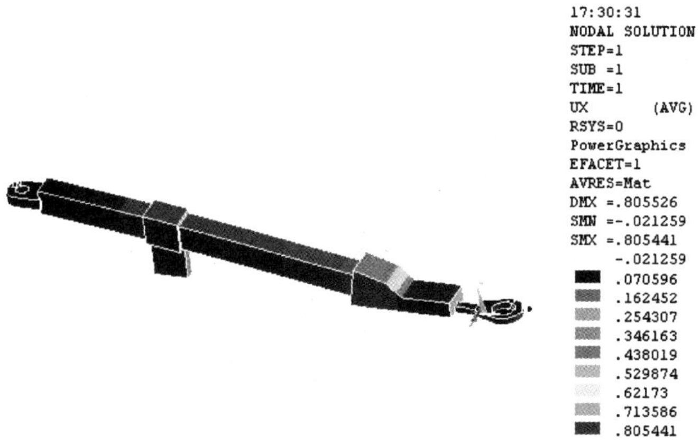

图 7-15　拉杆等效应力云图

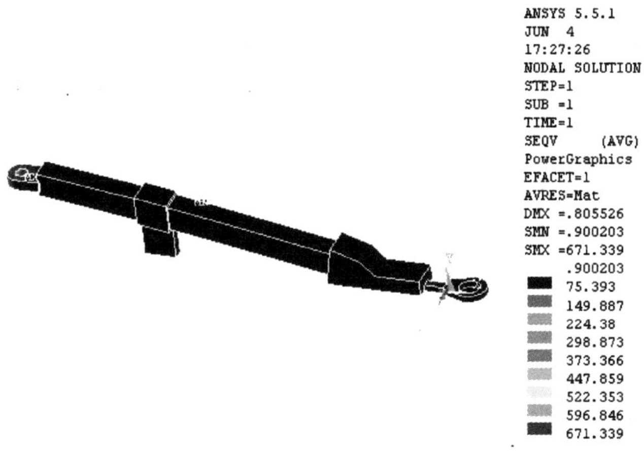

图 7-16　拉杆水平方向的变形云图

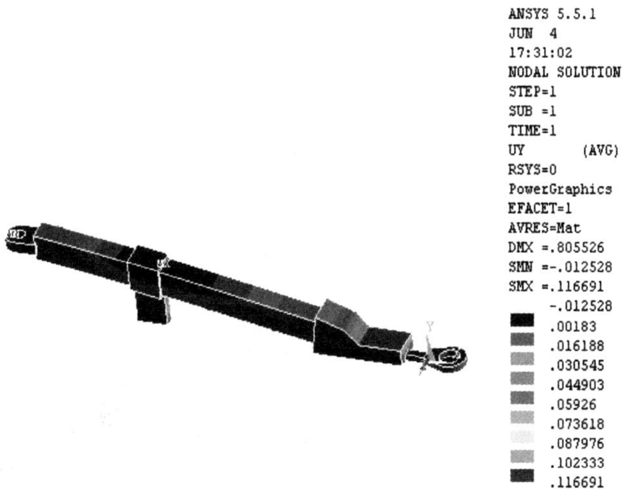

图 7-17　拉杆垂直方向的变形云图

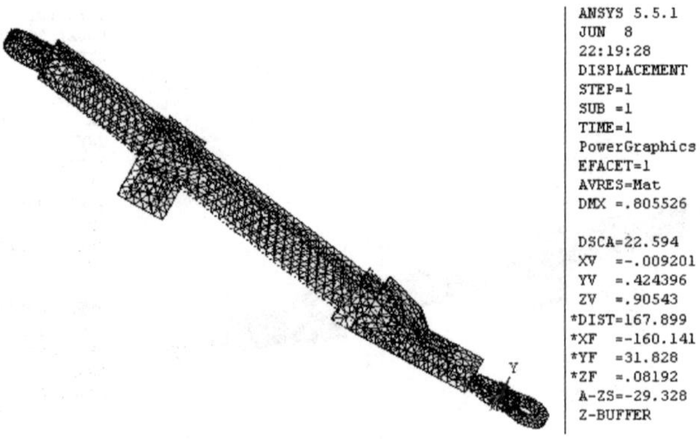

图 7-18　拉杆加载前后变形图

3. 计算结果

拉杆在三种工况下的最大变形及应力情况见表 7-3。

表 7-3　拉杆在三种工况下的最大变形及应力情况

分析数据	工况		
	气动载荷	高温（适当温度）	气动载荷 + 高温
水平方向变形 D_x/mm	-0.0392	0.8459	0.8054
垂直方向变形 D_y/mm	0.0019	0.1166	0.1167
整体应力/MPa	24	75	75

7.2　主要构件运动副间隙确定

由于 AVEN 中的构件工作在不同的高温场合下，构件结构的不同及工作温度的不同，导致相互连接的构件在运动副连线方向上的变形不相等，从而产生较大的温差应力。为此，需要解决在温度和载荷的作用下，组合构件，如收敛调节片、扩张调节片、三角拉杆等上运动副间隙的合理确定问题。

7.2.1　收敛调节片构件铰接处间隙补偿量

如图 7-19 所示，收敛调节片是由骨架和底板通过 J_1 和 J_2 两个运动副连接组成的。假定

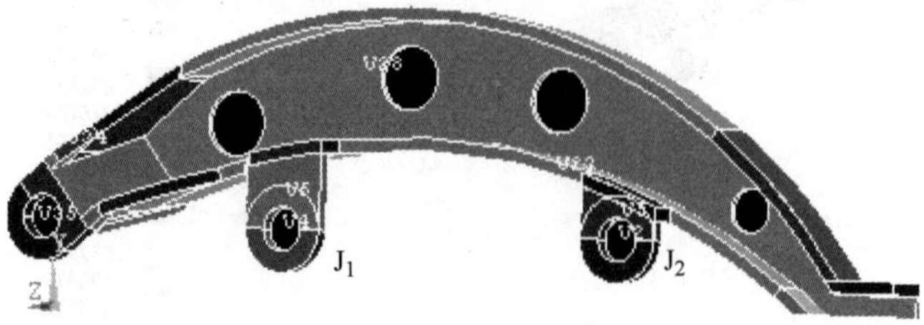

图 7-19　收敛调节片骨架实体模型

运动副 J_1 是小间隙连接，即间隙只满足热变形下的相对转动。现在分析 J_2 处的间隙合理确定问题。

(1) 收敛调节片骨架　收敛调节片以骨架的一半作为研究对象，建立实体模型（图 7-19）。由于主要分析计算骨架与收敛调节片底板铰接处的右铰点水平方向的变形，所以将左铰点 J_1 固定，给右铰点 J_2 一个 Y 向约束，骨架的其他约束与收敛调节片构件有限元分析的约束条件相同。

1) 单元类型。选用 4 节点四面体实体单元，对实体模型进行网格划分。进行线性应力分析。

2) 材料参数。弹性模量 $E = 1.74 \times 10^5$MPa（适当温度），泊松比 $\nu = 0.305$，线胀系数 $\alpha = 1.372 \times 10^{-5}/℃$。

3) 载荷温度。适当温度。

4) 载荷。与收敛调节片整体有限元分析模型相同。

按上述边界条件建立有限元模型，单元划分数为 4300，节点数为 1474，有限元分析得到骨架在水平方向上的变形云图如图 7-20 所示。铰点 J_2 处的最大变形量为 0.8796mm。

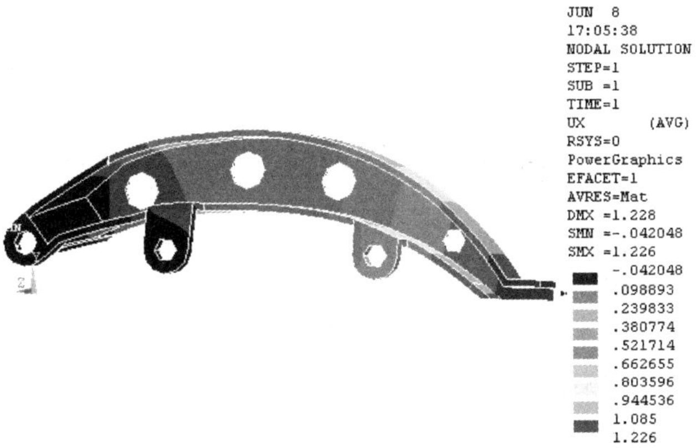

图 7-20　骨架在水平方向上的变形云图

(2) 收敛调节片底板　以收敛调节片底板的一半作为研究对象，建立实体模型（图 7-21）。将与骨架以小间隙运动副连接的左侧运动副固定，同时给右铰点一个 Y 向的自由运动约束。

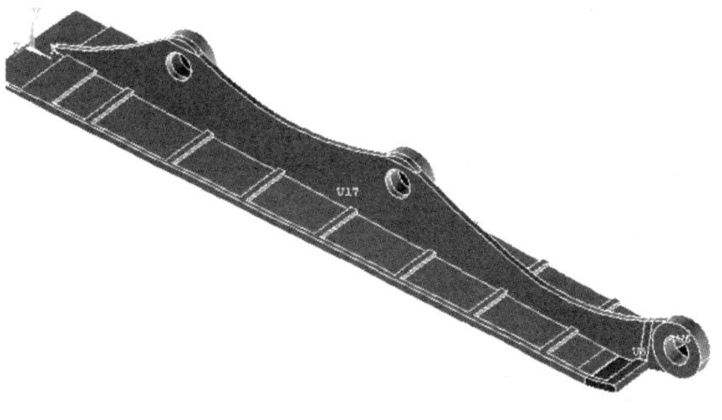

图 7-21　收敛调节片底板实体模型

1) 单元类型。选用 4 节点四面体实体单元，对实体模型进行网格划分，进行线性应力分析。

2) 材料参数。弹性模量 $E = 1.435 \times 10^5$MPa（适当温度），泊松比 $\nu = 0.305$，线胀系数 $\alpha = 1.578 \times 10^{-5}/℃$。

3) 载荷温度。适当温度。

4) 载荷：与收敛调节片整体有限元分析模型相同。

按上述边界条件建立有限元模型，单元划分数为 7179，节点数为 2331。

收敛调节片底板在水平方向上的变形云图如图 7-22 所示。铰点 J_2 处的最大变形量为 1.2757mm。收敛调节片底板与收敛调节片骨架沿两构件铰接运动副方向的变形差即为收敛调节片运动副 J_2 处的间隙补偿量 $\tau = 1.2757\text{mm} - 0.8796\text{mm} = 0.3961\text{mm}$。

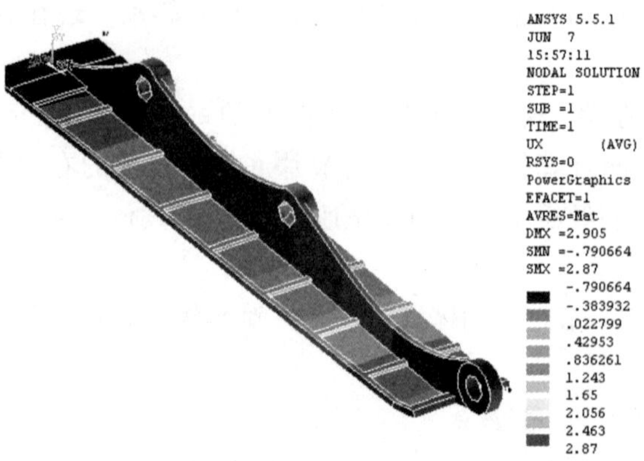

图 7-22　收敛调节片底板在水平方向上的变形云图

7.2.2　扩张调节片构件铰接处间隙补偿量

（1）扩张调节片底板　以扩张调节片底板的一半作为研究对象，建立实体模型（图 7-23）。扩张调节片组合构件是由三角支架和扩张调节片底板通过 J_3、J_4 两个运动副连接组成的。由于主要分析计算三角支架与扩张调节片底板铰接处的右铰点 J_4 的水平方向变形，将左铰点 J_3 固定，给右铰点 J_4 一个 Y 向约束。此外，将扩张调节片底板与十字转接头铰接处固连。

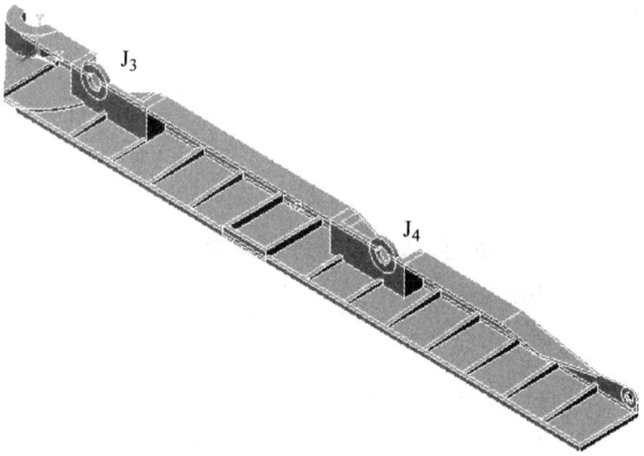

图 7-23　扩张调节片底板实体模型

1）单元类型。选用 4 节点四面体实体单元，对实体模型进行网格划分，进行线性应力分析。

2）材料参数。弹性模量 $E=1.435\times10^5$ MPa（适当温度），泊松比 $\nu=0.305$，线胀系数 $\alpha=1.578\times10^{-5}/℃$。

3）载荷温度。适当温度。

4）载荷。与扩张调节片整体有限元分析模型相同。

按上述边界条件建立有限元模型，单元划分数为 11598，节点数为 3884。

扩张调节片底板在水平方向上的变形云图如图 7-24 所示。铰点 J_4 处的最大变形量为 3.3175mm。

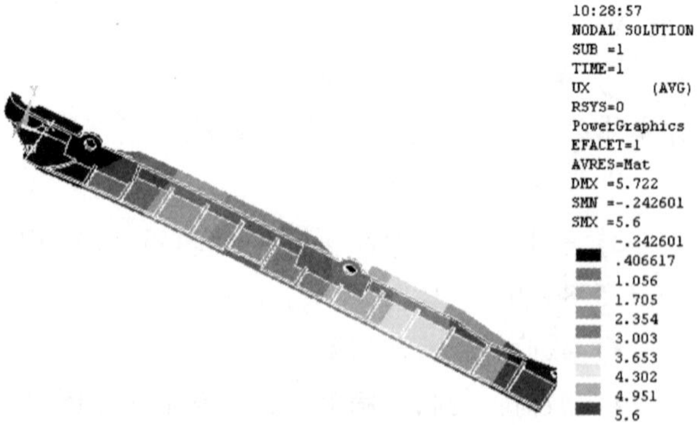

图 7-24　扩张调节片底板在水平方向上的变形云图

（2）三角支架　以三角支架的一半作为研究对象，建立实体模型（图 7-25）。与扩张调节片底板相同，将左铰点 J_3 固定，给右铰点 J_4 一个 Y 向约束。

1）单元类型。选用 4 节点四面体实体单元，对实体模型进行网格划分，进行线性应力分析。

2）材料参数。弹性模量 $E = 1.74 \times 10^5$ MPa（适当温度），泊松比 $\nu = 0.305$，线胀系数 $\alpha = 1.372 \times 10^{-5}/℃$。

3）载荷温度。适当温度。

4）载荷。与扩张调节片整体有限元分析模型相同。

按上述要求建立有限元模型，单元划分数为 2890，节点数为 1050。

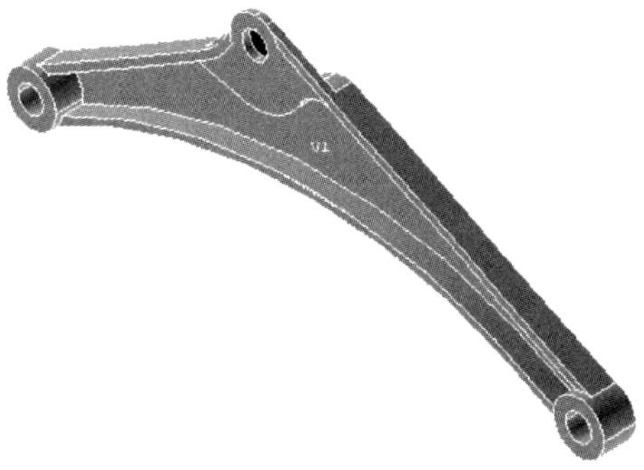

图 7-25　三角支架实体模型

三角支架在水平方向上的变形云图如图 7-26 所示。铰点 J_4 处最大变形量为 1.269mm。

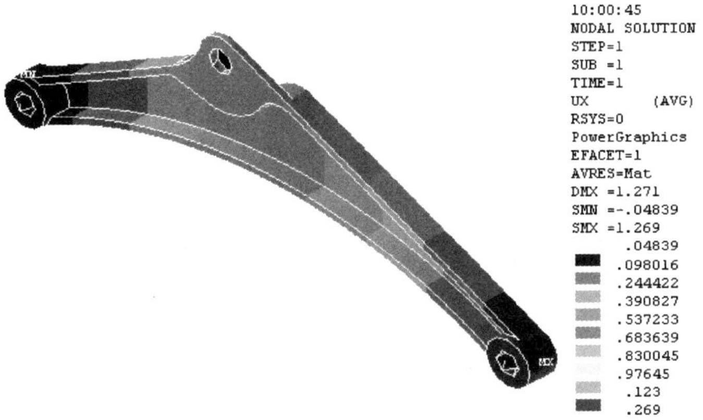

图 7-26　三角支架在水平方向上的变形云图

基于以上分析，得到扩张调节片铰点 J_4 的间隙补偿量 $\tau = 3.3175\text{mm} - 1.269\text{mm} = 2.0485\text{mm}$。

7.3　温度与变形的控制补偿

7.3.1　温度与变形对扩张调节片位姿的影响

表 7-1 ~ 表 7-3 给出了受高温和气动载荷联合作用时，收敛调节片、扩张调节片和拉杆的变形。可以发现沿收敛调节片和拉杆长度方向上的变形比沿与长度方向垂直的方向上的变形大。为方便起见，对收敛调节片和拉杆只分析长度误差对扩张调节片位姿的影响。对扩张调节片而言，两个方向上的变形都比较大，处理的方法是分别分析长度误差和高度误差对扩张调节片位姿的影响。

当 A9 环作动筒位移一定时，即转向驱动环和 A8 调节环的位姿一定。如图 7-27 所示若三角拉杆长度 l_{AB}、收敛调节片长度 l_{ED}、扩张调节片长度 l_{BD} 和高度 l_h 分别有增量 Δl_{AB}、Δl_{ED}、Δl_{BD} 和 Δl_h，根据一般位置 RRSR 运动链的位姿求解方程，可以求出 RRSR 运动链各构件的偏转角增量 $\Delta\beta_i$、$\Delta\gamma_i$、$\Delta\delta_i$。根据特殊位置 RSRR 关键构件的变形，分析对喷口几何矢量偏转角和喷口面积的影响，即求得喷口面积增量 ΔA_{d9} 与几何矢量偏转角增量 $\Delta\delta_{gef}$。

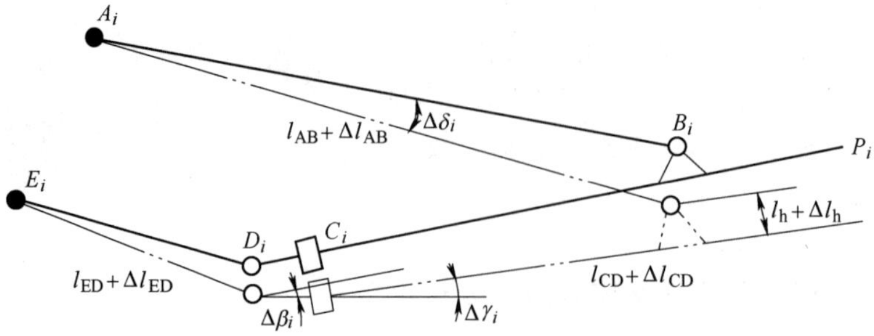

图 7-27　构件变形对扩张调节片位姿的影响

7.3.2　构件变形的几何矢量偏转角和喷口面积误差

对式（6-71）~式（6-73）给出的一般位置扩张调节片位姿描述方程，分别求对变量 l_{AB}、l_{BD}、l_h、l_{ED}、β_i、γ_i、δ_i 等的偏导数。

1）f_{1i}对各变量分别求偏导数

$$\frac{\partial f_{1i}}{\partial l_{BD}}=C\beta_iC\gamma_i \quad \frac{\partial f_{1i}}{\partial l_{ED}}=C\beta_i \quad \frac{\partial f_{1i}}{\partial l_h}=-S\gamma_i$$

$$\frac{\partial f_{1i}}{\partial l_{AB}}=-(C\mu C\eta C\delta_i-C\varphi_iS\eta S\delta_i-S\varphi_iS\mu C\eta S\delta_i) \quad \frac{\partial f_{1i}}{\partial \beta_i}=-l_{BD}S\beta_iC\gamma_i-l_{ED}S\beta_i-l_hC\beta_i$$

$$\frac{\partial f_{1i}}{\partial \gamma_i}=-l_{BD}C\beta_iS\gamma_i \quad \frac{\partial f_{1i}}{\partial \delta_i}=-l_{AB}(-C\mu C\eta S\delta_i-C\varphi_iS\eta C\delta_i-S\varphi_iS\mu C\eta C\delta_i)$$

2）f_{2i}对各变量分别求偏导数

$$\frac{\partial f_{2i}}{\partial l_{BD}}=(C\varphi_iS\beta_iC\gamma_i-S\varphi_iS\gamma_i) \quad \frac{\partial f_{2i}}{\partial l_{ED}}=C\varphi_iS\beta_i \quad \frac{\partial f_{2i}}{\partial l_h}=C\varphi_iC\beta_i$$

$$\frac{\partial f_{2i}}{\partial l_{AB}}=-(C\mu S\eta C\delta_i+C\varphi_iC\eta C\delta_i-S\varphi_iS\mu S\eta S\delta_i)$$

$$\frac{\partial f_{2i}}{\partial \beta_i}=l_{BD}C\varphi_iC\beta_iC\gamma_i+l_{ED}C\varphi_iC\beta_i-l_hC\varphi_iS\beta_i$$

$$\frac{\partial f_{2i}}{\partial \gamma_i}=l_{BD}(-C\varphi_iS\beta_iS\gamma_i-S\varphi_iC\gamma_i)$$

$$\frac{\partial f_{2i}}{\partial \delta_i}=-l_{AB}(-C\mu S\eta S\delta_i-C\varphi_iC\eta S\delta_i-S\varphi_iS\mu S\eta C\delta_i)$$

3）f_{3i}对各变量分别求偏导数

$$\frac{\partial f_{3i}}{\partial l_{BD}}=(S\varphi_iS\beta_iC\gamma_i+C\varphi_iS\gamma_i) \quad \frac{\partial f_{3i}}{\partial l_{ED}}=S\varphi_iS\beta_i \quad \frac{\partial f_{3i}}{\partial l_h}=-S\varphi_iC\beta_i$$

$$\frac{\partial f_{3i}}{\partial l_{AB}}=-(S\mu C\delta_i+S\varphi_iC\mu S\delta_i) \quad \frac{\partial f_{3i}}{\partial \beta_i}=l_{BD}S\varphi_iC\beta_iC\omega_i+l_{ED}S\varphi_iC\beta_i-l_hS\varphi_iS\beta_i$$

$$\frac{\partial f_{3i}}{\partial \gamma_i}=l_{BD}(-S\varphi_iS\beta_iS\gamma_i+C\varphi_iC\gamma_i) \quad \frac{\partial f_{3i}}{\partial \delta_i}=-l_{ED}(-S\mu S\delta_i+S\varphi_iC\mu C\delta_i)$$

将各偏导数代入 RSRR 运动链位姿描述方程式（6-71）~式（6-73），令 $\Delta f_{ji}=0$，得到

$$\begin{cases}\Delta f_{1i}=\dfrac{\partial f_{1i}}{\partial l_{\mathrm{BD}}}\Delta l_{\mathrm{BD}}+\dfrac{\partial f_{1i}}{\partial l_{\mathrm{ED}}}\Delta l_{\mathrm{ED}}+\dfrac{\partial f_{1i}}{\partial l_{\mathrm{h}}}\Delta l_{\mathrm{h}}+\dfrac{\partial f_{1i}}{\partial l_{\mathrm{AB}}}\Delta l_{\mathrm{AB}}+\dfrac{\partial f_{1i}}{\partial \beta_i}\Delta \beta_i+\\ \qquad\dfrac{\partial f_{1i}}{\partial \gamma_i}\Delta \gamma_i+\dfrac{\partial f_{1i}}{\partial \delta_i}\Delta \delta_i=0\\ \Delta f_{2i}=\dfrac{\partial f_{2i}}{\partial l_{\mathrm{BD}}}\Delta l_{\mathrm{BD}}+\dfrac{\partial f_{2i}}{\partial l_{\mathrm{ED}}}\Delta l_{\mathrm{ED}}+\dfrac{\partial f_{2i}}{\partial l_{\mathrm{h}}}\Delta l_{\mathrm{h}}+\dfrac{\partial f_{2i}}{\partial l_{\mathrm{AB}}}\Delta l_{\mathrm{AB}}+\dfrac{\partial f_{2i}}{\partial \beta_i}\Delta \beta_i+\\ \qquad\dfrac{\partial f_{2i}}{\partial \gamma_i}\Delta \gamma_i+\dfrac{\partial f_{2i}}{\partial \delta_i}\Delta \delta_i=0\\ \Delta f_{3i}=\dfrac{\partial f_{3i}}{\partial l_{\mathrm{BD}}}\Delta l_{\mathrm{BD}}+\dfrac{\partial f_{3i}}{\partial l_{\mathrm{ED}}}\Delta l_{\mathrm{ED}}+\dfrac{\partial f_{3i}}{\partial l_{\mathrm{h}}}\Delta l_{\mathrm{h}}+\dfrac{\partial f_{3i}}{\partial l_{\mathrm{AB}}}\Delta l_{\mathrm{AB}}+\dfrac{\partial f_{3i}}{\partial \beta_i}\Delta \beta_i+\\ \qquad\dfrac{\partial f_{3i}}{\partial \gamma_i}\Delta \gamma_i+\dfrac{\partial f_{3i}}{\partial \delta_i}\Delta \delta_i=0\end{cases}\tag{7-1}$$

变形引起的各构件偏转角位移增量 $\Delta\beta_i$、$\Delta\gamma_i$、$\Delta\delta_i$ 有下列关系式

$$\begin{cases}\dfrac{\partial f_{1i}}{\partial \beta_i}\Delta \beta_i+\dfrac{\partial f_{1i}}{\partial \gamma_i}\Delta \gamma_i+\dfrac{\partial f_{1i}}{\partial \delta_i}\Delta \delta_i=-\dfrac{\partial f_{1i}}{\partial l_{\mathrm{BD}}}\Delta l_{\mathrm{BD}}-\dfrac{\partial f_{1i}}{\partial l_{\mathrm{ED}}}\Delta l_{\mathrm{ED}}-\dfrac{\partial f_{1i}}{\partial l_{\mathrm{h}}}\Delta l_{\mathrm{h}}-\dfrac{\partial f_{1i}}{\partial l_{\mathrm{AB}}}\Delta l_{\mathrm{AB}}\\ \dfrac{\partial f_{2i}}{\partial \beta_i}\Delta \beta_i+\dfrac{\partial f_{2i}}{\partial \gamma_i}\Delta \gamma_i+\dfrac{\partial f_{2i}}{\partial \delta_i}\Delta \delta_i=-\dfrac{\partial f_{2i}}{\partial l_{\mathrm{BD}}}\Delta l_{\mathrm{BD}}-\dfrac{\partial f_{2i}}{\partial l_{\mathrm{ED}}}\Delta l_{\mathrm{ED}}-\dfrac{\partial f_{2i}}{\partial l_{\mathrm{h}}}\Delta l_{\mathrm{h}}-\dfrac{\partial f_{2i}}{\partial l_{\mathrm{AB}}}\Delta l_{\mathrm{AB}}\\ \dfrac{\partial f_{3i}}{\partial \beta_i}\Delta \beta_i+\dfrac{\partial f_{3i}}{\partial \gamma_i}\Delta \gamma_i+\dfrac{\partial f_{3i}}{\partial \delta_i}\Delta \delta_i=-\dfrac{\partial f_{3i}}{\partial l_{\mathrm{BD}}}\Delta l_{\mathrm{BD}}-\dfrac{\partial f_{3i}}{\partial l_{\mathrm{ED}}}\Delta l_{\mathrm{ED}}-\dfrac{\partial f_{3i}}{\partial l_{\mathrm{h}}}\Delta l_{\mathrm{h}}-\dfrac{\partial f_{3i}}{\partial l_{\mathrm{AB}}}\Delta l_{\mathrm{AB}}\end{cases}\tag{7-2}$$

令

$$ec_j=-\frac{\partial f_{ji}}{\partial l_{\mathrm{BD}}}\Delta l_{\mathrm{BD}}-\frac{\partial f_{ji}}{\partial l_{\mathrm{ED}}}\Delta l_{\mathrm{ED}}-\frac{\partial f_{ji}}{\partial l_{\mathrm{h}}}\Delta l_{\mathrm{h}}-\frac{\partial f_{ji}}{\partial l_{\mathrm{AB}}}\Delta l_{\mathrm{AB}},(j=1,2,3)$$

$$\Delta\beta_i=\frac{\begin{vmatrix}ec_1 & \dfrac{\partial f_{1i}}{\partial \gamma_i} & \dfrac{\partial f_{1i}}{\partial \delta_i}\\ ec_2 & \dfrac{\partial f_{2i}}{\partial \gamma_i} & \dfrac{\partial f_{2i}}{\partial \delta_i}\\ ec_3 & \dfrac{\partial f_{3i}}{\partial \gamma_i} & \dfrac{\partial f_{3i}}{\partial \delta_i}\end{vmatrix}}{bb}\quad \Delta\gamma_i=\frac{\begin{vmatrix}\dfrac{\partial f_{1i}}{\partial \beta_i} & ec_1 & \dfrac{\partial f_{1i}}{\partial \delta_i}\\ \dfrac{\partial f_{2i}}{\partial \beta_i} & ec_2 & \dfrac{\partial f_{2i}}{\partial \delta_i}\\ \dfrac{\partial f_{3i}}{\partial \beta_i} & ec_3 & \dfrac{\partial f_{3i}}{\partial \delta_i}\end{vmatrix}}{bb}\quad \Delta\delta_i=\frac{\begin{vmatrix}\dfrac{\partial f_{1i}}{\partial \beta_i} & \dfrac{\partial f_{1i}}{\partial \gamma_i} & ec_1\\ \dfrac{\partial f_{2i}}{\partial \beta_i} & \dfrac{\partial f_{2i}}{\partial \gamma_i} & ec_2\\ \dfrac{\partial f_{3i}}{\partial \beta_i} & \dfrac{\partial f_{3i}}{\partial \gamma_i} & ec_3\end{vmatrix}}{bb}\tag{7-3}$$

考虑变形后 RSRR 各构件的偏转角度 β_i'、γ_i'、δ_i'为

$$\beta_i'=\beta_i+\Delta\beta_i\tag{7-4}$$

$$\gamma_i'=\gamma_i+\Delta\gamma_i\tag{7-5}$$

$$\delta_i'=\delta_i+\Delta\delta_i\tag{7-6}$$

令 $\varphi_i=\zeta$，考虑构件变形量，利用运动反解方程求出特殊位置扩张调节片末端点的坐标 $P_{i\mathrm{r}}'(i=0,1,2,3)$和喷口中心 G_{r}的坐标 $G_{\mathrm{r}}'(G_{\mathrm{rx}}',G_{\mathrm{ry}}',G_{\mathrm{rz}}')$，喷管的几何矢量偏转角 δ_{gef}'为

$$\delta_{\mathrm{gef}}'=\arccos\frac{G_{\mathrm{rx}}'-X_4}{\sqrt{(G_{\mathrm{rx}}'-X_4)^2+(G_{\mathrm{ry}}')^2+(G_{\mathrm{rz}}')^2}}\tag{7-7}$$

由构件变形造成的几何矢量偏转角误差为

$$\Delta\delta_{\mathrm{d}}=\delta_{\mathrm{gef}}'-\delta_{\mathrm{gef}}\tag{7-8}$$

将变形后 RSRR 构件的位姿 β_i'、γ_i'、δ_i'参数代入喷口面积精确计算式（6-75），得到考虑变

形喷口的精确面积 A_{9d}。于是，构件变形引起的喷口面积误差为（A_{90}为时变几何体喷口面积）

$$\Delta A_{9d}=A_{9d}-A_{90} \tag{7-9}$$

7.3.3 数值分析

将气动载荷与高温联合作用下构件变形的有限分析结果：$\Delta l_{ED}=3.635\text{mm}$、$\Delta l_{BD}=\Delta l_{CD}+\Delta l_{BC}=3.635\text{mm}$、$\Delta l_h=10.201\text{mm}$、$\Delta l_{AB}=0.8054\text{mm}$、$\Delta l_{EC}=4.28\text{mm}$ 代入式（7-8）、式（7-9），得到喷口面积误差和几何矢量偏转角误差与几何矢量偏转角和偏转方位角的关系，如图 7-28、图 7-29 所示。

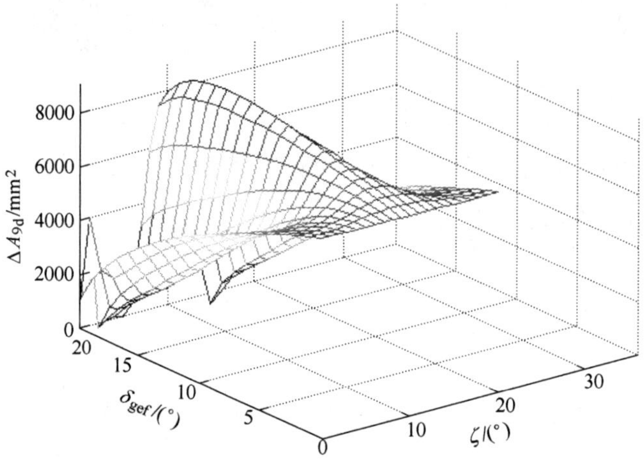

图 7-28　喷口面积误差 ΔA_{9d}与几何矢量偏转角 δ_{gef}和偏转方位角 ζ 的关系

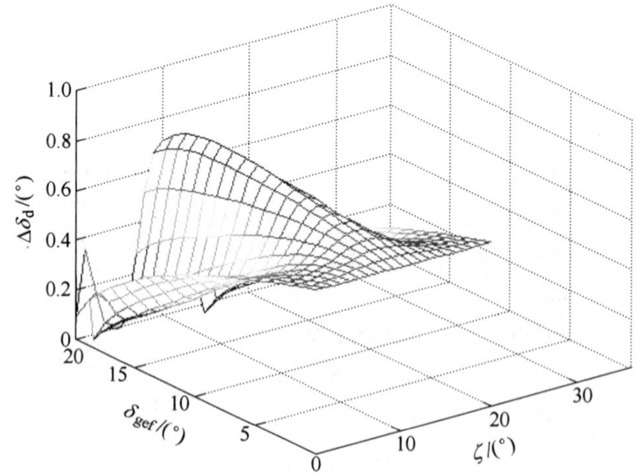

图 7-29　几何矢量偏转角误差 $\Delta\delta_d$ 与几何矢量偏转角 δ_{gef}和偏转方位角 ζ 的关系

7.4 构件变形的控制补偿

将式（7-8）代入式（6-91），得到构件变形引起的转向驱动环轴向位移的修正量

$$\Delta l_d=\frac{\Delta A_{9d}}{ad} \tag{7-10}$$

经展开、化简、近似处理，得

$$\Delta l_{\mathrm{d}}=\frac{-\left(\frac{\partial f_{1i}}{\partial l_{\mathrm{ED}}}\frac{\partial f_{2i}}{\partial\theta}-\frac{\partial f_{1i}}{\partial\theta}\frac{\partial f_{2i}}{\partial l_{\mathrm{ED}}}\right)\Delta l_{\mathrm{ED}}-\left(\frac{\partial f_{1i}}{\partial l_{\mathrm{h}}}\frac{\partial f_{2i}}{\partial\theta}-\frac{\partial f_{1i}}{\partial\theta}\frac{\partial f_{2i}}{\partial l_{\mathrm{h}}}\right)\Delta l_{\mathrm{h}}}{\frac{\partial f_{1i}}{\partial l_0}\frac{\partial f_{2i}}{\partial\theta}}-\frac{\left(\frac{\partial f_{1i}}{\partial l_{\mathrm{BD}}}\frac{\partial f_{2i}}{\partial\theta}-\frac{\partial f_{1i}}{\partial\theta}\frac{\partial f_{2i}}{\partial l_{\mathrm{BD}}}\right)\Delta l_{\mathrm{BD}}}{\frac{\partial f_{1i}}{\partial l_0}\frac{\partial f_{2i}}{\partial\theta}} \tag{7-11}$$

将式（7-9）代入式（6-99），得到构件变形时转向驱动环位姿修正量

$$\Delta\theta_{\mathrm{d}}=\frac{d_{22}\Delta A_{9\mathrm{d}}-d_{12}d_{23}}{d_{11}d_{12}-d_{12}d_{21}} \tag{7-12}$$

经展开、化简、近似处理，得

$$\Delta\theta_{\mathrm{d}}=\frac{-\frac{\partial f_{2i}}{\partial l_{\mathrm{ED}}}\Delta l_{\mathrm{ED}}-\frac{\partial f_{2i}}{\partial l_{\mathrm{h}}}\Delta l_{\mathrm{h}}-\frac{\partial f_{2i}}{\partial l_{\mathrm{AB}}}\Delta l_{\mathrm{AB}}-\frac{\partial f_{2i}}{\partial l_{\mathrm{BD}}}\Delta l_{\mathrm{BD}}}{\frac{\partial f_{2i}}{\partial\theta}} \tag{7-13}$$

将式（7-12）、式（7-13）代入 A9 环作动筒位移表达式（6-100），经整理、化减，得

$$\Delta l_{\mathrm{d}i}=\frac{l_{ix}\frac{\partial l_{ix}}{\partial l_{0\mathrm{r}}}\Delta l_{\mathrm{d}}+\left(l_{ix}\frac{\partial l_{ix}}{\partial\theta}+l_{iy}\frac{\partial l_{iy}}{\partial\theta}+l_{iz}\frac{\partial l_{iz}}{\partial\theta}\right)\Delta\theta_{\mathrm{d}}}{l_{\mathrm{w}i}} \tag{7-14}$$

$$l_{ix}=R_2\frac{C\beta S\theta C\lambda_i-S\beta S\theta C\theta S\lambda_i}{\sqrt{1-S^2\beta S^2\theta}}+l_0$$

$$l_{iy}=R_2\frac{C\theta C\lambda_i-S\beta C\beta S^2\theta S\lambda_i}{\sqrt{1-S^2\beta S^2\theta}}-R_1C\lambda_i$$

$$l_{iz}=R_2\sqrt{1-S^2\beta S^2\theta}S\lambda_i-R_1S\lambda_i$$

$$\lambda_i=\lambda+(i-1)\frac{2}{3}\pi$$

在气动载荷与高温联合作用的情况下，AVEN 各构件将发生负载变形与热变形。为了弥补变形对喷口面积和几何矢量偏转角的影响，本章给出了 A9 环作动筒位移的控制补偿解析方程。该补偿方程能够精确地补偿因变形导致的喷口面积误差和几何矢量偏转角误差，使得负载状态下的 AVEN 运动反解具有高精度和实时性。

7.5　小结

本章采用有限元方法分析了关键构件的应力与应变情况，给出了主要构件运动副的合理间隙。在此基础上，给出了气动载荷与高温联合作用下，收敛调节片、扩张调节片、拉杆等构件因气动载荷变形与热变形引起的 AVEN 喷口面积误差与几何矢量偏转角误差，用解析法导出了转向驱动环作动筒位移实时求解补偿控制方程。

第 8 章

AVEN 故障应急中立复位防护

含推力矢量发动机飞机因某些原因，可能出现推力矢量喷管断电、断油及主控系统失灵等故障。此时，AVEN 从推力矢量状态自动恢复到中立非矢量状态，直接关系到含矢量推力发动机飞机的飞行安全。为此，发明了一种 A9 环作动筒应急复位液压系统，基于特殊设计的滑阀及其配套的液压辅助系统，在断电、断油或控制器失灵等状态下，该系统能够将 A9 环作动筒自动复位到设定的中立位置，从而确保处于故障状态的飞机安全返航。

8.1 AVEN 故障应急防护

8.1.1 AVEN 安全防护的三个关键问题

AVEN 推力矢量输出的可靠性和可控性对于含 AVEN 的第五代战斗机的飞行安全是非常重要的。导致 AVEN 推力矢量输出失控的原因有系统层面上的，如主控系统失灵、液压系统故障，或作动筒不能对控制指令产生及时、准确的响应等，此时，转向驱动环位姿具有不确定性，推力矢量输出失控；也有结构层面上的，如 AVEN 并联驱动机构在奇异构型处获得的奇异运动自由度，导致转向驱动环产生局部奇异失控运动，造成推力矢量输出失控。AVEN 推力矢量的失控，将使含 AVEN 的第五代战斗机的气动操作力（矩）与推力矢量的联合操纵失效，飞行失控，导致重大飞行安全事故的发生。

引起 AVEN 出现推力矢量输出失控的原因有三种：①AVEN 主控系统出现断电、断油及控制器失灵等故障，A9 环作动筒位移输出不确定，不能为转向驱动环提供确定的位姿，导致推力矢量偏转方向失控；②运动奇异性是并联机构的固有特性，处于奇异位置的并联机构动平台获得一个或几个局部自由度，其运动输出具有不确定性，此时，作为驱动 AVEN 矢量转向的并联机构不能为转向驱动环提供确定的矢量偏转方向，推力矢量失控；③A9 环作动筒不能对控制指令产生及时、准确的响应，导致 A9/A8 面积比严重失调，或损坏扩张密封片悬挂机构，使喷管扩张段破损、失效，或迫使发动机处于“憋气”工作状态，妨碍发动机正常工作。

为了提高我国含 AVEN 的第五代战斗机空中飞行的安全性，需要对上述推力矢量失控模式下的 AVEN 进行应急防护，在不依赖飞机主控系统和液控系统的前提下，将 AVEN 由推力矢量工作状态自动应急复位为非推力矢量中立工作状态，以便采用常规操纵，使飞机安全返航。本章主要介绍 AVEN 主控系统出现断电、断油及控制器失灵等故障时，A9 环作动筒自动应急复位到中立位置的防护设计。第 9 章介绍 A9/A8 面积比严重失调时防护系统的设计。

因并联机构运动奇异问题非常复杂，需要研究 AVEN 转向驱动并联机构运动奇异问题与构型分岔的复杂性，构建规避并联机构运动奇异性的扰动函数方法，给出在设计阶段规避 AVEN 运动奇异的免奇异尺寸设计准则。进一步，考虑 AVEN 动态特性，给出动态规避 AVEN 运动奇异的方法，使超机动载荷与飞行状态下的 AVEN 具有确定的运动输出与抗超机动负载及扰动的能力，保障含 AVEN 的第五代战斗机的飞行安全。

在含 AVEN 的第五代战斗机飞行期间，有可能因部件失灵或损伤导致喷管的 A9 环作动系统在某一个或多个不同的工作模式下失效，如作动系统的供油中断或控制信号中断（或失灵），导致转向驱动环位姿失控，致使 AVEN 推力矢量输出方向失控，且这种失控的推力矢量方向具有无法预见性。失控的 AVEN 推力矢量，将为第五代战斗机的飞行带来灾难性后果。

当 AVEN 的液压控制系统失去动力压力时，A9 环作动筒处于失控状态，整体 AVEN 失控。此时，由于飞机处于方向舵与推力矢量联合控制状态，AVEN 的失控将严重危及含推力矢量发动机飞机的飞行安全。另外，由于 A9 环作动系统采用电液伺服阀作为分油活门的先导控制阀，并采用位移传感器（LVDT）采集 A9 环作动筒的位移信号，当系统失电时，这些元件丧失其功能，导致驱动 AVEN 矢量转向的 A9 环作动筒失控，危及含推力矢量发动机飞机的飞行安全。

对于此类故障的防护，比较困难的是如何在系统断电、断油，以及系统控制器失灵时，适时采集 A9 环作动筒位移信号，进行判断，提供应急动力，将 A9 环作动筒恢复到中立位置。同时，应急系统应具有足够大的抗偏转刚度，使 AVEN 在气动载荷的作用下，能够保持在中立位置足够长的时间，确保处于故障状态的战斗机安全返航。

8.1.2　国外 AVEN 应急防护方案

常见的液压故障防护装置有两类：①利用与主作动筒共轴的双活塞腔作动筒及相关组件，在故障状态下，利用作动筒的复位腔将主作动筒置于中立位置，喷管置于防护姿态，如美国专利 US6142416 所揭示的防护系统；②采用两套喷管作动系统，即冗余系统实现防护，如美国专利 US5740988 所揭示的防护系统，在其中一套系统出现故障时，通过另外一套作动系统实现对喷管的控制，两套系统配置独立的油路和油源。然而，对于第一类故障防护系统，其必须在飞行控制计算机和矢量电子控制器的控制下才能实施应急防护，由系统油源向故障防护作动筒应急供油，驱动回缩的主作动筒停留在中立位置，将喷管置于防护姿态。但在系统供油中断（断油）和控制信号丧失时，该类防护系统不能正常工作，不能发挥保护喷管和飞行安全的作用；同时，由于采用了故障防护作动筒，系统的结构尺寸增大，增重显著，限制了飞机性能的提高。第二类故障防护系统虽提高了故障防护的可靠性，但冗余系统的使用，使得发动机和飞机整体质量的增加更为明显，控制系统更为复杂。

1. 含应急复位活塞的 A9 环作动筒

图 8-1 所示为 US6142416 公开的 A9 环作动筒应急防护系统的液压回路，含有电液伺服阀 124A + 126A、124B + 126B、A91、A92、A93，伺服阀 SA8，弹簧复位阀 125，弹性开关阀 128，调节阀 129，压力开关 123。

如图 8-1 和图 8-2 所示，当主控制系统感知故障状态时，通过矢量控制系统（VEC）或飞行控制计算机（FLCC）控制电液伺服阀 124A + 126A 或 124B + 126B 接通应急复位控制油路。压力油通过管路到达弹簧开关阀 128 下端，在压力油的作用下，弹簧开关阀 128 打开，使压力油通过 104H 管路到达 103 腔，从而推动应急复位活塞 114 将 A9 环作动筒的活塞杆 93 推动到复位位置。同时，压力传感器 123 感知应急复位液压回路的压力，发出电信号，控制电液伺服阀 A91、A92、A93 打开，并根据 LVDT 的具体位置，确定电液伺服阀的开口方向，通过 102H 和 102R，使 A9 环作动筒活塞 112 两端的液压腔与回油路接通，卸载压力载荷。

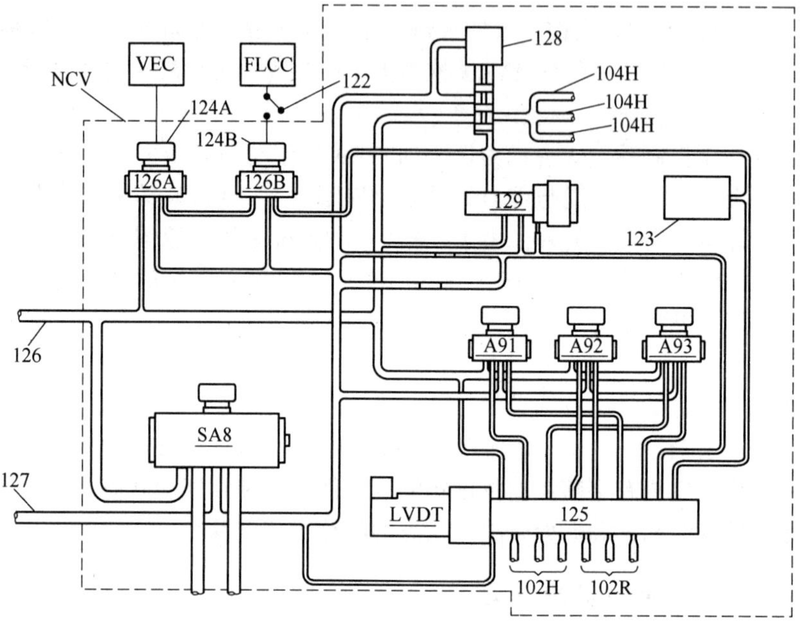

图 8-1　US6142416 专利 A9 环作动筒应急复位液压系统

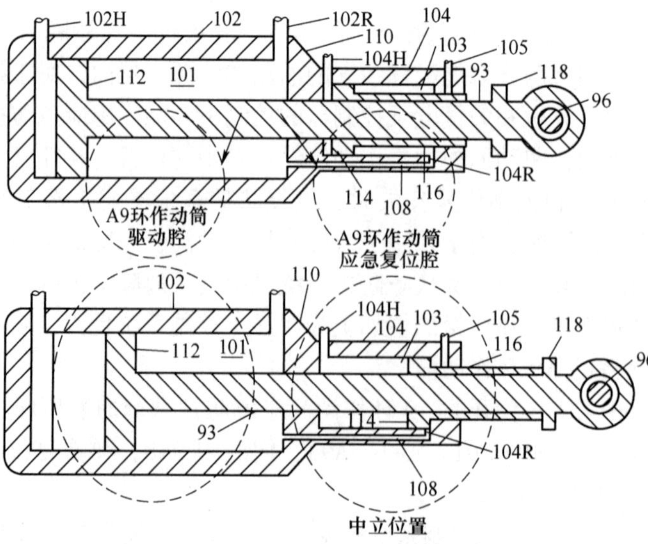

图 8-2　US6142416 专利 A9 环作动筒应急复位工作腔

当感知故障（可以是 A9 环作动筒液压控制系统、飞机飞行出现的其他故障），需要将当前飞机的矢量飞行状态调整为非矢量飞行状态时，通过 VEC 或 FLCC 控制电液伺服阀，以及 128、129、125 实现对 A9 环作动筒活塞 112 两腔和 A9 应急复位活塞 114 两腔的进油与回油操作（图 8-2），实现 A9 环作动筒的应急复位。显然，电液伺服阀的信号是机载控制系统给出的，即 A9 环作动筒复位液压系统必须在机载控制系统的作用下才能工作，不存在电液联锁控制结构。

实施 A9 环作动筒应急复位的条件：①具有双活塞缸的 A9 环作动筒；②AVEN 的电控系统（VEC、FLCC）必须正常工作；③AVEN 的液压控制系统必须能够为应急复位系统提供动力油。

应急复位的缺点：①应急复位位置不可调；②应急复位的液压油压力很大；③应急复位系统整体增重比较明显。

因此，该专利所揭示的 A9 环作动筒应急复位系统，不能处理机载控制系统断电、控制器失灵，A9 环作动筒控制油路失压、管路破裂等故障时的 A9 环作动筒应急复位问题。

2. 双作用 A9 环作动筒

US5074495 专利公开的 A9 环作动筒应急防护液压回路中含有电液伺服阀、电磁阀、开关阀、旁通阀等液压元件。如图 8-3 所示，该系统采用了双作用 A9 环作动筒应急复位控制策略。脱离开双作用 A9 环作动筒，图 8-3 中所示的三个液压系统不能实现对 A9 环作动筒的应急复位操作。但是相对 US6142416 专利，US5074495 专利的应急复位位置是可调的，通过线性位移传感器设定应急复位位置，通过伺服液压泵可以保证 A9 环作动筒持续复位在特定的位置。

这里以图 8-3c 为例，说明 A9 环作动筒应急复位的原理。12A、30A、28A 和 12B、30B、28B 组成两个平行的液压回路，这两个回路由旁通阀 32 连接。基于控制信号 18，飞机液压动力油可以到达主控阀的左腔 14A。当系统出现失压或机械故障时，控制系统通过电磁阀 28（28A、28B、28C）和旁通阀 30（30A、30B、30C）切断受到机械故障或失压影响的回路，并接通主控阀的左腔 14A，以防止该腔活塞被锁死。在故障状态，由微量泵 62、伺服泵 60、油箱 38、12C、30C、28C 等液压元件组成的液压系统工作。首先，由微量泵为主控制阀的右腔活塞两端提供液压动力油，使 A9 环作动筒活塞 15A 两端油腔的液压油处于卸载状态。同时，伺服泵 60 分别为 A9 环作动筒应急复位活塞 15E 两腔的某腔提供动力油，使 15E 向设定的应急复位位置移动。当接近应急复位位置时，伺服泵基本处于对应急液压回路泄漏的补油工作状态。

实施 A9 环作动筒应急复位的条件：①具有双活塞缸的 A9 环作动筒；②AVEN 的电控系统（VEC、FLCC）必须正常工作；③每一个 A9 环作动筒都需自备一套液压油源、伺服泵和微量泵。

应急复位的优点：应急复位位置可调，持续时间长。

应急复位的缺点：①应急复位系统整体增重大；②油箱体积过大，实际上，飞机发动机不可能提供如此大的布局空间用于布置三个应急用油箱；③如果油箱过小，由于液压油黏度较低，采用伺服电动机使 A9 环作动筒保持在应急复位位置的方式，很容易导致在较短的时间内自备液压油泄漏完毕，从而使应急复位系统失效。发动机结构不允许油箱过大，即使允许，增重也比较明显。

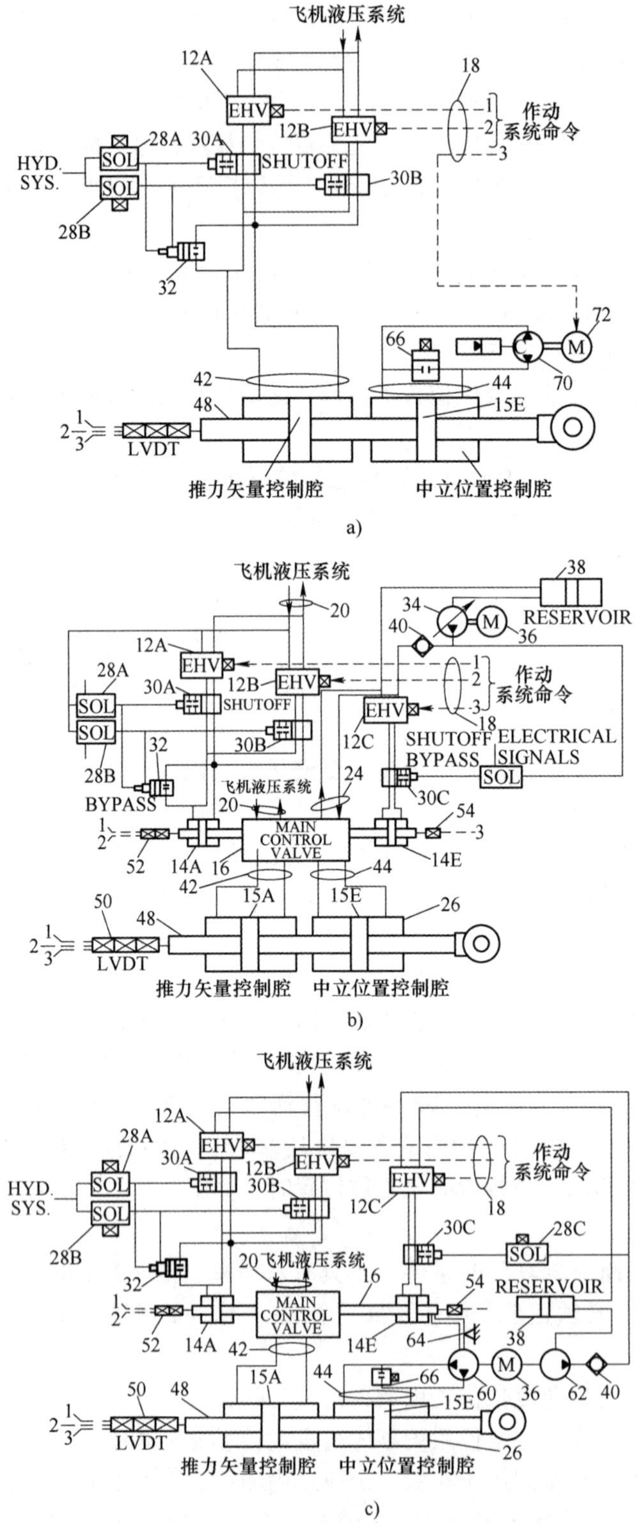

图 8-3　US5074495 专利 A9 环作动筒应急复位液压-电控系统

EHV—电液伺服阀　SHUTOFF—关闭　SOL—电磁换向阀　LVDT—位移传感器　BYPASS—旁路

MAIN CONTROL VALVE—主控阀　ELECTRICAL SIGNALS—电控信号　RESERVOIR—液压源

8.1.3 A9 环作动筒应急复位防护技术方案

考虑到国外采用双腔液压缸构造应急防护系统，结构庞大、增重显著，且在主系统丧失供油时及其相关复合故障模式下，不能实施有效防护，以及结构复杂等缺陷，针对我国 A9 环作动筒结构尺寸较大的特点，根据我国对 A9 环作动筒应急复位系统具有安全可靠，结构尺寸显著减小，增重较少，以及中立位置持续时间长等特殊要求，提出了一种 A9 环作动筒应急复位防护系统，基于三个特殊设计的液压元件及原 A9 环作动筒，实现了失电、失压、控制器失灵，以及混合故障模式下 A9 环作动筒的自动应急复位，使处于故障状态下的 AVEN 不依赖于主控系统，自动进入应急防护状态，增强了发动机工作的可靠性，确保故障状态下的飞机安全返航。其主要特点为：①采用原来的矢量控制 A9 环作动筒，结构基本不加任何改进；②能够解决主控电控系统和主控液压系统单独或同时出现故障的应急复位问题；③当主控电控系统和主控液压系统同时和单独失去作用时，系统能够自动启动 A9 环作动筒应急复位操作；④应急复位系统整体增重很小；⑤保持应急复位状态的时间较长；⑥应急复位位置可调。

该液压防护系统不仅能够处理断电、断油的应急复位问题，而且可以有效地处理主控系统断电、失压等多种故障，借助于蓄能器，自动实施 A9 环作动筒的应急复位，不需要主控系统进行控制。

在由电液伺服阀控制的主系统油路的基础上，加装一套应急复位液压油路，两套油路并联在高压油源、回油管和 A9 环作动筒之间，组成 A9 环作动筒应急复位液压系统。应急复位油路由伺服滑阀、单向阀、蓄能器、应急活门、节流阀、调压阀、液压锁等控制阀组成。为协调两套油路的工作，在主油路的电液伺服阀和作动筒之间设置协调活门，电液伺服阀和应急活门电磁铁采取电气联锁，应急活门与协调活门采取液压联锁，即二者油路中的压力油互为对方的控制压力油。正常工作期间，电液伺服阀在飞行控制计算机的控制下，经协调活门向作动筒供油，实现飞机的俯仰和偏航；当出现电、液故障时，经应急活门识别并调用故障模式，将蓄能器在正常工作期间储存的应急油液放出，主油路中的协调活门在应急油液压力的作用下关闭，切断电液伺服阀与作动筒的进、回油路。应急复位油路在应急控制系统的控制下，向 A9 环作动筒供油，将主作动筒推至中立位置后，由液压锁将作动筒锁紧。由传动装置、伺服滑阀组成的应急控制系统采用机械反馈方式，即齿条连杆组件和减速器组成的机械反馈机构采集、转换并将作动筒位置信号传递给伺服滑阀，控制伺服滑阀的动作并由此决定向作动筒供油的方向和流量。主系统恢复正常工作时，应急活门关闭、协调活门开启，主油路和应急复位油路进行工作切换。

上述技术方案，扩展了故障防护系统的防护范围，取消了故障防护作动筒，简化了 A9 环作动筒的结构，减小了作动系统的质量。同时该方案用于现有喷管作动系统的改装，对现有喷管结构的改变不大。

8.2 应急防护系统的工作原理

8.2.1 应急复位液压系统的原理图

图 8-4 所示为 AVEN 喷管扩张段作动系统中的三个 A9 环作动筒 2、3 和 4 与转向驱动环

的联结关系。图中 A91、A92、A93 分别是三个 A9 环作动筒 2、3 和 4 的应急复位液压系统，A9 环作动筒由应急复位液压系统 A91、A92、A93 控制，将转向驱动环 1 置于不同的姿态，实现俯仰和偏航等万向偏转。三套系统并联于高压油源和回油管之间，每套系统由电液伺服主系统油路［以 A91（1）、A92（1）、A93（1）表示］和应急复位油路［以 A91（2）、A92（2）、A93（2）表示，也称为故障防护油路］并联组成。正常工作状态下，各系统中的电液伺服主系统油路 A91（1）、A92（1）、A93（1）在飞行控制计算机的控制下，向三个 A9 环作动筒供油，控制转向驱动环的位姿，实现转向驱动环的平动或万向偏转（图 8-4 中所示位置为斜动，此时喷管处于矢量工作状态）。若系统出现故障（如丧失油源压力或电气控制信号），则故障防护油路 A91（2）、A92（2）、A93（2）在各自的应急控制系统控制下，根据对应 A9 环作动筒的实际位置，向 A9 环作动筒的相应油腔供油，将三个 A9 环作动筒恢复到中立位置，将转向驱动环置于非矢量中立位置（图 8-4 中虚线），以使 AVEN 处于非矢量状态。

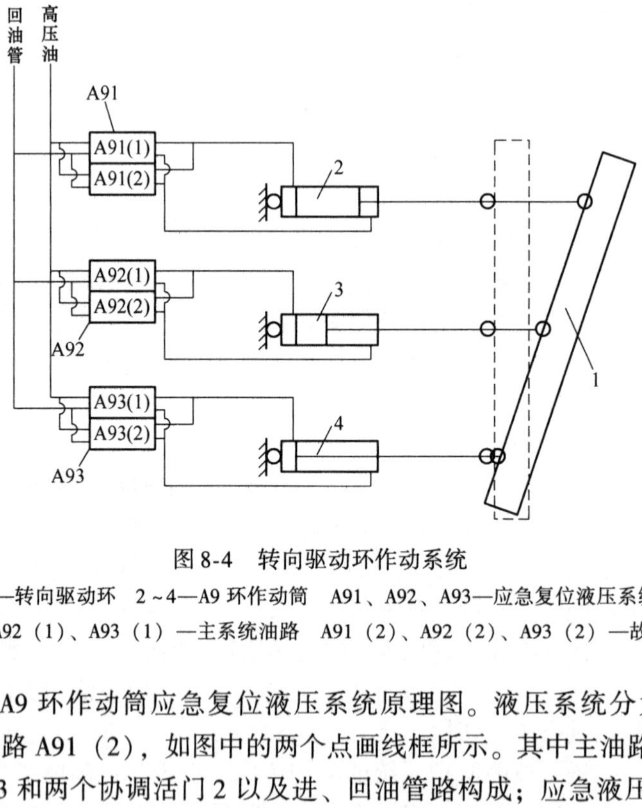

图 8-4　转向驱动环作动系统

1—转向驱动环　2～4—A9 环作动筒　A91、A92、A93—应急复位液压系统

A91（1）、A92（1）、A93（1）—主系统油路　A91（2）、A92（2）、A93（2）—故障防护油路

图 8-5 所示为 A9 环作动筒应急复位液压系统原理图。液压系统分为主系统油路 A91（1）和故障防护油路 A91（2），如图中的两个点画线框所示。其中主油路 A91（1）由电液伺服阀 1、作动筒 3 和两个协调活门 2 以及进、回油管路构成；应急液压回路 A91（2）由伺服滑阀 7、单向阀 4、蓄能器 5、应急活门 6、调速阀 9、液压锁 8 及作动筒 3 构成；伺服滑阀、减速器 10 和连接于 A9 环作动筒尾柄的齿条连杆组件（图中未示出）构成一套机械反馈的应急闭环控制系统，控制应急油路的工作。两套油路并联于油源、回油管和作动筒之间，分别在正常工作和应急工作状态下向作动筒供油。电液伺服阀、协调活门和应急活门采取电液联锁：电液伺服阀和应急活门电磁铁电气联锁，应急活门与协调活门采取液压联锁，即应急活门的出油口与协调活门的控制油口连通，主油路与应急活门的控制油口连通。

图 8-6 所示为一个实施 A9 环作动筒应急复位液压系统的构成原理图。电液伺服主系统

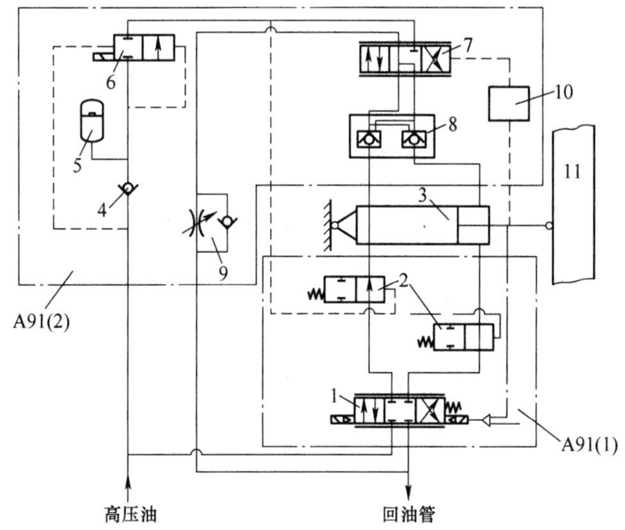

图 8-5　A9 环作动筒应急复位液压系统原理图

1—电液伺服阀　2—协调活门　3—作动筒　4—单向阀　5—蓄能器　6—应急活门　7—伺服滑阀　8—液压锁　9—调速阀　10—减速器　11—转向驱动环　A91（1）—主系统油路　A91（2）—故障防护油路

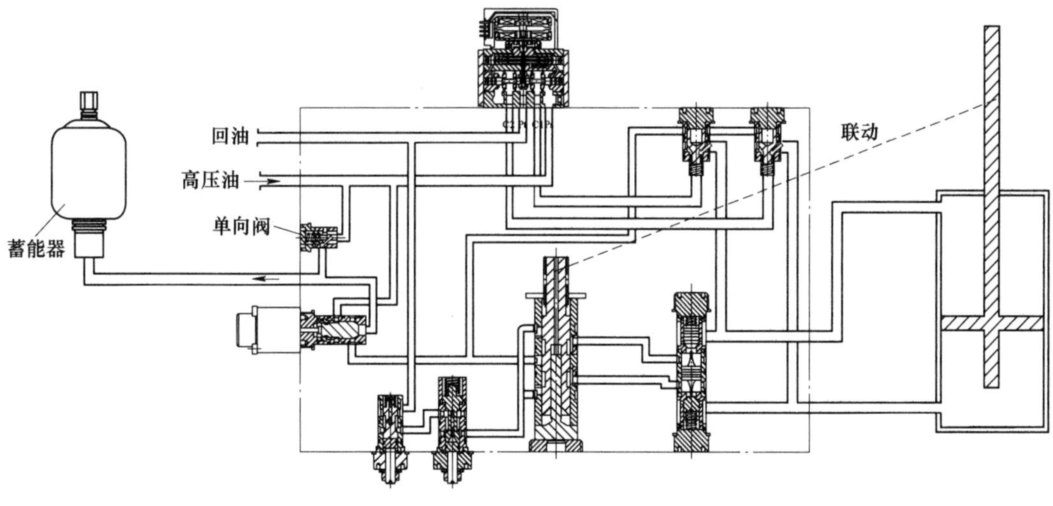

图 8-6　实施 A9 环作动筒应急复位液压系统之一

油路正常工作期间，主油路经飞行控制计算机控制的电液伺服阀对 A9 环作动筒供液，推动 A9 环作动筒工作（图 8-4），当三个 A9 环作动筒同步移动时，转向驱动环平动，改变喷管喷口面积 A9；当三个 A9 环作动筒非同步输出时，转向驱动环倾斜，改变喷管的矢量偏转方向。与此同时，主油路经单向阀对蓄能器充液。

当主系统油路发生电、液故障时，与电液伺服阀和协调活门采取电液联锁的应急活门开启，调用故障模式，启动应急复位液压油路工作，蓄能器中的应急油液经应急活门进入防护油路，同时，在应急油液压力的作用下，主油路中的协调活门关闭，切断电液伺服阀与 A9 环作动筒的进、回油路。在应急控制系统的作用下，与 A9 环作动筒位移关联的伺服滑阀控制应急油液，经液压锁进入 A9 环作动筒的相关油腔，推动 A9 环作动筒到中立位置。在三个 A9 环作动筒都到达中立位置后，转向驱动环处于中立应急姿态，如图 8-4 虚线所示姿态，喷管扩张段处于非矢量工作状态。此时，液压锁在伺服滑阀的控制下，处于关闭状态，蓄能器停止向 A9 环作动筒供油，液压锁将 A9 环作动筒锁定在中立位置，并提供足够的偏转刚度。调压阀和节流阀组成调速回路，在应急工作状态下，A9 环作动筒有杆腔进油时，有可能在气动载荷和液压的共同作用下失速，调速回路用于限制 A9 环作动筒的回缩速度，即对三个 A9 环作动筒应急复位的最高速度进行限制，防止因 A9 环作动筒回缩过快，推力矢量喷管瞬时非可控推力矢量对飞机飞行安全造成的损害。

在防护系统工作期间，如果主系统电控信号和油压恢复，在电液联锁的作用下，应急活门关闭，协调活门开启，则两个系统的工作状态进行自动切换，恢复电液伺服主系统的自动控制，防护系统退出控制状态。

图 8-7 所示为系统总体结构布置与应急控制系统的连接关系。液压系统的各控制阀（包括单向阀、应急活门、伺服滑阀、液压锁、节流阀、调速阀和协调活门等）全部安装在集成阀体 3 内，电液伺服阀 4 和减速装置 2 安装在集成阀体外侧，集成阀总成安装于作动筒 5 上，A9 环作动筒左侧的尾柄与转向驱动环连接，右端连接在发动机机匣支撑件 6 上。应急控制系统中的齿条连杆组件 1 的连杆与 A9 环作动筒尾柄铰接，将 A9 环作动筒活塞位移信号采集后，通过齿条传递给减速器处理，经处理后的 A9 环作动筒位移信号传递给伺服滑阀阀芯，控制伺服滑阀相关阀口的开口量，改变向 A9 环作动筒对应油腔的供油量。该控制系统采用机械反馈方式，不依赖于电气控制信号，因此在电气故障模式下可正常工作。

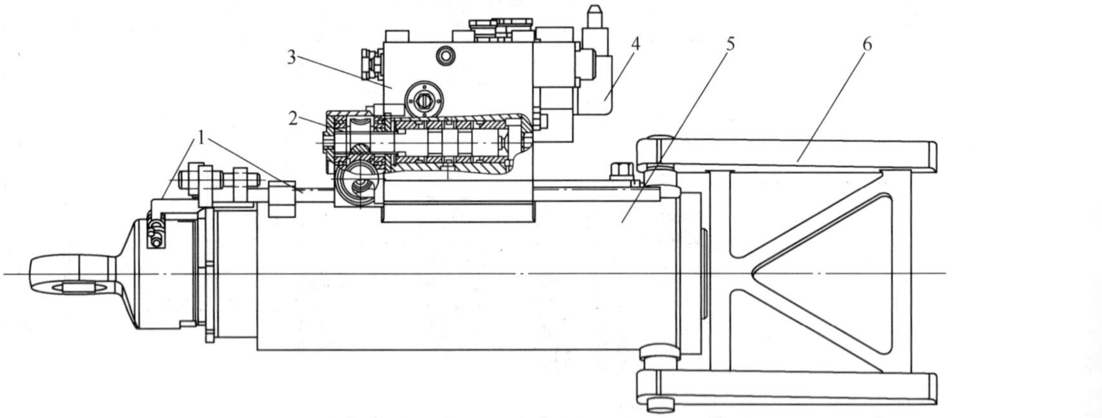

图 8-7　应急控制系统总体结构布置与 A9 环作动筒

1—齿条连杆组件　2—减速装置　3—集成阀体　4—电液伺服阀　5—作动筒　6—机匣支撑件

图 8-8 所示为另一个实施 A9 环作动筒应急复位液压系统的构成原理图。液压系统的主油路由电液伺服阀 1、分油活门 8、两个协调活门 2 和 A9 环作动筒 3 组成，主油路的油源为高压油，定压油作为电液伺服阀的控制油源，电液伺服阀受飞行控制计算机的控制，作为先导阀控制分油活门的动作。故障防护油路由应急活门 7、伺服滑阀 5、液压锁 4、作动筒 3、节流层板、电磁阀 6 和压力信号器 9 组成，故障防护时采用单独的应急油源为防护油路供油（替代蓄能器）。采用压力信号器采集主油路供油压力信号，用于控制应急活门的开启，从而识别丧失油源压力的故障模式；电磁阀 6 与电液伺服阀 1 电气联锁，当电液伺服阀断电

时，电磁阀开启，连通应急活门阀芯两侧的定压油腔和回油管，使应急活门阀芯在弹簧的作用下左移，开启应急油路，向伺服滑阀供油，即通过电磁阀和应急活门共同识别电气故障模式。以节流层板代替第一个实施例中的减压阀和节流阀构成的调速阀，在应急工作状态下，限制回缩过快的作动筒速度，即对三个 A9 环作动筒恢复中立位置的最高速度进行限制。

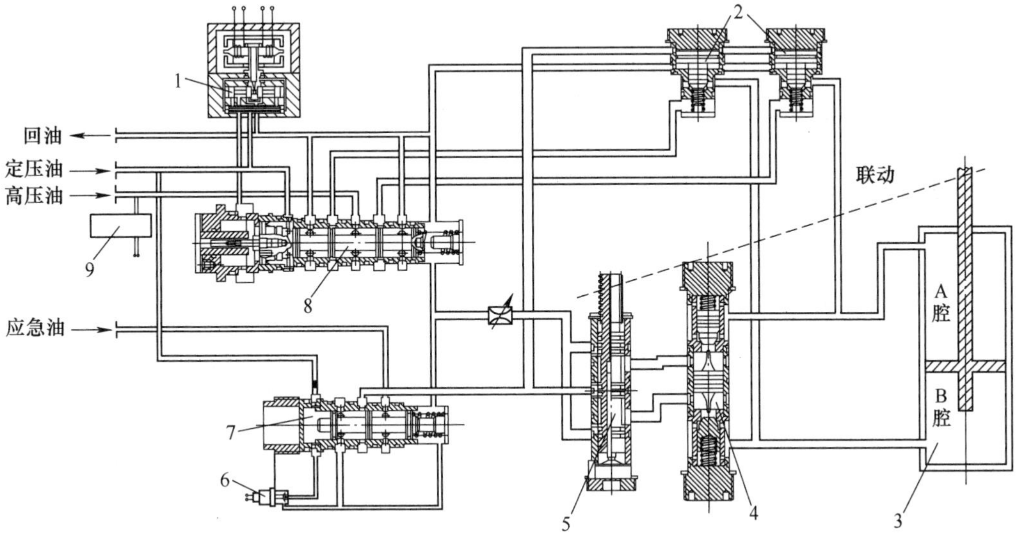

图 8-8　实施 A9 环作动筒应急复位液压系统之二

1—电液伺服阀　2—协调活门　3—A9 环作动筒　4—液压锁　5—伺服滑阀　6—电磁阀　7—应急活门　8—分油活门　9—压力信号器

8.2.2　基于伺服滑阀的 A9 环作动筒应急复位

1. 三个特殊设计的关键部件

（1）伺服滑阀　图 8-9 所示的伺服滑阀是应急复位液压系统的主要控制阀之一，是中位机能为 Y 型、嵌套式结构、安装于集成阀体 5 内的三位四通阀。如图 8-9、图 8-10 所示，阀套 3 上的进、回油口 P、T 和两个控制油口 A、B 的轴向位置与 A9 环作动筒的行程和中立位置相关联并同时取决于减速器的传动比，进、回油口对称地成对设置且在轴向上平行，同样在轴向上平行布置的两个控制油口与 P、T 口在周向成 90°夹角，进、回油口在中立位置一侧采用 V 型，进油口为负开口，有效减少在到达中立位置时伺服滑阀向作动筒的供油量，使 A9 环作动筒恢复中立位置的速度减慢，减小阀芯在中立位置处的振荡，增加伺服滑阀的工作稳定性；两个控制油口与回油口有微小的重合量，在阀芯 4 处于关闭（即中立位置，如图 8-10 虚线所示）时，将三个油口 A、B、T 连通，使伺服滑阀的中位机能为 Y 型。阀套外进油口两侧设置密封圈，防止高压油液沿轴向向控制油口渗漏。各油口与相应的控制阀油口相连，其中进油口 P 与应急活门出油口相连、两个回油口 T 通过集成阀体 5 内的油道沟通并与调压阀进油口连接、两个控制油口 A、B 分别与液压锁 8 的进、回油口连通。图 8-9 所示的阀芯 4 采用三台肩式，阀芯右端为丝杠，与安装于集成阀体外侧（即丝杠处）的减速器蜗轮轴内的螺母配合，阀芯内槽与导套 2 配合，导套通过两个平键 1 固定在集成阀体 5 上，使阀芯 4 只能轴向滑动而不能转动，丝杠端轴心有一气孔，将内槽与大气连通，用于排出导套在内槽中移动时的气体。

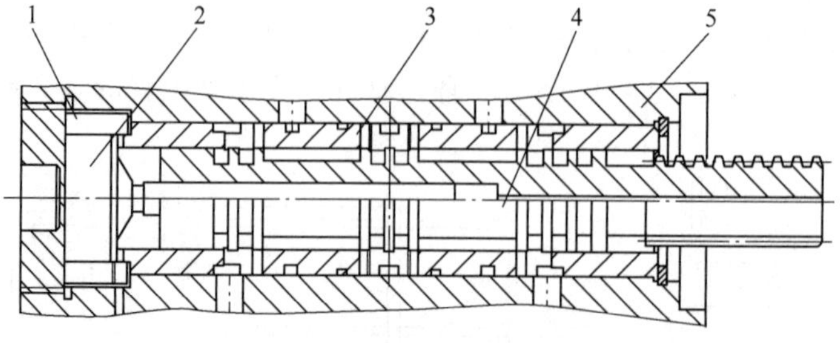

图 8-9 伺服滑阀结构原理图

1—平键 2—导套 3—阀套 4—阀芯 5—集成阀体

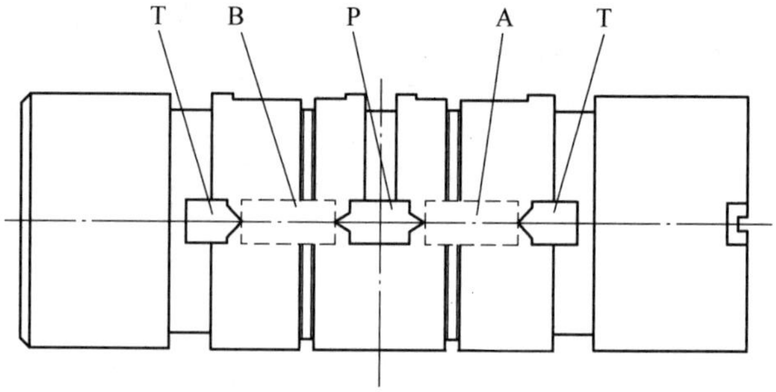

图 8-10 伺服滑阀的 V 型开槽

A、B—控制油口 P—进油口 T—回油口

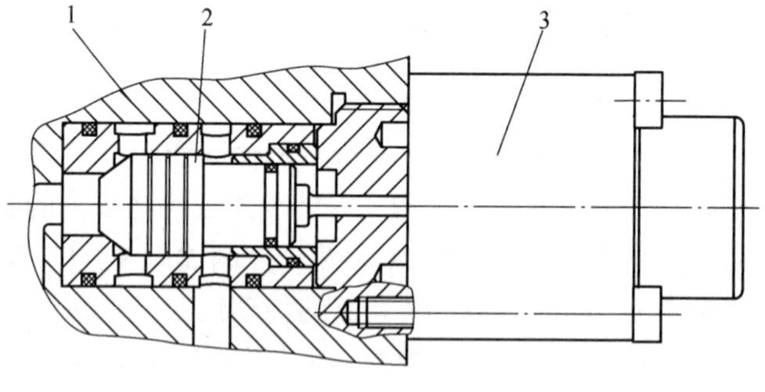

图 8-11 应急活门

1—集成阀体 2—锥阀阀芯 3—电磁铁

（2）应急活门 图 8-11 所示的应急活门用于检测和调用故障模式，是一个电、液控制的常闭式单向锥阀，嵌套式结构，安装于集成阀体 1 内，其电磁铁 3 与电液伺服阀电磁线圈采取电气联锁，即二者同时通电或断电；控制油口接通高压油管，出油口与两个协调活门的控制油口连通，使应急活门与协调活门液压联锁，进油口连接蓄能器的出油口，因此锥阀阀芯 2 的动作由电磁铁提供的电磁力、控制油口提供的油压和应急活门进油口处作用于锥阀侧的应急油油压共同控制。在电磁力或控制油压丧失的情况下，应急活门阀芯开启，调用故障模式，使蓄能器储存的高压油进入伺服滑阀，而在主油路正常通电、供油时关闭应急油路的供油。应急活门也可采用并联的电磁换向阀和液动换向阀代替，利用这两个换向阀分别识别（判断）电气故障模式和液压故障模式，在相应的故障模式下调用应急油路工作。

（3）协调活门 图 8-12 所示的协调活门是常开式液控单向锥阀，嵌套式结构，安装在集成阀体内，设置于主油路的电液伺服阀油口和 A9 环作动筒之间（两个），协调活门的控制油口与应急活门出油口连通，进、回油口分别连接作动筒的两个油腔。当调用应急故障模式时，应急活门在向应急油路供油的同时，经协调活门的控制油口，向阀芯大端左侧的控制油腔输送应急压力油，控制锥阀阀芯 1 右移、关闭阀孔，断开主油路，电液伺服油路停止工作，避免应急油液经 A9 环作动筒通过电液伺服阀泄漏，造成两个系统之间发生串油现象，影响防护系统的工作可靠性和动态性能。通过协调活门，将两套系统的工作状态完全分离，使两个系统能够独立地工作。阀套 2 开设泄油孔与系统回油口相通，用于协调活门开启时排出阀芯大端与阀套 2 之间的油液。协调活门也可采用液控换向阀结构。

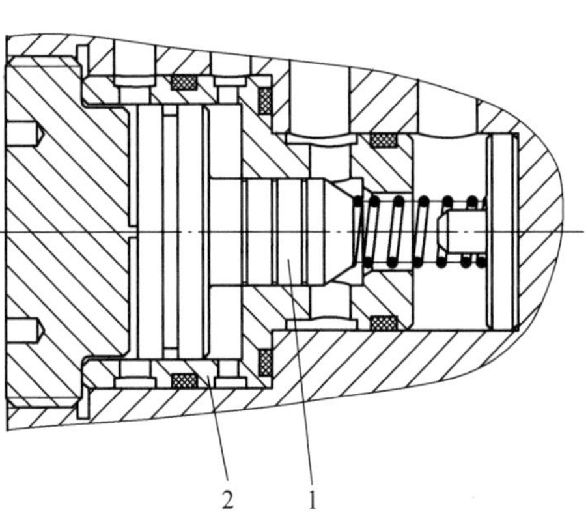

图 8-12　协调活门

1—锥阀阀芯　2—阀套

图 8-13 所示为信号反馈机构中的减速器，用于转换和传递作动筒的位移信号，其传动比决定了伺服滑阀的结构。减速器采用齿轮-蜗杆式结构，侧装于集成阀体内的伺服滑阀的外侧，由箱体 1、蜗杆轴 7、蜗轮轴 2、齿轮 5、轴承 3、端盖 4、8 等零件组成。蜗杆轴上安装的齿轮，与穿过箱体 1 下部导槽的齿条连杆组件的齿条啮合，蜗轮轴内加工内螺纹，与伺服滑阀阀芯端部的丝杠啮合。连接于作动筒尾柄的连杆将作动筒活塞的位移信号通过齿条 6 传递给蜗杆轴 7 上的齿轮 5，经第一次转换的信号传递到蜗轮，信号二次转换后由蜗轮内部的螺母传递给伺服滑阀的丝杠，驱动阀芯动作。同时，减速器端盖 4 还为伺服滑阀阀套提供轴向定位。

当然，信号反馈也可以采用位移传感器，并不影响本技术的实质内涵。

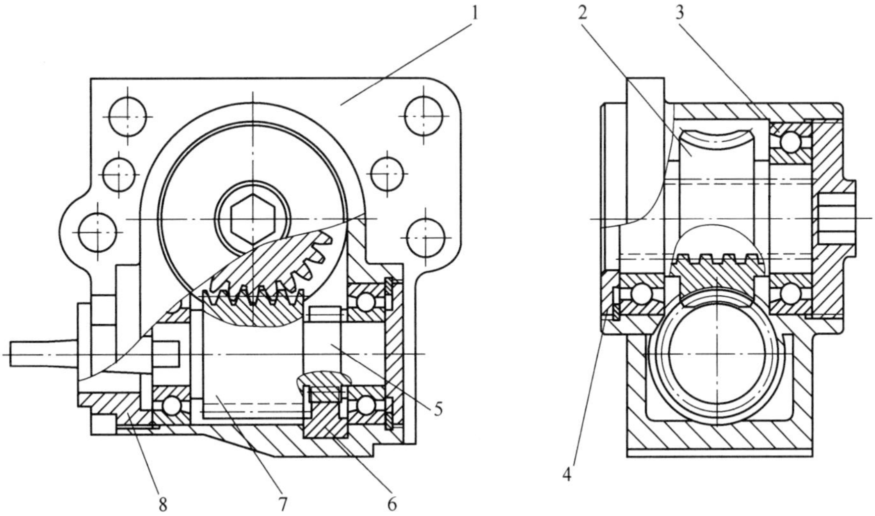

图 8-13　信号反馈减速器

1—箱体　2—蜗轮轴　3—轴承　4、8—端盖　5—齿轮　6—齿条　7—蜗杆轴

2. 基于伺服滑阀的 A9 环作动筒应急复位

如图 8-14 所示，阀芯在齿条连杆组件 2 和减速器 1 的驱动下持续滑动，因此阀芯的工作位置与 A9 环作动筒的活塞位置相对应。正常工作期间，由于应急活门关闭，伺服滑阀不起任何作用；当应急活门锥阀开启而调用故障模式时，在传动机构的作用下，阀芯的位置适时地反映了 A9 环作动筒的实际位置，因此滑阀各油口的开口方向和开口量就与活塞位置相

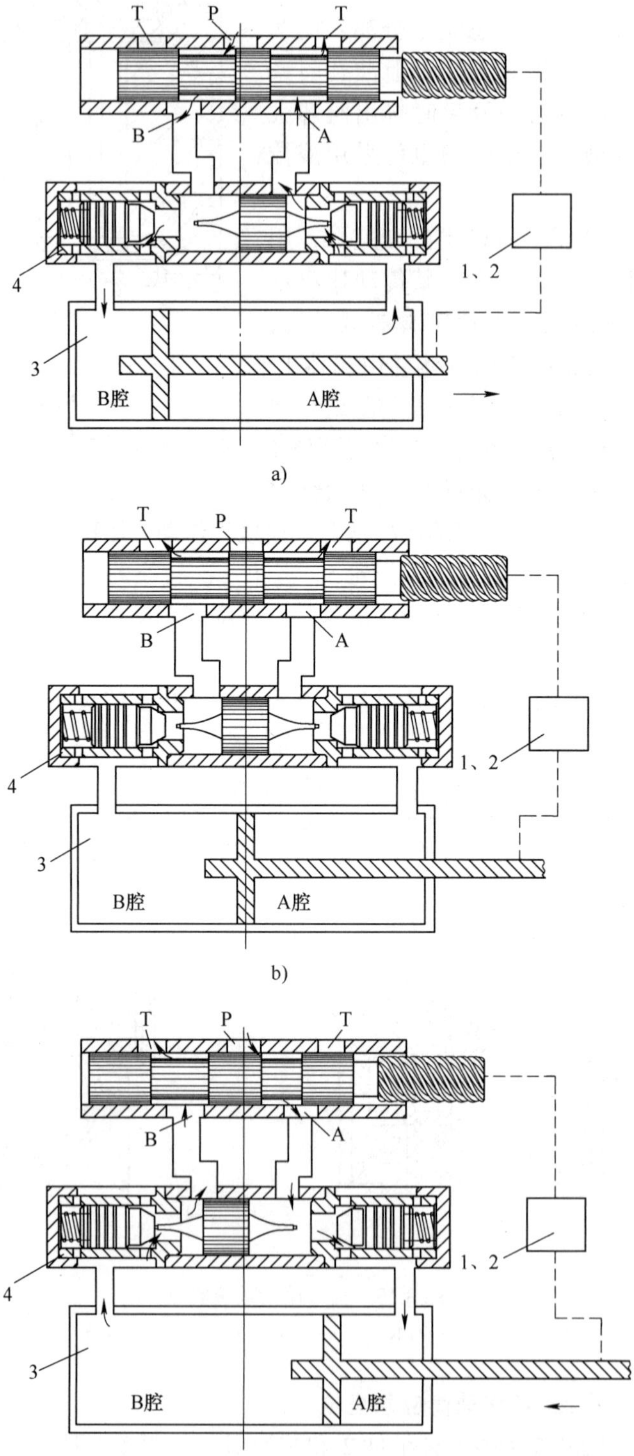

图 8-14　基于伺服滑阀的 A9 环作动筒应急复位原理

对应，由此决定了应急复位油路向作动筒供油的方向和供油量：在 A9 环作动筒 3 的活塞杆处于回缩而将喷管置于大喷口位置方向时（图 8-14a），伺服滑阀的 P 口与 B 口连通，A 口与 T 口连通，经液压锁 4 向 A9 环作动筒无杆腔供油，A9 环作动筒活塞伸出，向中立位置移动，在传动机构的作用下，阀芯也移向中立位置，则阀口逐渐关小，当 A9 环作动筒的活塞到达中立位置时，伺服滑阀进油口 P 同时关闭（图 8-14b），液压锁闭锁，将 A9 环作动筒活塞在中立位置锁紧。此时，由于滑阀机能为 Y 型，则两个控油窗口与回油口连通，保证了液压锁在中立位置锁定 A9 环作动筒活塞。在 A9 环作动筒处于伸出而将喷管置于小喷口位置方向时（图 8-14c），伺服滑阀的 P 口与 A 口连通，B 口与 T 口连通，向 A9 环作动筒有杆腔供油，A9 环作动筒活塞回缩，到达中立位置后锁紧。

图 8-15 所示为由齿条连杆组件、减速器、伺服滑阀和作动筒组成的机械反馈控制系统。该系统不依赖于电气控制信号工作，适时地检测作动筒的位移信号，并利用该信号控制应急油路的供油方向和供油量。

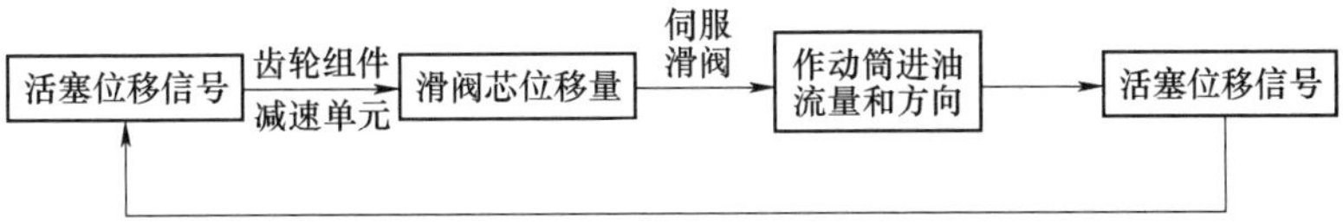

图 8-15　伺服滑阀机械反馈控制系统

当 A9 环作动筒处于设定的应急复位位置时，如图 8-16a 所示，伺服滑阀处于关闭状态，此时，通往 A9 环作动筒 A 腔和 B 腔的液压回路被切断，蓄能器停止向 A9 环作动筒供油。同时，在 A 腔和 B 腔的双向液压锁的作用下，将 A9 环作动筒锁定在应急复位位置；当 A9 环作动筒处于超过设定的应急复位位置时，通过与 A9 环作动筒连接的连杆、齿轮齿条和蜗轮蜗杆机构（图 8-7、图 8-13），带动伺服滑阀接通进油口和 A9 环作动筒 A 腔的油路，如图 8-16b 所示，在蓄能器压力油的作用下，使 A9 环作动筒向着设定的应急复位方向运动；当 A9 环作动筒未达到设定的应急复位位置时，通过与 A9 环作动筒连接的连杆、齿轮齿条和蜗轮蜗杆机构，带动伺服滑阀接通进油口和 A9 环作动筒 B 腔的油路，如图 8-16c 所示，在蓄能器压力油的作用下，使 A9 环作动筒向着设定的应急复位方向运动。

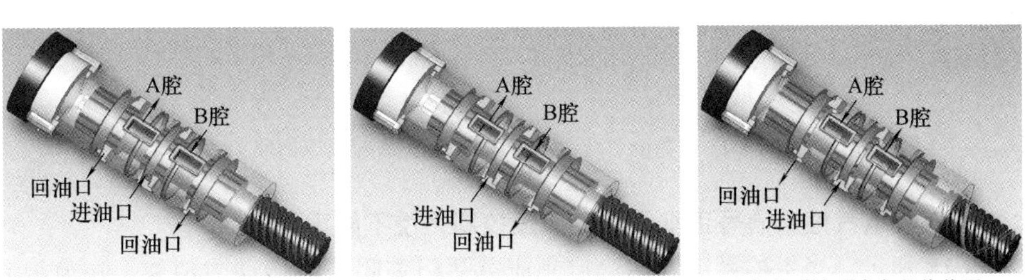

a) 设定的应急复位位置　　b) 行程超过应急复位位置　　c) 行程未达到应急复位位置

图 8-16　伺服滑阀开口方式与 A9 环作动筒应急复位状态

当应急复位油路的泄漏使得 A9 环作动筒偏离设定的应急复位位置时，伺服滑阀打开，来源于蓄能器的压力油重新将 A9 环作动筒复位到设定的中立位置。与 A9 环作动筒两腔的双向液压锁配合，在少量油源补给的情况下，该油路可以保证 A9 环作动筒长时间地位于应急复位中立位置。相对美国 US5074495 专利，油源总量明显地减小，具有长时间保持中立位置的能力。

8.2.3 各种故障模式下的应急复位

系统在主控电气信号和主控液压油源出现控制失灵、油压缺失等的情况下，能够自动与主控系统分离，实施A9环作动筒的应急复位操作。电液联锁是实施与主控系统分离、自动启动A9环作动筒应急复位操作的关键。实现电液联锁的主要措施为：①应急活门电磁铁与电液伺服阀电磁线圈采取电气联锁，即电液伺服阀电磁线圈得电，则电磁换向阀电磁线圈也通电，反之亦然；②应急活门的控制油源为主系统的油源，而协调活门（液动单向阀）的控制油源则为防护系统油源（由应急活门高压油出口处提供）。

1. 主控系统电气控制信号和油源控制回路处于正常工作状态

电液伺服阀正常工作，协调活门的锥阀开启，电液伺服系统控制A9环作动筒的位移，实施A9环作动筒的矢量控制；而防护系统由于应急活门处于关闭位，蓄能器的压力油不能进入伺服滑阀，双向液压锁的两个锥阀都处于压紧阀座的状态，从而将防护系统与A9环作动筒主驱动油路完全隔离，各油路及主要元件的工作状态如图8-17所示。

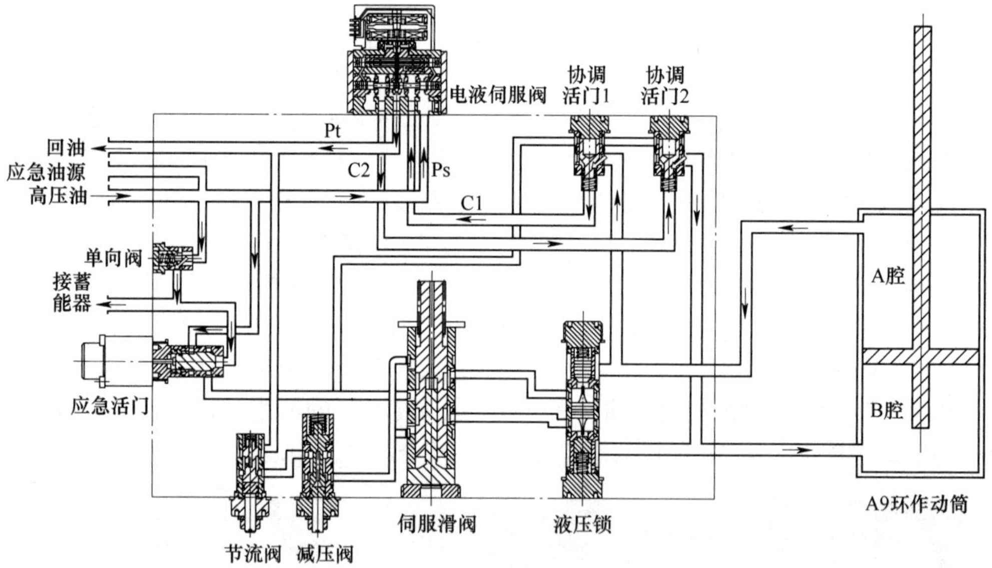

图8-17　主控系统处于正常工作状态的液压回路

2. 主控系统电气控制信号正常，主控液压控制系统不能正常供油

如图8-18所示，当主控系统断油，控制应急活门关闭的液压动力消失，在电液联锁的作用下，应急活门开启，蓄能器输出动力油。动力油经应急活门流向伺服滑阀。伺服滑阀的油路开口始终使A9环作动筒向着设定的应急复位方向供油，经过液压锁，进入A9环作动筒无杆腔或有杆腔，将A9环作动筒活塞推至设定的应急复位位置。此时，伺服滑阀移动到设定的应急复位位置，停止向作动筒供油。回油从A9环作动筒另一腔经液压锁流向伺服滑阀，经调压阀和节流阀流入回油管；与此同时，连接于电液伺服阀与A9环作动筒无杆腔的协调活门关闭，避免两个系统之间发生干扰，影响防护系统工作的可靠性和动态性能。

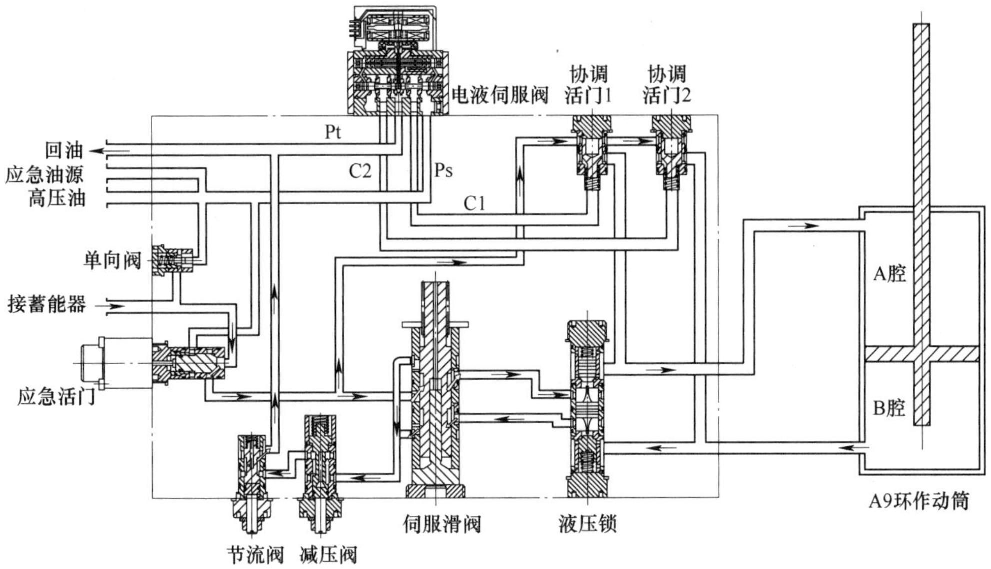

图 8-18 故障模式 1（通电、断油）系统工作原理

3. 主控系统电气控制信号不正常，主控液压控制系统正常供油

此时，电液伺服阀电磁线圈断电，电液伺服阀失去控制作用，如图 8-19 所示。在电液联锁作用下，应急活门电磁铁同时断电，应急活门开启，高压油经单向阀流入应急活门，进入 A9 环作动筒应急复位系统油路。高压油经应急活门流向伺服滑阀，后流入双向液压锁，进入 A9 环作动筒无杆腔或有杆腔，将 A9 环作动筒活塞推至设定的应急复位位置。当伺服滑阀运动到设定的应急复位位置时，停止向 A9 环作动筒供油，双向液压锁关闭，使 A9 环作动筒活塞锁定在设定的应急复位位置。A9 环作动筒另一腔的回油经双向液压锁流向调压阀，由节流阀流入回油管。

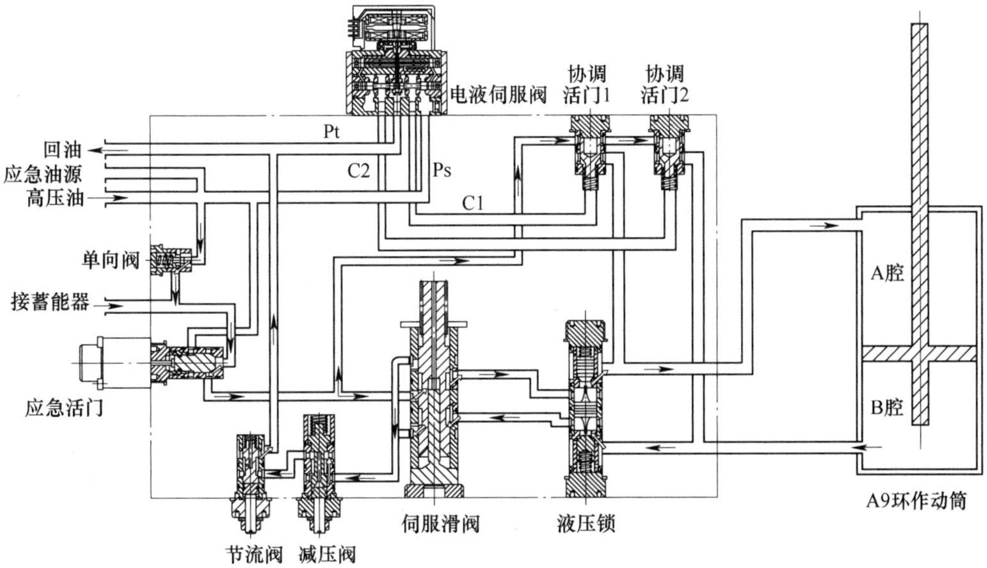

图 8-19 故障模式 2（断电、供油）系统工作原理

4. 主控系统电气控制信号不正常，主控液压控制系统供油不正常

如图 8-20 所示，当电磁线圈断电和主控油路失压或断油时，在液压联动的作用下，应急活门开启，蓄能器输出动力油。动力油经应急活门流向伺服滑阀，伺服滑阀控制油液流向，经双向液压锁进入 A9 作动筒无杆腔或有杆腔，将 A9 作动筒活塞推至设定的应急复位位置。当 A9 作动筒带动伺服滑阀移动到设定的应急复位位置时，伺服滑阀关闭，向 A9 作动筒供油的油路被切断，同时双向液压锁锥阀关闭，将 A9 作动筒活塞锁定在应急复位位置。回油从 A9 作动筒另一腔经双向液压锁、调压阀和节流阀流入回油管。

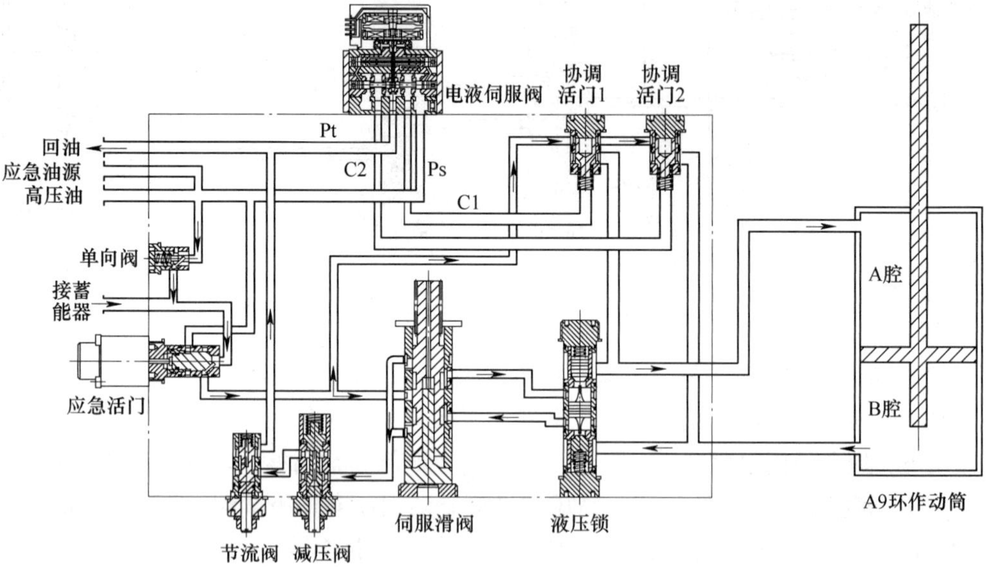

图 8-20 故障模式 3（断电、断油）系统工作原理

8. 2. 4 A9 环作动筒应急复位方案的技术优势

综上所述，提出的 A9 环作动筒应急复位系统能够在下列故障模式下发挥防护作用：

（1）主控制系统发生（电）控制信号、电液伺服系统液压油供液故障 当主系统发生电、液故障时，通过电液伺服阀与应急活门采用电气联锁与液压联锁，防护系统自动切换进入工作状态，根据作动筒适时的位置，经齿条连杆传动机构、减速器和伺服滑阀控制，以蓄能器油源或其他应急油源向作动筒供液，将 A9 环作动筒推至中立位置并锁紧。

（2）备用液压油源发生故障 如果系统提供其他备用应急油源，在备用油源发生故障时，蓄能器放出油液作为防护系统的动力来源，使防护系统完成防护工作。

（3）整体系统断电 防护系统采用了全机械反馈的闭环控制液压系统，其工作状态不受主系统电信号控制，整体系统的断电不影响防护系统的起动与防护。

（4）防护液压系统泄漏的自动补偿 处于中立位置防护状态，当液压系统泄漏等原因造成作动筒偏离中立位置超过 1mm 时，伺服滑阀使防护系统自动进入位置补偿状态，在油压足够的前提下（≥10MPa），防护系统将作动筒重新推至中立位置。

从实施 A9 环作动筒应急复位的关键环节上看，相对基于双活塞腔 A9 环作动筒的应急复位控制策略，其结构笨重，增重比较大而言，本方案通过采用巧妙的液压系统，利用原有的推力矢量驱动 A9 环作动筒，实施 A9 环作动筒的应急复位，结构紧凑，增重很小。从处理 A9 环作动筒应急复位的故障模式上看，本方案不仅能解决故障模式 1（通电、断油）的应急复位问题，还可以解决故障模式 2（断电、供油）和故障模式 3（断电、断油）等主控系统断电、失压的故障。相对已有应急复位系统主控电控系统（VEC、FLCC）必须正常工作而言，本方案的主控电控系统和主控液压系统可以单独或同时不正常工作。相对已有应急复位操作是在主控电控系统的控制下实施的而言，本方案实施 A9 环作动筒应急复位是通过与主控系统的电液联锁方法，主动感知主控系统的故障模式，借助于蓄能器，自动实施 A9 环作动筒的应急复位，不需要主控电控系统进行控制，因而可以解决主控系统断电或控制器失灵的故障模式 2（断电、供油）和故障模式 3（断电、断油）的故障。

本方案的主要优点：①采用原来的矢量控制 A9 环作动筒，结构不加任何改进；②能够解决主控电控系统和主控液压系统单独或同时出现故障的应急复位问题；③当主控电控系统和主控液压系统同时和单独失去作用时，系统能够自动启动 A9 环作动筒应急复位操作；④应急复位系统整体增重很小；⑤保持应急复位状态的时间较长；⑥应急复位位置可调。

8.3 关键件的结构设计

8.3.1 集成阀总成

由于系统安装的位置、空间尺寸限制以及质量小的要求，系统的总体尺寸必须加以严格控制。集成阀采用混合式的集成阀体结构，即集成阀体同时作为伺服滑阀、应急活门、单向阀、调压阀、节流阀和液压锁的阀体，将以上各阀的阀芯、阀套采用螺纹插装的形式装入集成阀体，电液伺服阀侧装于阀体。集成阀体内通过铸造和机械加工流道将各阀口连通。如图 8-21 所示。

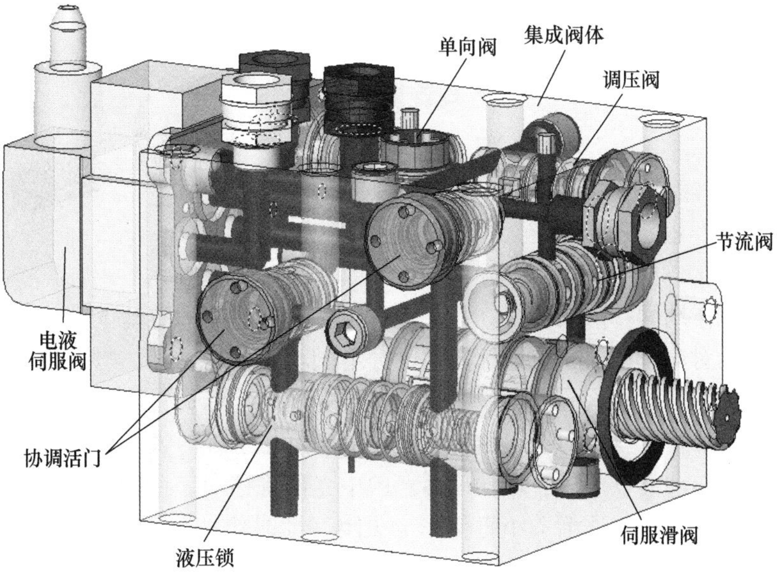

图 8-21　集成阀总成

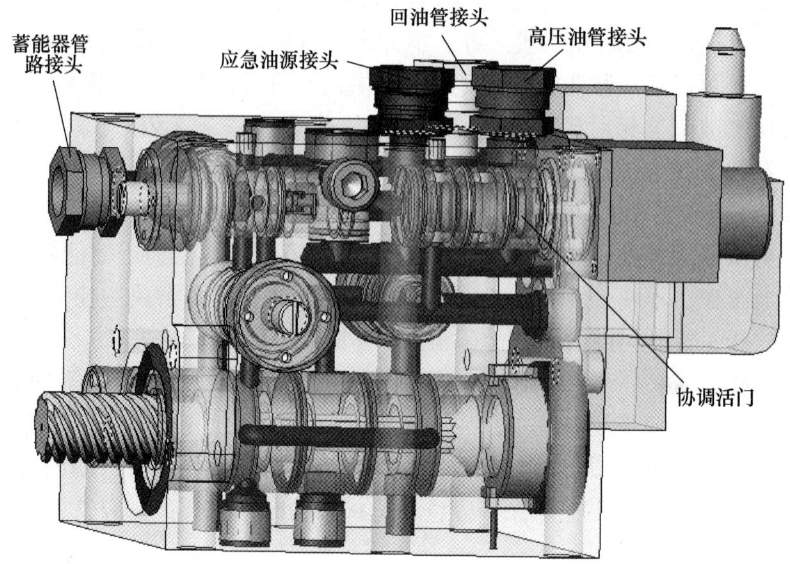

图 8-21　集成阀总成（续）

8. 3. 2　集成阀构成单元

1. 伺服滑阀

伺服滑阀控制应急油液的方向和流量，阀芯由作动筒提供驱动力，采用齿轮齿条、蜗轮蜗杆和滑动螺旋传动，阀芯与螺杆制成一体，使滑阀的结构简单，控制精度提高。图 8-22 所示为伺服滑阀部件的装配爆炸图。伺服滑阀的工作原理如下：

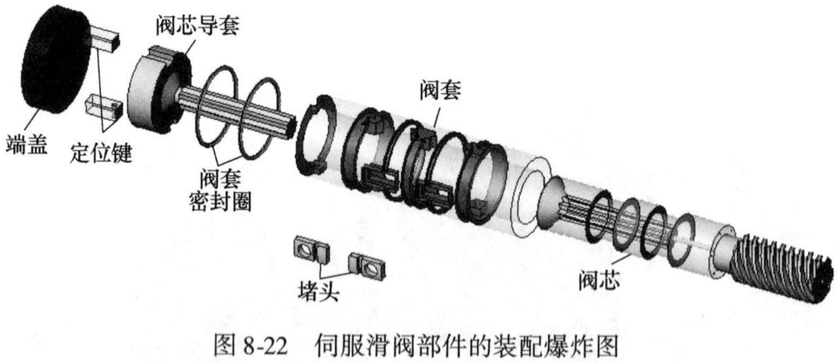

图 8-22　伺服滑阀部件的装配爆炸图

主系统正常工作期间，滑阀始终在齿条连杆组件和减速器的驱动下滑动，其阀芯位置与作动筒活塞位置相对应。但由于应急活门关闭，滑阀不起任何作用；当出现紧急情况时，应急活门锥阀开启，而此时滑阀阀芯的位置反映了作动筒的实际位置，因此滑阀各油口的开口方向和开口量就与活塞位置相对应，由此决定了应急复位系统的供油方向和供油量。

当应急系统向作动筒供油后，作动筒活塞向中立位置移动。在传动机构的作用下，滑阀阀芯也移向中立位置，阀口逐渐关小直至完全关闭（此时作动筒活塞到达中立位置），液压锁关闭，将作动筒活塞在中立位置锁紧。

滑阀到达中立位置后，由于滑阀机能为 Y 型，则两个控油窗口与回油口连通，保证了液压锁在中立位锁紧活塞。

如果由于泄漏等原因造成作动筒活塞偏离中立位置（超过 0.8mm），滑阀阀芯也同时移动，打开相应方向的高压油口。在油压大于 10MPa 的前提下，蓄能器向作动筒供油，重复上述过程，重新将作动筒推回中立位置。

2. 应急活门

应急活门是决定故障防护系统工作状态的控制元件，是将电磁换向阀与液动换向阀功能合成的二位二通换向阀。合成后的应急活门结构简单，使集成阀体的油路简化。图 8-23 所示为应急活门装配图，其工作原理如图 8-24 所示。

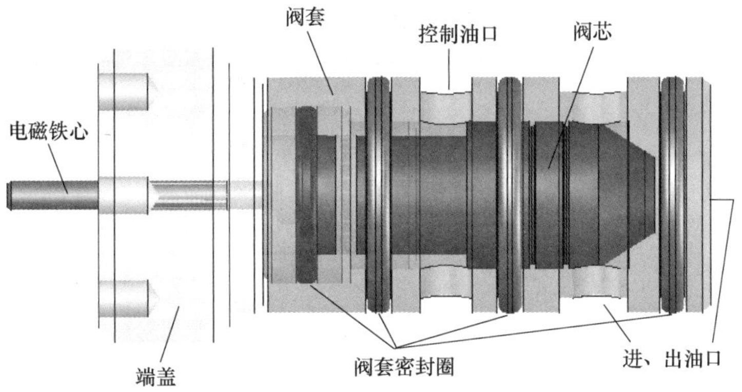

图 8-23　应急活门装配图

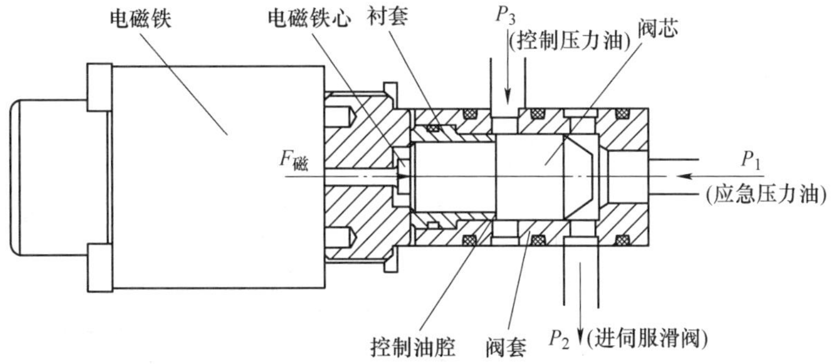

图 8-24　应急活门工作原理

应急活门与电液伺服阀采取电液联锁。应急活门的控制油腔接电液伺服系统的主油路，当主油路正常供油时，控制油腔充满压力为 P_3 的控制压力油；电磁铁与电液伺服阀电气联锁，二者同时通电或断电。工作过程如下：

正常情况时

$$P_3A_0 + F_{磁} > P_1A_1$$

式中，A_0 为控制油腔的作用面积；A_1 为锥阀侧的油液作用面积；P_1 为应急压力油压力；P_3 为控制压力油压力；$F_{磁}$ 为电磁铁心作用力。

此时应急活门关闭，故障防护系统不工作。

故障状态分为三种情况：

断电、断油时有

$$P_1A_1 > P_3A_0 + F_{磁} = 0$$

此时应急活门开启，从蓄能器来的压力油通过应急活门流入伺服滑阀，故障防护系统工作。

断油、供电时有

$$P_1A_1 > F_{磁}$$

此时应急活门阀芯打开，在开启过程中，应满足

$$P_1'A_1' > F_{磁} + F_{液} + F_{摩}$$

式中，P_1'为应急活门开启后的压力，由蓄能器提供，随 A9 环作动筒的移动下降，最低为 10MPa；A_1'为应急活门开启后的阀芯油液作用面积；$F_{液}$为液动力，随应急活门阀芯开度的变化而变化；$F_{摩}$为摩擦力。

供油、断电时

P_1 可经单向阀由主油源提供，此时应满足

$$P_1A_1 > P_3A_0 + F_{摩}$$

应急活门阀芯才能开启，这时 $P_1 \approx P_3$。

从应急活门阀芯开启到完全打开，应满足

$$P_1A_1' > P_3A_0 + F_{液} + F_{摩}$$

3. 双向液压锁

图 8-25 所示为双向液压锁装配图，双向液压锁由两个液控单向阀组成，其作用是：①在作动筒到达中立位置后，关闭作动筒的进、回油路，将作动筒活塞锁紧在中立位置；②防止在主系统工作时，主系统油路和故障防护系统油路之间发生串油现象，影响主系统的正常工作及其动态特性。

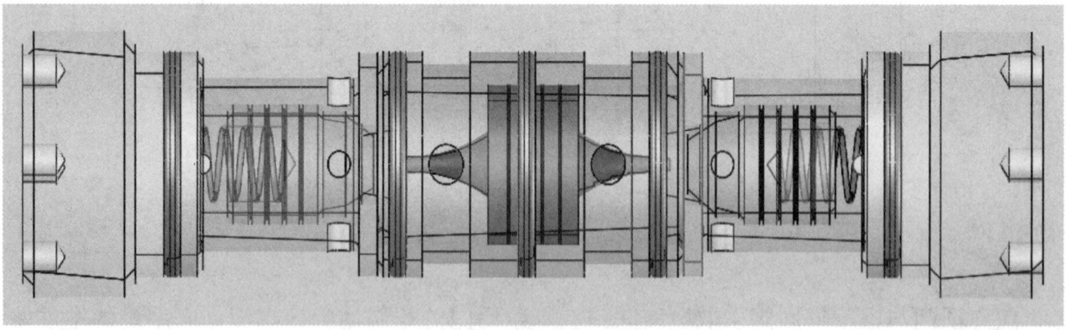

图 8-25　双向液压锁装配图（加 AB 腔）

反向开启条件（忽略摩擦阻力）为

$$P_K > (P_B - P_A)\frac{A}{A_K} + P_A + \frac{1}{A_K}(F_t + G)$$

式中，P_K 为控制油压；P_A、P_B 分别为 A 腔和 B 腔压力；A 为阀口面积；A_K 为控制活塞面积；F_t 为弹簧力；G 为重力。

若回油道接油箱，液压锁回油经伺服滑阀、调速阀进入回油道，此时 $P_K = P_B$，$P_A = 0.7$MPa。反向开启条件为

$$(A_K - A)P_B + 0.7(A - A_K) > F_t = Kx$$

式中，K 为弹簧刚度；x 为弹簧变形量。

由此可知，控制活塞、阀座口面积与工作压力及弹簧力有关，由上述反向开启条件确定结构尺寸。

4. 协调活门

协调活门装配图如图 8-26 所示，协调活门实际上是一个液控单向阀，其作用是协调主系统和故障防护系统的工作。主系统正常工作期间，协调活门的锥阀开启，使主系统正常工作。当防护系统进入工作状态，主系统（电液伺服系统）停止工作时，连接于电液伺服阀与作动筒无杆腔、有杆腔的协调活门关闭，避免两个系统之间发生串油现象，影响防护系统的工作可靠性和动态性能。

阀芯关闭的条件为

$$P_K A_K > F_t$$

式中，P_K 为控制油压；A_K 为控制活塞面积；F_t 为弹簧力。

应急状态下，P_K 的范围是 10 ~ 21MPa，设计中按最低压力计算，即取 $P_K = 10$MPa。

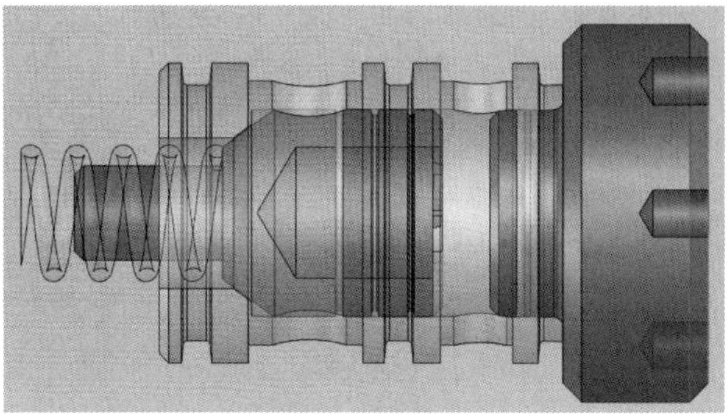

a) 三维装配图

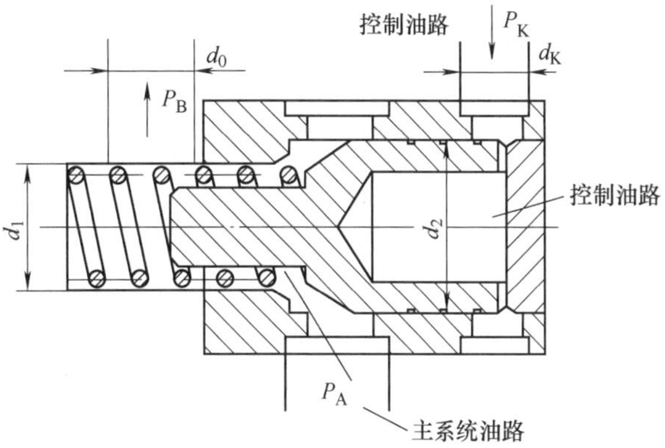

b) 结构尺度

图 8-26 协调活门装配图

8.3.3 A9 环作动筒的结构调整

本应急复位系统采用的作动筒是在原 A9 环作动筒的基础上进行局部结构改进得到的，根据系统安装需要，对部分零件的结构与尺寸进行了调整。调整的主要原则为：取消原 A9 环作动筒的应急油腔及相应部件；不改动径向尺寸，轴向尺寸根据结构需要进行相应改动；受安装空间限制，部分零件需要在结构上进行必要调整。

受 AVEN 布局空间限制，应急复位系统的 A9 环作动筒的装机布局空间非常有限，在带应急复位系统的 A9 环作动筒的结构设计中，采用混合式液压集成阀结构，使集成阀体同时作为伺服滑阀、应急活门、单向阀、调压阀、节流阀和液压锁的阀体，将以上各阀的阀芯、阀套采用螺纹插装的形式装入集成阀体，电液伺服阀侧装于阀体。通过将 A9 环作动筒位移传感器与伺服滑阀的位置关联装置合并，减小了 A9 环作动筒的轴向长度和截面尺寸。上述两项措施，达到了节省布局空间和减重的效果。图 8-27 所示为带应急复位系统的 A9 环作动筒系统总成。

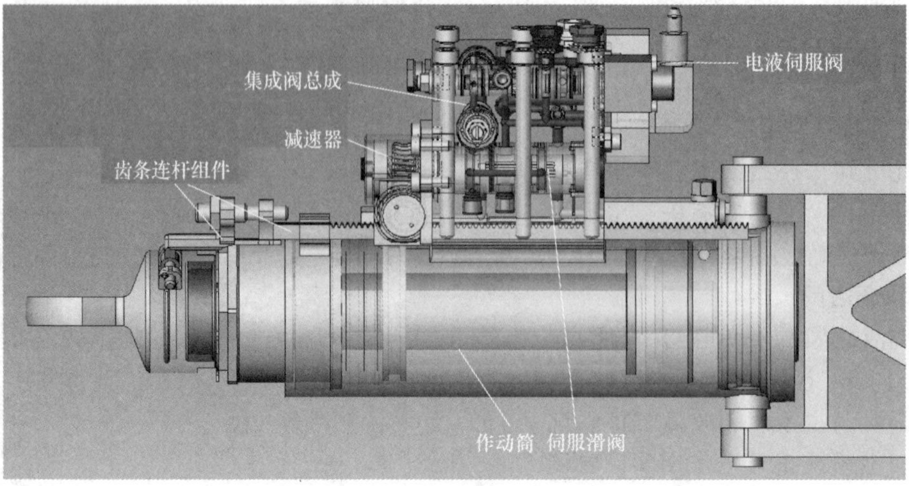

图 8-27 带应急复位系统的 A9 环作动筒系统总成

8.4 小结

针对我国对 AVEN 应急复位系统应具有安全可靠、结构尺寸显著减小、增重较小，以及中立位置持续时间长等要求，提出了一种以三位四通伺服阀为核心的 A9 环应急复位液压系统。该系统在一套机械反馈的应急闭环控制系统的控制下，可以产生响应喷管作动系统液压故障信号、控制信号丧失或二者同时丧失等故障防护模式，使处于故障状态下的 A9 环作动筒自动复位到设定的中立位置，并使喷管故障防护的范围得以扩展，提高了发动机工作的可靠性与飞行的安全性。该系统采用集成阀结构并利用原 A9 环作动筒，具有结构简单、增重小，中立位置持续时间长等优势，能够确保故障状态下的战斗机安全返航。

参考文献

[1] MARKSTEIN D J, CLEMENTS M A, AUSDENMOORE R M. Hydraulic failsafe system and method for an axisymmetric vectoring nozzle: USA, 6142416 [P]. 1997-03-14.

[2] AUSDENMOORE R M. Axisymmetric vectoring nozzle actuating system having multiple power control circuits: USA, 5740988 [P]. 1995-04-13.

[3] RAYMOND E T. Load-adaptive hybrid actuator system and method for actuating control surfaces: USA, 5074495 [P]. 1990-04-16.

[4] 段渝波. AVEN 机械故障防护系统研究 [D]. 上海：同济大学，2006.

[5] 段渝波，王玉新. 轴对称矢量喷管应急复位液压系统的设计研究 [J]. 液压与气动，2007 (4): 11-13.

第 9 章

AVEN 面积比（A9/A8）失调防护

含 AVEN 的发动机工作过程中，有可能因为控制系统故障或响应滞后，造成 A9 环作动筒不能对控制指令产生及时、准确的响应，导致喷管 A9/A8 面积比过大，损坏扩张密封片悬挂机构，或导致喷管 A9/A8 面积比过小，使发动机处于"憋气"工作状态，妨碍发动机正常工作。本章在原有 A9 环作动筒应急复位液压系统的基础上，为 AVEN 增加了一种 A9/A8 面积比防护系统，可以实时检测 A9/A8 面积比的变化，并利用检测结果控制喷管 A9/A8 面积比失调时 A9 环作动筒的作动状态，实现对发动机的保护，提高了含 AVEN 的发动机的工作安全性和矢量喷管扩张段的可靠性，具有结构简单、布局空间小、运行可靠等优点。

9.1 A9/A8 面积比防护方案

9.1.1 A9/A8 面积比防护的必要性

含 AVEN 的发动机工作过程中，有可能因为控制系统的故障，或 A9 环作动筒不能对控制指令产生及时、准确的响应，如 A9 环作动筒主控油路中的电液伺服阀分油活门存在瞬态响应滞后，造成 A9 环作动筒瞬时输出不准确；或导致喷管 A9/A8 面积比过大，损坏扩张密封片的悬挂机构，使喷管扩张段失效；或导致喷管 A9/A8 面积比过小（如小于 1.0），使发动机处于"憋气"工作状态，造成发动机运转失常，严重时会导致发动机喘振，损坏发动机。

防护这种故障的难点在于如何适时检测喉道面积 A8 及喷口面积 A9，并及时进行比较，将比较结果用于 A9/A8 面积比的防护控制。同时，防护装置的存在不能影响作动系统的正常工作。为了防止 A9/A8 面积比失调对发动机和矢量喷管造成的损害，美国专利 US6142416 通过对转向驱动环限位来控制喉道面积 A8 和 A9/A8 面积比。美国专利 US5740988 和 US6195981 采用 2 冗余度独立控制液压系统对喷管位姿进行控制。上述两种 A9/A8 面积比失调防护系统，前者由于需要由飞行控制计算机和矢量电子控制器控制，当控制系统本身出现问题时，防护功能丧失。后者由于采用双驱动控制系统，结构复杂，增重显著。因此，为喷管提供一套结构简单、防护有效的装置，用于防止 A9/A8 面积比失调对发动机及 AVEN 的危害，是非常有必要的。

由于转向驱动环由空间并联机构驱动，并联机构的动平台在空间做六自由度运动，因此，通过控制各 A9 环作动筒的位移输出，直接进行面积比防护是非常困难的。

研究发现，当 AVEN 处于矢量或非矢量状态时，其三个 A9 环作动筒输出位移之和等于转向驱动环左侧中心（转向驱动环与 A9 环作动筒铰接球副中心）位移 l_0 的三倍。基于此，发明了基于容积积分求差元件的 A9/A8 面积比防护液压系统，其能够在 A9/A8 面积比超过上限值或低于下限值两个超调方向上起到保护作用。采用机械式信号采集和控制，避免了电气信号故障的影响，可以在控制信号缺失或失灵的情况下实施 A9/A8 面积比失调防护，提高了面积比防护的可靠性。

9.1.2 液压回路的组成与工作原理

根据矢量或非矢量偏转状态下，三个均布 A9 环作动筒位移之和等于转向驱动环左侧中心位移三倍的关系，发明了一种基于容积积分求差元件的 A9/A8 面积比失调防护液压系统。其技术原理为：在 A9 环作动筒电液伺服系统的回油路中加装 A9/A8 面积比失调防护液压系统，在 A9/A8 面积比超调时，通过调节回油压力（或流量），使 A9 环作动筒的作动速度减小或停止作动，防止 A9 面积进一步扩大或缩小，从而达到防护 A9/A8 面积比失调的目的。控制系统采用机械方式采集三个 A9 环作动筒、一个 A8 环作动筒的位移信号，信号转换后输入到一个由四个信号输入活塞组件、两个控制阀和油道共同构成的容积积分求差元件中。四个作动筒信号在容积积分求差元件的工作油腔内进行叠加，得到一个与 A9/A8 面积比相关联的容积输出信号，这个输出信号控制高、低压控制阀节流口的开口量，定压控制油经高、低压控制阀节流阀口节流降压后进入面积比防护控制阀（以下简称防护阀）的控制油腔内，使防护阀阀芯移动而改变防护阀的阀孔通流面积，A9 环作动筒的回油背压发生相应变化，从而改变 A9 环作动筒的作动状态，防止 A9/A8 面积比超出正常工作范围。当 A9/A8 面积比超调达到危险临界值时，防护阀断开 A9 环作动筒的回油路，使 A9 环作动筒停止作动，达到防护目的。同时，防护阀在 A9/A8 面积比超调而断开回油路时，在一个与电磁复位阀电磁铁电气连接的延时继电器的控制下，延时一定时间（使 A9 环作动筒电液伺服系统能够正确响应于飞行控制计算机发出的指令后），将防护阀复位（即置于开启位），使 A9 环作动筒的回油路打开，A9 环作动筒电液伺服系统恢复正常工作。

图 9-1 所示为 A9/A8 面积比失调防护液压回路。该系统由控制油路、防护油路和自动复位油路构成，其中控制油路由一个容积积分求差元件、电磁充液阀及其油道组成；低压控制阀、高压控制阀、面积比防护控制阀和相关油道组成防护油路；电磁复位阀和面积防护阀的控制油腔及相关油道组成自动复位油路；三个 A9 环作动筒位移信号 A9（1）、A9（2）、

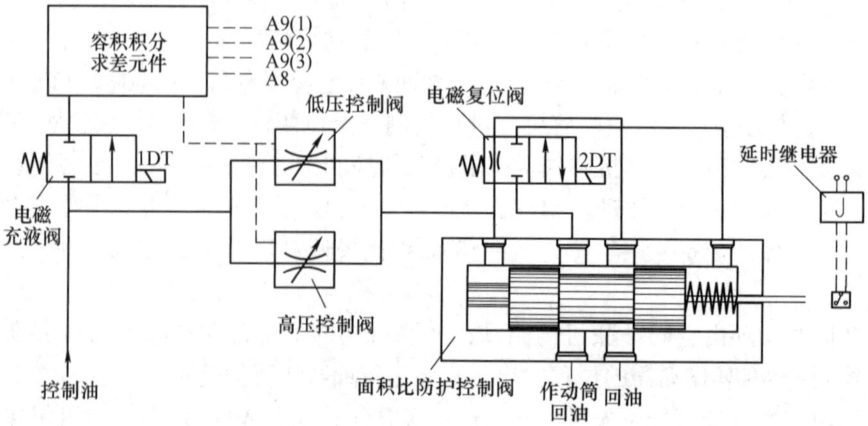

图 9-1 A9/A8 面积比失调防护液压回路

A9（3）和一个A8环作动筒位移信号通过机械连接方式输入到容积积分求差元件，在容积积分求差元件的工作油腔内进行叠加，得到一个与A9/A8面积比相关联的容积输出信号。该输出信号用于控制高、低压控制阀节流口的开口量。充液阀电磁铁1DT与飞行控制计算机控制系统电气连接，电磁复位阀的电磁铁2DT与延时继电器电气连接，延时继电器的触点由连接于防护阀阀芯上的推杆控制；面积比防护控制阀的进油口连接作动筒回油，出油口接通回油总管；控制油进油口连接定压油源。

图9-2所示为实施A9/A8面积比防护的一个具体液压系统。容积积分求差元件5由四组信号输入活塞组件1、2、3、4与低、高压控制阀6、7以及连接各元件的油道组成。A8信号输入活塞，三个A9环作动筒位移信号输入活塞，高、低压控制阀阀芯及连接油道在阀体内构成封闭工作油腔。三个A9环作动筒位移信号A9（1）、A9（2）、A9（3）和一个A8环作动筒位移信号在容积积分求差元件的工作油腔内进行叠加，得到一个与A9/A8面积比相关联的容积输出信号。这个输出信号控制高压控制阀、低压控制阀节流口的开口量和阀芯的动作，使定压控制油节流后进入面积比防护阀的控制油腔。

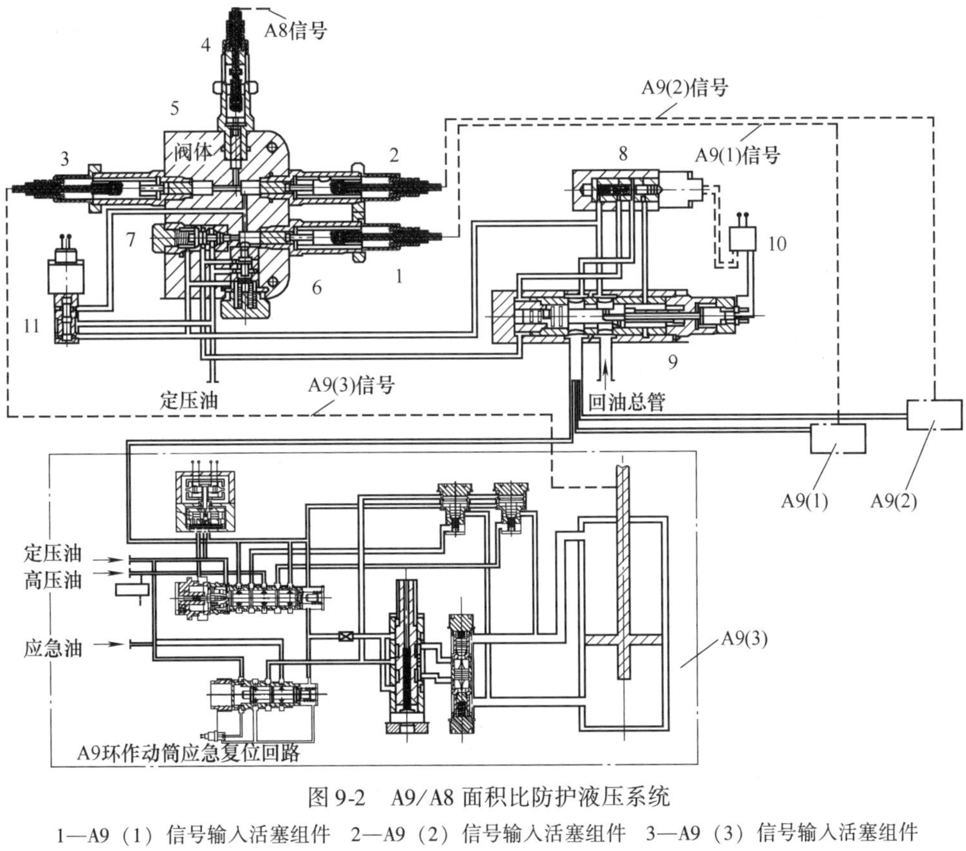

图9-2 A9/A8面积比防护液压系统

1—A9（1）信号输入活塞组件 2—A9（2）信号输入活塞组件 3—A9（3）信号输入活塞组件 4—A8信号输入活塞组件 5—容积积分求差元件 6—低压控制阀 7—高压控制阀 8—电磁复位阀 9—面积比防护控制阀 10—延时继电器 11—电磁充液阀

面积比防护控制阀9是一个嵌套式结构的双向液控节流阀。阀芯的一端与高、低压控制阀出口和电磁复位阀8的泄油口相通，阀芯的另一端施加复位弹簧，并与阀体外端的动触头连接，用于控制延时继电器的工作状态。当A9/A8面积比失调时，容积积分求差元件控制高、低压控制阀向防护阀的控制油腔通油，在控制油腔的压力油和复位弹簧的作用下，防护阀的阀芯右移，逐渐关小节流口，使 A9 环作动筒的回油背压提高，A9 环作动筒的移动速度降低，以阻止 A9/A8 面积比的进一步扩大或减小。当 A9/A8 面积比达到临界危险值时，控制阀 6 或 7 的阀口被完全打开，定压控制油不经节流进入防护阀的控制油腔，防护阀节流口完全关闭，A9 环作动筒停止运动，实施对发动机面积比的保护。

在 A9 环作动筒停止作动后，动触头在阀芯的带动下，与延时继电器 10 的两个静触头闭合，接通与电磁复位阀电磁铁电气连接的延时继电器控制电路，延时一定时间，当 A9 环作动筒电液伺服系统能够正确响应于飞行控制计算机发出的指令时，延时继电器接通串联在防护阀控制油腔回油管路上的复位阀的电磁铁控制电路，打开复位阀油路，将防护阀控制油腔内的压力油排入油管，在复位弹簧的作用下，把防护阀重新置于开启位，使 A9 环作动筒的回油路打开，A9 环作动筒电液伺服系统恢复正常工作。

作为 A9/A8 面积比失调防护系统的执行元件——面积比防护控制阀 9 的进、排油口接入 A9 环作动筒电液伺服系统的回油管路中，三套 A9 环作动筒电液伺服系统分油活门的出口汇总后与防护阀的进油口相通，排油口接回油总管。在 A9/A8 面积比超调时，防护阀调节 A9 环作动筒电液伺服系统的回油压力（或流量），改变 A9 环作动筒的作动状态，实现保护作用。A9、A8 环作动筒信号经传动机构采集后，通过柔性软轴传递给对应的信号输入活塞组件，对应关系如图 9-2 中虚线所示。

9.1.3 面积比防护实施过程

1. 系统工作准备过程（充液过程）

A8、A9 环作动筒处于中位，各信号输入活塞位于初始位置（即装配位置），电磁充液阀电磁铁通电，充液阀工作腔 C、D 连通，控制油经油道进入工作油腔，使工作油腔的压力恒定为 2MPa。在此压力下，高、低压控制阀都处于关闭状态，控制油不能进入面积比防护控制阀的控制油腔，防护阀完全处于开启状态。充液过程中各元件的状态如图 9-3 所示。当

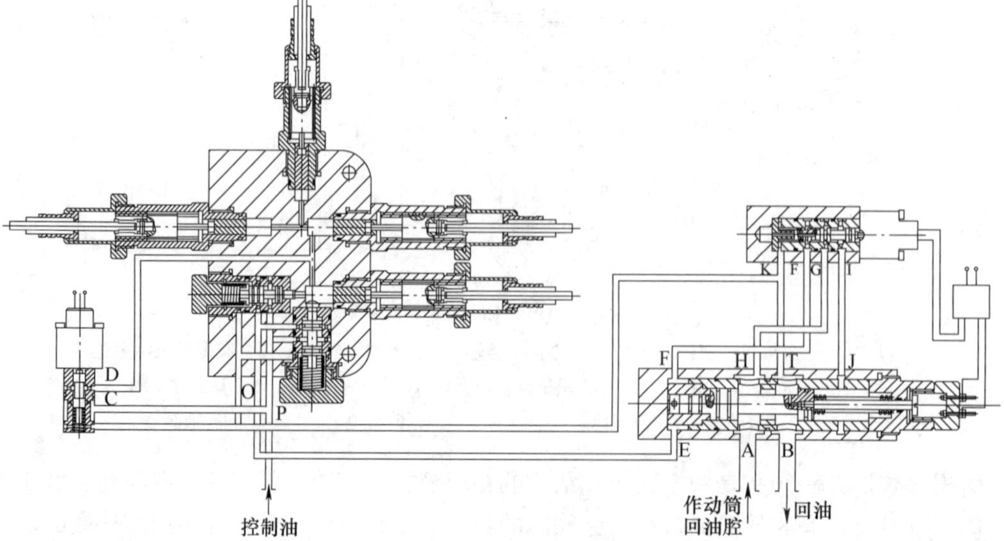

图 9-3　A9/A8 面积比防护系统工作原理

充液完成后，充液电磁阀关闭。

2. 面积比超调时的防护过程

当 A9/A8 面积比达到上临界工作区的下限值（即 A9/A8 = 1.16）时，工作油腔内压力上升，驱使高压控制阀阀芯左移，控制油孔微量开启，控制油节流降压后，经控制油道 O-E 进入防护阀的控制油腔，防护阀阀芯在控制油压的作用下克服弹簧力右移，逐渐关小阀孔 A；若 A9/A8 面积比进一步增大，高压控制阀阀芯继续左移，使阀孔通流面积增大，节流效果减弱，进入控制油腔的控制油压力提高，阀孔 A 逐渐关闭，使 A9 环作动筒的回油背压上升，流量下降，A9 环作动筒的移动速度下降；当 A9/A8 面积比达到上限值（A9/A8 = 1.5）时，高压控制阀完全开启，控制油不经节流直接进入防护阀控制油腔，使阀孔 A 完全关闭，A9 环作动筒停止运动，从而阻止 A9/A8 面积比进一步扩大，达到保护发动机的目的。

3. 面积比下降时的防护过程

当 A9/A8 面积比下降，达到下临界工作区的下限值（A9/A8 = 1.05）时，工作油腔内压力降低，此时，低压控制阀阀芯上移，控制油孔微量开启，控制油节流降压后，经控制油道 O-E 进入防护阀的控制油腔，防护阀阀芯在控制油压的作用下克服弹簧力右移，逐渐关小阀孔 A；若 A9/A8 面积比进一步降低，则低压控制阀阀芯继续上移，使阀孔通流面积增大，节流效果减弱，进入控制油腔的控制油压力提高，阀孔 A 逐渐关闭，使 A9 环作动筒的回油背压上升，移动速度下降；当 A9/A8 面积比达到上限值（A9/A8 = 0.98）时，低压控制阀完全开启，控制油不经节流直接进入防护阀控制油腔，使阀孔 A 完全关闭，A9 环作动筒停止运动，从而阻止 A9/A8 面积比进一步下降，达到保护发动机的目的。

4. 防护系统的复位

A9/A8 面积比达到危险临界值后，系统的高、低压控制阀将控制油送入防护阀控制油腔，推动防护阀阀芯右移，关闭 A9 环作动筒的回油通路，A9 环作动筒停止运动，等待飞行控制器发出的指令能够正常执行。此时，连接于防护阀阀芯右侧的动触头与两个静触头接触，延时继电器通电动作，延时若干秒后（根据 A9 环作动筒液压伺服主系统执行飞行控制指令所需时间确定），接通复位阀电磁铁的电路，电磁铁通电，推动复位阀芯左移，复位阀的阀孔 I、G 连通。由于阀孔 I 与防护阀右侧的复位油腔相通，阀孔 G 与阀孔 H（A）相通，作动筒回油腔内的高压油（即背压）经 H—G—I—J 进入防护阀阀芯右侧，推动阀芯左移；与此同时，由于复位阀芯的左移，与防护阀控制油腔连通的复位阀孔 F，经阀芯内的回油孔与回油腔 H 连通，则原来控制油腔内的控制油经 F—回油孔 - K—T—B，流回到回油管，保证防护阀回到开启位（即防护阀复位），重新开启 A9 环作动筒的回油通道。待 A9 环作动筒液压伺服主系统正常执行飞行控制器的指令后，A9 环作动筒回油路已开启，主系统可正常工作。由于 A8、A9 环作动筒根据飞行控制器回复到正常工作区内，工作油腔内的压力同时恢复正常，高、低压控制阀回到关闭位置。

通过以上对 A9/A8 面积比防护系统结构组成和防护原理的阐述可以发现，本系统在原有 A9 环作动筒应急复位液压系统的基础上，为 AVEN 增加了一种 A9/A8 面积比防护系统，可以实时检测 A9/A8 面积比的变化，并利用检测结果控制喷管 A9/A8 面积比失调时 A9 环作动筒的作动状态，实现对发动机喷管的保护，提高了含 AVEN 发动机的工作安全性和矢量喷管扩张段的可靠性，具有结构简单、布局空间小、运行可靠的优点。

9.2 关键件的结构设计与工作原理

为了减小应急防护系统对 AVEN 的增重，A9/A8 面积比失调防护系统采用集成化的结构和安装设计。由于系统安装的位置、空间尺寸限制及质量小的要求，系统的总体尺寸必须加以严格控制。系统中的控制阀全部采用嵌套式结构，各阀组装成部件后再插装到阀体上。阀体内通过铸造和机械加工流道将各阀口连通。以上全部零部件装配完成后的防护系统总成安装到发动机机匣内。

A9 环作动筒信号输入活塞组件由活塞、导套、丝杠、软轴、软管及软管接头、连接盖和 O 形密封圈等元件组成，如图 9-4 所示。软轴一端与齿轮轴相连，另一端通过滚压方式与软轴接头连成一体，软轴接头用紧固螺钉联接在丝杠一端的方孔内，使作动筒位移（转动）信号经软轴传递到组件中的丝杠；丝杠与导套内的螺母配合，丝杠另一端的导杆连接信号输入活塞，丝杠在导套内转动的同时沿轴向滑动，并按一定的传动比将作动筒的位移信号转换为信号输入活塞的移动；A9 环作动筒信号输入活塞的移动使其一侧的工作油腔的油液容积发生改变，从而将 A9 环作动筒的位移信号经信号活塞传递给工作油腔内的压力油液，转换为油液的容积变化信号。导套通过螺纹方式安装于阀体上，连接套用于软轴、软管及软管接头的支撑和安装，软管用于保护软轴。

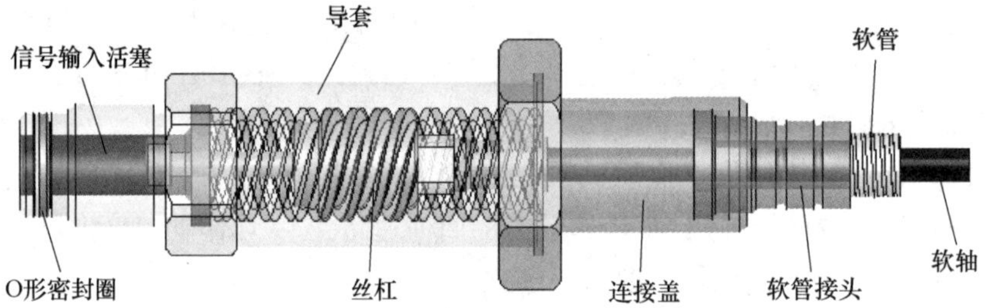

图 9-4　A9 环作动筒信号输入活塞组件结构

因为作用相同，A8 环作动筒信号输入活塞组件与 A9 环作动筒信号输入活塞组件的结构相同，差别在于传动参数和结构尺寸有所不同。

电磁复位阀是一个嵌套式电磁滑阀，主要由阀套、阀芯、复位弹簧、弹簧座、密封圈及电磁铁组成，如图 9-5 所示。由于流量较大，将油口取为 6 个，周向均布，如图 9-6 所示。

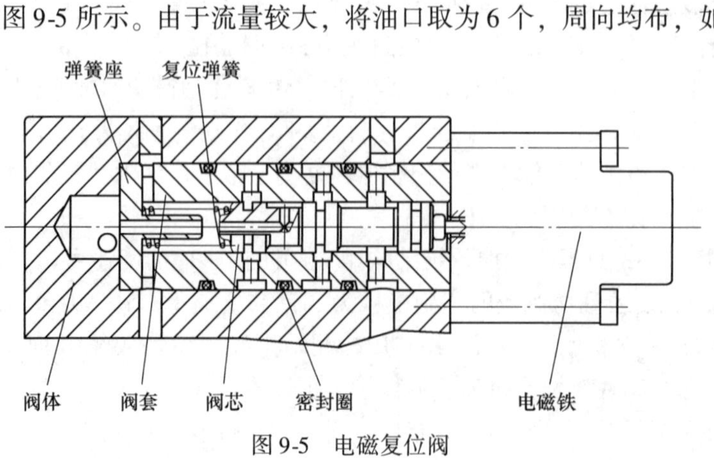

图 9-5　电磁复位阀

电磁复位阀是一个嵌套结构的常闭式二位四通电磁换向阀，与防护阀复位油腔及相关油道组成复位油路，延时继电器是复位油路的控制元件。阀芯为三台肩滑阀结构，一侧受弹簧作用，另一侧受电磁铁驱动的推杆作用，位于弹簧侧台肩处的阀芯轴线上的内孔与内孔两侧的径向孔，将该台肩两侧的腔室连通。而该台肩处采用了正开口，在面积比处于正常范围时，防护阀控制油腔内的油液通过此开口与回油管连通；阀套上有 4 个油孔，在阀芯动作后，利用阀芯轴向内孔和径向孔，泄油孔将防护阀控制油经排油孔、防护阀排油口与系统回油管连通；电磁铁与延时继电器电气连接。

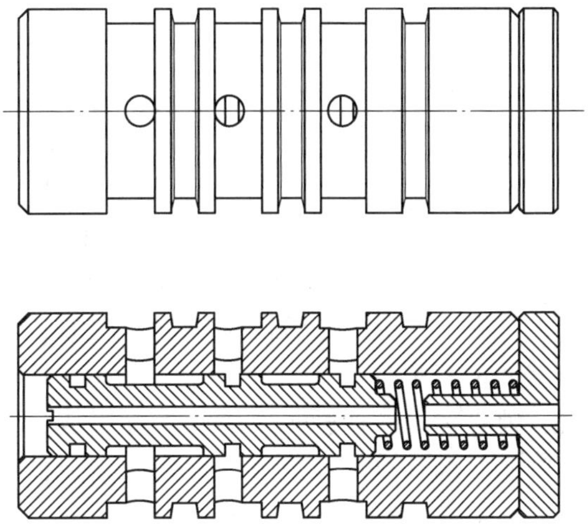

图 9-6 电磁复位阀阀芯 6 通孔

低压控制阀为嵌套式滑阀结构，由阀套、阀芯、复位弹簧、O 形密封圈、密封垫片及端盖等零件组成，精密配合零件为阀套、阀芯。所有零件组装成部件后进行总装。高压控制阀与低压控制阀的作用和结构相似，区别在于控制的压力范围不同。图 9-7 所示为高压控制阀结构。

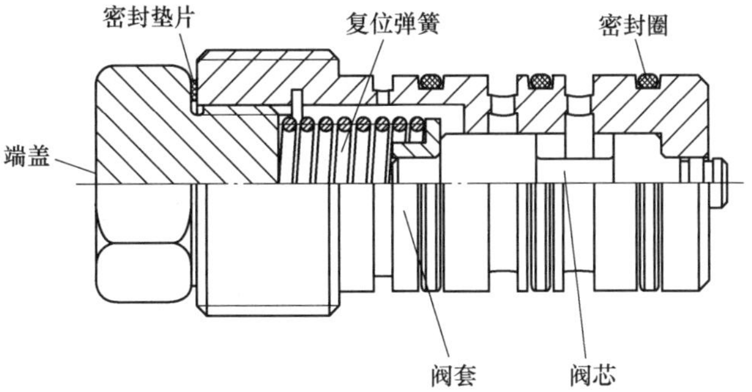

图 9-7 高压控制阀结构

通过低、高压控制阀，系统可在超出正常工作范围的两个方向上起到防护作用。两个控制阀结构相似、作用相同，但结构参数和工作参数不同。控制阀是一个液控节流阀，采用周边开口节流（也可采用其他形式的节流口）。阀芯一端置于容积积分求差元件工作油腔内，复位弹簧通过弹簧座压在阀芯另一端；阀芯、阀套部件通过阀套端部的螺纹插装于阀体内。

低压控制阀在面积比处于下临界工作区（即面积比小于最小危险值）时开启，而高压控制阀则在上临界工作区（即面积比大于最大危险值）进行控制。喷管工作期间，A9、A8 作动筒的连续作动，使容积积分求差元件产生一个持续的容积信号，这个信号推动控制阀阀芯不断往复移动。当 A9/A8 面积比正好达到上临界工作区的下限值时（图 9-8 中 *b* 点），高压控制阀阀芯微量开启阀套上的控制油孔，定压控制油节流降压后，经控制油道 O-E 进入防护阀的控制油腔；若 A9/A8 面积比进一步增大，高压控制阀阀芯继续左移，使阀孔通流面积增大，节流效果减弱，进入控制油腔的控制油压力提高；若 A9/A8 面积比达到上限值

(图 9-8 中 d 点)，则高压控制阀全部开启，控制油不经节流直接进入防护阀控制油腔。若面积比位于下临界工作区，则由低压控制阀进行控制。

面积比防护阀是一个嵌套式周边开口的节流阀，阀芯上带有一个动触头，用于控制延时继电器，因而结构复杂、制造精度也较高。面积比防护阀由阀套、阀芯、衬套、密封圈、端盖、连接盖、复位弹簧、锁紧螺母、动触头、静触头等组成，所有零件组装成部件后再装配到阀体上，其结构如图 9-9 所示。

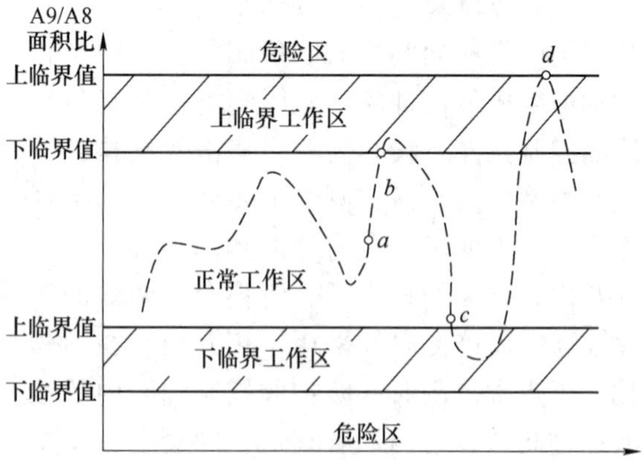

图 9-8　A9/A8 面积防护工作范围

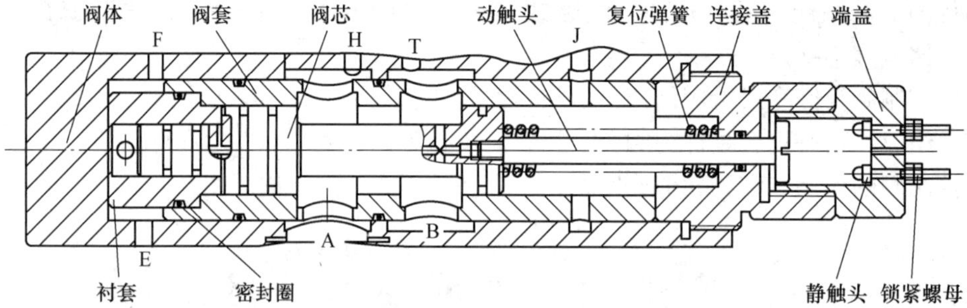

图 9-9　面积比防护阀

面积比防护阀是一个嵌套式结构的双向液控节流阀，采用周边节流口形式。阀芯为两节同心式结构，一端的控制活塞位于由衬套和阀孔围成的控制油腔内，衬套上的油孔将此油腔与阀体上的控制油孔 E（与低、高压控制阀出口相通）和复位阀的泄油口 F 连通，阀芯另一端作用了一个复位弹簧，并连接了一个穿过连接盖中心孔的铜质动触头，轴心位置的盲孔及其两端的径向孔将左端台肩外侧与出油口 B 沟通，在复位时，台肩外侧微量泄漏的油液由此排出，保证可靠复位。阀套上设有一个与作动筒一侧回油管连通的进油口 A、一个与系统回油管相通的排油孔 B 和一个连通复位油腔（复位弹簧处阀套内的空腔）与电磁复位阀油口的复位油孔 J。连接盖与阀体连接，连接在连接盖外侧端盖上的两个静触头与延时继电器电气连接。

当 A9/A8 面积比失调时，容积积分求差元件控制高（低）压控制阀向防护阀的控制油腔通油，在控制油腔的压力油和复位弹簧的作用下，阀芯右移，逐渐关小节流口，使 A9 环作动筒的回油背压提高，A9 环作动筒的移动速度降低，以阻止 A9/A8 面积比的进一步扩大或减小，如图 9-1 所示。

9.3　容积积分求差元件的构成与工作原理

9.3.1　阀体结构

阀体设计主要考虑三方面的因素：①系统总成安装于机匣内，其总体尺寸要符合机匣空间限制，因此要求体积小、质量小，同时软轴与各作动筒传动机构的连接合理；②阀体内各阀的布置合理，应综合考虑各阀件的安装、连接流道且流阻要小；③阀体采用铸造和机械加工的方法制造，因此铸造分型面尽量少，机械加工的工艺要合理。

图 9-10 所示为阀体的三维实体造型，图 9-11 所示为阀体剖面图。在图 9-11a 所示剖面上布置 A8、A9 环作动筒信号输入活塞组件，高、低压控制阀，电磁充液阀等部件。由于面积比防护控制阀和复位阀的轴向尺寸较大，将二者布置于阀体上方的剖面上（图 9-11b），同时方便 A9 环作动筒回油管接头的布置和管路连接。

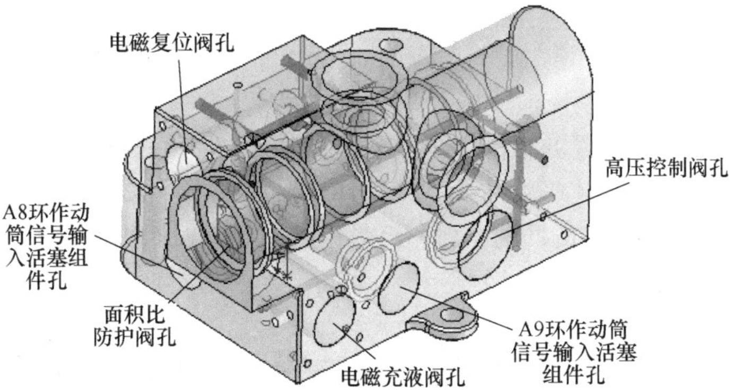

图 9-10　阀体三维造型

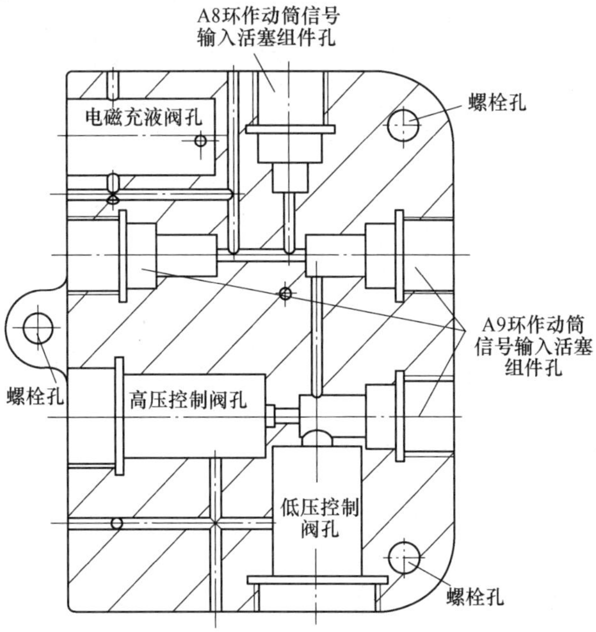

a)

图 9-11　阀体剖面

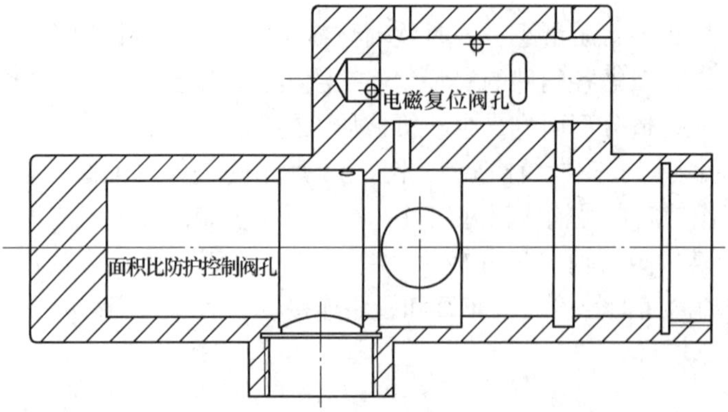

b)

图 9-11　阀体剖面（续）

根据前述确定各构成组件的结构与工作原理的内容，采用三维实体设计软件 SolidWorks 进行实体造型，A9/A8 面积比失调防护系统实体总装图如图 9-12 所示。该防护系统用于控制 A9 环作动筒电液伺服系统的回油压力和流量，防护系统控制阀的进、出油口接在分油活门回油口与总回油管之间。

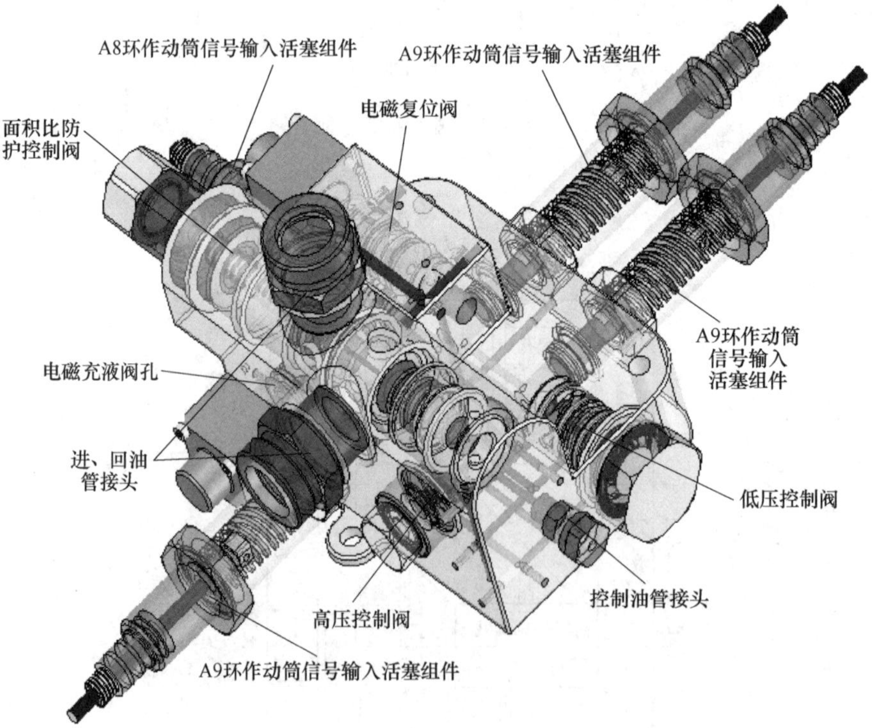

图 9-12　A9/A8 面积比失调防护系统实体总装图

9.3.2　容积积分求差元件的工作原理

图 9-13 所示为 A9 环作动筒的运动关系。对于轴对称矢量喷管，作动筒的行程控制 A8 调节环、转向驱动环的姿态，进而控制 A8、A9 面积的大小。三个 A9 环作动筒是沿发动机机匣周向等角度均布的。当转向驱动环斜动时，三个 A9 环作动筒行程之和为

$$\sum_{i}^{3} l_i = l_1 + l_2 + l_3 = 3l_0 \tag{9-1}$$

即三个A9环作动筒位移信号在容积积分求差元件内的叠加结果实际上是图9-13所示的位于中间的作动筒位移 l_0 的3倍，其中 l_0 决定了A9面积的大小，而 Δl 决定了喷管偏转角的大小。当A9环作动筒回缩时，喷口面积A9增大，A9环作动筒伸出时，喷口面积A9减小。

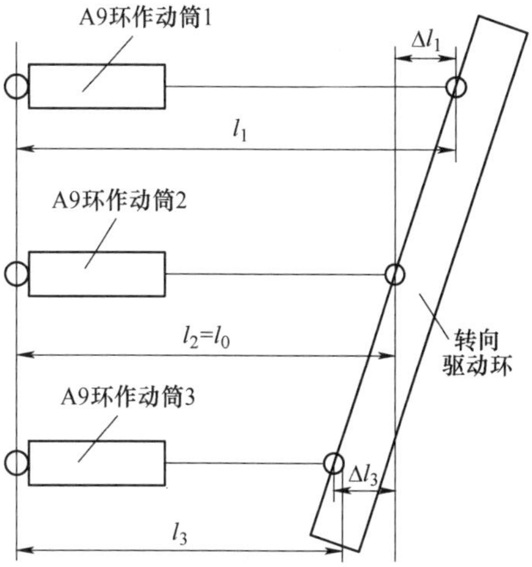

图9-13　三个A9环作动筒运动关系

三个A8环作动筒也是沿发动机机匣周向等角度布置的，A8环作动筒是同步运动的，在喉道面积A8达到某一数值时，三个作动筒的行程相同，均为 l_4。

图9-14所示的容积积分求差元件由四组信号输入活塞组件与高、低压控制阀阀芯以及连接各元件的油道组成。A8环作动筒信号输入活塞、三个A9环作动筒信号输入活塞、低压控制阀阀芯、高压控制阀阀芯和阀体内连接各元件的油道构成相对封闭的工作油腔，各输入活塞和两个控制阀阀芯的位置变化决定了工作油腔内油液的容积变化。图中虚线位置为发动机喷管刚开始工作（即起动）时的各信号输入活塞起始位置，该位置与作动筒的中立位置相对应，实线位置为任意喷口状态下（即喷管工作状态下），各信号输入活塞的实际位置。起动时由于各作动筒都处于中立位置，两个控制阀的阀芯未动作，因此工作油腔内的初始容积 v_0 是确定的。在防护系统工作前，电磁充液阀电磁铁在飞行控制计算机的控制下通电开启，定压控制油经油孔进入工作油腔后，确定了工作油腔内油液的初始压力 p_0，这个初始压力保证了两个控制阀阀芯的初始位置。工作油腔内确定的油液初始容积和压力保证容积积分求差元件能够准确测定A9/A8面积比。充液过程完成后（可设定充

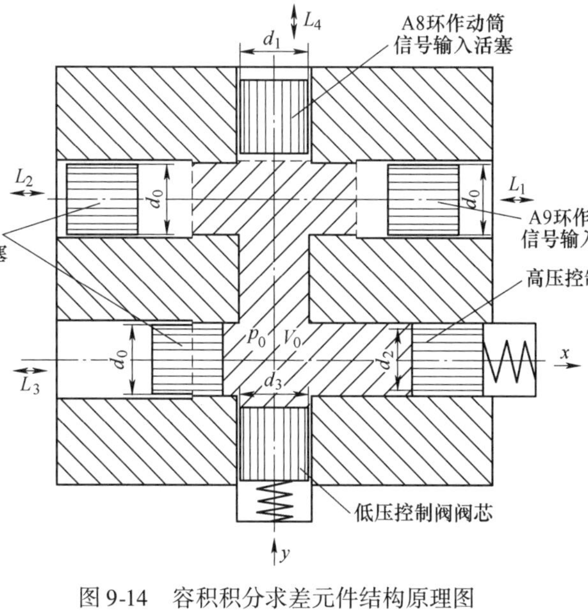

图9-14　容积积分求差元件结构原理图

液时间）电磁充液阀关闭，发动机再起动进入正常运行状态。

A8、A9 环作动筒的位移信号通过机械传动机构（如齿轮齿条传动）和信号输入活塞组件按一定的传动比转换后输入工作油腔，在工作油腔里，四个作动筒位移信号叠加后产生一个容积变化信号，这个信号反映了 A9/A8 面积比的实时变化，当检测结果超过正常工作范围（失调）时，该信号使控制阀阀芯产生相应的移动，使定压控制油节流后进入防护阀的控制油腔，控制防护阀的动作。

容积积分求差元件的工作容积变化与高、低压控制阀节流口的开度满足下列关系

$$\frac{3\pi}{4}d_0^2L_0+\frac{\pi}{4}d_1^2L_4=\Delta V=\frac{\pi}{4}d_2^2x \tag{9-2}$$

$$\frac{3\pi}{4}d_0^2L_0+\frac{\pi}{4}d_1^2L_4=\Delta V=\frac{\pi}{4}d_3^2y \tag{9-3}$$

式中，d_0、d_1、d_2、d_3 分别为 A9、A8 环作动筒信号输入活塞，高、低压控制阀阀芯的直径；L_0、L_4 分别为 A9、A8 环作动筒信号输入活塞的位移，与 A9、A8 环作动筒的位移 l_0、l_4 相对应，即 $l_0=i_1L_0$，$l_4=i_2L_4$，i_1、i_2 分别为 A9、A8 环作动筒传动机构的传动比；x、y 分别为高、低压控制阀阀芯的位移；$\frac{3\pi}{4}d_0^2L_0$ 为三个 A9 环作动筒位移叠加的容积变化，由式（9-1）得到。

式（9-2）反映了 A9/A8 面积比增大时，容积积分求差元件工作油腔内的容积变化。这个容积信号决定了高、低压控制阀的节流口通流面积：当面积比位于图 9-8 所示的 b 点时，高压控制阀阀芯的位移为 x，节流口打开，定压控制油节流降压后流入防护阀控制油腔；若面积比继续增加，则阀芯位移 x 增大，达到图 9-8 所示的 d 点时，高压控制阀阀芯的位移达到最大值即节流口全部打开，定压控制油不经节流直接进入防护阀控制油腔。式（9-3）则反映了 A9/A8 面积比减小时，低压控制阀的动作关系。

9.4 小结

本章提出了一套 A9/A8 面积比失调防护液压系统，为喷管液压作动系统增加了一种结构简单的机械液压防护措施，可实时检测 A9/A8 面积比的变化，并利用检测结果控制喷管 A9/A8 面积比失调时 A9 作动筒的作动状态，在面积比超过上限值或低于下限值两个超调方向上起到保护作用，从而为控制系统增加了一种液压防护措施，实现对发动机喷管的保护，提高了发动机工作的可靠性。该防护系统的控制系统中，信号采集和传递通过机械方式完成，避免了电气信号故障的影响。同时，该防护系统用于现有喷管作动系统的改装，其改装量小。

参考文献

[1] MARKSTEIN D J, CLEMENTS M A, AUSDENMOORE R M. Hydraulic failsafe system and method for an axisymmetric vectoring nozzle: USA, 6142416 [P]. 1997-03-14.

[2] AUSDENMOORE R M. Axisymmetric vectoring nozzle actuating system having multiple power control circuits: USA, 5740988 [P]. 1995-04-13.

[3] HANLEY C F. Vectoring nozzle control system: USA, 6195981 [P]. 1998-07-22.

[4] RAYMOND E T. Load-adaptive hybrid actuator system and method for actuating control surfaces: USA, 5074495 [P]. 1990-04-16.

[5] 段渝波. AVEN 机械故障防护系统研究 [D]. 上海：同济大学，2006.

[6] 段渝波，王玉新. 轴对称矢量喷管应急复位液压系统的设计研究 [J]. 液压与气动，2007 (4): 11-13.

第 10 章

并联机构构型分岔

运动奇异性是并联机构的固有特性。处于奇异位置的动平台，位姿具有不确定性，运动处于失控状态。AVEN 转向驱动环为空间并联机构的动平台，一旦其处于奇异失控状态，将对含 AVEN 的第五代战斗机的空中飞行带来灾难性后果。学术界对并联机构奇异判别及静态奇异规避有深入研究，但对并联机构构型在奇异位置的分岔复杂性的研究很少。并联机构构型在奇异位置的分岔特性，是决定奇异构型失控方向及载荷能力的关键因素。作为 AVEN 转向驱动环的并联驱动机构，其在奇异位置的构型失控方向，将直接影响喷管扩张段的破坏模式。本章以 Gough-Stewart 为例，研究并联机构在奇异位置处的构型分岔特性。

10.1 并联机构奇异问题

处于奇异位置的动平台，其运动输出具有不确定性。如何控制动平台以给定的构型通过奇异位置，是并联机器人运动控制所需要解决的关键技术问题。随着并联机构在仿真、机械加工等方面的应用，其构型保持性与可控性变得日益重要，特别是在航空航天领域，一旦出现运动失控，将发生灾难性后果。为了使并联机构在奇异位置的运动输出具有确定性和可控性，对并联机构奇异位置构型分岔复杂性进行研究。

10.1.1 并联机构奇异失控运动

无论是并联机构还是串联机构，都存在运动奇异性问题。在奇异位置，机构的雅可比矩阵降秩，末端执行器的运动具有不确定性，运动失控。Gosselin 和 Angeles 将奇异性问题划分为三类：①运动反解解曲线的交叉点；②运动正解解曲线的交叉点；③雅可比矩阵降秩。对于串联机器人而言，奇异构型处的各关节轴线汇交于一点，雅可比矩阵行列式的值为零，具体如下。

对于机构运动方程

$$\boldsymbol{F}(\boldsymbol{x},\boldsymbol{\mu})=0 \tag{10-1}$$

得到输入、输出速度方程

$$\boldsymbol{A}\dot{\boldsymbol{x}}+\boldsymbol{B}\dot{\boldsymbol{\mu}}=0 \tag{10-2}$$

式中，$\boldsymbol{x}$ 为位姿矢量；$\boldsymbol{\mu}$ 为输入矢量。

且

$$\boldsymbol{A}=\frac{\partial \boldsymbol{F}}{\partial \boldsymbol{x}}\quad \boldsymbol{B}=\frac{\partial \boldsymbol{F}}{\partial \boldsymbol{\mu}}$$

根据雅可比矩阵降秩情况，将奇异问题划分为三类：

（1）Det($\boldsymbol{B}$)=0　该奇异条件对应的构型为奇异构型位于机构工作空间的外边界或者内边界上，其特点为：以构型参数为自变量的运动反解曲线交叉，其执行构件失去一个或几个自由度。对串联（机器人）机构而言，在该类奇异位置处，各关节轴线汇交于一点，雅可比矩阵行列式的值为零，此时，输出构件可以承担很大的载荷而不需要施加关节驱动力(矩)。在闭环（并联）机构中，该奇异位置对应于机构的死点。

（2）Det($\boldsymbol{A}$)=0　在该奇异位置，即便是将驱动器固定，执行构件依然会获得局部运动自由度。这意味着，当输入关节的运动被锁定后，在特定载荷方向上，执行构件不具备载荷能力。

（3）Det($\boldsymbol{A}$)=Det($\boldsymbol{B}$)=0　当机构尺寸满足奇异位置条件式（10-1），同时又满足奇异位置条件式（10-2）时，构成第三类奇异位置。

串联机器人的奇异性属于第一类运动奇异性问题，一般发生在工作空间的边界上，或者两个（或两个以上）关节轴线相交关联的情况下。串联机器人在奇异位置处的奇异特征为：关节的运动输出力或力矩出现急剧上升；当固定执行构件，关节仍可以有局部自由度。串联机器人的奇异性主要是由特殊的几何条件造成的，可以通过路径规划的方法来避免奇异性。对于并联机构，因受并联机构工作空间的限制，第一类奇异 Det(B)=0 很难发生，因此，并联机构的奇异类型属于第二类奇异 Det($\boldsymbol{A}$)=0，其主要奇异特征表现为静态奇异或力奇异，即作用在执行构件上沿失控自由度方向的力（力矩）不能被动平台所承担，动平台获得一个或几个局部自由度，导致动平台运动失控。

Hunt 把单环机构的运动学奇异性分为稳定构型和不稳定构型。若机构为稳定构型，则从动件的运动能够确定；若机构为不稳定构型，则其运动可能失控。对于并联机构，在奇异构型处，机构运动方程的雅可比矩阵降秩，其动平台不能沿着确定的方向运动。Gosselin 利用机构的速度约束方程，把机构的奇异构型分为边界奇异、局部奇异和结构奇异。Tourassis 研究表明，串联机器人和并联机器人的奇异性存在对偶关系，奇异性使输入和输出关系退化。单纯串联机器人在奇异构型处自由度减少，造成自锁；单纯并联机器人在奇异构型处自由度增加，造成机构运动失控。而组合机构情况比较复杂，这些末端执行器自由度的变化会造成机构失控。在机械设计中消除机构的奇异性很困难，也难以借助轨迹规划的方法避免它。

Ma 等依据并联机构的结构特点将奇异位形分为三类：模型奇异、位形奇异和构型奇异，并提出在并联机构的可达空间中均可能存在构型奇异，所以应在设计阶段严格加以避免，但位形奇异一般仅出现在有限离散点处，虽然理论上很难避免，但使用合适的轨迹规划是可以避免的。Tsai 将 Gosselin 等所述的三种奇异位形分类更加形象地定义为组合奇异位形、正向奇异位形和反向奇异位形。Zlatanov 等基于运动学奇异的速度方程模型对任意非冗余机构的奇异位形进行了分类和研究。Park 根据黎曼流形的特点，把奇异位形也分为三类：末端执行器奇异、驱动奇异和位形空间奇异。他把并联机构的位形空间视为一个嵌入于高维欧氏空间中的微分流形，并在位形空间和嵌入空间中各自引入黎曼度量，使它成为一个黎曼流形。驱动奇异和末端执行器奇异与驱动器和末端执行器的选择引入有关；位形空间奇异仅与并联机构的位形空间有关，而与驱动器和末端执行器的选择无关。Liu 等和沈辉等分别使用微分流形理论和外微分等数学工具给出了并联机构奇异性分析的一般几何判定方法，揭示了位姿空间中奇异点的高阶拓扑和几何特性。

并联机构正解的多解性是造成并联机构产生第二类运动奇异性的主要原因。与少自由度串联机构不同，并联机构的自由度比较多，在工作空间内存在大量的正解重合点，导致第二类奇异性问题的产生。如果存在两个实域正解重合于一点，则产生转向点分岔；如果存在三个实域正解重合于一点，将产生二重分岔；如果存在 k 个实域正解重合于一点，则产生 $(k-1)$ 重分岔。因此，多自由度并联机构的奇异性问题是非常复杂的。与串联机构的奇异性多发生在工作空间的外边界上不同，并联机构的奇异位置不仅会发生在工作空间的外边界上，还会发生在工作空间内部，造成整体工作空间的运动不连续。

为了叙述方便，将描述执行构件位姿的矢量称为机构的构型，或简称构型，即机构的正解矢量；称发生构型重合的位置所对应的机构输入参数为构型分岔点，即奇异点。如果一组输入参数使并联机构的执行构件——动平台的输出构型出现重合，那么当控制机构按照选定的构型运动到构型分岔点时，机构的构型会有两种发展趋势：一种是保持原构型不变，另一种是发生构型变化，转化为另一种新的构型。我们称保持原构型的构型为保持的构型，或称构型为保持的；称变化的构型为非保持的构型，或称构型为非保持的。当机构通过分岔点成为非保持构型时，系统不仅会出现运动失控问题，而且由于控制规律是按保持的构型设定的，而实际机构是在按非保持的构型运动，控制与实际运动之间的矛盾，将在系统内产生较大的附加载荷，引起整个机构的破坏。因此，研究并联机构在奇异位置处的构型分叉特性，对于控制并联机构以稳定可靠的运动输出工作在奇异位置，具有重要的理论价值。

由于并联机构具有刚度大、承载能力强等优点，随着人们对并联机构研究的深入，近年来，并联机构，特别是 Stewart 类并联机构，在民用、国防、航空航天、医疗等领域得到了广泛的应用。基于对控制的可靠性和稳定性的考虑，一些重要的应用场合，如精密微操作的细胞分离机械手，太空航天器的自调整对接机构，我国大型射电天文望远镜 FAST 中馈源舱的柔性绳索定位机构及其二次精度调整机构等均采用了对称的 Stewart 并联机构。Ma 和 Angeles 研究表明，对称的并联机构的奇异范围比较大，对于高度对称的并联机构，其奇异范围可以到达整个工作空间。图 10-1 所示为对称 Stewart 并联机构奇异失控构型。试验发现，当控制机构进入失控位姿附近时，动平台失去控制，在重力的作用下，沿与重力方向成锐角的失控自由度方向运动，发出撞击声音。

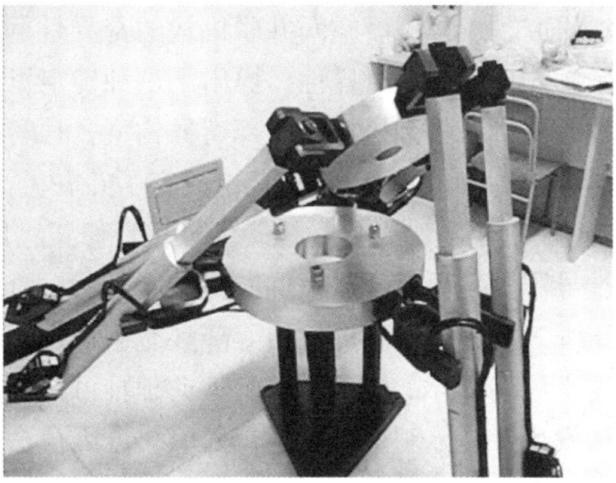

图 10-1　处于奇异构型的对称 Stewart 并联机构

随着并联机构在航空航天、医学、加工等重要工程领域中的应用越来越广泛，机构在奇异位置处的运动可控性变得日益重要，迫切需要掌握并联机构在奇异位置处的构型分岔特性，为控制并联机构以可控的运动输出通过奇异位置，奠定基础。

10.1.2　奇异性研究方法

（1）雅可比矩阵降秩方法　根据并联机构第二类奇异条件 $\det(\boldsymbol{A})=0$，一些学者对并联机构的奇异问题进行了分析、研究。Waldron 提出了一种串联机器人雅可比矩阵求解的新方法，利用该矩阵可以容易地确定机构的奇异条件。Tourassis 提供了识别和分析由手臂和手腕组成的串联机器人奇异构型的一种方法。他根据手臂和手腕各个构件和整个系统奇异构型的相互作用，利用各部件的连接关系，提出了一种识别机械手奇异构型的方法。Mohammadi 利用雅可比矩阵，对平面并联机构的奇异性进行了分析。根据组成平面并联机械手运动副的不同组合（移动副或转动副），分成三种类型进行分析，得到了 3 自由度（3-DOF）机械手（3-RRR 和 3-DT）的奇异位置。Fichter 等利用机构的雅可比矩阵分别研究了 3/6 型、6/6 型平台的奇异性。Gregorio 等分析了 3-UPU 少自由并联机构的奇异构型，发现在某些构型下，支架失去对动平台的约束，导致其出现运动奇异。但是，在该类奇异位置处，其雅可比矩阵并不降秩。由此揭示出少自由度并联机构的奇异性判定并不能完全照搬 6 自由度并联机构的判定方法，还需考虑约束特性的影响。Bonev 将该类因约束引起的少自由度奇异位置称为约束奇异位置。通过在雅可比矩阵中包含结构信息和约束信息，Joshi 等提出了一种改进的雅可比矩阵确定少自由度并联机构奇异位置的方法，同时通过对 3-UPU 和 3-RPS 少自由度并联机构奇异性的分析，证明了该方法的有效性。

（2）几何法　几何法主要用于研究机构处于奇异位置时各构件的位置关系、机构奇异的机理等理论问题。黄真研究了并联机构产生一般线性丛奇异的运动学原理和几何条件，进一步提出了并联机构产生奇异位形的充分必要条件。基于此充分必要条件，研究了 3/6-SPS 型 Stewart 机构处于特殊姿态时机构在三维空间中的位置奇异轨迹特性。基于并联机构奇异位形产生的运动学原理，曹毅等推导了以位姿参数描述的 3/6-SPS 型 Stewart 机构奇异轨迹的解析表达式，并给出了分析并联机构奇异位形的等效机构法。Wolf 应用线几何和线丛方法研究了 3 自由度空间并联机构的奇异性问题。Merlet 采用 Grassmann 几何法，系统地研究了 3/6 型平台的奇异性，提出了一种确定机构奇异性的新方法。依据机构的几何特性，用这种方法可以找到机构的全部奇异构型，但该方法不能描述奇异路径和机构分岔现象。

Gallardo 等利用螺旋理论研究了并联机构的奇异性确定问题。当并联机构的自由度小于 6 时，确定运动奇异性螺旋矢量需要修正，以便得到 $n \times n$ 标准矩阵。Joshi 等利用螺旋理论推导了少自由度并联机构的完整 6×6 雅可比矩阵，包括运动子雅可比矩阵和约束子雅可比矩阵。当运动子雅可比矩阵降秩时，机构发生运动奇异；当约束子雅可比矩阵降秩时，机构发生约束奇异。因此，即使运动子雅可比矩阵满秩也会由于约束子雅可比矩阵的降秩导致机构发生奇异。基于提出的奇异值集合因子法，Burdick 研究了 3R 机械手的奇异性问题。通过把所有 3R 机械手分成不相互连接但有相似拓扑特性的集合，得到机构的奇异性特征。在建立数学模型时，采用了螺旋理论，虽然模型的建立过程较复杂，但工作区间分割的想法对于逆解很有利。

（3）微分流形理论和李群李代数方法　近年来，微分流形理论和李群李代数在并联机构的型综合和奇异性分析中也得到了应用。Park 等利用黎曼几何和微分流形理论给出了一般并联机构奇异性分析的方法，基于 Morse 函数理论，提出了退化奇异的概念。该方法能够有效地揭示并联机器人机构奇异性坐标不变的拓扑和几何本质。Kieffer 利用泰勒公式对机构奇异流形的拓扑结构进行了深入分析。研究表明，如果发生奇异，微分流形可能退化为孤立奇异点，或者为包含奇异分岔点的构型曲线。Hao 采用李群李代数研究了并联机构的奇异性与二阶截断函数之间的关系，基于横向条件准则分析了 6R 并联机构的奇异特性。

10.1.3　奇异位置空间分布

1. 奇异位置

根据奇异性理论，静态奇异位置符合两个条件：构型方程和雅可比矩阵降秩，即

$$\begin{cases} \boldsymbol{F}(\boldsymbol{x},\boldsymbol{\mu})=0 \\ \mathrm{Det}(\boldsymbol{A})=|\boldsymbol{F}_x(\boldsymbol{x},\boldsymbol{\mu})|=0 \end{cases} \tag{10-3}$$

利用数值方法，如 Newton-Raphson 方法，可以求出奇异位置的近似解。当接近奇异位置时，由于雅可比矩阵的病态，使数值方法的收敛性受到严重影响，往往不能得到收敛精度比较高的奇异位置数值解。Paul 研究表明，当末端轨迹接近运动奇异点时，运动规划比较困难，运动受限制，导致铰链速度急剧增加。同样，在进行运动逆解分析时，由于在奇异构型附近执行器的速度不能任意大，且铰链坐标变化不再是铰链坐标函数等，使得算法难以收敛。针对该问题，Kieffer 提出了一种不依赖于时间的算法——路径跟踪预测校正方法。这种方法采用二阶预测，一阶 Newton 法校正，以末端位置为独立变量等处理技巧，能够很好地解决在奇异位置附近算法的收敛问题。在预测和校正过程中，采用了机构运动方程的泰勒展开形式，对 PUMA 机械手进行了研究。解决了不考虑时间的并联机构末端的逆运动学问题。Sefrioui 利用机构的雅可比矩阵，研究了一般 3-DOF 平面并联机构的奇异轨迹。他首先研究了 2-DOF 平面并联机构，其奇异轨迹为 2 次曲线。对于 3-DOF 机械手，奇异轨迹为空间 3 次曲线。然而对于给定姿态的 3-DOF 平面机械手，其奇异轨迹为 2 次曲线。这种奇异轨迹的求解对工程较实用，但没有对奇异构型的特性做进一步研究。Tchon 基于操作器运动学的正规形途径，提出了一种求解非冗余机器人奇异逆运动学问题的新方法，给出了逆运动学问题的全部解。

2. 奇异位置空间分布

运动奇异性对并联机构的运动有许多消极的影响。在奇异构型处，并联机构的自由度发生瞬时变化，造成机构失控；机构本身刚度急剧降低，引起运动副中的力或力矩突然增加，如图 10-1 所示。奇异性限制了并联机器人的空间可达性和各向同性。例如，在奇异构型处，不允许并联机构末端执行器沿奇异方向运动，只能沿某些特殊方向运动，这限制了机器人的可达操作空间。

与串联机构的奇异性多发生在工作空间的外边界上不同，并联机构的奇异位置主要在工作空间内部，造成整体工作空间可控运动的不连续。研究表明，在工作空间内，并联机构的奇异位置不是一个点或一条曲线，而是一个空间超维分布曲面。Onge 等根据式（10-3），以动平台构型参数作为自变量，得到奇异位置空间分布的超维曲面。当给定动平台位姿参数后，对于半对称 Stewart-Grough 并联机构，得到以动平台位姿参数为自变量的三次奇异分布曲面。Kim 等采用线性速度关系建立构型方程，得到相对简化的奇异位置分布曲面。类似地，Gregorio 除了得到以动平台位姿参数表达的奇异曲面分布三维曲面之外，还得到了以 Rodrigue's 参数表达的六维超曲面。Bandyopadhyay 等研究了 SRSPM 并联机构的奇异性分布问题，采用结构、动平台位姿参数作为自变量，得到奇异位置的五维超维曲面。当给定结构参数和位姿参数后，该奇异位置分布超维曲面降为三维，如图 10-2 所示。基于同一刚体上的三个非共线点的速度可以确定螺旋运动，以及 Stewart 并联机构所有奇异位置都可以归类为三个不同的线丛奇异位置的原理，Huang 研究了 3/6-Stewart 并联机构的奇异性分布问题。

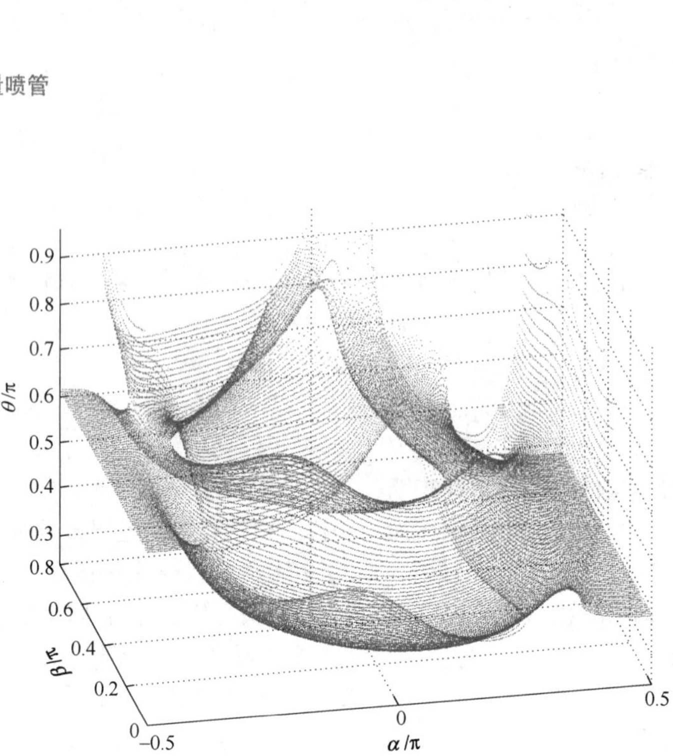

图 10-2　6-6 Stewart 并联机构奇异位置空间分布曲面

当给定位姿参数后，得到以动平台位置参数为自变量的奇异位置分布三维曲面方程。

图 10-2 所示的奇异位置空间分布曲面将并联机构工作空间分割成若干不连续的免奇异运动空间。对于具有连续工作空间和位姿控制要求的并联机器人，若使并联机构能够在工作空间内连续免奇异地运动，并联机构必须能够以确定的运动和一定的载荷能力，穿越由奇异位置分布形成的多维曲面。冗余自由度方法和路径规划方法是两种规避并联机构运动奇异性的主要方法。前者不能规划出一条穿越奇异曲面的免奇异路径，使并联机构从一个免奇异工作空间运动到另一个免奇异工作空间，因而不能解决处于奇异工作状态的并联机构运动奇异性的规避问题；后者只能改变奇异位置的局部空间分布形状。因此，解决并联机构整个工作空间的运动可靠性，必须解决并联机构奇异构型附近的运动可控性问题，以便并联驱动机构在其奇异位置获得确定的运动输出和具有一定的载荷能力，从一个免奇异运动空间运动到另一个免奇异运动空间。

图 10-2 所示的并联机构奇异位置空间分布曲面是依据动平台位姿参数进行描述的。而动平台的位姿参数在并联机构运动过程中的测量是一个难点，因此，很难利用图 10-2 所示的奇异位置分布曲面对并联机构的运动可靠性，即是否接近或落入奇异构型位置附近，进行预测与监控。另一方面，在奇异构型研究方面，一般仅研究静态奇异位置的判定与规避问题，很少考虑机构本身动力学参数对其奇异点动态稳定性的影响。

10. 2　并联机构构型分岔的复杂性

10. 2. 1　奇异位置及其装配构型

1. 构型约束方程

以图 10-3 所示的 Gough-Stewart 并联机构为例，研究并联机构奇异性问题的复杂性问题。

该并联机构的主要尺寸参数为：球副在动平台的分布半径为 R_1，在基础平台上的分布半径为 R_2；基础平台上六个球副 $B_i(x_{0i},y_{0i},z_{0i})(i=1,2,\cdots,6)$ 构成夹角为 α_2 的两个正三角形；动平台上的六个球副 $A_i(i=1,2,\cdots,6)$ 构成夹角为 α_1 的两个正三角形。各 SPS 支链的长度为 $l_i(i=1,2,\cdots,6)$，l_i 为并联机构的输入参数。

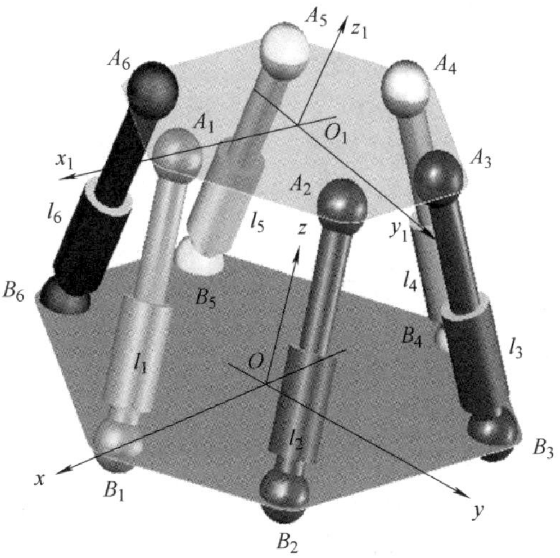

图 10-3　Gough-Stewart 并联机构

建立如下的坐标系：以固定平台中心 O 为原点，直线 OB_1 为 x 轴，基础平台的法线为 z 轴，建立固定坐标系 $Oxyz$；以动平台中心 $O_1(x,y,z)$ 为原点，直线 O_1A_1 为 x_1 轴，动平台的法线为 z_1 轴，建立动坐标系 $O_1x_1y_1z_1$。动平台上球副 A_i 在动坐标系下的坐标为 $A_i'(x_i',y_i',z_i')$，在固定坐标系下的坐标为 $A_i(x_{A_i},y_{A_i},z_{A_i})$。用动平台位的位姿 $\boldsymbol{X}=[\boldsymbol{P},\boldsymbol{Q}]^{\mathrm{T}}$ 表示并联机构的构型。其中，$\boldsymbol{P}(x,y,z)$ 为动平台的位置位姿，即动平台中心点的坐标；$\boldsymbol{Q}(\alpha,\beta,\gamma)$ 为动平台的方向位姿，α、β、γ 分别为动坐标系相对固定坐标系的三个欧拉旋转角。根据机构约束条件得

$$\begin{aligned}f_i=&x^2+y^2+z^2+R_1^2+R_2^2-l_i^2+2[x_{A_i}'C\beta C\gamma+y_{A_i}'(S\alpha S\beta C\gamma-C\alpha S\gamma)-x_{B_i}]x+\\&2[x_{A_i}'C\beta S\gamma+y_{A_i}'(S\alpha S\beta S\gamma+C\alpha C\gamma)-y_{B_i}]y-2(x_{A_i}'S\beta-y_{A_i}'S\alpha C\beta)z-x_{A_i}'y_{B_i}C\beta S\gamma+\\&2[-x_{A_i}'x_{B_i}C\beta C\gamma-y_{A_i}'x_{B_i}(S\alpha S\beta C\gamma-C\alpha S\gamma)-y_{A_i}'y_{B_i}(C\alpha C\gamma+S\alpha S\beta S\gamma)]=0\end{aligned} \tag{10-4}$$

令 $\boldsymbol{\mu}=(l_1,\ l_2,\ \cdots,\ l_6)^{\mathrm{T}}$，则

$$\boldsymbol{F}(\boldsymbol{x},\boldsymbol{\mu})=(f_1,f_2,f_3,f_4,f_5,f_6)^{\mathrm{T}}=0 \tag{10-5}$$

式中，$\boldsymbol{\mu}$ 为并联机构的输入参数；$\boldsymbol{x}$ 为动平台的位姿。

对式（10-5）进行求导，得

$$A\ \dot{\boldsymbol{x}}\ +B\ \dot{\boldsymbol{\mu}}\ =0 \tag{10-6}$$

其中

$$\boldsymbol{A}=\frac{\partial F}{\partial \boldsymbol{x}}=\left[\frac{\partial f_i}{\partial x},\frac{\partial f_i}{\partial y},\frac{\partial f_i}{\partial z},\frac{\partial f_i}{\partial \alpha},\frac{\partial f_i}{\partial \beta},\frac{\partial f_i}{\partial \gamma}\right]_{6\times 6}\qquad \boldsymbol{B}=\frac{\partial \boldsymbol{F}}{\partial \boldsymbol{\mu}}=-2\mathrm{dia}\{l_1,l_2,l_3,l_4,l_5,l_6\}$$

根据 Gosselin 对奇异问题的三种划分方法，由于矩阵 $\boldsymbol{B}$ 为主对角矩阵，受并联机构各支链最小长度大于零的制约，由 $\det(\boldsymbol{B})=0$ 引起的第一类奇异问题将不会出现。因此，在 Gough-Stewart 类并联机构中，奇异问题主要为由 $\det(\boldsymbol{A})=0$ 决定的第二类奇异问题，即固定输入构件的尺寸，并联机构具有获得局部自由运动能力的奇异类型。

Gough-Stewart 并联机构第二类奇异位置条件为

$$\begin{cases}\boldsymbol{F}(\boldsymbol{x},\boldsymbol{\mu})=0\\ \det\left|\dfrac{\partial \boldsymbol{F}(\boldsymbol{x},\boldsymbol{\mu})}{\partial \boldsymbol{x}}\right|=0\end{cases} \tag{10-7}$$

2. 奇异位置精确解

由于在奇异位置附近，式（10-5）对应的第二类雅可比矩阵式（10-7）接近为零，方程

处于病态，方程的求解变得异常困难。为此，采用扩展方程方法，得到式（10-5）对应的扩展方程

$$\boldsymbol{\Psi}(\boldsymbol{u}) = \begin{cases} f_i = f_i(x,y,z,\alpha,\beta,\gamma) = 0 \\ f_{jX} = \dfrac{\partial f_j}{\partial x}v_1 + \dfrac{\partial f_j}{\partial y}v_2 + \dfrac{\partial f_j}{\partial z}v_3 + \dfrac{\partial f_j}{\partial \alpha}v_4 + \dfrac{\partial f_j}{\partial \beta}v_5 + \dfrac{\partial f_j}{\partial \gamma}v_6 = 0 \\ \sum\limits_{k=1}^{6} v_k^2 - 1 = 0 \end{cases} \tag{10-8}$$

式中，$i=1, 2, \cdots, 6$；$j=1, 2, \cdots, 6$；$\boldsymbol{u}=(\boldsymbol{x},\boldsymbol{v},\boldsymbol{\rho})^{\mathrm{T}}=(x,y,z,\alpha,\beta,\gamma,v_1,v_2,v_3,v_4,v_5,v_6,l_1,l_2,l_3,l_4,l_5,l_6)^{\mathrm{T}}$。

式（10-8）中的矢量$\boldsymbol{v}$为式（10-6）中矩阵$\boldsymbol{A}$的零特征根对应的特征矢量，其初值$\boldsymbol{v}_s$可以任意选取。一般选取长度为1的矢量作为零特征矢量的初值，如$\boldsymbol{v}_s=(0,0,0,0,0,1)^{\mathrm{T}}$。当给定合适的初值后，利用Newton-Raphson方法，可以很容易地得到奇异位置的精确解。

3. 奇异位置的装配构型

为了解决奇异位置处并联机构的三维装配仿真问题，利用“后台预置”装配方法，对并联机构进行装配仿真。具体过程为：①利用扩展方程式（10-8）得到奇异位置的精确解；②求得奇异位置的位姿参数对应的各构件的参考点（x_i，y_i，z_i）和构件坐标系的方向余弦（如构件坐标系x轴的方向余弦u_{xx}，u_{xy}，u_{xz}）；③利用4×4坐标变换矩阵

$$\begin{pmatrix} u_{xx} & u_{xy} & u_{xz} & x_i \\ u_{yx} & u_{yy} & u_{yz} & y_i \\ u_{zx} & u_{zy} & u_{zz} & z_i \\ 0 & 0 & 0 & 1 \end{pmatrix} \tag{10-9}$$

将各构件放置到奇异位置对应的构型装配位置，从而得到奇异位置处的装配构型。

10.2.2 单输入参数的奇异位置及其构型曲线

1. 奇异点 M_1

不失一般性，令$l_i=2.0(i=2,3,\cdots,6)$，研究l_1作为独立输入参数时并联机构的奇异位置产生机制。给定并联机构的尺寸参数为：动平台半径$R_1=1\text{m}$，固定平台半径$R_2=2\text{m}$，动平台夹角$\alpha_1=50°$，固定平台夹角$\alpha_2=20°$，利用扩展方程式（10-8）得到奇异位置。表10-1列出了$z\geqslant0$的固定平台上空间内的4个奇异点。

表10-1 Gough-Stewart并联机构的第二类奇异位置（$z\geqslant0$）

奇异位置	l_1	位置坐标			姿态坐标			雅可比矩阵值
		x	y	z	α/（°）	β/（°）	γ/（°）	
M_1	1.14601	0.1959	−0.4412	0.1632	−73.1265	35.3653	2.7784	4.191×10^{-12}
M_3	1.6386	−0.0432	0.5702	1.4025	21.4862	21.2490	2.1829	-2.438×10^{-12}
M_4	2.3667	−0.2134	−0.6829	1.4989	−28.3276	−2.2156	−30.3605	-1.918×10^{-12}
M_2	2.7914	−0.5009	0.0222	0.2823	−46.4067	66.6423	−119.965	-1.393×10^{-12}

图 10-4a 所示为 M_1 点附近矩阵 A 对应的雅可比矩阵的值随 l_1 的变化情况。可以发现，在接近该奇异位置时，雅可比矩阵的值变化非常剧烈，构型方程处于病态，轨迹跟踪非常不稳定。采用“后台预置”装配技术得到的该奇异位置对应的装配构型，如图 10-4c 所示。在该奇异位置，六条驱动 SPS 支链的轴线在空间互不相交、平行，不符合旋量共面、共线、相交等条件。

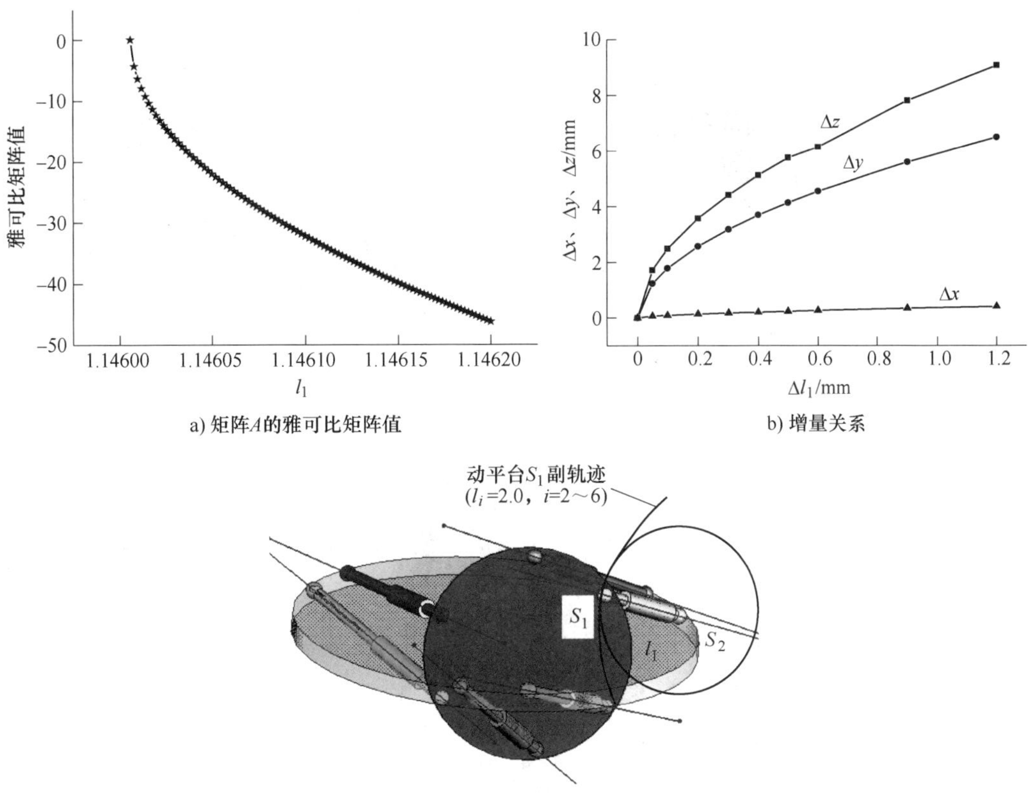

a) 矩阵A的雅可比矩阵值

b) 增量关系

c) M_1点的装配构型

图 10-4　奇异位置 M_1 点的特性及其装配构型

为了研究奇异位置 M_1 的构型特点，给 l_1 一个微小的减量 $\sigma>0$，即 $l_1=l_{1M_1}-\sigma$。发现当 $\sigma>0.01\text{mm}$ 时，三维平台的装配约束不再满足，装配构型不存在。这表明奇异位置 M_1 为该并联机构的极限位置。在 $l_1=l_{1M_1}+0.0004$ 装配位置拖动该奇异位置的动平台，动平台中心点的自由移动量为 $\Delta x=0$，$\Delta y=3.45\text{mm}$，$\Delta z=4.85\text{mm}$。这一局部自由运动与 $\det(\boldsymbol{A})=0$ 的奇异点类型相吻合。图 10-4c 所示为在该奇异位置处，动平台位姿随 l_1 变化的情况，该图表明，在奇异位置附近，动平台 y、z 位姿分量对 l_1 的变化非常敏感。这意味着动平台在该奇异位置附近，球副 S_1 所形成的曲面（$l_i=2.0$，$i=2$，3，…，6）与以 S_2 为中心、$l_{1\min}=l_{1M_1}=1.14601\text{m}$ 为半径的球面有比较大的密切。这种密切导致：①动平台在该奇异位置有较大的局部自由运动；②构型对输入参数的变化比较敏感，控制的难度较大；③沿轨迹密切的方向上，动平台将获得局部运动自由度，且在该方向上的载荷能力很弱。

2. 其他奇异点

图 10-5a 所示为并联机构在奇异位置 M_2 点的装配构型（$l_1=1.638588$，$x=-0.0425867$，$y=0.569177$，$z=1.40346$，$\alpha=21.4336°$，$\beta=21.1852°$，$\gamma=2.1522°$）。与奇异位置 M_1 点类似，l_1 长度的增加对构型变化的影响比较大，其特征为支链一 S_1 副的运动轨迹曲面与动平台在该处的运动轨迹曲面（$l_i=2.0, i=2,3,\cdots,6$）有比较大的外切，引起动平台获得局部运动自由度。减小 l_1 的长度，装配构型不存在。同时发现，在该奇异位置，由六个支链轴线形成的旋量既不相交，又不共面，不满足线矢相关的奇异条件。

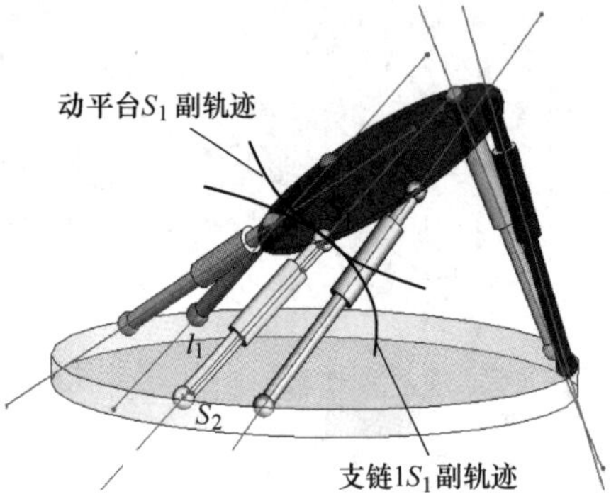

a) 奇异位置M_2点

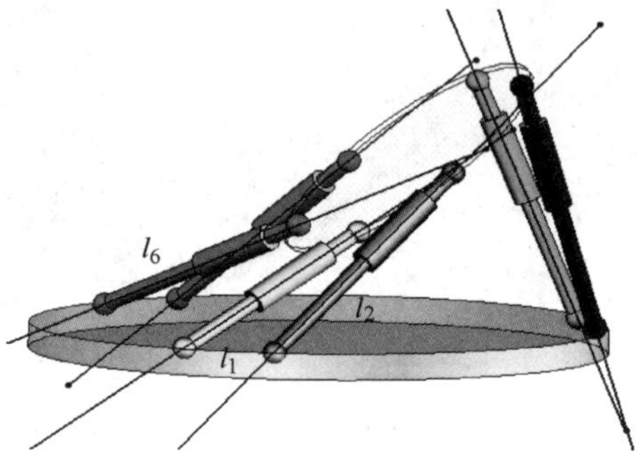

b) l_6与动平台重合位置

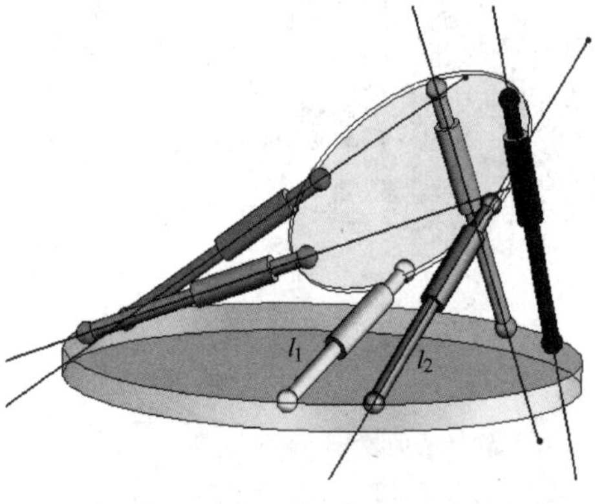

c) l_2与动平台重合位置

图 10-5　装配构型

为了研究线矢相关位置处的装配构型，分别给出了图 10-5b、图 10-5c 所示的与奇异位置 M_1 毗邻的两种共线构型。当动平台与 l_6 共面时，此时 $l_1=1.6702$，对应的装配构型如图 10-5b 所示；当动平台与 l_2 共面时，此时 $l_1=1.6866$。显然，奇异位置 M_2 不属于线矢相交、共面的奇异情况，而属于 $l_i=2.0$（$i=2,3,\cdots,6$）条件下的动平台极限运动位置，其特性与 M_1 相同：尺寸变化对构型位姿变化的影响比较大；具有局部运动自由度。

奇异位置 M_4 与奇异位置 M_1 类似，奇异位置 M_3 与奇异位置 M_2 类似。由此可见，单输入参数下的奇异位置为由尺寸确定的极限运动位置所引起的。

3. 构型曲线的获得

构型曲线用于描述动平台的六个位姿参数（或称构型参数）随输入参数的变化情况。

一般情况下，动平台同时受到六个驱动器的作用，但同时研究六个输入参数对并联机构构型曲线的影响是比较困难的。如大多数学者那样，使并联机构以给定的方向位姿通过空间一条轨迹，虽然可以满足同时给定六个输入参数（这六个输入参数满足给定轨迹和位姿的运动反解要求）研究并联机构构型曲线的要求，但由于不同的轨迹、不同的位姿将导致构型曲线存在较大的差异，其研究结果对于指导工程设计的积极作用不是很大。为此，采用某一个或几个输入参数作为自变量，而保持其他输入参数相对固定的方式，研究并联机构的构型曲线。

为获得式（10-5）确定的构型参数与输入参数之间的关系，构造一个含参数 t 的同伦函数 $\boldsymbol{H}(\boldsymbol{x},\boldsymbol{\mu}_0,t)$，得到基本同伦方程组

$$\boldsymbol{H}(\boldsymbol{x},\boldsymbol{\mu}_0,t)=t\boldsymbol{F}(\boldsymbol{x},\boldsymbol{\mu}_0)+(1-t)\gamma\boldsymbol{G}(\boldsymbol{x})=0 \tag{10-10}$$

式中，同伦参数 $t\in[0,1]$；$\boldsymbol{\mu}_0$ 为输入参数的初始值（并联机构当前的输入参数值）；γ 为适当的非零复常数，它保证了同伦路径上的每一点均为同伦方程组的正则点；$\boldsymbol{G}(\boldsymbol{x})$ 为全部解已知的初始方程组。

从 $\boldsymbol{G}(\boldsymbol{x})=0$ 的已知解出发，从 $t=0$ 开始逐步增加同伦参数 t 的取值，跟踪基本同伦方程组的解曲线，直到 $t=1$，则同伦方程组 $\boldsymbol{H}(\boldsymbol{x},\boldsymbol{\mu}_0,t)=0$ 的解即为方程组 $\boldsymbol{F}(\boldsymbol{x},\boldsymbol{\mu}_0)=0$ 的解。这样，便得到 $\boldsymbol{\mu}=\boldsymbol{\mu}_0$ 时 $\boldsymbol{F}(\boldsymbol{x},\boldsymbol{\mu}_0)=0$ 的全部解集 $\boldsymbol{x}_0$，即并联机构的全部构型。

为了分析构型参数 $\boldsymbol{x}$ 随输入参数 $\boldsymbol{\mu}$ 的变化情况，构造系数同伦方程组

$$\boldsymbol{H}(\boldsymbol{x},\boldsymbol{\mu},t)=t\boldsymbol{F}(\boldsymbol{x},\boldsymbol{\mu})+(1-t)\gamma\boldsymbol{F}(\boldsymbol{x},\boldsymbol{\mu}_0)=0 \tag{10-11}$$

以初始方程组的所有解 $\boldsymbol{x}_0$ 为起点，跟踪全部同伦路径，得到 $\boldsymbol{F}(\boldsymbol{x},\boldsymbol{\mu})=0$ 对应的全部解曲线，以及并联机构的全部装配构型。图 10-6 所示为单输入参数下的构型曲线。

由图 10-6 可知，单输入参数的 Gough-Stewart 并联机构构型曲线具有如下特征：

1）在装配构型存在的范围内，对于同一组输入参数，在固定平台上空间，并联机构至少存在两种装配构型，局部为四种装配构型与之对应。其中至少两种装配构型在奇异位置重合，构成转向点奇异位置。如果将一条并联机构当前所在的构型称为保持的构型，则另外一条构型曲线上的构型即为非保持的构型。保持的构型和非保持的构型在奇异位置重合。

2）在奇异位置附近，由于同一组输入参数有两组装配构型与之对应，因而，在奇异位置处并联机构的运动趋势具有不确定性，即并联机构既可以按保持的构型给出输出，也可以按非保持的构型给出输出。

3）并联机构实际的装配构型与其初始的装配构型有关，在不同的构型曲线上，并联机构的运动区域不同。假设并联机构沿构型曲线 b_1 运动，在该构型曲线上，并联机构的可达运动范围为 $[l_{1\min},l_{1\max}]$；而当并联机构沿构型曲线 b_5 运动时，其可达运动范围为 $[l_{1\min},l_{12}]$。

4）并联机构在奇异位置处具有局部自由运动。例如，在奇异位置 M_1 处，构型 x 表达的构型曲线与过奇异位置的垂直切线有较大的密切，当输入参数 l_1 有微小的许用误差时，并联机构将可以获得一个沿 x 方向上的局部自由运动。

5）并联机构沿某构型曲线由一个奇异位置到达另一个极限位置的过程中，并联机构的运动是免奇异的，对应的运动区间称为免奇异工作空间。不同的构型曲线具有不同的免奇异运动空间。显然，奇异位置 M_2 与奇异位置 M_3 之间空间 $[l_{11},l_{12}]$ 对每一装配构型都是免奇异的，称该工作区间为非构型免奇异运动区间。

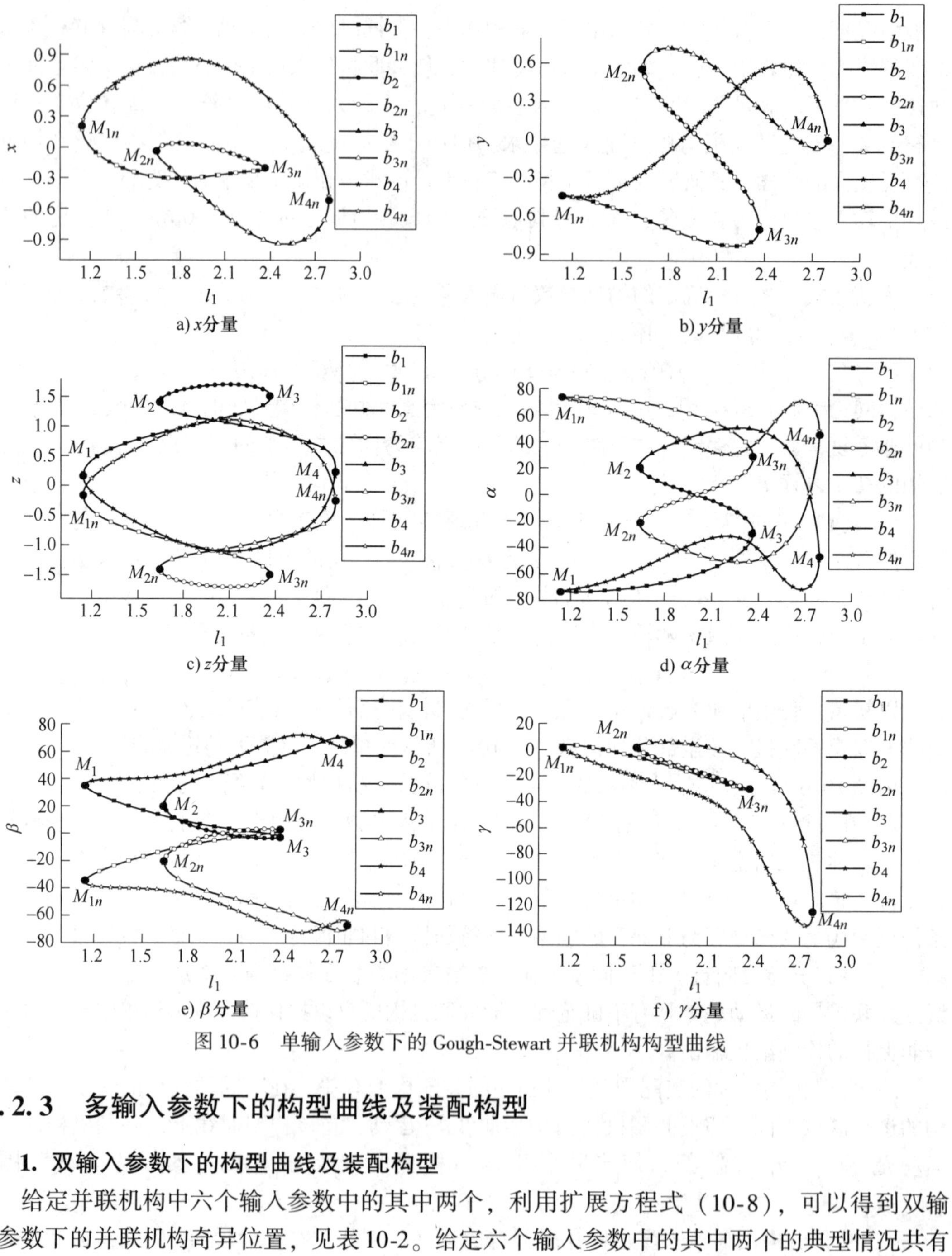

a) x分量　b) y分量　c) z分量　d) α分量　e) β分量　f) γ分量

图 10-6　单输入参数下的 Gough-Stewart 并联机构构型曲线

10.2.3　多输入参数下的构型曲线及装配构型

1. 双输入参数下的构型曲线及装配构型

给定并联机构中六个输入参数中的其中两个，利用扩展方程式（10-8），可以得到双输入参数下的并联机构奇异位置，见表 10-2。给定六个输入参数中的其中两个的典型情况共有三种：①改变 l_1、l_6；②改变 l_1、l_3；③改变 l_1、l_4。

从表 10-2 可以看出，同时改变两相邻支链的输出参数，可以使并联机构具有较大的非构型免奇异运动区间；同时改变其相对支链的输入参数值，其对应的非构型免奇异运动区间最小。这一新的发现对于指导并联机器人的轨迹规划非常有价值。这一发现要求，在进行并联机器人的轨迹规划时，不仅要考虑动平台的位姿要求，还应考虑动平台工作位置与奇异位置之间的距离。显然，当前工作位置与奇异位置的距离越远，则动平台免奇异的载荷能力越强，机构的可控性和运动稳定性就越高。因此，在进行并联机构的轨迹规划时，尽可能地选择相邻的或较接近的两支链满足动平台的位姿需要，并最大限度地避免采用相对的两支链来实现所需要的位姿。

表 10-2　双输入参数下的并联机构奇异位置（$l_k=2.0$，$k\neq i$，j）

输入参数 $l_{i,j}$	M_1	M_2	M_3	M_4
l_1、l_6	1.59982	1.78398	2.74292	3.24344
l_1、l_3	1.1412	1.6301	2.447	2.538
l_1、l_4	1.218	1.5078	2.212	2.6738

（1）l_1 和 l_4 作为输入参数下的奇异构型与构型曲线　由于支链长度 $l_1=l_4$、$l_2=l_3$、$l_5=l_6$，使得支链 l_2、l_3 共面，支链 l_1、l_4 共面，支链 l_5、l_6 共面。这三个共面都符合 Grassmann 的线矢相关条件，因此，机构处于奇异状态。跟踪动平台的三维运动，发现在 $l_1=l_4<1.507$ 的范围内，动平台的运动基本为绕支链对称面法线的转动，此时对应的 det（A）值比较小，一般小于 100。而在其他一般位置该值大于 1500。事实上，对于类似图 10-6a 所示的装配构型，在 $l_1=l_4<1.507$，以及 $l_2=l_3$、$l_5=l_6$ 的条件下，并联机构退化为平面运动机构，机构具有运动可控性和较强的载荷能力。

但是，当并联机构运动到奇异点 M_2 处，除支链 l_2、l_3，支链 l_1、l_4 和支链 l_5、l_6 共面之外，还存在关于支链对称面的对应一组支链轴线交点共线的情况，如图 10-6b 所示。轴线交点的共线属于线矢相关的一种类型，为奇异状态位置。在构型曲线上，在对应于该奇异位置处产生了叉型分岔现象，并使并联机构在沿支链对称面法线方向上获得一个局部自由运动，如图 10-7a 所示。由于固定平台的 x 轴与支链对称平面的法线夹角比较小，沿法线方向上的自由运动在很大程度上反映在 x 构型分量上。图 10-7 所示为双输入参数下的装配构型。

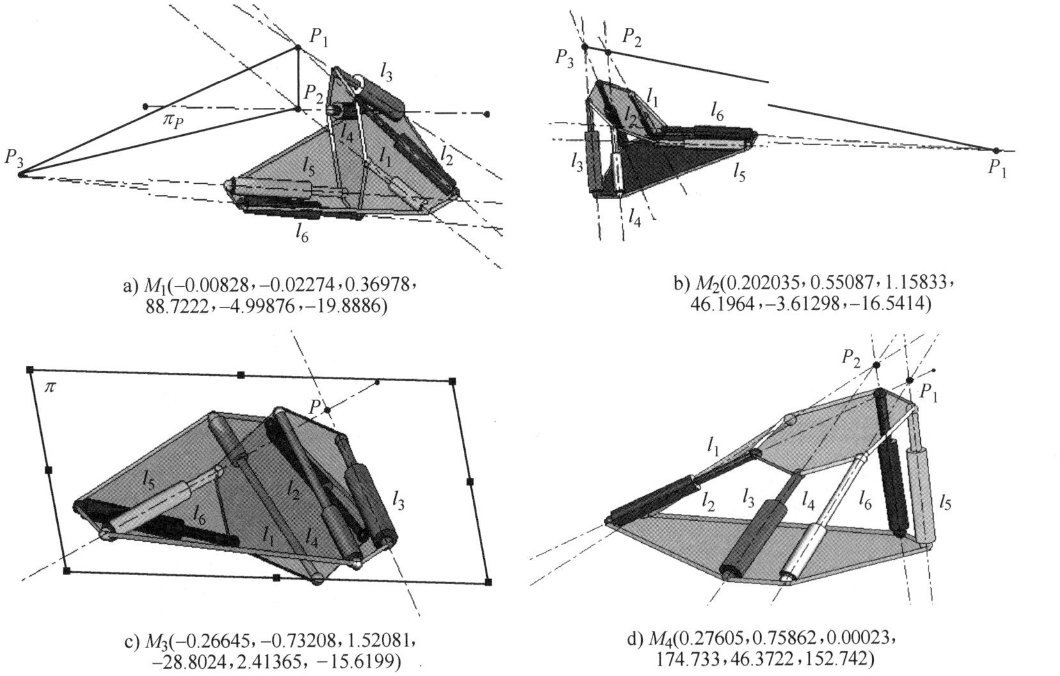

a) M_1(−0.00828, −0.02274, 0.36978, 88.7222, −4.99876, −19.8886)　b) M_2(0.202035, 0.55087, 1.15833, 46.1964, −3.61298, −16.5414)

c) M_3(−0.26645, −0.73208, 1.52081, −28.8024, 2.41365, −15.6199)　d) M_4(0.27605, 0.75862, 0.00023, 174.733, 46.3722, 152.742)

图 10-7　双输入参数（l_1、l_4）的 Gough-Stewart 并联机构奇异位置装配构型

在叉型分岔点 M_2 处，并联机构有三种构型发展趋势，一种是沿着原来的构型曲线 b_2 继续其平面运动，另外两种方式分别为沿着 b_1 构型曲线或 b_4 构型曲线运动，其构型分岔更为复杂，且还有一个获得的局部自由运动。

在其他三个奇异位置处，分别出现了关于对称面对称的一组驱动器轴线的交点在一个平面（M_1）、两间接相邻驱动器的轴线相交（M_2），以及两组三个驱动器轴线分别相交的情况（M_4）。显然，这些奇异位置符合线矢相关的条件。

当采用关于对称面对称的两支链来实现给定的位姿要求时，其动平台的构型曲线变化相对单输入参数的构型曲线、相邻（或较近）两输入参数的构型曲线要复杂，产生了一个构型分岔点。图 10-8 所示为关于对称面对称的两支链作为输入参数时的构型曲线。

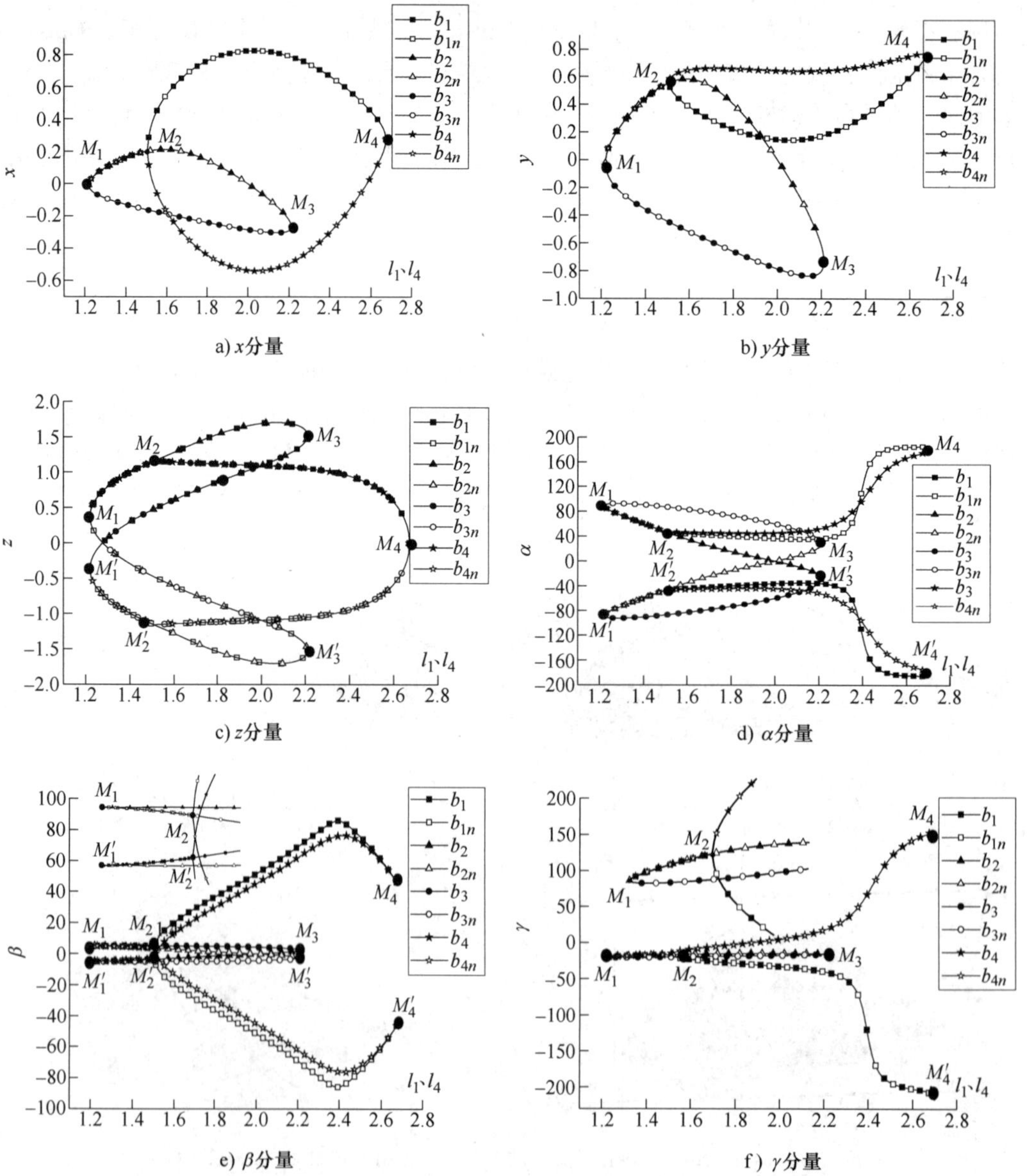

a) x分量　b) y分量　c) z分量　d) α分量　e) β分量　f) γ分量

图 10-8　双输入参数（l_1、l_4）的 Gough-Stewart 并联机构构型曲线

（2）其他两输入参数下的奇异构型与构型曲线　当相邻的两驱动器作为输入参数时，如 l_1、l_6 或 l_1、l_2 的情况，其构型曲线的变化与 l_1、l_4 作为输入参数时的构型曲线类似，只是叉型分岔点一个发生在离奇异位置 M_1 比较近的 M_2 点（l_1、l_2），另一个发生在离奇异位置 M_4 比较近的 M_3 点（l_1、l_6）。在叉型分岔奇异点处的装配构型与图 10-7b 相同，即关于对称面对称的两个驱动器的轴线的交点共线。但是，其他奇异位置处的装配构型却与单输入参数的奇异位置装配构型相同，即由尺寸极限位置确定的装配构型。

当取近邻的两个驱动器作为输入参数时，如 l_1、l_3 或 l_1、l_5，其构型曲线与单输入参数的构型曲线基本没有区别，奇异位置也全部为由尺寸极限位置确定的奇异位置。图 10-9 所

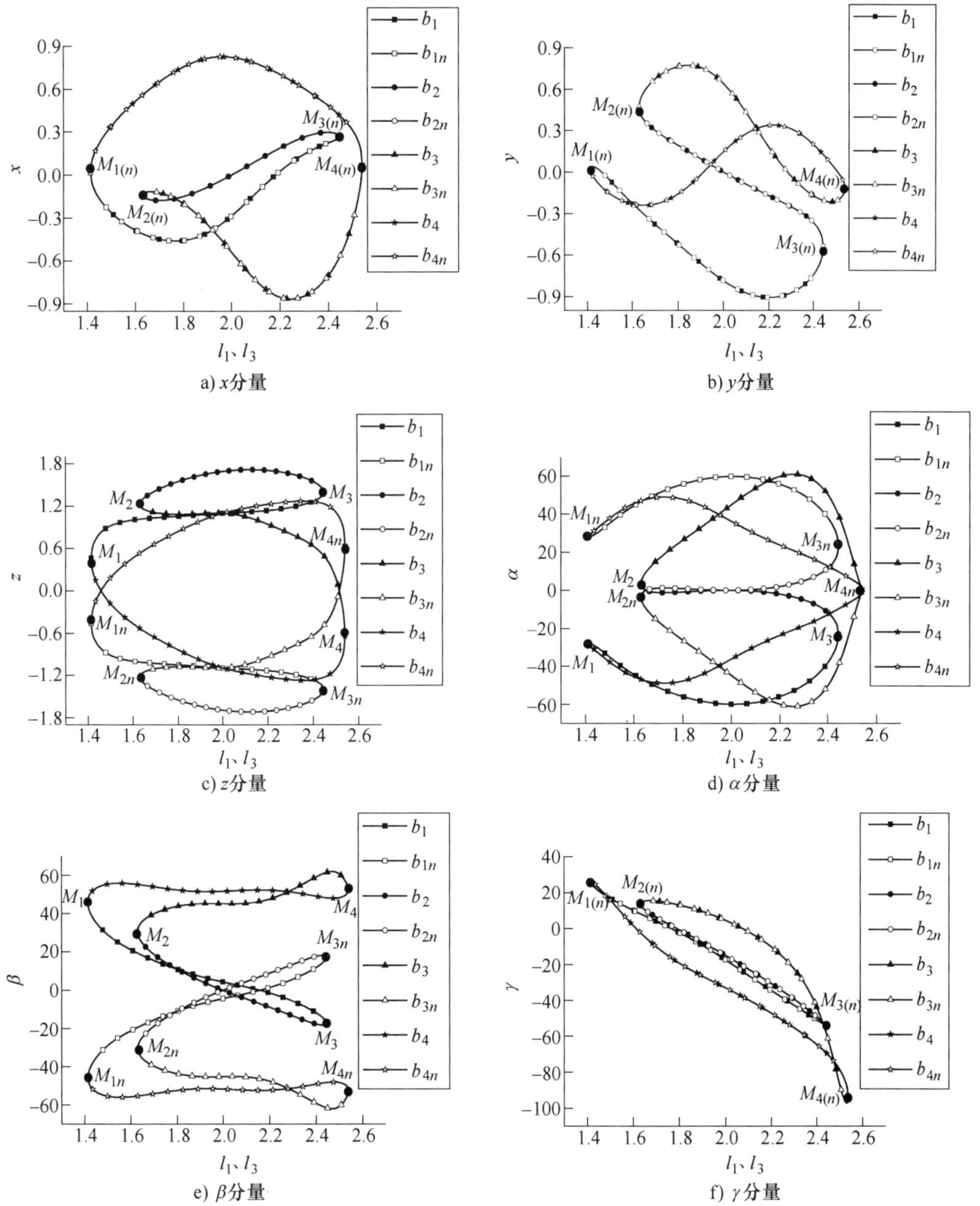

a) x分量　b) y分量　c) z分量　d) α分量　e) β分量　f) γ分量

图 10-9　双输入参数（l_1、l_3）的 Gough-Stewart 并联机构构型曲线

示为当 l_1 和 l_3 为输入参数时的并联机构构型曲线。

2. 三输入参数下的奇异位置及构型曲线

给定三个输入参数的情况共有三种：①改变 l_1、l_2、l_3；②改变 l_1、l_4、l_5；③改变 l_1、l_3、l_5。类似地，利用扩展方程式（10-8），得到不同输入参数下的奇异位置，见表 10-3。

表 10-3　三输入参数下 Gough-Stewart 的奇异位置（$l_m=2.0$，$m\neq i$，j，k）

输入参数 $l_{i,j,k}$	M_1	M_2	M_3	M_4
l_1，l_2，l_3	1.368	1.612	2.465	2.895
l_1，l_4，l_5	1.538	1.782	2.246	2.638
l_1，l_3，l_5	1.483	1.483	2.463	2.463

（1）l_1、l_2、l_3　对于表 10-3 所列的四个奇异位置（l_1、l_2、l_3），其装配构型如图 10-10 所示。在这些奇异装配构型中，奇异点 M_1 和 M_4 为两相邻的驱动器轴线相交的情况，奇异点 M_2 为近邻的两驱动器轴线相交的情况。而奇异点 M_3 则为输入参数对应的尺寸极限位置，驱动器轴线之间不存在共面、相交等线矢相关的情况。

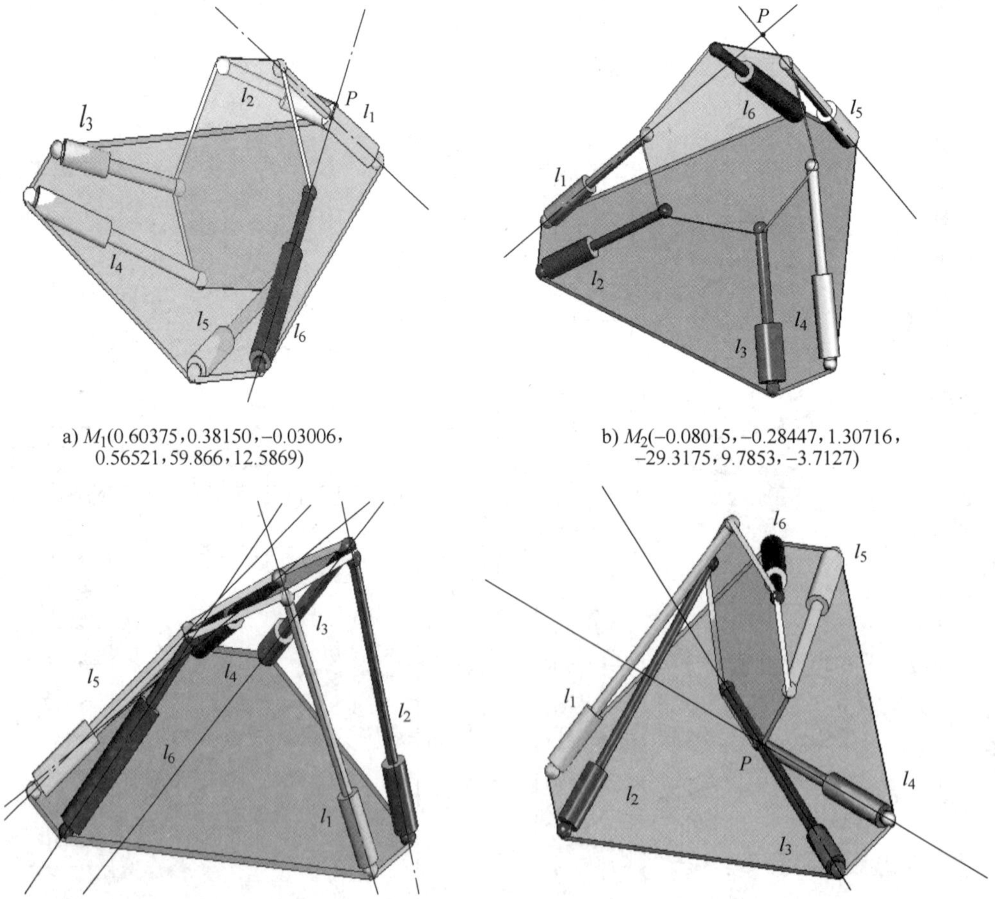

a) M_1(0.60375, 0.38150, −0.03006, 0.56521, 59.866, 12.5869)

b) M_2(−0.08015, −0.28447, 1.30716, −29.3175, 9.7853, −3.7127)

c) M_3(0.39561, 0.09410, 1.7706, 23.9846, −26.6649, −42.3375)

d) M_4(−0.22592, −0.71654, 0.42070, −55.5437, −41.7363, −91.48577)

图 10-10　三输入参数下 Gough-Stewart 并联机构的奇异位置装配构型（l_1、l_2、l_3）

图 10-11 所示为三输入参数下的构型曲线。该构型曲线的特点与单输入参数下的相同，即对于一组相同的输入参数，在奇异位置附近，总有两个装配构型与之对应，并在奇异位置重合，形成转向点。单输入参数构型曲线的其他特性，在三输入参数上也有同样的表现，如不同的装配构型具有不同的免奇异运动空间等。

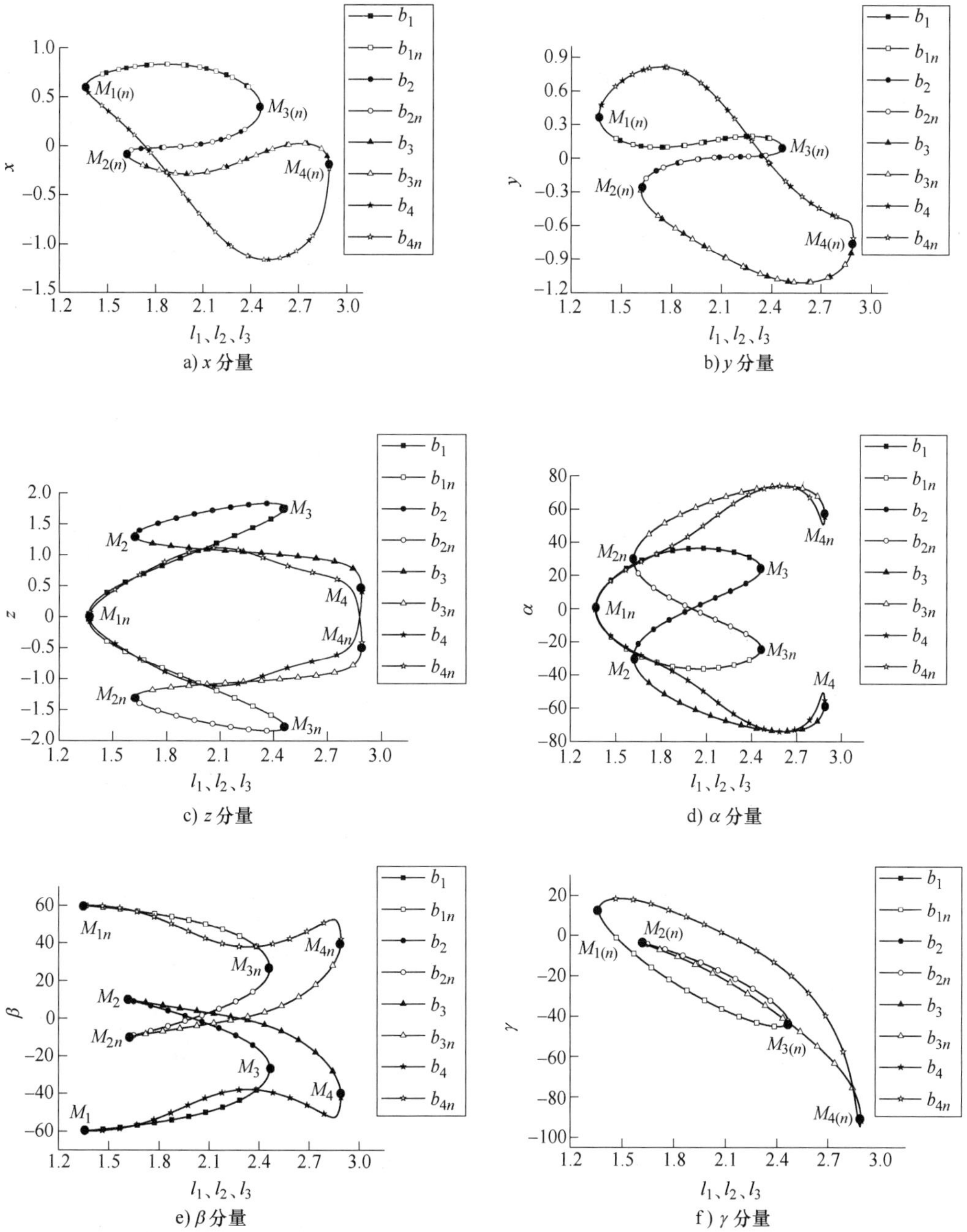

图 10-11　三输入参数下 Gough-Stewart 并联机构的构型曲线（l_1、l_2、l_3）

分析图 10-8、图 10-9 所示的双输入参数下的构型曲线和图 10-11 所示的三输入参数下的构型曲线，可以发现，相对来讲，双输入参数下的构型曲线在奇异位置处的曲率半径要明显低于单输入参数下的构型曲线在奇异位置处的曲率半径；三输入参数下的构型曲线在奇异位置处的曲率半径要比双输入参数下的构型曲线在奇异位置处的曲率半径再小一些。这一发现的价值有两个：多输入参数可以降低奇异位置处获得的局部自由运动的幅值；多输入参数可以减小规避并联机构运动奇异性所产生的误差。因为奇异位置处构型曲线的曲率越大，其构型转换所产生的误差就越大。

（2）l_1、l_4、l_5　图 10-12 所示为 l_1、l_4 和 l_5 作为输入参数时的奇异位置装配构型。可以发现，在奇异位置 M_4 处，奇异位置构成为两相邻的驱动器轴线交于一点；在奇异位置 M_1 和奇异位置 M_3 处，奇异位置构成为某一驱动器的轴线与动平台共面；而在奇异位置 M_2，奇异位置的构成既包含相邻两驱动器轴线的相交，又包括其中一个驱动器的轴线与动平台共面。由此可知，分散驱动（l_1、l_4、l_5）的并联机构奇异位置的装配构型要比集中驱动（l_1、l_2、l_3）的并联机构奇异位置的装配构型复杂得多。该三输入参数作用下的并联机构的构型曲线与图 10-11 类似。

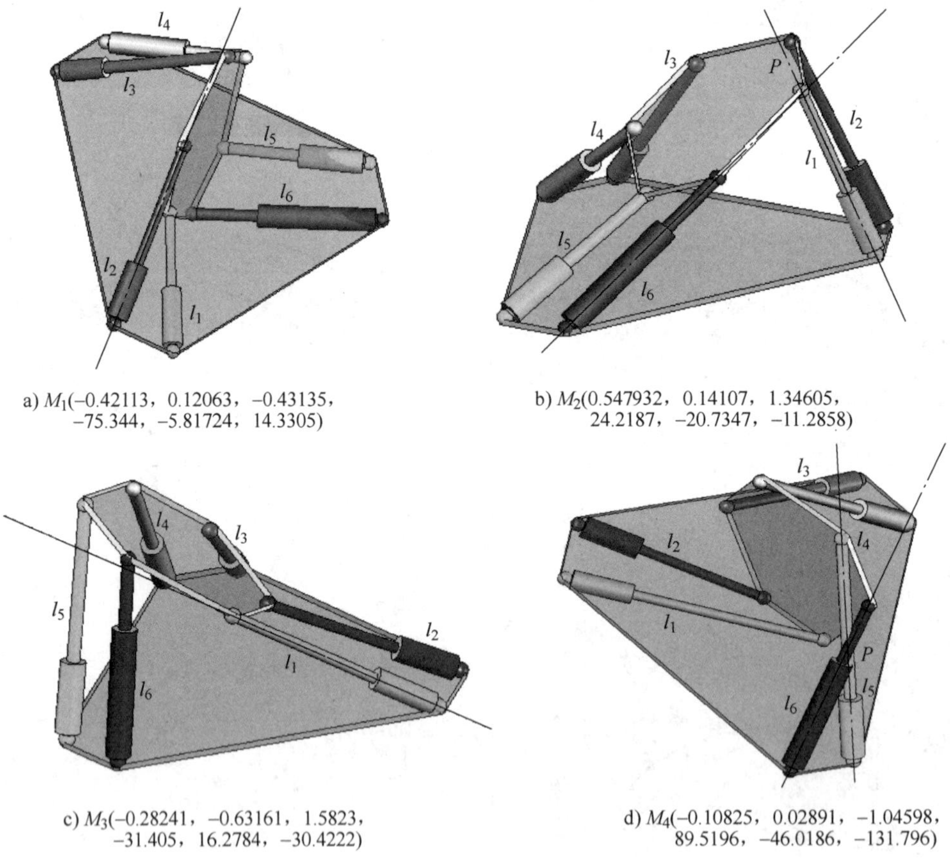

a) M_1(−0.42113，0.12063，−0.43135，−75.344，−5.81724，14.3305)

b) M_2(0.547932，0.14107，1.34605，24.2187，−20.7347，−11.2858)

c) M_3(−0.28241，−0.63161，1.5823，−31.405，16.2784，−30.4222)

d) M_4(−0.10825，0.02891，−1.04598，89.5196，−46.0186，−131.796)

图 10-12　三输入参数下 Gough-Stewart 并联机构的构型曲线（l_1、l_4、l_5）

（3）l_1、l_3、l_5　当采用对称分布的三个驱动参数时，M_1 和 M_2、M_3 和 M_4 重合，四个奇异位置退化为两个。尽管奇异位置由四个退化为两个，但在固定平台上方的构型曲线仍然为四条，这一点与其他驱动参数时的构型曲线的数目相同。图 10-13 所示为对称分布三输入参数下奇异位置 M_3（M_4）处的装配构型。其装配构型为动平台相对固定平台绕 z 轴顺时针旋转 90°，这一结果与 Hunt 等的研究结果吻合。在奇异位置 M_1（M_2）处的装配构型为由驱动器尺寸（$l_2 = l_4 = l_6 = 2.0$）确定的动平台极限位置，其极限位置为动平台相对固定平台逆时针旋转 60°。如果 l_2、l_4、l_6 足够大，则该奇异位置为动平台相对固定平台逆时针旋转 90°。

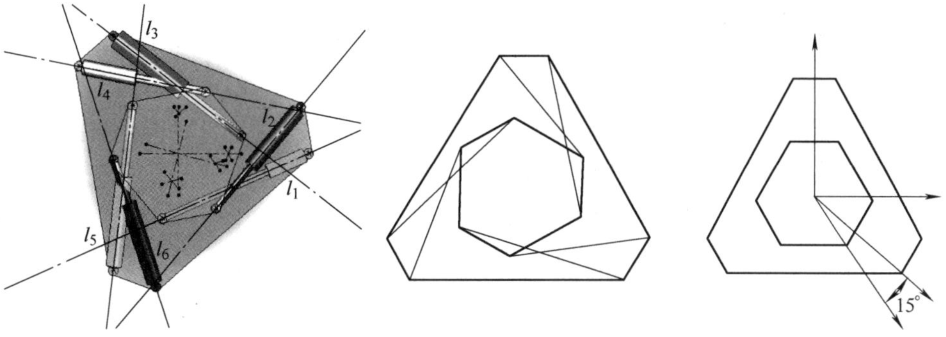

a) 三维装配图　　b) 线架表达　　c) 坐标系初始角度差

图 10-13　对称分布三输入参数下的 Gough-Stewart 并联机构奇异位置装配构型（l_1、l_3、l_5）

比较图 10-5、图 10-7、图 10-10、图 10-12 可知，随着输入参数数目的增加，并联机构的奇异位置从尺寸极限位置类型，转变为相邻或近邻的两个或三个驱动器的轴线相交，或交点共面的类型，进而转换为驱动器轴线与动平台共面的类型，其奇异特征类型越来越复杂。由此可以看出，采用多输入参数同时规划并联机构的运动输出，很容易产生奇异位置。因此，建议在进行并联机构轨迹规划时，吸收串联机器人轨迹规划的特长——单关节独立规划，进行并联机构的轨迹规划，这样有利于预测和避免奇异位置。

10.3　并联机构构型分岔特性

由构型分岔复杂性分析可知，对于给定的运动输入参数，并联机构可以得到若干个构型。在特定的机构运动参数下，这些构型中有可能出现两个或两个以上构型重合的现象。为了研究方便，称构型重合位置所对应的机构运动参数为构型分岔点。当控制机构按给定的构型运动到构型分岔点时，机构的构型将有两种发展趋势，一种是保持原构型不变，另一种是构型发生变化，转化为另一种构型。对于后一种情况，系统除会出现运动失控问题之外，还由于控制规律是按原构型设定的，而实际机构是在按另一种构型运动，控制与实际运动之间的矛盾，将在系统内产生较大的附加载荷，引起整个系统的破坏。

并联机构在奇异构型处的失控运动与其奇异点处的构型分岔特性密切相关。如果并联机构动平台运动方向与其奇异点失控自由度方向垂直，则奇异失控自由度对动平台的运动基本没有影响。因此，有必要研究奇异位置附近并联机构的局部构型分岔特性，以便根据构型分岔特性特征，构造恰当的控制策略，使并联机构通过奇异位置。

奇异位置构型分岔特性的研究是非常复杂的，现以平面三自由度并联机构为例，给出并联机构构型分岔特性的分析方法。采用奇异性理论，利用 Liapunov-Schmidt 约化，对机构的约束方程进行了降维处理，得到一维分岔方程。将奇异构型分岔问题变换到芽空间，分析了芽空间分岔点附近机构构型不确定的原因。根据分岔方程强等价条件，得到与原方程分岔性态一致的 Golubitsky-Schaeffer（GS）范式。通过对分岔方程进行普适开折，研究输入构件长度误差等扰动因素对分岔点处构型稳定性的影响。该方法能够找到稳定的构型分岔曲线，从而控制机构以稳定的构型通过分岔点，实现机构的可控性。

10.3.1 构型分岔现象

对于平面三自由度对称并联机构，建立图 10-14 所示的坐标系。正三角活动平台上的各点坐标分别为：$D(x_D, y_D)$，$E(x_E, y_E)$ 和 $F(x_F, y_F)$。为了便于分岔分析，依次记为$x_i(i=1,2,\cdots,6)$。令 $AB=BC=CA=d$，$FD=DE=EF=a$，则三个固定铰链 A、B、C 的坐标分别为 $A(0,0)$，$B(d,0)$和 $C(0.5d,\frac{\sqrt{3}}{2}d)$。

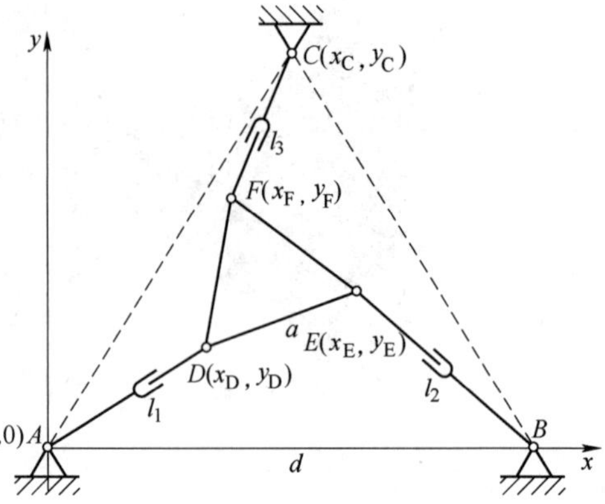

图 10-14 平面三自由度对称并联机构

其位移约束方程为

$$f_1 = x_1^2 + x_2^2 - l_1^2 = 0$$

$$f_2 = (x_3 - d)^2 + x_4^2 - l_2^2 = 0$$

$$f_3 = \left(x_5 - \frac{d}{2}\right)^2 + \left(x_6 - \frac{\sqrt{3}}{2}d\right)^2 - l_3^2 = 0$$

$$f_4 = (x_1 - x_3)^2 + (x_2 - x_4)^2 - a^2 = 0$$

$$f_5 = (x_3 - x_5)^2 + (x_4 - x_6)^2 - a^2 = 0$$

$$f_6 = (x_1 - x_5)^2 + (x_2 - x_6)^2 - a^2 = 0 \tag{10-12}$$

将式（10-11）给出的约束方程组记为

$$\boldsymbol{F}(\boldsymbol{X}) = (f_1, f_2, f_3, f_4, f_5, f_6)^{\mathrm{T}} = 0 \tag{10-13}$$

$$\boldsymbol{X} = (x_1, x_2, x_3, x_4, x_5, x_6)^{\mathrm{T}}$$

不失一般性，令 $a=1$，$d=3$。用基本同伦法求解式（10-13），得到至多 8 种构型。在这 8 种构型中，绝大部分为虚构型。在 $l_1=l_2=l_3=l_{\min}$ 的特殊机构参数下，有两种构型出现重合，见表 10-4。为了研究机构构型与运动输入参数之间的关系，令 l_1 改变，保持 $l_2=l_3$，得到表中实构型 7 随 l_1 的变化关系，如图 10-15 所示。在图 10-15 中的 A 点处，有两种机构构型在此处重合，此点对应着 $l_1=l_2=l_3=l_{\min}$ 的机构特殊位置。在特殊位置附近，微量增加 l_1，机构的构型将有两种可能的趋势，一种是沿用原来的构型，另一种是转变为其他的构型。在特殊位置出现的构型分岔现象，将导致机构在特殊位置附近的构型变换具有不确定性。

表 10-4 平面三自由度对称并联机构的位置正解

构型	变量					
	x_1	x_2	x_3	x_4	x_5	x_6
1	1.692 + 0.077i	−0.105 + 1.239i	0.947 + 1.034i	1.185 + 1.793i	2.438 + 1.035i	1.185 + 0.687i
2	1.692 − 0.077i	−0.105 − 1.239i	0.947 − 1.034i	1.185 − 1.793i	2.438 − 1.035i	1.185 − 0.687i
3	0.754 + 1.112i	1.518 + 0.553i	2.245 + 1.112i	1.518 + 0.552i	1.5 + 2.069i	0.227

（续）

构型	变　量					
	x_1	x_2	x_3	x_4	x_5	x_6
4	0. 754 - 1. 112i	1. 518 - 0. 553i	2. 245 - 1. 112i	1. 518 - 0. 552i	1. 5 - 2. 069i	0. 227
5	2. 052 + 1. 034i	1. 185 - 1. 792i	1. 307 + 0. 077i	-0. 105 - 1. 239i	0. 561 + 1. 034i	1. 185 + 0. 687i
6	2. 052 - 1. 034i	1. 185 + 1. 792i	1. 307 - 0. 077i	-0. 105 + 1. 239i	0. 561 - 1. 034i	1. 185 - 0. 687i
7	1. 000	0. 577	2. 000	0. 577	1. 500	1. 443
8	1. 000	0. 577	2. 000	0. 577	1. 500	1. 443

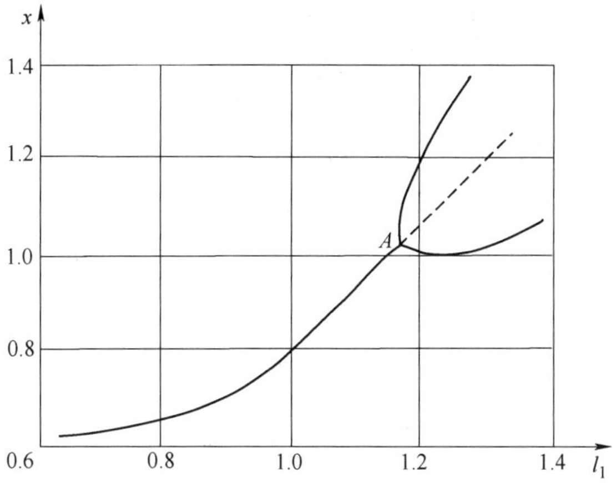

图 10-15　平面三自由度对称并联机构构型分岔图

10. 3. 2　分岔方程

对于二维或二维以上的高维非线性方程组，用奇异性理论研究其分岔行为是非常困难的。必须采用有效方法对原方程组进行简化与降维，得到与原方程分岔性态相同的降维方程。

1. Liapunov-Schmidt（LS）约化

LS 约化方法是将高维非线性方程化为低维方程的降维方法。其基本思想是：将值域空间分解成两个子空间的直和，把非线性方程分别投影到两个子空间上，得到两个方程。由隐函数定理可知，其中一个方程总有唯一解，然后把该解代入另一个方程中，得到一个较低维的方程。这样将原来的方程求解问题简化为一个低维方程的求解问题。

取作动筒位移 $l_i(i=1,2,3)$ 作为分岔参数，分析作动筒位移对机构构型分岔的影响。将约束方程式（10-13）变为如下形式

$$\boldsymbol{F}(\boldsymbol{X},\boldsymbol{l})=0 \tag{10-14}$$

$$\boldsymbol{X}=(x_1,x_2,x_3,x_4,x_5,x_6)^{\mathrm{T}}\in X=R^6 \quad \boldsymbol{l}=(l_1,l_2,l_3)\in R^3$$

将式（10-14）记为

$$F:X\times R^3\rightarrow Y=R^6$$

为使原方程与降维方程具有相同的分岔性态，降维方程必须与原方程具有相同数目的零

特征根，即零特征根空间维数相同。

分析式（10-14），其雅可比矩阵为

$$\left(\frac{\partial f_i}{\partial x_i}\right)_{6\times 6},i=1,2,\cdots,6$$

在特殊位置（$l_1=l_2=l_3=l_0=l_{\min}$）处的特征根为 $\lambda_1=-2.57562$、$\lambda_2=1.62941+1.54987\mathrm{i}$、$\lambda_3=1.62941-1.54987\mathrm{i}$、$\lambda_4=2.07931$、$\lambda_5=-0.0304636$、$\lambda_6=0$。

由于 λ_5 很小，故可以认为式（10-14）在特殊位置有两个零特征根。由雅可比矩阵含有零特征根可知，特殊位置就是机构的奇异位置。

对式（10-13）进行初步简化，将前三个方程分别用 x_1，x_3，x_5 表示，得到 x_2、x_4、x_6，进一步将它们代入后三个方程，得到关于 x_1、x_3 和 x_5 的三个方程

$$\begin{cases}f_4=(x_1-x_3)^2+\left[\sqrt{l_1^2-x_1^2}-\sqrt{l_2^2-(x_3-d)^2}\right]^2-a^2=0\\ f_5=(x_3-x_5)^2+\left[\sqrt{l_2^2-(x_3-d)^2}-\dfrac{\sqrt{3}}{2}d+\sqrt{l_3^2-\left(x_5-\dfrac{d}{2}\right)^2}\right]^2-a^2=0\\ f_6=(x_1-x_5)^2+\left[\sqrt{l_1^2-x_1^2}-\dfrac{\sqrt{3}}{2}d+\sqrt{l_3^2-\left(x_5-\dfrac{d}{2}\right)^2}\right]^2-a^2=0\end{cases}\tag{10-15}$$

式（10-15）的雅可比矩阵为

$$\boldsymbol{A}=\begin{vmatrix}\dfrac{\partial f_4}{\partial x_1} & \dfrac{\partial f_4}{\partial x_3} & 0\\ 0 & \dfrac{\partial f_5}{\partial x_3} & \dfrac{\partial f_5}{\partial x_5}\\ \dfrac{\partial f_6}{\partial x_1} & 0 & \dfrac{\partial f_6}{\partial x_5}\end{vmatrix}$$

其在奇异位置的特征根为 -2.99983、0.0000842762、$-5.644\mathrm{E}-12$，也有两个零特征根，即其特征根零空间的维数不变。所以，该方程组与原方程组有相同的分岔性态。进一步化简方程组，由式（10-15）的第一个等式得到 x_3，代入后两个等式，得到关于 x_1 和 x_5 的两个方程

$$\begin{cases}f_{5\mathrm{b}}=\left(\dfrac{-m_2\pm\sqrt{m_2^2-4m_1m_3}}{2m_1}-x_5\right)^2+\left[\sqrt{l_2^2-\left(\dfrac{-m_2\pm\sqrt{m_2^2-4m_1m_3}}{2m_1}-d\right)^2}-\right.\\ \left.f+\sqrt{l_3^2-(x_5-a)^2}\right]^2-a^2=0\\ f_{6\mathrm{b}}=(x_1-x_5)^2+\left[\sqrt{l_1^2-x_1^2}-\dfrac{\sqrt{3}}{2}d+\sqrt{l_3^2-\left(x_5-\dfrac{d}{2}\right)^2}\right]^2-a^2=0\end{cases}\tag{10-16}$$

m_1、m_2、m_3 的表达式后续给出。式（10-16）记为

$$F'(\boldsymbol{X},\boldsymbol{l})=(f_{6\mathrm{b}},f_{5\mathrm{b}})^{\mathrm{T}}\tag{10-17}$$

$$\boldsymbol{X}=(x_1,x_5)^{\mathrm{T}}\in R^2\qquad \boldsymbol{l}=(l_1,l_2,l_3)^{\mathrm{T}}\in R^3\qquad \boldsymbol{F}'\in R^2$$

写为

$$F':X\times R^3\rightarrow Y$$

在空间 $X=Y=R^2$ 中引入内积

$$\langle \boldsymbol{x},\boldsymbol{y}\rangle = \sum_{i=1}^{2} x_i y_i \quad \forall\ \boldsymbol{x},\boldsymbol{y} \in R^2$$

X 和 Y 取同样的正交分解

$$X = Y = E_1 \oplus E_2$$

在 E_1 和 E_2 上分别取单位矢量$\boldsymbol{e}_1 = (1,0)^{\mathrm{T}}$ 和$\boldsymbol{e}_2 = (0,1)^{\mathrm{T}}$，从 $Y = R^2$ 到 $E_2 = R(A)$的正交投影算子 P 为

$$P_y = <\boldsymbol{e}_2,\boldsymbol{y}>\boldsymbol{e}_2 \quad \forall\ \boldsymbol{y} \in R^3$$

对任意 $\boldsymbol{x} \in X$，可分解为

$$\boldsymbol{x} = \boldsymbol{v} + \boldsymbol{w}$$

$$\boldsymbol{v} = x_1\ \boldsymbol{e}_1 \in E_1 \quad \boldsymbol{w} = x_5\ \boldsymbol{e}_2 \in E_2$$

于是，式（10-17）在 $E_2 = R(A)$上的投影方程为

$$<\boldsymbol{e}_2,\boldsymbol{F}'(\boldsymbol{v}+\boldsymbol{w},\boldsymbol{l})> = 0$$

由此解得

$$x_5 = \frac{-m_6 \pm \sqrt{m_6^2 - 4m_5m_7}}{2m_5}$$

$$\boldsymbol{w} = x_5\ \boldsymbol{e}_2 = \frac{-m_6 \pm \sqrt{m_6^2 - 4m_5m_7}}{2m_5}\boldsymbol{e}_2$$

将 $\boldsymbol{w}$ 代入在 $E_1 = R(A)^{\perp}$ 上的投影方程，得到一维分岔方程

$$F(\boldsymbol{X},\boldsymbol{l}) = <\boldsymbol{e}_1,F'(\boldsymbol{v}+\boldsymbol{w},l)> = \left(x_1 - \frac{-m_6 \pm \sqrt{m_6^2 - 4m_5m_7}}{2m_5}\right)^2 + \left[\sqrt{l_1^2 - x_1^2} - f + \sqrt{l_3^2 - \left(\frac{-m_6 \pm \sqrt{m_6^2 - 4m_5m_7}}{2m_5} - e\right)^2}\ \right]^2 - c^2 = 0$$

展开得到 LS 约化的一维方程

$$\begin{aligned}\boldsymbol{F}(\boldsymbol{X},\boldsymbol{l}) = \{&[m_5(-m_2 + \sqrt{m_2^2 - 4m_1m_3}) + m_1(m_6 + \sqrt{m_6^2 - 4m_5m_7})]^2 + \\ &[-2y_C|m_1||m_5| + |m_1|\sqrt{4l_3^2m_5^2 - (m_6 + \sqrt{m_6^2 - 4m_5m_7} + 2|m_5|x_C)^2} - \\ &|m_5|\sqrt{4l_2^2m_1^2 - (-m_2 + \sqrt{m_2^2 - 4m_1m_3} - 2m_1x_B)^2}\ ]^2\}/(m_1^2m_5^2) - \\ &4b^2 = 0\end{aligned} \tag{10-18}$$

式中，b、c 为与机构尺寸、位姿有关的常数。

$m_1 \sim m_7$ 的表达式为

$$m_1 = -2x_Bx_1 + x_B^2 + l_1^2$$

$$m_2 = 2x_Bx_1^2 - (l_1^2 + l_2^2 - a^2 - x_B^2)x_1 + (l_2^2 - l_1^2 - a^2 - x_B^2)x_B$$

$$m_3 = (l_2^2 - x_B^2)x_1^2 + (l_1^2 + l_2^2 - a^2 - x_B^2)^2/4 + l_1^2x_B^2 - l_1^2l_2^2$$

$$m_4 = l_1^2 + l_3^2 - x_C^2 + y_C^2 - c^2$$

$$m_5 = -l_1^2 - x_C^2 - y_C^2 + 2x_Cx_1 + 2y_C\sqrt{l_1^2 - x_1^2}$$

$$m_6 = x_C l_1^2 - 2x_C x_1^2 + x_C y_C^2 + m_4 x_1 - x_C l_3^2 + x_C^3 + x_C c^2 - 2(x_C + x_1) y_C \sqrt{l_1^2 - x_1^2}$$

$$m_7 = l_1^2 l_3^2 - l_1^2 x_C^2 - l_3^2 x_1^2 + x_C^2 x_1^2 + l_3^2 y_C^2 - x_C^2 y_C^2 - m_4^2/4 - y_C^2 l_1^2 + y_C^2 x_1^2 + y_C(l_1^2 + y_C^2 - c^2 - l_3^2 + x_C^2)\sqrt{l_1^2 - x_1^2}$$

2. 芽空间分岔方程

以 l_1 作为分岔参数，不失一般性，令 $l_2 = l_3 = l_{\min}$，讨论机构构型分岔与 l_1 之间的关系。引入芽空间，令 $x = x_1 - x_{10}$，$\lambda = l_1 - l_{10}$，其中 x_{10}、l_{10} 为 x_0、l_1 在奇异构型点处的值，将这些关系代入式（10-18），整理得到芽空间的单变量、单参数的静态分岔方程

$$F(x,\lambda) = \frac{d_3^4}{d_1^4}\{-4d_1^2 d_3^2 + [-d_2 d_3 + d_1(d_4 + d_5) + d_3 d_6]^2 + [d_1(3\sqrt{3}d_3 + d_7) - d_3 d_8]^2\} \tag{10-19}$$

其中

$$d_0 = \sqrt{-(x_{10}+x)^2 + (l_{10}+\lambda)^2}$$

$$d_1 = 9 - 6(x_{10}+x) + (l_{10}+\lambda)^2$$

$$d_2 = 6(x_{10}+x)^2 + 3[c_{12} - (l_{10}+\lambda)^2] - (x_{10}+x)[c_{12} + (l_{10}+\lambda)^2]$$

$$d_3 = -9 + 3(x_{10}+x) - (l_{10}+\lambda)^2 + 3\sqrt{3}d_0$$

$$d_4 = c_{42} - 3(x_{10}+x)^2 + 1.5(l_{10}+\lambda)^2 + (x_{10}+x)[c_{32} + (l_{10}+\lambda)^2] - 3\sqrt{3}(2.5+x)d_0$$

$$d_5 = \left\{d_4^2 - 4d_3\left[c_{52} + c_{22}(x_{10}+x)^2 - c_{22}(l_{10}+\lambda)^2 - \frac{1}{4}(c_{32} + (l_{10}+\lambda)^2)^2 + d_0\left(c_{62} + \frac{3}{2}\sqrt{3}(l_{10}+\lambda)^2\right)\right]\right\}^{0.5}$$

$$d_6 = \left\{d_2^2 - 4d_1\left[-c_{22}(x_{10}+x)^2 + c_{22}(l_{10}+\lambda)^2 + \frac{1}{4}(c_{10} + (l_{10}+\lambda)^2)^2\right]\right\}^{0.5}$$

$$d_7 = \left\{c_{72}d_3^2 - \left[-d_4 - 3d_3 - \left(d_4^2 - 4d_3\left(c_{52} + c_{22}(x_{10}+x)^2 - c_{22}(l_{10}+\lambda)^2 - \frac{1}{4}(c_{32} + (l_{10}+\lambda)^2)^2 + d_0\left(c_{62} + \frac{3}{2}\sqrt{3}(l_{10}+\lambda)^2\right)\right)\right)^{0.5}\right]^2\right\}^{0.5}$$

$$d_8 = \left\{c_{72}d_1^2 - \left[-d_2 - 6d_1 + \left(d_2^2 - 4d_1(-c_{22}(x_{10}+x)^2 + c_{22}(l_{10}+\lambda)^2 + \frac{1}{4}(c_{12} + (l_{10}+\lambda)^2)^2)\right)^{0.5}\right]^2\right\}^{0.5}$$

式中，c_{ij}（如 C_{12}）为与机构尺寸、位姿有关的常数。

该分岔方程可用于各分岔点的构型稳定性分析。式（10-19）只含变元 x、分岔参数 λ，其分岔点为坐标原点（0,0），且 $F(0,0)=0$。

10.3.3 构型分岔特性

1. 奇异性识别

由于分岔的复杂性，工程中一般采用方程的有限项泰勒级数展开式作为原方程的近似表示。截断的泰勒级数展开式应该与原方程具有相同的分岔性态。确定泰勒级数展开式截断项

的次数称为分岔方程的奇异性识别。

GS 范式是一些简单的，且具有代表性的多项式函数。在芽空间内与 GS 范式等价的分岔方程具有与 GS 范式相同的分岔性态，即具有相同的分岔稳定性。分岔方程关于分岔变量和分岔参数的各阶导数在分岔点的值，是确定 GS 范式与分岔方程强等价的识别条件。

式（10-19）在（0，0）点处对 x 和 λ 的偏导数为

$F_x=F_x(0,0)=9.01581\times10^{-9}$、$F_{xx}=F_{xx}(0,0)=0.019337$、$F_{xxx}=F_{xxx}(0,0)=0.696152$、$F_\lambda=F_\lambda(0,0)=-0.0006202$、$F_{\lambda\lambda}=F_{\lambda\lambda}(0,0)=384.037$、$F_{\lambda xx}=F_{\lambda xx}(0,0)=-11973.2$、$F_{\lambda x}=F_{x\lambda}=F_{x\lambda}(0,0)=-0.0223285$。

给定机构的结构参数和作动筒位移的精度为 10^{-3}，可近似认为 $F=F_x=F_{xx}=F_\lambda=0$。

根据 Rudiger 给出的一些重要分岔问题的 GS 范式的识别条件，与式（10-19）在分岔点（0,0）处具有相同分岔性态的强等价 GS 范式为 $x^3-\lambda x$，记为 $g(x,\lambda)=x^3-\lambda x$。故取 3 次泰勒级数展开式即可代表原方程在分岔点处的分岔性态，其分岔图如图 10-16 所示。

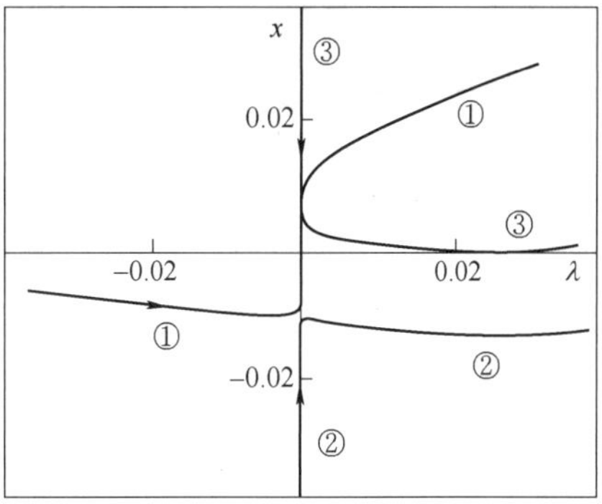

图 10-16　三次截断分岔图

图 10-16 中，有三条分岔曲线。当 λ 小于零时，x 以稳定的构型①随 λ 变化。当 λ 接近于零时，在正负 x 轴方向突然出现构型②和构型③两个构型，并且原来稳定的构型①也出现了跳动现象，这充分说明了构型在分岔点处的不稳定性。继续微量增加 λ，x 可以按构型①随 λ 变化，也可以按构型②或构型③随 λ 变化。但是，无论以何种构型变化，当 λ 不是足够小时，机构的构型是稳定的。图 10-15 的数值分析表明，当 λ 大于零时，有两个构型存在，即构型①和构型③。构型②在图 10-16 中出现，而没有在图 10-15 中出现，可能是在用连续同伦法进行路径跟踪时，略去了构型②的解。

2. 分岔方程的开折

由于制造、加工、装配中存在误差，以及使用过程中产生负载变形等，这些误差和变形将对理想机构的构型分岔方程产生扰动。可以通过引进一些辅助参数的方法，研究由扰动引起的分岔行为变化，此即为开折方法。开折问题是非线性分析中的一类重要问题，它主要讨论分岔方程受到小扰动时，其分岔性态的稳定性问题。

对芽 $g(x,\mu)\in\varepsilon_{x,\mu}(\mu\in R)$，如果存在芽 $G(x,\mu,\alpha)\in\varepsilon_{x,\mu,\alpha}$，其中 $\alpha=(\alpha_1,\alpha_2,\cdots,\alpha_k)\in R^k$（$k\geqslant0$），使得当 $\alpha=0$ 时，存在 $G(x,\mu,0)=g(x,\mu)$，则称 G 为 g 的一个 k 参数开折。如果 G 是 g 的某个开折，且 g 的任何开折均可由 G 代理，则称 G 为 g 的一个通有开折。具有最少数目开折参数的通有开折称为普适开折。普适开折所具有的开折参数的个数称为 g 的余维数。$G(x,\mu,\alpha)$ 可以看成是 $g(x,\mu)$ 的一个扰动函数。

分岔方程式（10-19）的 3 次截断泰勒级数展开式为

$$G(x,\lambda)=a_1\lambda^2+a_2\lambda^3+(-a_6\lambda+a_7\lambda^2+a_8\lambda^3)x+(a_3\lambda+a_4\lambda^2+a_5\lambda^3)x^2+(a_9+a_{10}\lambda+a_{11}\lambda^2+a_{12}\lambda^3)x^3 \tag{10-20}$$

式中，a_i（$i=1,2,\cdots,12$）为泰勒级数展开式中的系数。

进行如下变换：令 $\alpha=a_1\lambda^2+a_2\lambda^3$，$\beta=a_3\lambda+a_4\lambda^2+a_5\lambda^3$，则 $G(x,\lambda)$变为

$$G(x,\lambda,\alpha,\beta)=\alpha+(-a_6\lambda+a_7\lambda^2+a_8\lambda^3)x+\beta x^2+(a_9+a_{10}\lambda+a_{11}\lambda^2+a_{12}\lambda^3)x^3$$

式中，x 为变量；λ 为分岔参数；α、β 为开折参数，即扰动参数。

由于在芽空间中分析问题，为了简化，略去 G 中的一些小量，得到简化形式

$$G(x,\lambda,\alpha,\beta)=\alpha-a_6\lambda x+\beta x^2+a_9x^3 \tag{10-21}$$

式中，$\alpha=a_1\lambda^2$；$\beta=a_3\lambda$。

开折参数 $\alpha=a_1\lambda^2$ 和 $\beta=a_3\lambda$ 的工程意义可以这样理解：在理想情况下，分岔点处作动筒 1 的位移为最小值 $l_1=l_{\min}$，作动筒 2 和作动筒 3 的位移相等，$l_2=l_3$。由于负载等原因使作动筒 1 的长度产生误差 Δl_1，该长度误差将对分岔方程产生扰动，为此，用与 λ 呈线性关系的扰动量 β 描述长度误差 Δl_1 对分岔方程产生的扰动影响；作动筒 2 与作动筒 3 因负载变形等因素，也会产生长度误差 Δl_2、Δl_3，这两个长度误差的综合作用，将对分岔方程产生一个非线性扰动，用与 λ 呈非线性关系的扰动参数 α 描述这两个长度误差对分岔方程的综合扰动影响。

根据普适开折的充分必要条件 $\det[\boldsymbol{A}(x,\alpha,\beta)]\neq 0$。将 $G_\alpha=1$，$G_\beta=0$，$G_{\beta x}=0$，$G_{\beta\lambda}=0$，$G_{\beta xx}=2$，$G_{\alpha x}=G_{\alpha\lambda}=G_{\alpha xx}=0$ 代入普适开折判别矩阵，得到

$$\boldsymbol{A}=\begin{pmatrix} 0 & 0 & F_{x\lambda} & F_{xxx} \\ 0 & F_{\lambda x} & F_{\lambda\lambda} & F_{\lambda xx} \\ G_\alpha & G_{\alpha x} & G_{\alpha\lambda} & G_{\alpha xx} \\ G_\beta & G_{\beta x} & G_{\beta\mu} & G_{\beta xx} \end{pmatrix}$$

$\det(\boldsymbol{A})=-0.0009971124\neq 0$，故 $G(x,\lambda,\alpha,\beta)$是原方程 $F(x,\lambda)$的普适开折，即 F 的所有扰动情况可以由 G 反映。换言之，G 的静态分岔图反映了当 F 受扰时可能出现的各种分岔性态。

3. 分岔点邻域的稳定性

在实际工程中，我们非常关心分岔性态是否因扰动而发生变化。若当 $G(x,\mu,\alpha)$受到小扰动时，其分岔性态保持不变，称 G 在 α 处的分岔图是稳定的，否则是不稳定的。当且仅当 α 属于下列 3 个点集之一时，分岔图不稳定：

1）$B=\{\alpha\in R^k\mid\exists(x,\mu)$，使得在 (x,μ,α) 处有 $G=G_x=G_\mu=0\}$。

2）$H=\{\alpha\in R^k\mid\exists(x,\mu)$，使得在 (x,μ,α) 处有 $G=G_x=G_{xx}=0\}$。

3）$D=\{\alpha\in R^k\mid\exists(x_i,\mu)(i=1,2)$，$x_1\neq x_2$，使得在 (x_i,μ,α) 处有 $G=G_x=0\}$。

B 称为分岔集，H 称为滞后集，D 称为双极限集。这 3 个集合的并集记为 $\Sigma=B\cup H\cup D$，称为转迁集，转迁集即 $G(x,\lambda,a)$ 的非稳定分岔图对应的开折参数的集合，它是 R^k 中的超曲面。当 $\alpha\notin\Sigma$ 时，G 的分岔图是稳定的。转迁集 Σ 将原点附近的某个邻域 W 分成若干个子区域，每个子区域中 G 的分岔图是稳定的（或称保持的），即在同一区域内不同参数对应的分岔图是等价的，机构的构型不发生变换。现在研究平面三自由度并联机构分岔方程的扰动分岔图，即其普适开折的转迁集。

根据转迁集定义，由 $G_{xx}=2\beta+6a_9x=0$，得 $x=-\dfrac{\beta}{3a_9}$。将 x 代入 $G_x=-a_6\lambda+2\beta x+$

$3a_9x^2=0$，得 $\lambda=-\dfrac{\beta^2}{3a_6a_9}$。将 x、λ 代入 $G=0$，得

$$\alpha=\frac{\beta^3}{27a_9^2}$$

通过计算 G、G_x、G_λ、G_{xx} 在（0，0，0，0）点处的值，得到分岔集 $B=\{(\alpha,\beta)\in R^2\mid\alpha=0\}$，滞后集 $H=\left\{(\alpha,\beta)\in R^2\;\middle|\;\alpha=\dfrac{\beta^3}{27a_9^2}\right\}$，双极限集 $D=\{\phi\}$，转迁集 $\Sigma=B\cup H$。

图 10-17 所示为平面三自由度对称并联机构的转迁集及其分岔图。在 α-β 坐标平面内，水平坐标轴表示分岔集 B，曲线 H 表示滞后集。B 和 H 把参数平面（α,β）分成 4 个区域。图中实线表示稳定构型，虚线表示不稳定构型。当分岔参数 α 和 β 变化时，转迁集中的分岔性态分析如下：

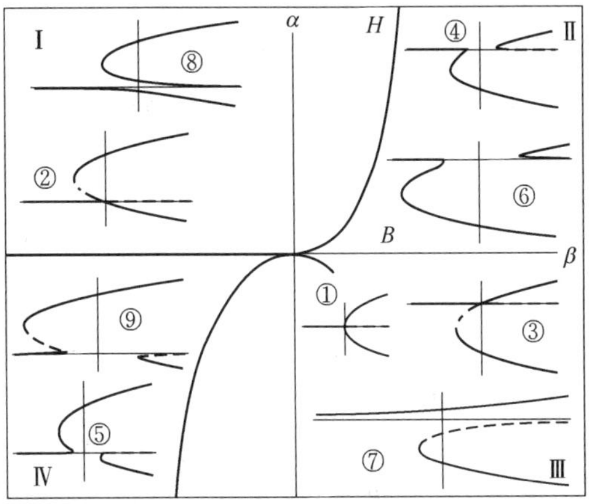

图 10-17　平面三自由度并联机器人的转迁集及分岔图

（1）$\alpha=0$，$\beta=0$　此时，机构分岔方程不受扰动，属于树枝分岔点。在构型分支点处，机构构型发生变换，且为不稳定变换，即由稳定构型变为不稳定构型。

（2）$\alpha=0$，$\beta=-0.1$　此时，机构分岔方程受到二次扰动，分岔参数属于分岔点集 B。机构构型的一个分支为直线，另一个分支为抛物线。在抛物线的转折点处，机构构型将发生变换；在两个分支的交叉点处，构型变换不稳定。

（3）$\alpha=0$，$\beta=0.1$　此情况与 $\alpha=0$，$\beta=-0.1$ 时类似。

（4）$\alpha=0.000319$，$\beta=0.1$　此时，机构分岔方程受到两个参数影响，分岔参数属于极限点集。机构构型从原为直线（无扰动时）的分支稳定地变换到原来抛物线的分支的一部分，这种构型的变换是可控的；另一个分支为原来抛物线的另一部分，经过抛物线的转折点后，机构构型变得不稳定。

（5）$\alpha=-0.000319$，$\beta=-0.1$　与 $\alpha=0.000319$，$\beta=0.1$ 时类似。

（6）$\alpha=0.01$，$\beta=0.15$　此时，机构分岔方程受到两个参数影响，分岔参数属于Ⅱ区。在该区域内，机构构型的变换都是稳定的。机构构型从原为直线的分支稳定地变换到抛物线分支，且构型变换可控；另一个分支为原抛物线的另一部分，在经过抛物线的转折点后，机构构型会发生变换，但这种变换可控。

（7）$\alpha=-0.01$，$\beta=0.1$　此时，机构分岔方程受到两个参数影响，分岔参数属于Ⅲ区。在该区域内，机构构型为从原为直线的分支稳定地变换到原来抛物线的分支的一部分，这种构型的变换是可控的；另一个分支为原来抛物线的另一部分，但经过抛物线的转折点后，机构构型将变得不稳定。

（8）$\alpha=0.01$，$\beta=-0.1$　此时，分岔参数属于Ⅰ区，分岔情况与 $\alpha=-0.01$，$\beta=0.1$ 时类似，但抛物线分支经过转折点后，机构构型仍将稳定，即两种构型的变换都是稳定的。

（9）$\alpha=-0.001$，$\beta=-0.15$　此时，机构分岔方程受到两个参数影响，分岔参数属于Ⅳ区，分岔情况与$\alpha=0.01$，$\beta=0.15$时类似。但在两种变换的变换点处，机构构型变换是不稳定的。

10.4　扰动对构型分岔特性的影响

10.4.1　单输入参数分岔特性

1. 分岔方程的低阶导数

对于图10-3所示的Gough-Stewart并联机构，构型分岔方程为

$$\boldsymbol{F}(\boldsymbol{x},\boldsymbol{\mu})=0$$
$$\boldsymbol{x}=(x,y,z,\alpha,\beta,\gamma)^{\mathrm{T}}\in R^6$$
$$\boldsymbol{\mu}=(l_1,l_2,l_3,l_4,l_5,l_6)^{\mathrm{T}}\in R^6$$
$$\boldsymbol{F}=(f_1,f_2,f_3,f_4,f_5,f_6)^{\mathrm{T}}=Y\in R^6$$
$$f_i=f_i(x,y,z,\alpha,\beta,\gamma,\mu)$$

所谓单输入参数分岔特性，是研究并联机构在奇异点伴随单输入参数的构型分岔特性。要获得这一分岔特性，首先采用扩展方程方法，得到并联机构整体工作空间的奇异点，然后将奇异点进行初等坐标变换，得到以0点为原点的构型分岔特性。

不失一般性，以作动筒1的位移l_1为分岔参数，给定其他作动筒的位移，研究在分岔点（$\boldsymbol{x}_0,l_{10}$）附近机构构型随l_1的变化情况。在研究机构局部分岔特性的过程中，可以将奇异点取为（0,0），而对点（$\boldsymbol{x}_0,l_{10}$），可利用初等变换$\bar{\boldsymbol{x}}=\boldsymbol{x}-\boldsymbol{x}_0$，$\bar{\mu}=\mu-l_{10}$，将原分岔方程变换到芽空间内，得到

$$\begin{aligned}f_i &= x^2+y^2+z^2+c_{1i}x+c_{2i}y+c_{3i}z+\sum_{j=1}^{6}[c_{(3+j)i}+c_{(9+j)i}z]\nu_j+\\ &\sum_{k=1}^{16}[c_{(15+k)i}+c_{(31+k)i}x+c_{(47+k)i}y]\omega_k-c_{64i}l_i-l_i^2+c_{0i}=0\end{aligned}\tag{10-22}$$
$$\nu=\{\nu_j\}_{j=1,2,\cdots,6}=\{C\beta,C\alpha C\beta,S\alpha C\beta,S\beta,C\alpha S\beta,S\alpha S\beta\}$$
$$\begin{aligned}\omega=\{\omega_k\}_{k=1,2,\cdots,16}=\{&C\alpha C\gamma,C\beta C\gamma,C\alpha C\beta C\gamma,S\alpha C\gamma,S\alpha C\beta C\gamma,S\beta C\gamma,\\&C\alpha S\beta C\gamma,S\alpha S\beta C\gamma,C\alpha S\gamma,C\beta S\gamma,S\alpha C\beta S\gamma,S\beta S\gamma,\\&C\alpha S\beta S\gamma,S\alpha S\beta S\gamma,C\alpha C\beta S\gamma,S\alpha S\gamma\}\end{aligned}$$

式中，$i=1$，2，…，6；l_i为芽空间内作动筒的位移；c_{mi}为中间常数，$m=0$，1，2，…，64。

Stewart并联机构的分岔问题十分复杂，难以求得分岔方程的完全精确的解析表达式，只能求得分岔方程的若干低阶项。由奇异性理论可知，一个分岔问题通常由其泰勒级数展开式的前有限项就可以完全确定它的局部分岔情况。为此，通过求解分岔方程的低阶导数，研究Stewart并联机构的局部分岔特性。

为简单起见，机构状态变量的分量统一用符号x_i表示，即

$$\boldsymbol{x}:=(x,y,z,\alpha,\beta,\gamma)^{\mathrm{T}}=(x_1,x_2,x_3,x_4,x_5,x_6)^{\mathrm{T}}$$

设约化后的机构分岔方程为

$$G(\boldsymbol{x},\mu)=0$$

式中，$G=(g_1,g_2,g_3,g_4,g_5,g_6)^{\mathrm{T}}$，$G:U\times R\rightarrow V$，$U\in R$，$V\in R$，$U$ 和 V 表示原点附近的小邻域。$g_i=g_i(x_i,\mu)$ 表示机构关于状态变量的 x_i 分量的约化函数。

下面利用原映射 $\boldsymbol{F}(\boldsymbol{x},\boldsymbol{\mu})$ 的导数表示分岔问题约化后的函数 $\boldsymbol{G}(\boldsymbol{x},\boldsymbol{\mu})$ 的导数。引入 $\boldsymbol{F}(\boldsymbol{x},\boldsymbol{\mu})$ 在（$\boldsymbol{x},\boldsymbol{\mu}$）处的 k 阶微分

$$D^kF(\boldsymbol{x},\boldsymbol{\mu})(\xi_1,\xi_2,\cdots,\xi_k)=\frac{\partial}{\partial t_1}\cdots\frac{\partial}{\partial t_k}F\left(\boldsymbol{x}+\sum_{i=1}^{k}t_i\xi_i,\boldsymbol{\mu}\right)\Big|_{t_1=\cdots=t_k=0}$$

它是关于 k 个变量 ξ_1，ξ_2，…，$\xi_k\in R^n$ 的对称的线性函数。

在 $\boldsymbol{F}(\boldsymbol{x},\boldsymbol{\mu})$ 的导算子 DF（$D^{-1}F$ 表示其逆算子）的零空间中取基底 $\{v_1,v_2,\cdots,v_n\}$，在相应值空间的补空间中取基底 $\{v_1^*,v_2^*,\cdots,v_n^*\}$。利用 $\boldsymbol{F}(\boldsymbol{x},\boldsymbol{\mu})$ 的各阶导数，并与 v_i^* 作内积，得到 g_i 的一些导数公式

$$\frac{\partial g_i}{\partial x_j}=0 \tag{10-23}$$

$$\frac{\partial^2 g_i}{\partial x_j\partial x_k}=\langle v_i^*,DF^2(v_j,v_k)\rangle \tag{10-24}$$

$$\frac{\partial g_i}{\partial \mu_i}=\langle v_i^*,F_{\mu_j}\rangle \tag{10-25}$$

$$\frac{\partial^2 g_i}{\partial x_j\partial \mu_k}=\langle v_i^*,(DF_{\mu_k})\cdot v_j-D^2F(v_j,D^{-1}FPF_{\mu_k})\rangle \tag{10-26}$$

式中，$F_{\mu_i}=\dfrac{\partial F}{\partial \mu_i}$；$i$，$j$，$k$ 可取 1，2，…，n；P 为投影算子。

2. 奇异性识别与局部分岔特性

利用求解约化函数的式（10-25）~式（10-26），通过对方程 $\boldsymbol{F}=(f_1,f_2,f_3,f_4,f_5,f_6)^{\mathrm{T}}=Y\in R^6$ 各变量求偏导数，可以求得约化函数 g_i 对动平台位姿各分量（$x,y,z,\alpha,\beta,\gamma$）及控制参数 μ 的各阶导数。根据这些导数可以进行并联机构奇异性的识别。下面就图 10-6 所示分岔点 M_1 的奇异特征进行识别。

分岔点（奇异点）M_1 的坐标如下

$$x_0=0.195863\quad y_0=-0.441153\quad z_0=0.163232$$

$$\alpha_0=-73.1265^\circ\quad \beta_0=35.3653^\circ\quad \gamma_0=2.7784^\circ\quad l_{10}=1.14601$$

奇异性识别步骤如下。

1）求约化函数 g_i 对位姿分量的一阶导数，结果如下

$$\frac{\partial g_1}{\partial x_1}=2.7205\times10^{-7}\quad \frac{\partial g_2}{\partial x_2}=-8.51711\times10^{-6}\quad \frac{\partial g_3}{\partial x_3}=-2.03682\times10^{-7}$$

$$\frac{\partial g_4}{\partial x_4}=-3.68815\times10^{-5}\quad \frac{\partial g_5}{\partial x_5}=-7.19379\times10^{-7}\quad \frac{\partial g_6}{\partial x_6}=1.07368\times10^{-6}$$

可以认为$\dfrac{\partial g_i}{\partial x_i}\approx0(i=1,2,\cdots,6)$。同理可以求得$\dfrac{\partial g_i}{\partial x_j}\approx0$（$i=1$，2，…，6；$j=1$，2，…，6；$i\neq j$）。约化函数对分岔参数的导数

$$\frac{\partial g_1}{\partial \mu}=-2.292\quad \frac{\partial g_2}{\partial \mu}=-4.0\quad \frac{\partial g_3}{\partial \mu}=-4.0$$

$$\frac{\partial g_4}{\partial \mu} = -4.0 \quad \frac{\partial g_5}{\partial \mu} = -4.0 \quad \frac{\partial g_6}{\partial \mu} = -4.0$$

可见，$\frac{\partial g_i}{\partial \mu} \neq 0$（$i=1, 2, \cdots, 6$），$\delta = \mathrm{sgn}\left(\frac{\partial g_i}{\partial \mu}\right) = -1$，sgn 表示符号函数。

2）求约化函数 g_i 对位姿分量的二阶导数，结果如下

$$\frac{\partial^2 g_1}{\partial x_1^2} = 35.6245 \quad \frac{\partial^2 g_2}{\partial x_2^2} = 26390.9 \quad \frac{\partial^2 g_3}{\partial x_3^2} = 20.0088$$

$$\frac{\partial^2 g_4}{\partial x_4^2} = 6358.08 \quad \frac{\partial^2 g_5}{\partial x_5^2} = 133.655 \quad \frac{\partial^2 g_6}{\partial x_6^2} = 558.338$$

显然，$\frac{\partial^2 g_i}{\partial x_i^2} \neq 0 (i=1,2,\cdots,6)$。

约化函数对各分量二阶导数的符号用 $\varepsilon_i (i=1,2,\cdots,6)$ 表示：

$$\varepsilon_i = \mathrm{sgn}\left(\frac{\partial^2 g_i}{\partial x_i^2}\right) = 1 \quad (i=1,2,\cdots,6)$$

3）确定与原分岔方程等价的 GS 正规形。根据 GS 正规形的识别条件，与 Stewart 并联机构等价的 GS 正规形为

$$G(x,\mu) = x^2 - \mu$$

由以上 GS 正规形可知，当分岔参数 $\mu \geqslant 0$ 时构型存在；当分岔参数 $\mu < 0$ 时不存在实际的机构构型。

在分岔点 M_1 处，机构各位姿分量的构型随控制参数 l_1 的变化情况如图 10-18 所示。机构的六个作动筒中五个固定，只改变作动筒 1 的位移，机构的各位姿分量均呈现转向型分岔的特点，但位姿分量 y 的分岔图接近尖点型分岔点的特征。

在位姿分量的各运动分支通向分岔点的过程中，由于相邻分支的接近程度不同，因此采用不同的坐标比例。从三个位置分量的分岔图（图 10-18a ~ 图 10-18c）可以看出，位置分量 y 的两个分支接近最快，可能首先失控。从姿态分量的分岔图（图 10-18d ~ 图 10-18f）可知，姿态分量 β 的两个分支接近最快，接近于尖点型分岔，可能首先失控。

分岔点（奇异点）M_2 的坐标如下

$$x_0 = -0.500941 \quad y_0 = 0.0222382 \quad z_0 = 0.282286$$

$$\alpha_0 = -46.4067^\circ \quad \beta_0 = 66.6423^\circ \quad \gamma_0 = -119.965^\circ \quad l_{10} = 2.79138$$

类似地得到以下关于分岔点 M_2 的结果。

1）约化函数 g_i 对位姿分量的一阶导数的计算结果如下

$$\frac{\partial g_1}{\partial x_1} = -7.01217 \times 10^{-13} \quad \frac{\partial g_2}{\partial x_2} = -1.17861 \times 10^{-12} \quad \frac{\partial g_3}{\partial x_3} = 5.00155 \times 10^{-15}$$

$$\frac{\partial g_4}{\partial x_4} = -3.96572 \times 10^{-13} \quad \frac{\partial g_5}{\partial x_5} = -1.79401 \times 10^{-12} \quad \frac{\partial g_6}{\partial x_6} = -4.02789 \times 10^{-13}$$

可以认为，$\frac{\partial g_i}{\partial x_i} \approx 0$（$i=1,2,\cdots,6$）。同理可以求得 $\frac{\partial g_i}{\partial x_j} \approx 0$（$i=1,2,\cdots,6$；$j=1,2,\cdots,6$；$i \neq j$）。求约化函数对分岔参数的导数

$$\frac{\partial g_1}{\partial \mu} = -5.58276 \quad \frac{\partial g_2}{\partial \mu} = -4.0 \quad \frac{\partial g_3}{\partial \mu} = -4.0$$

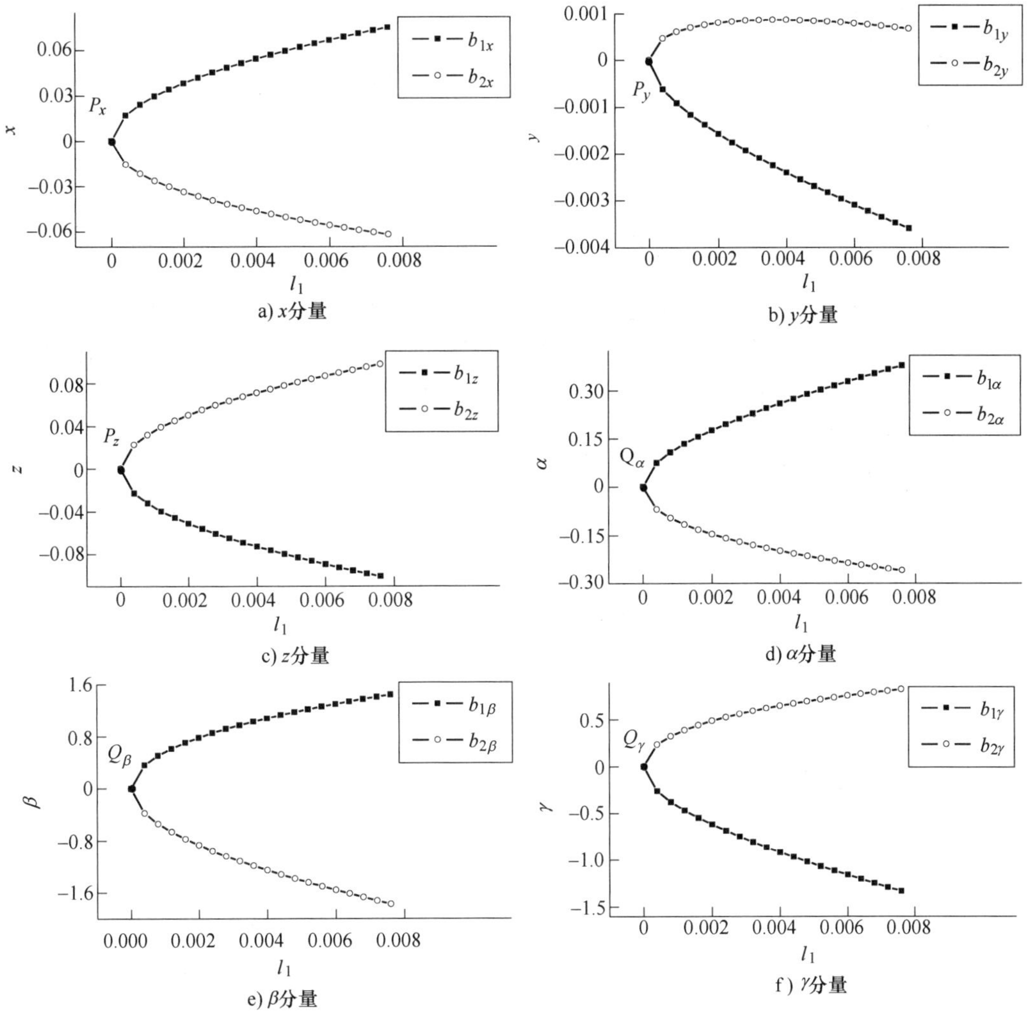

图 10-18　机构在单分岔参数情况下的构型分岔图（M_1 点）

（$l_1=1.14601$；$l_i=2$，$i=2$，3，…，6）

$$\frac{\partial g_4}{\partial \mu}=-4.0 \quad \frac{\partial g_5}{\partial \mu}=-4.0 \quad \frac{\partial g_6}{\partial \mu}=-4.0$$

可见，$\frac{\partial g_i}{\partial \mu}\neq 0$（$i=1,2,\cdots,6$），$\delta=\operatorname{sgn}\left(\frac{\partial g_i}{\partial \mu}\right)=-1$，sgn 表示符号函数。

2）约化函数 g_i 对位姿分量的二阶导数的计算结果如下

$$\frac{\partial^2 g_1}{\partial x_1^2}=-1.0596 \quad \frac{\partial^2 g_2}{\partial x_2^2}=-13.2956 \quad \frac{\partial^2 g_3}{\partial x_3^2}=-6.65836$$

$$\frac{\partial^2 g_4}{\partial x_4^2}=-20.9662 \quad \frac{\partial^2 g_5}{\partial x_5^2}=-6.63378 \quad \frac{\partial^2 g_6}{\partial x_6^2}=-19.2247$$

$$\frac{\partial^2 g_i}{\partial x_i^2}\neq 0(i=1,2,\cdots,6)$$

约化函数对各分量二阶导数的符号用 ε_i（$i=1$，2，…，6）表示

$$\varepsilon_i = \mathrm{sgn}\left(\frac{\partial^2 g_i}{\partial x_i^2}\right) = -1 \quad (i=1,2,\cdots,6)$$

3）确定与原分岔方程等价的 GS 正规形

根据 GS 正规形的识别条件，与 Stewart 并联机构等价的 GS 正规形为

$$G(x,\mu) = -x^2 - \mu$$

在分岔点 M_2 处，机构各位姿分量的构型随控制参数 l_1 的变化情况如图 10-19 所示，可以看出，机构的各位姿分量均呈现转向型分岔的特点。在位姿分量的各运动分支通向分岔点的过程中，相邻分支的接近程度不同。各分量分支的变化情况的差别也很大。在图 10-19 中，姿态分量 α 和 γ 在分岔点的邻域内变化很大，机构这两个位姿将出现迅速由一条分支跳

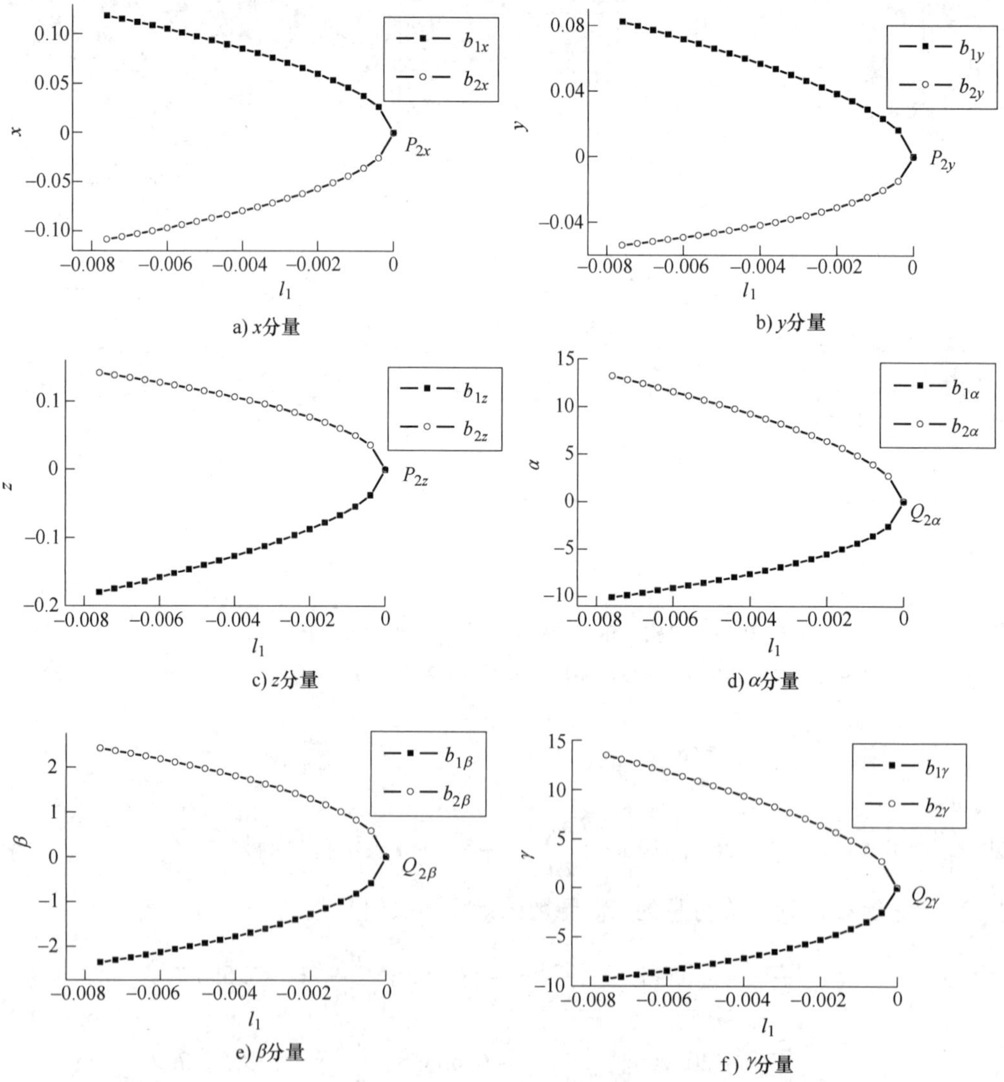

图 10-19　机构在单分岔参数情况下的构型分岔图（M_2）

（$l_1=2.79138$；$l_i=2$，$i=2,3,\cdots,6$）

转到另一条分支的现象。

比较 M_1 和 M_2 两分岔点处的奇异特征可知，两分岔点处的分岔均属于转向点分岔点，各对应位姿分量伴随分岔参数的分岔图拓扑结构相同。

10.4.2　扰动对构型分岔特性的影响

1. 三输入参数的局部分岔特性

（1）方程的降维　利用泰勒级数展开式（10-22），得到芽空间内的代数方程

$$f(x)=f(0)+f'(0)x+\frac{f''(x)}{2!}x^2+\cdots+\frac{f^{(n-1)}(0)}{(n-1)!}+\frac{f^{(n)}(\zeta)}{n!}x^n$$

式中，$0<\zeta<1$。

这里，三角函数展开式表达为

$$\sin a=\alpha-\frac{\alpha^3}{6}+\text{h. o. t}$$

$$\cos\alpha=1-\frac{\alpha^2}{2}+\text{h. o. t}$$

忽略二次以上的高阶小量，对式（10-22）进行简化，得到芽空间分岔方程

$$H(\boldsymbol{x},\boldsymbol{\mu})=0 \tag{10-27}$$

其中，$H=(h_1,h_2,h_3,h_4,h_5,h_6)^{\mathrm{T}}$，其具体表达形式如下

$$\begin{aligned}h_i=&x^2+y^2+z^2+a_{i1}\alpha^2+a_{i2}\beta^2+a_{i3}\gamma^2+a_{i4}x\alpha+a_{i5}y\alpha+a_{i6}z\alpha+a_{i7}x\beta+\\&a_{i8}y\beta+a_{i9}z\beta+a_{i10}\alpha\beta+a_{i11}x\gamma+a_{i12}y\gamma+a_{i13}\alpha\gamma+a_{i14}\beta\gamma+a_{i15}x+a_{i16}y+\\&a_{i17}z+a_{i18}\alpha+a_{i19}\beta+a_{i20}\gamma-l_i^2-a_{i21}\end{aligned}$$

式中，$i=1$，2，…，6；a_{ij}（$j=1,2,\cdots,21$）为中间常数。

在式（10-27）中，x、y、z、α、β、γ 为变元，$\boldsymbol{\mu}$ 为作动筒位移参数。每个方程中各变元的次数均为 2，各方程均为可约化的。为了降低变元的次数，以 γ 为主变元，用 r_j 表示多项式 h_j（$j=2,3,\cdots,6$）对于 h_1 的余式，该余式关于 γ 的次数为 1。则各余式可表示为

$$\begin{aligned}r_j=&A_{j1}x+A_{j2}x^2+A_{j3}y+A_{j4}y^2+A_{j5}z+A_{j6}z^2+A_{j7}\alpha+\\&A_{j8}x\alpha+A_{j9}y\alpha+A_{j10}z\alpha+A_{j11}\alpha^2+A_{j12}\beta+A_{j13}x\beta+\\&A_{j14}y\beta+A_{j15}z\beta+A_{j16}\alpha\beta+A_{j17}\beta^2+A_{j18}\gamma+A_{j19}x\gamma+\\&A_{j20}y\gamma+A_{j21}\alpha\gamma+A_{j22}\beta\gamma+A_{j23}l_1+A_{j24}l_1^2-4l_j-l_j^2\end{aligned}$$

式中，$j=2$，3，…，6；A_{jk}（$k=1,2,\cdots,24$）是由机构结构参数和分岔点位置决定的中间常数。

由 h_1 和 r_j 组成新的方程组

$$H_1(x,y,z,\alpha,\beta,\gamma,\boldsymbol{\mu})=(h_1,r_2,r_3,r_4,r_5,r_6)^{\mathrm{T}} \tag{10-28}$$

式（10-28）中，h_1 关于变元 γ 的次数为 2，而 r_2，r_3，r_4，r_5，r_6 只含 γ 的一次项。由 r_6 得到 γ

$$\begin{aligned}\gamma=&-(A_{61}x+A_{62}x^2+A_{63}y+A_{64}y^2+A_{65}z+A_{66}z^2+A_{67}\alpha+A_{68}x\alpha+A_{69}y\alpha+\\&A_{610}z\alpha+A_{611}\alpha^2+A_{612}\beta+A_{613}x\beta+A_{614}y\beta+A_{615}z\beta+A_{616}\alpha\beta+A_{617}\beta^2+\\&A_{623}l_1+A_{624}l_1^2-4l_6-l_6^2)/I(r_6)\end{aligned}$$

式中，$I(r_6)$表示r_6的初式，即主变元γ的系数多项式，且$I(r_6)\neq 0$。

$$I(r_6)=A_{618}+A_{619}x+A_{620}y+A_{621}\alpha+A_{622}\beta$$

简记为

$$\gamma=\gamma(x,y,z,\alpha,\beta,\mu) \tag{10-29}$$

将（10-29）代入h_1、r_2、r_3、r_4、r_5中，并乘以$[I(r_6)]^s$（s为非负整数）。根据前面奇异性识别的结果，忽略方程中各变元总阶次为二阶以上的项，不影响方程的分岔性态。于是，得到关于x、y、z、α、β的非线性方程组

$$\begin{aligned}h_1'=&B_{11}x+B_{12}x^2+B_{13}y+B_{14}xy+B_{15}y^2+B_{16}z+B_{17}xz+B_{18}yz+\\&B_{19}z^2+B_{110}\alpha+B_{111}x\alpha+B_{112}y\alpha+B_{113}z\alpha+B_{114}\alpha^2+B_{115}\beta+\\&B_{116}x\beta+B_{117}y\beta+B_{118}z\beta+B_{119}\alpha\beta+B_{120}\beta^2+B_{121}l_1+B_{122}xl_1+\\&B_{123}yl_1+B_{124}zl_1+B_{125}\alpha l_1+B_{126}\beta l_1+B_{127}l_1^2+B_{128}l_6+B_{129}xl_6+\\&B_{130}yl_6+B_{131}zl_6+B_{132}\alpha l_6+B_{133}\beta l_6+B_{134}l_1l_6+B_{135}l_6^2\end{aligned}$$

式中，$B_{1k}(k=1,2,\cdots,35)$是由机构的结构参数和分岔点决定的中间常数。

$$\begin{aligned}r_j'=&B_{j1}x+B_{j2}x^2+B_{j3}y+B_{j4}xy+B_{j5}y^2+B_{j6}z+B_{j7}xz+B_{j8}yz+\\&B_{j9}z^2+B_{j10}\alpha+B_{j11}x\alpha+B_{j12}y\alpha+B_{j13}z\alpha+B_{j14}\alpha^2+B_{j15}\beta+\\&B_{j16}x\beta+B_{j17}y\beta+B_{j18}z\beta+B_{j19}\alpha\beta+B_{j20}\beta^2+B_{j21}l_1+B_{j22}xl_1+\\&B_{j23}yl_1+B_{j24}\alpha l_1+B_{j25}\beta l_1+B_{j26}l_1^2+B_{j27}l_j+B_{j28}xl_j+B_{j29}yl_j+\\&B_{j30}\alpha l_j+B_{j31}\beta l_j+B_{j32}l_j^2+B_{j33}l_6+B_{j34}xl_6+B_{j35}yl_6+B_{j36}\alpha l_6+\\&B_{j37}\beta l_6+B_{j38}l_6^2\end{aligned}$$

式中，$j=2,\ 3,\ 4,\ 5$；$B_{jk}(k=1,2,\cdots,38)$ 是由机构的结构参数和分岔点决定的中间常数。

于是消去了变元γ，得到关于x、y、z、α、β共5个变元的方程组

$$H_2(x,y,z,\alpha,\beta,\mu)=(h_1',r_2',r_3',r_4',r_5')^{\mathrm{T}} \tag{10-30}$$

式中，h_1'、r_2'、r_3'、r_4'、r_5'均为关于变元x、y、z、α、β的多项式。

同理，可以依次从（10-30）中消去变元β、α、z、y得到只有单变元x的方程

$$\begin{aligned}g(x,\boldsymbol{\mu})=&x^2+(c_1l_1+c_2l_2+c_3l_3+c_4l_4+c_5l_5+c_6l_6+c_7)x+b_1l_1+\\&b_2l_2+b_3l_3+b_4l_4+b_5l_5+b_6l_6+d_{11}l_1^2+d_{22}l_2^2+d_{33}l_3^2+\\&d_{44}l_4^2+d_{55}l_5^2+d_{66}l_6^2+d_{12}l_1l_2+d_{13}l_1l_3+d_{14}l_1l_4+d_{15}l_1l_5+\\&d_{16}l_1l_6+d_{23}l_2l_3+d_{24}l_2l_4+d_{25}l_2l_5+d_{26}l_2l_6+d_{34}l_3l_4+\\&d_{35}l_3l_5+d_{36}l_3l_6+\mathrm{d}_{45}1l_4l_5+d_{46}l_4l_6+d_{56}l_5l_6\end{aligned}$$

简记为

$$g(x,\boldsymbol{\mu})=x^2+\left(\sum_{i=1}^{6}c_il_i+c_7\right)x+\sum_{i=1}^{6}b_il_i+\sum_{j=1}^{6}\sum_{k=1}^{6}d_{jk}l_jl_k \tag{10-31}$$

式中，$c_i(i=1,2,\cdots,7)$，$b_i(i=1,2,\cdots,6)$，d_{jk}（$j=1,2,\cdots,6;k=1,2,\cdots,6$）均为由机构结构参数和分岔点位置决定的中间常数。

（2）三输入参数分岔方程　由于当$j\neq k$时，$l_jl_k=0$（芽空间特性），可以忽略三个分岔参数耦合对构型分岔特征的影响。此时，在芽空间内考虑某个分岔参数变化，其他分岔参数的影响可以忽略。

尽管 Stewart 并联机构具有六个控制参数，但由于机构对称，只需考察三个分岔参数即能反映机构的构型变换情况，其余三个参数对机构分岔性态的影响与此相同。在考虑三个分岔参数的情况下，并联机构的分岔如图 10-20 所示。b_{ijm}（$i=1,2,3;j=1,2$）表示以第 i 个作

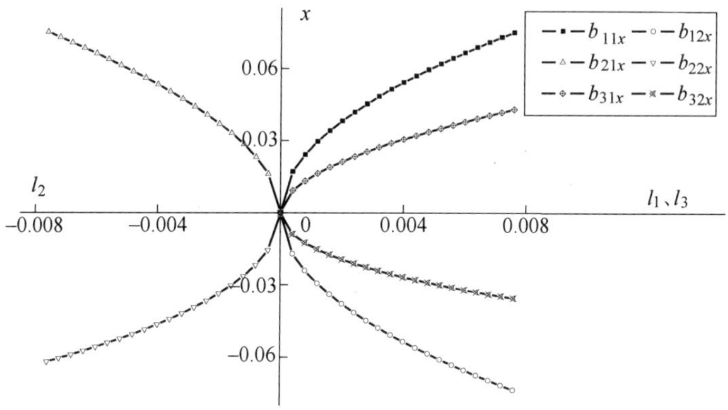

a) x分量

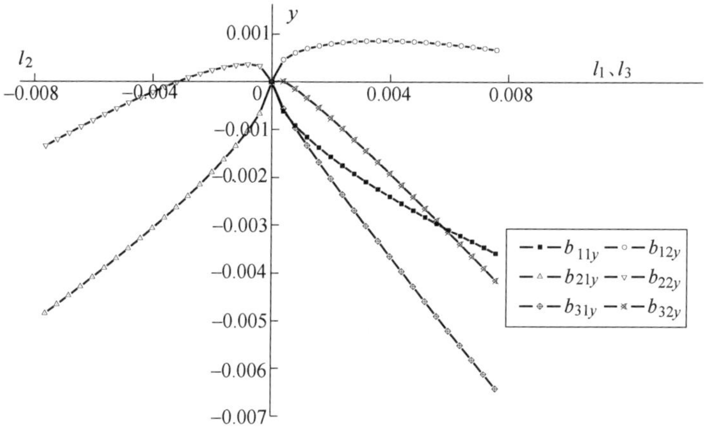

b) y分量

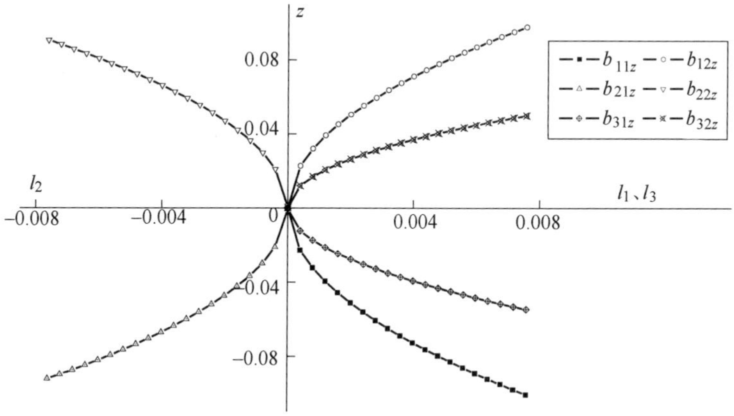

c) z分量

图 10-20　三个输入参数下的 Stewart 并联机构构型分岔图（$l_1=1.14601$，$l_i=2$，$i=2, 3, \cdots, 6$）

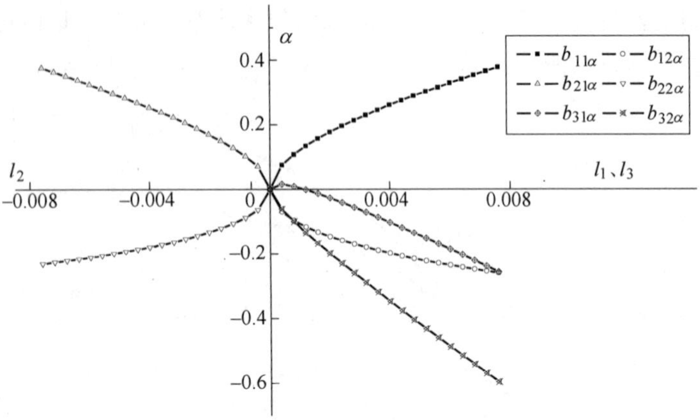

d) α分量

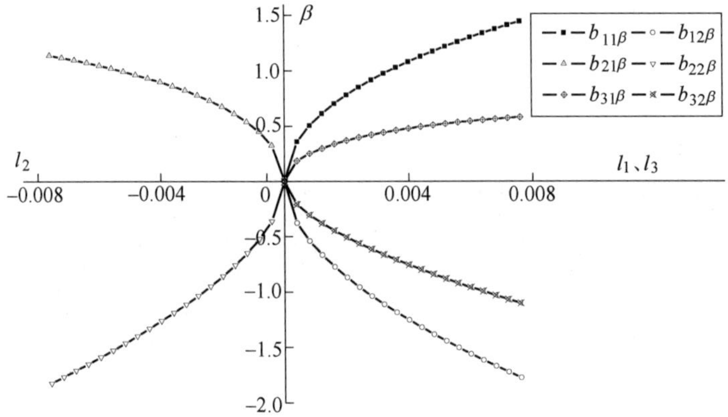

e) β分量

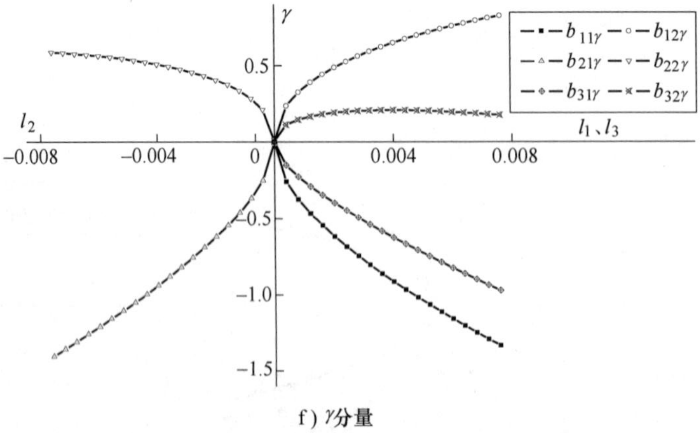

f) γ分量

图 10-20　三个输入参数下的 Stewart 并联机构构型分岔图（$l_1=1.14601$，$l_i=2$，$i=2，3，\cdots，6$）（续）

动筒的位移 l_i 为分岔参数时位姿变量的分量 m 的第 j 个运动分支，这里 m 分别为 x、y、z、α、β、γ 中的一个。

2. 扰动对构型分岔的影响

（1）Pitchfork 分岔问题

对于图 10-21 所示的 Pitchfork 分岔问题

$$G(y,\lambda,\mu)=y^3-\lambda y+\mu=0 \tag{10-32}$$

在未受扰动的初始位置（$\mu=0$），其系统 $G(y,\lambda,0)=y^3-\lambda y=0$ 在原点（0,0）处构成 Pitchfork 分岔，运动具有不确定性。然而，对该系统施加扰动（$\mu\neq0$），原来在未受扰动系统 $G(y,\lambda,0)=0$ 的原点奇异位置构成的 Pitchfork 分岔曲线，有限分离，使其转换为能够给出确定运动输出的构型曲线。例如，欲使系统在由左向右过程中，在通过原点奇异位置后，能够以构型 b_3 给出运动输出，可以对其实施 $\mu>0$ 的扰动，如果希望以构型 b_1 给出运动输出，可以对其实施 $\mu<0$ 的扰动，如图 10-21b 所示。

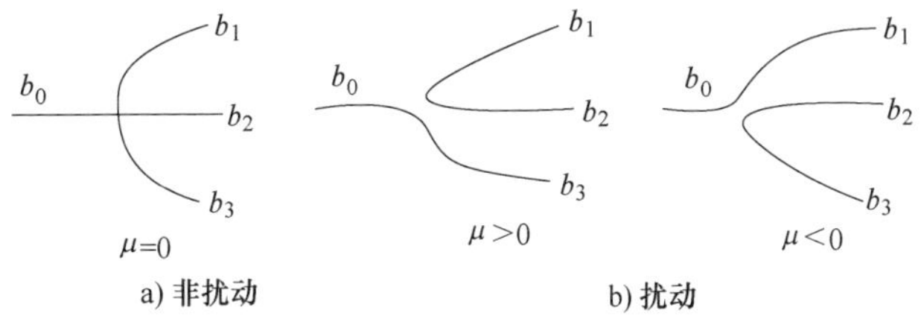

图 10-21　Pitchfork 分岔问题

由于并联机构的输入参数为驱动器的长度，并且一般由伺服控制实现输入参数的变化，很容易将扰动函数施加到输入参数上，因此，对于并联机构而言，最简便的施加扰动的方法是将扰动直接施加在输入参数上。在扰动作用下，Pitchfork 分岔由奇异运动输出转变为确定运动输出的实例，为构造基于扰动函数的并联机构运动奇异性的规避方法，提供了可供借鉴的方法。

（2）扰动对构型分岔的影响　为研究扰动对机构构型分岔的影响，对分岔方程增加扰动项，得到含扰动参数的分岔方程

$$\begin{aligned}h_i=&x^2+y^2+z^2+a_{i1}\alpha^2+a_{i2}\beta^2+a_{i3}\gamma^2+a_{i4}x\alpha+a_{i5}y\alpha+a_{i6}z\alpha+\\&a_{i7}x\beta+a_{i8}y\beta+a_{i9}z\beta+a_{i10}\alpha\beta+a_{i11}x\gamma+a_{i12}y\gamma+a_{i13}\alpha\gamma+\\&a_{i14}\beta\gamma+a_{i15}x+a_{i16}y+a_{i17}z+a_{i18}\alpha+a_{i19}\beta+a_{i20}\gamma-l_i^2-a_{i21}=0\end{aligned} \tag{10-33}$$

$$\begin{aligned}h_k=&x^2+y^2+z^2+a_{k1}\alpha^2+a_{k2}\beta^2+a_{k3}\gamma^2+a_{k4}x\alpha+a_{k5}y\alpha+a_{k6}z\alpha+\\&a_{k7}x\beta+a_{k8}y\beta+a_{k9}z\beta+a_{k10}\alpha\beta+a_{k11}x\gamma+a_{k12}y\gamma+a_{k13}\alpha\gamma+\\&a_{k14}\beta\gamma+a_{k15}x+a_{k16}y+a_{k17}z+a_{k18}\alpha+a_{k19}\beta+a_{k20}\gamma-\Delta l_k^2-a_{k21}=0\end{aligned} \tag{10-34}$$

式中，$i=1$，2，3；$k=4$，5，6。

对由式（10-33）和式（10-34）组成的含扰动的机构分岔方程构造，构造扩展方程：

$$\varphi(\boldsymbol{u})=\begin{cases}h_i=h_i(x,y,z,\alpha,\beta,\gamma)=0\\h_k=h_k(x,y,z,\alpha,\beta,\gamma,\Delta l_k)=0\\h_{jx}=\dfrac{\partial h_j}{\partial x}v_1+\dfrac{\partial h_j}{\partial y}v_2+\dfrac{\partial h_j}{\partial z}v_3+\dfrac{\partial h_j}{\partial \alpha}v_4+\dfrac{\partial h_j}{\partial \beta}v_5+\dfrac{\partial h_j}{\partial \gamma}v_6=0\\\sum\limits_{i=1}^{6}v_i^2-1=0\end{cases} \tag{10-35}$$

式中，$j=1$，2，…，6；$i=1$，2，3；$k=4$，5，6。

$$\frac{\partial h_i}{\partial x}=2x+d_{4i}\alpha+d_{7i}\beta+d_{11i}\gamma+d_{15i}$$

$$\frac{\partial h_i}{\partial y}=2y+d_{5i}\alpha+d_{8i}\beta+d_{12i}\gamma+d_{16i}$$

$$\frac{\partial h_i}{\partial z}=2z+d_{6i}\alpha+d_{9i}\beta+d_{17i}$$

$$\frac{\partial h_i}{\partial \alpha}=2d_{1i}\alpha+d_{4i}x+d_{5i}y+d_{6i}z+d_{10i}\beta+d_{13i}\gamma+d_{18i}$$

$$\frac{\partial h_i}{\partial \beta}=2d_{2i}\beta+d_{7i}x+d_{8i}y+d_{9i}z+d_{10i}\alpha+d_{14i}\gamma+d_{19i}$$

$$\frac{\partial h_i}{\partial \gamma}=2d_{3i}\gamma+d_{11i}x+d_{12i}y+d_{13i}\alpha+d_{14i}\beta+d_{20i}$$

扰动使分岔点偏离坐标原点。设（$\Delta x,\Delta y,\Delta z,\Delta\alpha,\Delta\beta,\Delta\gamma$）为相对无扰动情况分岔点的变化增量，扰动下并联机构构型分岔点为（$x+\Delta x,y+\Delta y,z+\Delta z,\alpha+\Delta\alpha,\beta+\Delta\beta,\gamma+\Delta\gamma$）。鉴于芽空间扰动参数对构型分岔影响的解耦性，假定扰动独立作用于某一参数，对其他参数不产生影响。针对以下三种情况，研究奇异点在扰动作用下的偏移情况：

1）作动筒 4 发生微小位移变化 Δl_4，分析以 l_1 为扰动参数的机构构型分岔变化情况。

2）作动筒 5 发生微小位移变化 Δl_5，分析以 l_2 为扰动参数的机构构型分岔变化情况。

3）作动筒 6 发生微小位移变化 Δl_6，分析以 l_3 为扰动参数的机构构型分岔变化情况。

设作动筒 4、作动筒 5、作动筒 6 的扰动量分别为

$$\Delta l_4=0.0005\quad \Delta l_5=0.0005\quad \Delta l_6=-0.0001$$

经计算得到由扰动引起的分岔点的偏移（相对于无扰动情况而言）分别为

$$\Delta l_1=0.00004360\quad \Delta l_2=-0.00003743\quad \Delta l_3=0.0001088$$

在芽空间内，设分岔点由原点分别偏移到了 M_1'、M_2'和 M_3'点，各位姿变量的变化见表 10-5。其中

$$M_i'=[P_i,Q_i]^{\mathrm{T}}=[P_{ix},P_{iy},P_{iz},Q_{i\alpha},Q_{i\beta},Q_{i\gamma}]^{\mathrm{T}}$$

式中，$i=1，2，3$。

在作动筒位移受到扰动的情况下，Stewart 并联机构构型分岔迁移情况如图 10-22 所示。在扰动作用下，构型分岔图拓扑结构发生变化。在没有扰动时，以三个作动筒位移为分岔参数的六个构型分支通向同一分岔点，即在奇异位置，机构具有从一种构型向其余五种构型变换的可能。在施加扰动后，构型分岔点在扰动作用下，发生分离，不再交于同一点，各分支在不同的转向点发生构型变换，并且同一分支将只有一种变换可能。

表 10-5　扰动对分岔点偏移的影响情况（$l_1=1.1460536$，$l_2=1.99996257$，$l_3=2.0001088$，$l_4=2.0005$，$l_5=2.0005$，$l_6=1.9999$）

分岔点	位置分量偏移			姿态分量偏移		
	Δx	Δy	Δz	$\Delta\alpha$	$\Delta\beta$	$\Delta\gamma$
M_1'	-0.00005641	-0.00005602	0.0002326	0.02748	0.01278	0.02737
M_2'	0.0002825	-0.0002873	0.0004326	-0.02863	0.007199	-0.04521
M_3'	0.00007685	-0.0001735	0.00003962	-0.009292	-0.003000	-0.01412

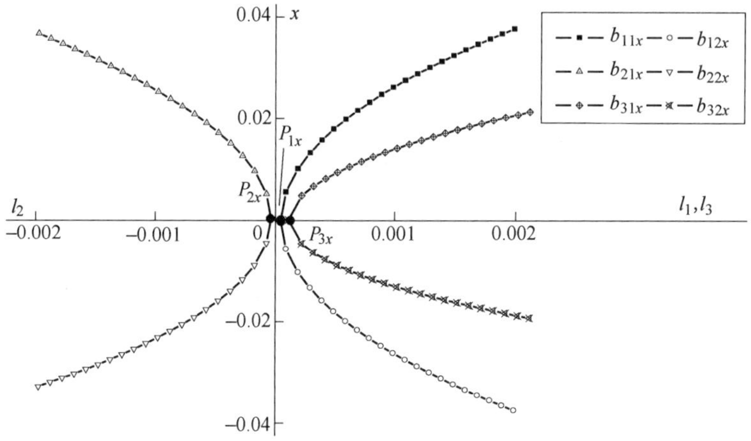

a) x分量

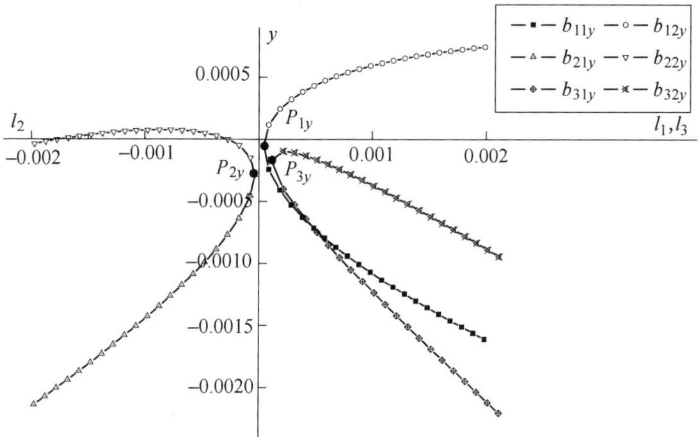

b) y分量

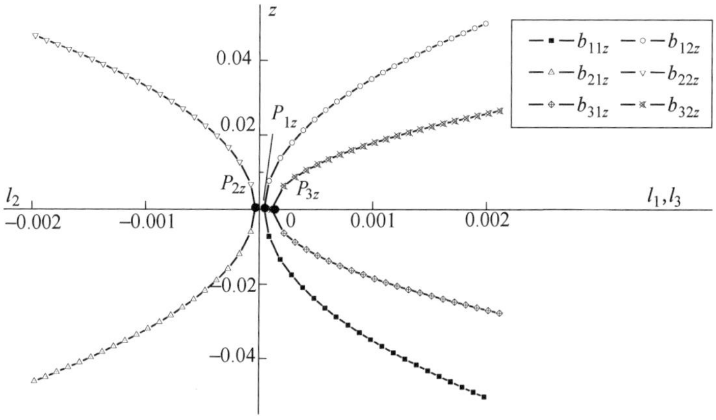

c) z分量

图 10-22　Stewart 并联机构存在扰动的分岔图（$l_1=1.1460536$，$l_2=1.99996257$，$l_3=2.0001088$，$l_4=2.0005$，$l_5=2.0005$，$l_6=1.9999$）

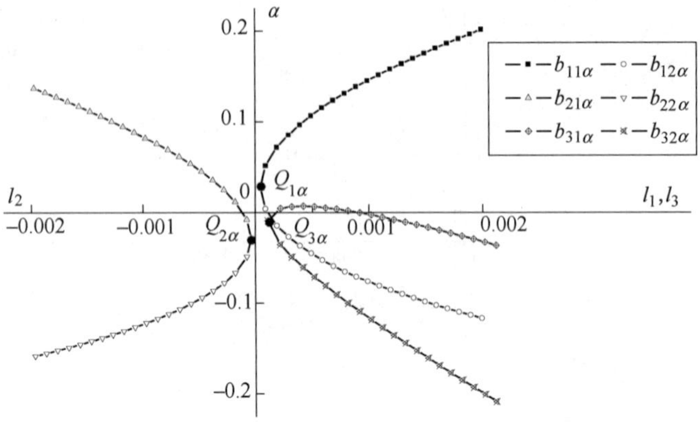

d) α分量

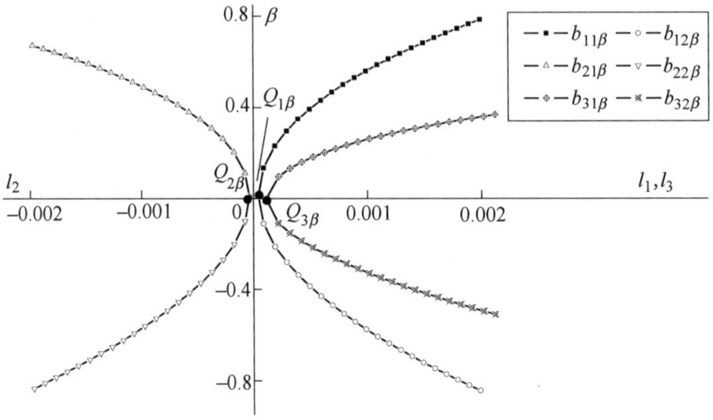

e) β分量

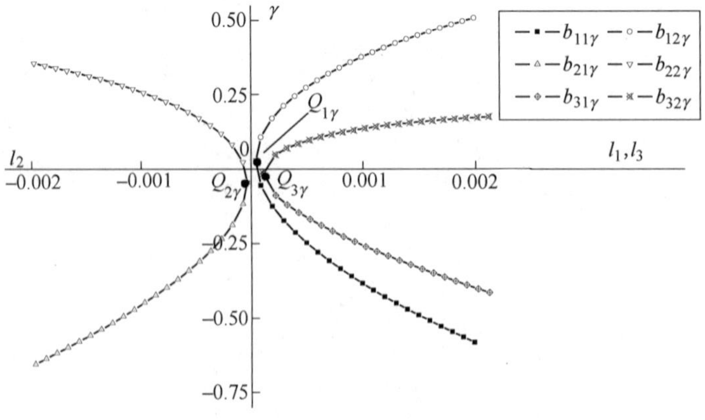

f) γ分量

图 10-22 Stewart 并联机构存在扰动的分岔图（$l_1=1.1460536$，$l_2=1.99996257$，$l_3=2.0001088$，$l_4=2.0005$，$l_5=2.0005$，$l_6=1.9999$）（续）

通过以上分析可知，在未受扰动的构型分岔原点，通过增加三个作动筒的位移 Δl_i （$i=4, 5, 6$），使受扰动的构型分岔点发生分离，部分构型分支脱离构型交叉点，构型重合度降低。进一步施加扰动，可以使多重分岔点变为转向点分岔。

10.5 小结

本章研究了并联机构构型分岔伴随输入参数的变化情况，给出了单参数与多参数构型分岔曲线。基于芽空间开折理论，分析了扰动参数对奇异点构型分岔的影响。研究表明，扰动可使构型重合造成的奇异点，有限分离，从而可以获得以保持的构型通过奇异位置的方法。

参考文献

[1] GOSSELIN C, ANGELES J. Singularity analysis of closed-loop kinematic chains [J]. IEEE Transactions on Robotic Automation, 1990, 6 (3): 281-290.

[2] OBLAK D, KOHLI D. Boundary surfaces, limit surface, crossable and non-crossable surface in workspace of mechanical manipulator [J]. Transactions of the ASME, Journal of Mechanisms, Transmission and Automation in Design, 1988, 110: 389-396.

[3] SUGIMOTO K, DUFFY J. Determination of extreme distances of a hand—part 1: A general theory [J]. Transactions of the ASME, Journal of Mechanical Design, 1981, 103: 631-636.

[4] INNOCENTI C, CASTELLI V P. Singularity-free evolution from one configuration to another in serial and fully-parallel manipulators [J]. Transactions of the ASME, Journal of Mechanical Design, 1998, 120 (3): 73-79.

[5] CHEN C T, CHI H W. Singularity-free trajectory planning of platform-type parallel manipulators for minimum actuating effort and reactions [J]. Robotica, 2008, 26: 371-384.

[6] HUNT K H, PRIMROSE E J F. Assembly configurations of some In-Parallel actuated manipulator [J]. Mechanism and Machine Theory, 1993, 28 (1): 31-42.

[7] GOSSELIN C M, ANGELES J. A globe performance index for the kinematic optimization of robotic manipulators [J]. ASME Journal of Mechanical Design, 1991, 113 (3): 220-226.

[8] TOURASSIS V D, ANG M H. Identification and analysis of robot manipulator singularities [J]. The International Journal of Robotics Research, 1992, 11 (3): 248-259.

[9] MA O, ANGELES J. Architecture singularities of platform manipulators [J]. International Journal of Robotics and Automation, 1992, 7 (1): 23-29.

[10] TSAI L W. Robot analysis: The mechanics of serial and parallel manipulators [M]. New York: John Wiley & Sons, 1999.

[11] ZLATANOV D, FENTON R G, BENHABIB B. Identification and classification of the singular configurations of mechanism [J]. Mechanism and Machine Theory, 1998, 33 (6): 743-760.

[12] PARK F C, KIM J W. Singularity analysis of closed kinematic chains [J]. ASME Journal of Mechanical Design, 1999, 121 (1): 32-38.

[13] LIU G F, LOU Y J, LI Z X. Singularities of parallel manipulators: A geometric treatment [J]. IEEE Transactions on Robotics and Automation, 2003, 19 (4): 579-594.

[14] 沈辉，吴学忠，刘冠锋，等．并联机构中奇异位形的分类与判定 [J]. 机械工程学报，2004，40 (4): 26-31.

[15] 文福安，梁崇高，廖启征．并联机器人机构位置正解 [J]. 中国机械工程，1999，10 (9):

1011-1013.

[16] BANDYOPADHYAY S, GHOSAL A. Geometric characterization and parametric representation of the singularity manifold of a 6-6 Stewart platform manipulator [J]. Mechanism and Machine Theory, 2006, 41: 1377-1400.

[17] WALDRON K J, WANG S, BOLIN S J. A study of the Jacobian matrix of serial manipulators [J]. Trans. of ASME, Journal of Mechanisms, Transmissions and Automation in Design, 1985, 107 (2): 230-238.

[18] MOHAMMADI H R, DANIALI Z P J, ANGELES J. Singularity analysis of planar parallel manipulators [J]. Mechanism and Machine Theory, 1995, 30: 665-678.

[19] FITCHER E F. A stewart platform based manipulator: General theory and practical construction [J]. International Journal of Robotics Research, 1986, 5 (2): 157-181.

[20] HUANG Z, CHEN L H, LI Y W. The singularity principle and property of Stewart manipulator [J]. Journal of Robotic Systems, 2003, 20 (4): 163-176.

[21] GREGORIO R D, PARENTI-CASTELLI V. Mobility analysis of the 3-UPU parallel mechanism assembled for a pure translational motion [C] // Proceedings of the IEEE/ASME International Conference on Advanced Intelligent Mechatronics. Atlanta: IEEE, 1999, 520-525.

[22] BONEV I A, ZLATANOV D, GOSSELIN C M. Singularity analysis of 3-DOF planar parallel mechanisms via screw theory [J]. Trans. ASME Mechanical Design, 2003, 125: 573-581.

[23] JOSHI S A, TSAI L W. Jacobian analysis of limited-DOF parallel manipulators [J]. Journal of Mechanical Design, Transactions of the ASME, 2002, 124 (2): 254-258.

[24] HUANG Z, ZHAO Y S, WANG J, et al. Kinematics principle and geometrical condition of general-linear-complex special configuration of parallel manipulators [J]. Mechanism and Machine Theory, 1999, 34 (8): 1171-1186.

[25] 曹毅，黄真，李艳文. 3/6-SPS 型 Stewart 并联机构奇异轨迹的性质识别 [J]. 中国机械工程，2006，17 (4): 391-396.

[26] WOLF A, OTTAVIANO E, SHOHAM M, et al. Application of line geometry and linear complex approximation to singularity analysis of the 3-DOF CaPaMan parallel manipulator [J]. Mechanism and Machine. Theory, 2004, 39: 79-95.

[27] MERLET J P. Singular configuration and direct kinematics of a new parallel manipulator [C] // Proceedings of IEEE International Conference on Robotics and Automation. New York: IEEE, 1992: 338-343.

[28] GALLARDO-ALVARADO J, RICO-MARTINEZ J M, ALICI G. Kinematics and singularity analyses of a 4-dof parallel manipulator using screw theory [J]. Mechanism and Machine Theory, 2006, 41: 1048-1060.

[29] BURDICK J W. A Classification of 3R regional manipulator singularities and geometries [J]. Mechanism and Machine Theory, 1995, 30 (1): 71-89.

[30] PARK F C, KIM J W. Singularity analysis of closed kinematic chains [J]. ASME Journal of Mechanical Design, 1999, 121 (1): 32-38.

[31] KIEFFER J. Differential analysis of bifurcations and isolated singularities for robots andmechanisms [J]. IEEE Transactions on Robotics and Automation, 1994, 10 (1): 1-10.

[32] KUANG R H. Singularities analysis of paradoxical mechanism and parallel manipulators [J]. J. Donghua University, 2006, 23: 5-9.

[33] PAUL R P, STEVENSON C N. Kinematics of robot wrists [J]. The International Journal of Robotics Research, 1983, 2 (1): 31-38.

[34] SEFRIOU I J, GOSSELIN C M. On the quadratic nature of the singularity curves of planar three-degree-of-freedom parallel manipulator [J]. Mechanism and Machine Theory, 1995, 30 (4): 531-551.

[35] TCHON K, MUSZYNSKI R. Singular inverse kinematic problem for robotic manipulators: A normal form approach [J]. IEEE Trans. on Robotics And Automation, 1998, 14 (1): 93-104.
[36] ONGE B M, GOSSELIN C M. Singularity analysis and representation of the general Gough-Stewart platform [J]. International Journal of Robotics Research, 2000, 19 (3): 271-288.
[37] KIM D, CHUNG W. Analytic singularity equation and analysis of six-dof parallel manipulators using local structurization method [J]. IEEE Transactions on Robotics and Automation, 1999, 15 (4): 612-622.
[38] GREGORIO R D. Singularity-locus expression of a class of parallel mechanisms [J]. Robotica, 2002, 20: 323-328.
[39] RUDIGER S. Practical bifurcation and stability analysis [M]. New York: Springer-Verlag, 1994.
[40] 吴微. 解非线性分枝问题的扩展方程方法 [M]. 北京: 科学出版社, 1993.
[41] GOLUBITSKY M, SCHAEFFER D G. Singularities and groups in bifurcation theory [M]. New York: Spring-Verlag, 1985.

第 11 章

AVEN 中的奇异构型与分岔

研究 AVEN 转向驱动并联机构 3-SPS/3-PRS 伴随输入参数的构型分岔特性发现，该少自由度并联机构存在尺寸极限奇异位置，锁定 A9 环作动筒长度不能消除奇异构型处的奇异失控运动。对时变几何体构型变量分岔特性的研究表明，构型曲线存在四重根奇异点，分岔非常复杂。尽管时变几何体整体不处于奇异位置，但组成时变几何体的某些 RRSR 运动链可能处于奇异位置，运动链构型转换比较复杂，存在不确定性失控运动。最后，根据结构动力稳定性理论，分析了类比刚度矩阵为 0 或∞ 的 RSRR 运动链奇异构型。隐藏在轴对称矢量喷管内部的奇异失控运动，给含推力矢量发动机飞机的飞行安全带来隐患，需要引起足够重视。

11.1 AVEN 转向驱动机构的奇异问题

11.1.1 转向驱动环驱动机构

在 AVEN 早期设计中，转向驱动环是由六个两端带有球副的 A9 环作动筒驱动的，球副一端连接机匣，另一端连接转向驱动环。这种转向驱动环矢量驱动机构属于 6-SPS Gough-Stewart 并联机构，转向驱动环为其动平台。当 6 个可伸缩 A9 环作动筒的长度相同时，动平台与基础平台平行，AVEN 转向驱动环处于非矢量状态。由于六个 A9 环作动筒在发动机机匣与转向驱动环之间周向均布，动平台处于奇异构型状态，动平台有一个绕发动机轴的旋转自由度。这在一定程度上将导致相邻扩张调节片产生严重的干涉，造成扩张调节片悬挂机构损坏，甚至失效。

为了消除转向驱动环绕发动机轴线的自由转动，Lippmeier 提出了一种 3-PRS 空间运动链，用于约束转向驱动环的奇异自由旋转运动，替代 6-SPS Gough-Stewart 并联机构中的三个支链，如图 11-1a 所示。这里，P 表示移动副，R 表示转动副，S 表示球副。3-PRS 约束机构允许转向驱动环有三个自由度运动，分别为绕 y 轴和 z 轴的旋转自由度和沿 x 轴（即发动机轴线）的平移自由度。这三个自由度能够使转向驱动环驱动矢量喷管扩张段改变喷口面积 A9，以及使喷管扩张段做万向矢量偏转。该约束机构消除了非矢量状态下转向驱动环绕发动机轴线的自由旋转运动，缺点是当转向驱动环偏转时，其动平台中心不在发动机轴线上，有一定的偏移。

根据机构学理论，3-SPS 运动链和 3-PRS 约束运动链构成了 3-SPS/3-PRS 并联机构，如图 11-1b 所示。AVEN 转向驱动环为该并联机构的动平台。3-SPS 运动链用于为转向驱动环提供驱动，3-PRS 运动链用于约束转向驱动环的运动自由度。由于奇异性是并联机构的固有特性，轴对称矢量喷管矢量驱动机构 3-SPS/3-PRS 属于并联机构，因此该并联机构也存在运动奇异性问题。与串联机构运动奇异出现在工作空间边界上不同，并联机构运动奇异主要发生在工作空间内部，分布极为复杂。当并联机构处于奇异构型时，动平台瞬间获得一个或多个自由度，无法抵抗沿失控自由度方向施加的力和力矩，动平台失去控制。相比 Ausdenmoore 列举的由三个均布液压执行机构驱动的笨重的转向驱动环的两个缺点而言，隐藏在轴对称矢量喷管内部的奇异运动失控，则是影响含推力矢量发动机飞机的飞行安全与操纵的巨大隐患。当 3-SPS/3-PRS 并联机构的动平台（转向驱动环）由于运动奇异而失去控制时，装有 AVEN 推力矢量发动机的飞机将会发生灾难性事故。

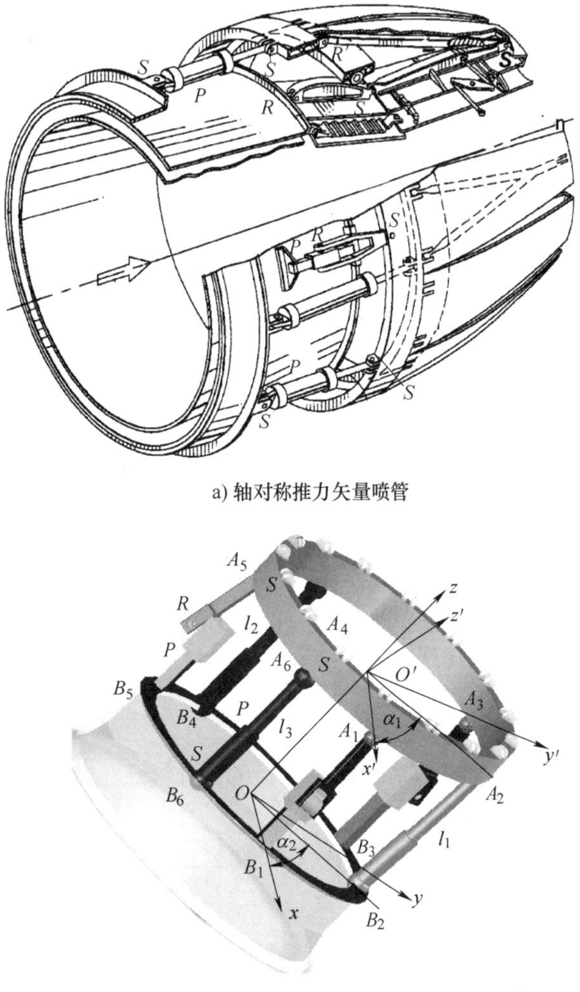

a) 轴对称推力矢量喷管

b) AVEN 转向驱动环 3-SPS/3-PRS 并联驱动机构

图 11-1　AVEN 与转向驱动环驱动机构

11.1.2　构型分岔特性

1. 构型方程

在图 11-1b 所示的结构对称 3-SPS/3-PRS 并联机构中，基础平台为发动机机匣。B_1、B_3 和 B_5 分别为 3-PRS 运动链中与基础平台构成的移动副，均布在以 R_2 为半径的圆周上。B_2、B_4 和 B_6 分别为 3-SPS 运动链中与基础平台构成的球副，均布在以 R_0 为半径的基础平台圆周上。圆弧 B_1B_2 对应的圆心角为 α_2。A_1、A_3 和 A_5 分别为 3-PRS 运动链中与动平台连接的球副，A_2、A_4 和 A_6 分别为 3-SPS 运动链中与动平台连接的球副，$A_1 \sim A_6$ 分布在以 R_1 为半径的动平台的圆周上。圆弧 A_1A_2 对应的圆心角为 α_1

在 3-SPS/3-PRS 并联机构中，当给定 3-SPS 的运动输入值后，确定该并联机构的未知参数共有 9 个：动平台的六个位姿参数 x_0、y_0、z_0、α、β、γ 和 3-PRS 运动链中移动副的相对位移 s_1、s_2、s_3。为方便起见，以动平台中心坐标 $O'(x_0,y_0,z_0)$、铰链点 A_1 坐标 (x_1,y_1,z_1) 和铰链点 A_2 坐标 (x_2,y_2,z_2) 作为未知量。3-SPS/3-PRS 并联机构约束方程由三部分构成。

3-SPS 运动链的 A9 环作动筒长度约束方程

$$f_1=(x_2-x_{20})^2+(y_2-y_{20})^2+(z_2-z_{20})^2-l_2^2=0 \tag{11-1}$$

$$f_2=(x_4-x_{40})^2+(y_4-y_{40})^2+(z_4-z_{40})^2-l_4^2=0 \tag{11-2}$$

$$f_3=(x_6-x_{60})^2+(y_6-y_{60})^2+(z_6-z_{60})^2-l_6^2=0 \tag{11-3}$$

3-PRS 运动链的平面约束方程

$$f_4=y_1-y_{10}=0 \tag{11-4}$$

$$f_5 = -\sqrt{3}(x_3 - x_{30}) - (y_3 - y_{30}) = 0 \tag{11-5}$$

$$f_6 = \sqrt{3}(x_5 - x_{50}) - (y_5 - y_{50}) = 0 \tag{11-6}$$

O'与铰链点 A_1 和 A_2 存在几何约束

$$\begin{aligned} f_7 = &(x_2 - x_1)^2 + (y_2 - y_1)^2 + (z_2 - z_1)^2 \\ &-2r_1^2(1 - \cos\alpha_1) = 0 \end{aligned} \tag{11-7}$$

$$f_8 = (x_1 - x_0)^2 + (y_1 - y_0)^2 + (z_1 - z_0)^2 - r_1^2 = 0 \tag{11-8}$$

$$f_9 = (x_2 - x_0)^2 + (y_2 - y_0)^2 + (z_2 - z_0)^2 - r_1^2 = 0 \tag{11-9}$$

以动平台的半径 R_1 对所有长度量进行量纲处理，得到无量纲的构型方程，并简记为

$$\boldsymbol{F}(\boldsymbol{x}, \boldsymbol{\mu}) = 0 \tag{11-10}$$

$$\boldsymbol{x} = (x_0 \quad y_0 \quad z_0 \quad x_1 \quad y_1 \quad z_1 \quad x_2 \quad y_2 \quad z_2)^{\mathrm{T}}$$

$$\boldsymbol{\mu} = (l_2 \quad l_4 \quad l_6)^{\mathrm{T}} \in R^3$$

对于给定的输入参数$\boldsymbol{\mu}$，利用数值方法，从式（11-10）中可以得到未知量 $\boldsymbol{x}$。根据 $\boldsymbol{x}$ 值，很容易求得动平台的位姿

$$\boldsymbol{M} = (x_0 \quad y_0 \quad z_0 \quad \alpha \quad \beta \quad \gamma)^{\mathrm{T}}$$

分析发现，3-SPS/3-PRS 少自由度并联机构的动平台中心在一个圆上，圆方程为

$$x_c^2 + y_c^2 = \frac{1}{4}\rho^2\ (n_z - 1)^2 \tag{11-11}$$

式中，n_z 为动平台法线矢量的 z 分量。

2. 静态分岔点

设（$\boldsymbol{x}_0, \boldsymbol{\mu}_0$）为式（11-10）的奇异点，其应满足方程

$$\begin{cases} F(\boldsymbol{x}_0, \boldsymbol{\mu}_0) = 0 \\ |F_x(\boldsymbol{x}_0, \boldsymbol{\mu}_0)| = 0 \end{cases} \tag{11-12}$$

判断奇异点是否为构型分岔点的方法如下：取奇异点（$\boldsymbol{x}_0, \boldsymbol{\mu}_0$）附近的足够小的邻域 $\boldsymbol{\Omega} \in \boldsymbol{x} \times \boldsymbol{\mu}$，当$\boldsymbol{\mu}$ 变化经过$\boldsymbol{\mu}_0$ 时，机构的构型解曲线数目突然发生变化，则称机构在奇异点（$\boldsymbol{x}_0, \boldsymbol{\mu}_0$）处出现静态分岔，点（$\boldsymbol{x}_0, \boldsymbol{\mu}_0$）称为静态分岔点。

为了获得静态分岔点，构造式（11-10）对应的同伦方程

$$\boldsymbol{H}(\boldsymbol{x}, \boldsymbol{\mu}, t) = t\boldsymbol{F}(\boldsymbol{x}, \boldsymbol{\mu}) + (1 - t)\gamma\boldsymbol{G}(\boldsymbol{x}) = 0 \tag{11-13}$$

由 $\boldsymbol{G}(\boldsymbol{x}) = 0$ 的已知解出发，从 $t = 0$ 开始逐步增加同伦参数 t 的取值，跟踪式（11-13）的解曲线，直到 $t = 1$，同伦方程组 $\boldsymbol{H}(\boldsymbol{x}, \boldsymbol{\mu}, t) = 0$ 的解即为待求方程组 $\boldsymbol{F}(\boldsymbol{x}, \boldsymbol{\mu})$ 的解（$\boldsymbol{x}_0, \boldsymbol{\mu}_0$）。

为了研究构型分支曲线数目的变化情况，即状态变量 $\boldsymbol{x}$ 随输入参数$\boldsymbol{\mu}$ 的变化情况，需要计算输入参数由$\boldsymbol{\mu}_0$变化至$\boldsymbol{\mu}$ 时机构的新构型。为此，将 $\boldsymbol{F}(\boldsymbol{x}, \boldsymbol{\mu}_0) = 0$ 作为初始方程组，构造系数同伦方程

$$\boldsymbol{H}(\boldsymbol{x}, \boldsymbol{\mu}, t) = t\boldsymbol{F}(\boldsymbol{x}, \boldsymbol{\mu}) + (1 - t)\gamma\boldsymbol{F}(\boldsymbol{x}, \boldsymbol{\mu}_0) = 0 \tag{11-14}$$

以$\boldsymbol{\mu} = \boldsymbol{\mu}_0$的构型作为起点，跟踪全部同伦路径，得到 $\boldsymbol{F}(\boldsymbol{x}, \boldsymbol{\mu}) = 0$ 的全部构型解曲线，如图 11-2 所示。根据解曲线的变化情况，确定构型分岔点。当并联机构的尺寸参数为 $l_4 = l_6 = 2.0$、$R_1 = 1$、$R_2 = 2$、$\alpha_1 = 50°$、$\alpha_2 = 20°$时，其固定平台上空间内的奇异位置见表 11-1。

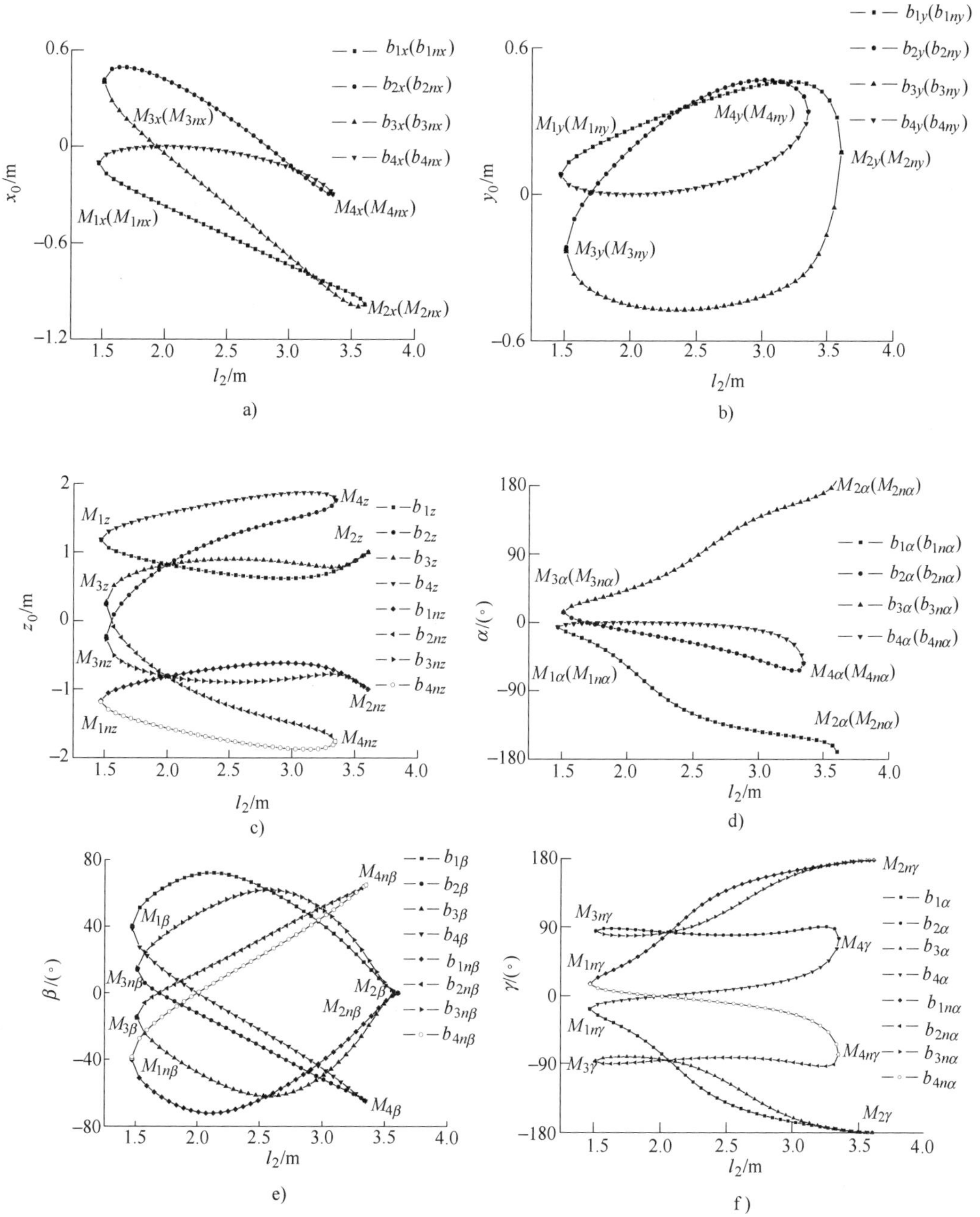

图 11-2　3-SPS/3-PRS 少自由度并联机构构型分岔

表 11-1　3-SPS/3-PRS 并联机构的奇异位置（构型分岔点）

奇异点	分岔参数 l_2	位置			姿态		
		x_0/m	y_0/m	z_0/m	α/(°)	β/(°)	γ/(°)
M_1	1.4707	−0.10	0.0817	1.1732	−16.75	39.801	−6.10
M_3	1.5127	0.4104	−0.22	−0.24	86.0728	14.199	13.266
M_4	3.3470	−0.29	0.3438	1.7566	77.515	−64.9	−54.1
M_2	3.6055	−0.98	0.1673	−0.99	180.00	0.0001	−170.4

3. 构型分岔曲线

在图 11-2 所示的 3-SPS/3-PRS 少自由度并联机构构型曲线中，以构型分量 z 为例。假设并联机构沿构型分支曲线 b_{3z} 由奇异位置 M_3 运动到 M_2，如果并联机构能够以非保持的构型 b_{1z} 通过奇异位置 M_2，随着输入参数 l_2 的减小，构型分量 z 沿构型分支曲线 b_{1z} 由奇异位置 M_2 运动到 M_1。假设并联机构能够以非保持的构型 b_{4z} 通过奇异位置 M_1，随着输入参数 l_2 的增加，构型分量 z 沿构型分支曲线 b_{4z} 由奇异位置 M_1 运动到 M_4。此时，如果并联机构能够以非保持的构型 b_{2z} 通过奇异位置 M_4，随着输入参数 l_2 的减小，则构型分量 z 将沿构型分支曲线 b_{2z} 由奇异位置 M_4 运动到固定平台的下方 M_3'（奇异位置 M_3 关于固定平台的对称点）。这表明，即使该并联机构能够按期望的非保持的构型依次通过奇异位置，但在动平台的上空间内并不能使并联机构的构型分量 z 回到其初始的奇异点 M_{3z}。要使构型分量 z 回到其初始的奇异位置点 M_{3z}，必需再经过一个下空间的构型变换才能实现。这种现象产生的原因在于由式（11-11）确定的动平台圆心方程是一个 2 倍于动平台法线绕 z 轴旋转的函数。这一特点在其他位姿分量，如 α、β 上的表现也非常突出。

在叙述构型分量的一个完整运动周期时，总是强调构型分量以非保持的构型通过奇异位置。事实上，并联机构在到达奇异位置时，构型有两种发展趋势：沿用原来的构型曲线，如构型分量 z 沿构型分支曲线 b_{2z} 到达奇异位置 M_4 后，随着输入参数的减小，并联机构以构型曲线 b_{2z} 向奇异位置 M_3' 运动，这里称该构型曲线为保持的构型曲线，相应的构型称为保持的构型；也可以沿构型曲线 b_{4z} 向奇异位置 M_1 运动，称该构型为非保持的构型。保持的构型和非保持的构型在奇异位置处重合，形成转向点分岔点。在转向点分岔点，并联机构可以沿其中任意一条构型曲线给出运动输出，因此，并联机构的运动具有不确定性。

出现了 4 个构型分支曲线重合的情况，构型分支曲线变化更为复杂。尤其是由于 $b_{1\beta}$、$b_{3n\beta}$（或 $b_{1n\beta}$、$b_{3\beta}$）曲线在奇异位置 M_2 附近非常接近，因此，很容易使构型分量 β 在构型曲线 $b_{1\beta}$、$b_{3n\beta}$ 之间转换，从而造成构型分量 β 的失控。这一点在构型分量 γ 上（图 11-2f）的表现也十分突出。在奇异位置 M_2 处附近的邻域内，构型曲线 $b_{1\gamma}$ 与 $b_{3\gamma}$ 非常接近，基本是处于重合的状态。如果控制并联机构使构型分量 γ 沿构型分支曲线 $b_{1\gamma}$ 运动，而事实上构型分量 γ 沿构型分支曲线 $b_{3\gamma}$ 运动，当并联机构运动到控制系统不允许 $b_{1\gamma}$ 与 $b_{3\gamma}$ 之间相互转换的位置时，给定的运动输入与并联机构的运动输出将产生矛盾，导致系统破坏。

进一步观察奇异位置 M_2 附近的构型分岔曲线，可以发现，关于动平台位姿变量 α、β、γ、x_0、z_0 的构型曲线在奇异位置 M_2 接近重合，因此，通过控制输入参数，很难防止构型之间的转换，即在奇异位置 M_2 附近机构从一种构型变换到另一种构型。并且由于关于位姿变量 y_0 的构型曲线的切线在该点垂直于水平轴，锁定输入参数 l_2，动平台将获得一个沿 y_0 方向的局部自由度，且这个局部自由度能够被其他位姿变量所允许，由此造成动平台失控。在奇异位置 M_2 处动平台沿 y_0 方向的局部失控运动将造成扩张调节片的严重挤压破坏，使喷管矢量偏转段失效。因此，美国专利 US6142416 通过检测作动筒长度防止转向驱动环陷入奇异运动的可靠性是值得商榷的。

除此之外，并联机构的尺寸对其奇异位置的影响比较明显，表 11-2 给出了不同输入参数下的 3-SPS/3-PRS 并联机构的构型分岔点（$l_4 = l_6 = 1.24$，1.50，2.00，2.80）。

表 11-2 不同输入参数下的 3-SPS/3-PRS 并联机构的构型分岔点

输入参数 l_i	分岔点	分岔参数 l_2	位置			姿态		
			x_0/m	y_0/m	z_0/m	α/(°)	β/(°)	γ/(°)
1.24	M_1	1.239	-0.0001	0.0001	0.028	-0.41	1.192	-0.004
	M_2	1.244	-0.0012	0.0004	0.032	0.602	-4.06	0.021
	M_3	1.239	0.0003	-0.0002	-0.0003	2.077	0.658	0.012
	M_4	1.245	-0.0005	0.0008	0.051	1.661	-3.1	-0.05
1.50	M_1	1.293	-0.036	0.028	0.599	-8.58	23.41	-1.78
	M_2	2.602	-0.491	0.112	0.472	93.88	-83.55	-87.4
	M_3	1.305	0.122	-0.082	0.047	-43.78	-11.9	4.79
	M_4	2.375	-0.143	0.185	0.989	35.03	-49.5	-16.5
2.00	M_1	1.471	-0.102	0.080	1.177	-16.5	39.46	-5.97
	M_2	3.606	-0.985	0.174	1.00	180.0	0	-170.
	M_3	1.513	0.408	-0.225	0.249	-85.97	-14.42	13.45
	M_4	3.347	-0.296	0.34	1.760	76.61	-64.9	-53.3
2.80	M_1	1.937	-0.182	0.144	2.021	-27.4	52.87	-13.8
	M_2	4.103	-0.985	0.174	2.200	180.0	0.00	-170.0
	M_3	2.156	0.87	-0.31	1.086	-148.5	-5.22	18.44
	M_4	4.34	-0.4	0.41	2.77	110.5	-65.7	-86.1

11.2 输入位移状态变量构型分岔特性

在图 6-4 所示的 AVEN 运动反解流程中，给定时变几何体喷口面积 A_{90} 及几何矢量偏转角 δ_{gef} 后，通过求解式（6-62）~式（6-64）可以确定转向驱动环的近似位姿，然后对近似位姿误差进行修正，得到用于实时控制的精确位姿方程。在求解转向驱动环近似位姿的过程中，并没有考虑方程求解的多解性对输入参数状态变量构型分岔的影响，只是取了其中一组值来分析研究。本节考虑转向驱动环位姿方程求解的多解性，研究给定时变几何体喷口面积及几何矢量偏转角对应的输入状态变量构型分岔特性。

11.2.1 时变几何体构型方程

类似于第 6 章中给出的 AVEN 实时运动反解及其解析表达的建模过程，给定时变几何体的喷口面积 A_{90} 及几何矢量偏转角 δ_{gef}，得到求解动平台（转向驱动环）位姿的约束方程

$$
\begin{cases}
f_1 = A_{90} - 0.5\pi a(b_1 + b_2) = 0 \\
f_2 = \dfrac{4(b_2 - b_1)}{3\pi(b_1 + b_2)}(c_1 x_7 - c_1 x_5 + 2c_3 R_3) + c_2 x_9 - \\
\qquad \left[\dfrac{4(b_2 - b_1)}{3\pi(b_1 + b_2)} c_1 (x_8 - x_6) + (c_1 x_{11} - c_4 x_{13})\right]\tan\delta_{\mathrm{gef}} = 0 \\
f_3 = (x_5 - R_4)^2 + x_6^2 - (l_{\mathrm{DC}} + l_{\mathrm{CB}})^2 = 0 \\
f_4 = (x_1 - x_5)^2 + (x_2 - x_6)^2 - l_{\mathrm{AB}}^2 = 0 \\
f_5 = (x_7 + R_3)^2 + x_8^2 - (l_{\mathrm{DC}} + l_{\mathrm{CB}})^2 = 0 \\
f_6 = (x_3 - x_7)^2 + (x_4 - x_8)^2 - l_{\mathrm{AB}}^2 = 0 \\
f_7 = [x_9 - 0.5(x_1 + x_3)]^2 + (x_{10} - R_1)^2 + \\
\qquad [x_{11} - 0.5(x_2 + x_4)]^2 - l_{\mathrm{AB}}^2 = 0 \\
f_8 = x_9^2 + (x_{12} - x_{10})^2 + (x_{13} - x_{11})^2 - l_{\mathrm{CB}}^2 = 0 \\
f_9 = (x_{12} - R_3)^2 + x_{13}^2 - l_{\mathrm{DC}}^2 = 0 \\
f_{10} = -\dfrac{\sqrt{l_{\mathrm{DC}}^2 - x_{13}^2}}{l_{\mathrm{DC}}}(x_{12} - x_{10}) + \dfrac{x_{13}}{l_{\mathrm{DC}}}(x_{13} - x_{11}) = 0 \\
f_{11} = \dfrac{x_1 - x_3}{2R_1}[x_9 - 0.5(x_1 + x_3)] + \dfrac{x_2 - x_4}{2R_1}[x_{11} - 0.5(x_2 + x_4)] = 0 \\
f_{12} = (x_1 - x_3)^2 + (x_2 - x_4)^2 - 4R_1^2 = 0 \\
f_{13} = c_1 c_2 x_9 (x_8 - x_6) - (c_1 x_5 - c_3 R_3)(c_1 x_8 - c_2 x_{11} + c_4 x_{13}) + \\
\qquad (c_1 x_7 + c_2 R_3)(c_1 x_6 - c_2 x_{11} + c_4 x_{13}) = 0
\end{cases}
\tag{11-15}
$$

其中

$$a = c_2 x_{10} - c_4 x_{12}$$

$$b_1 = \sqrt{(c_1 x_5 - c_2 x_9 - c_3 R_3)^2 + (c_1 x_6 - c_2 x_{11} + c_4 x_{13})^2}$$

$$b_2 = \sqrt{(c_1 x_7 - c_2 x_9 + c_3 R_3)^2 + (c_1 x_8 - c_2 x_{11} + c_4 x_{13})^2}$$

$$c_1 = \frac{l_{\mathrm{DP}}}{l_{\mathrm{DB}}} \quad c_2 = \frac{l_{\mathrm{CP}}}{l_{\mathrm{CB}}} \quad c_3 = \frac{l_{\mathrm{BP}}}{l_{\mathrm{DB}}} \quad c_4 = \frac{l_{\mathrm{BP}}}{l_{\mathrm{CB}}}$$

$$l_{\mathrm{DP}} = l_{\mathrm{DC}} + l_{\mathrm{CP}} \quad l_{\mathrm{DB}} = l_{\mathrm{DC}} + l_{\mathrm{CB}} \quad l_{\mathrm{BP}} = l_{\mathrm{CP}} - l_{\mathrm{CB}}$$

式（11-15）记为

$$\boldsymbol{F}(\boldsymbol{x}) = 0 \tag{11-16}$$

$$\boldsymbol{F} = (f_1, f_2, \cdots, f_{13})^{\mathrm{T}} \quad \boldsymbol{x} = (x_1, x_2, \cdots, x_{13})^{\mathrm{T}}$$

分岔方程

$$\boldsymbol{F}(\boldsymbol{x}, \boldsymbol{\mu}) = 0 \tag{11-17}$$

式中，$\boldsymbol{\mu} = [A_{90}, \delta_{\mathrm{gef}}]^{\mathrm{T}}$ 为两个分岔参数。

在式（11-15）中，以简单变量符号表示特殊位置拉杆运动副坐标点，对应关系见表 11-3。这 13 个变量既确定了动平台的位姿，又确定了 AVEN 矢量偏转段四个特殊扩张调节片的位置，因此，定义这 13 个变量为 AVEN 时变几何体构型变量。

表 11-3　简单变量符号与时变几何体构型变量对应关系

原变量符号	A_{1sx}	A_{1sz}	A_{3sx}	A_{3sz}	B_{1sx}	B_{1sz}	B_{3sx}	B_{3sz}	B_{2sx}	B_{2sy}	B_{2sz}	C_{2sy}	C_{2sz}
简化后变量	x_1	x_2	x_3	x_4	x_5	x_6	x_7	x_8	x_9	x_{10}	x_{11}	x_{12}	x_{13}

利用扩展方程方法，求得给定时变几何体喷口面积 A_{90} 及几何矢量偏转角 δ_{gef} 情形下，式（11-17）对应的全部 224 构型。其中实根有 16 组，即对于一组给定的时变几何体喷口面积 A_{90} 及几何矢量偏转角 δ_{gef}，存在 16 种实际装配构型，见表 11-4。图 11-3 所示为基础平台平面之上的 8 组装配构型。另外有 8 组装配构型位于基础平台平面之下。上下各 8 组装配构型关于基础平台并不对称。

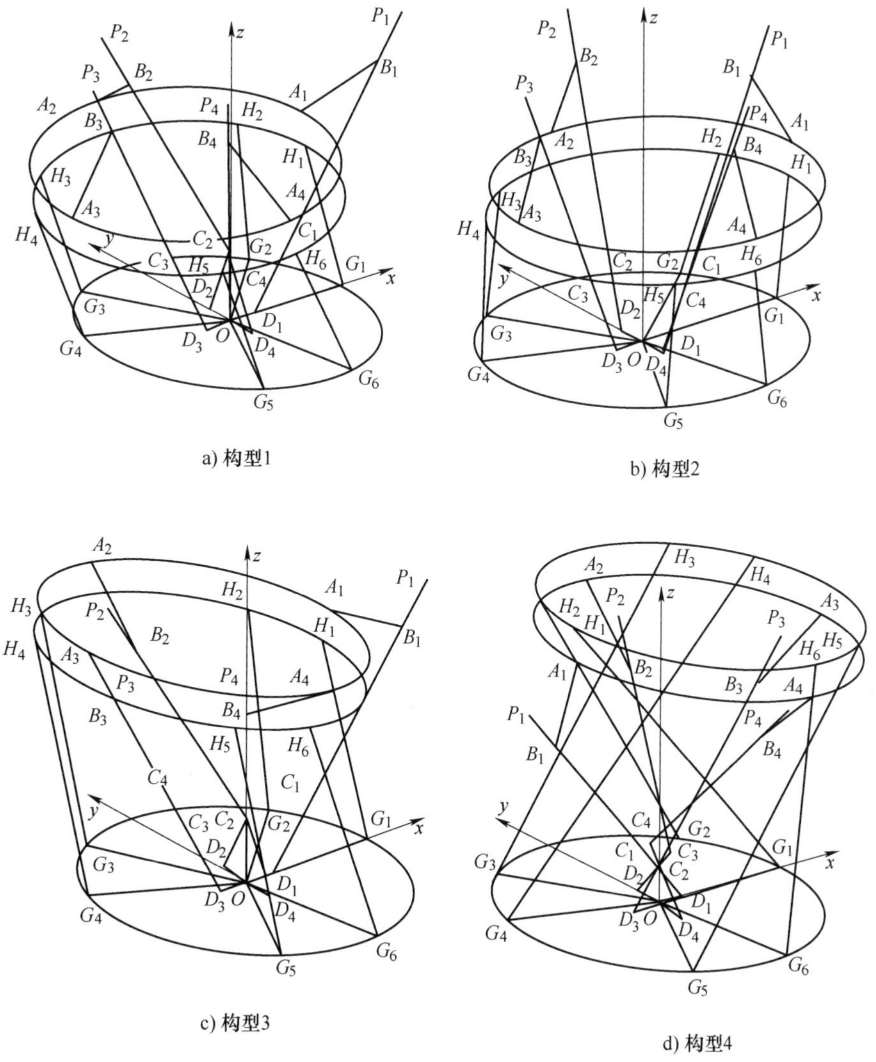

图 11-3　AVEN 时变几何并联机构的装配构型

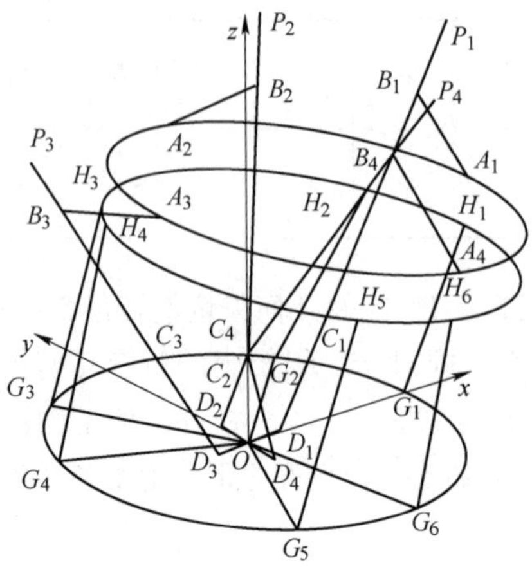

e) 构型5

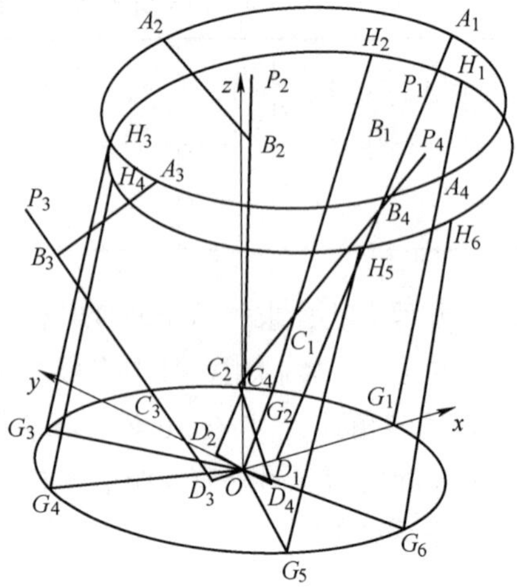

f) 构型6

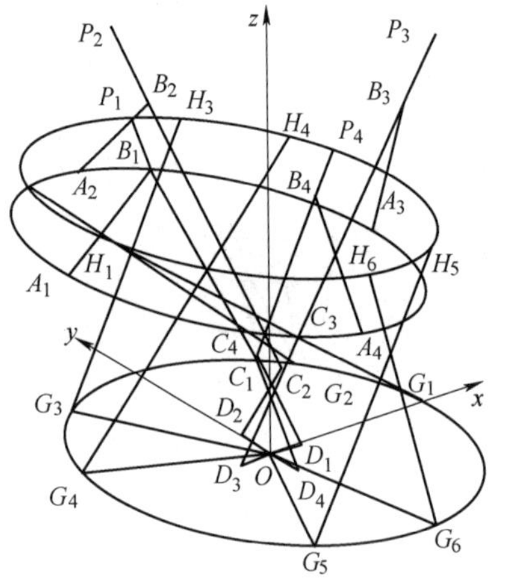

g) 构型7

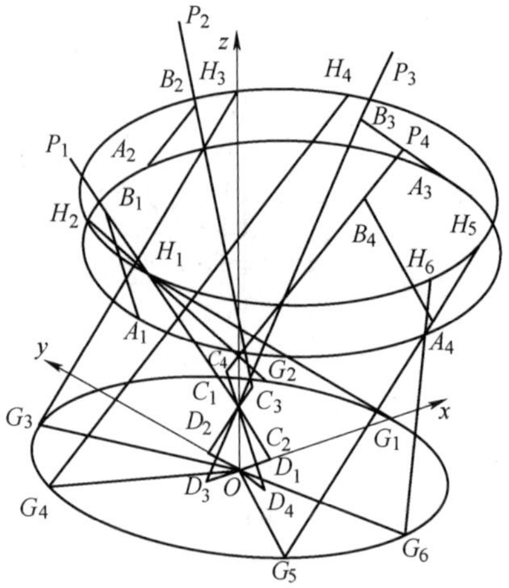

h) 构型8

图 11-3　AVEN 时变几何并联机构的装配构型（续）

表 11-4　时变几何体构型变量实解

解编号	构型变量												
	x_1	x_2	x_3	x_4	x_5	x_6	x_7	x_8	x_9	x_{10}	x_{11}	x_{12}	x_{13}
1	108. 530	131. 360	−91. 452	80. 993	195. 716	−76. 375	197. 062	7. 668	77. 865	196. 452	36. 953	57. 555	128. 739
2	60. 240	155. 103	−137. 668	127. 481	174. 564	−103. 372	187. 280	−45. 270	46. 768	185. 662	−0. 656	56. 332	126. 257
3	64. 826	211. 379	−131. 096	125. 198	175. 949	−102. 127	187. 829	−42. 426	47. 462	186. 151	−0. 949	56. 223	251. 554
4	−66. 128	243. 535	133. 030	−84. 931	176. 108	80. 983	178. 402	28. 236	59. 249	177. 697	−8. 640	52. 723	225. 211
5	141. 778	122. 433	−55. 573	109. 384	184. 486	−121. 630	178. 034	50. 462	46. 697	183. 426	−1. 094	56. 769	154. 872
6	138. 452	248. 176	−57. 610	108. 932	184. 705	−120. 775	178. 519	49. 438	46. 952	183. 659	−1. 191	56. 132	208. 690
7	−130. 796	139. 052	66. 591	−75. 182	181. 563	90. 681	172. 553	−22. 931	59. 258	179. 119	−8. 319	52. 896	106. 829
8	−64. 183	109. 246	134. 384	−84. 960	176. 092	80. 986	178. 400	28. 302	59. 238	177. 692	−8. 637	52. 724	133. 132
9	100. 130	−130. 061	−99. 870	78. 237	−196. 553	−78. 298	−196. 535	0. 088	78. 278	−196. 54	37. 057	−57. 524	−129. 937

（续）

解编号	构型变量												
	x_1	x_2	x_3	x_4	x_5	x_6	x_7	x_8	x_9	x_{10}	x_{11}	x_{12}	x_{13}
10	55.574	-157.418	-141.123	122.648	-177.450	-110.264	-184.058	-50.911	46.352	-183.54	-0.868	-56.254	-121.227
11	58.010	-208.876	-138.057	121.019	-178.382	-109.380	-184.489	-49.009	46.836	-183.96	-1.057	-56.183	-248.346
12	-74.523	-241.455	125.161	-89.768	-173.136	74.509	-181.915	22.104	59.758	-178.65	-8.635	-52.725	-230.231
13	138.595	-128.696	-60.262	101.541	-188.085	-125.323	-175.875	44.111	47.519	-185.42	-1.134	-56.154	-150.047
14	131.968	-251.107	-64.034	101.180	-188.241	-124.637	-176.284	43.230	47.731	-185.58	-1.221	-56.121	-211.317
15	-134.986	-133.506	63.547	-81.184	-178.288	85.362	-175.851	-28.858	59.047	-177.77	-8.537	-52.779	-109.337
16	-68.940	-106.457	128.627	-89.299	-173.431	74.489	-181.925	20.920	59.927	-178.70	-8.696	-52.692	-137.550

11.2.2　时变几何体构型分岔特性

时变几何体构型变量 $\boldsymbol{x}$ 有 13 个分量，分岔参数 $\boldsymbol{\mu}$ 有两个分量 A_{90} 和 δ_{gef}。构型变量 $\boldsymbol{x}$ 主要描述时变几何体构成部分的运动状态，而无法反映 AVEN 直接控制参数——A9 环作动筒位移的输出参数。为此，利用构型变量 $\boldsymbol{x}$ 求解与之对应的 A9 环作动筒输入位移状态变量 $\boldsymbol{l}=(l_1,l_2,\cdots,l_6)$。分别研究两个分岔参数对输入位移状态变量的影响，分三种情况讨论：无偏转时，喷口面积 A_{90} 对输入位移状态变量的影响；有偏转时（即 $\delta_{gef}\neq 0$），喷口面积 A_{90} 对输入位移状态变量的影响；几何矢量偏转角 δ_{gef} 对输入位移状态变量的影响。此外，研究了几何矢量偏转角 δ_{gef} 对时变几何体部分状态变量的影响。

1. 输入位移状态变量伴随喷口面积 A_{90} 的构型分岔

图 11-4 所示为喷管非偏转状态（$\delta_{gef}=0$），输入位移状态变量 $\boldsymbol{l}$ 各分量 l_i（$i=1,2,\cdots,6$）伴随喷口面积 A_{90} 的变化情况。图中，曲线 b_k（$k=1,2,\cdots,8$）表示对应基础平台之上的 8 种实际构型的各分量 l_i 的解曲线分支。点 $\boldsymbol{P}_{ji}$（$j=1,2;i=1,2,\cdots,6$）表示输入位移状态变量 $\boldsymbol{l}$ 的各分量 l_i 的第 j 个分岔点，这两组分岔对应的整个机构的分岔点记为 P_1 和 P_2。

当喷口面积由 2500 增大到 4250 时，构型 3 和构型 6 的解曲线相交，其各分量记为 $\boldsymbol{P}_{1i}$（$i=1,2,\cdots,6$），即输入位移状态变量构型 3 和构型 6 的解曲线在该喷口面积处相交于一点，输入位移状态变量 $\boldsymbol{l}$ 出现两种构型重根，转向驱动环运动出现分岔现象，该点即为 AVEN 运动分岔点，记为 P_1 点。同样，构型 2 和构型 5 的解曲线相交，其各分量记为 $\boldsymbol{P}_{2i}(i=1,2,\cdots,6)$，即对于同一喷口面积 A_{90}，输入位移状态变量构型 2 和构型 5 的解曲线在该喷口面积处相交于一点。这表明，输入位移状态变量 $\boldsymbol{l}$ 出现两种构型重根，转向驱动环运动出现分岔现象，该点即为 AVEN 运动分岔点，记为 P_2 点。

当喷口面积 $A_{90}=4250$ 时，构型 3 和构型 6 将在该处发生构型转换，转向驱动环构型不稳定。同样，构型 2 和构型 5 将在该处发生构型转换，转向驱动环构型不稳定，喷管矢量偏转段存在不确定运动。而其他 4 种构型在该点不会失去控制，矢量偏转段运动确定。由此可见，在 AVEN 喷口面积的某些取值处，输入位移状态变量的一些构型将发生转换，AEVN 矢量偏转段出现不确定运动。为使机构可控，必须选择确定的构型。

根据以上分析，当 $A_{90}\in[2600,4100]$ 时，构型分支 b_1 将分别与 b_2 和 b_5 交叉。而构型分支 b_2 和 b_5 随着喷口面积的增加，最终通向分岔点。当 $A_{90}\in[2650,3200]$，输入位移状态变

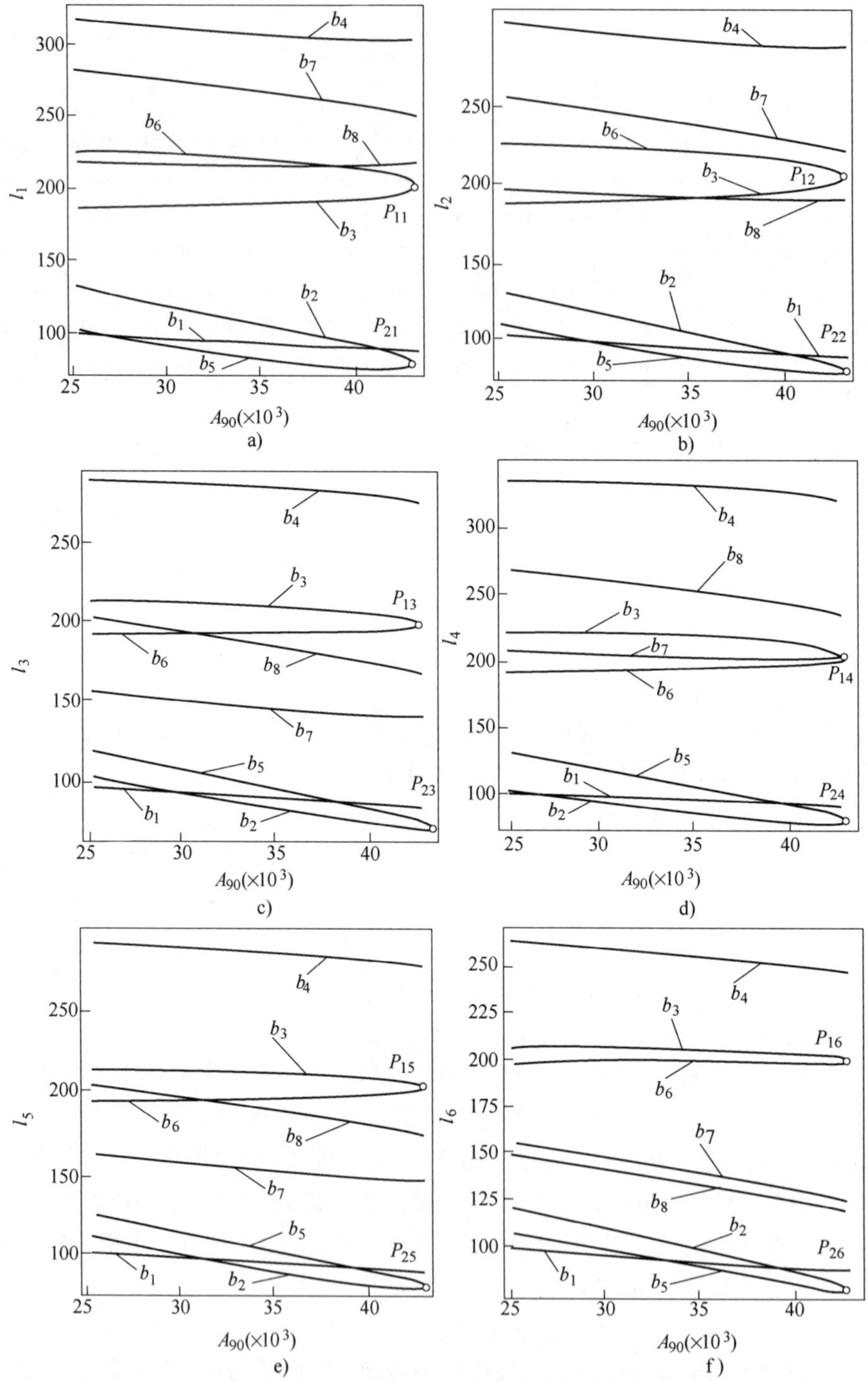

图 11-4　非矢量偏转输入位移状态变量伴随喷口面积分岔图

量分量 l_1、l_2、l_6 的分支 b_1 分别与 b_5 交于点 Q_{11}、Q_{12} 和 Q_{16}，在扰动等影响下，可能造成由构型 1 变换到构型 5。当 $A_{90} \in [3850,4100]$ 时，输入位移状态变量分量 l_1、l_2、l_6 的分支 b_1 分别与 b_2 交于点 Q_{21}、Q_{22} 和 Q_{26}，同样，在扰动等影响下，可能由构型 1 变换到构型 2。这些构型分支的接近或交叉，在外界环境影响下均可能发生构型变换。

当喷管扩张段发生矢量偏转时，输入位移状态变量伴随喷口面积分岔的特征类似。

2. 输入位移状态变量伴随几何矢量偏转角 δ_{gef} 的构型分岔

如图 11-5 所示，只在个别输入位移状态变量分量上发生交叉，但没有六个输入位移状态变量分量同时分别相等的情况，即没有两个状态变量产生重根的情况。比较分岔图发现，输入位移状态变量没有出现以喷口面积为分岔参数那样的分岔点。

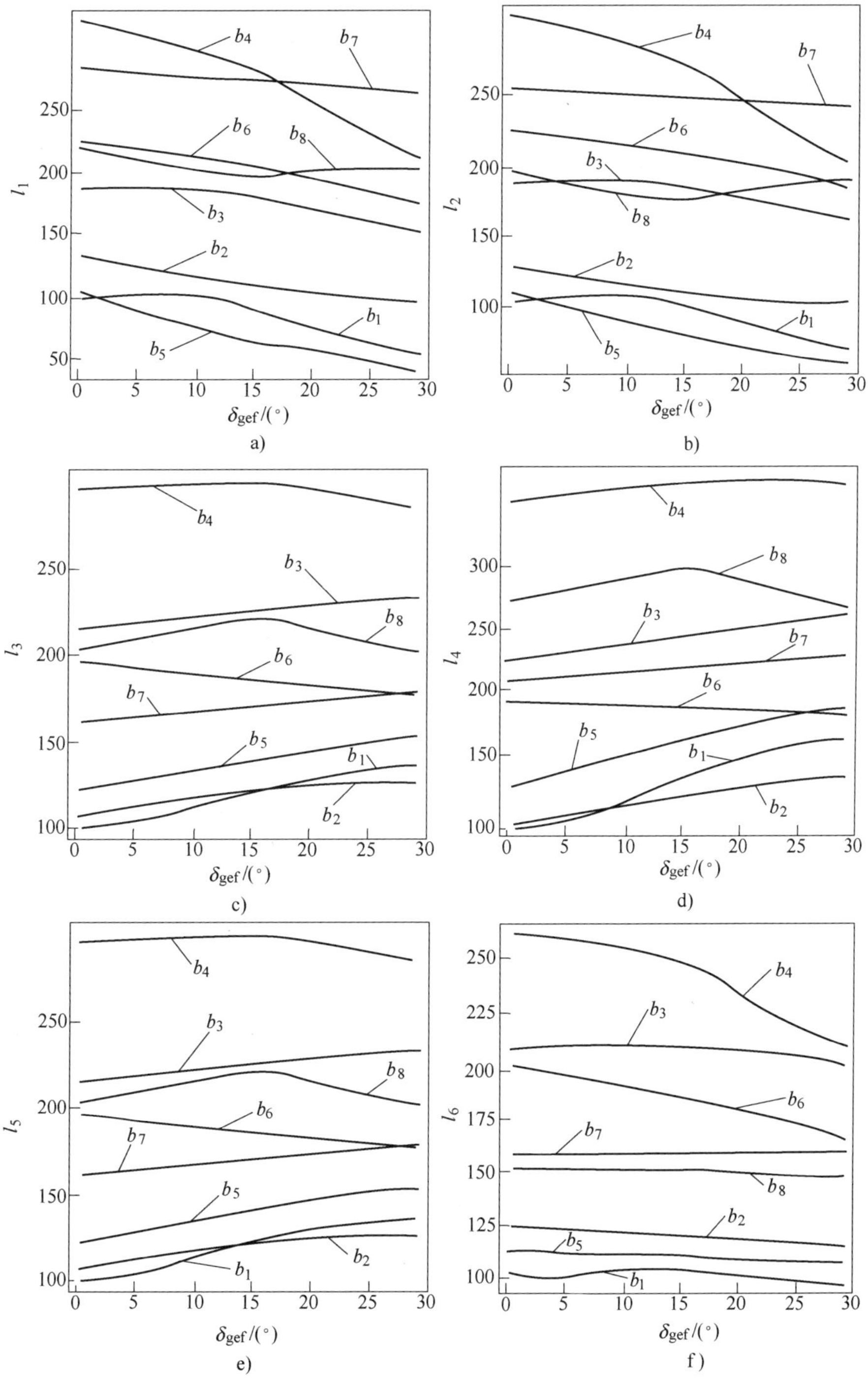

图 11-5　伴随几何矢量角 δ_{gef} 输入位移状态变量构型分岔

3. 时变几何体构型变量伴随几何矢量偏转角 δ_{gef} 的分岔

AVEN 中，n 组 RRSR 空间运动链是围成时变几何体的基本构成单元。当 AVEN 扩张段发生矢量偏转时，这些 RRSR 运动链姿态将发生变化，导致时变几何体构型变量呈现多样的运动性态。为此，以几何矢量偏转角 δ_{gef} 为分岔参数，研究 RRSR 运动链姿态变量的分岔行为，如图 11-6 所示。

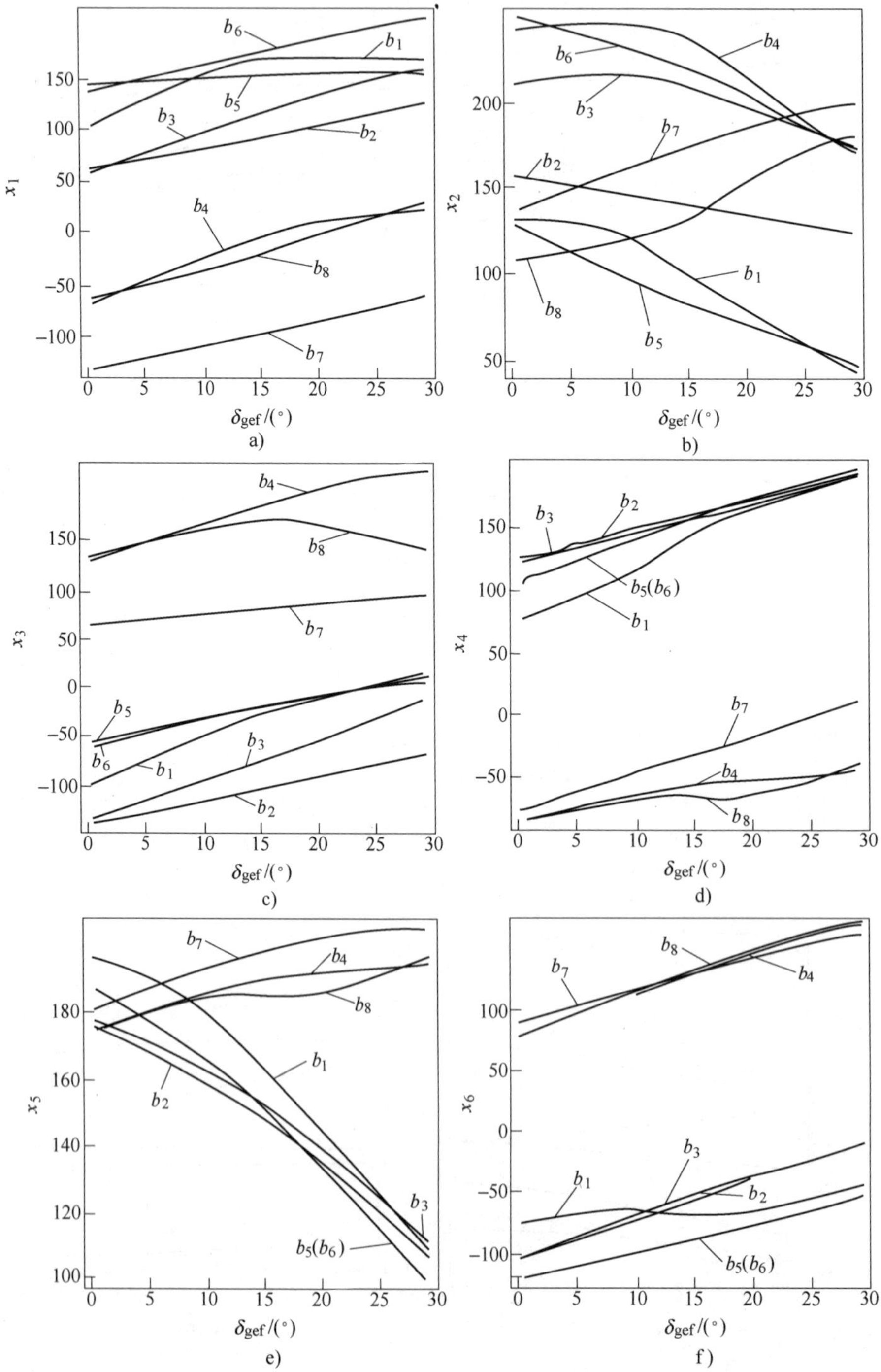

图 11-6　时变几何体构型变量伴随几何矢量偏转角 δ_{gef} 的分岔

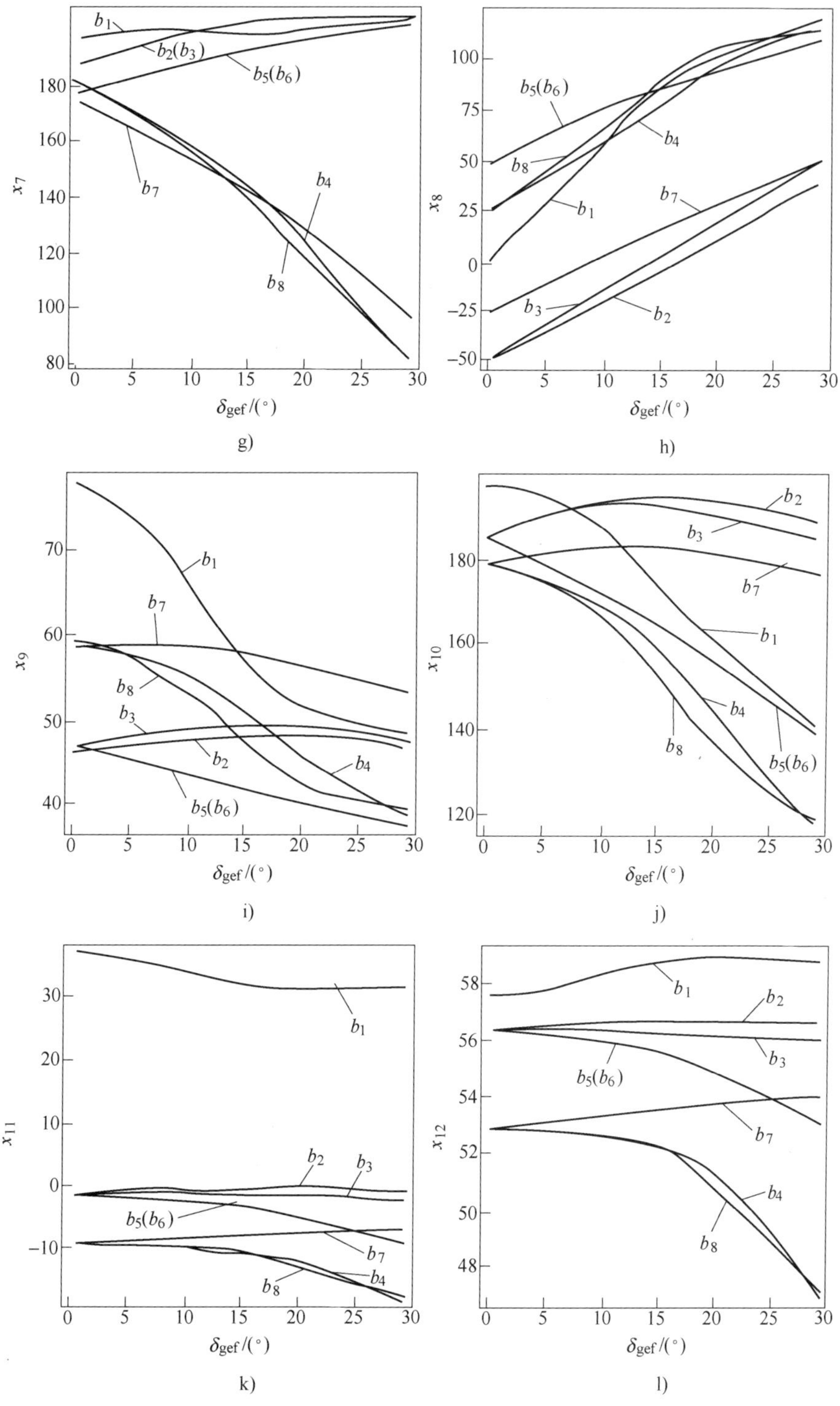

图 11-6　时变几何体构型变量伴随几何矢量偏转角 δ_{gef} 的分岔（续）

当 $\delta_{gef}=0$ 时，时变几何体构型变量构型分支曲线出现多处交点，如图 11-6i ~ 图 11-6l 所示。该点是扩张调节片存在奇异运动的分岔点。后续分析进一步证明本节构型分岔计算的正确性。

图 11-6 中由于 x_2 和 x_4 的八个分支在非矢量偏转状态均无相交情况，故尽管图 11-6a 中存在交点 P_{11}、P_{21}和 P_{31}，但各构型的 A_{1s}不会发生重合，导致构型转换现象的发生。同理，尽管图 11-6c 中存在交点 P_{13}、P_{23}和 P_{33}，但各构型的铰链点 A_{3s}不会发生重合，不会发生构型转换。

图 11-6e、图 11-6f 中，构型分支 b_5 和 b_6 重合，在非矢量偏转状态，交于点 P_{15}和 P_{16}，铰链点 B_{1s}沿同一轨迹运动；点 P_{26}和 P_{36}重合，即关于 x_6 分量的构型分支 b_2、b_3、b_4 和 b_8 重合，成为四重根点。构型分支 b_4 和 b_8 交于点 P_{25}和 P_{26}，点 B_{1s}将在构型分支 b_4 和 b_8 之间发生构型转换；构型分支 b_2 和 b_3 交于点 P_{35}和 P_{36}，点 B_{1s}将在构型分支 b_2 和 b_3 之间发生构型转换。

图 11-6g、图 11-6h 中，构型分支 b_5 和 b_6 重合，在非矢量偏转状态，交于点 P_{17}和 P_{18}，铰链点 B_{3s}沿同一轨迹运动；构型分支 b_4 和 b_8 交于点 P_{27}和 P_{28}，B_{3s}将在构型分支 b_4 和 b_8 之间发生构型转换；构型分支 b_2 和 b_3 交于点 P_{37}和 P_{38}，B_{3s}将在构型分支 b_2 和 b_3 之间发生构型转换。

其他时变几何体构型变量分量的构型分岔曲线特征类似，其中关于 x_{13}的构型分岔曲线也存在四重根点，分岔比较复杂。分析表明，尽管时变几何体整体不处于奇异位置，但组成时变几何体的某些 RRSR 运动链可能处于奇异位置，存在构型转换的奇异运动，运动链构型转换比较复杂，运动不确定性非常复杂。

11.3 RRSR 运动链奇异构型

图 11-6 揭示了当 AVEN 喷管处于非矢量状态时，扩张调节片悬挂机构 RRSR 运动链可能处于奇异位置。本节进一步分析 RSRR 运动链的奇异构型。

11.3.1 桁架结构动力稳定性理论

根据结构力学观点，机构可以视为自身刚度不能维持稳定初始平衡形状的“几何可变体系”，结构则为“几何不变体系”。“几何可变体系”机构在特定外载荷下可以刚化为“几何不变体系”结构。固定输入构件长度（或位置），并联（闭环）机构成为几何不变体系。但在奇异构型处，固定输入构件长度的并联（闭环）机构动平台仍能获得至少一个自由运动，此时，并联（闭环）机构为几何可变体系，即结构力学上的机构。如果在外载荷或内力刚化作用下，该“几何可变体系”能够刚化为“几何不变体系”结构，则并联机构能够以确定的载荷能力通过或工作在奇异位置。

机构的“结构化”有两种途径：一是通过预应力刚化，二是在特定外载荷下刚化。Calladine 提出了预应力机构几何稳定性判别的“几何力”准则，给出了张-拉杆系体系无穷小机构刚化条件。预应力刚化是机构“结构化”的重要途径。Yuan 给出了确定平面运动链奇异构型的类比刚度矩阵方法，当类比刚度矩阵为零或无穷大时，机构处于奇异构型，该类奇异构型对应两构件共线或重合的机构构型。Tarnal 发现了结构均衡路径分叉与机构构型分叉的类似性，给出了结构动力失稳的切向刚度矩阵判定方法。Li 基于该方法给出了地震载荷作用下杆系结构动力稳定性判定准则。蒋本卫在能量准则的基础上，给出了判别受荷铰接杆系动力稳定的统一准则——切线刚度矩阵最小特征根法则。包红泽通过对体系切线刚度矩阵构成解析分析，阐明杆系机构动力稳定仅来源于可行内力（预应力效应和外载荷效应）的刚化，给出了预应力刚化和载荷刚化机构动力稳定性数值计算实例。

根据桁架（杆系）结构动力稳定性的刚度准则，受一般载荷作用的结构，当动力平衡路径越过载荷上临界点时，其结构刚度矩阵会出现非正定现象。对结构的切线刚度矩阵进行三角分解，当对角矩阵的对角元有接近于零值的元素出现时，结构进入动力稳定性临界状态。因此，根据结构动力稳定性理论，构件共线或重合是闭环机构构成奇异构型的一种常见方式（从动件驱动），即符合类比刚度矩阵为 0 或∞ 的奇异构型。该类奇异构型的“结构化”有两种途径：一是通过预应力刚化，如弹性变形致内力刚化的结构动力稳定性；二是在特定外载荷下刚化，如弹性变形致内力刚化与外载荷刚化联合作用下的结构动力稳定性。因此，从弹性结构力学角度来看，研究外载荷对并联机构符合 Grassmann 线丛几何关系奇异构型的结构刚化作用，内力（预应力）对平面闭环机构符合类比刚度矩阵为 0 或∞ 的奇异构型的刚化作用，对于解决并联机构和闭环机构以一定载荷能力通过或工作在奇异位置，具有重要的理论意义。

11.3.2 RSRR 运动链奇异构型分析

为消除 AVEN 机构奇异失控运动给第五代战斗机空中飞行带来的安全隐患，防止重大飞行事故发生，在国家自然科学基金项目“并联机器人构型保持性与运动可控性研究（50375111）”和“动态规避并联机构运动奇异性扰动函数方法研究（50675158）”的资助下，提出了规避并联机构运动奇异性的扰动函数方法，解决了并联机构以保持的构型通过或工作在奇异位置的问题，给出了可以用于实时免奇异控制的奇异位置伴随输入参数的空间分布曲面。但当并联机构受到外部扰动力作用时，构造的扰动函数容易失效。为此，在国家自然科学基金项目“并联机构奇异点动态稳定性研究（51205409）”的资助下，以 3-RPS 并联机构为例，研究了输入速度、加速度及外载荷对静态奇异位置动力稳定性的影响。研究表明，合理确定输入构件的动力学参数，可以显著提高静态奇异位置的载荷能力与动力稳定性。

超机动能力是含 AVEN 机构第五代战斗机的显著特点。AVEN 机构静态奇异位置在超机动载荷（10g）作用下的动力稳定性，将是制约我国第五代战斗机能否实施空中超机动、具备空中格斗生存能力的关键。为确保超机动载荷作用下 AVEN 机构运动输出的可靠性，在前期研究的基础上，有必要考虑构件与动平台弹性以及运动副间隙等因素，研究超机动载荷作用下 AVEN 机构静态奇异位置的动力稳定性，给出提高其静态奇异位置动力稳定性的输入动力学参数设计方法。这对于提高我国第五代战斗机的空中格斗生存能力、超机动飞行的安全性与可靠性，具有重要的应用价值。在国家自然科学基金“超机动载荷下 AVEN 机构静态奇异位置动力稳定性及其改善（51575530）”的资助下，以 3-SPS/3-PRS 并联机构、RSRR 运动链为例，研究了符合 Grassmann 线丛几何条件奇异构型，以及符合类比刚度矩阵为 0 或∞ 奇异构型的动力稳定性问题，给出了提高和改善 AVEN 动力稳定性的设计方法。

图 11-7 所示为扩张调节片及其驱动 RSRR 运动链。三角拉杆一端的两个共线转动副 R 与转向驱动环铰接，三角拉杆可以绕共线的 R 副旋转。三角拉杆的另一端通过球副 S 与扩张调节片在 B 点连接。两端带转动副 R 且转动副轴线相互垂直的十字转接头，一端与扩张

调节片以 R 副在 C 点构成连接，一端以 R 副与收敛调节片在喉道 A8 处的 *D* 点连接。过 *D* 点十字转接头上的 R 副轴线与发动机轴线垂直，且与以发动机轴线为轴线的圆柱面相切。过 *C* 点十字转接头上的 R 副轴线与发动机轴线在一个平面内。十字转接头上 *D* 点的 R 副，允许十字转接头及与之以 R 副连接的扩张调节片产生法向偏转，改变矢量偏转段喷口的面积 A9。十字转接头上 C 点的 R 副，允许扩张调节片相对十字转接头发生切向偏转，实现喷管扩张段的矢量偏转。转向驱动环在 3-SPS/3-PRS 并联机构的驱动下，通过三角拉杆 AB，驱动扩张调节片产生切向旋转或法向偏转，实现喷管扩张段的矢量偏转，或改变喷口面积 A9。

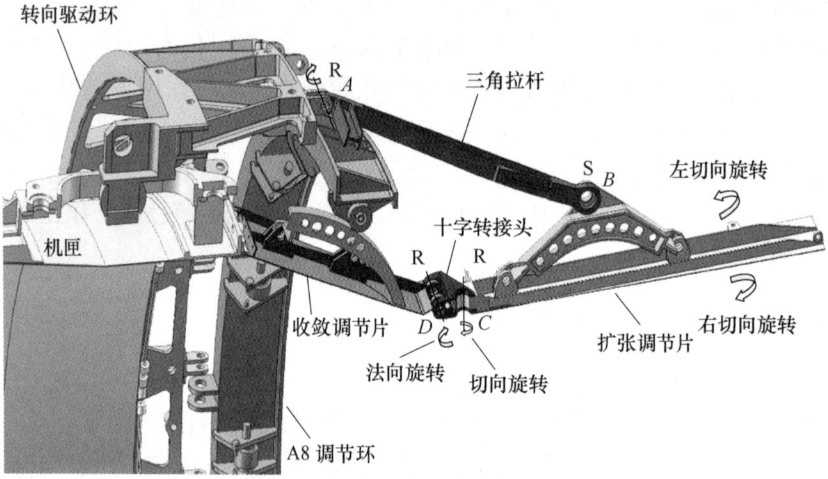

图 11-7　RSRR 运动链及扩张调节片

对于 AVEN，其动力失稳既包括矢量状态 3-SPS/3-PRS 并联机构静态奇异位置动平台的动力失稳，又包括非矢量状态 RSRR 运动链的结构失稳，两种失稳都会导致若干组 RSRR 运动链发生严重挤压干涉，致使尾喷管失效、破坏。在非矢量状态，AVEN 构成构件和动平台的弹性变形导致 RSRR 运动链在三运动副 SRR 共线奇异构型处产生内力，该内力对 RSRR 运动链的结构动力稳定性具有重要的影响和结构“刚化”作用。改变运动副间隙，可以调整弹性变形产生的 RSRR 运动链内力幅值。

根据桁架（杆系）结构动力稳定性理论，RSRR 运动链存在符合类比刚度矩阵为 0 或∞的奇异构型，即三运动副 SRR 共线奇异构型，有两种形态。

第一种奇异构型如图 11-8 所示。AVEN 喷管矢量偏转段处于非矢量状态，与扩张调

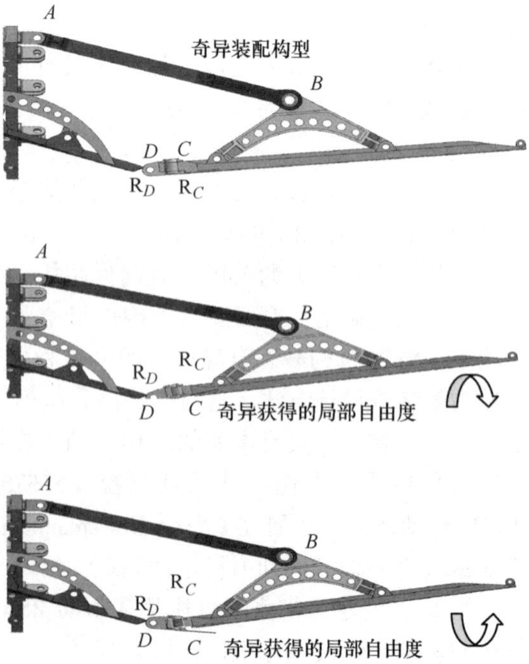

图 11-8　空间 RSRR 运动链第一种奇异构型

节片及十字转接头连接的 $R_D R_C$S 副共线，其中 R_C 在过 S 副与 R_D 垂直的平面内，存在符合类比刚度矩阵为 0 或∞的奇异构型。当 C 点 R 副为热变形预留足够的空间间隙时，十字转接头相对扩张调节片在 C 点 R 副处产生奇异运动。该奇异运动不是绕 C 点 R 副转动的，而是绕 D 点 R 副的相对转动。当发动机不工作时，这种奇异性很容易观察到，即十字转接头自然下垂运动，但这种奇异运动对喷管排气不产生影响。然而，当发动机工作时，如果作用在扩张调节片上的气动载荷在 BC 段产生的气动载荷与自 B 到喷口段产生的气动载荷关于 B 点不能很好平衡，不平衡的气动载荷将使十字转接头产生与气动载荷振动频率相同的振动激励，在十字转接头 C 点 R 副处产生弯折效应，导致该运动副磨损状态恶化。

第二种奇异构型如图 11-9 所示。AVEN 喷管矢量偏转段处于非矢量状态，三角拉杆与转向驱动环铰接 R 副中心 A、收敛调节片与十字转接头铰接 R 副中心 D，与三角拉杆和扩张调节片铰接 S 副在一个平面内。当 C 点转动副 R 预留的热变形间隙足够大时，扩张调节片相对 B 点沿 C 点 R 副柱面间隙允许的方向产生奇异运动。该奇异运动影响扩张段密封片的密封效果。尤其是受飞机机动载荷作用，当扩张调节片产生局部自由运动，而转向驱动环通过三角拉杆驱动扩张调节片的运动与此奇异构型状态扩张调节片失控自由运动方向相反时，三角拉杆上将产生很大的内应力，影响 AVEN 结构的可靠性。由于此状态下扩张调节片的自由局部失控运动各不相同，三角拉杆的内应力不均，给转向驱动环带来的附加载荷比较大，可能导致 A9 环作动筒过载。

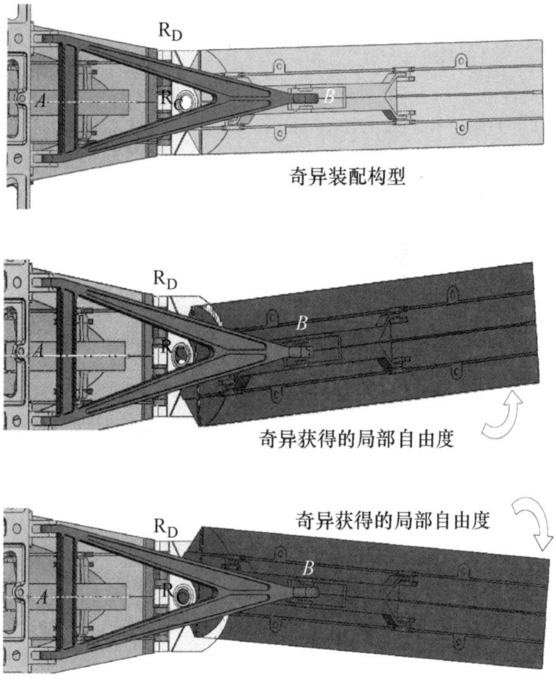

图 11-9　空间 RSRR 运动链第二种奇异构型

无论是第一种奇异构型，还是第二种奇异构型，通过控制 C 点转动副 R 柱面间隙的方法，作用效果都不是特别明显。如果控制 C 点转动副 R 的柱面间隙过紧，可能导致 R 副因热变形卡住。即使 C 点转动副 R 的柱面间隙控制适当，因在柱面间隙处允许奇异自由运动与柱面素线相切，再小的间隙，仍可以允许两者之间发生与柱面轴线平行的（旋转）自由运动。因此，就 AVEN 扩张调节片局部失控自由运动的不一致性及缺少有效规避方法而言，改变扩张调节片的偏转及协调方式，是规避 RSRR 运动链上述两种奇异构型给 AVEN 带来消极影响的方法。否则，发生在奇异构型处的这些局部自由运动，很容易发生相互干涉，影响喷管矢量偏转段的偏转一致性与运动可靠性。

11.4　小结

运动奇异性是并联机构的固有特性。本章从非线性方程组的多解性出发，利用同伦法以及静态分岔条件，研究了 AVEN 转向驱动并联机构 3-SPS/3-PRS 伴随输入参数的构型分岔特性，并发现该少自由度并联机构存在尺寸极限奇异位置，锁定 A9 环作动筒的长度不能消除奇异构型处的奇异失控运动。

对输入位移状态变量构型分岔特性的研究表明，输入位移状态变量伴随喷口面积及几何矢量偏转角的构型分岔比较复杂，存在四重根点。分析表明，尽管时变几何体整体不处于奇异位置，但组成时变几何体的某些 RRSR 运动链可能处于奇异位置，存在构型转换的奇异运动，运动链构型转换比较复杂，存在运动不确定性。

隐藏在 AVEN 内部的奇异失控运动，给含推力矢量发动机的第五代战斗机的飞行安全带来安全隐患，需要引起足够重视。

参考文献

[1] HAUER T A. Axisymmetric vectoring exhaust nozzle：USA，4994660 A [P]. 1989-04-11.

[2] ONGE B M，GOSSELIN C. Singularity analysis and representation of the general Gough-Stewart platform [J]. International Journal of Robotics Research，2000，19（3）：271-287.

[3] LIPPMEIER W C，WILKINSON T T，AUSDENMOORE R M. Support for a translating nozzle vectoring ring：USA，5174502 A [P]. 1991-05-10.

[4] AUSDENMOORE R M. Axisymmetric vectoring nozzle actuating system having multiple power control circuits：USA，5740988 A [P]. 1995-04-13.

[5] MARKSTEIN D J，CLEMENTS M A，AUSDENMOORE R M，et al. Hydraulic failsafe system and method for an axisymmetric vectoring nozzle：USA，6142416 A [P]. 1997-04-14.

[6] 王玉新，李雨桐 . 3SPS-3PRS 并联机构构型分岔特性 [J]. 机械工程学报，2007，43（12）：34-38.

[7] CALLADINE C R，PELLEGRINO S. First order infinite simal mechanisms [J]. International Journal of Solids and Structures，1991，27：505-515.

[8] TARNAI T. Zero stiffness elastic structures [J]. International Journal of Mechanical Sciences，2003，45（3）：425-431.

[9] YUAN X F，ZHOU L，DUAN Y F. Singularity and kinematic bifurcation analysis of pin-bar mechanisms using analogous stiffness method [J]. International Journal of Solids and Structures，2012，49：1212-1226.

[10] LI Z X，SHEN Z Y，DENG C G. Nonlinear dynamic stability analysis of frames under earthquake loading [C] // Proceedings 3rd International Conference on Nonlinear Mechanics. Shanghai：Shanghai University Press，1998：287-292.

[11] 蒋本卫 . 受荷连杆机构的运动稳定性和索杆结构的索长误差效应分析 [D]. 上海：同济大学，2008.

[12] 包红泽，邓华 . 铰结杆系机构稳定性条件分析 [J]. 浙江大学学报（工学版），2006，40（1）：78-84.

[13] LI Y T，WANG Y X. Singularities in axisymmetric vectoring exhaust nozzle and a feasible singularity-free approach [C] // 15th International Conference on Multi-body Systems，Nonlinear Dynamics，Control. Anaheim：CA，2019：18-21.

[14] MONSARRAT B，GOSSELIN C. Singularity analysis of a three-leg six-degree-of-freedom parallel platform mechanism based on Grassmann line geometry [J]. International Journal of Robotics Research，2001，20（4）：312-328.

第 12 章

AVEN 免奇异设计

根据扰动能够使原点奇异系统转换为原点非奇异系统的原理，从非线性奇异性理论出发，采用分岔理论和普适开折方法，提出了并联机构以确定的构型通过奇异位置的扰动函数方法。在扰动函数作用下，原来相互交叉导致并联机构出现运动奇异的构型曲线被有限分离，从而使并联机构能够以确定的构型通过奇异位置，解决了并联机构在整体工作空间的运动奇异性规避问题。在此基础上，研究了 AVEN 转向驱动 3-SPS/3-PRS 并联机构的奇异构型伴随输入参数的分布规律，给出了规避 3-SPS/3-PRS 并联机构运动奇异的免奇异输入参数取值空间方法，能够在设计阶段与控制阶段消除运动奇异对并联机构的消极影响，防止并联机构进入运动奇异状态。

12.1 线性扰动函数

运动奇异性是并联机构的固有特性。控制并联机构动平台以给定的运动通过奇异位置，是并联机器人运动控制所需要解决的关键技术问题。轨迹规划方法是解决同一免奇异运动空间并联机构运动奇异性规避的有效方法。但是，当两点之间存在不可达空间时，即两点之间被奇异位置分布曲面所分离时，该方法不能构造出免奇异路径。由于并联机构的奇异位置分布曲面将并联机构的工作区间分割成若干个免奇异运动子空间，因此，轨迹规划方法很难解决整体工作空间的免奇异问题，其原因是轨迹规划方法不能解决以确定的运动输出穿越奇异位置分布曲面的问题。

冗余自由度方法是规避并联机构运动奇异性的另一种方法。通过添加冗余驱动关节，改善并联机构在原奇异位置附近雅可比矩阵的形态，从而实现奇异规避。冗余自由度方法能够解决局部工作空间的奇异性规避问题，但在解决整体工作空间运动奇异性方面的作用有限，且还会产生新的奇异位置。

为了解决并联机构在奇异位置处的运动确定性和可控性问题，采用分岔理论和普适开折理论，根据扰动能使非线性系统由原点奇异转变为原点非奇异的特征，通过施加扰动，将造成奇异的两支（或两支以上）相互交叉的构型曲线在几何奇异位置处有限分离，由此实现并联机构以保持的构型通过奇异位置。在此基础上，研究了并联机构在奇异位置附近的构型分岔曲线以及机构尺寸等对构型分岔特性和奇异位置特性的影响，基于提出的最大失控域概念，分析了并联机构失控自由度以及其与控制器精度之间的关系，构造了平面六杆机构以保持的构型通过奇异位置的扰动函数，给出了 Stewart 并联机构以保持的构型通过奇异位置的扰动函数构造方法。上述研究，初步建立了规避并联机构运动奇异性的线性扰动函数方法。在此基础上，针对规避并联机构运动奇异性线性扰动函数方法存在的构型转换误差比较大的缺陷，以 6-SPS Gough-Stewart 并联机构为例，改进和完善规避并联机构运动奇异性的线性扰动函数方法。

12.1.1 构型曲线迁移

1. 转向点扰动

在图 10-6 所示的构型分岔图中，假设需要并联机构沿构型分支曲线 b_3 运动到 M_2 点，当通过奇异位置时，要求并联机构能够沿非保持的构型曲线 b_7 运动。如果在并联机构沿构型曲线 b_3 接近奇异位置 M_2 的过程中，通过对并联机构施加扰动，使得扰动后的构型曲线 b_3'（图 12-1 所示）接近构型曲线 b_7，在扰动结束后，系统就能沿保持的构型（即 b_7）给出运动输出，从而达到并联机构以保持的构型通过奇异位置。

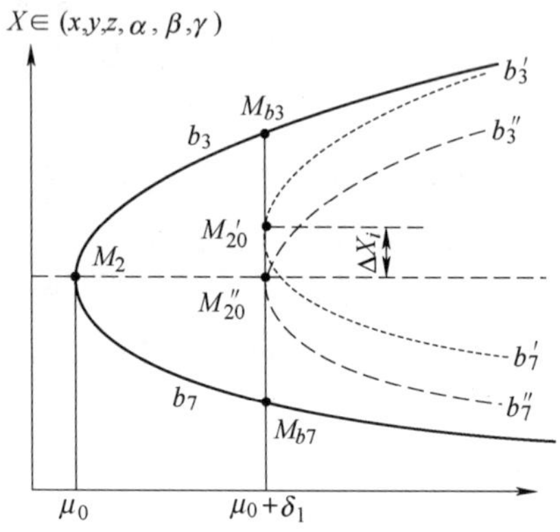

图 12-1 以非保持的构型通过奇异位置的扰动施加方式

施加扰动最简便的途径是在输入参数上直接施加。不失一般性，以转向点 M_2 为研究对象，在输入参数 l_2 上施加扰动，其幅值为 $\Delta l_2=0.001\text{m}$，输入参数的变化范围为 $l_2=l_{2\text{M1}}\pm\Delta l_2$（$l_{2\text{M1}}$ 表示在奇异位置 M_2 处输入参数 l_2 的长度）。将 $l_2=l_{2\text{M1}}\pm\Delta l_2$ 代入式（10-5），得到扰动对构型曲线迁移的影响，如图 12-2 所示。在该图中，“ – ”或“ + ”表示在输入参数 l_2 上施加负扰动或正扰动。从该图可以清楚地看到，施加在输入参数 l_2 上的负扰动，将引起构型曲线整体向左移动；而施加在输入参数 l_2 上的正扰动，将引起构型曲线向右移动。这种引起奇异位置发生轴向迁移的扰动称为转向点扰动。

假设并联机构沿构型曲线接近奇异位置 M_2，当接近奇异位置时，对输入参数 l_2 施加正的扰动，在该扰动的作用下，扰动的构型曲线 b_3^+ 将向构型曲线 b_7 迁移。因扰动曲线 b_3^+ 较非扰动曲线 b_3 更接近构型曲线 b_7，显然，当扰动结束时，这一扰动使并联机构更容易以其非保持的构型 b_7 给出运动输出，并通过奇异位置 M_2。

施加转向点右移扰动的构型曲线 b_3^+ 位于构型曲线 b_3 和构型曲线 b_7 之间。当扰动结束后，并不一定能保证并联机构沿非保持的构型曲线 b_7 运动，还需要施加位姿扰动。位姿扰动的目的在于使扰动的构型曲线更加接近非保持的构型，以便在最大失控域 δ_1 内保持的构型能够转换为非保持的构型。

实施位姿扰动，应保证扰动后的构型曲线更偏向于非保持的构型一侧。以 M_2 点为例，满足这一要求的条件为

$$|X_{ib_3'}-X_{ib_7}|<\frac{|X_{ib_3}-X_{ib_7}|}{2}\quad l_1\in[\mu_0,\mu_0+\varepsilon] \tag{12-1}$$

2. 位姿扰动

施加在输入参数上的转向点扰动可以使并联机构构型曲线发生沿水平方向上的迁移，使受扰动的构型曲线更加接近非保持的构型曲线。如图 12-2a 所示，施加转向点右移扰动的构型曲线 b_3^+ 位于构型曲线 b_3 和构型曲线 b_7 之间。但是，由于转向点扰动并没有使扰动的构型曲线到达最大失控域之外与 c_{g+} 交于 N_4 点的位置上，而是位于 c_{g-} 与 c_{g+} 之间，在该扰动

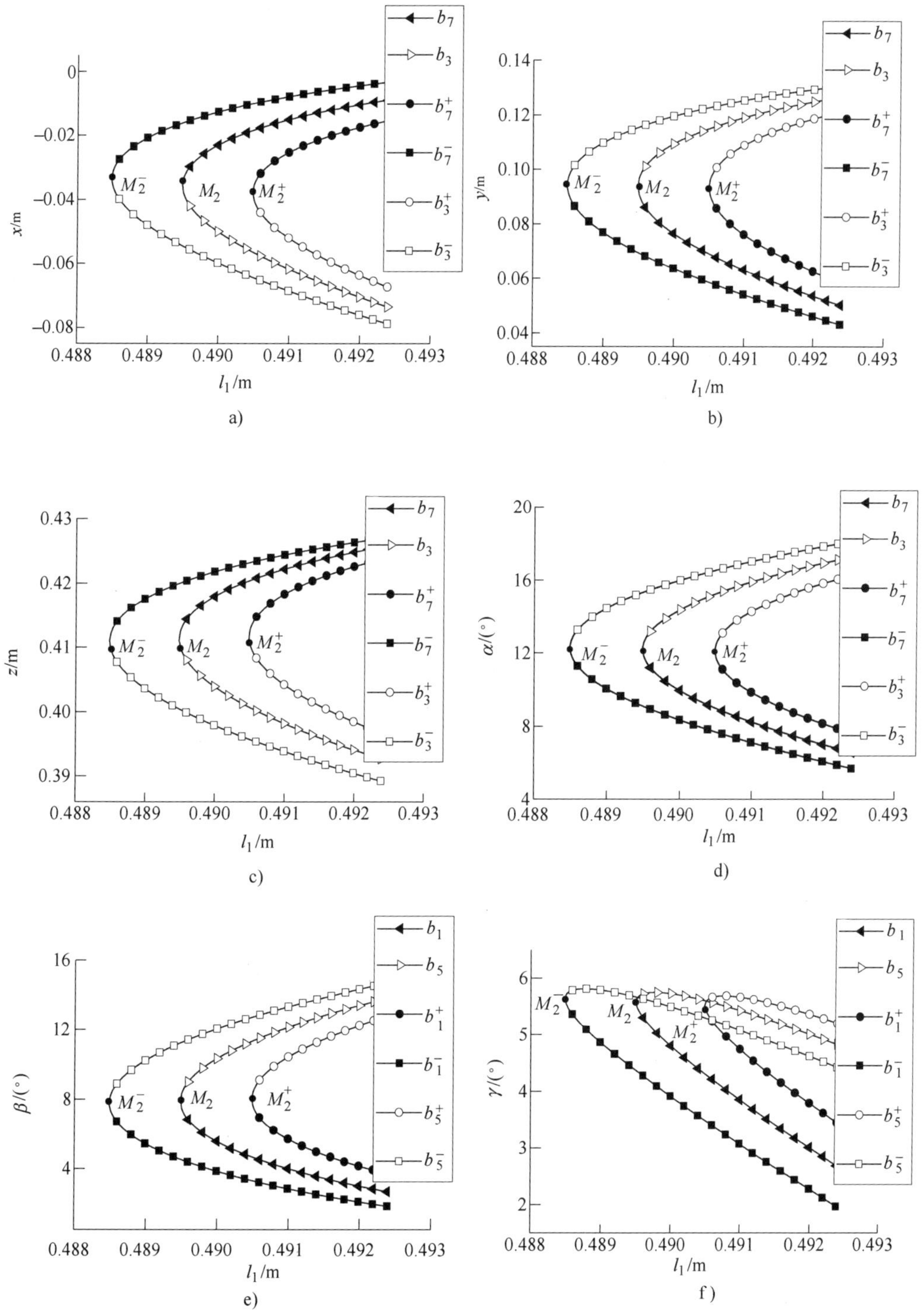

图 12-2 l_2 扰动对构型曲线移动的影响（$\Delta l_2 = 0.001\mathrm{m}$）

结束后，并联机构并不能一定以非保持的构型 b_7 给出运动输出。要实现并联机构以保持的构型通过奇异位置，不仅需要施加转向点扰动，还需要施加位姿扰动，使构型曲线沿垂直方向迁移，满足 pc_{g-} 与 c_{g+} 的交点 N_4 点落在最大失控域之外的要求，以便在撤去扰动后，并联机构能够以非保持的构型给出运动输出。图 12-1 给出了转向点扰动和位姿扰动的施加过程。这里，M'_{20}为施加转向点移动扰动后 M_2 的奇异位置，M''_{20}为最大失控域边界与两条构型曲线中线的交点。首先实施转向点 M_2 右移扰动，将转向点右移到最大失控域边界 M'_{20}点；然后施加位姿扰动，使转向点越过构型曲线 b_3 和 b_7 的中线（虚线）。在最大失控域内同时实施上述两种扰动，并联机构保持的构型被转换为非保持的构型。扰动结束后，并联机构能够以非保持的构型曲线给出运动输出。

12.1.2 线性扰动函数的构造

1. 线性扰动函数

为了减小扰动量的幅度，希望在那些对转向点移动比较敏感的输入参数上施加扰动。为此，定义第 i 个输入参数扰动量 Δl_i 与其所产生的转向点 M_2 右移量 ΔM_{2i}的比值为扰动敏感系数 F_{21i}，即

$$\bar{k}_{21i}=\frac{\Delta M_{2i}}{\Delta l_i}$$

式中，$i=1$，2，…，6。

在转向点 M_2 处，各输入参数对应的转向点右移扰动敏感系数见表 12-1。

表 12-1 奇异位置 M_2 处转向点右移扰动敏感系数

敏感系数	$\bar{k}_{212}$	$\bar{k}_{213}$	$\bar{k}_{214}$	$\bar{k}_{215}$	$\bar{k}_{216}$
数值	1.27	0.05	0.02	0.83	-0.714

由表 12-1 可知，对输入参数 l_2 施加扰动，可以在比较小的输入参数扰动下，将转向点 M_2 右移到最大失控域边界 M'_{20}点。转向点扰动的计算原则有两个：使并联机构运动到有限接近奇异位置处；扰动施加量尽可能小，其计算步骤为：

1）确定扰动的类型。转向点扰动应该使转向点 M_k（$k=1,2$）向期望的方向迁移。

2）根据 $\bar{k}_{21i}=\dfrac{\Delta M_{2i}}{\Delta l_i}$，计算最大的扰动敏感系数 $\bar{k}_{1jm}=\max\{\bar{k}_{21i},i=2,\cdots,6\}$，并将转向点扰动施加在扰动敏感系数最大的输入参数 l_j 上。

3）计算并联机构输入参数控制精度 ε 对应的最大失控域半径 δ_1。

4）在输入参数 l_j 上施加的扰动应使转向点迁移一个最大失控域半径 δ_1 的距离

$$\Delta l_j=\frac{\delta_1}{\bar{k}_{1jm}}>\varepsilon \tag{12-2}$$

当取输入参数控制精度 $\varepsilon=0.0001$，失控域半径 $\delta_1=0.001$，在第二个输入参数上所施加的扰动量为

$$\Delta l_{21}=\frac{\delta_1}{\bar{k}_{212}}=0.000785>\varepsilon \tag{12-3}$$

选择线性扰动函数，则转向点右移的扰动函数为

$$l_{21i}=f_{21}(l_2)=\begin{cases}\left(1-\dfrac{l_1-l_{11}}{\delta_1}\right)\dfrac{\delta_1}{\bar{k}_{212}} & i=2\\ 0 & i\neq 2\end{cases} \tag{12-4}$$

以输入参数 l_2 为扰动参数，得到构型方程式（10-5）的芽空间开折方程

$$f_i = x^2 + y^2 + z^2 + \sum_{j=1}^{6}[c_{(3+j)i} + c_{(9+j)i}z]\boldsymbol{v}_j + \sum_{k=1}^{16}[c_{(15+k)i} + c_{(31+k)i}x + c_{(47+k)i}y]\omega_k - c_{64i}\left[m_i\left(1 - \frac{l_1 - l_{11}}{\delta_1}\right)\frac{\delta_1}{\bar{k}_{212}}\right] - \left[m_i\left(1 - \frac{l_1 - l_{11}}{\delta_1}\right)\frac{\delta_1}{\bar{k}_{212}}\right]^2 + c_{1i}x + c_{2i}y + c_{3i}z + c_{0i} = 0 \tag{12-5}$$

式中，$m_2 = 1$；$m_i = 0$（$i \neq 2$）。

2. 线性位姿扰动函数

为了减小位姿扰动幅值，位姿扰动应该施加在这样的位姿上：在最大失控域内，如果在该位姿分量上所施加的扰动能够将该位姿从保持的构型转换为非保持的构型，则其他位姿就一定能够从保持的构型转变为非保持的构型，从而实现并联机构从保持的构型向非保持的构型转换。

设 M_{b3} 和 M_{b7} 为最大失控域边界与两条构型分支曲线的交点，定义 M_{b3} 与 M_{b7} 之间的相对距离为构型转换系数。各位姿分量对应的构型转换系数为

$$\begin{cases} \eta_x = \dfrac{|x_{b7} - x_{b3}|}{|M_{pb7}M_{pb3}|} \quad \eta_y = \dfrac{|y_{b7} - y_{b3}|}{|M_{pb7}M_{pb3}|} \quad \eta_z = \dfrac{|z_{b7} - z_{b3}|}{|M_{pb7}M_{pb3}|} \\ \eta_\alpha = \dfrac{|\alpha_{b7} - \alpha_{b3}|}{|M_{ab7}M_{ab3}|} \quad \eta_\beta = \dfrac{|\beta_{b7} - \beta_{b3}|}{|M_{ab7}M_{ab3}|} \quad \eta_\gamma = \dfrac{|\gamma_{b7} - \gamma_{b3}|}{|M_{ab7}M_{ab3}|} \end{cases} \tag{12-6}$$

构型转换系数反映了并联机构在转向点奇异位置处，由保持的构型转换为非保持的构型的难易程度。根据式（12-6)，得到奇异位置 M_2 处各位姿分量对应的构型转换系数，见表 12-2。在转向点 M_2 处，6 个位姿分量的构型转换系数升序排列为

$$\eta_\gamma < \eta_z < \eta_x < \eta_\alpha < \eta_\beta < \eta_y \tag{12-7}$$

表 12-2 奇异位置 M_2 处的构型转换系数（$\delta_1 = 0.001$）

l_1/m	η_x	η_y	η_z	η_α	η_β	η_γ
0. 4895	0. 6065	0. 7307	0. 3136	0. 6769	0. 7226	0. 1401

大量的实例计算表明，在构型转换系数升序排列第 4 位的构型分量上施加位姿扰动，基本可以实现由保持的构型向非保持的构型的转换。由于 Stewart 并联机构的复杂性，如果所选择的位姿仍不能满足构型转换要求，可以适当增加扰动量，如在构型转换系数升序排列第 5 位的构型分量上施加位姿扰动。位姿扰动的计算步骤如下：

1）利用系数同伦方法求式（12-5)，计算转向点右移到最大失控域边界时的位置 M_0'。

2）根据式（12-7）的排序，确定施加位姿扰动的位姿分量，此处为 α 分量。计算该位姿构型曲线上 M_{20}' 与扰动转向点 M_{b7} 之间的距离 ΔX_i，此处 $\Delta\alpha = 0.0070165\text{rad}$。

3）计算位姿扰动量 ΔX_i 在各输入参数上所需要施加的扰动量。设输入参数与动平台构型位姿分量的关系为

$$l_j = \mu_j(x, y, z, \alpha, \beta, \gamma) = \mu_j(X_j) \tag{12-8}$$

式中，$j = 1$，2，…，6。

求式（12-8）的微分形式，其位姿增量与输入参数增量 ΔX_i 之间的线性微分关系为

$$\Delta l_j = \frac{\partial \mu_j}{\partial X_i}\Delta X_i = \bar{k}_{22j}\Delta X_i$$

式中，$\bar{k}_{22j}$为位姿扰动敏感系数；$j=1$，2，…，6。

表 12-3 给出了位姿扰动量 $\Delta\alpha$ 对应的各输入参数的位姿扰动敏感系数，表中取 $\bar{k}_{221}=0$ 的目的在于保证经过位姿扰动后的转向点应尽量在最大失控域的边界上。

表 12-3　位姿扰动量 $\Delta\alpha$ 对应的各输入参数的位姿扰动敏感系数

敏感系数	$\bar{k}_{221}$	$\bar{k}_{222}$	$\bar{k}_{223}$	$\bar{k}_{224}$	$\bar{k}_{225}$	$\bar{k}_{226}$
数值	0	0. 0228	0. 057	0. 0342	-0. 04	-0. 042

采用线性函数构造位姿扰动函数，对于位姿扰动 $\Delta\alpha$，其扰动函数为

$$l_{22i} = f_{22}(l_1) = \left(1 - \frac{l_1 - l_{11}}{\delta_1}\right)\bar{k}_{22i}\Delta\alpha \tag{12-9}$$

式中，$i=1$，2，…，6。

基于式（12-4）和式（12-9），得到使并联机构通过奇异位置的以输入参数 l_1 为线性函数的扰动函数

$$l_k = l_{22k} + l_{21k} = \left(1 - \frac{l_1 - l_{1M}}{\delta_1}\right)\bar{k}_{22k}\Delta X_i + \left[\left(1 - \frac{l_1 - l_{1M}}{\delta_1}\right)\frac{\delta_1}{\bar{k}_{2jm}}\right]_{k=j} \tag{12-10}$$

式中，$k=1$，2，…，6。

以上以转向点 M_2 为例，给出了位姿扰动的构造方法。由于扰动函数的构造涉及并联机构的运动反解、扰动敏感系数的计算、奇异位置处构型转换系数的计算、构型方程的普适开折等多方面的分析运算，过程复杂。不同的奇异位置，其计算结果差别也比较大。为此，表 12-4 给出了 6-SPS 并联机构不同奇异位置处位姿扰动的计算步骤，表中以奇异位置 M_2 和 M_3 为例加以说明，奇异位置 M_1 和 M_4 的情况可以分别比照奇异位置 M_2 和 M_3 进行类似的处理。

表 12-4　6-SPS 并联机构奇异位置处位姿扰动构造步骤

步骤	M_2	M_3
1	计算使 M_2 右移的扰动敏感系数 $\bar{k}_{21i} = \frac{\Delta M_{2i}}{\Delta l_i}$	计算使 M_3 左移的扰动敏感系数 $\bar{k}_{31i} = \frac{\Delta M_{3i}}{\Delta l_i}$
2	确定转向点右移的扰动施加输入参数 l_2 及扰动量 $\Delta l_{21} = \frac{\delta_1}{\bar{k}_{212}} = 0.000785 > \varepsilon$	根据 $\bar{k}_{31i}$最大值确定转向点左移的扰动施加输入参数 l_i 及扰动量 $\Delta l_{i1} = \frac{\delta_1}{\bar{k}_{31i}} > \varepsilon$
3	计算 M_2 处构型转换系数 η_X，$x \in (x,y,z,\alpha,\beta,\gamma)$，确定在升序排序第四位的位姿 α 上施加扰动	计算 M_3 处构型转换系数 η_X，$x \in (x,y,z,\alpha,\beta,\gamma)$，确定在升序排序第四位的位姿 X_i 上施加扰动
4	计算位姿扰动 $\Delta\alpha$ 对应的各输入参数的扰动值 $\Delta l_j = \frac{\partial \mu_j}{\partial X_i}\Delta\alpha = \bar{k}_{22j}\Delta X_i$（$j=1,2,\cdots,6$）	计算位姿扰动 ΔX_i 对应的各输入参数的扰动值 $\Delta l_j = \frac{\partial \mu_j}{\partial X_i}\Delta X_i = \bar{k}_{32j}\Delta X_i$（$j=1,2,\cdots,6$）

（续）

步骤	M_2	M_3
5	根据构型曲线和最大失控域，确定 M_2 处施加扰动的起始点 N_1 和终止点 N_4	根据构型曲线和最大失控域，确定 M_3 处施加扰动的起始点 N_1 和终止点 N_4
6	按式（12-10）确定的扰动函数，计算施加扰动过程中各输入参数上需要施加的扰动值	根据确定的转向点左移扰动量 Δl_{i1} 和位姿扰动量 Δl_j，按线性扰动函数计算扰动过程中的扰动值
7	得到并联机构以保持的构型通过奇异位置的轨迹	

3. 构型转换误差

为了研究并联机构穿越奇异位置分布曲面的构型变化情况，以输入参数 l_1 为扰动参数，对构型方程式（10-5）进行芽空间开折处理，得到扰动作用下的开折方程

$$f_i = x^2 + y^2 + z^2 + \sum_{j=1}^{6}[c_{(3+j)i} + c_{(9+j)i}z]\boldsymbol{v}_j + \sum_{k=1}^{16}[c_{(15+k)i} + c_{(31+k)i}x + c_{(47+k)i}y]\boldsymbol{\omega}_k -$$
$$c_{64i}\left\{\left(1-\frac{l_1-l_{11}}{\delta_1}\right)\bar{k}_{22i}\Delta\alpha + \left[\left(1-\frac{l_1-l_{11}}{\delta_1}\right)\frac{\delta_1}{\bar{k}_{212}}\right]_{i=1}\right\} + c_{1i}x + c_{2i}y + c_{3i}z -$$
$$\left\{\left(1-\frac{l_1-l_{11}}{\delta_1}\right)\bar{k}_{22i}\Delta\alpha + \left[\left(1-\frac{l_1-l_{11}}{\delta_1}\right)\frac{\delta_1}{\bar{k}_{212}}\right]_{i=1}\right\}^2 + c_{0i} + g_i = 0 \tag{12-11}$$

式中，$i=1,2,\cdots,6$；$g_i = 2[y'_{A_i}(C\alpha S\beta C\gamma + S\alpha S\gamma)x + y'_{A_i}(C\alpha S\beta S\gamma - S\alpha C\gamma)y + y'_{A_i}C\alpha C\beta z - (C\alpha S\beta C\gamma + S\alpha S\gamma)y'_{A_i}x_{B_i} + (S\alpha C\gamma - C\alpha S\beta S\gamma)y'_{A_i}y_{B_i}]\bar{k}_{224}\alpha$。

对于式（12-10），利用式（12-11）得到图 12-3 所示的芽空间构型曲线的迁移情况（粗实线）。当并联机构以构型曲线 b_{31} 接近转向点 M_2 对应的最大失控域边界点 N_1 时，对并联机构施加扰动，使其构型依次经过 N_2 点、N_3 点，以及 M_{24} 点。与此同时，在输入参数扰动的作用下，其构型曲线由 b_{31}、b_{32}、b_{33} 逐渐向非保持的构型发展。当并联机构到达 M_{24} 点后，构型曲线完全转换为非保持的构型 b'_7。此时结束转向点右移扰动，单独施加位姿扰动，则构型曲线就会由 b'_7 转换为 b_7，到达 N_4 点。为了减小位姿扰动量，大量的数值分析表明，在并联机构到达 M_{24} 点后，即使不再施加位姿扰动，构型曲线也能根据最小势能原理，自动地向构型分支曲线 b_7 变换。经过图 12-3 所示的并联机构构型变换过程，并联机构便可以以给定的构型穿越奇异位置。

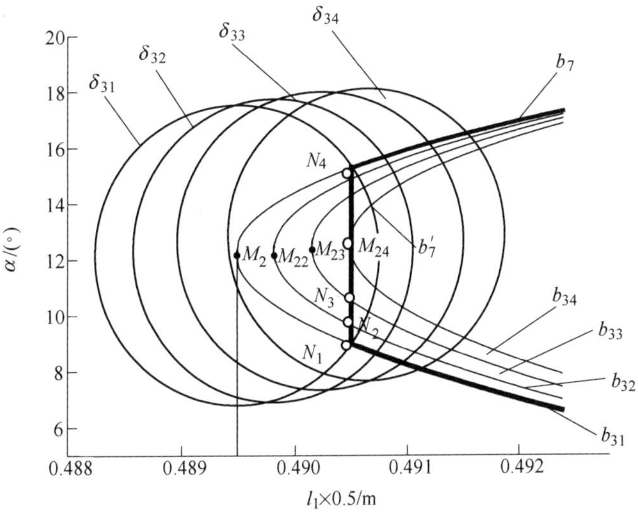

图 12-3　并联机构以非保持的构型通过奇异位置 M_2 的轨迹

当并联机构以非保持的构型穿越奇异位置时，因需要在奇异位置附近的最大失控域内实施构型转换，由此将使构型位姿产生较大的误差。误差量的大小取决于输入参数的控制精度和奇异位置处构型分岔曲线的特征。构型变换造成误差比较大的原因有两个：一是 α 位姿分量的构型曲线在转向点 M_2 处的变化比较平缓（图 10-6d），二是失控域可能取得较大。如果转向点处的构型曲线的曲率半径比较大，且过转向点的切线与水平轴垂直，则当并联机构以非保持的构型通过该类转向点时，由保持的构型向非保持的构型转化过程中所产生的位姿误差一般比较大。从图 12-3 可以看出，并联机构以非保持的构型通过奇异位置时的构型位姿分量的误差比较大，如在 M_2 点，构型变换导致的 α 误差为 6.2496°。对于并联机构，其分岔曲线的特性是不能改变的。减小误差的方式有两个一是可以通过提高控制器的精度，减小失控域半径，将上述最大失控域半径 δ_1 调整为 $\delta_1=0.0002$，则构型变换导致的 α 的误差减小为 2.0052°，但总体上，使并联机构以非保持的构型穿越奇异位置的误差相对较大；二是将并联机构的工作空间设定在转向点奇异位置内侧的最大失控域半径所对应的空间位置，即将工作空间向内移动一个最大失控域半径的距离，将施加扰动的过程安排在转向点奇异位置与最大失控域半径范围内。当扰动结束，并联机构构型变换到 N_4 后，可以根据需要，利用运动反解，将 N_4 点再变换到所需要的运动输出位置，如 M_{24}点，甚至是 N_1 点。这样，并联机构就能用较小的误差以非保持的构型给出运动输出。显然后者较前者更为经济，其代价是损失了一个以最大失控域为半径的非常小的工作空间。

4. 减小构型转换位姿误差的措施

采用式（12-10）给出的线性扰动，因需要在最大失控域内实施构型转变，导致并联机构产生较大的位姿误差。不仅如此，在并联机构依次通过 N_1 点、N_2 点、N_3 点及 M_{24}点，最后到达 N_4 点的过程中，并联机构一直位于扰动奇异位置的最大失控域内，构型转换过程中的动平台具有运动不确定性，动平台的载荷能力有限。因此，在扰动施加过程中，不应对并联机构的位姿进行严格的规划，只能对扰动前和扰动后的位姿进行严格的规划。由于扰动施加在很小的局部区域，其对系统整体的运动空间影响很小。为了减小构型转换位姿误差，当采用线性扰动时，建议采用如下措施：

1）若允许，最好将位姿扰动施加在奇异位置处构型曲线变化曲率比较大的位姿上，这样可以有效地降低构型转换产生的构型误差。

2）如果必须将位姿扰动施加在奇异位置处构型曲线变化曲率比较大的位姿上，可以在并联机构位姿规划时，在奇异位置附近，将该位姿进行自由规划，即允许其在一定的范围内取值。此时，由构型变换引起的位姿误差对并联机构的运动输出并不产生实质的影响。这种缩减构型转换位姿误差的方法，对于并联机构是比较容易实现的。

3）将工作空间缩减一个最大失控域宽度范围，将构型转换过程安排在最大失控域内，并通过运动反解，将变换的非保持的构型移动到构型变换前保持的构型位置。这样，可以将构型变换引起的误差降低到期望的范围之内。

12.2 构型曲线迁移轨迹和非线性扰动函数

规避并联机构运动奇异性的线性扰动函数方法，通过在输入参数上施加线性扰动，并联机构能够穿越奇异位置分布曲面。但是，由于在穿越奇异位置的过程中，线性扰动函数方法不能保证穿越轨迹点到对应的扰动奇异位置之间的距离大于最大失控域半径，因而，在穿越奇异位置过程中，并联机构会产生瞬时运动不确定问题。为此，根据最大失控域概念，构造使扰动轨迹点到对应的扰动奇异位置之间的距离大于最大失控域半径的限制方程，保障并联机构在穿越奇异位置分布曲面的过程中具有确定的运动输出和一定的载荷能力。采用拉格朗日插值多项式构造非线性扰动函数，通过优化算法确定扰动轨迹点上移的各构型位姿参数的增量函数，降低构型转换误差。由于非线性扰动函数作用下的上移轨迹点在对应的扰动奇异位置确定的最大失控域之外，不存在运动失控问题，因而可以保证并联机构以给定的运动穿越奇异位置分布曲面，实现奇异位置处运动可控的目标。

12.2.1　理想的构型曲线迁移轨迹

根据图 12-2 所示的规避并联机构运动奇异性扰动施加原理和最大失控域概念，在并联机构穿越奇异位置分布曲面的过程中，施加在输入构件上的扰动应该使并联机构的运动轨迹点到相应的受扰动奇异位置之间的距离大于或等于最大失控域半径 δ_1。图 12-4 所示为并联机构以给定的构型和一定载荷能力通过奇异位置的理想构型曲线迁移情况。如果扰动能够使构型曲线按图示的迁移轨迹运动，因并联机构通过奇异位置的轨迹点在对应的扰动奇异位置确定的最大失控域之外，并联机构不会发生运动失控。另一方面，因并联机构穿越奇异位置分布曲面的运动轨迹点在其扰动奇异位置对应的最大失控域内，并联机构具有一定的载荷能力。如果将运动副间隙和构件的载荷弹性变形计入最大失控域内，建立更为广泛的最大失控域半径 $\delta_0>\delta_1$，则在最大失控域半径 $\delta_0>\delta_1$ 之外，并联机构能够以确定的载荷能力穿越奇异位置。

图 12-4 中，N_k 和 M_k 分别为并联机构穿越奇异位置的路径轨迹点和对应的受扰动奇异位置。如果 N_k 落在以奇异点 M_k 为中心，以最大失控域半径 δ_1 为半径，沿输入参数 l_1 方向的圆周之外，当并联机构穿越奇异位置分布曲面时，可以得到确定的运动输出。根据图 12-4，并联机构以确定的运动和一定的载荷能力通过奇异位置的过程为：当并联机构沿构型曲线 b_3 接近奇异位置 M_2 到达最大失控域边界点 N_S 时，对并联机构施加输入参数扰动，并联机构的运动轨迹依次从 N_S 到 N_E 沿位姿方向向上移动，扰动的奇异位置相应地依次从 M_2 到 M_2' 向上运动，直到到达 N_E 点，此时，并联机构以给定的运动穿越了奇异位置。

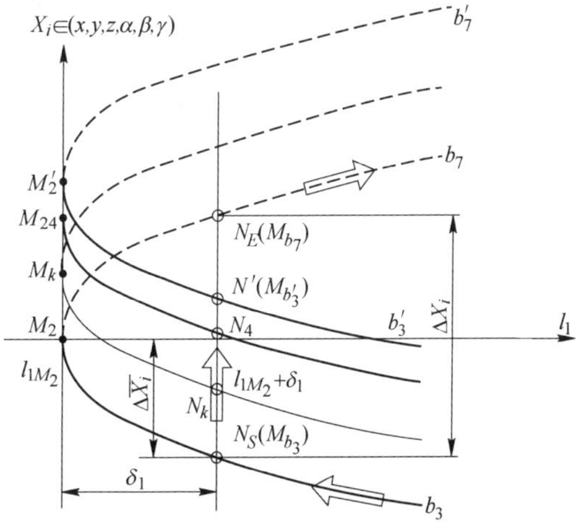

图 12-4　并联机构以给定的运动穿越奇异位置的构型曲线理想迁移轨迹

对于图 12-4 所示的并联机构穿越奇异位置的构型曲线理想迁移轨迹，并联机构的轨迹点应该在 N_S 与 N_E 之间等间距分布，如图 12-5a 所示。基于式（12-10）确定的线性扰动函数及图 12-5a 所示的理想均布轨迹点，得到扰动后实际的轨迹点如图 12-5b 所示。可以发现，按线性扰动施加的输入参数扰动使并联机构的轨迹点并没有沿图 12-5a 所示的理想轨迹均布向上运动，扰动的奇异位置 M_{2i}（如 M_{22}、M_{23}）到扰动轨迹点 N_i（如 N_2、N_3）之间的距离小于最大失控域半径 δ_1，造成并联机构在穿越奇异位置的过程中，扰动轨迹点在相应的扰动奇异位置确定的最大失控域内，出现瞬时运动不确定现象。

由此可知，为了在穿越奇异位置分布曲面的过程中，并联机构能够以确定的运动给出输出，应避免采用在各位姿分量上按线性分配施加扰动的措施，而应该采用按非线性分布的方法分配各位姿分量所施加的扰动量，同时，所施加的扰动应该满足：

1）扰动应该使构型曲线垂直向上迁移。

2）并联机构的真实运动轨迹点应该在期望的轨迹线 N_EN_S 上。

3）扰动轨迹点到相应的扰动奇异点之间的距离应该大于最大失控域半径 δ_1。

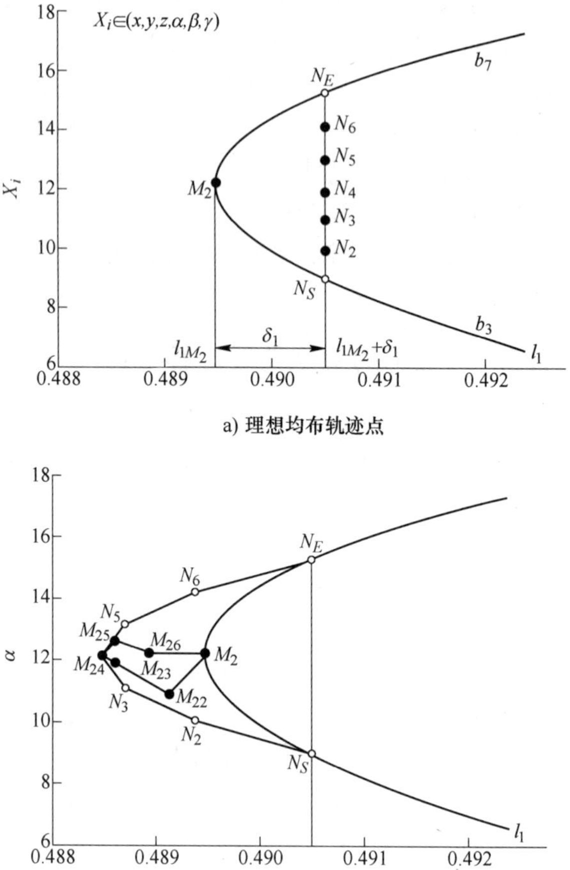

a) 理想均布轨迹点

b) 实际轨迹点

图 12-5　理想均布轨迹点对应的实际轨迹点

12.2.2　非线性扰动函数

1. 输入参数扰动量控制方程

为了满足上述三个要求，如在奇异位置 M_2 附近，施加在输入参数上的扰动应该满足如下的输入参数扰动量控制方程要求

$$\begin{cases} f_i(\boldsymbol{X}_{M_2'},\boldsymbol{\rho})\mid_{l_{iM_2'}=l_{iM_2}}=0 \\ \det\left|\dfrac{\partial \boldsymbol{F}(\boldsymbol{X}_{M_2'},\boldsymbol{\rho})}{\partial \boldsymbol{X}}\right|=0 \end{cases} \tag{12-12}$$

式中，$i=1,2,\cdots,k$。

式（12-12）表明，当并联机构受到多达 k 个输入参数扰动时，其扰动后的奇异位置相对这些扰动参数的微分增量为零，从而保证当对 k 个输入参数施加扰动时，其扰动后的奇异位置和对应的轨迹点能够按图 12-5 所示的理想迁移轨迹从 N_S 点运动到 N_E 点。

2. 非线性均布各位姿分量扰动量的计算

不失一般性，以奇异位置 M_2 点为例，给出确定扰动后的奇异位置和对应的轨迹点能够按理想迁移轨迹从 N_S 点迁移到 N_E 点的位姿扰动的步骤与方法。具体步骤为：

1）计算在奇异点 M_2 处具有最大构型转换系数分量的增量。由式（12-7）可得，γ 分量对构型的转换影响最大。根据构型转换系数的定义，如果施加在 γ 分量上的位姿扰动能够使并联机构由保持构型转换为非保持构型，保持构型的其他分量也将会转换为相应的非保持构型。如图 12-4 所示，在最大失控域边界 γ 分量的增量为

$$\Delta X_i = |M_{ib7} - M_{ib3}| = \Delta y = |y_{b7} - y_{b3}|_{l_1 = l_{M_2} + \delta_1} \tag{12-13}$$

六个构型分量的增量为

$$\Delta \boldsymbol{X} = |\boldsymbol{M}_{b7} - \boldsymbol{M}_{b3}|_{l_1 = l_{M_2} + \delta_1} = (\Delta x, \Delta y, \Delta z, \Delta\alpha, \Delta\beta, \Delta\gamma)^{\mathrm{T}} \tag{12-14}$$

2）确定 $N_S N_E$ 垂线的中点。对于 6-SPS Gough-Stewart 并联机构，其运动反解为

$$\boldsymbol{\rho} = \boldsymbol{\Theta}(x, y, z, \alpha, \beta, \gamma) = \boldsymbol{\Theta}(\boldsymbol{X}) = (\vartheta_1, \vartheta_2, \vartheta_3, \vartheta_4, \vartheta_5, \vartheta_6)^{\mathrm{T}} \tag{12-15}$$

其微分形式为

$$\Delta \boldsymbol{\rho} = \left|\frac{\partial \boldsymbol{\Theta}}{\partial \boldsymbol{X}}\right|_{6\times 6} \Delta \boldsymbol{X} = \left|\frac{\partial \boldsymbol{\Theta}}{\partial \boldsymbol{X}}\right| (\Delta x, \Delta y, \Delta z, \Delta\alpha, \Delta\beta, \Delta\gamma)^{\mathrm{T}} \tag{12-16}$$

设 N_4 是 $N_S N_E$ 垂线上的中点，它应满足如下方程

$$\Delta \overline{X}_i = \Delta X_i / 2, \Delta \overline{X}_i \in (\Delta x, \Delta y, \Delta z)^{\mathrm{T}} \tag{12-17}$$

$$\begin{cases} \dfrac{\partial \vartheta_j}{\partial x}\Delta x + \dfrac{\partial \vartheta_j}{\partial y}\Delta y + \dfrac{\partial \vartheta_j}{\partial z}\Delta z + \dfrac{\partial \vartheta_j}{\partial \alpha}\Delta\alpha + \dfrac{\partial \vartheta_j}{\partial \beta}\Delta\beta + \dfrac{\partial \vartheta_j}{\partial \gamma}\Delta\gamma = 0 \\ \det\left|\dfrac{\partial \boldsymbol{F}}{\partial \boldsymbol{X}}\right| = 0 \end{cases} \tag{12-18}$$

式中，$j=1$，2，…，k。

图 12-5 表明，当采用线性位姿扰动平分六个构型分量的增量时，不能保证 $N_S N_E$ 垂线上的轨迹点以及从轨迹点到相应的扰动奇异位置之间的距离大于最大失控域半径 δ_1。考虑到实现严格的轨迹编程是并联机构的主要工作情景，为此，以式（12-18）确保并联机构穿越奇异位置过程的中点在 $N_S N_E$ 的垂线上。

为了在 k 维输入参数空间内使扰动的奇异点垂直地上移或下移，将式（12-18）代入式（12-17），得到由 $\Delta\alpha$、$\Delta\beta$、$\Delta\gamma$ 确定的 $k-1$ 个未知的输入参数取值。显然，k 的最大值是 2。这里仅讨论图 12-5 所示的 $k=1$ 的情况，

假设并联机构的工作任务为：在 β 分量上沿着一条具有相对严格的空间编程轨迹运动，在这种情况下，x、y、z 分量的轨迹要求和 β 分量的编程要求应尽可能地得到满足。将 $\Delta \overline{X}_i \in (\Delta x, \Delta y, \Delta z, \Delta\beta)^{\mathrm{T}}$ 代入式（12-18），得到 $\Delta\alpha$ 和 $\Delta\gamma$ 的值。此时，N_4 点的位置参数和方向参数便可以计算出来。

3）平均划分最大构型转换系数分量的增量，使在 $N_S N_E$ 垂线上的轨迹点误差最小。根据式（12-7），具有最大构型转换系数的分量为 y。将从 N_S 到 N_4 的分量增量分为三等份，则

$$\Delta \overline{y}_i = \frac{y_{N4} - y_{NS}}{3}(i-1) \tag{12-19}$$

式中，$i=1,2,3,4$。

令 $\Delta\overline{\alpha}_i$、$\Delta\overline{\gamma}_i$ 分别表示 N_S 与 N_4 间 α 分量和 γ 分量的平均分割值，即

$$\begin{cases} \Delta\overline{\alpha}_i = \dfrac{\alpha_{N4} - \alpha_{Ns}}{3}(i-1) \\ \Delta\overline{\gamma}_i = \dfrac{\gamma_{N4} - \gamma_{Ns}}{3}(i-1) \end{cases} \tag{12-20}$$

式中，$i=1$，2，3，4。

令 $E_{\alpha i}$、$E_{\gamma i}$ 分别表示解出的 $\Delta\alpha_i$、$\Delta\gamma_i$ 与平分的 $\Delta\overline{\alpha}_i$、$\Delta\overline{\gamma}_i$ 之间的误差，即

$$\begin{cases} E_{\alpha i} = |\Delta\overline{\alpha}_i - \Delta\alpha_i| \\ E_{\gamma i} = |\Delta\overline{\gamma}_i - \Delta\gamma_i| \end{cases} \tag{12-21}$$

选择增量 Δx_i、Δz_i 与伴随 $\Delta\overline{y}_i$ 的 $\Delta\beta_i$ 作为优化变量，优化模型为

$$\begin{cases} \min:\left\{\sum_{i=1}^{4}\left(|\Delta\overline{\alpha}_i - \Delta\alpha_i| + |\Delta\overline{\gamma}_i - \Delta\gamma_i|\right)\right\} \\ 约束:\begin{cases} \dfrac{\partial\vartheta_j}{\partial x}\Delta x_i + \dfrac{\partial\vartheta_j}{\partial y}\Delta\overline{y}_i + \dfrac{\partial\vartheta_j}{\partial z}\Delta z_i + \dfrac{\partial\vartheta_j}{\partial\alpha}\Delta\alpha_i + \dfrac{\partial\vartheta_j}{\partial\beta}\Delta\beta_i + \dfrac{\partial\vartheta_j}{\partial\gamma}\Delta\gamma_i = 0 \\ \det\left|\dfrac{\partial \boldsymbol{F}}{\partial \boldsymbol{X}}\right| = 0 \end{cases} \\ 变量:\Omega = (\Delta x_i, \Delta z_i, \Delta\beta_i)^{\mathrm{T}}, i = 1,2,3,4 \end{cases} \tag{12-22}$$

3. 并联机构以保持的构型穿越奇异位置的路径轨迹

设并联机构在 $z=0.410\text{m}$ 平面内，按编程确定的位姿参数沿着图 12-6a 所示的实线路径运动，对于由式（12-22）确定的目标函数，采用优化方法，得到在 N_SN_4 的垂线上与 $\Delta\overline{y}_i$ 相关的 Δx_i、Δz_i、$\Delta\alpha_i$、$\Delta\beta_i$、$\Delta\gamma_i$ 增量。表 12-5 列出了这些位姿参数的实际值而不是相对增量。计算垂线上从 N_4 点到 N_E 点的增量方法与计算垂线上从 N_S 点到 N_4 点的增量方法相同。图 12-6 所示为采用式（12-22）给出的优化模型，经过优化算法得到的并联机构在奇异位置附近，扰动轨迹点沿 N_SN_E 垂线迁移的真实运动轨迹。

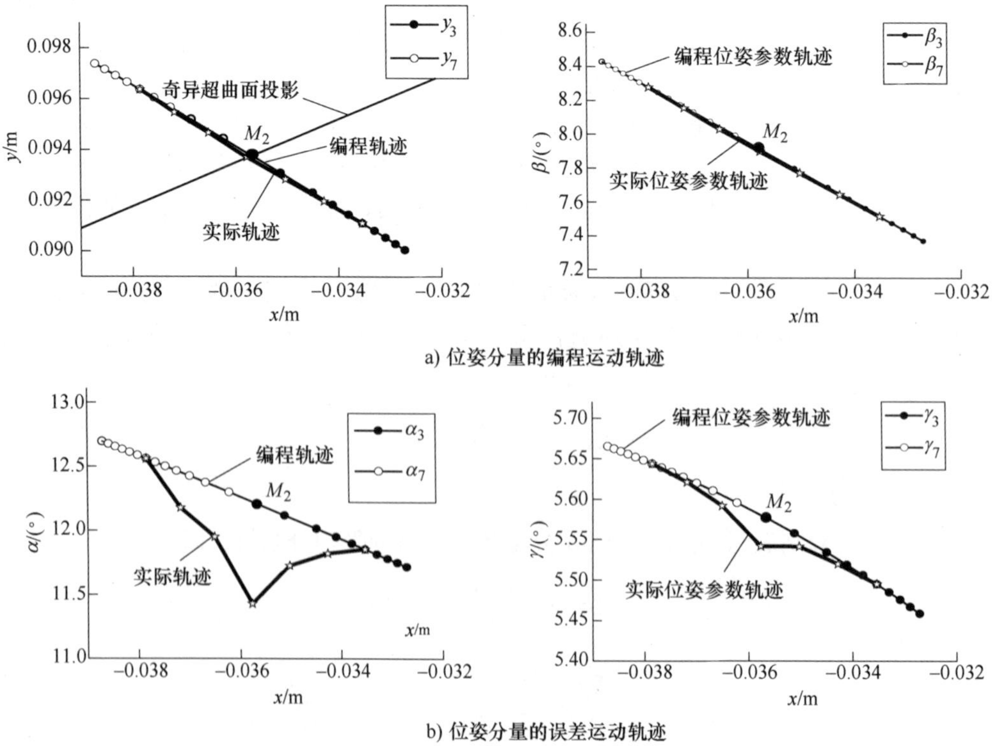

图 12-6　并联机构以给定的编程运动穿越奇异超曲面的运动轨迹

由图 12-6 可知，在 x、y、β 分量上，编程轨迹和真实轨迹之间的误差是非常小的。这是由于式（12-18）保证了 x、y、z、β 分量尽可能满足编程轨迹的要求。但 α 和 γ 分量的编程轨迹和实际轨迹之间的误差却是比较大的。例如，在 N_4 点 α 分量的误差是 0.78°。由于并联机构在运动过程中一般不需要对所有方向的位姿参数进行严格的编程，而是允许其在一定范围内取值。这样，可以通过降低某些方向位姿参数的精度，允许其相对编程轨迹有一定的误差，如图 12-6 中 α 和 γ 分量上的误差，以确保在穿越奇异位置分布曲面的过程中，沿 N_SN_E 垂线的动点轨迹在受扰动的奇异位置对应的最大失控域之外，由此保证并联机构能够以给定的运动通过奇异位置（分布曲面）。

表 12-5　并联机构在转向点 M_2 处穿越奇异位置分布曲面的轨迹点

轨迹点	位姿					
	x/m	y/m	z/m	α/（°）	β/（°）	γ/（°）
$N_1(N_S)$	−0.033534	0.091106	0.410	11.8543	7.51573	5.4955
N_2	−0.03427	0.091982	0.410	11.8223	7.6436	5.5203
N_3	−0.035012	0.092858	0.410	11.7274	7.77131	5.54187
N_4	−0.035764	0.093736	0.410	11.4276	7.89856	5.5422
N_5	−0.036512	0.094614	0.410	11.9505	8.02925	5.59216
N_6	−0.037178	0.095492	0.410	12.1763	8.1531	5.6212
$N_7(N_E)$	−0.037844	0.096366	0.410	12.5592	8.27735	5.64375

4. 以确定运动穿越奇异位置扰动函数构造

将表 12-5 中从 N_S 到 N_E 上移轨迹点的位姿参数代入式（12-16），得到每个上移轨迹点处施加在输入参数上的扰动量，见表 12-6。

将具有最大构型转换系数的分量增量平分为七等份。具有最大构型转换系数的位姿分量是 y。利用拉格朗日插值多项式构造并联机构穿越奇异位置的扰动函数，表 12-6 关联的插值多项式为

$$L_n(y) = \Delta\rho(y) = \sum_{k=0}^{7}\prod_{\substack{i=0\\i\neq k}}^{7}\left(\frac{y-y_i}{y_k-y_i}\right)\Delta\rho = \frac{\prod_7(y)}{n!h^7}\sum_{k=0}^{7}(-1)^{(7-k)}\binom{7}{k}\frac{\Delta\rho}{y-y_k} \quad (12\text{-}23)$$

$$\prod\nolimits_7(y) = (y-y_0)(y-y_1)(y-y_2)\cdots(y-y_7)$$

$$\Delta\rho(y) = (\Delta l_1, \Delta l_2, \Delta l_3, \Delta l_4, \Delta l_5, \Delta l_6)^{\mathrm{T}}$$

根据普适开折理论，当引入扰动到式（10-5）确定的非线性动力系统中时，芽空间与扰动函数相关的普适开折形式为

$$f_i = \phi_i + g_i = 0 \quad (12\text{-}24)$$

式中，$i=1$，2，…，6，且

$$g_i = \left\{c_{64i} - 2\left[1 + \frac{\prod_7(y)}{n!h^7}\sum_{k=0}^{7}(-1)^{(7-k)}\binom{7}{k}\frac{\Delta l_i}{y-y_k}\right]\right\}\frac{\prod_7(y)}{n!h^7}\sum_{k=0}^{7}(-1)^{(7-k)}\binom{7}{k}\frac{\Delta l_i}{y-y_k}$$

表 12-6 在奇异位置 M_2 处并联机构以给定的运动穿越奇异位置的扰动量

轨迹点	扰动量/m					
	Δl_1	Δl_2	Δl_3	Δl_4	Δl_5	Δl_6
N_1 (N_S)	0	0	0	0	0	0
N_2	0	-0.000699	-0.001887	-0.001149	0.001249	0.001258
N_3	0	-0.001408	-0.003788	-0.002307	0.002529	0.002531
N_4	0	-0.002101	-0.005764	-0.003516	0.00381	0.003860
N_5	0	-0.001575	-0.004325	-0.002636	0.002848	0.002878
N_6	0	-0.000250	-0.000689	-0.00042	0.000448	0.000450
N_7 (N_E)	0	0	0	0	0	0

图 12-7 所示为在式（12-23）确定的扰动量的作用下，并联机构在奇异位置附近的构型曲线迁移轨迹。并联机构以确定的运动穿越奇异位置的过程如下：当并联机构沿着构型分支 b_3 移动到 $N_1(N_S)$点时，将式（12-23）确定的扰动函数分别施加到输入参数，在扰动函数的作用下，并联机构由 $N_1(N_S)$点开始，依次上移到 N_2、N_3 点，直到点 $N_7(N_E)$。当并联机构移动到 N_7 点附近时，施加扰动过程结束，此时，并联机构将沿着构型分支 b_7 给出运动输出。

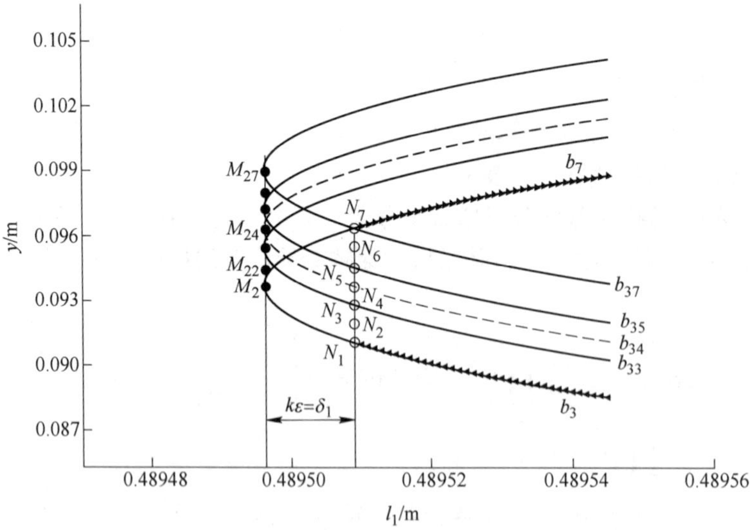

图 12-7 并联机构以给定的运动穿越奇异位置的构型曲线迁移轨迹

由图 12-7 可知，在并联机构穿越奇异位置分布曲面时，由于扰动作用下的上移轨迹点 $N_1(N_S)$ ~ $N_7(N_E)$在受扰动作用下的奇异位置 M_{2j}确定的最大失控域之外，根据最大失控域的定义，这些上移轨迹点处的运动是确定的，不存在失控问题。因而本节给出的改进的规避并联机构运动奇异性扰动函数方法，可以保证并联机构以给定的运动穿越奇异位置分布曲面，解决了并联机构在整体工作空间的运动奇异性规避问题。

12.3　AVEN 转向驱动机构免奇异设计

运动奇异性是并联机构的固有特性。处于奇异位置的并联机构动平台获得一个或几个局部自由运动自由度，其运动输出具有不确定性。早期推出的轴对称推力矢量喷管的转向控制机构采用的是结构对称的 Gough-Stewart 类并联机构。在非矢量工作状态，并联机构的各驱动作动筒位移相同，并联机构处于奇异位置状态，动平台获得一个绕发动机轴线的局部自由转动。在该自由度的作用下，组成收-扩矢量喷管的扩张段调节片产生严重的干涉，导致扩张段的破坏。为了限制该局部自由度，GE 公司采用 3-SPS/3-PRS 少自由度并联机构作为轴对称矢量喷管的转向控制机构。尽管如此，3-SPS/3-PRS 少自由度并联机构在工作空间内仍然存在奇异运动，导致扩张调节片被严重挤压破坏，造成扩张段失效事故发生。

为了解决 AVEN 转向驱动机构 3-SPS/3-PRS 少自由度并联驱动机构的奇异性规避问题，研究了其运动奇异性伴随输入参数的分布规律，提出了 3-SPS/3-PRS 并联机构免奇异设计原则，进而在设计阶段解决了该并联机构的免奇异运动问题。

12.3.1　奇异位置伴随输入参数分布曲面

已有研究给出的奇异位置空间分布曲面（图 10-2），是以动平台位姿作为描述参数的空间分布曲面。这种分布曲面对于在实际控制过程中规避运动奇异意义不大。因为很难通过测量动平台位姿参数来规避运动奇异性，且调整位姿参数后，奇异分布曲面发生变化。鉴于动平台是通过输入参数来控制运动的，本节给出了以输入参数（作动筒位移输出）作为描述参数的奇异位置空间分布曲面。借助于该奇异位置分布曲面，在并联机构工作过程中，通过测量作动筒长度，即可以预测动平台是否接近或落入奇异运动失控区域。或通过使并联机构工作空间在奇异分布曲面内部，在设计阶段即可规避并联机构的运动奇异性。

对于图 11-2 所示的构型曲线分岔点，采用系数同伦法，跟踪这些奇异点随输入参数的变化情况，得到 3-SPS/3-PRS 并联机构奇异位置的位姿参数随输入参数的变化情况（$l_4 = l_6$），如图 12-8 所示。

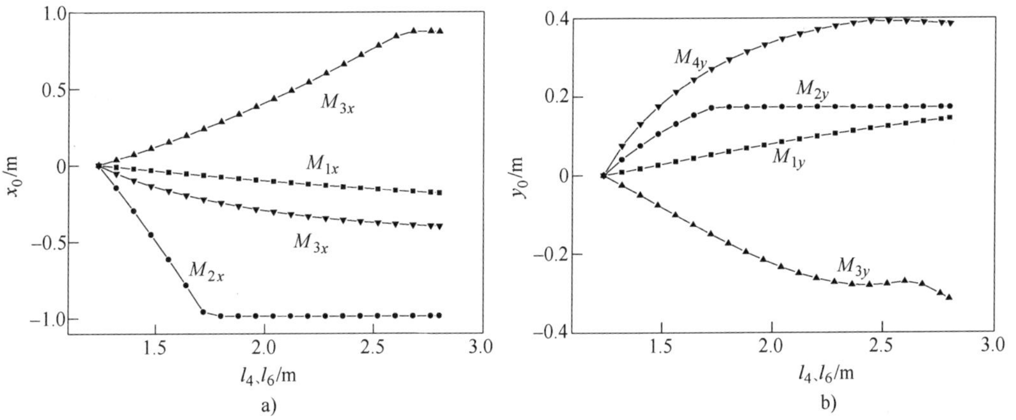

图 12-8　3-SPS/3-PRS 并联机构奇异位置位姿参数随输入参数的分布

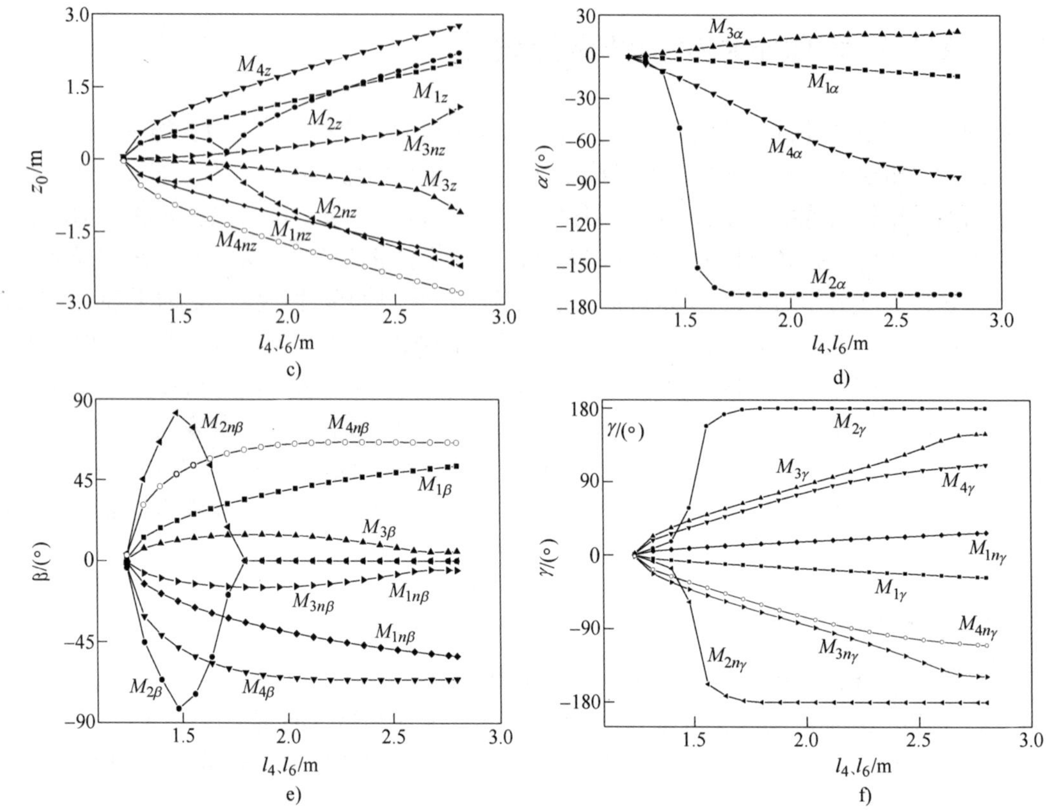

图 12-8　3-SPS/3-PRS 并联机构奇异位置位姿参数随输入参数的分布（续）

当并联机构的输入参数处于 $1.24 \leqslant l_4$、$l_6 \leqslant 1.732$ 的范围内时，奇异位置处的位姿变化比较剧烈，当 l_4、$l_6=1.24$ 时，四个奇异位置的位姿参数交于一点。当 l_4、$l_6>1.8$ 时，奇异位置位姿参数随输入参数的变化比较平缓。因此，建议在设计该类机构时，输入参数的工作空间最好为 l_2、l_4、$l_6>1.8$。

12.3.2　3-SPS/3-PRS 并联机构输入参数的取值范围

根据 AVEN 的设计要求，如 A8/A9 面积变化范围，矢量偏转段喷口 A9 的矢量偏转角等因素，可以确定 AVEN 转向驱动环三个驱动作动筒的长度范围，如图 12-9 所示。轴对称矢量喷管的转向驱动环，其动平台输入参数（三个 A9 环作动筒）的范围主要受两个因素的影响：控制喷口面积 A9，实现矢量偏转段 A9 面积的矢量转向。z_{10} 为喷口面积 A9 处于小喷口非矢量状态下动平台中心坐标位置。S_1 为当动平台围绕该点偏转 θ_1

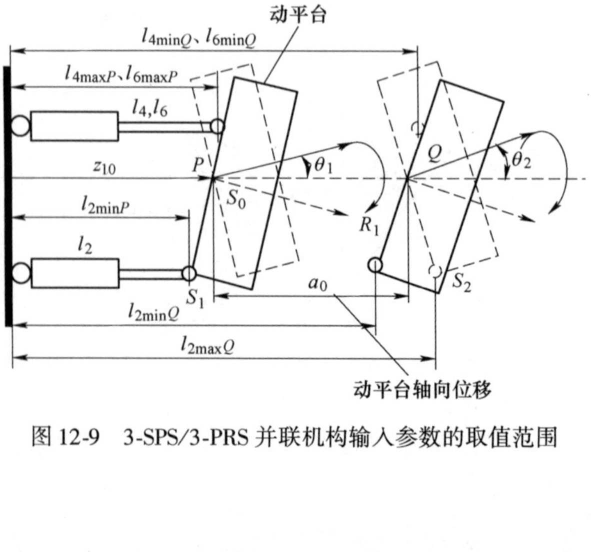

图 12-9　3-SPS/3-PRS 并联机构输入参数的取值范围

角度时，输入参数为最小值。a_0 为喷口面积 A9 变化时所需要的动平台中心沿飞机发动机轴线移动的距离。在新的动平台中心位置 $z_{10}+a_0$，当动平台应绕该中心位置旋转 θ_2 角度时，输入参数的最大值为 S_2。输入参数的两个极值点 S_1、S_2 确定轴对称矢量喷管转向驱动机构 3-SPS/3-PRS 并联机构的输入参数设计空间。对于给定的轴对称矢量喷管转向驱动装置，其动平台的偏转角度 θ_1、θ_2 和动平台中心沿发动机轴线移动的距离是一定的。因此，输入参数的两个极值点 S_1、S_2 之间的距离 $\Delta S=|S_2-S_1|$也是一定的。当轴对称矢量喷管处于非矢量状态时，驱动机构的三个输入参数相等，即 l_2、l_4、$l_6=z_{10}$。

与第 10 章类似，利用扩展方程式（10-8），以 l_2 作为构型分岔参数，得到动平台上空间内关于 l_2 的 4 个对应奇异位置：M_1、M_2、M_3 和 M_4。改变输入参数 l_4、l_6（$l_4=l_6$）的长度，得到奇异位置 M_1、M_2、M_3、M_4 随输入参数 l_2 的变化曲线，如图 12-10 所示。当输入参数 l_4、$l_6<2.35$ 时，奇异位置 M_3 和 M_4 位于奇异位置 M_1 和 M_2 的外侧。设 δ_{13}和 δ_{14}分别为奇异位置 M_3 和 M_4 处的最大失控域半径，则该并联机构输入参数的免奇异运动空间为$\{l_2\in[M_3+\delta_{13},M_4-\delta_{14}]$，$l_4$、$l_6$ 为常数$\}$。如果并联机构的输入参数取值落入该空间，则并联机构的运动是免奇异的。随着输入参数 l_4、l_6 的减小，并联机构免奇异运动空间逐渐缩小，最后在 l_4、$l_6=1.24$ 时退化为孤立点。当 l_4、$l_6>2.35$ 时，输入参数免奇异运动空间为$\{l_2\in[M_3+\delta_{13},M_2-\delta_{12}]$，$l_4$、$l_6$ 为常数$\}$，其中 δ_{12}为 M_2 处的最大失控域半径。对于一组输入参数 l_4、l_6（$l_4=l_6$），并联机构的输入参数免奇异运动空间为 $[T_1,T_2]$。

12.3.3　3-SPS/3-PRS 并联机构免奇异输入参数的取值空间

在图 12-10 中，作 l_4、$l_6=2.0$ 的垂线，交曲线 M_1 于 T_1 点，交曲线 M_4 于 T_2 点，T_1 点与 T_2 点之间的距离即为 l_4、$l_6=2.0$ 时 l_2 的免奇异工作空间。由于 l_2、l_4、$l_6=2.0$ 是该并联机构必须具有的工作位置，因此一般需要 l_2、l_4、$l_6=2.0=z_{10}$。当 S_1 点在 T_1 点之上时，一般对应 S_2 点在 T_2 点之下，并联机构在免奇异工作空间之内工作，系统可控。

对 GE 公司开发的轴对称矢量喷管转向控制驱动机构的分析表明，小喷口非矢量状态下的 l_2、l_4、$l_6=1.6$，S_1 点明显在 T_1 点之下，造成并联机构在奇异位置之外工作，影响机构的控制稳定性。同时，当 S_1 点在 T_1 点之下工作时，输入参数的增加将并联机构由约束边界 T_1 点强制地下拉到 S_1 点，从而破坏约束，产生较大的约束内应力。另一方面，由于在并联机构的工作空间内含有构型分岔点，当机构通过构型分岔点时，其构型可以以保持的构型和非保持的构型给出运动输出，从而造成运动输出的不确定性。

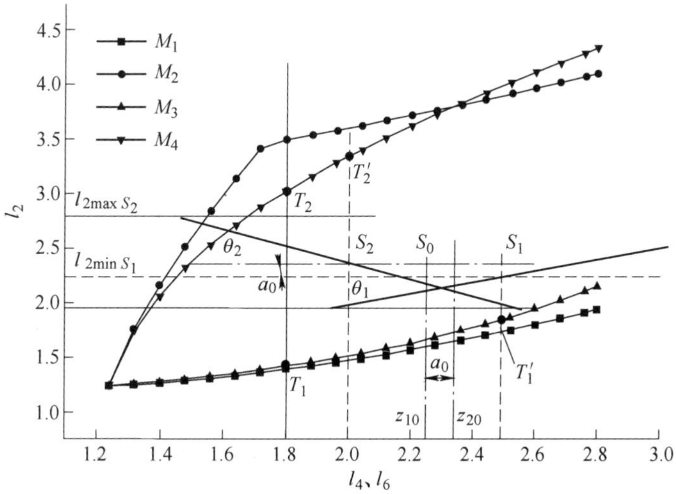

图 12-10　3-SPS/3-PRS 并联机构免奇异输入参数的取值空间

因此，综合以上分析，3-SPS/3-PRS 并联机构的输入参数在 l_4、$l_6>1.8$ 的前提下，尽量使 S_1 点

在 T_1 点之上，并与 T_1 保持一定的距离，这样确定的输入参数免奇异取值空间，其 3-SPS/3-PRS 并联机构具有较高的运动稳定性。

12.4 规避并联机构运动奇异的免奇异输入参数取值空间方法

基于第 12.3.3 节 3-SPS/3-PRS 并联机构免奇异输入参数取值空间的概念，针对现有规避并联机构运动奇异方法存在的不足，提出一种简单通用的、能够在设计阶段和控制阶段有效规避并联机构在整体工作空间运动奇异的方法——规避并联机构运动奇异的免奇异输入参数取值空间方法。

构建以输入参数为坐标轴的全部并联机构奇异位置空间分布曲面，作这些空间分布曲面的内接包络曲面，得到免奇异输入参数取值空间分布曲面。在免奇异输入参数取值空间分布曲面内，选择适当的工作点，并根据并联机构的工作要求，确定满足工作要求的各输入参数的取值范围，校验符合并联机构工作要求的各输入参数的取值范围是否全部位于免奇异输入参数取值空间分布曲面之内，如果是，则在设计阶段消除并联机构的运动奇异。当满足工作要求的输入参数取值范围超出免奇异输入参数取值空间分布曲面时，适当调整工作点，使其位于免奇异输入参数取值空间分布曲面之内。将满足工作要求的各输入参数取值范围作为免奇异输入参数取值空间，在控制阶段，通过检测各输入参数是否位于各自的免奇异取值空间，防止并联机构陷入奇异运动状态。

具体实施过程如下：

1）首先，建立包含全部输入参数的并联机构构型方程，根据奇异条件，得到由输入参数表达的奇异方程；其次，采用拓展方程方法（或同伦法）等数值方法，从构建的由输入参数表达的奇异方程中，求出所有以输入参数表达的奇异位置；再次，连续改变输入参数的取值，得到一系列不同输入参数下所有对应的奇异位置；最后，在以输入参数为坐标轴的空间内，依次分别连接这些以输入参数表达的奇异位置点，得到以输入参数为坐标轴的全部并联机构奇异位置空间分布曲面。

2）作这些并联机构奇异位置空间分布曲面的内接包络曲面，得到免奇异输入参数取值空间分布曲面。

3）在免奇异输入参数取值空间分布曲面内，选择适当的工作点，并以该工作点为基础，根据并联机构的工作要求，确定符合并联机构工作要求的各输入参数的取值范围。

4）校验符合并联机构工作要求的各输入参数的取值范围是否全部位于免奇异输入参数取值空间分布曲面之内，如果是，则在设计阶段消除并联机构的运动奇异。

5）当符合工作要求的输入参数取值范围超出免奇异输入参数取值空间分布曲面时，合理调整工作点，最终使各输入参数的取值范围全部落入免奇异输入参数取值空间分布曲面之内。

6）将免奇异输入参数取值空间分布曲面内符合工作要求的输入参数取值范围，作为输入参数免奇异取值空间，用于控制过程中监控和防止并联机构陷入运动奇异状态。

奇异条件可以为雅可比矩阵或 Screw 螺旋矩阵降秩条件、几何线丛条件等。以输入参数为坐标轴的并联机构奇异位置空间分布曲面，最多为六维，但一般可根据结构及运动的对称性，得到降维的空间分布模型，如三维空间模型，为设计阶段消除运动奇异，提供直观、形象的分布模型。

下面以 3-SPS/3-PRS 并联机构为例，进一步说明具体实施步骤。

1）构建以输入参数为坐标轴的全部并联机构奇异位置空间分布曲面。建立该并联机构的构型方程 $\boldsymbol{F}(\boldsymbol{x},\boldsymbol{\mu})=0$。构型参数 $\boldsymbol{x}$ 可以是并联机构的位姿参数，也可以是动平台铰链坐标，或两者部分组合。这里，$\boldsymbol{x}=(x_0,y_0,z_0,x_1,y_1,z_1,x_2,y_2,z_2)^{\mathrm{T}}$ 为动平台中心坐标和两个相邻球铰接点的坐标。$\boldsymbol{\mu}$ 为并联机构的全部输入参数，$\boldsymbol{\mu}=(l_2,l_4,l_6)^{\mathrm{T}}$。根据奇异位置条件

$$\begin{cases}\boldsymbol{F}(\boldsymbol{x},\boldsymbol{\mu})=0\\ |\boldsymbol{F}_{\mu}(\boldsymbol{x},\boldsymbol{\mu})|=0\end{cases} \tag{12-25}$$

给定式（12-25）中两个输入参数的值，如 l_4、l_6，利用同伦法可以从式（12-25）中求得固定平台上空间待求输入参数 l_2 在奇异位置处的四个对应值 l_{2M_1}、l_{2M_2}、l_{2M_3}、l_{2M_4}；连续改变这两个输入参数的取值（记为 l_4^k、l_6^k），利用同样的方法，得到待求输入参数 l_2^k 奇异位置处四个奇异位置的一系列取值 $l_{2M_1}^k$、$l_{2M_2}^k$、$l_{2M_3}^k$、$l_{2M_4}^k$；在以输入参数为坐标轴的空间内，依次分别连接这些以输入参数表达的奇异位置点（$l_{2M_1}^k,l_4^k,l_6^k$）、（$l_{2M_2}^k,l_4^k,l_6^k$）、（$l_{2M_3}^k,l_4^k,l_6^k$）、（$l_{2M_4}^k,l_4^k,l_6^k$），得到以输入参数为坐标轴的全部并联机构奇异位置空间分布曲面，共计四个曲面。

受式（12-25）在奇异位置处雅克比矩阵降秩的影响，同伦法在奇异位置附近的求解效率非常低。为提高奇异位置的求解效率，构造式（12-25）的扩展方程

$$\boldsymbol{\Gamma}(\boldsymbol{\Omega})=\begin{cases}f_i=f_i(\boldsymbol{x},\boldsymbol{\mu})=0\\ f_{jx}=\left[\dfrac{\partial f_j}{\partial \boldsymbol{x}}\right]\boldsymbol{v}=0\\ \displaystyle\sum_{k=1}^{9}v_k^2-1=0\end{cases} \tag{12-26}$$

一般化，对于具有 n 个输入参数的并联机构，给定输入参数 $l_i(i=1,\cdots,n,i\neq j)$ 的一组值，利用数值方法，可以迅速地从式（12-26）中求得奇异位置处待求输入参数 l_j 的所有 m 个对应解值 l_{jM_1}，…，l_{jM_m}。连续改变输入参数 $l_i^k(i=1,\cdots,n,i\neq j)$ 的取值，得到一系列奇异位置处输入参数 l_j^k 的所有 m 个对应解值 $l_{jM_1}^k$，…，$l_{jM_m}^k$。以输入参数为坐标轴，依次分别连接这些以输入参数表达的 m 个奇异位置点$[l_{jM_1}^k,l_i^k(i=1,\cdots,n,i\neq j)]$，…，$[l_{jM_m}^k,l_i^k(i=1,\cdots,n,i\neq j)]$，得到以输入参数为坐标轴的全部奇异位置空间分布曲面，共计 m 个分布曲面。

为了简要说明本发明的实施过程，令 $l_4=l_6$（此条件与动平台最大偏转角度对应），此时，奇异位置方程为两维，即 l_2、l_4（$l_4=l_6$），相应的奇异位置空间分布曲面转变为分布曲线。基于式（12-26），采用基于扩展方程的同伦法，得到固定平台上空间以输入参数为坐标轴的奇异位置分布曲线 M_1、M_2、M_3、M_4，共计四条，如图 12-11 所示。

2）得到免奇异输入参数取值空间分布曲面。作图 12-11 中四条奇异位置分布曲线 M_1、M_2、M_3、M_4 的内接包络曲线，得到并联机构免奇异输入参数取值空间分布曲面（图中画斜线区域）。当符合工作要求的并联机构输入参数取值范围位于分布曲面之内时，并联机构不发生运动奇异。因构型方程关于输入参数是连续可微函数，在免奇异输入参数取值空间分布曲面之内，不存在孤立点和不连通域。

3）在免奇异输入参数取值空间分布曲面之内，选取适当的工作点，并确定符合并联机

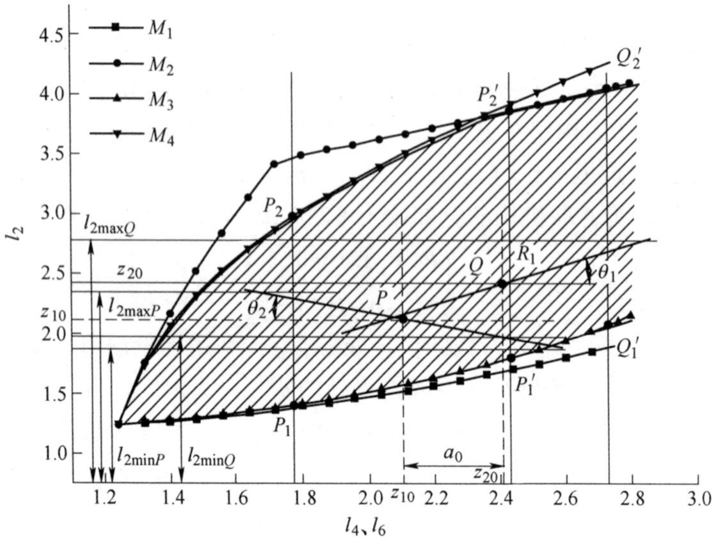

图 12-11　规避并联机构运动奇异的免奇异输入参数取值空间方法原理

构工作要求的输入参数取值范围。以 3-SPS/3-PRS 并联机构动平台中心点 P 为参考点，在图 12-11 所示的免奇异输入参数取值空间分布曲面之内，即斜线区域，选取适当的位置作为 P 点的工作点。根据图 12-9 所示的工作要求，在该工作点 P，输入参数 $l_4=l_6$ 的最小值为 $l_{4\min P}=l_{6\min P}=z_{10}-\frac{\sqrt{3}}{2}R_1\sin\theta_2$，这里 R_1 为动平台铰链点分布半径，对应的输入参数 l_2 的最大取值范围为（$l_{2\min P},l_{2\max P}$）=［$z_{10}-R_1\sin\theta_2$，$z_{10}+R_1\sin\theta_2$］。在工作位置 Q，符合工作要求的输入参数 l_2 的取值范围为（$l_{2\min Q},l_{2\max Q}$）=［$z_{10}+a_0-R_1\sin\theta_1,z_{10}+a_0+R_1\sin\theta_1$］。

4）校验符合并联机构工作要求的各输入参数的取值范围是否全部位于免奇异输入参数取值空间分布曲面之内，如果是，则在设计阶段消除并联机构的运动奇异。在工作点 P，$l_4=l_6=l_{4\min P}=l_{6\min P}$的垂线与免奇异输入参数取值空间分布曲面的边界分别交于 P_1点和 P_2点，对应 l_2 的最大免奇异取值空间为（l_{2P_1}，l_{2P_2}）。同理，当输入参数 $l_4=l_6$ 为最大值 $l_{4\max P}$、$l_{6\max P}=z_{10}+\frac{\sqrt{3}}{2}R_1\sin\theta_2$ 时，对应 l_2 的最大免奇异取值空间为（$l_{2P_1'}$，$l_{2P_2'}$）。显然，由于（$l_{2\min P}$，$l_{2\max P}$）∈（l_{2P_1},l_{2P_2}）且（$l_{2\min P},l_{2\max P}$）∈（$l_{2P_1'},l_{2P_2'}$），满足工作需求的各输入参数的取值范围全部位于免奇异输入参数取值空间分布曲面之内，3-SPS/3-PRS 并联机构在工作点 P 不会发生运动奇异。

5）调整工作点，使满足工作需求的各输入参数的取值范围全部位于免奇异输入参数取值空间分布曲面之内。当出现符合工作要求的输入参数取值空间超出免奇异输入参数取值空间分布曲面的情况时，需要对工作点进行调整。例如，图 12-9 所示的工作位置 Q，当输入参数 $l_4=l_6$取最大值 $l_{4\max Q}$、$l_{6\max Q}=z_{10}+a_0+\frac{\sqrt{3}}{2}R_1\sin\theta_1$ 时，免奇异输入参数取值空间分布曲面确定的 l_2 最大免奇异取值空间为（$l_{2Q'_1},l_{2Q'_2}$），而符合工作要求的输入参数 l_2 的取值范围为（$l_{2\min Q},l_{2\max Q}$），$l_{2\min Q}$已超出 l_2 的最大免奇异取值空间（$l_{2Q_1'},l_{2Q_2'}$）的下边界。在此工作位置，

当输入参数 l_2 接近最小值 $l_{2\min Q}$时，并联机构将发生运动奇异现象。为此，需要将工作点 P 适当向右上方移动，直到$(l_{2\min Q}, l_{2\max Q}) \in (l_{2Q_1'}, l_{2Q_2'})$。由此，通过将符合工作要求的各输入参数取值范围布置在并联机构免奇异输入参数取值空间分布曲面之内，在设计阶段消除并联机构的运动奇异。

6）将免奇异输入参数取值空间分布曲面内符合工作要求的输入参数取值范围，作为输入参数免奇异取值空间，在控制阶段，通过检测各输入参数的当前值是否在各输入参数的免奇异取值空间之内，防止并联机构陷入运动奇异状态。

规避并联机构运动奇异的免奇异输入参数取值空间方法，通过将满足工作需求的各输入参数的取值范围布置在免奇异输入参数取值空间分布曲面之内，能够在设计阶段消除并联机构的运动奇异，确保并联机构在整体工作空间具有确定的运动输出和较高的载荷能力。特别是，在控制阶段，通过检测输入参数是否位于免奇异输入参数取值空间之内，可以迅速地判定和防止并联机构陷入运动奇异状态。由于免奇异输入参数取值空间分布曲面是一个内部连通的空间，相对冗余驱动构件方法和路径规划方法，该方法能够解决整体工作空间的并联机构运动奇异规避问题。与以并联机构位姿参数描述的奇异位置空间分布模型相比，所给出的免奇异输入参数取值空间分布曲面，可以直接用于在设计阶段消除并联机构的运动奇异，在控制阶段防止并联机构陷入运动奇异状态。因此，基于免奇异输入参数取值空间分布曲面的免奇异输入参数取值空间方法，能够在设计阶段消除运动奇异对并联机构的消极影响，在控制阶段防止并联机构陷入运动奇异状态。

12.5　小结

根据扰动能够使原点奇异的非线性系统转换为原点非奇异系统的原理，从非线性奇异性理论出发，采用分岔理论和普适开折方法，提出了并联机构以确定的构型通过奇异位置的扰动函数方法。在扰动函数的作用下，原来相互交叉导致并联机构出现运动奇异的构型曲线被有限分离，从而使并联机构能够以确定的构型通过奇异位置分布曲面，解决了并联机构在整体工作空间的运动奇异性规避问题。

以轴对称矢量喷管转向驱动 3-SPS/3-PRS 并联机构为例，研究了该机构奇异位置伴随输入参数的分布，给出了免奇异运动对应的输入参数取值空间。当控制输入参数处于免奇异输入参数取值空间时，并联机构能够输出确定的运动，由此实现在设计阶段解决并联机构运动奇异性的规避问题。进一步给出了规避并联机构运动奇异的免奇异输入参数取值空间方法，能够在设计阶段消除运动奇异对并联机构的消极影响，在控制阶段防止并联机构陷入运动奇异状态。

参考文献

[1] DASGUPTA B, MRUTHYUNJAYA T S. Singularity-free path planning for the Stewart platform manipulator [J]. Mechanism and Machine Theory, 1998, 33 (6): 711-725.

[2] SEN S, DASGUPTA B, MALLIK K A. Variational approach for singularity-free path-planning of parallel manipulators [J]. Mechanism and Machine Theory, 2003, 38 (11): 1165-1183.

[3] BANDYOPADHYAY S, GHOSAL A. Geometric characterization and parametric representation of the singularity

manifold of a 6-6 Stewart platform manipulator [J]. Mechanism and Machine Theory, 2006, 41 (11): 1377-1400.

[4] TCHON K. Quadratic normal forms of redundant robot kinematics with application to singularity avoidance [J]. IEEE Transactions on Robotics and Automation, 2006, 14 (5): 834-837.

[5] 王玉新，刘学深．平面五杆机构的构型分岔与构型保持性研究 [J]. 机械工程学报，2004，40 (11): 17-20.

[6] WANG Y X, WANG Y M. Configuration bifurcations analysis of six degree-of-freedom symmetrical Stewart parallel mechanisms [J]. Transactions of the ASME: Journal of Mechanical Design, 2005, 127 (1): 70-77.

[7] 王玉新，王仪明，陈予恕，等. Stewart 并联机构运动失控性研究 [J]. 机械工程学报，2005，41 (7): 40-44.

[8] 王玉新，郭瑞琴．多环机构运动分叉与机构参数的关系 [J]. 同济大学学报，2006，34 (8): 1088-1093.

[9] WANG Y X, LI Y T, PAN S X. A novel method to avoid turning point singularities for the semi-regular hexagons Gough-Stewart parallel manipulator [J]. Science in China Series E: Technological Sciences, 2008, 51 (7): 897-910.

[10] WANG Y X, LI Y T, PAN S X. Modified disturbance function method for a 6-6 Gough-Stewart parallel manipulator to traverse the singularity hypersurface [J]. Journal of Mechanical Design, 2008, 130 (5): 052305.

[11] WANG Y X, LI Y T, WANG Y M, et al. Configuration bifurcation characteristics of the semi-regular hexagon Gough-Stewart parallel manipulator [C] // 2007 Proceedings of the ASME International Design Engineering Technical Conferences and Computers and Information in Engineering Conference. Las Vegas: DETC, 2007: 1119-1123.

[12] CHE N Y S, LEUNG A Y T. Bifurcation and Chaos in Engineering [M]. London: Springer-Verlag, 1998.

第 13 章

动态规避并联机构运动奇异

根据判定 n 维非线性动力系统稳定性第一近似判定李雅普诺夫定理，基于盖尔定理和 Hurwitz 判据，分析了输入速度、加速度、外力等对奇异点动态稳定性的影响，合理确定质点系初始速度、输入速度、加速度，外力等动力学参数，可以使并联机构微分动力系统的特征根分布于负实轴所在的复平面内，从而使并联机构奇异位置满足动态稳定性条件，以一定载荷能力，给出确定的运动输出。基于中心流理论，研究了并联机构在奇异位置附近的流形分岔特性及其规范流形，给出了一种适用于航空领域的动态规避并联机构运动奇异的动力学参数取值方法。

13.1　动力学参数对并联机构奇异点动态稳定性的影响

13.1.1　奇异点动态稳定性

发生在工作空间内部的运动奇异性，为并联机构性能带来了消极影响。为了实现工作空间的确定运动，一些学者对如何避开奇异位置进行了研究。Bhattacharya 提出了避开奇异位置的方法：在接近奇异位置附近重构一条路径，以使关节上的力总能在允许范围内。Dasgupta 构造了一种 Stewart 机器人在工作空间内避免奇异和病态的连续路径规划方法，如果给定起点和终点位置，这种方法可找到安全点，并规划出一条安全路径，但两点属于不同的路径分支时，连续路径不存在。Sen 等采用混合拉格朗日方法，以势能获得免奇异的路径，以动能获得最短路径，规划免奇异路径。研究表明，合理选择参数，可以获得平滑的最短免奇异轨迹。Innocenti 给出了一种通过边界由一种构型转换为另一种构型的可能的免奇异路径构造方法。由于在两个构型区域中间可能存在不可达空间（构型不可装配），因此该方法的可行性有待商榷。

运动冗余方法通过添加运动冗余构件改变原并联机构的局部奇异形态，实现对并联机构运动奇异的规避。但冗余构件的引入，使并联机构运动学问题的求解变得非常困难，为此，Cha 给出了利用运动冗余规避并联机构奇异性的高效求解算法。利用驱动器冗余规避并联机构的运动奇异性，当运动副存在间隙和驱动器存在执行误差时，容易导致并联机构出现极大的内应力，而且也减小了并联机构的有效工作空间。

为了在设计阶段规避并联机构运动奇异性，Ranganath 采用力传递矩阵研究了并联机构在奇异位置处的运动失控情况，发现在奇异位置附近施加在并联机构上极小的力或力矩将导致其产生很大的内力。基于此，通过加装在并联机构连杆上的力/力矩传感器来预测和控制并联机构当前位置与奇异位置的接近程度。Arakelian 利用压力角作为奇异区间控制参数，通过优化方法得到最大免奇异空间。Jui 采用路径跟踪技术，通过动力学方程反求关节驱动力矩，由其许用值确定并联机构接近奇异位置的最大速度、加速度取值范围。Li 用拉格朗日乘子将并联机构约束系统转化为无约束系统，根据奇异条件得到给定点附近以位姿参数描述的免奇异分布空间。

上述运动奇异性规避方法没有考虑并联机构动力学参数对奇异点动态稳定性的影响。一个典型的平行四边形机构，当曲柄与机架重合时，系统处于几何奇异位置，静态奇异位置处的机构运动具有不确定性，但当该机构以一定速度运动时，便能以确定的运动通过奇异位置。因此，研究考虑自身动力学参数和输入动力学参数的并联机构奇异点运动稳定性问题，对于动态并联机构运动奇异性的规避具有更重要的科学价值。

Ider 根据动力学响应在奇异点处连续性是并联机构能够以确定运动通过奇异位置的必要条件构建免奇异路径，通过对输入参数加速度的控制，使并联机构能够以确定的运动通过奇异位置。Wang 根据轴对称矢量喷管转向驱动并联机构工作在奇异点的特点，提出了规避运动奇异性的扰动函数方法，解决了并联机构以确定运动通过或工作在奇异位置的问题。尽管 Ider 方法和扰动函数方法能够保证并联机构以给定的运动通过或工作在奇异位置，但这两种方法仍存在许多问题。如前者给出的路径规划仅考虑了输入参数的速度、加速度影响，而没有考虑并联机构自身动力学特性和外载荷、随机扰动等情况，特别是一些规划出的免奇异路径因关节力矩的限制，存在局部不可达（或奇异）子空间，使方法失效；而后者没有考虑奇异位置的动态稳定性，当受到扰动等作用时，奇异状态易失稳，出现运动失控。

迄今为止，并联机构的奇异性研究基本限定在静态问题上，尚没有考虑机构自身的动力学行为对奇异特性的影响。对一个典型的平行四边形机构，当曲柄与机架重合时，系统处于几何奇异位置，机构的运动具有不确定性。但是，当机构以一定的速度运动时，机构能够以保持的构型通过奇异位置。对于处于几何奇异位置的其他并联机构，静态奇异位置的自运动（获得自由度）可能在动态的惯性力作用下变得确定或消失。对于边界奇异性问题，虽然执行构件的某些惯性力分量为零，但总体惯性力并不为零，这使得考虑机构动态特性的并联机构运动奇异性规避问题更为复杂。为此，本节研究并联机构输入动力学参数（如输入构件的速度、加速度）、并联机构自身动力学参数（如动平台在奇异位置处的速度）等对并联机构奇异位置运动稳定性的影响，这对于解决动态下并联机构的运动奇异性规避问题、输入参数的轨迹规划、动平台载荷能力的提高、稳定运动工作空间的拓展具有重要的理论价值和应用价值。

13.1.2 3-RPS 并联机构微分动力学方程

图 13-1 所示为平面 3-RPS 并联机构的质点系动力学模型。在该模型中，动平台的分布质量用三个与球副 S 重合的集中质量 m_1、m_2、m_3 来表达。组成驱动器移动副 P 两构件，如与输入参数 l_1 对应的驱动器两端的构件的分布质量分别用 m_4、m_5 等替代，建立 3-RPS 并联机构质点系动力学模型。质点系坐标应满足的定常几何约束方程为

$$
\begin{cases}
f_{4i-3}=[B_{i+1}-B_i]^{\mathrm{T}}[B_{i+1}-B_i]-b_i^2=0, i+1>3, i+1=i-2 \\
f_{4i-2}=[D_i-A_i]^{\mathrm{T}}[D_i-A_i]-d_i^2=0 \\
f_{4i-1}=[B_i-C_i]^{\mathrm{T}}[B_i-C_i]-c_i^2=0 \\
f_{4i}=B_iC_i//D_iA_i
\end{cases}
$$

式中，$i=1,\ 2,\ 3$。

根据约束的力学行为，引入拉格朗日乘子 $\boldsymbol{\lambda}=[\lambda_1,\lambda_2,\cdots,\lambda_{12}]$，将并联机构定常几何约束方程 f_i 转化为约束力 R_S

$$\begin{cases} R_s = \sum_{r=1}^{M} \lambda_r A_{rs} \\ \sum_{s=1}^{2N} \dfrac{\partial f_r}{\partial u_s} \mathrm{d}u_s = \sum_{s=1}^{2N} A_{rs} \mathrm{d}u_s = 0, \end{cases} \tag{13-1}$$

式中，$s=1,2,\cdots,2N$；$u_s \in x_s,\ y_s$；$r=1,\ 2,\ \cdots,\ M$。

根据第一类拉格朗日方程，当不考虑阻尼等耗散力作用时，3-RPS 并联机构无乘子二次项非耦合的质点系动力学方程为

$$\begin{aligned} m_s \ddot{u}_s &= F_s + \sum_{r=1}^{M} \lambda_r A_{rs}, M = 12, s = 2\times 9 \\ \boldsymbol{\lambda} &= [\lambda_r]^{\mathrm{T}} = \boldsymbol{A}^{-1}\boldsymbol{b}_0 + \boldsymbol{A}^{-1}\boldsymbol{d}_1 + \boldsymbol{A}^{-1}\boldsymbol{d}_2 \end{aligned} \tag{13-2}$$

式中，$M=12$；$s=2\times 9$；$\boldsymbol{A}$ 为与并联机构结构参数有关的系数矩阵；$\boldsymbol{d}_1$、$\boldsymbol{d}_2$ 分别为与质点系所受外力和重力有关的项，当图 13-1 所示并联机构采用水平布置，外作用力为零时，此两项为零；$\boldsymbol{b}_0$ 为质点系速度，输入构件速度、加速度对拉格朗日乘子的影响项，$\boldsymbol{b}_0=[b_{10},b_{20},b_{30},\cdots,b_{120}]^{\mathrm{T}}$

$$\begin{aligned} \boldsymbol{b}_0 = [&-m_{11}(\dot{x}_4^2+\dot{y}_4^2), -m_{21}(\dot{x}_6^2+\dot{y}_6^2), -m_{31}(\dot{x}_8^2+\dot{y}_8^2), m_{12}(\dot{l}_1^2+(l_1-c_1)\ddot{l}_1-(\dot{x}_5^2+\dot{y}_5^2)), \\ &m_{22}(\dot{l}_2^2+(l_2-c_2)\ddot{l}_2-(\dot{x}_7^2+\dot{y}_7^2)), m_{32}(\dot{l}_3^2+(l_3-c_3)\ddot{l}_3-(\dot{x}_9^2+\dot{y}_9^2)), m_1(\dot{l}_1^2+l_1\ddot{l}_1- \\ &(\dot{x}_1^2+\dot{y}_1^2)), m_2(\dot{l}_2^2+l_2\ddot{l}_2-(\dot{x}_2^2+\dot{y}_2^2)), m_3(\dot{l}_3^2+l_3\ddot{l}_3-(\dot{x}_3^2+\dot{y}_3^2)), -(\dot{x}_1^2-\dot{x}_2^2)- \\ &(\dot{y}_1^2-\dot{y}_2^2), -(\dot{x}_3^2-\dot{x}_2^2)-(\dot{y}_3^2-\dot{y}_2^2), -(\dot{x}_3^2-\dot{x}_1^2)-(\dot{y}_3^2-\dot{y}_1^2)]^{\mathrm{T}} \end{aligned}$$

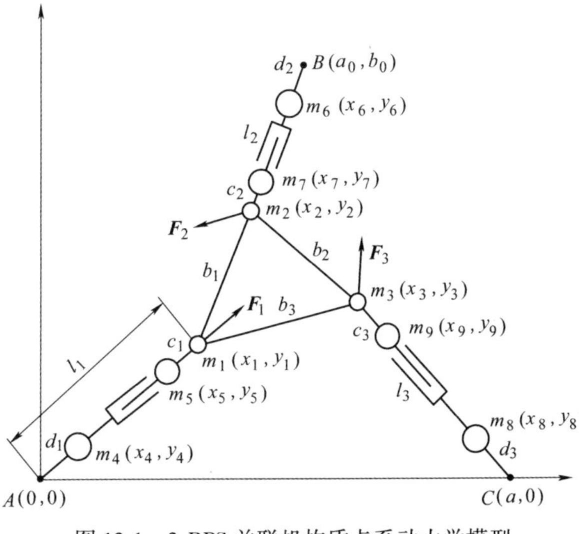

图 13-1　3-RPS 并联机构质点系动力学模型

不失一般性，令构成作动筒与机架相连构件的质量集中在机架上，即 $d_i=0$（$i=1,2,3$），此时动力学系统为六质点系统。特别是，当图 13-1 中 $c_i=0$（$i=1,2,3$）时，系统转变为三

质点系动力学系统，其动力学响应方程为

$$\begin{cases}\ddot{x}_1 = -8q_{b2}\overline{m}_1 y_1(x_2(a-x_3)-ax_3+x_3^2-y_2y_3+y_3^2)(x_3(-y_1+y_2)+x_2(y_1-y_3)+\\ \quad x_1(-y_2+y_3))+8q_{b3}\overline{m}_1(x_3(-y_1+y_2)+x_2(y_1-y_3)+x_1(-y_2+y_3))(-a_0x_2y_1+\\ \quad x_2^2y_1+a_0x_3y_1-x_2x_3y_1+y_1y_2^2-y_1y_2y_3+b_0y_1(-y_2+y_3))+8q_{b1}\overline{m}_1(x_3(-y_1+\\ \quad y_2)+x_2(y_1-y_3)+x_1(-y_2+y_3))(-ax_1y_2+ax_3y_2+x_1x_3y_2-x_3^2y_2+a_0x_1y_3-\\ \quad a_0x_2y_3-x_1x_2y_3+x_2^2y_3+y_2^2y_3-y_2y_3^2+b_0(x_1(a-x_3)-ax_3+x_3^2-y_2y_3+y_3^2))\\ \qquad\vdots\\ \ddot{y}_3 = 8q_{b2}\overline{m}_3(a-x_3)(x_1^2-x_1x_2+y_1^2-y_1y_2)(x_3(-y_1+y_2)+x_2(y_1-y_3)+x_1(-y_2+y_3))+\\ \quad 8q_{b1}\overline{m}_3(ax_1x_2-ax_2^2-a_0(x_1-x_2)(a-x_3)-x_1x_2x_3+x_2^2x_3-ab_0y_1+b_0x_3y_1+ab_0y_2-\\ \quad b_0x_3y_2+ay_1y_2-x_3y_1y_2-ay_2^2-x_3y_2^2)(x_3(-y_1+y_2)+x_2(y_1-y_3)+x_1(-y_2+y_3))+\\ \quad 8q_{b3}\overline{m}_3(x_3(-y_1+y_2)+x_2(y_1-y_3)+x_1(-y_2+y_3))(-x_1^2x_2+x_1x_2^2-x_2y_1^2-b_0x_1y_2+\\ \quad x_1y_2^2+b_0x_1y_3+x_2y_1y_3-x_1y_2y_3+a_0(x_1^2-x_1x_2+y_1^2-y_1y_3))\end{cases} \tag{13-3}$$

式中，$\overline{m}_i=1/(m_i(p_{13}p_{21}p_{32}+p_{11}p_{22}p_{33}))$ $(i=1,2,3)$；$q_{b1}=(\dot{l}_1^2-\dot{x}_{10}^2-\dot{y}_{10}^2+l_1\ddot{l}_1)$，$q_{b2}=(\dot{l}_2^2-\dot{x}_{20}^2-\dot{y}_{20}^2+l_2\ddot{l}_2)$，$q_{b3}=(\dot{l}_3^2-\dot{x}_{30}^2-\dot{y}_{30}^2+l_3\ddot{l}_3)$。

令 $\boldsymbol{x}=[x_1,y_1,x_2,y_2,x_3,y_3,z_1,z_2,z_3,z_4,z_5,z_6]^{\mathrm{T}}$，$\boldsymbol{q}_b=[q_{b1},q_{b2},q_{b3}]^{\mathrm{T}}$，$z_{i\times2-1}=\dot{x}_i$，$z_{i\times2}=\dot{y}_i$，式（13-3）对应的一阶十二维 5 次非线性微分动力系统为

$$\dot{x}=F(x_2^5,x_2^4x_3,\cdots,x_1,y_1,x_2,y_2,x_3,y_3,q_b) \tag{13-4}$$

微分动力系统的运动稳定性主要由其低阶项决定。获得低阶项的方法主要有泰勒级数展开方法、一阶近似方法和高次近似方法等。这里采用泰勒级数展开方法，忽略三次以上高阶项对构型方程的影响，3-RPS 并联机构二阶近似微分动力学系统方程为

$$\dot{\boldsymbol{x}}=\boldsymbol{A}\boldsymbol{x}+\boldsymbol{G}(\boldsymbol{x})+\boldsymbol{O}(\|\boldsymbol{x}\|^3) \tag{13-5}$$

式中，$\boldsymbol{A}=\begin{pmatrix}0 & I\\ A_1 & C\end{pmatrix}$，$\boldsymbol{A}_1=(\overline{a}_{ij})_{6\times6}$；$\boldsymbol{C}=(\overline{c}_{ij})_{6\times6}$；$\boldsymbol{G}(\boldsymbol{x})=\boldsymbol{x}^{\mathrm{T}}\boldsymbol{B}_1\boldsymbol{x}$，$\boldsymbol{B}_1\in\mathbf{R}^{6\times6}$ 为关于 $\boldsymbol{x}=[x_1,y_1,x_2,y_2,x_3,y_3]^{\mathrm{T}}$ 的二次齐次多项式。$\overline{a}_{ij}(i,j=1,2,3,\cdots,6)$ 为与等价质量 $\overline{m}_i$ 和输入扰动 $q_{bi}=(\dot{l}_i^2-\dot{x}_{i0}^2-\dot{y}_{i0}^2+l_i\ddot{l}_i)(i=1,2,3)$ 有关的系数。

计算 A_1 的特征根，发现无论 $q_{bi}(i=1,2,3)$ 取何值，A_1 均含有两个为零的特征根，如 $[-1926.18,-695.842,-39.1756+46.7644i,-39.1756-46.7644i,0,0]^{\mathrm{T}}$。这表明式（13-3）中，坐标点 (x_1,y_1)、(x_2,y_2)、(x_3,y_3) 之间存在线性相关关系。事实上，因为动平台为刚体，坐标点存在如下关系

$$\begin{pmatrix}x_3\\ y_3\end{pmatrix}=\begin{pmatrix}\cos\delta & -\sin\delta\\ \sin\delta & \cos\delta\end{pmatrix}\begin{pmatrix}x_2-x_1\\ y_2-y_1\end{pmatrix}+\begin{pmatrix}x_2\\ y_2\end{pmatrix} \tag{13-6}$$

A_1 均含有两个为零的特征根，一方面验证了所建立的 3-RPS 并联机构无乘子二次项非耦合质点系动力学方程的正确性，另一方面表明，由式（13-3）确定的并联机构质点系动力

学响应能够满足式（13-1）确定的几何约束方程要求。

将式（13-6）代入式（13-3），得到 3-RPS 并联机构二阶缩维微分动力学系统方程

$$\dot{y} = \tilde{A} y + \tilde{G}(y) + O(\|y\|^3) \tag{13-7}$$

式中，$y = [x_1, y_1, x_2, y_2]^{\mathrm{T}}$；$\tilde{\boldsymbol{A}} = \begin{pmatrix} 0 & I \\ \tilde{A}_1 & \tilde{C} \end{pmatrix}$，$\tilde{A}_1 \in \mathbf{R}^{4\times 4}$；$\tilde{G} \in \mathbf{R}^{4\times 4}$。

13.1.3　输入动力学参数对并联机构动态稳定性的影响

1. 李雅普诺夫第一近似稳定性判据

定义：考虑一个 n 维线性系统 $\dot{\boldsymbol{x}} = \boldsymbol{A}\boldsymbol{x}$，$\boldsymbol{x} \subset \mathrm{R}^n$，如果矩阵 $\boldsymbol{A}$ 没有零实部特征根，那么线性系统 $\dot{\boldsymbol{x}} = \boldsymbol{A}\boldsymbol{x}$，$\boldsymbol{x} \subset \mathrm{R}^n$ 的原点（或零解）为双曲平衡点。

定理：如果线性近似系统的矩阵特征根满足以下条件，则非线性动力学系统原点（双曲平衡点）的动态稳定性可以由其线性近似系统来确定：

1）非线性动力学系统在原点或零解处是渐近稳定的，如果线性近似系统矩阵 $\boldsymbol{A}$ 的每个特征根有非零负实部。

2）非线性动力学系统在原点或零解处是不稳定的，如果线性近似系统矩阵 $\boldsymbol{A}$ 的特征根至少有一个非零的正实部。

上述定理通常被称为李雅普诺夫第一近似稳定性定理。如果线性系统渐近稳定或不稳定，则其非线性系统在原点或零解处渐近稳定或不稳定。

根据李雅普诺夫第一近似稳定性定理，如果动力学系统的线性近似系统的每个特征根在奇异位置处都有负实部，则动力学系统在奇异构型处的运动是稳定的。由此可以将判定并联机构奇异构型下的动态稳定性问题，转化为评估并联机构线性近似动力学系统的特征根是否存在负实部的问题。对于具有获得自由度的并联机构奇异构型，如果其动力学参数使得并联机构微分动力学系统在奇异构型处满足李雅普诺夫第一近似稳定性定理确定的动态稳定条件，则并联机构能够以一定的载荷能力通过奇异位置，甚至工作在奇异位置，且动平台在奇异位置下的运动是可控的、确定的。为此，本节基于李雅普诺夫第一近似稳定性定理，研究了并联机构动力学参数对其奇异构型动态稳定性的影响。

2. 输入动力学参数对并联机构奇异点动态稳定性的影响

式（13-3）中，与输入动力学参数有关的扰动项为 $q_{bi} = (\dot{l}_i^2 - \dot{x}_{i0}^2 - \dot{y}_{i0}^2 + l_i\ddot{l}_i)$。为了研究输入构件速度、加速度对并联机构平衡点（奇异位置）处动态稳定性的影响，忽略奇异位置处各质点初始速度（$\dot{x}_{i0}$，$\dot{y}_{i0}$）对 q_{bi} 的影响。此时，认为 q_{bi} 仅由输入构件的输入速度和加速度确定。这一假设基于：当并联机构以一定的速度接近奇异位置时，由于奇异位置为转向点奇异，质点同时具有两个方向的运动趋势，质点处矢径速度平方（$\dot{r}_i^2 = \dot{x}_i^2 + \dot{y}_i^2$）对 q_{bi} 的作用远远小于输入构件速度、加速度（$\dot{l}_i^2 + l_i\ddot{l}_i$）对 q_{bi} 的作用。

令 $\mu_k = \dot{l}_k^2 + l_k\ddot{l}_k$（$k = 1, 2, 3$），并联机构微分动力系统线性近似系统式（13-7）的矩阵 $\tilde{A}$ 对应的特征根方程为关于特征根 λ 的八次多项式

$$0=\left(\sum_{i=1}^{3}\sum_{j=1}^{3}\sum_{m=0}^{4}\sum_{n=0}^{4-m}s_{ijmn}\mu_i^{\,m}\mu_j^{\,n}\right)+\left(\sum_{i=1}^{3}\sum_{j=1}^{3}\sum_{m=0}^{3}\sum_{n=0}^{3-m}u_{ijmn}\mu_i^{\,m}\mu_j^{\,n}\right)\lambda+\left(\sum_{i=1}^{3}\sum_{j=1}^{3}\sum_{m=0}^{3}\sum_{n=0}^{3-m}v_{ijmn}\mu_i^{\,m}\mu_j^{\,n}\right)\lambda^2+\left(\sum_{i=1}^{3}\sum_{j=1}^{3}\sum_{m=0}^{2}\sum_{n=0}^{2-m}w_{ijmn}\mu_i^{\,m}\mu_j^{\,n}\right)\lambda^3+\left(\sum_{i=1}^{3}\sum_{j=1}^{3}\sum_{m=0}^{2}\sum_{n=0}^{2-m}\chi_{ijmn}\mu_i^{\,m}\mu_j^{\,n}\right)\lambda^4+\left(\sum_{i=1}^{3}\sum_{j=1}^{3}\xi_i\mu_i\mu_j\right)\lambda^5+\left(\sum_{i=1}^{3}\zeta_i\mu_i\right)\lambda^6+\rho\lambda^7+\lambda^8 \tag{13-8}$$

根据李雅普诺夫第一近似稳定性定理，并联机构微分动力系统在奇异点满足动态稳定性的前提是式（13-8）确定的特征根高次方程的所有根均含有负实部。

为将输入构件速度、加速度对奇异点动态稳定性的影响直观地表达出来，令其中一个输入构件的速度、加速度为定值，不失一般性，令 $\mu_3=\dot{l}_3^2+l_3\ddot{l}_3=0$，此时，式（13-8）变为两变量（$\mu_1,\mu_2$）八次特征根方程，对应的八个特征根 λ 实部伴随两变量（μ_1,μ_2）的等高曲线如图 13-2 所示。图中，奇异位置各质点坐标分别为 $x_1=0.036$，$y_1=0.304$，$x_2=0.25$，$y_2=0.697$，$x_3=0.474$，$y_3=0.304$。在奇异位置，各质点的初始速度值为（$\dot{x}_{10}$，$\dot{y}_{10}$）=（$-0.5,0.3$），（$\dot{x}_{20}$，$\dot{y}_{20}$）=（$0.1,-0.2$）。为了减小篇幅，图中仅给出了四个特征根实部伴随 μ_1、μ_2 的等高曲线。括号内特征根的分布与括号前特征根不完全相同，但在特征根分布范围、等高曲线特征等方面具有类似性。

从图 13-2 所示的特征根实部分布情况可以看出，当 $\mu_3=\dot{l}_3^2+l_3\ddot{l}_3=0$ 时，八个特征根中，仅两个特征根在整体分布区域里取正值，且在 μ_2 接近零的局部通道区域内（图 13-2d），其取值接近零（≤0.1）。调整 μ_3 和质点的初始速度 x_{i0}、y_{i0}，可能存在全部八个特征根实部均为负的交集，根据李雅普诺夫第一近似稳定性定理，3-RPS 并联机构一阶线性近似微分动力学系统在奇异点处的动力学响应可能是稳定的，并由此得到奇异点具有稳定运动输出时各输入参数的速度、加速度配置规律。

增大 μ_3 到 $\mu_3=\dot{l}_3^2+l_3\ddot{l}_3=5\ \mathrm{m/s^2}$，发现八个特征根实部中的六个（$\lambda_1\sim\lambda_6$）在图中的分布区域内存在特征根实部全部为负的交集。随着 μ_3 的增大，交集的区域逐渐缩小，甚至消失。图 13-3a 所示为 λ_6 的分布情况。相对 $\mu_3=0$ 的情况，根据李雅普诺夫第一近似稳定性定理，$\mu_3=5$ 时系统在奇异点的动态稳定性变差。当 $\mu_3=-5$ 时，$\lambda_1\sim\lambda_6$ 的负实部绝对值显著大于 $\mu_3=0$ 的情况，且 λ_7、λ_8 的实部出现局部接近零的情况，如图 13-3b 所示。大量的计算表明，减小 μ_3 的值将会改善并联机构在奇异位置处的动力学稳定性。由于特征根实部伴随 μ_1、μ_2 的分布非常复杂，实际情况可能有些差异，但总体上这一规律是存在的。固定 μ_1 的值（$\mu_1<0$），改变 μ_2、μ_3，得到与图 13-3a、b 所示类似的特征根分布规律。这表明在图 13-2 对应的奇异位置处，改变 μ_1 和 μ_3 的效果对于改善奇异位置的稳定性的作用是相同的。μ_1 或 μ_3 的值小于零有利于提升系统奇异点的动态稳定性。

固定 μ_2 值，当 $\mu_2<0$ 时，特征根伴随 μ_1 和 μ_3 分布区域中出现负实部分布子区域特征根相对较少，且随着 μ_2 值的减小，特征根实部大于零的子分布区域不断扩大，整体分布区域实部全部大于零的特征根逐渐增加，直到全部八个特征根中有六个特征根在整体分布区域里具有正实部。增大 μ_2 的取值，使 $\mu_2>0$，发现特征根伴随 μ_1 和 μ_3 分布区域中出现负实部分

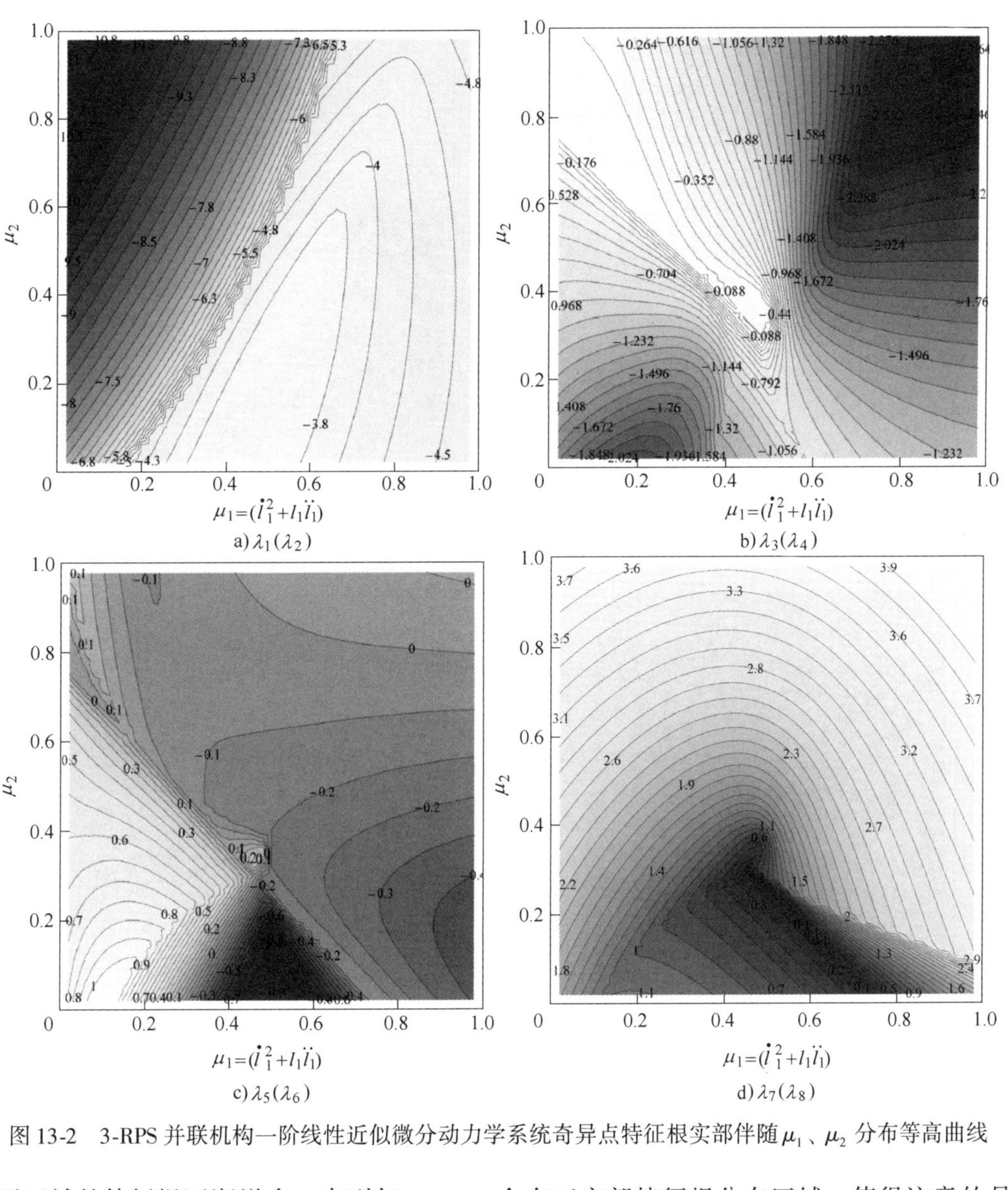

图 13-2　3-RPS 并联机构一阶线性近似微分动力学系统奇异点特征根实部伴随 μ_1、μ_2 分布等高曲线

布子区域的特征根逐渐增多，直到仅 λ_7、λ_8 含有正实部特征根分布区域。值得注意的是，单纯调整 μ_2 的值并不能轻易地获得 λ_7、λ_8 含有局部负实部特征根的分布（图 13-3c），需要与动平台质点的初始速度联合调整。由于高次方程特征根的解只能采用数值方法，联合调整需用手工方法。图 13-3d 所示为 λ_8 具有负实部特征根分布子区域的 μ_1 和 μ_3 分布图。

对应图 13-2 的奇异位置，调整 μ_1 和 μ_3 对于改善奇异点动力学稳定性的效果是相同的。如果特征根含有较大的正实部分布子区域，增大 μ_1 或 μ_3 的取值，有利于减小特征根正实部的分布子区间，系统在奇异点的稳定性得到改善。与此相反，增大 μ_2 的取值，使特征根正实部分布子区间缩小，甚至消失，系统在奇异点的稳定性显著改善。单纯调整 μ_i（$i=1, 2, 3$）并不一定得到八个特征根全部含有负实部分布子区间的公共交集，需要联合调整质点系的初始速度。

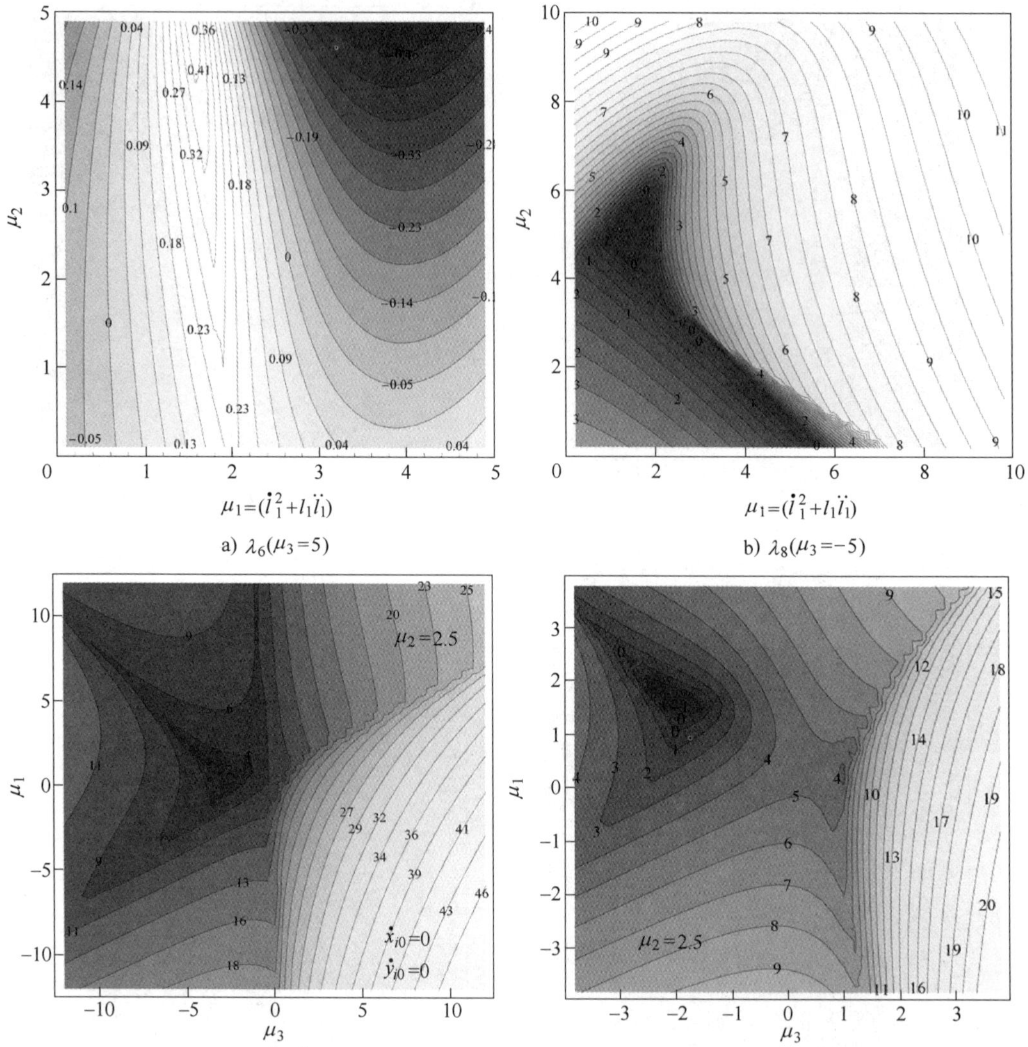

a) $\lambda_6(\mu_3=5)$　b) $\lambda_8(\mu_3=-5)$

c) $\lambda_8(\dot x_{i0}、\dot y_{i0}=0)$　d) $\lambda_8(\dot x_{i0}、\dot y_{i0}\neq 0)$

图 13-3　不同 $\mu_3=\dot l_3^2+l_3\ddot l_3$ 取值下微分动力学系统奇异点特征根实部分布等高曲线

13.1.4　质点初始速度对并联机构动态稳定性的影响

1. 质点初始速度

当并联机构以一定的速度工作时，其在奇异点处的动态稳定性与并联机构的动力学参数密切相关。为此，研究动平台质点初始速度 $\dot x_{i0}$，$\dot y_{i0}$ 对并联机构奇异点动态稳定性的影响。由 $x_1=l_1\cos\theta_1$、$y_1=l_1\sin\theta_1$，得到

$$\dot r_1^2=\dot x_1^2+\dot y_1^2=\left(1+\frac{\cos^2\theta_1}{\sin^2\theta_1}\right)\dot l_1^2+\frac{\dot x_1^2}{\sin^2\theta_1}-2\frac{\cos\theta_1}{\sin^2\theta_1}\dot l_1\dot x_1$$

同理可得 $\dot r_i^2=\dot x_i^2+\dot y_i^2$（$i=2$，3）的表达式。由可解条件得

$$\dot{y}_{i0}^{2} \geqslant \frac{3}{4}\cot^{2}\theta_i \, \dot{x}_{i0}^{2} \tag{13-9}$$

式中，$i=1,2,3$。

可知，当 3-RPS 并联机构在奇异位置附近各质点的初始速度满足式（13-9）时，并联机构的输入参数能够推动动平台继续运动，否则输入参数不能使并联机构产生预期的动力学响应，即当动平台奇异位置初始输入参数不满足式（13-9）时，输入参数的任何控制规律都不能使动平台产生满足初始运动规律要求的响应。

式（13-3）中的 $q_{bi}=(\dot{l}_i^2-\dot{x}_{i0}^2-\dot{y}_{i0}^2+l_i\ddot{l}_i)$ 既含有输入参数项 $\mu_i=\dot{l}_i^2+l_i\ddot{l}_i$，又含有质点速度平方项 $\dot{x}_{i0}^2$、$\dot{y}_{i0}^2$。不失一般性，这里令 $\mu_i=\dot{l}_i^2+l_i\ddot{l}_i$ 为常数，$\boldsymbol{v}=[v_1,v_2,v_3,v_4]^{\mathrm{T}}=[\dot{x}_{10},\dot{y}_{10},\dot{x}_{20},\dot{y}_{20}]^{\mathrm{T}}$。并联机构微分动力系统线性近似系统式（13-7）的矩阵 $\tilde{A}$ 对应的特征根方程多项式为

$$\begin{aligned}
&\left(\sum_{i=0}^{8}\sum_{j=0}^{8-i}\sum_{k=0}^{8-(i+j)}\sum_{l=0}^{8-(i+j+k)}\sum_{m=1}^{4}\sum_{n=1}^{4}\sum_{o=1}^{4}\sum_{p=1}^{4}\xi_{ijklmnop}\boldsymbol{v}_m{}^{i}\boldsymbol{v}_n{}^{j}\boldsymbol{v}_o{}^{k}\boldsymbol{v}_p{}^{l}\right)+\\
&\left(\sum_{i=0}^{7}\sum_{j=0}^{7-i}\sum_{k=0}^{7-(i+j)}\sum_{l=0}^{7-(i+j+k+l)}\sum_{m=1}^{4}\sum_{n=1}^{4}\sum_{o=1}^{4}\sum_{p}^{4}\eta_{ijklmnop}\boldsymbol{v}_m{}^{i}\boldsymbol{v}_n{}^{j}\boldsymbol{v}_o{}^{k}\boldsymbol{v}_p^{l}\right)\lambda+\cdots+\left(\sum_{m=0}^{4}\sum_{n=0}^{4}\sum_{o=0}^{4}\sum_{p=0}^{4}\chi_{mnop}\boldsymbol{v}_m\boldsymbol{v}_n\boldsymbol{v}_o\boldsymbol{v}_p\right)\lambda^4+\\
&\left(\sum_{m=1}^{4}\sum_{n=1}^{4}\sum_{o=1}^{4}\zeta_{mno}\boldsymbol{v}_m\boldsymbol{v}_n\boldsymbol{v}_o\right)\lambda^5+\left(\sum_{m=1}^{4}\sum_{n=1}^{4}\zeta_{mn}\boldsymbol{v}_m\boldsymbol{v}_n\right)\lambda^6+\left(\sum_{m=1}^{4}\rho_m\boldsymbol{v}_m\right)\lambda^7+\lambda^8=0
\end{aligned} \tag{13-10}$$

上述特征根方程含有 4 个自变量。为得到伴随质点初始速度的特征根分布直观表达，给定两个变量，如给定 $\dot{x}_{20}$、$\dot{y}_{20}$，得到特征根伴随质点初始速度的分布曲线，如图 13-4 所示。图 13-4a 基本代表了 $\lambda_1\sim\lambda_6$ 的分布特征，即在质点速度为零的附近区域，特征根负实部比较接近零值，而随着质点速度的增加，特征根负实部的绝对值增大，表明系统在奇异位

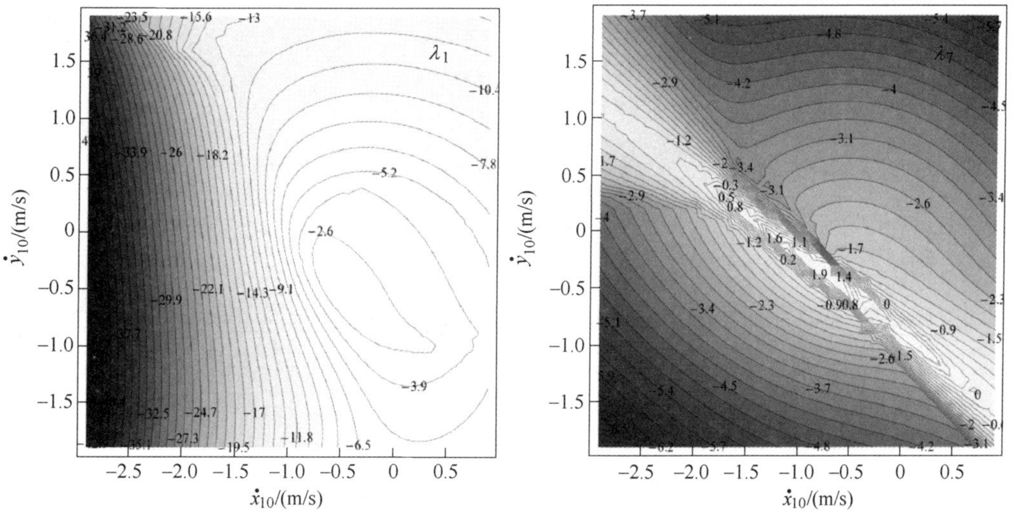

a)　　b)

图 13-4　不同质点速度时微分动力学系统奇异点特征根实部分布等高曲线

置的稳定性增强。改变质点 m_2 的初始速度 $\dot{x}_{20}$、$\dot{y}_{20}$值，图 13-4a 的主要分布特征不发生变化，只是改变具体等高曲线的形状特征。图 13-4b 代表了 λ_7、λ_8 的分布特征，在该图中可以清楚地发现，在质点 m_1 初始速度 $\dot{x}_{10}$、$\dot{y}_{10}$接近零的一个狭长区域内，特征根的实部大于零，造成并联机构在奇异位置附近的动力学响应不稳定。改变质点 m_2 的初始速度值，特征根实部分布等高曲线的形态发生变化，但特征不变，即随着质点初始速度的提高，特征根实部取负值的趋势增大，系统变得稳定。

2. 动平台初始角速度

3-RPS 并联机构质点系各质点的初始速度可以用动平台绕其速度瞬心的运动来描述。用 (x_0, y_0) 表达动平台的速度瞬心，则各质点的初始速度表达为 $\dot{x}_{i0} = -\omega(y_i - y_0)$，$\dot{y}_{i0} = \omega(x_i - x_0)$。将 $\dot{x}_i$、$\dot{y}_i$ 的表达式代入式（13-10），方程的自变量为三维：x_0、y_0、ω。分两步研究动平台绕某点转动的初始速度对系统奇异点运动稳定性的影响。图 13-5 所示为动平台初始角速度为定值，不同瞬时速度中心位置对并联机构奇异点稳定性的影响。

在图 13-5a 中，S 点为 3-RPS 并联机构的奇异位置，其特征是：当固定输入参数 l_1、l_2，l_3 自由变动时，质点 m_3 的自由运动轨迹与以 C 点为圆心、以 l_3 为半径的圆弧密切，由此造成固定三个输入参数，在该奇异位置，动平台依然可以获得一个相对速度瞬心 S 点的自由转动。从图中可以看出，当动平台初始速度瞬心落在点 S、B 的连线上时，动平台的稳定性相对较弱。这一特征在其他特征根的分布图上也有反映，图 13-5b 所示的 λ_3 特征根分布曲线，不仅在点 S、B 的连线上特征根负实部的绝对值较小，而且在点 S、A 的连线上同样如此。并且，越接近奇异位置，其特征根负实部的绝对值越小，系统的稳定性越差。当动平台初始速度瞬心沿点 S、C 的连线远离 S 点时，系统的稳定性提高。

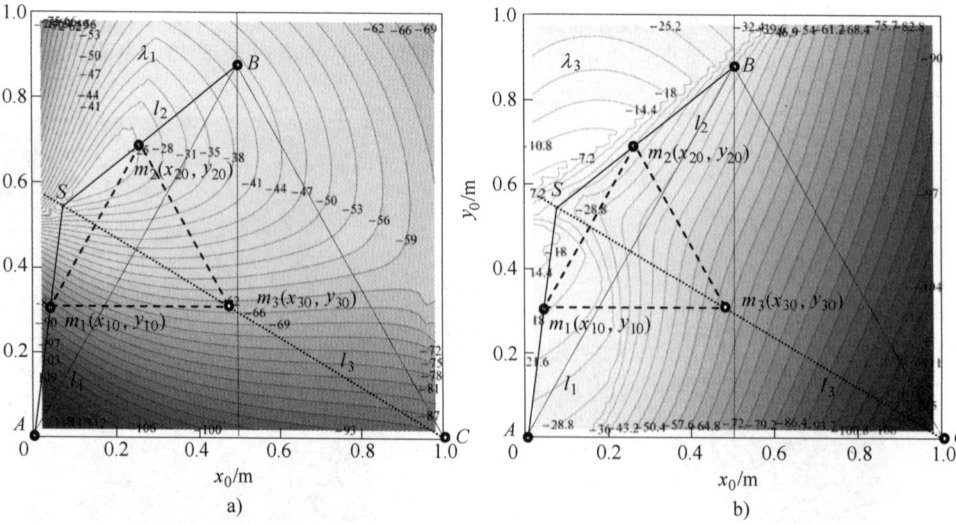

图 13-5　动平台不同瞬时速度中心对并联机构奇异点动态稳定性的影响

为了研究动平台的不同初始角速度对并联机构奇异点动态稳定性的影响，令动平台初始速度瞬心在点 S、C 的连线上移动，改变动平台转动角速度，得到不同角速度下的特征根负实部分布。图 13-6 中以 λ_4 为例，给出了特征根伴随动平台初始角速度 ω 的分布情况。其他特征根的分布情况类似，或相对 λ_4，其负实部的绝对值更大，或更利于系统在奇异点保持稳定。

在图 13-6a 中，当动平台速度瞬心沿点 S、C 的连线接近奇异位置 S 点时，增大动平台沿顺时针方向的角速度，其特征根实部取正值。这表明，在奇异点附近，逆时针转动的动平台的初始角速度越大，对应的奇异点的动态稳定性越差。这一点与图 13-5 所示的动平台速度瞬心接近奇异点时其动态稳定性较差的分析结果是一致的。当动平台速度瞬心离开奇异位置 S 点向 C 点迁移时，在相当宽广的分布区域内，系统在奇异点的动力学响应是稳定的，并且沿逆时针的角速度越大，系统的稳定性越高。但当动平台的初始角速度为顺时针方向时，除在奇异位置附近是稳定的之外，在其他区域，系统在奇异位置的动力学响应是不稳定的。特别是，当动平台的初始角速度为零时，系统是不稳定的，即处于奇异点静态位置，并联机构的动力学响应是不稳定的，在重力、外力或其他扰动因素的作用下，将产生非由输入构件控制的失控运动。图 13-6b 所示为图 13-6a 对应的等高曲线。图中清楚地标明了奇异点动态稳定区域 A、非稳定区域 B 和奇异点失稳区域 C。该图表明，当并联机构在奇异位置受速度初始扰动时，如果动平台的初始扰动速度瞬心接近奇异位置，则并联机构在奇异位置处的动力学稳定性最差。因此，当控制并联机构动态通过奇异位置时，如果各输入参数的控制规律使并联机构动平台在通过奇异位置时的速度瞬心远离奇异位置，则动平台能够以较高的稳定性和抗干扰能力通过奇异位置。相对路径规划方法、冗余自由度方法、力传感器方法及接近度评估方法，通过控制输入参数使动平台在奇异位置的速度瞬心远离奇异点的方法，能够有效提高动平台在奇异位置的动态稳定性，且方法简单，易于实现。

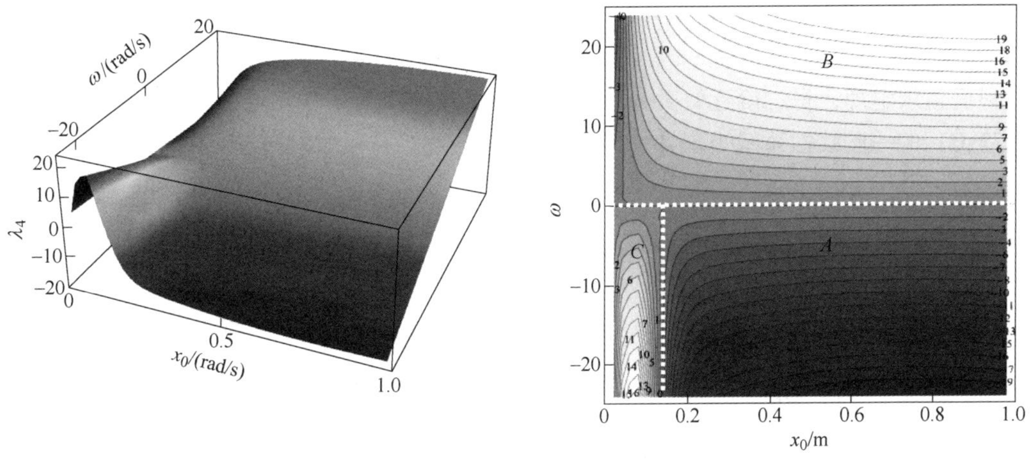

a)　　b)

图 13-6　动平台初始角速度对并联机构奇异点动态稳定性的影响

13.2　奇异点动态稳定性的改善

上一节的研究表明，动力学参数对奇异点的动态稳定性有重要的影响，本节基于盖尔圆定理方法和 Hurwitz 判据，研究提升奇异点动态稳定性的方法。

13.2.1 奇异点动态稳定性分析的近似理论——盖尔圆定理

1. 动平台角速度对奇异点动态稳定性的影响

对于微分动力学系统，二阶近似微分动力学系统式（13-7）的一阶线性系统矩阵 $\boldsymbol{A}_1$ 的特征根在矩阵元素确定后，很容易得到具体的特征根。但是矩阵 $\boldsymbol{A}_1$ 的特征根的表达式非常复杂，系数显含动平台初始速度、外力等参数，展开表达式多达 800 余项，其特征方程的代表形式为

$$
\begin{aligned}
&\lambda^3 + C_2(F,\alpha,\dot{q}_c^2,\dot{q}_c)\lambda^2 + C_1(F^2,F,\alpha,\dot{q}_c^4,\dot{q}_c^2,\dot{q}_c)\lambda + \\
&C_0(F^4,F^3,F^2,F,\alpha,\dot{q}_c^4,\dot{q}_c^3,\dot{q}_c^2,\dot{q}_c) = 0
\end{aligned} \tag{13-11}
$$

式中，$F^m = [F_1^i F_2^j F_3^{m-i-j}|_{i=1\sim m,j=1\sim m-i}]^{\mathrm{T}}$；$q_c^m = [\dot{x}_c^i \dot{y}_c^j \dot{\theta}_c^{m-i-j}|_{i=1\sim m,j=1\sim m-i}]^{\mathrm{T}}$；$\alpha = [\alpha_1,\alpha_2,\alpha_3]^{\mathrm{T}}$，$[\dot{x}_c,\dot{y}_c,\dot{\theta}_c]^{\mathrm{T}}$ 为动平台初始速度参数。

为了分析动平台初始速度、外力等对并联机构奇异点动态稳定性的影响，采用给定众多参数，确定特征根取值的方法，进而用李雅普诺夫第一近似稳定性判据判定奇异点运动的稳定性，是复杂的和不现实的。需要采用摄动分析方法，通过研究矩阵 $\boldsymbol{A}_1$ 系数之间的关系，确定特征根的取值范围。

设 $\boldsymbol{A}=[a_{ij}]$ 为任一 n 阶复数矩阵复平面上的 n 个圆盘 $G_i(\boldsymbol{A})$：$|\lambda - a_{ii}| \leqslant R_i(i=1,2,\cdots,n)$。这里半径 $R_i = \sum\limits_{j=1,j\neq i}^{n} |a_{ij}|$ 称为矩阵 $\boldsymbol{A}=[a_{ij}]$ 的盖尔圆盘，简称盖尔圆。盖尔圆定理：设 $\boldsymbol{A}=[a_{ij}] \in C^{n\times n}$，则其特征根都在 n 个圆盘 $G_i(\boldsymbol{A})$ 的并集内，即

$$
\lambda(\boldsymbol{A}) \subseteq \bigcup_{i=1}^{n} G_i(\boldsymbol{A}) \tag{13-12}
$$

根据盖尔定理，得二阶近似微分动力学系统式（13-7）在奇异点（x_c,y_c,θ）=（0.2516，0.4372，0）的一阶线性系统矩阵 $\boldsymbol{A}_1$ 的特征根分布方程

$$
\begin{cases}
a_{11} = -1.3445\times10^{-12} + (3.0476\cos\alpha_1 + 3.367\sin\alpha_1)F_1 + (1.2997\cos\alpha_2 + \\
\qquad 33.638\sin\alpha_2)F_2 + (3.0476\cos\alpha_3 - 2.691\sin\alpha_3)F_3 + 2.5546\dot{\theta}^2 \\
R_1 = -1.927\times10^{-12} - (1.843\cos\alpha_1 + 2.03461\sin\alpha_1)F_1 - (7.8613\cos\alpha_2 + \\
\qquad 20.346\sin\alpha_2)F_2 - (1.843\cos\alpha_3 - 1.6278\sin\alpha_3)F_3 - 1.5452\dot{\theta}^2
\end{cases} \tag{13-13}
$$

$$
\begin{cases}
a_{22} = -809.993 - (0.08372\cos\alpha_1 + 2.199\sin\alpha_1)F_1 + (0.10465\cos\alpha_2 - \\
\qquad 1.8730\sin\alpha_2)F_2 - (0.08372\cos\alpha_3 - 1.5467\sin\alpha_3)F_3 + 15.509\dot{\theta}^2 \\
R_2 = 1.2056\times10^3 + (0.1246\cos\alpha_1 + 3.274\sin\alpha_1)F_1 - (0.1558\cos\alpha_2 - \\
\qquad 2.788\sin\alpha_2)F_2 + (0.1246\cos\alpha_3 + 2.3023\sin\alpha_3)F_3 - 23.08545\dot{\theta}^2
\end{cases} \tag{13-14}
$$

$$\begin{cases} a_{33}=5.017\times10^{-12}+(0.8446\cos\alpha_1+3.657\sin\alpha_1)F_1-(1.056\cos\alpha_2- \\ \quad 0.36572\sin\alpha_2)F_2+(0.8446\cos\alpha_3-2.926\sin\alpha_3)F_3-\dot{\theta}^2 \\ R_3=(0.791294\cos\alpha_1+3.4261\sin\alpha_1)F_1-(0.98912\cos\alpha_2- \\ \quad 3.4264\sin\alpha_2)F_2+(0.791294\cos\alpha_3-2.7411\sin\alpha_3)F_3+ \\ \quad 4.45\times10^{-12}\dot{\theta}-2.736\times10^{-12}\dot{\theta}^2+10^{-15}(6.7105\dot{x}_c+5.9027\dot{y}_c)\dot{\theta} \end{cases} \tag{13-15}$$

从式（13-13）~式（13-15）可以看出，动平台质心的初始速度（$\dot{x}_{c0}$，$\dot{y}_{c0}$）对并联机构的奇异点运动稳定性的影响很小，为此，在后续研究中不考虑质心初始速度对动平台奇异点运动稳定性的影响，令其值为零。

根据李雅普诺夫第一近似稳定性定理，并联机构在奇异点满足动态稳定性的条件为

$$\begin{cases} a_{ii}<0 \\ -a_{ii}>R_i \end{cases} \tag{13-16}$$

式中，$i=1,2,3$。

忽略式（13-13）~式（13-15）中小项的影响，得

$$\begin{cases} G_1=\dot{\theta}_c^2\geqslant 40.24 \\ G_2=F_2\cos(0.3335+\alpha_2)<86F_3\cos(1.2897+\alpha_3) \\ G_3=F_2\cos(0.3335+\alpha_2)<-3.75F_1\cos(1.3438-\alpha_1) \\ G_4=F_1\cos(1.5327-\alpha_1)+0.29577F_2\cos(1.5145+\alpha_2)+0.8957F_3\cos(1.5167-\alpha_3)<0.5628\dot{\theta}_c^2 \end{cases} \tag{13-17}$$

从式（13-17）可以看出，并联机构奇异点动态稳定性主要与动平台的角速度有关，而与质心的速度无关，或关系很小。式（13-17）中揭示的 $\dot{\theta}_c^2\geqslant 40.24$，对于指导工程应用非常有价值，表明只有当动平台绕其质心的角速度满足一定的转速要求时，其静态奇异点在动态才具有动态稳定性。显然，其角速度越高，动态稳定性越好。

式（13-17）中 F_i、α_i（$i=1,2,3$）为满足稳定性要求的最小载荷能力，动平台绕质心的角速度 $\dot{\theta}_c$ 越高，其满足动态稳定性的载荷取值范围越宽，载荷能力得到提高。从式（13-17）中第四个不等式可以看出，当外载荷的作用力方向确定后，不失一般性，如 $\alpha_1=1.5327\text{rad}$、$\alpha_2=-1.5145\text{rad}$、$\alpha_3=1.5167\text{rad}$，沿作用力正方向上的载荷受到限制，$F_1+0.29577F_2+0.8957F_3<0.5628\dot{\theta}_c^2=0.5628\times40.24$，但沿作用力反方向上的载荷能力则不受限制，如 $F_i=-F_i$。因此，沿奇异失控自由度方向载荷能力有限的说法不完整，应该是沿失控自由度方向特定方向上的载荷能力有限，而其反方向上的作用力不受限制。

式（13-17）中的变量有 7 个，从中很容易地获得满足奇异点动态稳定性要求的动平台角速度和载荷，为了获得某动平台角速度下的最优稳定性和载荷能力，可以采用最优化的方法获得最优载荷，其优化模型为

$$\begin{cases} \max F=\sum_{i=1}^{3}F_i^2 \\ \text{约束 } G_i \end{cases} \tag{13-18}$$

式中，$i=1,2,3,4$。

不失一般性，令 $\alpha_1=1.5327\mathrm{rad}$、$\alpha_2=-1.5145\mathrm{rad}$、$\alpha_3=1.5167\mathrm{rad}$，得到满足动态稳定性要求的外载荷分布，如图 13-7 所示。在由 π_1、π_2、π_3 围成的空间范围内，其外载荷取值能够保证并联机构在奇异点满足动态稳定性要求。增大动平台的角速度，满足奇异点动态稳定性的载荷取值范围得到扩大。

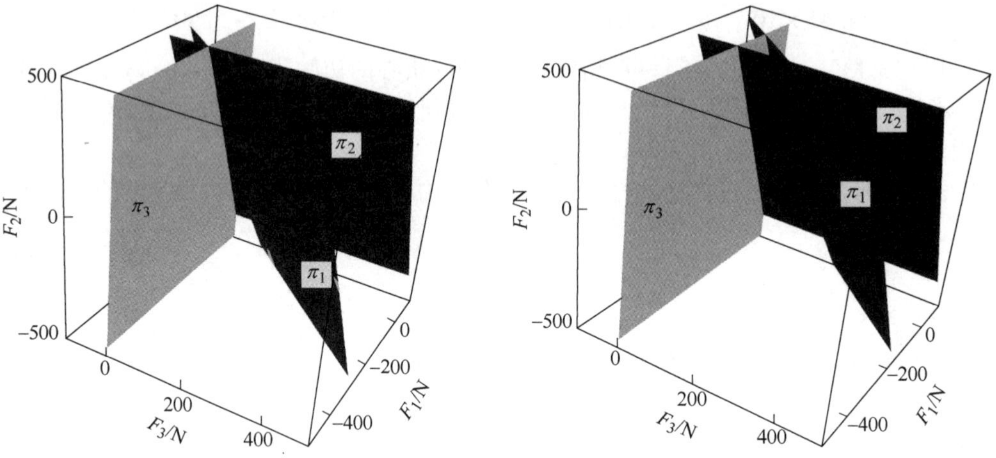

a) $\dot{\theta}_c^2=40.24$　　b) $\dot{\theta}_c^2=120$

图 13-7　满足奇异点动态稳定性的外载荷分布

2. 动平台角速度对奇异点动态稳定性的影响

图 13-7 所示为基于盖尔圆给出的动平台角速度、外载荷对 3-RPS 并联机构奇异点动态稳定性的影响。本节研究动平台输入动力学参数、铰链点速度对奇异点动态特性的影响。

将式（13-12）盖尔圆方程中的动平台角速度用输入动力学参数、铰链点速度替换，得到关于质点初始速度、输入动力学参数的四个盖尔圆方程

$$\begin{aligned}&|\lambda+0.290122x'_{10}+6.82902x'_{20}+11.8282y'_{20}|=|\lambda-v_1|<\\&\quad 139.092-70.2094\mu_1-7.32586\mu_2-53.3598\mu_3-73.8676x'_{10}+58.3758x'_{20}+\\&\quad 51.7369y'_{10}+9.41109y'_{20}+1.121F_1+0.412289F_2-0.0613694F_3=R_1\end{aligned}\tag{13-19}$$

$$\begin{aligned}&|\lambda+1.51246x'_{20}+2.68738y'_{10}-0.873219y'_{20}|=|\lambda-v_2|<\\&\quad 100.076-17.006\mu_1-0.156436\mu_2+45.8775\mu_3+8.4817x'_{10}-28.7851x'_{20}-\\&\quad 17.8615y'_{10}-4.0248y'_{20}+0.0277702F_1+0.00309911F_2-0.946879F_3=R_2\end{aligned}\tag{13-20}$$

$$\begin{aligned}&|\lambda-3.77806x'_{10}+6.53727x'_{20}+6.54379y'_{10}|=|\lambda-v_3|<\\&\quad 69.4979+13.7951\mu_1-3.05445\mu_2+59.8291\mu_3+35.3731x'_{10}-38.9445x'_{20}-\\&\quad 30.085y'_{10}-1.79288y'_{20}-0.640656F_1+0.0540754F_2-0.706971F_3=R_3\end{aligned}\tag{13-21}$$

$$
\begin{aligned}
&|\lambda-10.6072x'_{10}-6.12406y'_{10}+13.2346y'_{20}|=|\lambda-v_4|< \\
&\quad -256.734+80.1434\mu_1+17.2599\mu_2+34.1095\mu_3+58.0568x'_{10}-40.2439x'_{20}- \\
&\quad 52.2393y'_{10}+17.3517y'_{20}-0.813122F_1-0.782643F_2+0.39097F_3=R_4
\end{aligned}
\tag{13-22}
$$

式中，$v_i(i=1,2,3,4)$为盖尔圆心；$R_i(i=1,2,3,4)$为盖尔圆半径。

如果盖尔圆整体落入负实轴所在的复平面，则满足式（13-19）~式（13-22）的特征根一定具有负实部，进而并联机构微分动力系统在奇异位置能够获得稳定的运动输出。

在式（13-19）~式（13-22）中，输入参数速度、加速度综合项$\mu_k=\dot{l}_k^{\,2}+l_k\ddot{l}_k$、外力及初始速度扰动都可以对盖尔圆半径$R_i(i=1,2,3,4)$产生影响。然而，欲使盖尔圆包容的区间全部落入负实轴对应的复平面，单纯改变盖尔圆半径是不够的，必须使其圆心落在负实轴上。因此，盖尔圆心$v_i(i=1,2,3,4)$是否取负值才是盖尔圆全部落入负实轴所在复平面的关键。

图 13-8a 所示为盖尔圆心v_1分别取-1（π_1曲面）、-50（π_2曲面）、-100（π_3曲面）时质点初始速度的分布情况。图中，由π_1曲面到π_3曲面的质点初始速度x'_{10}、x'_{20}、y'_{20}取值，能够使特征根分布的盖尔圆心v_1位于负实轴。如果调整输入构件速度、加速度及外力使式（13-19）~式（13-22）给出的盖尔圆半径$R_1<|v_1|$，则该盖尔圆确定的特征根一定落入负实轴所在的复平面区域内。图 13-8b 所示为盖尔圆心v_2分别取-1（π_1曲面）、-50（π_2曲面）、-80（π_3曲面）时质点初始速度x'_{10}、y'_{10}、x'_{20}的分布情况。当由图 13-8a 确定的质点初始速度x'_{10}、x'_{20}、y'_{20}，使得特征根盖尔圆分布位于负实轴复平面内（$v_1<0$、$R_1<|v_1|$），根据图 13-8b 所示的分布，能够得到盖尔圆心v_2位于负实轴的y'_{10}取值范围。若输入速度、加速度及外力扰动使盖尔圆半径$R_2<|v_2|$，则式（13-20）给出的盖尔圆确定的特征根将会落入负实轴所在的复平面内。

同样，对于图 13-8a 所示的盖尔圆心v_1伴随质点初始速度x'_{10}、x'_{20}、y'_{20}的分布，对于满足$v_1<0$的x'_{20}、y'_{20}，在图 13-8c 中（π_1曲面$v_3=-1$、π_2曲面$v_3=-10$、π_3曲面$v_3=-20$）可以找到使式（13-21）对应的盖尔圆心$v_3<0$的y'_{10}分布空间，进而使式（13-21）确定的盖尔圆心落在负实轴。合理确定输入速度、加速度等的取值，使盖尔圆确定的特征根分布空间$|v_3|>R_3$落入负实轴对应的复平面内。进一步，对于图 13-8a 确定的$v_1<0$、$|v_1|>R_1$、x'_{10}、y'_{20}的取值范围，在图 13-8d 中（π_1曲面$v_4=-1$、π_2曲面$v_4=-50$、π_3曲面$v_4=-80$）可以找到使式（13-22）对应的盖尔圆心$v_4<0$的y'_{10}分布空间。合理确定输入速度、加速度等的取值，使盖尔圆$v_4<0$、$|v_4|>R_4$确定的特征根分布空间$|v_4|>R_4$落入负实轴对应的复平面内。在此基础上，求式（13-21）对应的盖尔圆心$v_3<0$的y'_{10}分布空间与式（13-22）对应的盖尔圆心$v_4<0$的y'_{10}分布空间的交集，由此得到能够使式（13-19）~式（13-22）确定的特征根盖尔圆全部位于负实轴所在复平面的分布。调整质点的初始速度，改善 3-RPS 并联机构在奇异位置处的动态稳定性的步骤如下：

1）初设质点速度x'_{20}、y'_{20}，使$v_1<0$，如图 13-8a 所示。

2）根据式（13-21），得到满足$v_3<0$的y'_{10}取值空间$\Omega_{y'_{10}}$，如图 13-8c 所示。

3）根据x'_{20}的取值和y'_{10}的取值空间$\Omega_{y'_{10}}$，得到满足$v_2<0$的x'_{10}取值空间$\Omega_{x'_{10}}$，如图 13-8b 所示。

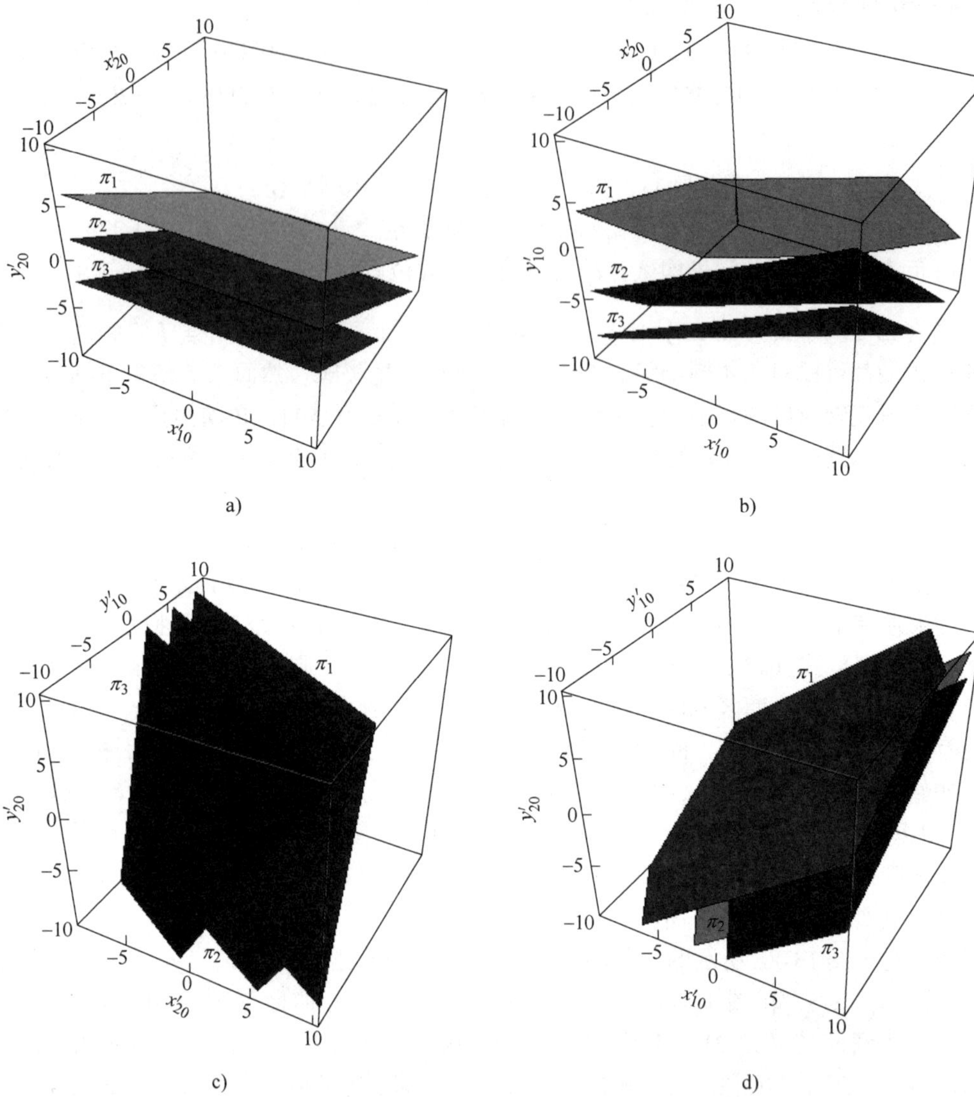

图 13-8　盖尔圆心 $v_i(i=1,2,3,4)$ 伴随质点速度的分布

4）根据 y'_{20} 的取值，在 x'_{10} 的取值空间 $\Omega_{x'_{10}}$ 中取 x'_{10}，在 y'_{10} 的取值空间 $\Omega_{y'_{10}}$ 中取 y'_{10}，使得式（13-22）确定 $v_4<0$ 成立。

5）调整输入构件速度、加速度及外力等参数，使 $|v_i|<R_i(i=1,2,3,4)$。

经过以上步骤，能够得到满足由式（13-19）~式（13-22）确定的，至少四个分布在负实轴对应的复平面的特征根。

需要指出的是，由于图 13-8 所确定的质点初始速度的分布空间为区域空间，而非曲面空间，取值范围很大，因而很容易获得能够满足 $v_i<0(i=1,2,3,4)$ 的质点初始速度 x'_{10}、y'_{10}、x'_{20}、y'_{20} 的取值空间。同时，由于式（13-19）~式（13-22）中的 $R_i<|v_i|(i=1,2,3,4)$ 含参数较多，因而很容易通过调整输入构件速度、加速度及外力，得到满足 $v_i<0$、$R_i<|v_i|(i=1,2,3,4)$ 的特征根分布于负实轴复平面的盖尔圆，从而使并联机构在奇异位置（平

衡点）处获得稳定的运动输出。

13.2.2　奇异点动态稳定性分析的精确理论——Hurwitz 判据

1. Hurwitz 判据及方程

图 13-7、图 13-8 所示的满足奇异点动态稳定性的外载荷分布是基于对一阶线性近似系统特征矩阵的系数进行估算的。事实上，由盖尔圆确定的特征根分布区间只是一种可能的取值范围，当由盖尔圆确定的所有特征根取值空间位于负实轴空间时，当然可以获得满足稳定性要求的外载荷等参数，但其解过于严格，可能一些盖尔圆与负实部有交集的分布空间内就存在满足动态稳定性的解，这一部分因盖尔圆确定的特征根空间比较粗糙而被删除。同时，在研究中为获得简洁的表达式，忽略了式（13-13）~式（13-15）中的小量，如质心速度（$\dot{x}_{c0}$，$\dot{y}_{c0}$）对奇异点动态稳定性的影响。为此，这里采用利用特征方程预测特征根分布更为精确的方法来研究外载荷、动平台质心速度、角速度等对并联机构奇异点运动稳定性的影响。

考虑特征根多项式方程

$$\lambda^n + a_1\lambda^{n-1} + a_2\lambda^{n-2} + a_3\lambda^{n-3} + \cdots + a_{n-1}\lambda + a_n = 0 \tag{13-23}$$

所有特征根具有负实部的充要条件为

$$H^k = \begin{vmatrix} a_1 & a_3 & a_5 & \cdots & a_{2k-1} \\ 1 & a_2 & a_4 & \cdots & a_{2k-2} \\ 0 & a_1 & a_3 & \cdots & a_{2k-3} \\ 0 & 1 & a_2 & \cdots & a_{2k-4} \\ \vdots & \vdots & \vdots & & \vdots \\ 0 & 0 & 0 & \cdots & a_k \end{vmatrix} > 0 \tag{13-24}$$

式中，$k=1，2，\cdots，n$，当 $j>n$ 时，令 $a_j=0$。

根据 Hurwitz 判据，得到式（13-11）对应的三个不等式方程

$$H_1 = C_2 > 0 \tag{13-25}$$

$$H_1 = \begin{vmatrix} C_2 & C_0 \\ 1 & C_1 \end{vmatrix} > 0 \tag{13-26}$$

$$H_3 = \begin{vmatrix} C_2 & C_0 & 0 \\ 1 & C_1 & 0 \\ 0 & C_2 & C_0 \end{vmatrix} > 0 \tag{13-27}$$

$$C_0 = p_0 F_1 F_2 F_3 + \sum_{i=1}^{3} p_i F_i^3 + \sum_{i=1}^{3}\sum_{j=0}^{3} q_{ij} F_i^2 F_j + \dot{\theta}_c^2 \sum_{i=1}^{3}\sum_{j=1}^{3} u_{ij} F_i F_j + \dot{\theta}_c^4 \sum_{i=1}^{3} v_i F_i$$

$$\begin{aligned} C_1 = {} & \sum_{i=1}^{3} \tau_i F_i^2 + 0.817\dot{\theta}_c^2 - 0.01836\dot{\theta}_c^4 + 10^{-4}(8.58\dot{x}_c - 9.413\dot{y}_c)\dot{\theta}_c^3 - 10^{-2}(4.15\dot{x}_c - 4.014\dot{y}_c)\dot{\theta}_c + \\ & F_1\left[\upsilon_0\dot{\theta}_c^2 + (\upsilon_1\dot{x}_c + \upsilon_2\dot{y}_c)\dot{\theta}_c + \sum_{i=0}^{3}\upsilon_{i+3}F_i\right] + F_2\left[\zeta_0\dot{\theta}_c^2 + (\zeta_1\dot{x}_c + \zeta_2\dot{y}_c)\dot{\theta}_c + \sum_{i=0}^{3}\zeta_{i+3}F_i\right] + \\ & F_3\left[\zeta_0\dot{\theta}_c^2 + (\xi_1\dot{x}_c + \xi_2\dot{y}_c)\dot{\theta}_c + \sum_{i=0}^{3}\xi_{i+3}F_i\right] + 27.802 \end{aligned}$$

$$C_2 = F_1\cos(0.9027 - \alpha_1) + 0.1988F_2\cos(1.2814 + \alpha_2) +$$
$$1.3204F_3\cos(1.0821 + \alpha_3) - 2.94\,\dot{\theta}_c^2 + 131.824$$

式中，带下标的 p、q、τ、υ、ξ、ζ 等为与力的作用方向 α_i 有关的系数。

由式（13-25）得到与盖尔摄动分析方法类似的不等式

$$F_1\cos(0.9027 - \alpha_1 + \pi) + 0.1988F_2\cos(1.2814 + \alpha_2 + \pi) +$$
$$1.3204F_3\cos(1.0821 + \alpha_3 + \pi) < 131.824 - 2.94\,\dot{\theta}_c^2 \tag{13-28}$$

式（13-25）、式（13-26）对应的不等式为 $C_2C_1 - C_0 > 0$ 和 $C_2C_1C_0 - C_0C_0 > 0$，这两个不等式等价为 $C_0 > 0$ 和 $C_2C_1 - C_0 > 0$。$C_0 > 0$ 的表达式为

$$p_0F_1F_2F_3 + \sum_{i=1}^{3} p_iF_i^3 + \sum_{i=1}^{3}\sum_{j=0}^{3} q_{ij}F_i^2F_j + \dot{\theta}_c^2\sum_{i=1}^{3}\sum_{j=1}^{3} u_{ij}F_iF_j + \dot{\theta}_c^4\sum_{i=1}^{3} v_iF_i > 0 \tag{13-29}$$

相对而言，$C_2C_1 - C_0 > 0$ 的表达式非常复杂，其完全展开式长达 900 余项，限于篇幅，这里不能完全给出，仅给出其形式表达式

$$C_2C_1 - C_0 = f_1(F_i^3, \dot{\theta}_c^6, \dot{x}_c, \dot{y}_c, \alpha_i) > 0 \tag{13-30}$$

2. 奇异点静态稳定性

由 Hurwitz 判据得到的式（13-28）~式（13-30）中不显含对 $\dot{\theta}_c^2$ 大于某一特定值的限制，因此，可以借此研究并联机构在外力作用下，在静态奇异位置的动态稳定性和载荷能力。

令式（13-28）~式（13-30）中 $\dot{\theta}_c = \dot{x}_c = \dot{y}_c = 0$，其不等式方程中仍含有六个变量 F_i、$\alpha_i(i=1,2,3)$，理论上应该能够从这些方程中获得满足动态稳定性要求的外载荷。不失一般性，令 $\alpha_1 = 0.9023\text{rad}$、$\alpha_2 = -1.2814\text{rad}$、$\alpha_3 = -1.0821\text{rad}$，式（13-28）~式（13-30）的具体表达式为

$$H_1 = C_2 > 0 \Rightarrow F_1 + 0.1988F_2 + 1.3204F_3 > -131.824$$

$$H_3 = C_0 > 0 \Rightarrow 0.0496{F_1}^3 + 0.0935{F_2}^3 - 0.2398{F_3}^3 + 6.685F_1F_2F_3 +$$
$$F_1^2(457.37 + 5.369F_2 - 0.2072F_3) + F_2^2(-47.61 - 1.5197F_1 - 0.7947F_3) +$$
$$F_3^2(-277.01 - 0.4934F_1 + 1.732F_2) + 160.05F_1F_2 + 278.27F_2F_3 + 86.1563F_1F_3 > 0$$

$$H_2 = C_2C_1 - C_0 > 0 \Rightarrow 2.251\times10^6 - 0.08087{F_1}^3 + 0.172{F_2}^3 + 0.305{F_3}^3 -$$
$$1.324F_1F_2F_3 - F_1^2(113.98 + 1.392F_2 + 0.599F_3) + F_2^2(-175.69 + 0.589F_1 + 1.2585F_3) -$$
$$F_3^2(322.57 + 0.418F_1 - 0.8264F_2) - 154.23F_1F_2 - 531.65F_2F_3 -$$
$$332.08F_1F_3 - 411.79F_1 + 37528F_2 + 6535.58F_3 > 0$$

取外载荷分布区间为 $F_i \in [-500\text{N}, 500\text{N}]$ $(i=1,2,3)$，发现在八个象限内，仅在一个象限内存在 H_1、H_2、H_3的交集，如图 13-9 所示。$H_1 > 0$ 分布在以 π_1 为基础曲面，沿法线 $\boldsymbol{n}_1$ 方向的空间内。$H_2 > 0$ 分布在以 π_2 为基础曲面，沿法线 $\boldsymbol{n}_2$ 方向的外部空间上。随着 H_2 的增大，π_2 沿 $\boldsymbol{n}_2$ 方向向外扩展。$H_3 > 0$ 分布在以 π_3 为基础曲面，沿法线 $\boldsymbol{n}_3$ 方向的内外空间上。随着 H_2 的增大，π_3 空间复杂曲面沿 $\boldsymbol{n}_3$ 方向向内收缩。因此，在静态奇异位置能够满足动态稳定性要求的区间为空间曲面 π_2、π_3 围成的局部空间。显然，采用参数试凑的方

法，很难获得这一局部稳定运动空间。改变 $\alpha_i(i=1,2,3)$ 的取值，满足奇异点动态稳定性的外载荷取值空间将发生变化，甚至消失。

当外力的作用方向与驱动器轴向方向相同时，$\alpha_1=1.4835\text{rad}$、$\alpha_2=3.7524\text{rad}$、$\alpha_3=2.61799\text{rad}$，存在同时满足 $H_i>0$（$i=1,2,3$）的载荷分布区间，如图 13-10a 所示。当外载荷方向与驱动器轴线垂直时，即外载荷方向与失控自由度方向一致时，不存在同时满足 $H_i>0$（$i=1,2,3$）的载荷分布区间，如图 13-10b 所示。图中，$H_1>0$ 确定的外载荷分布区间与 $H_2>0$ 确定的外载荷分布区间没有交集，因而不满足 Hurwitz 稳定性判据。

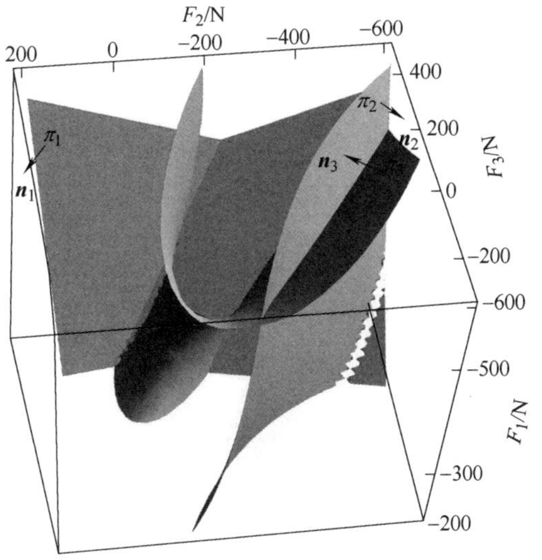

图 13-9　静态奇异位置满足动态稳定性要求的外载荷分布区间

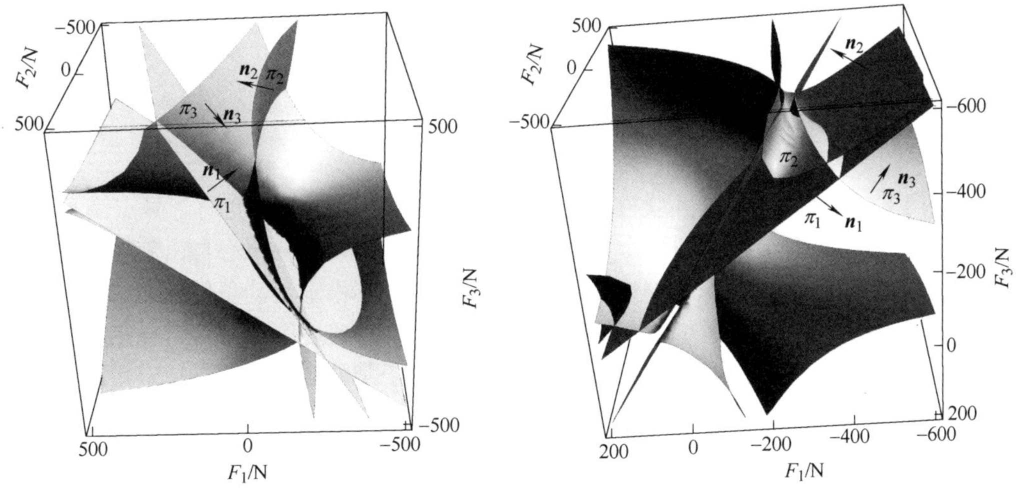

a)　b)

图 13-10　静态转动奇异点稳态运动外载荷分布（$\dot{\theta}_c^2=0$）

3. 奇异点动态稳定性

（1）动平台获得绕质心转动自由度奇异点　当动平台的角速度不为零时，其特征根具有负实部的式（13-25）~式（13-27）的具体表达式，限于篇幅。这里不给出具体表达式。

图 3-11a 所示为当外载荷作用方向沿驱动器由固定平台指向动平台，$\dot{\theta}_c^2=40.24$ 时的三个不等式约束方程的空间曲面分布情况，由图可知，三个不等式的公共交集有两个，分别是 Ω_1 和 Ω_2。其中 Ω_1 区域从载荷区域中心开始，并逐渐扩大。这一点与采用矩阵摄动分析的盖尔圆方法得到的结果是相似的，即当动平台的转速大于某特定值时，作用在动平台上使其具有稳定运动的外载荷即使为零，它在奇异点处的动力学响应仍然满足动态稳定性要求。提高动

平台的转速，并联机构在奇异点满足动态稳定性的载荷能力得到提高，如图 3-11b 所示的 Ω_1 区域。改变外力的作用方向，使其与驱动器轴线垂直，得到与图 3-11 所示近似相同的外载荷分布规律。改变质心的速度值（$\dot{x}_{c0}$，$\dot{y}_{c0}$），其满足奇异点动态稳定性的外载荷分布曲面的变化很小。

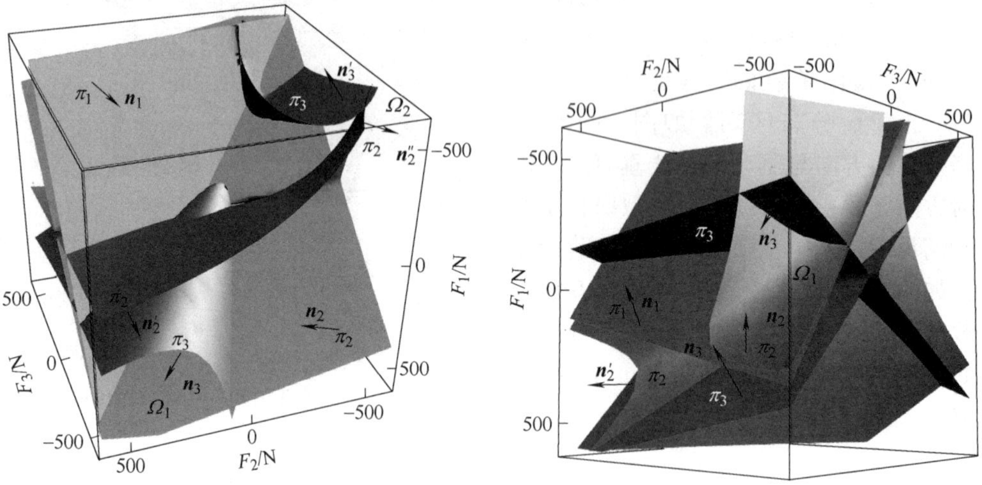

a) $\dot{\theta}_c^2=40.24$　　b) $\dot{\theta}_c^2=255$

图 13-11　动态转动奇异点稳态运动外载荷分布（$\dot{\theta}_c^2 \geqslant 40.24$）

对于图 13-1 所示的 3-RPS 并联机构的其他获得绕质心旋转自由度的奇异点满足动态稳定性的载荷能力的计算，其结果类似。这表明，对于获得绕动平台质心自由旋转局部自由度的奇异点，当其动平台绕质心的角速度大于某特定值时，其稳定运动条件下的载荷能力随角速度的增加而增大，且作用力方向的改变和动平台质心平动速度等因素对奇异点稳定载荷能力的影响很小。换言之，当其动平台绕质心的角速度大于某特定值时，其稳定运动条件下的载荷能力随角速度的增加而增大，且载荷能力与作用力方向和动平台质心平动速度的关系很小。因此，提高动平台的加速度是提升获得转动局部自由度奇异点沿失控自由度方向载荷能力的重要措施。

（2）动平台获得平动自由度奇异点　对于动平台获得平动自由度奇异点，$(x_c, y_c, \theta) = (0.3646, 0.45, 40°)$，当 $\alpha_1 = 1.07154\text{rad}$、$\alpha_2 = 0.13471\text{rad}$、$\alpha_3 = -1.0755\text{rad}$ 时，存在同时满足 $H_i > 0$（$i=1,2,3$）的载荷分布区间 Ω_1，如图 13-12a 所示。改变质心平动速度，满足动态稳定性的外载荷分布规律变化较大。增大动平台在奇异位置沿获得平动自由度方向的速度 $v_c|_{\dot{x}_c/\dot{y}_c=\tan40°}$ 的取值，同时满足 $H_i > 0$（$i=1,2,3$）的载荷分布区间 Ω_1 缩小，直到消失，如图 13-12b 所示。增大沿获得平动自由度垂直运动方向上的值，$v_{c\perp}|_{\dot{y}_c/\dot{x}_c=\tan40°}$，其效果与图 13-6b 所示相同。增大动平台角速度，满足 $H_i > 0(i=1,2,3)$ 的外载荷分布区间 Ω_1 逐渐缩小，直至消失，如图 13-12c 所示，或在更大的外载荷空间上得到公共交集空间。当外载荷的方向与驱动器轴线垂直时，$H_1 > 0$ 的表达式近似为 $\dot{\theta}_c^2 > 54.489$。令 $\dot{\theta}_c^2 = 55$，得到满足 $H_2 > 0$、$H_3 > 0$ 的载荷分布区间，如图 13-12d 所示。可以发现，当外

载荷的方向与驱动器轴线垂直时，即外载荷的方向与平动奇异点失控自由度的方向垂直时，其满足动态稳定性的外载荷取值区间比较大，相对而言，并联机构能够获得较高的稳定性。

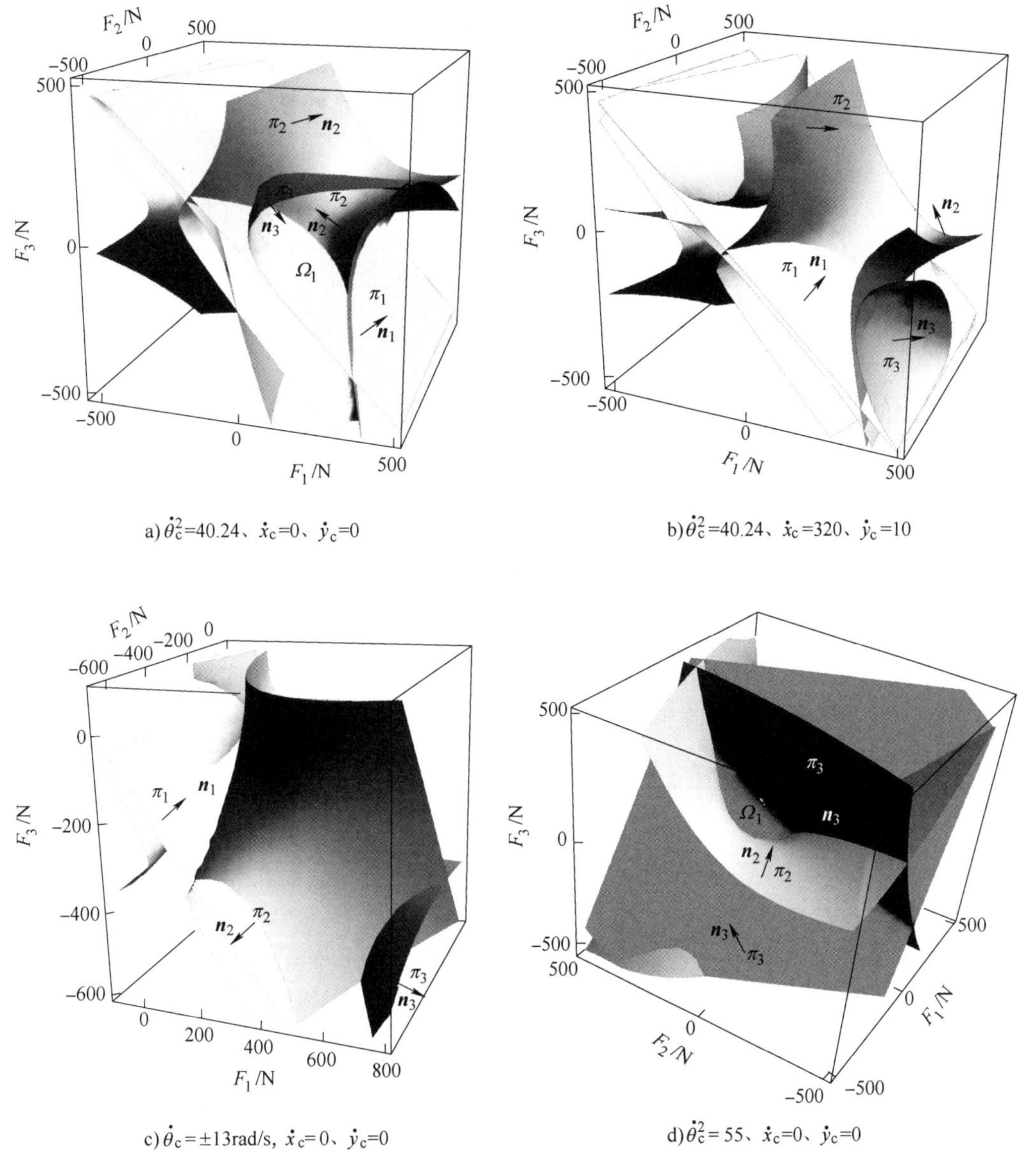

a) $\dot{\theta}_c^2$=40.24、$\dot{x}_c$=0、$\dot{y}_c$=0

b) $\dot{\theta}_c^2$=40.24、$\dot{x}_c$=320、$\dot{y}_c$=10

c) $\dot{\theta}_c$=±13rad/s，$\dot{x}_c$=0、$\dot{y}_c$=0

d) $\dot{\theta}_c^2$= 55、$\dot{x}_c$=0、$\dot{y}_c$=0

图 13-12　动态平动奇异点稳态运动外载荷分布

由此可见，提升平动奇异点沿失控自由度方向上载荷能力的措施有两个，一是提高动平台通过奇异位置时的角速度，二是提高动平台质心速度。改变质心速度的方向对动平台载荷能力的影响较小。当外载荷的作用方向与失控自由度的方向垂直时，其动态稳定性的载荷空间最大。

13.3 奇异点稳定运动

13.3.1 规范型理论

规范型理论和中心流形理论是研究高维非线性系统奇异点附近动态稳定性的重要工具。设有一个常微分方程组 $\dot{x}=f(x)$，使得$f(0)=0$，若f的线性化部分在原点无虚根，其线性化部分正实部和负实部特征根的数目将决定流在原点附近的拓扑结构形式。设f的线性化微分方程为

$$\dot{y}=Ay=Df(p)y \tag{13-31}$$

若A具有n_s个具有负实部的特征根（对应的特征矢量为V_1、V_2、⋯、V_{n_s}）、n_u个具有正实部的特征根（对应的特征矢量为U_1、U_2、⋯、U_{n_u}）和n_c个具有零实部的特征根（对应的特征矢量为W_1、W_2、⋯、W_{n_c}）。则在稳定子空间

$$E^s=\mathrm{span}\{V_1,V_2,\cdots,V_{n_s}\}$$

在不稳定子空间

$$E^u=\mathrm{span}\{U_1,U_2,\cdots,U_{n_u}\}$$

在中心子空间

$$E^c=\mathrm{span}\{W_1,W_2,\cdots,W_{n_c}\}$$

式中，$n_s+n_u+n_c=n$；$E^s\oplus E^u\oplus E^c=\mathbf{R}^n$。

考虑非线性系统 $\dot{x}=Ax+\varepsilon f(x,\varepsilon)$，$x\in\mathbf{R}^n$，$f(x,\varepsilon):R^n\to R^n$仅由稳定流形和中心流形组成，矩阵$\boldsymbol{A}$中具有零实部的特征根为$\lambda_1$、$\lambda_2$、⋯、$\lambda_{n0}$，具有非零实部的特征根为$\lambda_{n_0+1}$、$\lambda_{n_0+2}$、⋯、$\lambda_n$，矩阵$\boldsymbol{A}$的特征矢量为$T$，则$J=T^{-1}AT=\mathrm{diag}(J_0,J_1)$。令$y=(w,v)^{\mathrm{T}}$，则

$$\begin{pmatrix}\dot{w}\\ \dot{v}\end{pmatrix}=\begin{pmatrix}J_0 & 0\\ 0 & J_1\end{pmatrix}\begin{pmatrix}w\\ v\end{pmatrix}+\begin{pmatrix}f_1(w,v)\\ f_2(w,v)\end{pmatrix} \tag{13-32}$$

式中，$J_0=\mathrm{diag}(\lambda_1,\lambda_2,\cdots,\lambda_{n0})$；$J_1=\mathrm{diag}(\lambda_{n_0+1},\lambda_{n_0+2},\cdots,\lambda_n)$；$w$和$v$分别为与零实部特征根和负实部特征根对应的变量。

当线性部分可对角化时，其规范型为所有共振单项式的线性组合，即

$$\langle m,\lambda\rangle-\lambda_s=\sum_{i=1}^{n}m_i\lambda_i-\lambda_s=0 \tag{13-33}$$

当S小于n_0时，式（13-33）不包含i大于n_0的项，前n_0个规范型方程中只包含中心流形项；当s大于n_0时，其规范型是中心流形与稳定流形的组合。
对于非线性动力学系统式（13-32），引入无量纲的小参数ε，根据多尺寸方法，得到

$$y=u+\varepsilon W^2(u)+\varepsilon^2W^3(u)+\cdots+\varepsilon^{n-1}W^n(u)+\cdots \tag{13-34}$$

将式（13-34）代入式（13-33），得

$$\begin{aligned}&[I+\varepsilon D_uW^2(u)+\varepsilon^2D_uW^3(u)+\cdots+\varepsilon^{n-1}D_uW^n(u)+\cdots]\dot{u}\\&=J[u+\varepsilon W^2(u)+\varepsilon^2W^3(u)+\cdots+\varepsilon^{n-1}W^n(u)+\cdots]+\\&\varepsilon F(u+\varepsilon W^2(u)+\varepsilon^2W^3(u)+\cdots+\varepsilon^{n-1}W^n(u)+\cdots)\end{aligned} \tag{13-35}$$

设原系统的规范型形式为

$$\dot{u}=Ju+\varepsilon C^2(u)+\varepsilon^2C^3(u)+\cdots+\varepsilon^{n-1}V^n(u)+\cdots \tag{13-36}$$

将式（13-36）代入式（13-35），并比较等式两端 ε 同阶次的系数，得到同调方程

$$\begin{cases}\varepsilon^1:DW^2Ju-JW^2=F(u,\varepsilon)\big|_{\varepsilon}^{0}-C^2\\ \varepsilon^2:DW^3Ju-JW^3=F(u,\varepsilon)\big|_{\varepsilon}^{1}-DW^2C^2-C^3\\ \qquad\vdots\\ \varepsilon^{n-1}:DW^nJu-JW^n=F(u,\varepsilon)\big|_{\varepsilon}^{n-2}-[DW^{n-1}C^2+\\ \qquad\qquad DW^{n-2}C^3+\cdots+DW^2C^{n-1}]-C^n\end{cases} \tag{13-37}$$

式（13-37）即为求解非线性动力系统式（13-32）规范型及其相应变换的方程。由于并联机构的微分动力学系统比较复杂，一般不能得到式（13-37）确定的精确解，而只能获得以级数展开形式表达的渐近解

$$(\lambda_0I-J)W_{m_1m_2\cdots m_n}=f_{m_1m_2\cdots m_n}-C_{m_1m_2\cdots m_n} \tag{13-38}$$

$$\lambda_0=m_1\lambda_1+m_2\lambda_2+\cdots+m_n\lambda_n$$

$$\begin{cases}W^m(u)=\sum\limits_{m_1+m_2+\cdots+m_n=m}W_{m_1m_2\cdots m_n}u_1^{m_1}u_2^{m_2}\cdots u_n^{m_n},\\ C^m(u)=\sum\limits_{m_1+m_2+\cdots+m_n=m}C_{m_1m_2\cdots m_n}u_1^{m_1}u_2^{m_2}\cdots u_n^{m_n}\\ f^m(u)=\sum\limits_{m_1+m_2+\cdots+m_n=m}f_{m_1m_2\cdots m_n}u_1^{m_1}u_2^{m_2}\cdots u_n^{m_n}=F(u,\varepsilon)\big|_{\varepsilon}^{n-2}[DW^{m-1}C^2+DW^{m-2}C^3+\cdots+DW^2C^{m-1}]\end{cases}$$

式（13-38）将同调式（13-37）化简为代数方程。当 $\boldsymbol{A}_0$ 为非奇异的矩阵时，$W_{m_1m_2\cdots m_n}=\boldsymbol{A}_0^{-1}f_{m_1m_2\cdots m_n}$。当 A_0 有 n_s 个零特征根时，引入 $\boldsymbol{A}_0$ 的线性补算子 $\boldsymbol{A}^*$，$\boldsymbol{A}^*=\mathrm{diag}(1,\cdots,1,0,\cdots,0)$，其 $\boldsymbol{A}^*$ 中 1 的个数为 n_s，0 的个数为 $n-n_s$，此时，$\overline{\boldsymbol{A}}=\boldsymbol{A}_0+\boldsymbol{A}^*$ 是非奇异的，有

$$W_{m_1m_2\cdots m_n}=\overline{\boldsymbol{A}}^{-1}(f_{m_1m_2\cdots m_n}-C_{m_1m_2\cdots m_n})$$

对于并联机构微分动力系统的高维分岔问题，通过求解式（13-38）确定的代数方程，即可获得其规范型及其对应的非线性变换，其计算过程由 Mathematica 程序实现。

13.3.2 动态稳定条件下的输入动力学参数分布

为了研究输入速度、加速度对并联机构奇异位置处动态稳定性的影响，忽略奇异位置处各质点的初始速度（$\dot{x}_{i0}$，$\dot{y}_{i0}$）对 $q_{bi}=(\dot{l}_i^2-\dot{x}_i^2-\dot{y}_i^2+l_i\ddot{l}_i)(i=1,2,3)$ 的影响。此时，认为 q_{bi} 仅由输入速度和加速度确定。这一假设基于：①当并联机构缓慢接近（或位于）奇异位置时，动平台各质点的速度接近为零；②当并联机构以一定的速度接近奇异位置时，由于奇异位置为转向点奇异，质点同时具有两个方向的运动趋势，质点处矢径速度平方（$\dot{r}_i^2=\dot{x}_i^2+\dot{y}_i^2$）对 q_{bi} 的作用远远小于输入速度、加速度（$\dot{l}_i^2+l_i\ddot{l}_i$）对 q_{bi} 的作用。

对式（13-5）确定的动力学系统，当 $m_1=m_2=m_3=10\text{kg}$、$\dot{r}_{10}^2=\dot{x}_{10}^2+\dot{y}_{10}^2=(-0.5)^2+0.3^2$、$\dot{r}_{20}^2=\dot{x}_{20}^2+\dot{y}_{20}^2=0.1^2+(-0.2)^2$、$\dot{l}_i^2+l_i\ddot{l}_i=1.0$（$i=1,2,3$）时，在图 13-7a 确定的奇异位置，根据上述的高维、高阶微分动力学系统规范型计算方法，当 $n=5$、$m=3$ 时，

3-RPS 并联机构的复域规范型为

$$\begin{cases} u_1' = -1.018305u_1 + \varepsilon(0.6072973u_1u_5 + 1.00267u_1u_6) + \varepsilon^2(0.2351u_1u_5^2 + 1.15383u_1u_5u_6 + 2.9624u_1u_6^2) \\ u_2' = -0.5749u_2 + \varepsilon(-1.2782u_2u_5 + 1.26537u_2u_6) + \varepsilon^2(0.7137u_2u_5^2 + 2.5335u_2u_5u_6 + 2.3803u_2u_6^2) \\ u_3' = (-0.0288 + 0.00479i)u_3 + \varepsilon[(0.0469 + 0.08349i)u_3u_5 + (0.0467 + 0.09747i)u_3u_6] + \\ \quad \varepsilon^2[(-0.295 - 1.234i)u_3u_5^2 + (0.5658 + 3.5866i)u_3u_5u_6 + (0.2105 + 2.836i)u_3u_6^2] \\ u_4' = (-0.0288 - 0.00479i)u_4 + \varepsilon[(0.0469 - 0.08349i)u_4u_5 + \\ \quad (0.0467 - 0.09747i)u_4u_6] + \varepsilon^2[(-0.295 + 1.234i)u_4u_5^2 + \\ \quad (0.5658 - 3.5866i)u_4u_5u_6 + (0.2105 - 2.836i)u_4u_6^2] \end{cases} \tag{13-39}$$

若式（13-39）在奇异点处满足动态稳定性条件，则 3-RPS 并联机构动平台在奇异构型处运动稳定。若其存在不稳定运动，则可以改变输入动力学参数的取值，直到其在奇异点处存在稳定运动。图 13-13 所示为式（13-39）在奇异点处满足动态稳定性条件的输入动力学参数分布。当输入动力学参数位于图中深色面包围的空间时，3-RPS 并联机构动平台在奇异构型下的运动是稳定的，消除了静态奇异构型下的奇异运动。输入运动学参数所对应的奇异点分布属于连通域，这种特征由输入参数所对应的奇异点的特性所决定，在被深色曲面包围的空间中不存在孤立的奇异点。

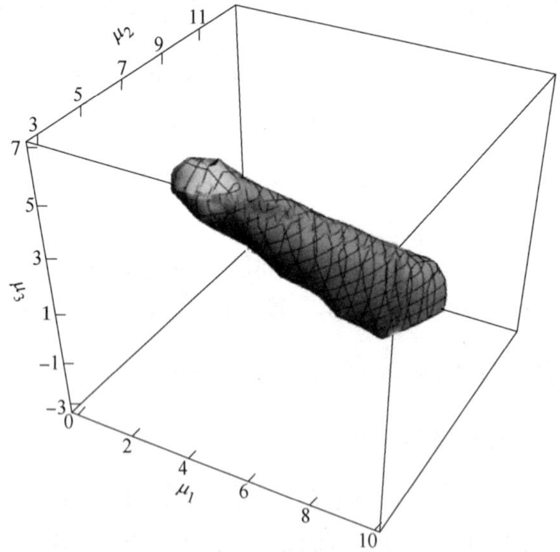

图 13-13　奇异点处满足动态稳定性条件的输入动力学参数分布

（$x_{20}'=1$，$y_{20}'=1$，$x_{10}'=0$，$y_{10}'=2$）

为了验证方法的有效性，表 13-1 给出了当 $\mu_i=\dot{l}_i^2+l_i\ddot{l}_i=4$（$i=1$，2）时，3-RPS 并联机构微分动力学系统式（13-8）所对应的奇异构型处特征根。可以发现，当 $\mu_i=\dot{l}_i^2+l_i\ddot{l}_i=4$（$i=1$，2）时，在 $\mu_3=\dot{l}_3^2+l_3\ddot{l}_3$ 分布面的边界处（4.46415，6.69617），对应特征根的实部为零，系统处于临界稳定状态。在这两个边界点内，$4.46415<\mu_3<6.69617$，系统奇异点

处满足动态稳定性条件。图 13-14 所示为 $\mu_1=5$ 时奇异构型处满足动态稳定性条件的输入动力学参数二维分布，图 13-15 所示为 $\mu_3=0$ 时输入动力学参数二维分布，当输入动力学参数位于图中阴影部分时，3-RPS 并联机构能够以一定的载荷能力在奇异构型下给出具有稳定特征的确定的运动输出。

表 13-1　伴随输入动力学参数 μ_3 变化的特征根值

	$\mu_3=4.46415$	$\mu_3=5$	$\mu_3=6$	$\mu_3=6.69617$
特征根	-73.954	-75.2175	-77.4549	-78.9322
	-11.1218	$-1.4045+10.7532i$	$-0.517627+11.1608i$	$11.5809i$
	$-1.89589+10.6982i$	$-1.4045-10.7532i$	$-0.517627-11.1608i$	$11.5809i$
	$-1.89589-10.6982i$	-10.4727	-9.8825	-9.96293
	-1.69746	$-0.131255+1.66766i$	$-0.085123+2.4759i$	$-0.10741+2.6882i$
	$0.0157817i$	$-0.131255-1.66766i$	$-0.085123-2.4759i$	$-0.10741-2.6882i$
	$-0.0157817i$	$-0.901707+0.360302i$	$-1.01113+0.3714i$	-0.982795
	0	$-0.901707-0.360302i$	$-1.01113+0.3714i$	-0.472345

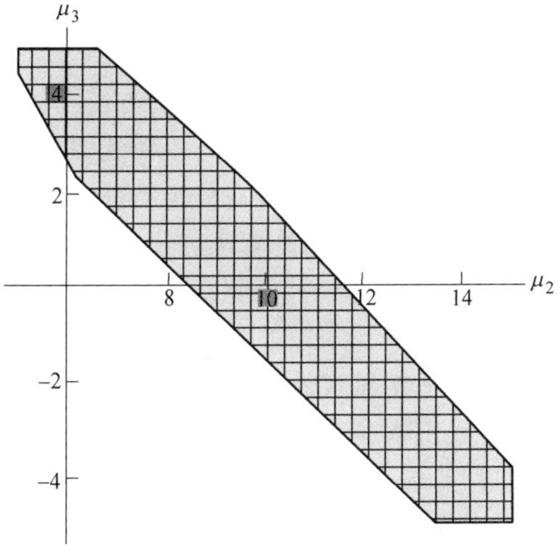

图 13-14　奇异点处满足动态稳定性条件的输入动力学参数二维分布（$\mu_1=5$）

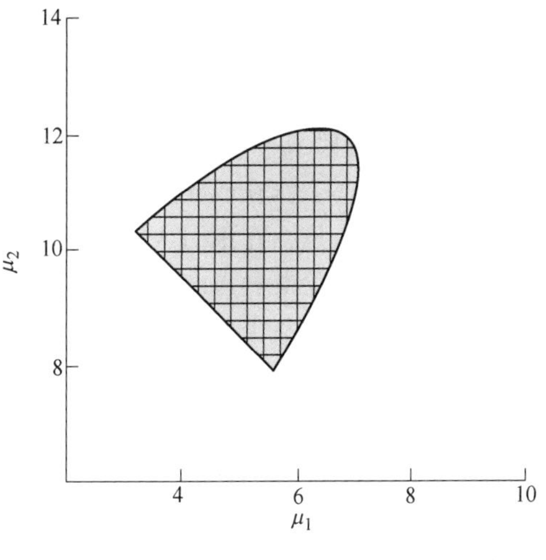

图 13-15　奇异点处满足动态稳定性条件的输入动力学参数二维分布（$\mu_3=0$）

从图 13-13 ~ 图 13-15 可以看出，一旦获得奇异点满足动态稳定性条件的输入动力学参数空间分布，如果输入动力学参数位于分布区域内，则 3-RPS 并联机构动力学系统在奇异构型下的运动是稳定的。由于图 13-13 所确定的动态稳定性具有稳定性特征，所以并联机构动平台具有较强的承受外载荷和抗扰动的能力，从而能够保证航空航天装备并联机构的安全性与可靠性。

并联机构动力学参数对奇异构型下并联机构的动态稳定性有重要影响。无论是选择合适的势能函数，还是使用可重构的主动质量来修正并联机构在奇异构型下的动力学行为，都有意或无意地利用了这一特性。消除工作空间或路径上的奇异点的关键是通过改变并联机构动力学系统的动力学特性，使其动力学系统在奇异构型处具有稳定的运动输出。然而，包括奇异构型下动态稳定性在内的改善并联机构动力学特性的机理尚未得到研究。

13.4 动态规避并联机构运动奇异性的方法

航空航天工程中并联机构的奇异性对航空航天设备的安全性有很大的负面影响。然而，由于这些影响隐藏在并联机构内部，不容易被发现，也不容易被关注。为了保证航空航天设备（如 AVEN）的安全性和可靠性，一些基础研究，如结构参数和关节间隙对奇异运动的消极影响，奇异点鲁棒动态稳定性与系统动力学参数之间的关系等，迫切需要预先研究，以便设计人员在设计和控制阶段注意到并联机构奇异性可能带来的危害，并排除其不良影响。

考虑输入动力学参数对奇异点动态稳定性的影响，基于李雅普诺夫一阶线性近似稳定性理论，给出了一种适用于航空领域的动态规避并联机构运动奇异性的动力学参数取值方法。该方法为：

1）利用第一类拉格朗日方法，建立包含输入动力学参数和并联机构质点动力学参数的解析动力学方程。

2）利用泰勒级数展开法，得到并联机构奇异点处的线性近似动力学系统。

3）推导输入运动参数和质点动力学参数对应的线性近似动力学系统确定的特征根的解析表达式。

4）基于规范型理论，得到奇异点满足动态稳定性条件的输入动力学参数分布。

5）在设计阶段或控制阶段，使输入动力学参数在分布空间内部取值，并联机构能够以一定的载荷能力，工作在或穿越奇异位置，且奇异点处动力学稳定性具有稳定特征。

该方法的优点是，在不引入冗余或主动质量的情况下，可以在关节轨迹规划阶段和/或实际控制过程中排除奇异点的不确定运动，可以应用在不允许引入冗余驱动或主动质量的特殊情况下，如在航空航天领域的应用。

对于 AVEN 转向驱动并联机构 3-SPS/3-PRS，是一种适用且有效提升其奇异点动态稳定性的方法。通过调整动力学输入参数，3-SPS/3-PRS 并联机构在奇异构型处沿失控自由度方向具有一定的载荷能力与抗超机动载荷能力。该方法的实施过程是比较困难与复杂的。主要难点首先是建立包含输入动力学参数和并联机构质点动力学参数的解析动力学方程，其次是包含输入动力学参数和并联机构质点动力学参数的特征根解析表达式，再次是动力学系统的降维与规范型的获得。这些过程都要求解析表达，降维、消元处理的技巧性很强，难度较大。

13.5 小结

奇异性是并联机构的固有缺陷，对并联机构的静态特性和运动可控性有很大的负面影响。AVEN 是由对称的 3-SPS/3-PRS 并联机构驱动的，其运动奇异性对战斗机的安全性和机动性有较为严重的负面影响。为在设计和控制阶段消除并联机构奇异性可能带来的危害，一些基础研究，如奇异点鲁棒动态稳定性与系统动力学参数之间的关系等，迫切需要预先研究，以消除其不良影响。

运动学参数对并联机构奇异构型的运动稳定性有重要影响，调整输入动力学参数可以有效地提高并联机构动力学系统在奇异构型下的运动稳定性。基于此，提出了一种适用于航空领域的动态规避并联机构运动奇异性的动力学参数取值方法。当输入动力学参数位于稳定运动区域时，并联机构能够以一定的载荷能力工作在或通过奇异构型。该方法应用于航空航天设备（如 AVEN），可以在设计阶段与控制阶段规避并联机构运动奇异的消极影响，保证装备并联机构的航空航天装置的安全性与可靠性。尤其是能够保证 AVEN 在超机动载荷作用下推力矢量实施的可靠性。

参考文献

[1] BHATTACHARYA S, HATWAL H, GHOSH A. Comparison of an exact and an approximate methodology of singularity avoidance in platform type parallel manipulators [J]. Mechanism and Machine Theory, 1998, 33 (7): 965-974.

[2] DASGUPTA B, MRUTHYUNJAYA T S. Singularity-free path planning for the Steward platform manipulator [J]. Mechanism and Machine Theory, 1998, 33 (6): 711-725.

[3] SEN S, DASGUPTA B, MALLIK A K. Variational approach for singularity-free path-planning of parallel manipulators [J]. Mechanism and Machine Theory, 2003, 38 (11): 1165-1183.

[4] INNOCENTI C, PARENTI-CASTELLI V. Singularity-free evolution from one configuration to another in serial and fully-parallel manipulators [J]. Trans. of ASME, Journal of Mechanical Design, 1998, 120 (3): 73-79.

[5] ARAKELIAN V, BRIOT S, GLAZUNOV V. Increase of singularity-free zones in the workspace of parallel manipulators using mechanisms of variable structure [J]. Mechanism and Machine Theory, 2008, 43 (9): 1129-1140.

[6] NOKLEBY S B, FISHER R, PODHORODESKI R P, et al. Force capabilities of redundantly-actuated parallel manipulators [J]. Mechanism and Machine Theory, 2005, 40 (5): 578-599.

[7] CHA S H, LASKY T A, VELINSKY S A. Determination of the kinematically redundant active prismatic joint variable ranges of a planar parallel mechanism for singularity-free trajectories [J]. Mechanism and Machine Theory, 2009, 44 (5): 1032-1044.

[8] GOSSELIN C M, AUDREY V. Singularity-free kinematically redundant planar parallel mechanisms with unlimited rotational capability [J]. IEEE. Trans. Robot, 2015, 31 (2): 457-467.

[9] DASGUPTA B, MRUTHYUNJAYA T. Force redundancy in parallel manipulators: Theoretical and practical issues [J]. Mechanism and Machine Theory, 1998, 33 (6): 727-742.

[10] RANGANATH R, NAIR P S, MRUTHYUNJAYA T S, et al. A force-torque sensor based on a Stewart Platform in a near-singular configuration [J]. Mechanism and Machine Theory, 2004, 39 (9): 971-998.

[11] JUI C K K, SUN Q. Path tracking of parallel manipulators in the presence of force singularity [J]. Transactions of the ASME, Journal of Dynamic Systems, Measurement, and Control, 2005, 127 (4): 550-567.

[12] LI H D, GOSSELIN C M, RICHARD M J. Determination of maximal singularity-free zones in the workspace of planar three-degree-of-freedom parallel mechanisms [J]. Mechanism and Machine Theory, 2006, 41 (10): 1157-1167.

[13] IDER S K. Inverse dynamics of parallel manipulators in the presence of drive singularities [J]. Mechanism and Machine Theory, 2005, 40 (1): 33-44.

[14] WANG Y X, LI Y T. Disturbed configuration bifurcation characteristics of Gough-Stewart parallel manipulators at singular points [J]. Journal of Mechanical Design, Transactions of the ASME, 2008, 130

(2): 022304.

[15] WANG Y X, LI Y T, PAN S X. Modified disturbance function method for a 6-6 Gough-Stewart parallel manipulator to traverse the singularity hypersurface [J]. Journal of Mechanical Design, Transactions of the ASME, 2008, 130 (5): 052305.

[16] LI Y T, WANG Y X. Eliminating singularity of a parallel driving mechanism of axisymmetric vectoring exhaust nozzle [J]. Proceedings of the Institution of Mechanical Engineers, Part G-Journal of Aerospace Engineering, 2013, 228 (12): 2300-2309.

[17] LI Y T, HONG Y, WANG Y X, et al. Maximal singularity-free distribution of input parameters in a parallel manipulator considering load deformations and clearances [J]. PIMEC: Journal of Mechanical Engineering Science, 2011, 225 (1): 204-215.

[18] SEYDEL R. Practical bifurcation and stability analysis [M]. New York: Springer-Verlag, 1994.

[19] SHABANA A A. Dynamics of multibody systems [M]. Cambridge: Cambridge University Press, 1988.

[20] NAYFEH A H, MOOK D T. Nonlinear oscillations [M]. Washington: Wiley, 1979.

[21] 张琪昌. 分岔与混沌理论及应用 [M]. 天津: 天津大学出版社, 2005.

[22] AGARWAL A, NASA C, BANDYOPADHYAY S. Dynamic singularity avoidance for parallel manipulators using a task-priority based control scheme [J]. Mechanism and Machine Theory, 2016, 96 (2): 107-126.

[23] PARSA S S, BOUDREAU R, CARRETERO J A. Reconfigurable mass parameters to cross direct kinematic singularities in parallel manipulators [J]. Mechanism and Machine Theory, 2015, 85 (3): 53-63.